일반화학

Third Edition

대학화학교재연구회

Chemistry
For Engineering Students

Lawrence S. Brown
Texas A&M University

Thomas A. Holme
Iowa State University

CENGAGE　　도서출판 동화기술

Andover • Melbourne • Mexico City • Stamford, CT • Toronto • Hong Kong • New Delhi • Seoul • Singapore • Tokyo

CENGAGE

***Chemistry for Engineering Students*, 3rd Edition**

Lawrence S. Brown
Thomas A. Holme

ISBN-13: 978-89-425-9110-7

Cengage Learning Korea Ltd.
14F YTN Newsquare 76 Sangamsan-ro
Mapo-gu Seoul 03926 Korea
Tel: (82) 2 330 7000
Fax: (82) 2 330 7001

Printed in Korea
Print Number: 02 Print Year: 2018

머리말

화학을 공부하면서 "왜 화학을 공부하지? 나는 공학자인데 화학이 필요없잖아" 라는 의문점이 든 적은 없는가? 물론 화학공학에서는 화학공정을 디자인하고 최적화하기 위해 화학개념이 필요하다. 그리고 환경을 보호하고 회복시키는 일을 하는 환경공학에서도 물이나 공기에서 발생되는 화학반응을 많이 다루게 된다. 그럼 다른 공학분야는?

전기공학은 고체상태의 장치를 다루는데, 장치의 화학조성을 조절함으로써 장치의 성질을 맞출 수 있다. 물론 장치내 칩을 직접 만들지는 않지만 원자 수준에서 칩이 어떻게 작동하는지 이해하는데 도움을 준다. 마찬가지로 재료공학은 화학구조와 결합에 대한 내용을 공부해야만 재료과학을 뒷받침할 수 있는 지식을 가질 수 있다. 금속공학도 물질의 성질 및 구조를 이해해야만 한다. 공학자는 과학이론을 창의적이고 실용적으로 응용할 수 있어야 하기 때문에 자연과학에 대한 폭넓은 지식을 갖고 있어야 한다.

이렇듯 화학은 자연과학과 공학을 다루기 위한 필수학문으로, 학부에서 배우고 넘어가야 하는 학문이지만, 수강시간이 짧은 학과는 모든 내용을 다루기가 벅찼다. 수많은 화학교재가 출간되었지만 분량이 너무 방대하고 내용도 어려워 짧은 수강시간 동안 화학개념을 익히기 어려웠다. 본서는 화학에 대한 기본개념을 간략하고 체계적으로 학습할 수 있도록 구성된 것이다. 그리고 물질을 설명할 때 분자적 관점뿐만 아니라 현상적인 면을 강조하여 설명하였으며 응용사례를 함께 제시하였다. 참고로 본서에 표기된 화합물의 우리말 이름은 대한화학회 화합물 명명원칙에 준한 것이다.

아무쪼록 이 책을 통해 화학의 기본내용을 체계적으로 익히기를 바라며 전공을 습득하는데 도움이 되길 바란다.

목차

Chapter 1

서 론

Introduction to Chemistry

1-1 화학이란 학문

화학은 "핵심 과학"이라 불릴만큼 중요한 학문이다. 여러분이 화학 과정을 이수하지 않았더라도 이전에 화학을 경험해 본 것만으로도 수업을 따라오는데 어려움이 없을 것이다. 화학수업의 목표는 화학의 관점에서 자연 세계의 이해를 돕기 위함이다.

앞으로 화학의 본질을 이해할 때 세 가지 관점에서 보도록 한다: **거시적**(macroscopic), **미시적**(microscopic), **기호적**(symbolic). 거시적 관점은 물질과 반응을 직접 관찰하는 것이다. 미시적 관점은 시스템의 가장 작은 구성 요소에 초점을 맞추어 일련의 사건들을 이해하는 것이다. 마지막으로 이런 개념들을 효율적으로 소통할 수 있게 화학자들은 기호를 고안하였다.

거시적 관점

화학반응을 관찰할 때, 우리는 거시적 수준에서 물질을 관찰한다. **물질**(matter)은 질량을 가지며 관찰될 수 있는 것으로, 자연에서 관찰되는 어떤 것은 물질이 아닐 수도 있다. 예를 들어 빛은 질량이 없기 때문에 물질로 여기지 않는다.

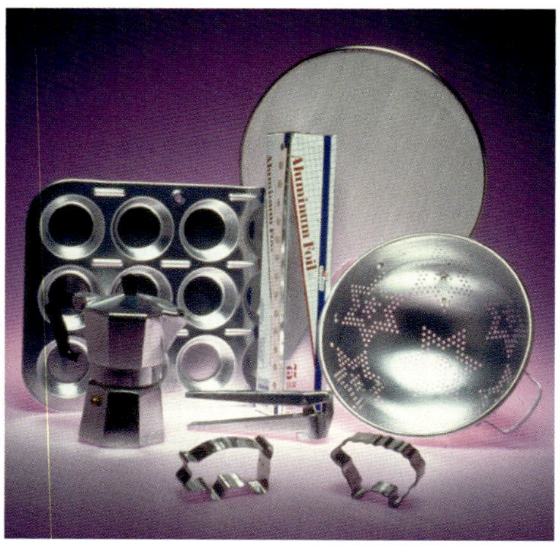

그림 1.1 알루미늄은 가볍고 부식에 강하다.

물질을 살펴보다 보면 의문이 생기기도 한다. 예로, 알루미늄을 들어보자. 캔으로 된 알루미늄의 움직임은 예측 가능하다－캔을 공기 중으로 던지면 중력의 영향으로 지구로 떨어진다. 알루미늄으로 만들어진 물건(그림 1.1)은 공기 중에서 분해되지 않으며, 어떤 화학 반응도 일으키지 않는다. 하지만 알루미늄이 고운 가루로 갈려 공기 중에 뿌려진다면 연소(화학적으로 공기 중의 산소와 결합하는 것)가 일어날 수 있다. 힌덴부르크 비행선[1]에 발생한 화재는 알루미늄 가루가 포함된 페인트 때문이었다.

물질을 관찰할 때 일반적으로 물질을 변화시켜 보는데, 크게 두 가지(물리적 변화와 화학적 변화)로 변화시킨다. **물리적 변화**를 겪은 물질은 화학적 본질은 잃지 않는데, 예로 질량과 밀도가 있다. 질량은 측정할 개체와 표준체를 비교함으로써 측정되는 것으로, 저울을 이용한다. 밀도는 부피에 대한 질량의 비이다. 밀도는 물질의 변화없이 얻어질 수 있기 때문에, 물리적 성질이다. 색, 점도, 경도 및 온도 등이 물리적 특성이다. 이 외에 열용량, 끓는점, 녹는점, 그리고 휘발성이 있는데 뒤에서 정의될 것이다.

1) 힌덴부르크호는 헬륨가스를 쓰도록 설계됐지만 수소로 채우고 가다가 참사가 발생했다. 표면의 알루미늄이 테르밋(점화하거나 가열하면 알루미늄과 산화물-산소와의 화학결합으로 인해 많은 양의 열을 방출한다)으로 작용한 이유도 있지만, 헬륨을 썼다면 대화재나 폭발은 없었을 것이다.

물질의 **화학적 성질**은 물질이 겪는 화학적 변화의 종류와 관련있다. 예로 어떤 재료는 쉽게 타고 어떤 것은 그렇지 않다. 산소에서 탄다는 것은 화학 반응이며 연소라 불린다. 그리고 흔히 관찰되는 화학적 변화로 부식이 있는데, 금속에 페인트를 칠하면 부식에 의한 손상을 막을 수 있다. 페인트의 중요한 화학적 성질은 부식을 예방하는 것이다. 화학 반응으로 물질의 본질이 어떻게 변하는 가를 관찰함으로써 화학적 성질을 결정할 수 있다.

알루미늄을 유용하게 쓰기 위해서는 알루미늄의 화학적, 물리적 성질을 알아야 한다. 구조 재료는 원하는 모양으로 만들기 용이해야 하는데, 이때 가단성(말거나 두드려 얇게 되는 물성의 척도)이 필요하다. 가단성은 물리적 성질로, 알루미늄 캔은 재활용통에서 여러 번 찌그러져도 제조 과정을 통해 우리가 원하는 형태로 만들어 질 수 있다. 더불어 알루미늄의 화학적 성질도 중요한데, 순수한 알루미늄은 청량음료의 산과 반응한다. 그래서 알루미늄 캔 안에 얇은 폴리머층으로 코팅하여 내용물과 금속의 반응을 막는다. 제품디자이너는 화학적 성질을 이용하여 잠재적 나쁜 반응들을 예방할 수 있다.

거시적으로 화학 반응을 관찰할 때 우리는 세 가지 상태(고체, 액체, 기체)로 설명한다. 거시적 수준에서 볼 때, 고체는 쉽게 모양을 바꾸지 않기 때문에, 고체가 용기에 담겨있다면 고체는 용기 모양에 상관없이 자체 모양을 유지한다. 어떤 용기에 담긴 가루형태의 고체일지라도, 개개 입자들은 자체 모양을 여전히 유지하기 때문에 고체의 원래 특성을 보인다.

고체와 달리 액체는 담겨진 용기 모양에 따라 모양이 달라지기 때문에, 거시적으로 고체와 구별된다. 마지막으로, 기체는 용기 전체를 차지할 만큼 팽창하기 때문에, 거시적으로 고체, 액체와 구별된다. 비록, 여러 기체가 무색이라 보이지는 않지만 어느 정도의 공간을 차지하고 있다는 것은 일상적 경험에서 알 수 있다.

때때로 화학적 · 물리적 성질들은 거시적 수준에서 구별되기 어렵다. 끓는 물은 물리적 변화이다. 하지만 끓는 솥에서 물이 사라졌을 때, 이것이 화학적 변화를 겪었는지 물리적 변화를 겪었는지 어떻게 알 것인가? 여기서 물을 구성하는 입자를 고려할 필요가 있는데, 즉 미시적인 수준에서 일어나는 일들을 고려해야 한다.

미시적 관점

"모든 물질은 원자와 분자로 구성된다" 이는 화학의 가장 기본적인 개념이다. 대부분의 물질은 화학물질로 이루어진 복잡한 혼합물이다. 모든 물질은 **원소**(elements)라 불리는 "구성 요소"로 이루어져 있다(원소는 주기율표에서 공부한다). **원자**(atoms)는 상상할 수 없을 만큼 작은 입자로, 더 이상 쪼개질 수 없다. 원자는 가장 작은 입자로 원소의 화학적 특성을 유지한다. 원자들의 그룹인 분자는 개별 원자와는 다른 특성을 갖는다. 우리의 목표는 "화학적 결합"으로 알려진 힘이 원자들을 결합하여 어떻게 분자로 만드는지 아는 것이다.

미시적 관점에서는 화학적 변화와 물리적 변화를 구체적으로 구분할 수 있다. 원자와 분자는 너무 작아 직접적으로 관찰될 수 없으며 사진으로 찍을 수도 없기 때문에 그림을 사용하도록 하겠다. 고체, 액체, 기체는 미시적 수준에서 어떻게 다를까? 그림 1.2를 보면 고체에서의 원자들은 긴밀하게 채워져 있다(블록 또는 덩어리 모양). 액체는 입자가 긴밀하게 채워져 있긴 하나 입자 모양을 유지하기보다는 용기를 채우는 모습이다. 기체는 입자 사이가 매우 멀며 개개의 입자들이 용기 전체 공간을 자유로이 움직인다. 이 그림은 수년 간 행해진 실험에서 추론된 것이다. 많은 고체는 결정이라 불리는 잘 배열된 구조를 가지는데, 미시적 관점의 고체 배열은 2장과 8장에서 다룰 것이다.

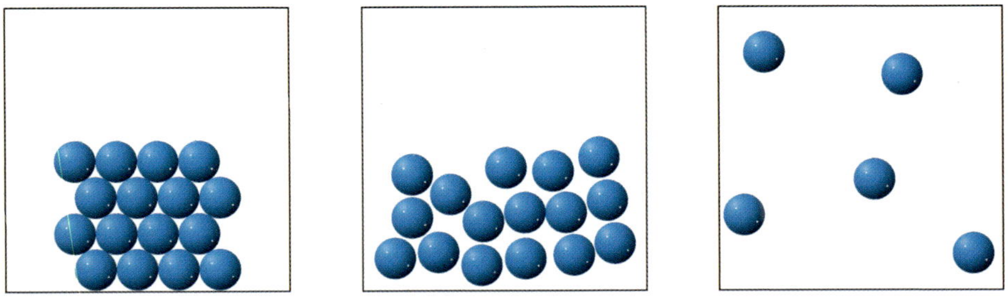

그림 1.2 미시적 관점에서 바라본 물질의 고체, 액체, 기체상태

화학적 변화와 물리적 변화를 미시적 관점에서 어떻게 구별할까? 물리적 변화에서는 원자 또는 분자들은 전혀 변하지 않는다. 친숙한 분자인 물을 예로 들어보자. 물의 화학식은 "H_2O"로, 크기가 다른 구를 이용하여 물 분자를 설명해 보자; 큰 구는 산소이고 작은 구는 수소이다. 끓는 물의 경우, 액상이나 기체상의 분자 조성은 동일하기 때문에 이는 물리적 변화이다(그림 1.3).

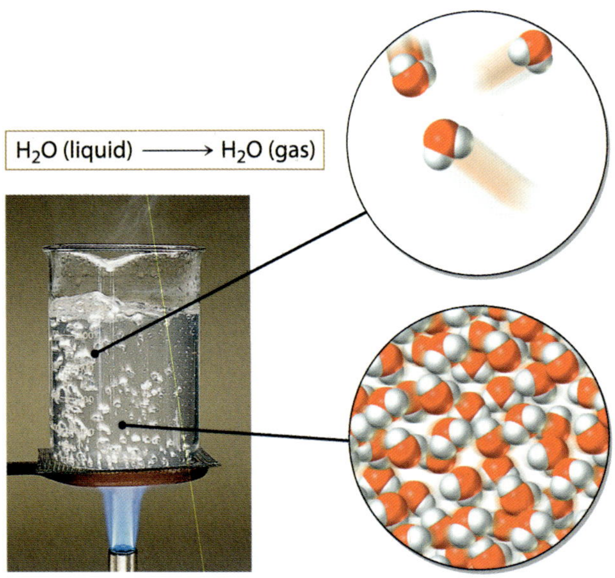

그림 1.3 물이 끓으면 액체인 물은 기체로 바뀐다(물리적 변화). 물 분자는 두 개의 수소 원자(흰색)와 한 개의 산소 원자(붉은색)로 이루어져 있다(미시적 관점). 그림을 보면, 물 분자 사이의 간격이 액체보다 기체가 더 넓다.

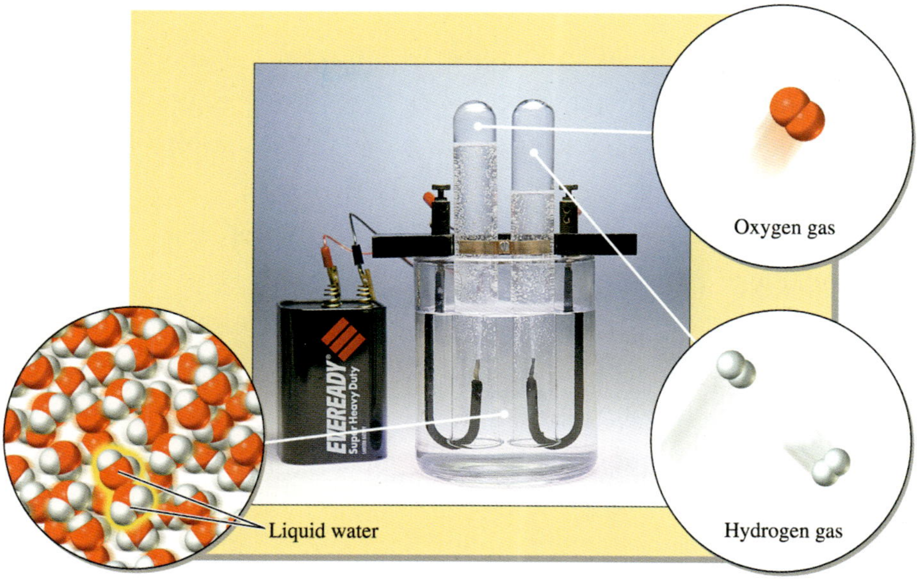

그림 1.4 물에 전류를 통과시키면 전기분해가 발생하여, 물 분자는 수소 기체와 산소 기체로 바뀐다.

그림 1.4는 전기분해 과정으로 미시적 수준에서 표현한 것이다; 전기분해는 물에 전류가 흐를 때 발생하는 것으로, 물 분자가 수소와 산소 분자로 바뀌기 때문에 화학적 변화이다.

거시적으로. 그림 1.3과 그림 1.4의 두 반응(끓는물, 물의 전기분해)에서 무엇을 볼 수 있으며, 그 차이를 어떻게 구별할 수 있을까? 두 반응 모두에서 기포가 형성되지만, 끓는 물에서는 기포가 수증기일 것이고, 물의 전기분해에서는 기포가 수소 또는 산소일 것이다. 예제 1.1에서 확인해 보자.

예제 1.1

사진의 실험 기구는 끓는 물 위에 떠 있는 양초이다. 이 장치는 끓는 물에서 발생하는 기포의 화학조성에 대한 가설을 실험하는데 사용된다. 기포가 아래의 성분으로 구성되었다면 어떤 현상이 관찰될까? (a) 물 (b) 수소 (c) 산소

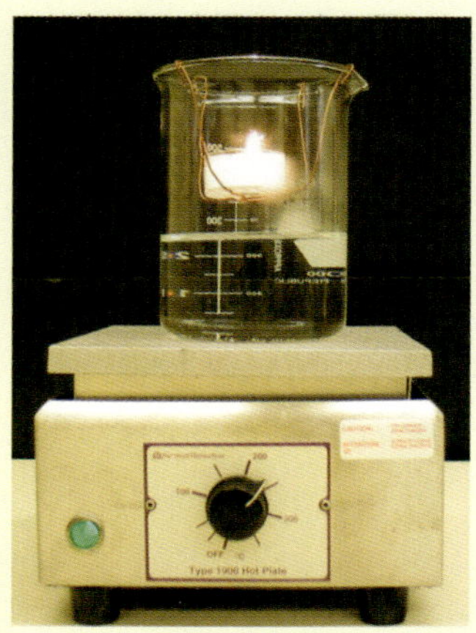

풀이

(a) 양초의 불이 작아지거나 꺼질 것이다. 물은 산소처럼 연소반응을 유지해 줄 수 없기 때문이다.

(b) 기포가 수면 밖으로 떠올랐을 때 약간의 폭발과 함께 불꽃이 가스를 연소시킬 것이다.

(c) 기포는 산소의 양을 증가시키기 때문에 연소반응이 좀 더 강해져 불꽃은 더 밝게 탄다.

기호적 표현

원자, 분자, 그리고 반응을 나타낼 때, 기호를 사용한다. 우리는 앞에서 물의 상징적 표현, H_2O를 보았다. 기호는 화학의 추상적인 부분을 설명할 수 있기 때문에 매우 중요하다. 기호는 우리가 실제로 볼 수 없는 입자들을 파악하는 편리한 방법이다.

알루미늄 광석과 알루미늄 금속을 기호로 표현해 보자. 제련되지 않은 광석과 이용가능한 알루미늄 금속의 명확한 차이는 겉모양이다. 알루미늄 광석은 bauxite로 평범한 바위덩어리처럼 보인다. 분자 수준에서, 광석상태의 산화알루미늄(또는 알루미나)과 알루미늄 금속을 비교해 보자(그림 1.5). 알루미늄 광석은 두 가지 원자로 이루어져 있는데, 그 중 하나가 알루미늄이다. 화학식은 2장에서 자세히 다룰 것이다.

A sample of bauxite

A block of aluminum

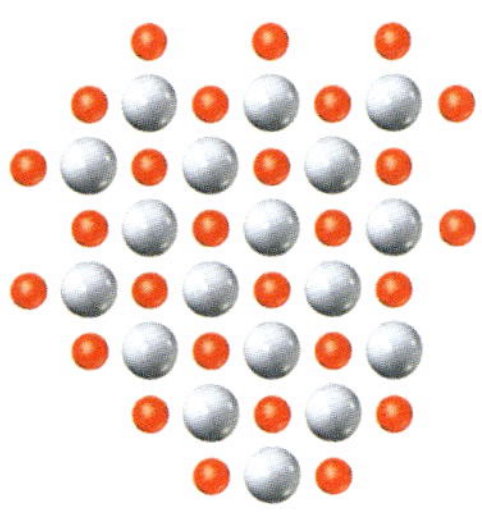

Aluminum oxide (Alumina)
Al_2O_3

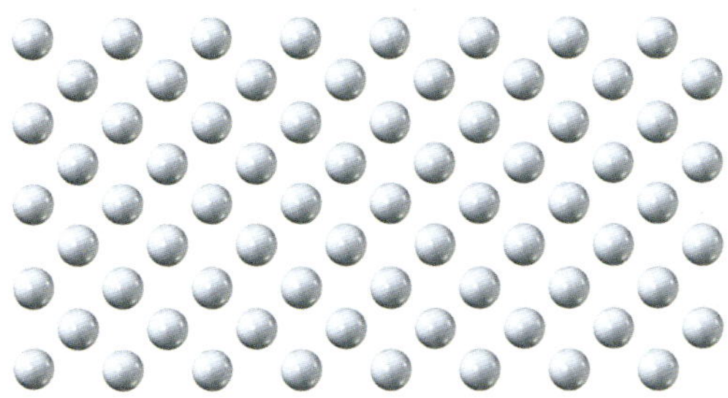

Aluminum
Al

그림 1.5 산화알루미늄과 순수 알루미늄을 미시적 수준에서 표현한 그림(회색－알루미늄, 붉은색－산소)

1-2 화학 : 관찰과 모형

화학은 실험 과학으로, 화학자는 화학물질의 특성을 측정하고 화학반응을 관찰하기 위한 실험을 한다. 일단 관찰이 끝나면 데이터를 체계화하고 설명할 수 있도록 모형을 만든다.

과학에서의 관찰

화학에서는 다양한 이유에 맞게 여러 방법으로 관찰을 한다. 예로, 소프트드링크 등의 액체를 담는 용기는 액체를 보호할 만큼 강하지만 가벼워야 제품 운송비용이 증가되지 않는다. 알루미늄 캔이 널리 사용되기 전에 스틸 캔이 용기로 사용되었는데, 무겁다는 단점이 있었다. 과학자들은 알루미늄이 포장재로 유용한지 관찰을 하였다.

(a) 정밀도와 정확성 모두 없다. (b) 정밀도는 좋으나 정확성이 떨어진다. (c) 정밀도와 정확성 모두 좋다.

그림 1.6 정밀도와 정확성의 개념 차이를 설명한 그림 ; 중심은 참값이며, 다트는 측정값을 뜻한다.

자연 관찰은 어느 정도의 불확실성을 수반한다. 축구경기의 관객으로 이를 설명해 보자. 우리는 얼마나 많은 사람들이 축구경기를 관람하기 위해 유료입장용 티켓을 사용했는지 높은 정확성으로 집계할 수 있다. 하지만 이 숫자가 실제로 거기에 얼마나 많은 사람이 있는지를 나타내지 않는다. 언론, 노점상 및 코칭 스텝들을 포함하지 않았기 때문이다. 이 예는 관찰의 한 특성을 지적한 것이다. 우리가 관찰하려는 바를 규정하고 주의하더라도 불확실성의 모든 원인을 없애지 못한다. 사실상 과학적 측정은 한번 이상 이루어져야 유효하다.

우리는 완전한 확신으로 자연을 관찰할 수 없기 때문에, 불확실성의 형태들을 확립해야 한다. 이때 정확성과 정밀도라는 용어가 사용된다. **정확성**(accuracy)은 측정값이 참값에 얼마나 가까운지를 나타내며, **정밀도**(precision)는 측정값들이 얼마나 좁게 분포하는 지를 나타낸다. 그림 1.6은 두 용어의 차이점을 보여준다.

측정의 오류는 피할 수 없다. **무작위 오차**(random error)는 기본적인 오차로 측정장치 때문에 발생한다. **조직적 오차**(systematic error)는 측정장치에서 찾아내지 못한 바이어스(bias) 때문이다. 예로, 금속 중의 불순물은 오차 요인으로 작용한다. 알루미늄 합금에 실리콘 등의 다른 원소를 매우 적은 양 포함하고 있어, 불순물인 실리콘 양을 알아보려한다. 하지만 불순물이 균일하게 분포되지 않았다면 측정시 심각한 오차가 있을 수 있다. 시료가 작다면 더욱 문제가 될 것이다.

만약, 우리가 탄산음료 캔을 사용하여 알루미늄의 밀도를 측정할 때 캔에 적용된 얇은 고분자층을 생각하지 못했다면 어떻게 될까. 코팅제인 고분자의 밀도는 알루미늄과 다르기 때문에 측정은 옳지 않다.

관찰의 해석

모든 실험이 질문에 대한 직접적인 정보를 제공하지는 않는다. 대부분, 우리가 얻은 데이터에서 답을 추론해야 한다. 추론에는 연역적 추론과 귀납적 추론이 있다.

귀납적 추론은 일련의 구체적인 관찰로 시작하여 좀 더 보편적인 결론으로 일반화를 시도하는 것이다. 모든 기체는 팽창하여 용기 전체 공간을 채운다는 것을 우리는 안다. 이 보편적인 결론은, 다른 조건에 있는 다양한 기체에 대한 관찰을 기반으로 한 귀납적 추론으로 처음 유도되었다. 하지만 가능한 모든 조건에서, 가능한 모든 용기에, 가능한 모든 가스를 관찰하지 않았기 때문에, 일부 반례가 발견될 수 있다고 주장할 수도 있다.

연역적 추론은 둘 이상의 주장을 갖고 서로 연결하여 확실하고 반박할 수 없는 결론에 이르는 것이다. 이 과정은 "만약 A와 B라면, C이다"의 접근이다.

알루미늄 제련을 용이하도록 한 발견을 예로 들어보자. 19세기에도 알루미늄 광석은 이용가능하였다. Metallurgists와 다른 과학자들은 광석에 알루미늄과 산소가 결합하여 있다는 것을 알았고, 관찰 결과 알루미나의 화학적 결합력은 강력하여 알루미늄을 얻기 힘들다고 추론하였다. 금속의 초기 제련과정은 열을 가하고 탄소와 같은 물질을 첨가하여 산소를 제거하는 방식이다. 이 방법은 이미 철의 제련과정에 사용하고 있었기 때문에 알루미늄을 포함한 다른 금속에도 일반화할 수 있을 거라 귀납적으로 추론하였다. 합리적인 가설이었지만, 알루미늄에는 효과적이지 않았다. 하지만 전류가 어려운 화학 반응을 가능하게 함이 밝혀지면서, 알루미늄 제련 과정에 사용하게 되었다. 이것은 연역적 추론이다: 알루미늄 정제는 어려운 화학반응이고 전기 전류는 알루미늄 정제를 가능하게 할 수 있다. 후에, 이 방법은 수력 전기의 상대적으로 낮은 가격과 결합하여 알루미늄의 가용성을 크게 증가시켰다. 궁극적으로, 귀납과 연역적 추리는 이 기술적 진보에 필수적인 역할을 했다.

과학에서의 모형

과학사에서 이루어진 관찰의 수는 방대하다. 방대한 정보를 정리하기 위해, 과학자는 다양한 관찰을 이해할 모형과 이론을 만들었다. 일반적으로 '**모형**'이라는 용어는 실험을 설명(예로 기체 압력은 온도에 비례한다)할 때 주로 언급된다. '**이론**'이라는 용어는 시스템의 특성에 대한 기초적인 원리나 가정에 근거한 설명에서 언급된다. 기체 압력과 온도의 관계에 필요한 기체운동이론은 물리학 이론에서 나온 것으로, 이때 모형은 중요한 역할을 한다. 첫째, 수많은 관찰을 간략하게 요약할 수 있도록 한다. 둘째, 우리가 이전에 직면하지 못했던 상황에서의 거동을 예측할 수 있도록 한다. 셋째, 창의적인 생각과 문제 해결의 예를 드러내고 있다. 마지막으로, 건설적이고 정제된 모델은 문제를 좀 더 근본적으로 이해할 수 있도록 한다.

모형을 개발하는 데는 시간이 걸린다. 초기에 약간의 관찰이 이루어지면 과학자는 어떤 패턴이 왜 존재하는 지 설명하려 할 것이다. 추가적인 관찰들이 **가설**을 뒷받침할 때까지 수학적인 요소를 담아 정량적인 실험을 시도하거나 예측을 한다. 데이터가 얻어지고 가설이 세워지며 보다 많은 데이터가 가설을 지원하기 위해 모아진다. 반박된 설명은 삭제되고 새로운 자료에 맞게 변형한 다음 다시 실험된다. 결국, '이유를 제안하고 실험하는 과정'을 통해 이론이 만들어진다. 모형이나 이론은 새로운 정보를 획득하여 진화하며, 새로운 관찰에 의해 이론은 뒤집힐 수 있다는 것을 받아들인다. 책에 있는 이론과 모형은 수많은 실험을 통해 뒷받침된 것이다.

1-3 화학에서의 숫자와 측량

농구선수의 키가 "six-ten"이라 할 때, 미국의 농구 팬은 6피트 10인치로 받아들인다. 미국에서는 m 단위를 사용하지 않기 때문에, 어느 누구도 6 m로 받아들이지 않는다.

이는 양적 정보와 질적 정보의 차이에 대한 사례이다. 과학자는 보편적 방법(그 선수는 키가 크다)으로 세상을 본다. 하지만 좀 더 깊은 이해를 위해 정량적이거나 수치적 측정과 모형을 이용한다. 이때 관찰내용과 결과를 분명하게 소통하며, 사용하는 용어의 개념을 확실히 한다.

단위

선수의 키에 대한 단위가 국가마다 달라 팬들 사이에 오해가 발생하기도 하는데 과학과 공학을 공부할 때도 단위문제가 발생한다. 예를 들어, 인간 문명에서 중요했던 에너지는 많은 단위가 존재하며, 거리와 질량 또한 수천 년 동안 측정되어 온 것으로 단위가 매우 다양하다. 하지만 과학과 공학의 국제화로 표준시스템이 확립되었으며, 이로 인해 유연성이 제공되었다. 국제단위계(SI 단위)에서 정의된 단위는 10의 지수를 뜻하는 접두사를 사용한다(그림 1.7).

관찰내용이 SI단위계로 보고되면 측정된 양의 종류를 알 수 있다. 예를 들어, 미터(m) 단위는 거리임을 안다. 표 1.1은 화학자에게 필요한 기본 단위이다. 하지만 이 기본 단위가 측정된 양의 크기에 맞지 않을 수도 있다. 예로, 원자나 분자는 0.0000000001미터 단위이다. 이렇게 많은 소수 자릿수를 다루는 것은 혼란스럽기 때문에, 이 양에 적합한 단위를 선택하는 것이 바람직하다. **크기에 관련된 접두사를 사용한다.** 예로 "kilo" 단위가 있는데, 1 km은 1000 m, 1 kbyte는 1000 byte이다. 접두사 kilo－는 기본 단위가 무엇이든 1000배를 뜻한다. 접두사는 숫자를 크게 하거나 작게 할 때 쓰인다(표 1.2). 0.0000000001 m는 0.1 nm 또는 100 pm로도 쓸 수 있다. 레이저 실험에서는 화학반응과정을 10^{-15} s 시간척도로 측정할 수 있는데, 이때 femtoseconds (fs)을 사용한다.

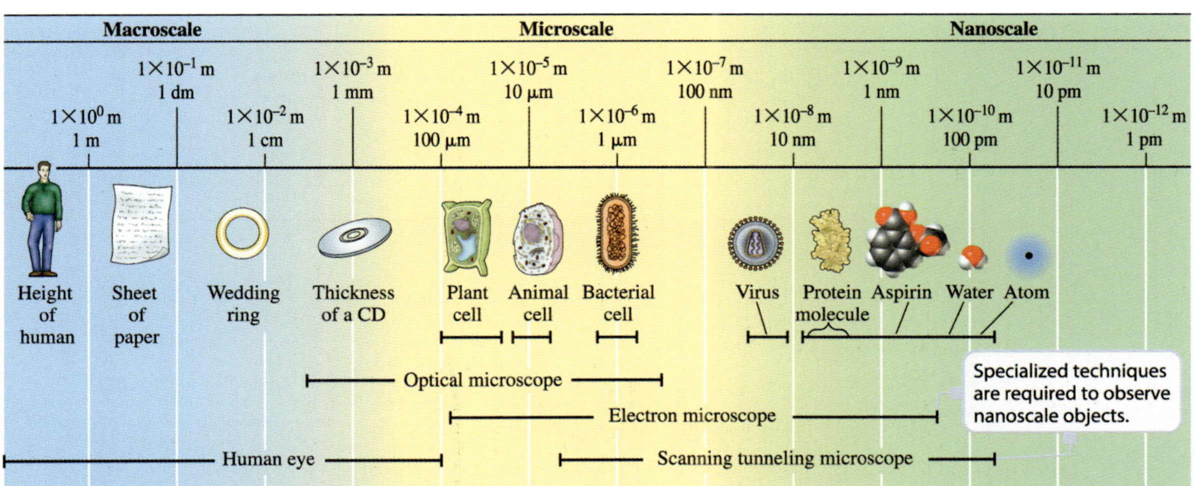

그림 1.7 SI 단위계에서 사용되는 접두사

모든 수량이 표 1.1의 단위로 측정될 수는 없다. 몇몇 단위는 기본 단위와 조합하여 발생되는데, 이를 **유도 단위**라 한다. 예를 들어, 에너지의 SI 단위는 줄(J)이며, 1 J은 1 kg m^2 s이다.

실제로 많은 단위가 일상에서 사용되고 있다. 예로 큰 시간 측정 단위로 kilosecond를 사용하기보다는 분, 일, 년이 사용된다. 부피는 SI 단위인 m^3보다 리터(L) 또는 밀리리터(mL)로 표시한다.

혼합물 속 특정 물질의 농도를 표시할 경우에도 다양한 단위를 사용한다. 금속은 불순물을 포함하는데 이 경우는 퍼센트(%)를 사용하며 또는 ppm(part per million)과 ppb(part per billion)를 사용하기도 한다. ppm 단위는 시료의 입자수가 백만(million)일 때로, 특정 물질의 입자가 시료에 얼마나 있는지 논할 때 사용된다(ppb는 시료크기가 십억(billion)일 때).

표 1.1 SI 단위계의 기본양

성질	단위
질량	kilogram, kg
시간	second, s
거리	meter, m
전류	amphere, A
온도	kelvin, K
입자수	mole, mol
빛의 세기	candela, cd

표 1.2 SI 단위계에서 사용되는 접두사

지수	접두사	기호	지수	접두사	기호
10^{24}	yotta	Y	10^{-1}	deci	d
10^{21}	zetta	Z	10^{-2}	centi	c
10^{18}	exa	E	10^{-3}	milli	m
10^{15}	peta	P	10^{-6}	micro	μ
10^{12}	tera	T	10^{-9}	nano	n
10^{9}	giga	G	10^{-12}	pico	p
10^{6}	mega	M	10^{-15}	femto	f
10^{3}	kilo	k	10^{-18}	atto	a
10^{2}	hecto	h	10^{-21}	zepto	z
10^{1}	deka	da	10^{-24}	yocto	y

온도의 경우, 화씨(Fahrenheit) 온도 또는 섭씨(Celsius) 온도를 사용하지 SI 단위인 켈빈(Kelvine) 온도를 사용하지 않는다. 온도 눈금은 두 가지 표준기준점을 사용하는데, 화씨 눈금은 첫 번째 기준점이 체온으로, 100°F이다. 두 번째 기준점은 얼음물에 소금을 넣었을 때의 가장 낮은 온도(0°F)로 얼음의 녹는점보다 낮다. 화씨온도눈금은 두 기준점(0°F와 100°F)을 100으로 나눈 것으로, 물의 어는점은 32°F, 끓는점은 212°F로 정의된다.

섭씨눈금은, 순수 물의 어는점을 0°C, 물의 끓는점을 100°C로 정한다. 그림 1.8은 세 가지 온도 눈금 사이의 관계를 나타낸 것으로 두 눈금 사이의 변환은 다음과 같다.

$$°F = (1.8 \times °C) + 32 \quad (1.1)$$

$$°C = (°F - 32) / 1.8 \quad (1.2)$$

과학에서는 켈빈온도를 사용하는데, 수학적 편의에 의한 것이다. 켈빈눈금은 섭씨눈금과 비슷한데, 이론적으로 가장 낮은 온도를 0 K로 한다. 이 정의의 수학적 중요성은 "0으로는 나누어지지 않는다"는 것인데, 분모에 온도가 있는 공식을 사용할 때로, 섭씨온도는 0이 가능하지만 켈빈온도는 그렇지 않다. 섭씨온도와 켈빈온도 사이의 변환은 다음과 같다.

$$K = °C + 273.15 \quad (1.3)$$

$$°C = K - 273.15 \quad (1.4)$$

일부 분야에서는 랭킨눈금(°R)을 사용하는데, 화씨눈금과 같은 크기이다.

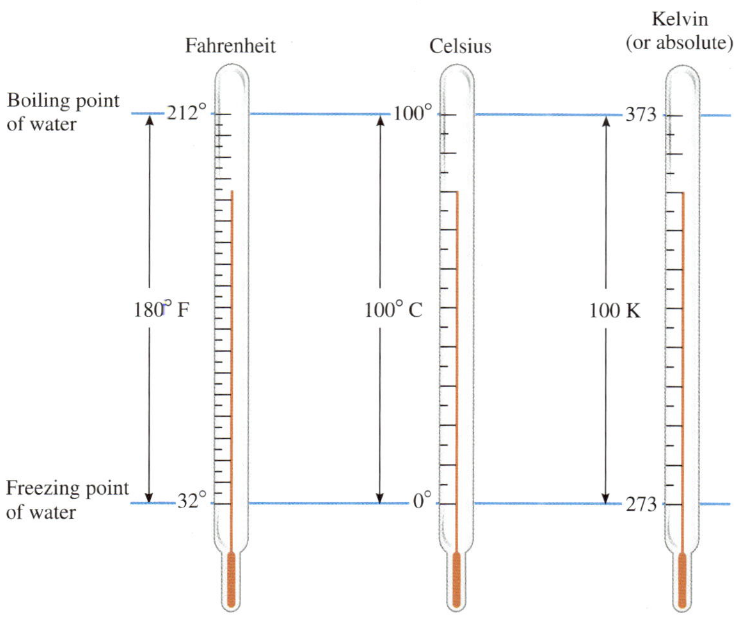

그림 1.8 화씨, 섭씨, 켈빈 온도범위의 비교. 물의 어는점은 32°F, 0°C, 273 K이다.

유효숫자

우리는 화학문제에서 매우 크거나 매우 작은 숫자를 다루기도 한다. 예로, 세계의 살충제 생산은 백만 톤을 넘어서고, 잔류 살충제가 동물이나 인간에게 해가 되는 농도는 나노그램이다. 54,000이라는 숫자는 5.4×10^4로 표기할 수 있으며 이는 $5.4 \times 10{,}000$과도 같다. 10^{-x}는 $1/10^x$와 동일하며, 0.000042는 4.2×10^{-5}로 표기할 수 있다.

관찰 후 숫자를 기록할 때 **유효숫자**(significant figure)의 정확한 개수를 적어야 한다. 유효숫자는 근삿값을 구할 때 신뢰할 수 있는 숫자를 자릿수로 나타낸 것을 말한다. 예로, 8을 5로 나누면 정확히 0.625이다. 우리는 0.6으로 쓰지 않는다.

또 다른 예로, 캐나다 인구 연감에는 34,482,779로 기록되어 있다. 캐나다에 사는 사람들의 24%가 프랑스어를 한다고 하자. 이 정보에 따라 8,275,587 캐나다인이 프랑스어를 하는 것이다. 만약, 프랑스어를 하는 캐나다인이 대략 8.0백만이라고 답하면? 여기서 유효숫자의 중요성을 알 수 있다. 24%가 정확히 24.000000%인지 모르기 때문에 8,275,587의 숫자는 신뢰할 수 없다. 23.95%라면 정확한 답은 8,258,626이다. 유효숫자의 합리적 수를 나타낸 "약 8백만"으로도 충분할 수도 있다.

그리고 0에 대한 규칙이다. 0이 자리수를 정하는 역할일 때는 중요치 않다. 51,300 m에는 두 개의 0이 있는데 중요치 않으며, 0.043 g도 그러하다. 소수점 이하 마지막 숫자로서의 0은 중요하고, 유효숫자 사이의 0도 중요하다. 따라서 4.30 mL과 304.2 kg의 0은 중요하다.

예제 1.2

어떤 합금이 2.05%의 불순물을 포함할 때, 유효숫자 개수는?

풀이 유효숫자 개수는 세 개다.

추가문제 다음 측정값의 유효숫자는? (a) 0.000403 g (b) 200,000 g

계산된 값과 계산에 사용된 데이터의 유효숫자 개수는 일치하여야 한다. 앞서 프랑스어가 가능한 캐나다인의 수, 약 8.0백만은 훌륭한 답이다. 8.0백만의 유효숫자 개수는 24%의 유효숫자 개수와 같기 때문이다.

규칙 1 : 곱셈과 나눗셈 경우, 결과값의 유효숫자 개수는 데이터 중 가장 작은 유효숫자 개수와 같아야 한다. 0.24 kg 곱하기 4621 m를 계산기로 읽으면 1109.04인데, 유효숫자로 정확히 표시하면 1100 또는 1.1×10^3 kg m이다. 0.24 kg이 두 개의 유효숫자(가장 작은 유효숫자 개수)를 갖기 때문이다.

$$0.24 \times 4621 = 1109.04 \rightarrow 1.1 \times 10^3$$
$$0.240 \times 4621 = 1109.04 \rightarrow 1.10 \times 10^3$$
$$0.2400 \times 4621 = 1109.04 \rightarrow 1.109 \times 10^3$$

규칙 2 : 덧셈과 뺄셈에서 유효숫자는 유효숫자의 개수보다는 첫 번째 불확실 숫자의 위치가 중요하다. 결과값에서 마지막 숫자는 첫 번째 불확실 숫자의 위치가 되도록 반올림한다. 0.3 m 더하기 4.882 m는 5.182이지만, 5.2 m로 표기해야 한다. 첫 번째 불확실 숫자는 0.3 m에서 3이기 때문에, 결과값은 소수점 한 자리가 되게끔 반올림한다. 이는 계산 결과를 믿을 수 있는 자리까지만 나타내는 것을 의미한다.

$$0.3 \quad + \; 4.882 \; = \; 5.182 \; \rightarrow \; 5.2$$
$$0.30 \quad + \; 4.882 \; = \; 5.182 \; \rightarrow \; 5.18$$
$$0.300 \; + \; 4.882 \; = \; 5.182 \; \rightarrow \; 5.182$$

예제 1.3

다음 연산을 유효숫자를 사용하여 기록하라.
(a) 4.30×0.31 (b) $4.033 + 88.1$ (c) $5.6 / 1{,}732 \times 10^4$

풀이

(a) $4.30 \times 0.31 = 1.3$ (b) $4.033 + 88.1 = 92.1$ (c) $5.6 / (1{,}732 \times 10^4) = 3.2 \times 10^{-7}$

추가문제 다음의 값을 유효숫자를 사용하여 구하시오.
(a) 7.10 m + 9.003 m (b) 0.004 g × 1.13 g

규칙 3 : 단위가 다른 개체의 개수를 셀 때도 적용할 수 있다. '1갤론은 4쿼터' 또는 '물 1분자에 2개의 수소 원자', 여기서 유효숫자에 대한 영향은 없다. 이는 SI 단위계에서 사용하는 접두사를 이용할 때도 마찬가지다. 1 m는 정확히 100 cm이나, 계산에서 100은 유효숫자의 수에 영향을 미치지 않는다.

1-4 화학이나 공학에서의 계산

비(ratio)의 이용

시간당 마일로 차의 속력(speed)을 논하며, kg 당 금액(원)으로 과일을 산다. 식료품점 영수증에 사과 5.0 kg 당 5,900원을 지불했다고 표기되어 있다. kg 당 당신이 지불한 비용은? 적절한 비와 간단한 계산으로 답을 얻을 수 있다.

$$\text{Price} = \frac{5{,}900\ \text{원}}{5.0\ \text{kg}} = 1180.0\ \text{원} / \text{kg}$$

금액(천원) 당 사과의 무게도 계산할 수 있다.

$$\frac{5.0\ \text{kg}}{5.90\ \text{천원}} = 0.85\ \text{kg의 사과} / \text{천원}$$

일반적으로 A = B일 때, 두 가지 비로 나타낼 수 있다.

A/B (한 단위의 B에 들어 있는 A)
B/A (한 단위의 A에 들어 있는 B)

예제 1.4

새우는 라벨에 파운드 당 평균수로 표기되어 있다. 새우가 클수록 개수는 작아진다. 20마리 묶음 새우가 15,900원이다. 새우 12마리는 얼마인가?

풀이

$$\frac{15{,}900\text{ 원}}{\text{새우 20마리}} \times \text{새우 12마리} = 9{,}540\text{원}$$

추가문제 농부가 농약을 5 갤런을 \$23.00에 구입하였다. 만약 농약이 65갤런 필요할 때 비용은?

위 예에서, 분모의 "새우 20마리"는 분자의 "새우 12마리"와 단위가 같아 지워진다.

$$\frac{15{,}900\text{ 원}}{20\ \cancel{\text{마리 새우}}} \times 12\ \cancel{\text{마리 새우}} = 9{,}540\text{원}$$

이것을 **환산인자라벨**(factor-label)법이라 한다.

비(ratio)를 이용한 화학계산

화학에서는 비를 이용하여 계산이 이루어지는데, 단위가 다를 경우 전환하여 사용한다. 두 양이 화학적 또는 물리적 성질에 의해 연관될 때 비로 나타내진다(예, 밀도). 밀도는 부피 당 질량으로, 질량과 부피 간의 전환을 가능케 한다.

예제 1.5

가시광선은 나노미터 단위의 파장으로 흔히 설명되는데, 미터 단위도 필요할 때가 있다. 615 nm 파장의 주황빛을 미터단위로 전환하면?

풀이 $1\text{ m} = 1 \times 10^9\text{ nm}$: nm를 m 단위로 환산하면

$$615\text{ nm} \times \frac{1\text{ m}}{10^9\text{ nm}} = 6.15 \times 10^{-7}\text{ m}$$

추가문제 광석으로부터 알루미늄을 제련하는 데는 많은 양의 전력(W)이 필요하다. 4.3 GW의 전력을 W 단위로 수정하면?

예제 1.6

25℃ 물의 질량밀도는 0.997 g/mL이다. 25℃에서 수영장은 346 L의 물을 담고 있다. 수영장의 물의 질량은?

풀이

$$346\text{ L} \times \frac{1000\text{ mL}}{1\text{ L}} \times \frac{0.997\text{ g}}{1\text{ mL}} = 3.45 \times 10^5\text{ g}$$

추가문제 액체 살충제의 밀도는 1.67 g/mL이다. 20.0 L 용기에 들어있는 살충제의 질량은?

예제 1.6에서는 1 L/1000 mL 대신에 1000 mL/1 L를 사용하여 원하는 단위로 계산을 유도하였다. 필요에 맞게 순차적으로 계산을 하는 방법을 배우도록 한다.

화학 개념 문제

앞으로는 화학개념을 이해하기 위해 미시적관점(예. 분자상태에서의 반응)에서 문제를 풀 것이다. 수증기가 액체로 응축되었을 때 무슨 일이 일어나는지를 도표로 그리라는 문제를 받을 수도 있다. 예제 1.7은 이러한 문제의 예이다.

예제 1.7

드라이아이스는 고체 이산화탄소이다. "드라이"는 일반 조건에서 액체를 거치지 않고 고체에서 기체로 승화되기 때문에 붙여진 단어이다. 이산화탄소의 고체와 기체 모식도를 그리시오.

풀이 원자를 상징하는 구를 다른 색으로 표현하여 화학 조성을 나타낸다. 바닥에 그려진 것이 고체로, 차곡차곡 밀접하게 채워진 모양이다. 기체는 몇 개의 분자만 그려 넣는데, 넓은 공간에 분포되어 있게끔 표현한다.

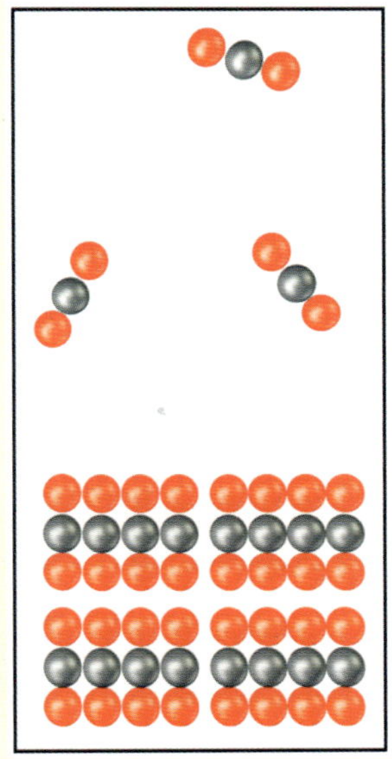

화학의 시각화

화학에서는 문제를 바라보기 위해, 직접적으로 관찰되지 않은 원자와 분자의 추상적인 내용도 표현할 수 있어야 한다. 화학수업에서 시각화는 중요한데, 알루미늄 제련을 예로 들어 설명하기로 한다.

알루미늄 광석은 산화알루미늄과 암석으로 이루어져 있다. 알루미늄 금속을 생산하는 첫 번째 단계는 암석에서 산화알루미늄을 분리하는 것이다. 첫 번째는 광석을 녹인다. 부서진 광석에 가성소다(NaOH)와 석회를 섞어 높은 온도에서 슬러리로 만든다. 그림 1.9는 이 과정을 미시적 수준에서 표현한 것으로, 알루미나는 알루미늄과 산소 원자로 구성되었고, 암석은 실리콘과 산소(실리카)로 구성되었음을 보여준다. 지각에 이들 원소가 많은 양 포함되어 있다는 사실에 입각하여 단순화시켜 묘사하였다. 그림에서 알루미나는 가성소다, 석회와 반응하지만, 실리카는 반응하지 않음을 알 수 있다.

다음 단계는 제련이다. 이 단계에서는 알루미늄염이 빙정석(Na_3AlF_6)에 녹아 탄소봉에 산소 원자를 잃고 상대적으로 순수한 알루미늄과 이산화탄소를 생성한다(그림 1.10). 알루미나의 녹는점은 약 2000°C 이상인데 비해 빙정석은 녹는점이 900°C 선으로 매우 낮으므로 950~980°C 정도에서 알루미나를 넣으면 빙정석 속에 녹아 들어간다.

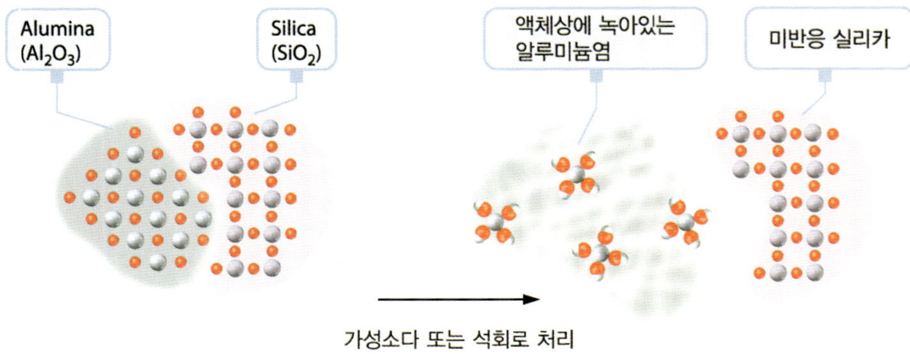

그림 1.9 알루미늄 광석(알루미나+실리카)을 가성소다와 석회로 녹이는 과정이다: 흰색-알루미늄, 붉은색-산소, 회색-실리콘 과정을 거치면 산화알루미늄염을 광석으로부터 분리할 수 있다.

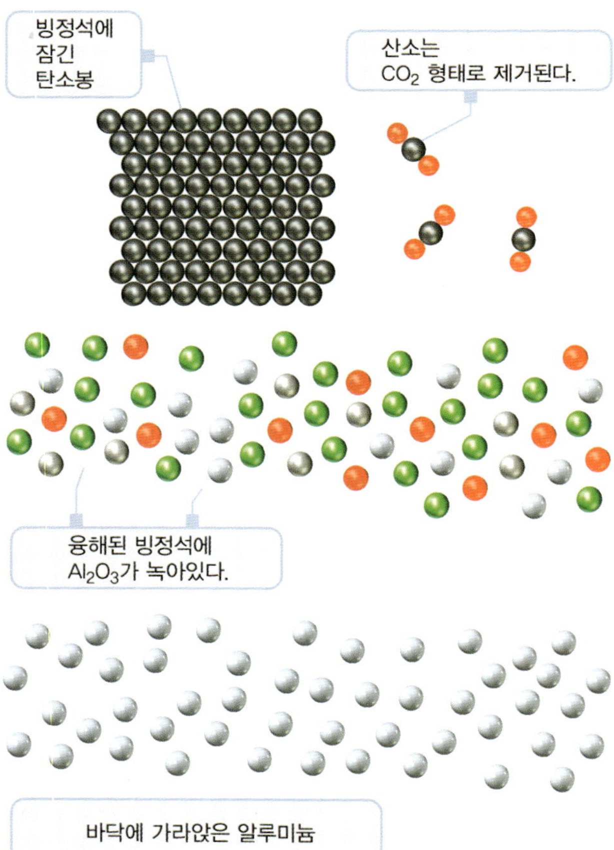

그림 1.10 원자수준에서 바라본 알루미늄염의 제련과정

연습문제

1-1 화학이란 학문

1.7 우리는 실험실에서 화학반응을 관찰할 때 세 가지 관점 중 어떤 관점에서 주로 바라보는가?

1.8 다음 항목이 물질인지 아닌지 판단하시오.
(a) 손전등 (b) 햇빛 (c) 메아리 (d) 해수면에서의 공기 (e) 에베레스트산 정상에서의 공기

1.9 고체, 액체, 기체를 구별하는 거시적 특징은 무엇인가?

1.10 액체가 미세한 가루는 어떻게 구별될 수 있을까? 어떤 종류의 실험이나 관찰을 수행할 수 있는가?

1.11 몇몇 농부들은 암모니아(NH_3)를 비료로 사용한다. 이 암모니아는 액체 형태로 저장된다. 액체 암모니아에서 기체 암모니아로의 전환되는 과정을 미시적 관점에서 표현하시오.

1.12 원소(element)와 원자(atom)는 같은 것을 의미하는가? 만약 그렇지 않다면, 어떻게 다른가?

1.13 다음 과정이 물리적 과정인지 화학적 과정인지 판단하시오. (a) 철교에 녹이 발생할 때 (b) 얼음이 녹을 때 (c) 나무가 탈 때 (d) 구은 감자를 소화할 때 (e) 물에 설탕을 녹일 때

1.14 물리적 변화시 화학적 변화가 발생하지 않았을 경우에도 화학에 미치는 물리적 성질의 영향은 왜 중요한가?

1.15 화학적 변화 때문에 물리적 성질이 변할 수도 있다. 예로 계란을 가열했을 때 화학적 변화가 일어나 맑은색에서 흰색으로 변한다. 또다른 예를 들어보시오.

1.16 화합물 또는 원소의 아래 설명 중 어떤 부분이 물리적 성질 또는 화학적 성질에 대한 것인지 판단하시오.
(a) 탄산칼슘은 하얀색 고체로 밀도가 2.71 g/cm^3이다. 쉽게 산과 반응하여 이산화탄소 기체를 발생한다.
(b) 회색 분말의 금속 아연은 보라색의 아이오딘과 반응하여 흰색의 화합물을 생성한다.

1.17 기체의 밀도가 액체나 고체보다 작은 이유를 분자적 수준에서 설명하시오.

1.18 모든 분자들은 서로 끌어당기며, 입자간 거리가 증가할수록 인력은 감소한다. 이에 근거하여, 물질이 어떤 상태일 때 입자간 인력의 세기가 가장 셀까: 고체, 액체, 기체.

1-2 화학 : 관찰과 모형

1.19 우리는 관찰의 본질을 강조하기 위해 축구 경기의 출석을 예로 사용하였다. 관심 대상을 세는 방법이 관찰에 영향을 미칠 수 있는 또다른 예를 들어보시오.

1.20 다음 문구를 완성하시오. 무작위 오차는 작으나 좁은 범위에서 얻어진 데이터는 (a) 정확하다(accurate) (b) 정밀하다(precise) (c) 둘 다 아니다.

1.21 다음 문구를 완성하시오. 조직적 오차가 큰 데이터는 여전히 (a) 정확하다 (b) 정밀하다 (c) 둘 다 아니다.

1.22 두 골퍼가 퍼팅 그린에서 샷을 연습하고 있다. 각각 20샷을 쳤다. 골퍼 1은 7번의 샷이 홀과 1 m 이내의 거리에, 나머지 13번의 샷은 그린 주위로 떨어졌다. 골퍼 2는 17번의 샷이 그린 근처의 작은 모래덫으로 들어갔다. 3번의 샷만이 모래덫 근처의 그린 위로 진행되었다. 어떤 골퍼가 더 정밀한가? 어떤 골퍼가 더 정확한가?

1.23 연역적 추론과 귀납적 추론의 차이점에 대해 설명하시오.

1.24 당신이 코너에서 버스를 기다리고 있다. 이 코너를 통과하는 경로는 세 가지이다. 당신이 원하지 않는 경로의 버스 2대가 지나간다. "다음은 내 버스야" 어떤 추론(연역적 또는 귀납적)을 사용하였는지 설명하시오.

1.25 어떤 과학자가 어떤 실험을 보고 다른 관련 실험의 결과도 예상한다면, 이때 사용된 추론은? 그 이유를 설명하시오.

1.26 가설(hypothesis)과 질문(question)의 차이는?

1.27 과학의 맥락에서 이론과 모델은 상호교환되어 사용되어야 하는가? 웹 검색으로 찾은 정보를 사용하여 답변하시오.

1.28 자연의 법칙(law of nature)이란? 모든 과학적 법칙은 자연의 법칙의 예들인가?

1-3 화학에서의 숫자와 측량

1.29 단위가 정보를 내포하는 기능을 잃었을 때 발생하는 오해를 설명하시오.

1.30 정성적 측정과 정량적 측정 사이의 차이점은?

1.31 다음 단위 중 SI 단위계에서 사용되는 기본 단위는? grams, meters, joules, liters, amperes.

1.32 유도(derived) 단위란?

1.33 다음 접두사를 크기 순으로 배열하시오. centi-, giga-, nano-, and kilo-.

1.34 가장 큰 컴퓨터의 디스크 저장공간은 petabyte로 측정된다. Petabyte는 몇 byte인가?

1.35 서로 다른 단위는 동일한 단일체로 바꾸었을 때, 측정된 양이 다르다는 것을 뜻한다. 에너지 단위인 erg와 calorie를 웹에서 찾아보고 그 차이점을 쓰시오.

1.36 Btu는 어떻게 만들어졌는지 웹에서 찾아보고, 공학적으로 어디에 사용되는지 그리고 그 이유는 무엇일까?

1.37 1 그램은 몇 마이크로그램과 같을까?

1.38 0.120 ppb를 ppm 단위로 환산하시오.

1.39 화씨 온도 단위는 어떻게 보정되었는가? 이 보정 과정이 온도 눈금이 설계되었을 때 명백한 측정 오차를 어떻게 반영하는 지 설명하시오.

1.40 초전도체는 전기의 흐름에 저항이 없기 때문에 공학적으로 많이 응용되나 극저온조건에서만 관찰된다. 초전도성이 관찰되는 가장 높은 온도는 138 K이다. 이 온도를 °C and °F 단위로 환산하시오.

1.41 다음 온도를 켈빈 단위로 환산하시오.
(a) −10.°C (b) 0.00°C (c) 280.°C (d) 1.4×10^3 °C

1.42 온도 단위를 바꾸시오.
(a) 275°C in K (b) 25.55 K in °C
(c) −47.0°C in °F (d) 100.0°F in K

1.43 다음 숫자를 과학적 표기법으로 쓰시오.
(a) 62.13 (b) 0.000414 (c) 0.0000051
(d) 871,000,000 (e) 9100

1.44 유효숫자 개수는?
(a) 0.136 m (b) 0.0001050 g (c) 2.700×10^{-3} nm
(d) 6×10^{-4} L (e) 56003 cm^3

1.45 유효숫자 개수는?
(a) 1374 kg (b) 0.00348 s (c) 5.619 mm
(d) 2.475×10^{-3} cm (e) 33.1 mL

1.46 다음을 계산하고 유효숫자를 이용하여 결과를 표시하시오.
(a) (4.850 g − 2.34 g) / 1.3 mL
(b) $V = \pi r^3$, where r = 4.112 cm
(c) $(4.66 \times 10^{-3}) \times 4.666$
(d) 0.003400/65.2

1.47 유효숫자 개수에 맞추어 다음을 계산하시오.
(a) $x = 17.2 + 65.18 - 2.4$
(b) $x = 13.0217/17.10$
(c) $x = (0.0061020)(2.0092)(1200.00)$
(d) $x = 0.0034 + \dfrac{\sqrt{(0.0034)^2 + 4(1.000)(6.3 \times 10^{-4})}}{(2)(1.000)}$

1.48 자전거의 속도를 측정하기 위해 관찰자는 스톱워치를 사용하여 25개의 "정사각형"이 깔려있는 길을 자전거가 이동하는데 걸린 시간을 측정할 것이다. 자전거가 이 거리를 이동하는데 4.82초가 걸렸다. 정사각형 한 변의 길이는 1.13 m이다. 기록된 속도는 몇 m/s인가?

1.49 어떤 물질의 질량이 4.131 g이고 부피는 7.1 mL이다. 이 물질의 밀도는 몇 g/mL인가?

1.50 인구가 531,314인 어떤 도시의 거주민의 23.6%는 대졸자이다. 유효숫자를 고려하여 대졸자의 수를 계산하시오.

1.51 어떤 학생이 10 quarters의 무게를 쟀을 때 총 질량은 56.63 g이었다. 1 quarter의 평균 질량을 보고서에 어떻게 적으면 좋을까?

1.52 어떤 돌의 질량이 12.1 g이었다. 이 돌을 11.3 mL의 물이 담긴 눈금실린더에 넣었을 때, 부피가 약 17 mL가 되었다. 이 돌의 밀도는 얼마인가?

1-4 화학이나 공학에서의 계산

1.53 8개의 사과가 담겨있는 사과 한 상자의 질량은 1.00 kg이다. 사과 한 개의 평균 질량(g)은?

1.54 8개의 사과가 담겨 있는 사과 한 봉지의 질량은 1.00-kg이며 가격은 $1.48이다. 사과 한 개의 가격은? $1.00에 해당하는 사과의 질량은?

1.55 어떤 사람의 키가 173 cm일 때 m 단위로 환산하면? feet 또는 inches 단위로 환산하면?

1.56 한 분자 내의 두 원자 간의 거리는 148 pm이다. 이 거리

를 m 단위로 환산하시오.

1.57 다음 단위로 환산하시오.
(a) 3.47×10^{-6} g to μg (b) 2.73×10^{-4} L to mL
(c) 725 ns to s (d) 1.3 m to km

1.58 다음 단위로 환산하시오.
(a) 25.5 m to km (b) 36.3 km to m
(c) 487 kg to g (d) 1.32 L to mL
(e) 55.9 dL to L (f) 6251 L to cm^3

1.59 22.3 mL를 다음 단위로 환산하시오.
(a) liters (b) in^3 (c) quarts

1.60 어떤 자전거가 92 m/s 속도로 움직일 때, mile/hour 단위로 환산하면? (0.62 miles = 1.00 km)

1.61 아스팔트의 무게가 254 lb.이고 부피는 220.0 L일 때, 밀도(g/L)는?

1.62 1 $mile^2$은 정확히 640 acres이다. 1 acre는 몇 m^2인가?

1.63 어떤 원유 샘플의 밀도가 0.87 g/mL일 때, 3.6 kg의 샘플이 차지하는 부피(L)는?

1.64 수은의 밀도는 13.6 g/mL이다. 4.72 L 수은의 질량은 얼마인가?

1.65 48개의 국가가 접경해 있는 면적은 3.02×10^6 mi^2이다. 이들 지역은 완전히 평편하다고 가정한다(산이나 계속이 없다). 강수량이 2 inch일 때 이 영역을 덮을 수 있는 물의 양(L)은?

1.66 시중에 판매하는 알루미늄 호일의 크기는 $66\frac{2}{3}$ yards × 12 inch이다. 이 호일의 질량은 0.83 kg이고 밀도는 2.70 g/cm^3이다. 호일의 두께(inch)는?

1.67 타이타늄은 강하고 가볍기 때문에 비행기 본체에 사용된다. 타이타늄의 밀도는 4.55 g/cm^3이다. 타이타늄 실린더의 길이가 7.75 cm이고 질량이 153.2 g일 때, 실린더의 직경을 계산하시오. ($V = \pi r^2 h$, 여기서 V는 실린더의 부피, r은 반지름, h는 높이)

1.68 와이어는 와이어 게이지 번호에 따라 종종 파운드 스풀로 판매된다. 게이지 번호는 와이어의 직경을 뜻한다. 12 게이지 알루미늄 와이어의 10 lb 스풀은 몇 m인가? 12 게이지 와이어의 직경은 0.0808 in이고 알루미늄 밀도는 2.70 g/cm^3이다. ($V = \pi r^2 l$)

1.69 총알의 질량은 150 grains의 0.25% 이내 이어야 한다. 이 조건을 충족하게끔 총알의 질량 범위를 mg 단위로 나타내어라.(1 grain = 64.79891 mg)

1.70 한 엔지니어가 고고학자들과 함께 박물관에 실제 로마의 마을을 만들고 있다. 시장을 만드는 데 무게가 10 denarium인 화강암 돌이 100개가 필요하다. (denarium은 로마단위이다: 1 denarium = 3.396 g.) 이 돌을 만드는 제조과정에서 20%의 돌이 깍여나간다. 사용된 화강암의 밀도가 2.75 g/cm^3일 때, 주문해야 하는 화강암의 최소 부피는?

1.71 결정체가 액체와 어떻게 다른지 분자 수준에의 그림으로 나타내어라.

1.72 알루미나와 실리카의 차이점을 분자 수준에서의 그림으로 나타내어라.

1.73 평균적으로 지구의 지각은 약 8.1%(질량)의 알루미늄을 함유하고 있다. 만약 표준 사이즈(12-ounce)의 탄산음료캔에 약 15.0g의 알루미늄을 포함되어 있다면, 지구의 지각 1톤으로부터 얼마나 많은 캔을 만들 수 있을까?

1.74 컴퓨터 프로세서의 속도가 증가함에 따라, 엔지니어들은 주어진 영역내 회로 소자의 수를 늘릴 필요가 있다. 개별 회로 소자는 흔히 칩 표면에 직접 쌓인 매우 작은 구리선을 사용하여 연결된다. 일부 최신 프로세서에서의 구리 인터커넥트는 약 65 nm 너비이다. 단면을 사각형이라 가정할 때, 1 mm 길이의 인터커넥트에 들어있는 구리의 질량은? 구리의 밀도는 8.96 g/cm^3이다.

1.75 예루살렘에 있는 "서양의 돌"은 지금까지 사용된 가장 큰 석재 블록 중 하나이다. 질량은 517 metric ton이고 길이는 13.6 m, 높이는 3.00 m, 폭은 3.30 m이다. 이 돌의 밀도(g/cm^3)는? (1 metric ton = 1000 kg)

1.76 어떤 Bauxite 한 덩어리의 밀도는 3.15 g/cm^3이고, 질량은 115 metric ton이다. 12 $yard^3$의 용량을 가진 덤프트럭 몇 대가 필요한가?

Chapter 2

원자와 분자

Atoms and Molecules

2-1 원자구조와 질량

원자

원자(atom)는 핵이라 불리는 작고 압축된 중심부를 전자구름이 둘러싸고 있는 형태이다. **핵**(nucleus)은 **양성자**(proton)와 **중성자**(neutron)로 이루어져 있다. **전자**(electron)는 핵에 비해 많은 공간을 차지한다. 그림 2.1(a)는 양성자, 중성자, 전자의 상대적인 위치를 보여준 것으로, 그림의 양성자와 증성자가 실제라면 전자는 수백 미터 떨어져 있어야 한다. 이 그림에서는 전자가 핵을 중심으로 규칙적인 궤도를 돌고 있다. 하지만 그림 2.1(b)처럼 “핵 주위를 둘러싼 음전하 구름”으로 전자를 표현하는 것이 맞다.

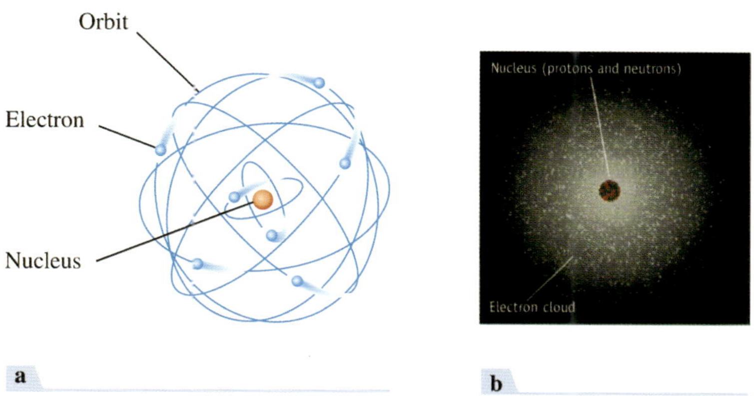

그림 2.1 원자의 구조는 태양계와 비슷하다. 전자들이 핵을 중심으로 한 궤도(orbit)를 움직인다. (a) 간략히 표현한 원자그림(정확치 않다) (b) 전자를 “핵을 둘러싼 음전하 구름”으로 표현한 그림으로, 작은 점의 밀도가 높을수록 전자를 찾을 확률은 높다.

원자를 구성하는 양성자, 중성자, 그리고 전자의 수에 대해 알아보자. 양성자는 양의 전하, 전자는 음의 전하이며, 중성자는 중성이다. 원자는 전기적으로 중성인데, 양성자와 전자는 서로의 전하량(electric charge)을 상쇄한다. 실험을 통해 양성자와 전자는 전하량은 같으나 부호가 반대임을 알고 있다. 전자 한 개는 -1.602×10^{-19} C의 전하량을, 양성자 한 개는 $+1.602 \times 10^{-19}$ C의 전하량을 갖는다. 원자가 중성이기 위해서는 전자수와 양성자수가 같아야 한다. 중성자는 전하량이 없기 때문에 중성자의 수는 전기중성도에 영향을 미치지 않으며, 원자마다 중성자수가 다르다.

원자 번호와 질량수

원자의 양성자수를 **원자번호**라고 하며, 원소(element)를 식별하는데 쓰인다. 탄소의 원자번호는 6으로, 중성의 탄소 원자는 6개의 양성자를 가지며, 전기적으로 중성이기 위해 6개의 전자를 갖는다. 약 99%의 탄소 원자는 6개의 중성자를 갖는다. 몇몇 탄소 원자는 7 또는 8개의 중성자를 갖기도 한다. 동일한 원소이면서 중성자수가 다른 원자를 **동위원소**(isotope)라 한다. 원자의 화학적 성질은 양성자와 전자에 의해 거의 결정되기 때문에, 동위원소를 화학적으로 분리할 수는 없다.

양성자와 중성자는 질량이 같은데, 전자의 거의 2000배이다. 원자의 질량은 핵에 집중되어 있다. 원자의 질량은 매우 작고 가볍기 때문에, 원자 규모의 단위를 사용한다 – **원자질량단위** (atomic mass unit, amu).

$$1 \text{ amu} = 1.6605 \times 10^{-24} \text{ g}$$

중성자와 양성자 모두 1 amu에 가까운 질량을 갖는다. 중성자 한 개의 질량은 1.009 amu이고, 양성자는 1.007 amu이다. 반면에 전자는 0.00055 amu이다. 따라서 합리적인 근사에 의해 원자의 질량은 양성자수와 중성자수의 합으로 결정된다. 양성자와 중성자의 총 합을 원자의 **질량수** (mass number)라 한다. 동위원소는 중성자수가 다른 동일한 원소이기 때문에, 원자번호는 같으나 질량수는 다르다.

동위원소

질량분석기를 이용하여 동위원소를 확인할 수 있다. 질량분석기는 미세 입자(원자 또는 분자)의 흐름을 포획하여 질량별로 분류할 수 있는데(그림 2.2), 분류된 입자의 수를 정확히 측정한다. 이 데이터를 질량스펙트럼이라 하는데, 질량별로 검출된 입자의 수를 보여준다. 특정 질량에서 피크가 보이면 분석된 샘플은 특정 질량을 갖는 성분으로 구성되어있음을 의미한다.

그림 2.3은 탄소의 질량스펙트럼이다. 그래프를 보면, 질량 12를 중심으로 커다란 피크를 볼 수 있다. 탄소-12라 불리는 동위원소를 뜻하며, 핵은 6개의 양성자와 6개의 중성자를 포함한다. 실제로 탄소-12를 사용하여 amu를 정의한다: 탄소-12의 질량은 정확히 12 amu이다. 질량스펙트럼을 자세히 살펴보면 질량 13을 중심으로 작은 피크를 볼 수 있다.

두 번째 동위원소 탄소-13은 7개의 중성자를 갖는데, 그 양은 작다. 두 피크의 상대적 크기를 비교해 보면, 탄소 원자의 약 99%가 탄소-12임을 판단할 수 있다.

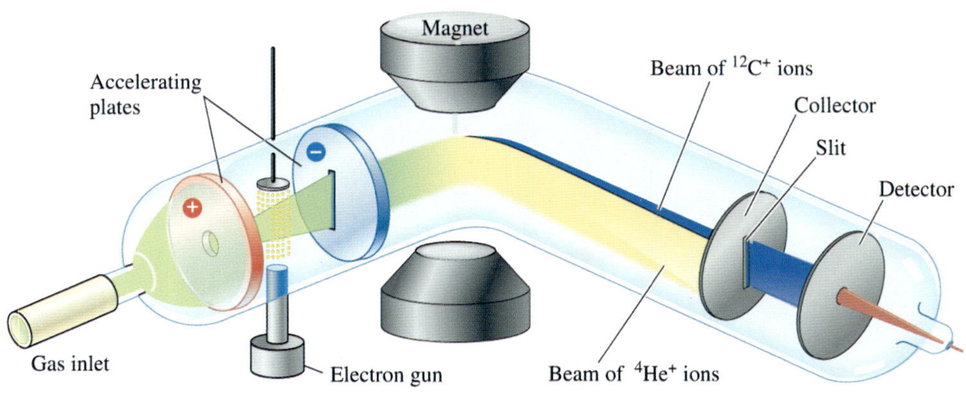

그림 2.2 질량분석기. 분석기로 주입된 기체는 전자총에 의해 전자를 잃고 이온으로 된다. 전기장에 의해 가속화된 이온들은 자기장을 통과한다. 이때 전하 대 질량비에 따라 이온들의 이동방향이 바뀐다. 가벼운 입자($^{4}He^{+}$)가 무거운 입자($^{12}C^{+}$)보다 더 많이 휜다. 슬릿을 통과한 선택이온이 검출기에 도달한다.

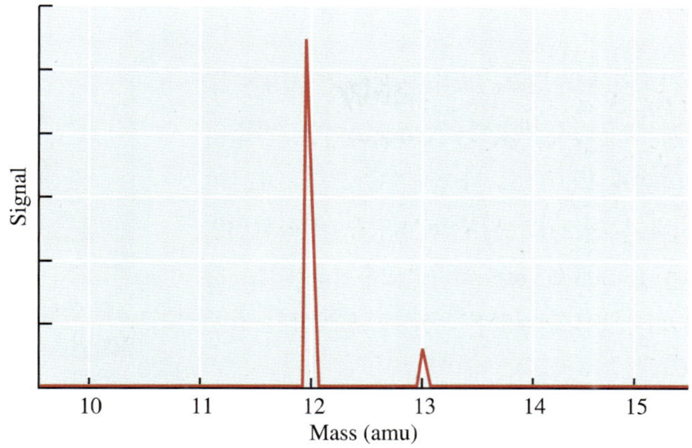

그림 2.3 탄소의 질량스펙트럼. 큰 피크는 ^{12}C에 의한 피크, 작은 피크는 ^{13}C에 의한 피크.

더 정확히 말하면 탄소-12는 98.93%, 탄소-13은 1.07%로, 탄소-13의 정확한 질량은 13.003355 amu이다. 각 동위원소의 상대적 양을 퍼센트로 나타내는데, 이를 "**존재비**(abundance)"라 한다.

원자기호

원자구조의 정보를 원자기호를 사용한 과학적 표기법으로 나타낼 수 있다.

$$^{A}_{Z}\mathrm{E}$$

E는 원소의 원자기호, 상첨자 A는 질량수, 하첨자 Z는 원자번호이다. 예로 탄소-12는 $^{12}_{6}\mathrm{C}$이다.

원자기호는 원소의 이름에서 파생하는데, 예로 탄소의 원자기호는 carbon의 C이다. 일부 원소의 원자기호는 라틴어 이름에 근거한다. 철(iron)의 원자기호 Fe는 ferrum에서 파생된 것이다. 26개의 양성자와 30개의 중성자를 갖는 철 원자는 $^{56}_{26}\mathrm{Fe}$로 표현되다. 이러한 예외적인 몇 가지 원소를 표 2.1에 표시하였으며, 부록 A에 전체 원소의 기호를 적어놓았다.

표 2.1 원자기호가 영어이름과 상관없는 원소

원소명	원자기호(유래된 이름)
Gold	Au (aurum)
Iron	Fe (ferrum)
Lead	Pb (plumbum)
Mercury	Hg (hydrargyrum)
Silver	Ag (argentum)
Sodium	Na (natrium)

원자량

주기율표에는 원자기호와 원자번호, 그리고 원자량이 적혀 있다. 원자량은 원소의 평균원자질량(단위 : amu)이다. 탄소의 원자량은 기호(C) 아래에 12.011로 나타내는데(그림 2.4), 이미 언급했던 바와 같이 탄소-12 원자의 질량은 정확히 12 amu이고, 탄소-13은 13.003355 amu이다. 12.011은 어느 값과도 일치하지 않는다. 그럼 원자량은 어떻게 정의되고 결정되는가?

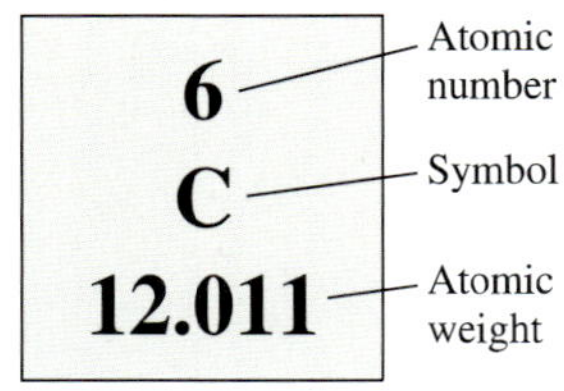

그림 2.4 주기율표에서의 탄소 원자번호 6, 원자량 12.011, 원자기호 C

원자량(atomic weight)은 특정 원소의 평균원자질량으로 정의된다. 탄소는 두 개의 안정된 동위원소를 가지며 각각의 질량은 12.000000과 13.003355 amu이다. 탄소의 평균질량은 12.5가 아닌 12.011로, 이것은 각 동위원소의 상대적 존재비(탄소-12는 98.93%, 탄소-13은 1.07%)로 설명이 가능하다.

$$\begin{aligned}
\text{탄소-12} &: 12.000000 \times 0.9893 = 11.87 \\
\text{탄소-13} &: 13.003355 \times 0.0107 = 0.139 \\
\text{평균질량} &= 11.87 + 0.139 = 12.01
\end{aligned}$$

현대기술로 원소들의 동위원소 존재비가 샘플에 따라 달라질 수 있음이 밝혀졌다. 탄소의 경우, 관측된 원자량이 12.009662부터 12.011505로 매우 다양하다. IUPAC (International Union of Pure and Applied Chemistry)은 다양한 샘플에서 얻어진 원자량의 편차를 인정하였는데, 표 2.2는 10가지 원소에 대한 원자량을 범위로 나타낸 것이다. 대괄호 안 숫자는 원소에서 관찰된 원자량의 최소 최대값으로, 대부분 이들 범위가 상당히 좁다. IUPAC은 이들 원소에 대한 원자량을 “conventional” 원자량으로 부르기로 결정했다. 본 서에서는 주기율표에 conventional value를 적어 놓았으며 원자량 계산에 이 값을 사용할 것이다.

표 2.2 원소들의 원자량 범위

원소	원자량 범위	간편 원자량
Hydrogen	[1.00784 ; 1.00811]	1.008
Lithium	[6.938 ; 6.997]	6.94
Boron	[10.806 ; 10.821]	10.81
Carbon	[12.0096 ; 12.0116]	12.011
Nitrogen	[14.00643 ; 14.00728]	14.007
Oxygen	[15.99903 ; 15.99977]	15.999
Silicon	[28.084 ; 28.086]	28.085
Sulfur	[32.059 ; 32.076]	32.06
Chlorine	[35.446 ; 35.457]	35.45
Thallium	[204.382 ; 204.385]	204.38

예제 2.1

PVC의 염소는 두 개의 안정된 동위원소를 갖는다. ^{35}Cl의 질량은 34.97 amu로 자연계에 존재하는 염소의 75.77%를 차지한다. ^{37}Cl은 36.95 amu이다. 염소의 원자량은 얼마인가?

풀이 우선 ^{37}Cl의 존재비를 계산한다.

$$^{37}\text{Cl의 존재비} = 100\% - 75.77\% = 24.23\%$$

각각의 동위원소가 원자량에 기여하는 정도를 계산할 수 있다.

$$^{35}Cl : 34.97 \times 0.7577 = 26.50$$

$$^{37}Cl : 36.95 \times 0.2423 = 8.953$$

$$\text{평균 질량} = 26.50 + 8.953 = 35.45$$

염소의 원자량은 35.45 amu이다.

추가문제 컴퓨터 칩에 사용되는 실리콘은 세 가지 동위원소를 갖는다. 질량과 존재비가 아래 표와 같을 때 실리콘의 원자량을 계산하시오.

동위원소	존재비	질량
^{28}Si	92.2 %	27.977 amu
^{29}Si	4.67%	28.977 amu
^{30}Si	3.10%	29.974 amu

2-2 이온

원자가 전기적으로 중성이기 위해서는 양성자와 전자의 수가 같아야 한다. 만약 양성자수와 전자수가 같지 않으면 알짜 전하(net charge)를 갖는 종이 되는데, 이것을 이온이라 한다. 이 종은 더 이상 원자가 아니며, 거동도 원자와는 다르다.

단일 원자로 된 이온을 **일원자 이온**(monatomic ion)이라 하며, 전하를 띤 원자 그룹을 **다원자 이온**(polyatomic ion)이라 한다. 일원자 또는 다원자 이온은 음 또는 양의 전하를 갖는다. 음전하를 띤 이온을 **음이온**(anion)이라 하는데, 양성자보다 더 많은 수의 전자를 갖는다. 전자보다 양성자수가 많은 이온은 양전하를 띠며 **양이온**(cation)이라 한다.

이온기호는 원자기호와 유사한데, 원자기호의 오른쪽 위에 전하를 표기한다. 표 2.3은 일원자 이온의 예이다. 일원자 음이온은 이름 끝에 −화(−ide)를 붙이고, 양이온은 원소 이름에 "이온"만 붙이면 된다.

다음은 전하(electric charge)의 기본적인 특징이다. 첫째, 반대 전하는 서로 끌어당기나 같은 전하는 서로 밀어낸다. 둘째, 전하량은 보존된다. 이는 화학과정에서 이온의 생성과 관련한 중요한 내용이다. 전하량이 보존되기 때문에, 중성의 원자 또는 분자가 이온으로 바뀌었을 때 반대 전하를 가진 입자(전자나 또다른 이온)가 동시에 생성되어야 한다. 이때, 중성의 원자 또는 분자를 정반대의 전하를 갖는 입자 한 쌍으로 전환하는 데는 에너지가 필요하다.

표 2.3 일원자 이온

양이온(한글명)	(영문명)	기호	음이온(한글명)	(영문명)	기호
소듐 이온	Sodium ion	Na^+	플루오르화 이온	Fluoride ion	F^-
리튬 이온	Lithium ion	Li^+	염화 이온	Chloride ion	Cl^-
포타슘 이온	Potassium ion	K^+	브로민화 이온	Bromide ion	Br^-
마그네슘 이온	Magnesium ion	Mg^{2+}	황화 이온	Sulfide ion	S^{2-}
알루미늄 이온	Aluminum ion	Al^{3+}	질소화 이온	Nitride ion	N^{3-}

쿨롱의 법칙

"반대 전하는 서로 끌어당기며, 같은 전하는 밀어낸다"라는 말을 수학식으로 나타낼 수 있다. **쿨롱의 법칙**(Coulomb's law)은 하전된 입자들의 작용에 관한 것으로, 위의 내용은 단순한 식으로 표현된다.

$$F = \frac{q_1 q_2}{4\pi\epsilon_0 r^2} \tag{2.1}$$

여기서 q_1과 q_2는 전하, ϵ_0는 진공에서의 유전율, r은 전하간 거리이다. F는 두 전하 사이에 작용하는 힘이다. 두 전하의 부호(양 또는 음)가 같으면 F는 양의 값이며, 반대이면 음의 값이다. F값이 음이면 인력을, 양이면 척력을 뜻한다.

두 이온 사이의 거리, r에 따른 영향을 살펴보자. 양으로 하전된 두 입자가 멀리(무한거리) 떨어져 있다 하자. 분모의 r^2이 매우 커지기 때문에 F는 매우 작아진다. 결과적으로 두 입자는 서로에게 영향을 미치지 않게 된다. 같은 전하의 두 입자가 가까이 접근하면 r^2은 작아지기 때문에 F는 커진다. 이렇게 되면 이들 입자는 서로 밀어낸다. 그림 2.5는 쿨롱 힘과 거리의 관계이다.

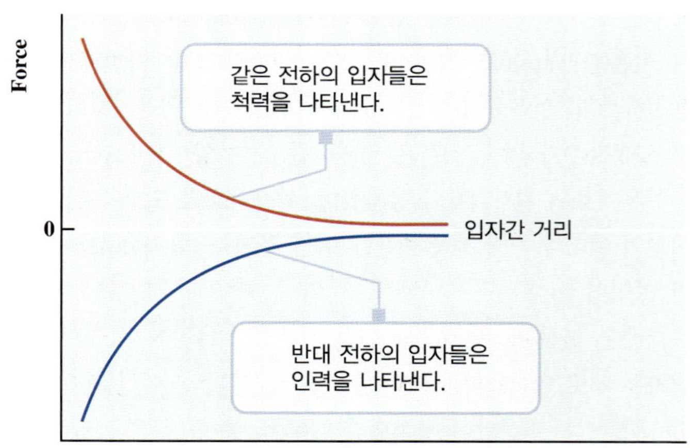

그림 2.5 반대 또는 같은 전하를 가진 두 입자간의 거리에 따른 쿨롱힘. 같은 전하의 입자들은 서로 밀어내기 때문에 쿨롱힘은 양의 값이다. 반대 전하의 입자들은 서로 끌어당기기 때문에, 쿨롱힘은 음의 값이다.

이온의 성질

많은 수의 일원자 양이온과 음이온이 존재하는데, 이들 이온은 기체상으로 존재할 수 있기 때문에 대기화학에서도 중요하게 다뤄지며, 물에 용해된 물질을 다루는 화학에서도 다뤄진다. 예로, 소듐 원자(Na)는 쉽게 전자 하나를 잃고 소듐 양이온(Na^+)이 된다. 소듐 양이온은 11개의 양성자를 여전히 갖고 있으나 소듐 원자처럼 거동하지 않는다. 예로, 감자튀김의 "소듐"은 소듐 금속이 아니다. 만약 소듐 금속이라면 불꽃을 일으키며 타 버릴 것이다. 이때의 소듐은 이온을 뜻하며, 튀김에 뿌려진 소금에 의한 것이다.

반대로 염소는 쉽게 전자를 얻어 염소 이온(Cl^-)이 된다. 염소는 이온과 원자간에 뚜렷한 차이가 있다. 튀김이나 염장식품에 들어있는 것은 소금의 염소 이온이다. 염소 원자는 한 쌍으로 결합하면 황록색의 Cl_2 가스가 되어 폐를 자극한다. 이온은 중성의 원자나 분자와 매우 다른 거동을 한다. 이온은 원자나 분자보다 반응성이 크기 때문에, 중합체 합성시 개시제로 소량의 이온이 사용되기도 한다.

2-3 화학결합

화학식

화합물(chemical compound)은 순수 물질로, 둘 이상의 원소가 **화학결합**(chemical bond)으로 연결된 것이다. 원자들이 일정 비율로 결합하여 화합물을 형성하는데, 이 물질은 구성 원자와 다르게 거동한다. 이를 **분자**(molecule)라 한다. 분자가 다시 원자로 분해되면, 분해된 원자는 분자와 더 이상 같지 않다. 여러 물질은 원자나 이온으로 구성된 광대한 배열의 구조를 갖는다. 원자를 표시하는데 원자기호를 사용하듯이, 분자나 화합물에도 기호적 표현을 적용할 수 있다.

화학식을 이용하여 화합물을 구성 원소로 표현하는데, 화학식에는 분자식과 실험식이 있다. **분자식**(molecular formula)은 분자내 원자 구성을 나타낸다. 폴리에틸렌을 구성하는 에틸렌 단위체(monomer)의 분자식은 C_2H_4로, 분자 당 두 개의 탄소 원자와 네 개의 수소 원자가 있음을 보여준다. **실험식**(empirical formula)은 각각의 원소에 대한 원자수 간의 상대적 비를 나타내는데, 탄소에 대한 수소 원자의 비는 1 : 2이다. 따라서 실험식은 CH_2이다. 실험식으로는 화합물의 개개 분자에 대해 알 수 없다.

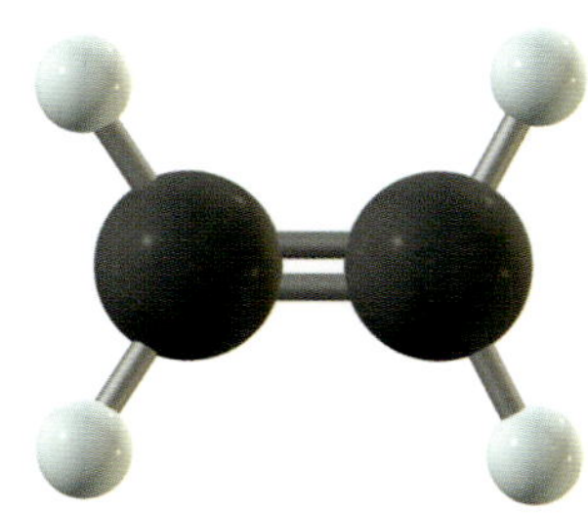

Ethylene, C_2H_4

일반적으로 중합체는 실험식으로 표현하는데, 중합체는 매우 커서 분자내 단위체의 정확한 수는 그리 중요치 않다. 반복 단위의 단위체에 대괄호를 쓰고 하첨자 n을 사용하여 많은 수의 단위체가 연결되어 있음을 표현한다. 폴리에틸렌은 $-[CH_2CH_2]_n-$ 이다.

Poly(vinyl chloride):	$-[CH_2CHCl]_n-$
Poly(vinylidene chloride):	$-[CH_2CCl_2]_n-$

원자를 공으로 표현한 분자모형

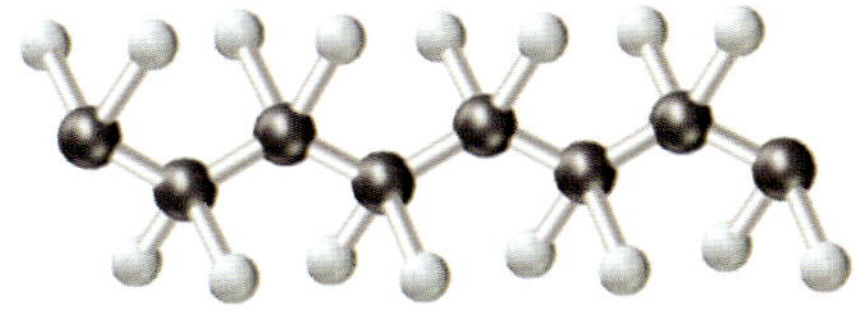

Polyethylene

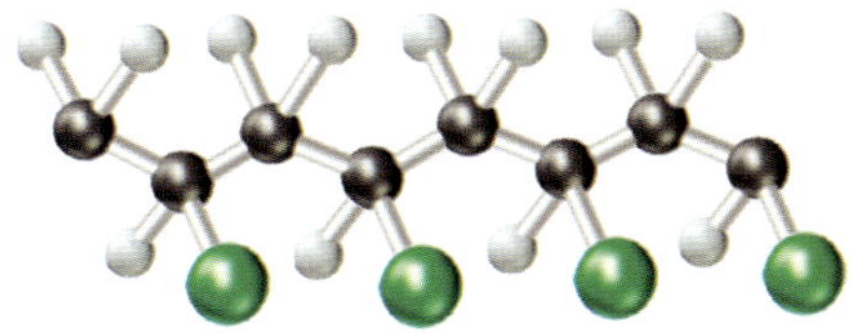

Poly(vinyl chloride)

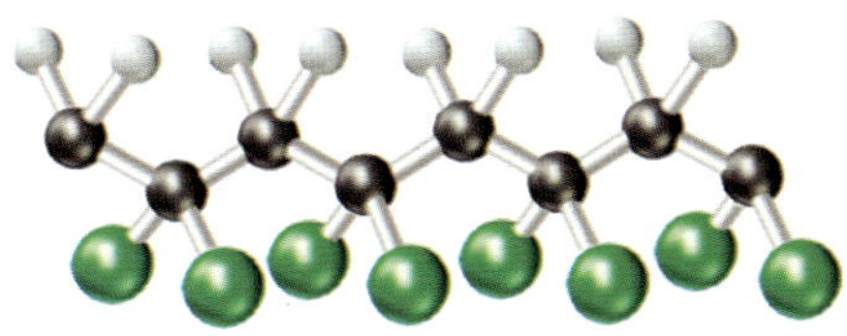

탄소 – 검은색
수소 – 흰색
염소 – 초록색

Poly(vinylidene chloride)

다음은 화학식에 대한 규칙이다.

1. 원자기호를 이용하여 원자를 나타낸다.
2. 화합물의 각 원자의 수는 원자기호의 오른쪽 옆에 하첨자로 표시한다. 예로 에틸렌의 분자식은 C_2H_4이다.
3. 원자 그룹은 괄호를 사용한다. 괄호 밖 하첨자로 괄호 안의 모든 원자가 반복됨을 나타낸다.
4. **수화물**(hydrate)이라 불리는 분자내 물 분자는 화합물과 분리하여 표시한다.

예제 2.2

중합체의 합성시 개시제나 촉매가 사용되는데, 촉매 중 하나인 diethylaluminum chloride, $Al(C_2H_5)_2Cl$ 한 분자에 각각의 원자는 몇 개 포함되어 있는가?

풀이 $Al(C_2H_5)_2Cl$에는 한 개의 알루미늄 원자, 한 개의 염소 원자, 두 개의 C_2H_5가 있다. C_2H_5는 두 개의 탄소와 다섯 개의 수소 원자를 포함한다. C_2H_5는 두 개이기 때문에 네 개의 탄소, 열 개의 수소를 포함한다.

추가문제 2,2'-azo-bis-isobutyrylnitrile, $C_8H_{12}N_4$ 한 분자에 각각의 원자는 몇 개 포함되어 있는가? 이 화합물의 실험식을 쓰시오.

화학결합

원자는 화학결합(chemical bonding)을 통해 결합하며 화합물을 형성하는데, 화학결합으로 물질의 화학적 성질을 이해할 수 있다.

다음은 화학결합의 특징이다. 첫째, 모든 결합은 전자를 교환하거나 공유한다. 둘째, 전자의 교환이나 공유를 통해 화합물은 개별 원자일 때보다 상대적으로 낮은 에너지를 갖는다. 그렇지 않으면 화학결합은 일어나지 않는다.

화학결합에는 이온, 공유, 금속 결합이 있다. 일부 화합물은 반대로 하전된 이온의 집합체로 **격자**(lattice)라 불리는 배열을 갖는데, 이 결합이 **이온결합**(ionic bond)이다. 어떤 물질이 전자를 잃으면 양이온이 되고, 반대로 전자를 얻으면 음이온이 된다. 그림 2.6은 이온화합물인 NaCl 간의 전자의 이동을 나타낸 것이다.

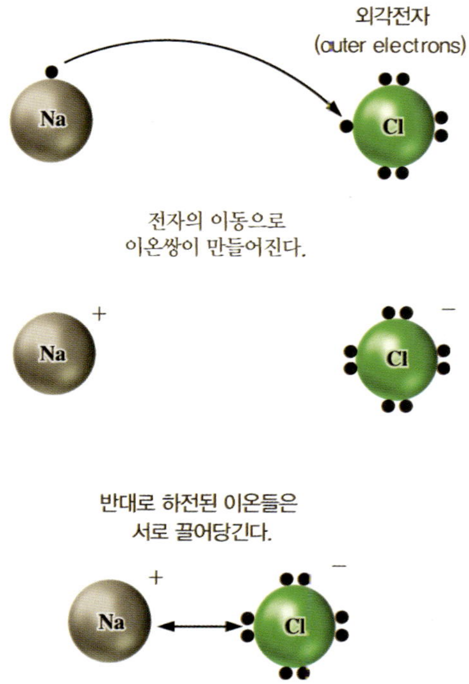

그림 2.6 소듐 원자에서 염소 원자로 전자가 이동하여 이온쌍(Na^+와 Cl^-)을 형성한다. 전자가 이동하면 이온간에 쿨롱인력이 작용한다.

이온화합물은 양전하 입자와 음전하 입자가 교차된 격자구조이다(그림 2.7). NaCl 화학식은 소듐과 염소의 존재비가 1 : 1임을 나타내지만, NaCl이 개별 분자인지는 입증할 수 없다. NaCl은 분자라기보다는 **화학식 단위**(formula unit)라 한다.

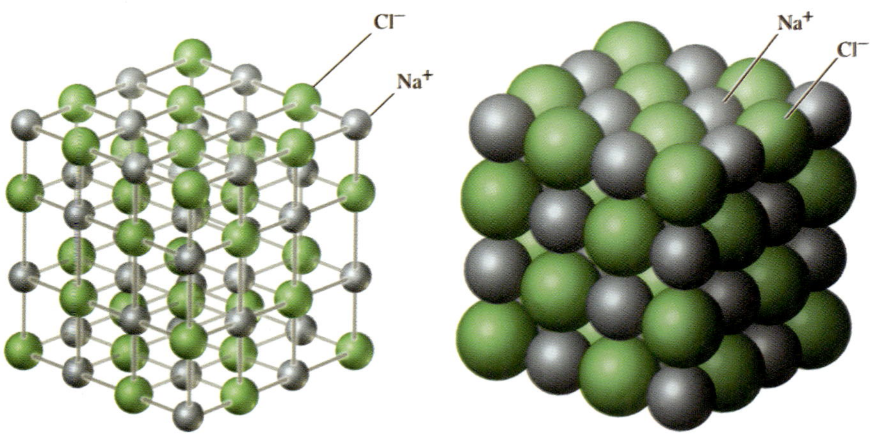

그림 2.7 NaCl의 결정구조(초록색 : Cl^-, 회색 : Na^+). 왼쪽그림은 이온의 위치를 강조한 그림. 오른쪽 그림은 두 이온의 상대적 크기와 배열패턴을 나타낸 그림

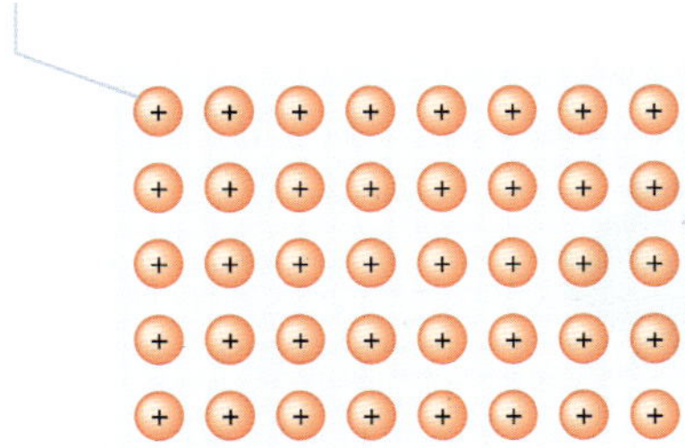

그림 2.8 금속결합. 각각의 금속원자는 하나 이상의 전자를 내놓아 "전자바다(electron sea)"를 만든다. 전자바다에서는 전자가 자유롭게 움직일 수 있으며, 이 때문에 금속은 전기전도성을 갖는다. 하늘색 영역이 움직이는 (비편준화된)전자들이다. 붉은색 원은 양으로 하전된 개별원자의 중심부(core)이다.

금속의 경우, 양전하와 음전하가 교차하는 구조가 아닌, 격자점에 양으로 하전된 "중심부(core)"가 생겨 나머지 전자들이 좀 더 자유롭게 이동할 수 있는 구조이다. 이것을 **금속결합(metallic bond)**이라 한다. 금속결합은 전자가 쉽게 이동할 수 있기 때문에 전자전도성을 갖는다(그림 2.8).

전자를 상대방 원자에 내주거나(이온결합), 전자가 격자 내를 이동하는 것(금속결합)이 아닌, 원자쌍 사이에서 전자가 공유되는 것을 **공유결합(covalent bond)**이라 한다. 두 개(때로 넷 또는 여섯)의 전자는 두 핵 사이에서 공유되며 핵을 끌어당긴다. 가장 간단한 공유결합의 예로 물, 이산화탄소, 프로페인이 있다(7장에서 자세히 다루도록 하겠다).

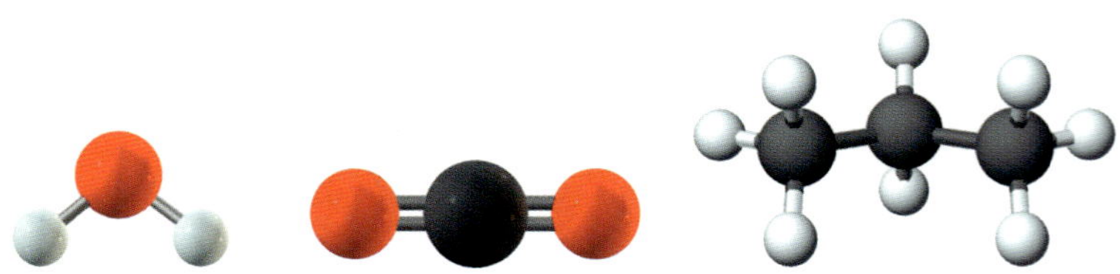

Water, H_2O　　Carbon dioxide, CO_2　　Propane, C_3H_8

이온결합	공유결합
양이온과 음이온 사이의 **정전기적 인력**에 의함	두 원자 사이에 **전자쌍을 공유**하면서 형성
반대 전하를 띠는 이온들이 결합되어 있기 때문에 녹는점과 끓는점이 매우 높다	분자내 공유결합은 매우 강하지만 다른 분자들과의 인력은 약해 녹는점과 끓는점이 낮은 편이다.
$Na^+ + Cl^- \rightarrow NaCl$ $2Al^{3+} + 3O^{2-} \rightarrow Al_2O_3$	$H\cdot + \cdot\ddot{\underset{\cdot\cdot}{O}}\cdot + \cdot H \rightarrow H:\ddot{\underset{\cdot\cdot}{O}}:H$
NaCl　염화소듐(Sodium chloride) Na_2CO_3　탄산소듐(Sodium carbonate) $Al_2(SO_4)_3$　황산알루미늄(Aluminum sulfate)	H_2O　물 NH_3　암모니아(Ammonia) C_2H_5OH　에탄올(Ethanol)

2-4 주기율표

주기율표는 원소의 성질에 관한 정보를 요약한 것으로, 원자번호가 증가하는 순서로 원소를 배열하였으며 화학적 성질에 따라 족(group)으로 분류하였다. 원소의 주기율표상 위치로부터 그 성질을 대략 알 수 있다.

1869년 러시안 과학자 D. Mendeleev는 주기율표와 법칙에 관한 내용을 책으로 출간하였다. 이 표에서 원소는 화학적 성질별로 규칙적이고 주기적 변화(periodicity)를 보인다. Mendeleev의 가장 중요한 업적은 미발견된 원소의 존재를 예측했다는 것이다. 그는 주기율표에 미발견된 원소가 위치할 수 있도록 공란을 남겼다. 후에 공란을 채울 원소가 발견될수록 더욱더 놀라움을 안겨주었다.

주기와 족

현대 주기율표에서는 원소를 두 가지 방식으로 배열한다: 가로열은 **주기**(period), 세로열은 **족**(group). 그림 2.9는 원자번호에 따른 고체상 원소의 밀도이다. 그림을 보면 밀도값이 규칙적인 패턴을 갖는데 일련의 최소값과 최대값을 보인다. 밀도의 변화가 주기율표에서의 위치와 어떤 관련이 있는지 보여주기 위해 그래프의 값을 다른 색으로 표시하였다. 각각의 색은 주기율표의 각 주기를 나타낸다. 주기율표의 원소는 원자번호가 증가하는 순서로 배열된 것으로, 그래프의 단편은 주기율표의 해당 열을 왼쪽에서 오른쪽으로 가로지른 것과 일치한다. 원소의 밀도는 왼쪽에서 오른쪽으로 갈수록 커지다 최대값을 통과한 후 다시 작아진다. 그림 2.10은 그림 2.9와 같은 자료를 음영으로 나타낸 것이다.

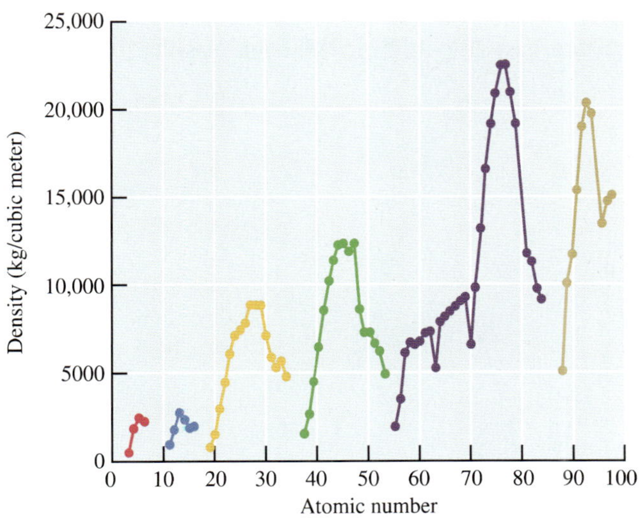

그림 2.9 원자번호에 따른 고체상 원소의 밀도 ; 왼쪽(1족)의 밀도가 가장 낮고, 오른쪽으로 갈수록 증가하다 다시 감소하는 패턴이 반복되고 있다. 붉은색(원자번호 3~6) 파란색(11~16) 노란색(19~34)

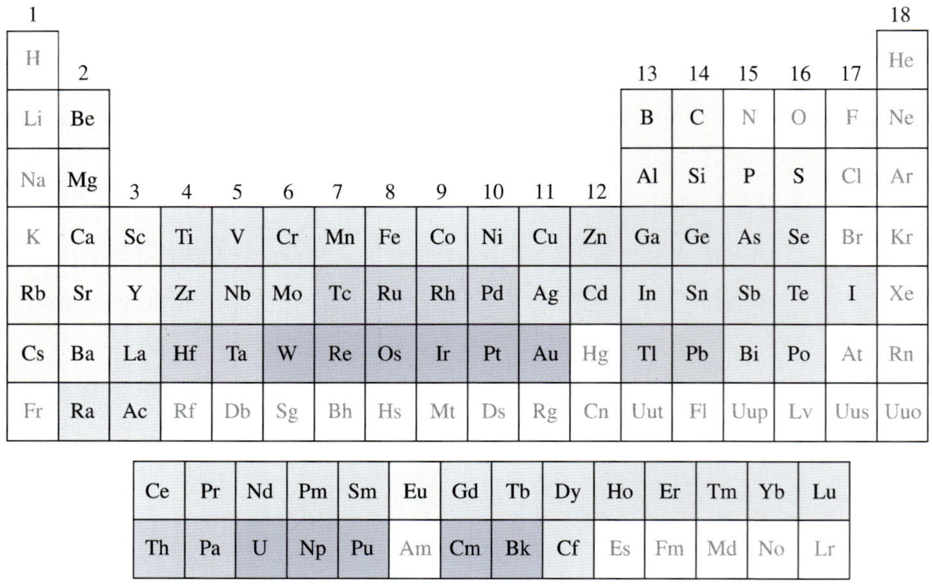

그림 2.10 그림 2.9와 같은 내용. 진한 음영이 밀도가 높은 것이다.

세로열은 화학적 성질이 비슷한 것끼리 원소를 묶어놓은 것이다. 대부분의 원소는 수소와 결합하여 화합물을 형성한다. 그림 2.11은 각 원소의 원자 하나가 결합할 수 있는 수소 원자의 수를 나타낸 것으로 규칙적인 변화가 나타난다. 같은 세로열의 원소들은 같은 숫자를 갖는데, 예로 불소, 염소, 브로민은 수소 원자 한 개와 결합한다.

이러한 화학적 유사성에 따라 족(group)의 이름이 명명되었는데, 가장 왼쪽 족(Li, Na, K, Rb, Cs)은 **알칼리금속**(alkali metal)이라 한다. Be, Mg, Ca, Sr, Ba는 **알칼리 토금속**(alkaline earth metal), F, Cl, Br, I는 **할로젠**(halogen)이라 한다. He, Ne, Ar, Kr, Xe는 매우 최근에 발견되었으며, **희귀 가스**(rare gas) 또는 **비활성 기체**(noble gas)라 한다.

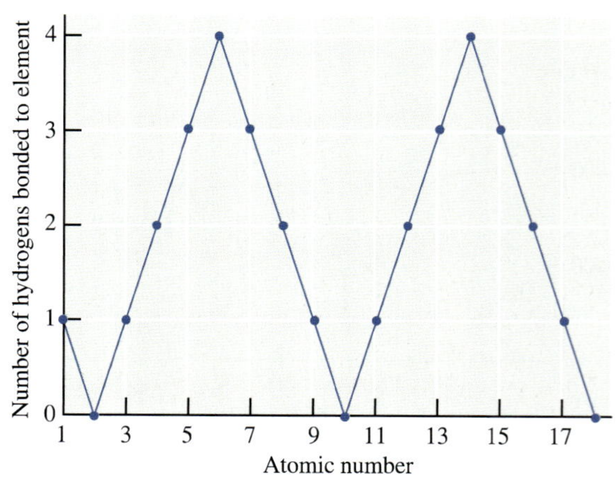

그림 2.11 각각의 원소와 결합하는 수소 원자의 수. 화학적 성질의 주기성이 나타난다.

주기율표의 영역별로도 이름이 있는데, 왼쪽 두 족의 원소들과 오른쪽 여섯 개의 족을 **대표원소**(representative element) 또는 **주족원소**(main group element)라 한다. 표의 중앙에 위치한 두 줄을 **전이금속**(transition metal)이라 한다. 철은 전이금속이다. 표의 아래에 위치한 원소는 란탄나이드($Z=57$인 란탄에서 유래), 악티나이드($Z=89$인 악티늄에서 유래)라 불린다.

족(group)을 표기할 때 넘버링을 이용하기도 하는데, 왼쪽부터 오른쪽까지 1~18을 붙인다. 예로 C, Si, Ge, Sn, Pb는 14족이라 불린다.

금속, 비금속, 준금속

원자는 **금속**(metal), **비금속**(nonmetal), **준금속**(metalloid)으로 분류된다. 편리하게도 주기율표에서 이들 범주에 따라 원소가 쉽게 분류되어 있다.

원소의 대부분은 금속으로, 주기율표의 왼쪽과 아래쪽에 위치해 있다(그림 2.12). 금속은 화학적 물리적 성질에서 여러 면이 유사하다. 물리적으로 금속은 반짝이고 가단성과 연성(잡아 늘릴 수 있는)이 있다. 또한 전기를 전도하기 때문에 전선으로 이용된다. 금속원소는 화학적으로 대부분의 화합물에서 양이온으로 존재한다. 비금속은 주기율표의 오른쪽 상단에 위치한다. 비금속은 생명체에서 중요한 역할을 하는데, 인체를 이루는 대부분의 분자는 탄소, 수소, 산소, 질소, 황, 인으로 구성된다. 화학적으로 비금속은 양이온보다는 음이온을 형성하려는 경향이 크다.

원소가 금속인지 비금속인지, 위에 언급된 물리적 성질로 파악할 수 있을 것처럼 보이나, 몇몇 원소는 쉽게 구별되지 않는다. 명확한 경계를 긋기 어려운 원소를 **준금속**(metalloid or semimetal)이라 부르는데, 주기율표에서 대각선상에 위치한다.

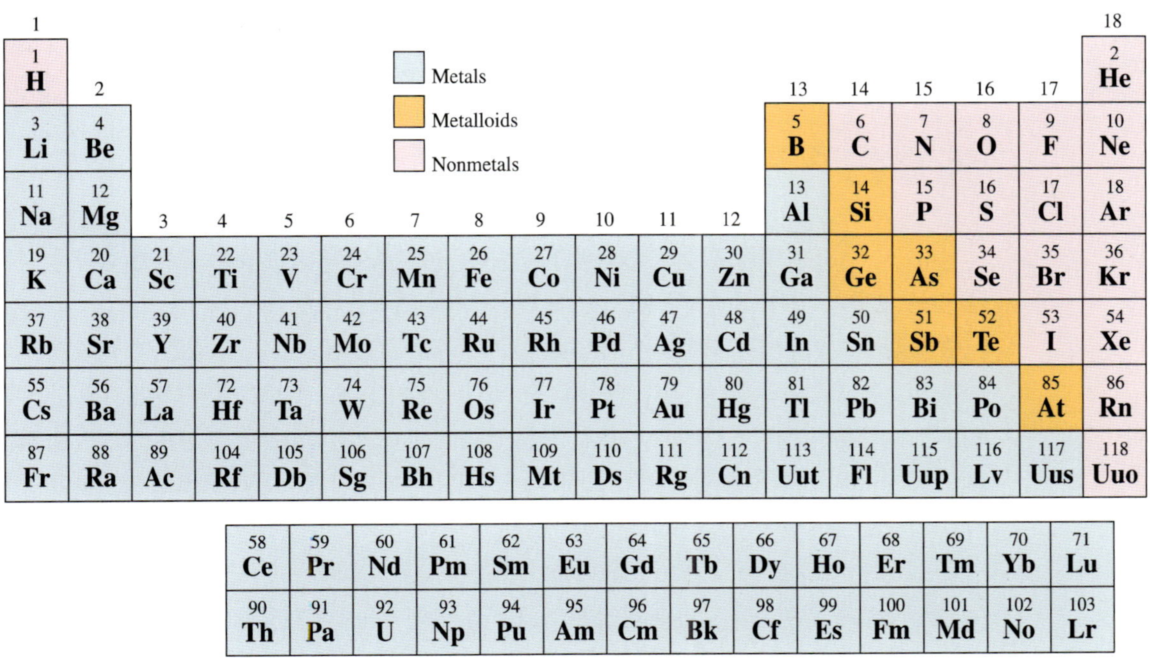

그림 2.12 원소를 금속, 비금속, 준금속으로 분류한 주기율표

중합체의 골격은 탄소 원자로 이루어져 있는데, 같은 14족에 속한 실리콘으로도 유사한 중합체를 만들 수 있을까? 실제 'silicones'로 알려진 Si-중합체가 존재하는데 탄소-중합체와 중요한 점이 다르다. 실리콘 원자 간의 공유결합은 탄소 원자만큼 강하지 않기 때문에, 실리콘 중합체 사슬은 원자 10개 이상의 길이에서는 불안정하다. 대신 결합이 강한 Si−O를 이용하여 사슬 길이를 늘일 수 있다. 실리콘 중합체는 그리스, 코킹재료, 발수제, 및 계면활성제로 이용되고 있다. 또한 고온에서도 견딜 수 있기 때문에 주방기구에서 다양하게 사용되고 있다.

2-5 무기화학과 유기화학

화학의 가장 기초적인 분야는 유기화학과 무기화학이다. 유기화학은 생명체와 관련된 화학이라는 의미에서 명명되었으나, 현대에는 탄소화합물과 관련된 학문이다.

무기화학 − 주족과 전이금속

대부분의 무기화합물은 상대적으로 크기가 작으며, 각 분자의 원자들은 공유결합을 하고 있다. 사염화실리콘($SiCl_4$)은 반도체에 사용되는데, 그림 2.13에 구조그림을 나타내었다. 한 개의 실리콘 원자가 네 개의 염소 원자로 둘러싸여 있으며, 각각의 염소는 실리콘과 전자 한 쌍을 공유한다.

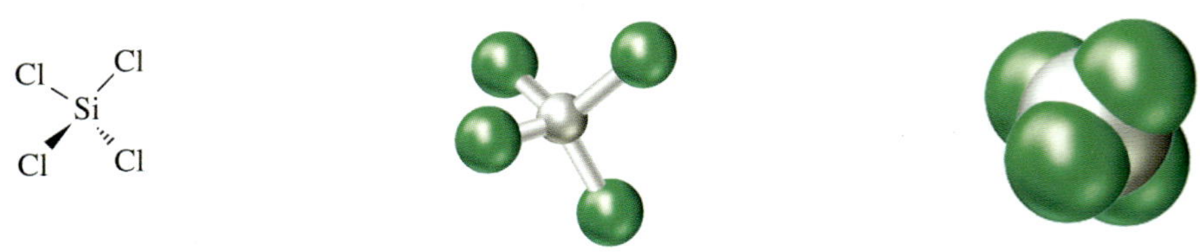

그림 2.13 사염화실리콘(silicon tetrachloride), $SiCl_4$의 구조

실리콘과 염소는 주족 원소로 14족과 17족이다. 같은 족에 속한 원소는 유사한 화학적 성질을 갖는 경향이 있다. $SnCl_4$와 CF_4는 유사한 구조와 결합을 갖는다.

주족 원소로 이루어진 화합물은 NaCl과 같은 구조를 갖는다(그림 2.7). 같은 족에 속한 원소들이 비슷한 화합물을 가질 거라 예상할 수 있다. 소듐은 1족, 염소는 17족이다. LiCl, NaF, KBr은 NaCl과 유사한 구조이다. 1족의 모든 금속은 1+가의 양이온을 형성하고 17족의 모든 원소는 1−가의 음이온을 형성한다. 1+가의 양이온은 1−가의 음이온과 1 : 1로 결합하여 중성의 화합물을 형성한다.

전이금속은 대부분 다중 양이온을 만들기 때문에 화학적으로 주족 원소보다 복잡하다. 철은 두 가지 일원자 양이온을 갖기 때문에(Fe^{2+}, Fe^{3+}), 1족 금속보다 다양한 화합물을 만든다. 철은 염소와 결합하여 $FeCl_2$(염화 제1철) 또는 $FeCl_3$(염화 제2철)를 형성하며, 물리적 성질이 다르다(그림 2.14). 전이금속은 주기율표의 위치와 상관없이 대부분 2+가의 전하를 갖는다.

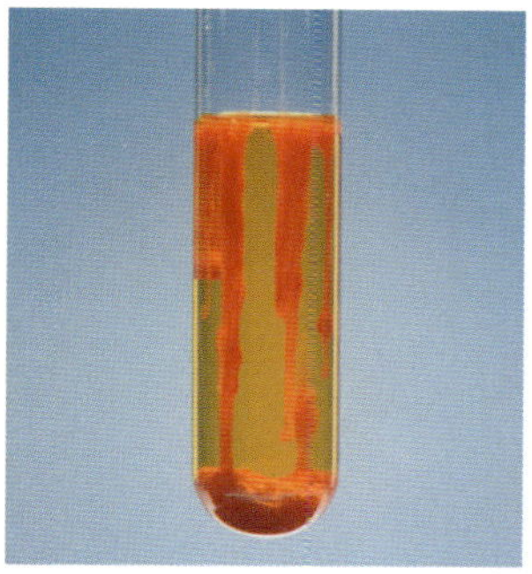

Iron(III) chloride, $FeCl_3$
밀도 2.90 g/cm^3 녹는점 306°C

Iron(II) chloride, $FeCl_2$
밀도 3.16 g/cm^3 녹는점 660°C

그림 2.14 철은 염소와 반응하여 $FeCl_2$ 또는 $FeCl_3$를 형성한다.

유기화학

모든 유기화합물은 탄소 골격을 가지며, 흔히 수소, 산소, 질소가 발견된다. 몇 가지 안 되는 원소에도 불구하고 18백만 이상의 유기화합물이 존재한다. 이는 탄소의 특이한 화학적 성질 때문이다. 탄소 원자는 쉽게 연결되어 사슬을 형성하는데, 매우 길게 연결될 수도 있다. 또한 사슬이 직쇄일 수도, 측쇄(한 곳 이상)일 수도 있다.

가장 간단한 유기화합물은 **탄화수소**(hydrocarbon)로, 탄소와 수소 원자들로 이루어져 있다(표 2.4). 가솔린에 포함된 탄화수소의 대부분은 탄소 원자가 6~11개인데, 탄소 원자들이 단일결합으로 연결되어 있는 탄화수소를 **알케인**(alkane)이라 한다. 알케인의 화학식은 C_nH_{2n+2}로 n은 정수이다. 표 2.5에 나타낸 직쇄의 알케인은 탄소와 탄소가 단일결합으로 연결되어 있다.

표 2.4 탄화수소의 분류

탄화수소의 분류			명칭	결합특징
사슬모양 탄화수소	포화 탄화수소	지방족 (aliphatic) 탄화수소	알케인(alkane) (C_nH_{2n+2})	탄소원자들의 단일결합 −C−C−
	불포화 탄화수소		알켄(alkene) (C_nH_{2n})	탄소원자들 사이에 이중결합 −C=C−
			알카인(alkyne) (C_nH_{2n-2})	탄소원자들 사이에 삼중결합 −C≡C−
고리모양 탄화수소	포화 탄화수소		사이클로알케인 (C_nH_{2n})	고리모양의 탄화수소
	불포화 탄화수소	방향족 (aromatic) 탄화수소	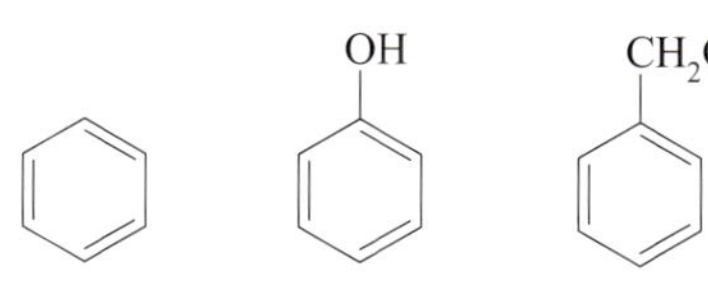 벤젠 페놀 벤질알코올	

표 2.5 알케인

알케인		분자식	구조
메테인	Methane	CH_4	
에테인	Ethane	C_2H_6	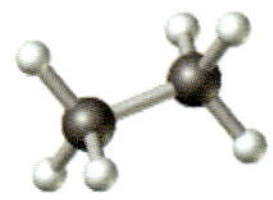
프로페인	Propane	C_3H_8	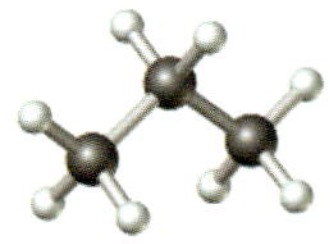
뷰테인	Butane	C_4H_{10}	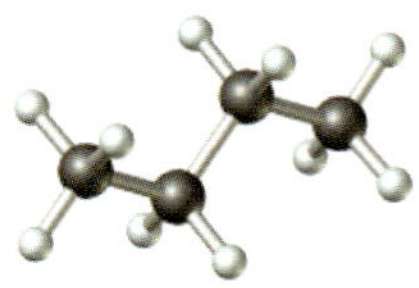
펜테인	Pentane	C_5H_{12}	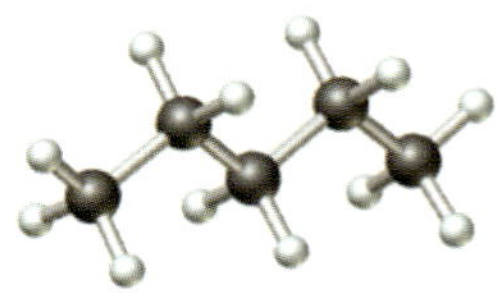
헥세인	Hexane	C_6H_{14}	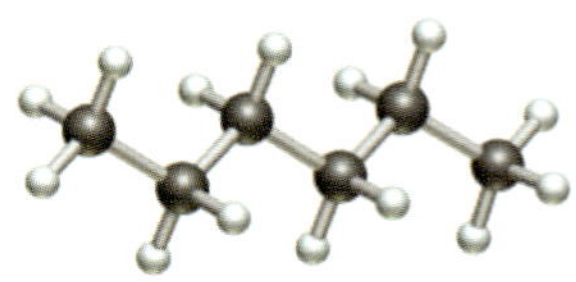
헵테인	Heptane	C_7H_{16}	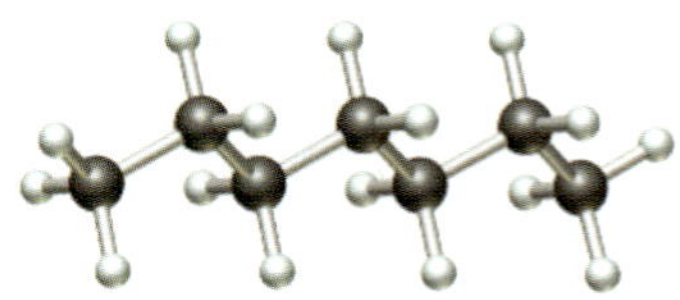
옥테인	Octane	C_8H_{18}	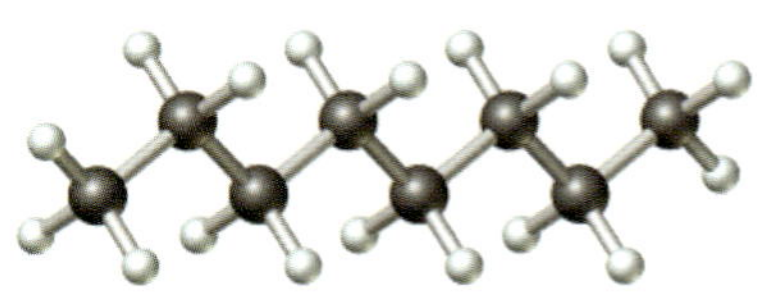
노네인	Nonane	C_9H_{20}	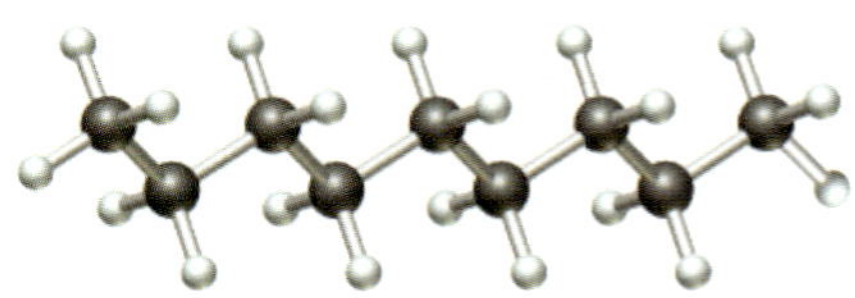
데케인	Decane	$C_{10}H_{22}$	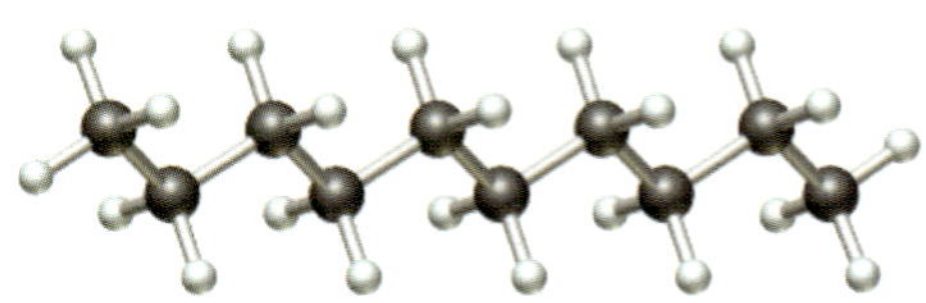

네 개 이상의 탄소 원자로 이루어진 알케인은 같은 분자식이면서 다른 구조(가지달린 형태)를 가질 수 있다. 분자식은 같으나 분자 내에 있는 구성원자의 연결방식이나 공간배열이 동일하지 않은 화합물을 **이성질체**(isomer)라 한다. 이성질체는 분자식은 같지만 서로 다른 물리/화학적 성질을 갖는 분자들을 이르는 말이다. 이성질체인 분자들은 원소의 종류와 갯수는 같으나 구성원자단이나 구조가 완전히 다르거나, 구조가 같더라도 상대적인 배열이 달라서 다른 성질을 갖게 된다. 이성질체는 다양한 물질에 존재할 수 있는데, 특히 탄소는 4개의 서로 다른 원자와 공유결합이 가능하므로 다양한 이성질체를 형성할 수 있다.

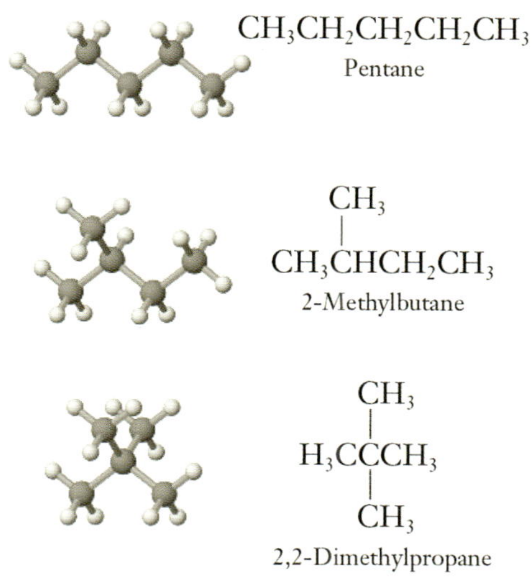

C_5H_{12}의 가능한 이성질체

위 그림은 pentane(C_5H_{12})의 이성질체 구조로, 2-methylbutane과 2,2-dimethylpropane는 가지달린 구조이다. 마찬가지로 butane과 isobutane도 탄소골격이 다른 이성질체이다. 이 외에 다른 작용기를 가지거나 작용기의 위치가 달라 이성질체가 만들어진다.

분자식	가능한 이성질체	
C_4H_{10}	$CH_3CH_2CH_2CH_3$ butane	CH_3 CH_3CHCH_3 2-methylpropane (isobutane)
C_2H_6O	CH_3CH_2OH ethanol	CH_3OCH_3 dimethyl ether
C_3H_6O	C_2H_5CHO propanal (propionaldehyde)	CH_3COCH_3 propanone (acetone)
$C_3H_6O_2$	C_2H_5COOH propionic acid	CH_3COOCH_3 dimethyl ester

알케인 명명법

① 탄소 원자수가 가장 많은 사슬을 알케인의 기본 이름으로 정한다(표 2.5).

② 사슬에서 치환기가 위치한 탄소의 가까운 쪽의 끝에서부터 번호를 붙이고, 먼저 치환기를 명명한 후 알케인의 기본 이름을 쓴다.

③ 두 가지 이상의 치환기가 있을 경우에는 치환기의 위치 번호가 작아지도록 번호를 붙이고, 치환기는 알파벳 순으로 명명한다.

④ 두 가지 이상의 치환기가 같은 경우 접두사 다이−, 트라이−, 테트라− 등을 사용하고(표 2.9), 치환기의 위치에 해당하는 번호를 차례대로 표시한다.

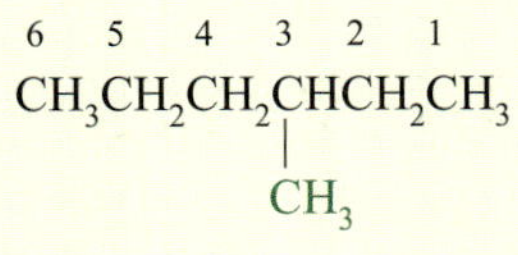

3-methylhexnae

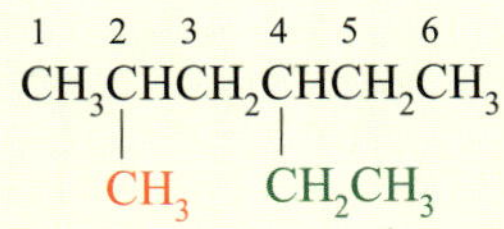

4-ehtyl-2-methylhexnae

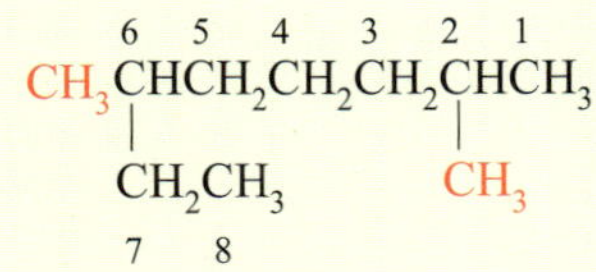

2,6-dimethyloctane

같은 분자식을 가진 다른 유기화합물(이성질체)이 존재하는 것은 특별한 일이 아니다. 따라서 화학자는 분자들의 화학식뿐만 아니라 원자가 배열된 정보도 제시하여야 한다. 그림 2.13에서 사용된 구조식을 사용하여 원자의 배열정보를 나타낼 수 있다. 유기화학은 매우 큰 화합물과 복잡한 구조를 다루기 때문에 **선구조식**(line structure)의 약식표기법을 사용한다. 선구조식은 구조식의 수정된 버전으로, 원자 간의 결합을 선으로 표시하는데, 때로는 원자기호를 생략하기도 한다. 유기화합물에서는 탄소 원자인 "C" 기호를 생략한다. 수소 원자가 많을 때는 탄소에 붙은 수소의 "H" 기호도 생략한다.

물질	분자식	실험식	시성식	구조식
메탄올 (methanol)	CH_4O	CH_4O	CH_3OH	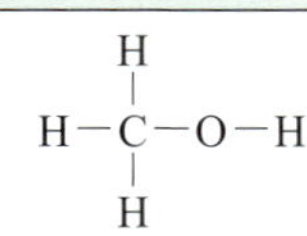
에탄올 (ethanol)	C_2H_6O	C_2H_6O	C_2H_5OH	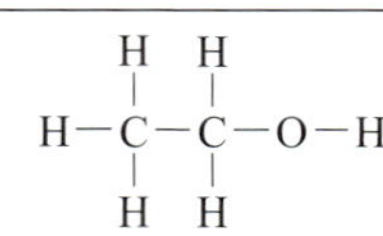
아세트산 (acetic acid)	$C_2H_4O_2$	CH_2O	CH_3COOH	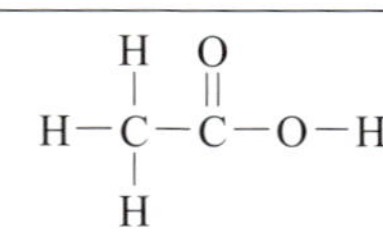
에틸렌글리콜 (ethylene glycol)	$C_2H_6O_2$	CH_3O	HOC_2H_2OH	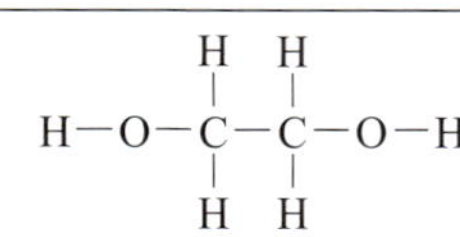

예제 2.3

Plexiglas®로 알려진 화합물은 Poly(methyl methacrylate)로, 단위체인 methyl methacrylate의 구조식은 아래와 같다. 선구조식으로 그려보아라.

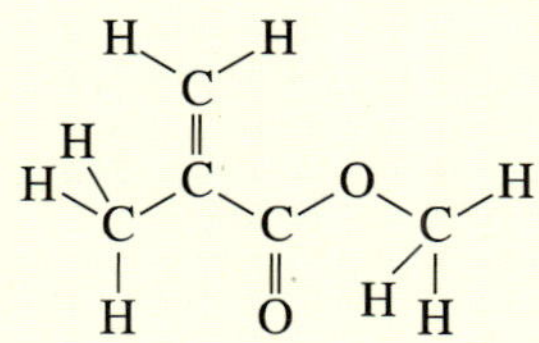

풀이 먼저, 수소 원자에 해당하는 기호와 결합을 삭제한다.

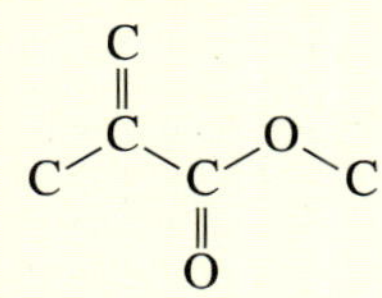

탄소 원자에 해당하는 기호를 삭제한다.

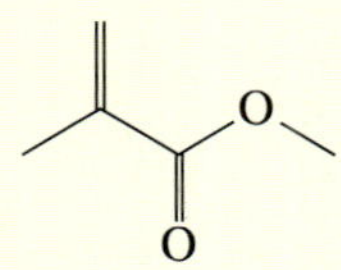

추가문제 다음은 Polystyrene의 단위체인 styrene의 구조식이다. 선구조식을 그려보아라.

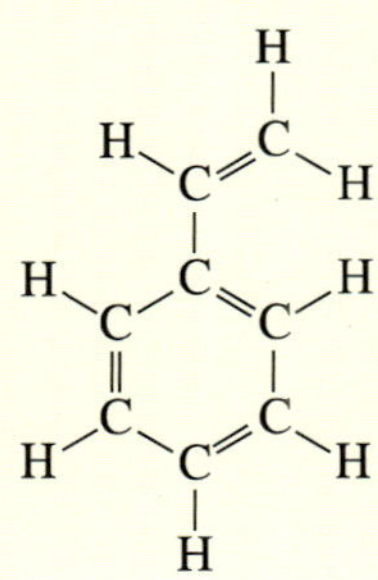

분자식을 결정하기 위해 선구조식을 그리는 법을 이해할 필요가 있으며, 화학 결합에 대한 내용을 아래에 적어 놓았다.

1. 유기화합물에서 수소 원자는 다른 원자와 한 개의 공유결합을 형성한다.
2. 유기화합물에서 각각의 탄소 원자는 네 개의 공유결합을 형성한다.

예제 2.4

Poly(phenylene oxide)는 온도저항성이 있는 플라스틱으로 컴퓨터 케이스나 자동차 계기판에 사용된다. 단위체인 2,6-dimethylphenol의 선구조식이 아래와 같을 때, 분자식을 그려보시오.

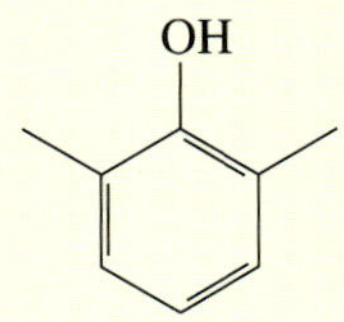

풀이 결합선의 끝에 탄소를 그린다.

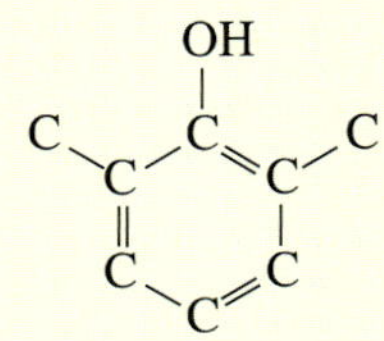

각 탄소에 해당하는 수소를 알맞은 숫자만큼 붙인다.

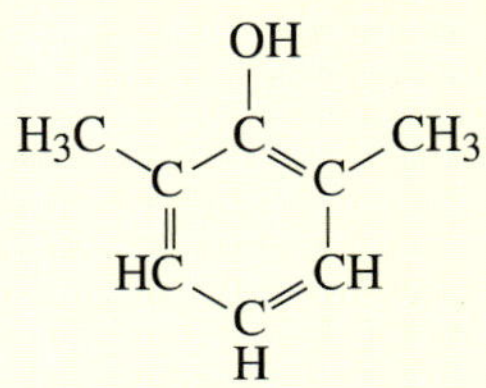

추가문제 Poly(vinylpyrrolidone)은 헤어스프레이와 합판접착제로 사용된다. 단위체인 vinylpyrrolidone의 선구조식이 아래와 같을 때 분자식을 그려보시오.

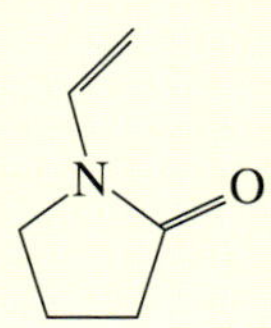

작용기

원자들의 특정한 배열은 유기화합물의 화학적 성질을 결정한다. 이러한 원자들의 배열을 **작용기**(functional group)라 한다(표 2.6). 예를 들어 알코올에는 하이드록시기 −OH, 케톤에는 카보닐기 −CO−, 알데하이드에는 포르밀기 −CHO, 유기산에는 카복실기 −COOH, 아민에는 아민기 $-NH_2$라는 작용기가 있다. 화합물은 작용기에 따라서 독특한 성질을 나타내는데, 하이드록시기는 물에 대한 용해성이 좋다. 알데하이드의 포르밀기는 환원되기 쉽다. 카복실기는 산성을 띠며, 아민기는 염기성을 띤다.

화합물의 화학식을 나타낼 때 작용기를 정확히 나타내고, 분자의 나머지는 문자 R(**알킬기**)을 이용하여 나타낸다. 알킬기의 이름은 모체가 되는 포화탄화수소(알케인)의 어미를 −일(−yl)로 바꾸어 표현한다.

예로 탄화수소의 수소 원자를 −OH 작용기로 대체하면 탄화수소는 알코올이 된다(R−OH). 화학식을 표기할 때 작용기를 사용하면, 그 작용기가 있는지 쉽게 알 수 있다. 가장 간단한 알코올인 메틸알코올은 CH_4O보다는 CH_3OH로 표기하며, 에틸알코올은 C_2H_6O보다는 C_2H_5OH로 표기한다.

알킬기의 명명

화학식	명명
$-CH_3$	메틸 (methyl)
$-CH_2CH_3$	에틸 (ethyl)
$-CH_2CH_2CH_3$	프로필(propyl)
$-CH_2CH_2CH_2CH_3$	뷰틸 (butyl)

이중결합도 하나의 작용기로, 중합체 반응에서 한 쌍의 탄소 원자 사이의 이중결합이 단일결합으로 바뀌면 각각의 탄소 원자는 다른 원자와 새로운 결합을 만들 수 있다. 탄소−탄소 간 이중결합은 첨가반응을 할 수 있는데, 첨가반응을 통해 새로운 원자들이나 원자그룹들이 분자에 붙을 수 있다. 선구조식을 이용하여 C=C 그룹으로 표시하면, 첨가반응이 용이한 위치도 알 수 있다.

표 2.6 작용기

작용기	화합물 종류	예
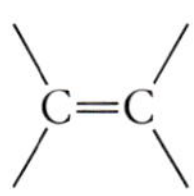	Alkenes	Ethylene ($CH_2=CH_2$)
—C≡C—	Alkynes	Acethylene (CH≡CH)
—X (X = F, Cl, Br, I)	Organic halides	Methyl chloride (CH_3Cl)
—OH	Alcohols, phenols	Ethanol(C_2H_5OH), phenol(C_6H_5OH)
C—O—C	Ethers	Diethyl ether ($C_2H_5OC_2H_5$)
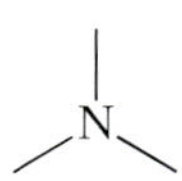	Amines	Methylamine (CH_3NH_2)
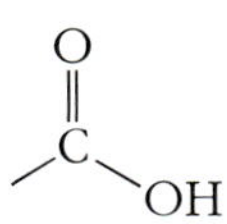	Carboxylic acids	Acetic acid (CH_3COOH)
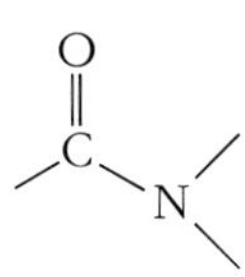	Amides	Acetamide (CH_3CONH_2)
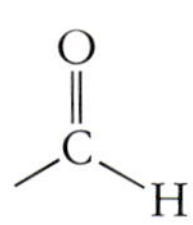	Aldehydes	Formaldehyde (HCHO)
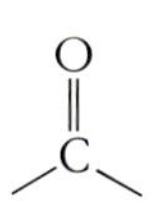	Ketones	Ethyl Methyl ketone ($C_2H_5COCH_3$)

작용기에 따른 탄화수소 유도체

알코올 (R－OH)

• 알코올은 탄화수소의 수소 원자가 하이드록시기(－OH)로 치환된 물질로, 탄소 원자수가 같은 알케인의 이름에서 '－에인'을 '－안올'로 바꾸어 부르며(IUPAC명), 관용명(가로안)으로 불리기도 한다.

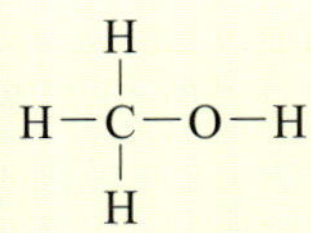
메탄올 (메틸알코올)

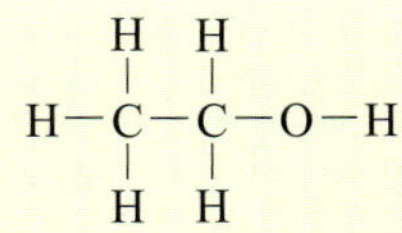
에탄올 (에틸알코올)

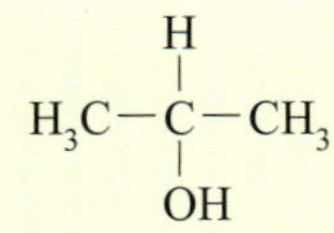
아이소프로판올

• '알코올기가 결합된 탄소'에 결합된 알킬기의 수에 따라 1차, 2차, 3차 알코올로 분류한다.

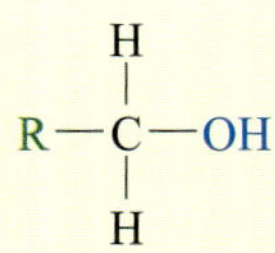
1차

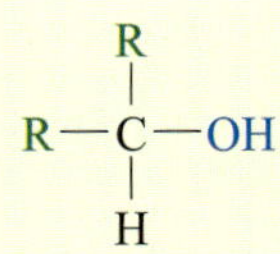
2차

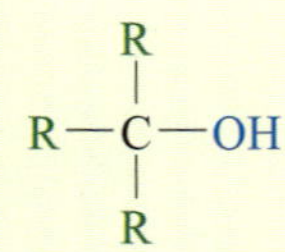
3차

• 알코올은 하이드록시기(－OH)를 가지고 있어서 수소결합을 형성할 수 있다. 따라서 탄소 원자수가 같은 탄화수소에 비해 끓는점이 높다.
• 탄소 원자수가 증가하면 하이드록시기의 영향력이 상대적으로 작아져 물에 대한 용해도가 감소한다.

에테르 (R－O－R')

• 에테르를 구성하는 두 알킬기의 이름 끝에 '－에테르'를 붙여서 부른다. 두 알킬기는 알파벳이 빠른 순서로 명명한다.

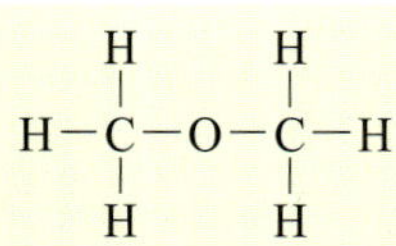
다이메틸에테르

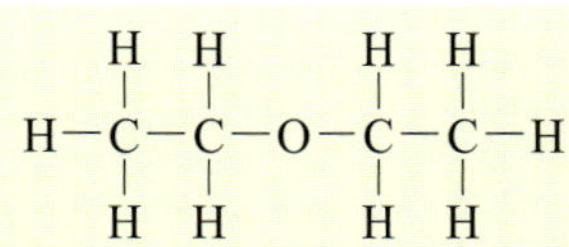
다이에틸에테르

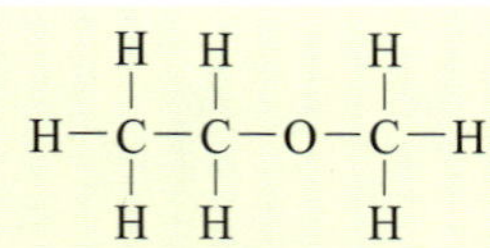
에틸메틸에테르

• 에테르는 탄소 원자수가 같은 알코올과 서로 이성질체 관계이다(C_2H_5OH와 CH_3OCH_3).
• 에테르는 분자 간에 수소결합을 형성할 수 없으므로, 분자량이 같은 알코올에 비해 끓는점이 낮다. 그러나 에테르는 물과 같이 굽은 모양의 분자 구조로, 약간의 극성이 있으나 물과 잘 섞이지는 않는다.
• 에테르는 반응성이 작아서 매우 안정하여 알칼리 금속과도 반응하지 않는다.

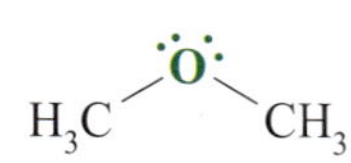
다이메틸에테르

알데하이드 (R－CHO)

• 탄소 원자수가 같은 알케인의 이름에 '－알'을 붙여서 부르는데, 탄소 수가 적은 알데하이드는 관용명(가로안)으로 불린다.

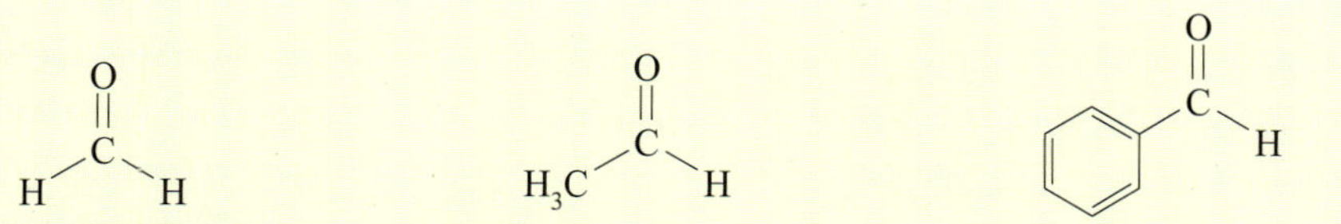

Methanal (Formaldehyde)　　Ethanal (acetaldehyde)　　Benzaldehyde

• 탄소 원자수가 작은 알데하이드는 물에 잘 녹지만, 탄소 원자수가 4 이상이 되면 극성이 감소하여 물과 잘 섞이지 않는다.
• 알데하이드는 반응성이 커서 카복실산으로 산화되기 쉽다.

케톤 (R－CO－R')

• 탄소 원자수가 같은 알케인의 이름에 '－온'을 붙여서 부르는데, 탄소 수가 적은 케톤은 관용명으로 불린다.

프로판온 (아세톤)　　뷰탄온 (에틸메틸케톤)

• 케톤은 탄소 원자수가 같은 알데하이드와 이성질체 관계이다.(C_2H_5CHO와 CH_3COCH_3)

카복실산 (R－COOH)

• 카복실산은 탄소 원자수가 같은 알케인의 이름에 '－산'을 붙여서 부른다.

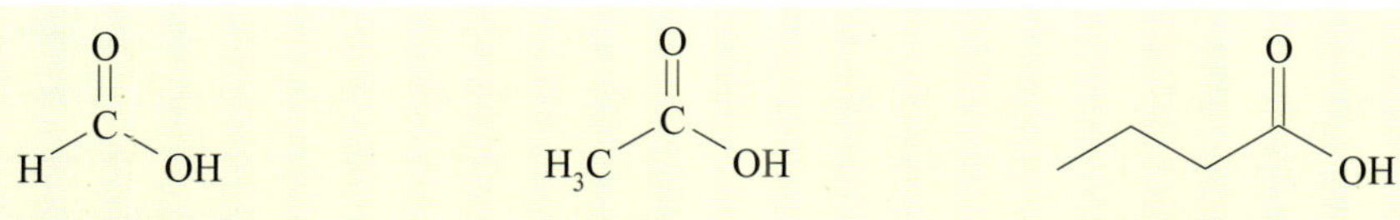

Formic acid　　Acetic acid　　Butyric acid

• 수소결합을 할 수 있으므로 탄소 원자수가 같은 탄소화합물에 비해 끓는점이 높다.
• 카복실산은 물에 녹아 일부만 이온화 한다(약한 산성).
• 에스터화 반응 : 산 촉매조건에서 알코올과 반응하여 에스터 생성

$$RCOOH + HOR' \xrightarrow{H^+} RCOOR' + H_2O$$

• 아세트산을 두극성 용매인 벤젠에 녹이면 아세트산 분자끼리 수소결합을 이투므로 두 분자가 모인 이합체를 형성한다.

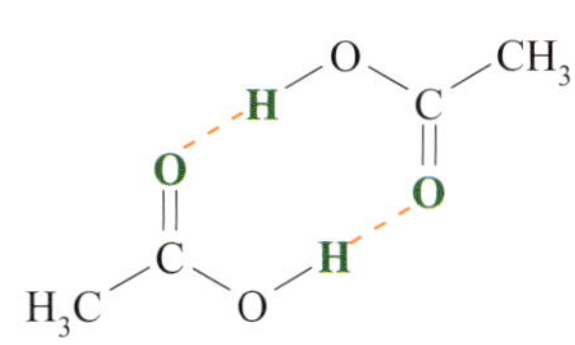

아세트산 이합체

에스터 (R−COO−R')

- 에스터는 카복실산의 수소 원자가 알킬기로 대체된 것으로 좋은 냄새가 난다.

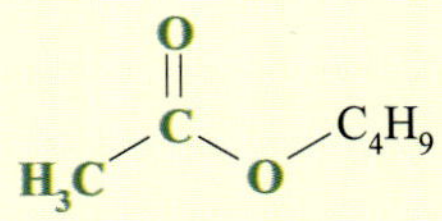

Butyl **acetate**

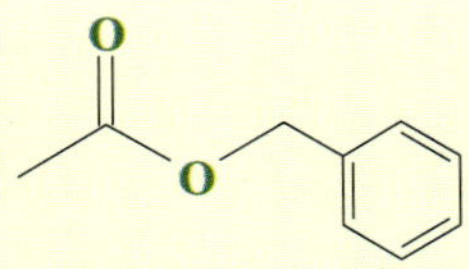

Benzyl **acetate**

- 탄소 원자수가 같은 카복실산과 이성질체 관계이다.(C_2H_5COOH와 CH_3COOCH_3)
- 분자 사이에 수소결합을 하지 않으므로 카복실산에 비해 끓는점이 낮다.

아민 (−NR₂)과 아마이드 (−CONR₂)

- 아민은 탄소 원자수가 같은 알케인의 이름에 '−아민'을 붙여서 부른다. '아민기가 결합된 탄소'에 결합된 알킬기의 수에 따라 1차($R-NH_2$), 2차(R_2-NH), 3차(R_3-N)로 분류한다.

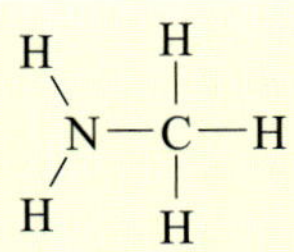

메틸아민

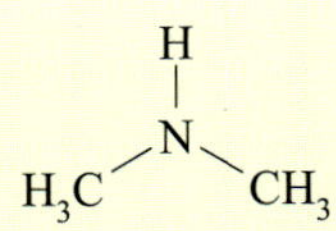

다이메틸아민

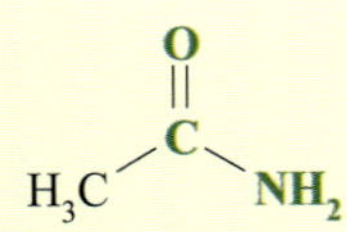

Acetamide

2-6 화합물 명명법

원소는 제한된 수로 존재하지만, 이들 원소로 만들어지는 화합물의 수는 매우 많다. 많은 수의 분자를 명명하기 위해서는 체계적인 방법이 필요하다. 이 시스템에 따라 화합물의 이름을 보고 구조를 그릴 수 있어야 한다. 분자의 명명과정을 **화합물 명명법**(chemical nomenclature)이라 한다.

이성분계

두 개의 원소를 포함한 화합물을 **이성분 화합물**(binary compound)이라 한다(예로, Fe_2O_3). 이들 화합물에서 공유결합 화합물은 이온결합 화합물과는 명명규칙이 조금 다르다. 화학식을 보고 화합물이 이온인지 공유인지 파악하는 것이 중요하다. 먼저 원소가 금속인지 비금속인지 파악한다. 일반적으로 비금속원소 두 개가 결합하면 공유결합 화합물이다. 그러나 금속과 비금속이 결합하면 이온결합 화합물이다. 다원자 이온(표 2.7과 표 2.8)이 존재하면 이온화합물이다.

표 2.7 양이온

소듐	Sodium	Na^{+}	포타슘	Potassium	K^{+}
마그네슘	Magnesium	Mg^{2+}	칼슘	Calcium	Ca^{2+}
철(II)	Iron(II)	Fe^{2+}	구리(I)	Copper(I)	Cu^{+}
철(III)	Iron(III)	Fe^{3+}	구리(II)	Copper(II)	Cu^{2+}
은	Silver	Ag^{+}	아연	Zinc	Zn^{2+}
암모늄	Ammonium	NH_4^{+}	하이드로늄	Hydronium	H_3O^{+}

표 2.8 음이온

플루오르화	Fluoride	F^{-}	질산	Nitrate	NO_3^{-}
염화	Chloride	Cl^{-}	아질산	Nitrite	NO_2^{-}
브로민화	Bromide	Br^{-}	인산	Phosphate	PO_4^{3-}
요오드화	Iodide	I^{-}	아인산	Phosphite	PO_3^{3-}
수소화	Hydride	H^{-}	황산	Sulfate	SO_4^{2-}
질소화	Nitride	N^{3-}	아황산	Sulfite	SO_3^{2-}
산화	Oxide	O^{2-}	탄산	Carbonate	CO_3^{2-}
과산화	Peroxide	O_2^{2-}	탄산수소	Hydrogen carbonate	HCO_3^{-}
황화	Sulfide	S^{2-}	옥살산	Oxalate	$C_2O_4^{2-}$
수산화	Hydroxide	OH^{-}	과망가니즈산	Permanganate	MnO_4^{-}
사이안화	Cyanide	CN^{-}	중크로뮴산	Dichromate	$Cr_2O_7^{2-}$

금속 원소와 비금속 원소가 결합한 화합물은 비금속 원소의 이름 끝에 '–화'를 붙인 다음 금속 원소의 이름을 붙인다. 이때 수소는 '수소화'로 쓴다. 두 가지 비금속 원소로 된 화합물에서는 전기음성도가 큰 원소의 이름을 먼저 쓴다.

이성분화합물의 명명법

	한글명	영어명
첫 번째 명명	두 번째 원소(원소명+화)	첫 번째 원소(원소명)
두 번째 명명	첫 번째 원소(원소명)	두 번째 원소(원소명 어간+ide)
HCl	염화수소	Hydrogen Chloride
NaH	수소화소듐	Sodium Hydride
H_2S	황화수소	Hydrogen Sulfide
$BaCl_2$	염화바륨	Barium Chloride
Al_2O_3	산화알루미늄	Aluminum Oxide

공유결합 화합물의 명명법

한 쌍의 원소는 다양한 방법으로 화합물을 형성한다. 예로 질소와 산소는 NO, N_2O, NO_2, N_2O_3, N_2O_4, N_2O_5를 안정된 화합물을 형성한다. 명명법을 이용하여 각각의 분자를 명명해 보자. 우리는 접두사를 이용하여 원소의 수를 명시할 수 있다. 접두사 10개는 그리스어에서 파생된 것이다(표 2.9).

표 2.9 수를 나타내는 그리스어 접두사

수	1	2	3	4	5	6	7	8	9	10
접두사	Mono-	Di-	Tri-	Tetra-	Penta-	Hexa-	Hepta-	Octa-	Nona-	Deca-

(a) N_2O
Dinitrogen monoxide
일산화이질소

(b) NO
Nitrogen monoxide
일산화질소

(c) NO_2
Nitrogen dioxide
이산화질소

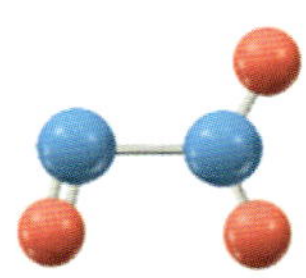

(d) N_2O_3
Dinitrogen trioxide
삼산화이질소

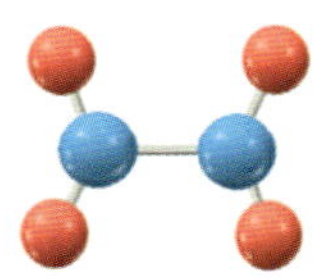

(e) N_2O_4
Dinitrogen tetroxide
사산화이질소

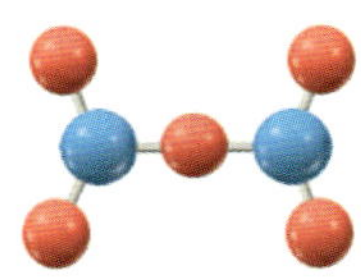

(f) N_2O_5
Dinitrogen pentoxide
오산화이질소

질소와 산소가 결합한 이성분 화합물

예제 2.5

다음 공유결합 화합물의 이름을 명명하시오.

풀이

(a) N_2O_5 : 오산화 이질소(dinitrogen pentoxide)
(b) PCl_3 : 삼염화 인(phosphorus trichloride)
(c) P_4O_6 : 육산화 사인(tetraphosphorus hexoxide)
(d) CO : 일산화 탄소(carbon monoxide)
(e) SO_3 : 삼산화 황(sulfur trioxide)

추가문제 다음 화합물을 명명하시오. (a) CS_2, (b) SF_6, (c) Cl_2O_7

이온결합 화합물의 명명법

염화철은 이성분 이온화합물이다. 이온화합물은 양과 음의 전하가 균형을 이룬 중성이기 때문에 단 하나의 화학식이 가능하다. 명명법에서는 화학식에 양이온의 전하를 제시하도록 한다. 주기율표의 몇 가지 족은 양의 전하를 한 개만 갖지만, 몇몇 족(예로 Fe가 포함된 8족, 전이금속)은 한 개 이상의 전하를 갖는다.

표 2.7에서 양이온의 전하를 보면, 1족 금속은 1+, 2족은 2+를 갖는다. 하지만 전이금속의 경우 두 가지 또는 그 이상의 양이온을 갖는다. 원소명 옆에 괄호 안 로마숫자를 사용하여 양이온의 전하를 표시한다. 예로 Fe^{2+}는 철(II), Fe^{3+}는 철(III)로 한다. 영어명명에서는 접미사를 이용하여 두 이온을 구별하기도 하였다(작은 전하는 −ous, 큰 이온은 −ic). 철의 라틴어 어간은 ferr로 Fe^{2+}는 ferrous, Fe^{3+}는 ferric으로 표기한다. 이 책에서는 사용되지 않으나 실험실에서 사용되기도 하니 알아두도록 한다.

일원자 음이온과 다원자 음이온을 표 2.8에 적어놓았다. 일원자 이온의 명명은 공유결합 화합물과 유사하다. 음이온에 −화(−ide)를 붙여 명명하는데, Cl^-은 염화(chloride), Br^-은 브로민화(bromide)이다. $FeCl_2$는 염화철(II) (iron(II) chloride), 그리고 $FeCl_3$는 염화철(III) (iron(III) chloride) 이다.

산소와 그 외 다른 원소를 포함한 **산소산음이온**(oxyanion)은 산소를 제외한 원소로 명명된다. 좀 더 많은 산소를 갖는 산소산음이온 분자에는 접미사 −산(−ate)을, 좀 더 적은 수의 산소를 갖는 분자에는 아−산(−ite)을 붙인다. 가장 많은 산소를 가질 때는 과−산(per−ate), 가장 적은 수를 가질 때는 하이포아−산(hypo−ite)를 붙인다. 염소도 네 가지 산소산음이온 화합물을 형성한다(표 2.10).

표 2.10 염소의 산소산음이온

ClO^-	하이포아염소산 이온	Hypochlorite
ClO_2^-	아염소산 이온	Chlorite
ClO_3^-	염소산 이온	Chlorate
ClO_4^-	과염소산 이온	Perchlorate

예제 2.6

다음 이온화합물에 대해 명명하시오. (a) Fe_2O_3 (b) Na_2O (c) $Ca(NO_3)_2$ (d) $NaNO_2$

풀이

(a) Fe_2O_3 : 산화철(III) : iron(III) oxide

(b) Na_2O : 산화소듐 : sodium oxide (소듐 전하는 알려진 값이기 때문에 로마숫자를 붙이지 않는다)

(c) $Ca(NO_3)_2$: 질산칼슘 : calcium nitrate

(d) $NaNO_2$: 아질산소듐 : sodium nitrite

추가문제 다음 이온화합물에 대해 명명하시오. (a) $CuSO_4$ (b) Ag_3PO_4 (c) V_2O_5

연습문제

2-1 원자구조와 질량

2.8 그림 2.1의 원자 그림중 어느 부분이 원자구조에 대한 오해를 불러올 수 있는가?

2.9 양성자수가 원자번호로 불리는 이유는?

2.10 중성자수가 더 많은 동위원소는 어느 것인가?
(a) chlorine-35 or sulfur-33
(b) fluorine-19 or neon-19
(c) copper-63 or zinc-65
(d) iodine-126 or tellurium-127

2.11 동위원소에 대해 설명하시오.

2.12 다음 동위원소의 원자기호를 완성하시오.
(a) carbon-13
(b) phosphorus-31
(c) sodium-23
(d) boron-10

2.13 다음 원자의 전자수, 양성자수, 중성자수는?
(a) magnesium-24, ^{24}Mg
(b) tin-119, ^{119}Sn
(c) thorium-232, ^{232}Th
(d) carbon-13, ^{13}C
(e) copper-63, ^{63}Cu
(f) bismuth-205, ^{205}Bi

2.14 원자의 양성자수, 중성자수, 전자수를 구하고. 각각의 R, T, X가 상징하는 원소를 구하시오.
(a) $^{30}_{14}R$ (b) $^{89}_{39}T$ (c) $^{133}_{55}X$

2.15 수은은 탄소-12보다 16.716배 더 무겁다. 수은의 원자량은 얼마인가? 유효숫자를 고려하여 답을 작성한다.

2.16 어떻게 원소가 정수가 아닌 원자량을 가질 수 있을까?

2.17 평균원자량의 개념에 대해 설명하시오.

2.18 비소화갈륨(gallium arsenide) 반도체에 사용되는 갈륨은 원자량이 69.72 amu이다. 갈륨의 동위원소는 ^{69}Ga (질량 68.9257 amu)와 ^{71}Ga (질량 70.9249 amu)이다. 동위원소의 상대적 존재비를 구하시오.

갈륨은 상온 이상에서 녹는다.

2.19 구리의 원자량은 63.55 amu이다. 구리의 동위원소는 ^{63}Cu (질량 62.93 amu)와 ^{65}Cu (질량 64.93 amu)이다. 두 동위원소의 존재비는?

2.20 아연 동위원소의 존재비와 질량은 다음과 같다. 아연의 원자량은?

Isotope	Abundance	Mass
^{64}Zn	48.6%	63.9291 amu
^{66}Zn	27.9%	65.9260 amu
^{67}Zn	4.10%	66.9271 amu
^{68}Zn	18.8%	67.9249 amu
^{70}Zn	0.60%	69.9253 amu

2.21 우라늄 동위원소의 존재비와 질량은 다음과 같다.

Isotope	Abundance	Mass
^{235}U	0.720%	235.044 amu
^{238}U	99.275%	238.051 amu

Only ^{235}U은 핵반응기의 연료로, 핵산업에 사용되는 우라늄은 ^{235}U이 풍부해야 한다. 어떤 우라늄 시료의 원자량이 235.684 amu일 때, ^{235}U의 존재비는 얼마인가?

2.22 다음 표는 네 가지 원소에 대한 원자량과 그 원소에서 자연적으로 발생할 수 있는 두 가지 동위원소를 나타낸 것이다. (각각의 경우, 두 동위원소의 질량수는 다르다) 아래 질량스펙트럼은 어느 원소의 것인지 설명하시오.

Isotopes	Atomic weight (amu)
^{121}Sb, ^{123}Sb	121.8
^{185}Re, ^{187}Re	186.2
^{191}Ir, ^{193}Ir	192.2
^{203}Tl, ^{205}Tl	204.4

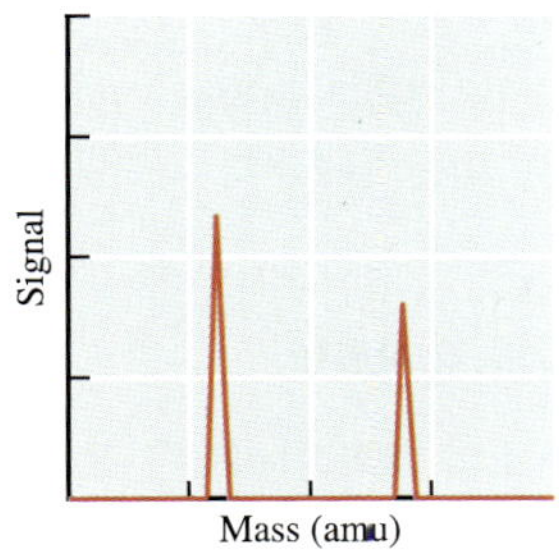

2.23 염소의 동위원소는 두 가지로 하나는 질량이 35, 나머지는 질량이 37이다. 이 중 하나는 존재비가 약 75%이며 염소의 원자량은 35.45이다. 염소의 질량스펙트럼은 다음 중 어느 것인가?

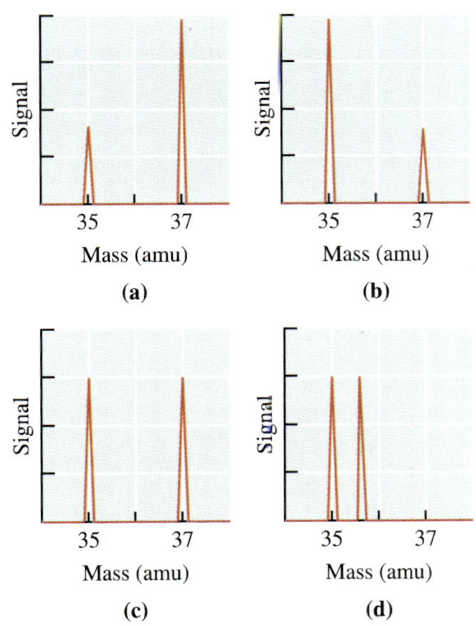

2-2 이온

2.24 이온에 대해 설명하시오.

2.25 양이온과 음이온의 차이점은?

2.26 양성자수와 전자수가 다음과 같을 때, 각각에 해당하는 단원자 이온의 기호를 쓰시오. (a) 8 protons, 10 electrons (b) 20 protons, 18 electrons (c) 53 protons, 54 electrons (d) 26 protons, 24 electrons

2.27 다음 이온의 양성자수와 전자수를 구하시오.
(a) Na^{+} (b) Al^{3+} (c) S^{2-} (d) Br^{-}

2.28 다음 화학종이 음이온인지, 양이온인지, 분자인지 구분하시오. (a) CO_3^{2-} (b) CO_2 (c) NH_4^{+} (d) N^{3-} (e) CH_3COO^{-}

2.29 다음 원소의 형태는 2−의 전하를 가지는 이온으로, 이 때 중성자는 전자보다 20개 더 많다. 원자량은 126이다.

2.30 한 개 이상의 안정한 이온을 형성하는 원소를 발견하기 쉬운 주기율표의 구역은 어디인가?

2.31 다음 이온의 전하와 원자기호를 쓰시오. (a) barium ion (b) titanium(IV) ion (c) phosphate ion (d) hydrogen carbonate ion (e) sulfide ion (f) perchlorate ion (g) cobalt (II) ion (h) sulfate ion

2.32 어떤 공학자가 이온교환에 근거한 연수화 장치를 고안하고 있다. 주로 어떤 이온이 교환되는지 웹을 이용하여 찾아보고, 이온교환기는 대량의 양전하가 누적될 수 없다는 점을 감안할 때, 발생되는 다양한 이온의 상대적 숫자에 대해 어떻게 결론을 내릴 수 있는가?

2.33 중합체반응에 사용되는 촉매를 웹을 이용하여 찾아보고, 중합체합성에 촉매를 사용할 때의 장점은 무엇인가?

2.34 쿨롱의 법칙을 이용하여, 이온간에 작용하는 인력과 척력의 차이점을 수학적으로 표현해 보시오.

2-3 화학결합

2.35 $Ba(OH)_2$의 화학식에 표현된 각 원소의 원자수는?

2.36 다음 화학식 중 수소 원자가 가장 많은 식은?
C_2H_6 $(NH_4)_2CO_3$ H_2SO_4 $Fe(OH)_3$.

2.37 일반적으로, 전자가 화학결합에 참여하는 방식을 설명하시오.

2.38 이온결합과 공유결합의 차이점은?

2.39 이온화합물은 분자 대신 화학식 단위(formula unit)로 표현되는 이유는 무엇인가?

2.40 다음 이온화합물중 옳게 표현된 화학식은?
(a) $AlO_{3/2}$ (b) Ca_2Br_4 (c) $Mg(PO_4)_{3/2}$ (d) $BaCO_3$

2.41 이온결합과 금속결합의 차이점은?

2.42 전기전도는 전자의 움직임에 의한 것이다. 금속결합의 개념에 근거하여 금속이 좋은 전도체인 이유를 설명하시오.

2.43 공유결합분자가 이온 또는 금속결합물질과 다른 점은?

2.44 분자식과 실험식의 차이점은?

2.45 중합체를 표현할 때 실험식을 사용하는 이유는?

2.46 에틸렌 단위체의 분자식은 C_2H_4 이다. 실험식은 무엇인가?

2.47 Polybutadiene은 합성탄성중합체 또는 고무이다. 단위체는 뷰타다이엔으로 분자식은 C_4H_6이다. 뷰타다이엔의 실험식은?

2-4 주기율표

2.48 주기율표의 개념을 받아들이게 만든 멘델레예프의 업적은 무엇인가?

2.49 어떻게 주기율표가 화학적 연구를 보다 체계적으로 만드는데 도움이 되는가?

2.50 주기율표(periodic table)에서 주기(period)란 무엇인가? 주기율표라는 이름이 생긴 이유는 무엇일까?

2.51 이성분화합물에서 원소가 수소와 결합하는 방식을 주기성과 관련지어 설명하시오.

2.52 다음 유형의 원소를 각각 찾을 수 있는 주기율표의 영역을 식별하시오. (a) 금속 (b) 비금속 (c) 준금속

2.53 다음 원소가 속하는 족(group)은? (a) K (b) Mg (c) Ar (d) Br

2.54 금속과 비금속을 구분하는 물리적 성질은 무엇인가?

2.55 다음 원소중 두 가지는 물리적 화학적 성질이 매우 비슷하다. 선택한 이유를 설명하시오. Cl, P, S, Se, Ti.

2.56 비금속은 주기율표에서 극히 적은 부분만 차지한다. 그럼에도 비금속은 왜 중요한가?

2.57 준금속이란?

2.58 어떤 재료공학자가 골프장에서 사용할 새로운 합금에 대한 특허를 신청했다. 질량조성은 25~31% 망가니즈. 6.3~7.8% 알루미늄, 0.65~0.85% 탄소, 5.5~9.0% 크롬, 그 나머지는 철이다. 이 합금에서 철의 함유율은 얼마인가? 그림 2.10을 참고하여 이 합금의 밀도를 철의 밀도와 비교했을 때 어떠할 지 설명하시오.

2.59 다음 원소를 금속, 준금속, 비금속으로 분류하시오. (a) Si (b) Zn (c) B (d) N (e) K (f) S

2.60 어떤 재료공학자가 순수한 실리콘을 얻어 실리콘 원자의 일부를 유사한 화학적 성질을 지닌 다른 원자들로 대체함으로써 새로운 물질을 만들고자 한다. 주기율표에 근거하여 어떤 원소부터 시도할 수 있을까?

2-5 무기화학과 유기화학

2.61 주족 원소의 화학적 성질은 전이금속보다 일반적으로 단순하다. 그 이유는?

2.62 칼슘과 플루오린은 결합하여 이온화합물인 CaF_2를 생성한다. 주기율표를 사용하여 CaF_2와 비슷한 구조를 갖는 화합물을 두 가지 이상 쓰시오.

2.63 유기화학이라는 문구가 뜻하는 바는 무엇인가?

2.64 이 장에서 배운 것에 기초하여, 중합체는 유기 혹은 무기 중 어느 것으로 분류하겠는가? 이유는?

2.65 작용기란 무엇인가? 작용기가 유기화학을 더 체계적으로 만드는 이유는?

2.66 아래 분자는 팝콘의 냄새 성분이다. 이 화합물의 분자식을 쓰시오.

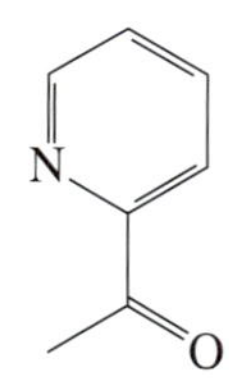

2.67 모든 중합체가 단순히 동일한 단위체를 연결하여 형성되는 것은 아니다. 예로 폴리우레탄은 아래 두 화합물이 반응하여 형성된다. 두 물질에 대한 각각의 분자식과 화학식을 쓰시오.

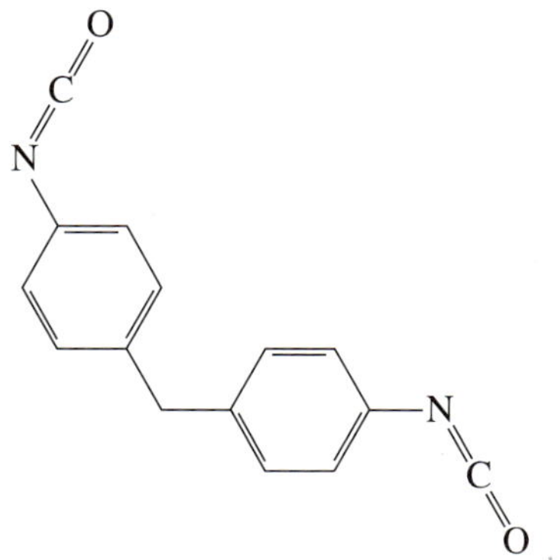
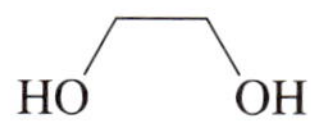

2.68 다음 화합물은 실온에서 무정형의 고체(유리)로 정보를 홀로그래픽으로 저장하는 매개체로 사용된다. 이 화합물의 분자식을 쓰시오.

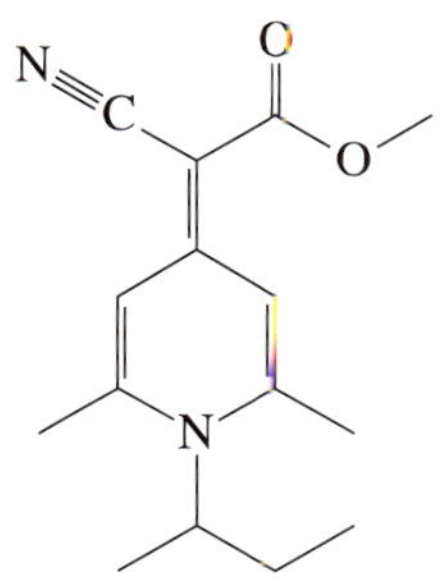

2.69 다음 그림은 gamma aminobutanoic(GABA)의 구조이다. 이 분자는 신경 전달 물질로 알코올 분해를 촉진한다. 이 화합물의 분자식을 쓰시오.

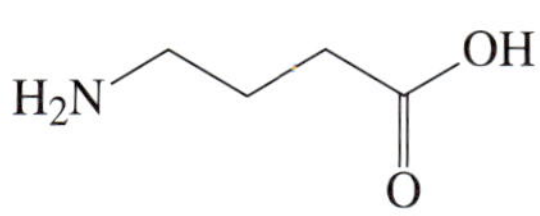

2.70 다음 그림은 아드레날린 분자의 구조이다. 이 물질의 분자식을 쓰시오.

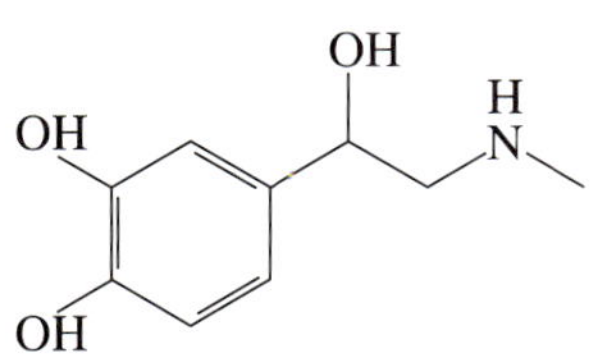

2-6 화합물 명명법

2.71 공유결합과 이온결합의 이성분화합물의 명명법이 다른 이유는?

2.72 이온물질을 형성할 가능성이 가장 높은 이성분 결합은 어느 원소에 의한 것인가?

2.73 다음 공유결합화합물을 명명하시오.
(a) N_2O_5 (b) S_2Cl_2
(c) NBr_3 (d) P_4O_{10}

2.74 다음 화합물의 분자식을 쓰시오.
(a) sulfur dichloride
(b) dinitrogen pentaoxide
(c) silicon tetrachloride
(d) diboron trioxide (commonly called boric oxide)

2.75 다음 공유결합화합물의 분자식을 쓰시오.
(a) sulfur hexafluoride (b) bromine pentafluoride
(c) disulfur dichloride (d) tetrasulfur tetranitride

2.76 다음 이온화합물을 명명하시오.
(a) K_2S (b) $CoSO_4$
(c) $(NH_4)_3PO_4$ (d) $Ca(ClO)_2$

2.77 다음 화합물을 명명하시오.
(a) $MgCl_2$ (b) $Fe(NO_3)_2$
(c) Na_2SO_4 (d) $Ca(OH)_2$
(e) $FeSO_4$

2.78 다음 이온화합물의 분자식을 쓰시오.
(a) ammonium carbonate (b) calcium iodide
(c) copper(II) bromide (d) aluminum phosphate
(e) silver (I) acetate

2.79 다음 화합물을 명명하시오.
(a) PCl_5 (b) Na_2SO_4
(c) Ca_3N_2 (d) $Fe(NO_3)_3$
(e) SO_2 (f) Br_2O_5

Chapter 3

분자, 몰, 화학식

Molecules, Moles and Chemical Equations

3-1 화학식과 반응식

화학반응식의 표기법

화학반응식은 한 개 또는 그 이상의 화학종이 새로운 물질로 변하는 것을 나타내기 위해 사용된다. 각각의 반응식을 양쪽에 표기하며, 반응은 왼쪽에서 오른쪽으로 진행된다. **반응물**(reactant)을 식의 왼쪽에, **생성물**(product)은 오른쪽에 표기하고, 화살표를 사용하여 변화를 나타낸다.

$$\text{반응물} \rightarrow \text{생성물}$$

화합물의 물리적 상태는 고체는 (s), 액체는 (ℓ), 기체는 (g)로 표기한다. 수소와 산소의 반응을 예로 들었다.

$$2\,H_2(g) + O_2(g) \rightarrow 2\,H_2O(g)$$

이 반응식에서 모든 물질은 기체이며 (g)로 표시하였다. 이 반응은 높은 온도에서 일어나기 때문에, H_2와 O_2의 혼합물에 불을 붙이지 않는 이상 안정하다(그림 3.1). 반응이 일어나는데 필요한 조건을 화살표 위에 기호를 이용하여 표기한다. 여기서 두 가지 기호(열과 빛)가 사용된다. 열이나 높은 온도가 필요한 반응은 Δ(delta)를 사용하고, 빛 에너지로 개시되는 반응(광화학 반응)에는 $h\nu$를 사용한다.

$$2\,H_2(g) + O_2(g) \xrightarrow{\Delta} 2\,H_2O(g)$$

$$H_2(g) + Cl_2(g) \xrightarrow{h\nu} 2\,HCl(g)$$

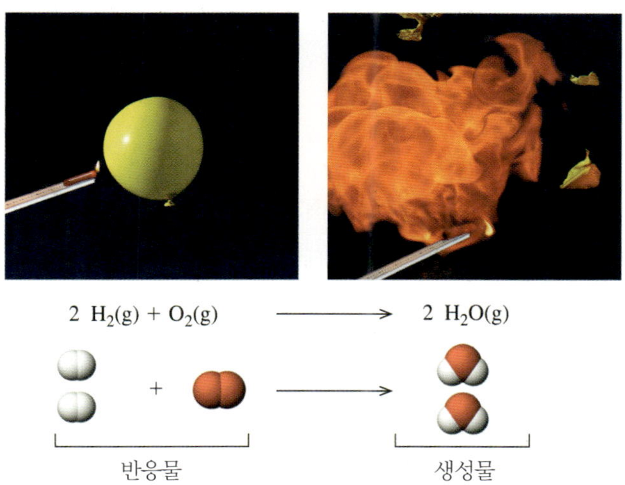

그림 3.1 H_2와 O_2의 혼합물로 채워진 풍선. 일단 불이 붙으면 반응이 일어나면서 풍선이 폭발한다. 반응 전 후의 분자를 미시적 수준에서 나타내었다.

반응식의 계수 맞추기

반응식은 화학식과 물질의 상태, 그리고 물질의 상대적 양에 대한 정보를 제공한다. 예로, 수소와 산소의 반응에서 $H_2(g)$와 $H_2O(g)$ 앞에 쓰인 숫자 "2"는 무엇을 의미할까. 반응식의 균형을 맞추기 위한 계수이다.

자연의 가장 기본적인 법칙 중 하나는 **질량보존의 법칙**(law of conservation of matter)이다: 질량은 창조되거나 소멸되지 않는다. 화학반응에 의해 원자들은 새로운 화합물로 재배열할 뿐이며, 원자를 "창조 또는 소멸" 시키지 않는다. 따라서 화학반응식의 양변에 있는 각 원소의 원자 수를 같게 해야 한다(그림 3.2). 이 조건을 충족하지 않는 반응식은 관찰된 반응식과 정확히 맞지 않으며, 이것을 불균형(unbalance)이라 한다.

많은 경우, 반응식의 균형을 맞추기 위한 가장 효과적인 방법은 시행착오를 통한 접근이다. 몇 가지 체계적인 방법이 필요하긴 한데, 반응식에서 적합한 화학식 앞에 숫자를 제시해 보면서 균형을 맞춘다. 반응물과 생성물의 양적 관계를 다룰 때 **화학양론**(stoichiometry)이 사용된다. 반응식의 균형을 맞추기 위해 사용되는 숫자를 **화학양론계수**(coefficient)라 한다.

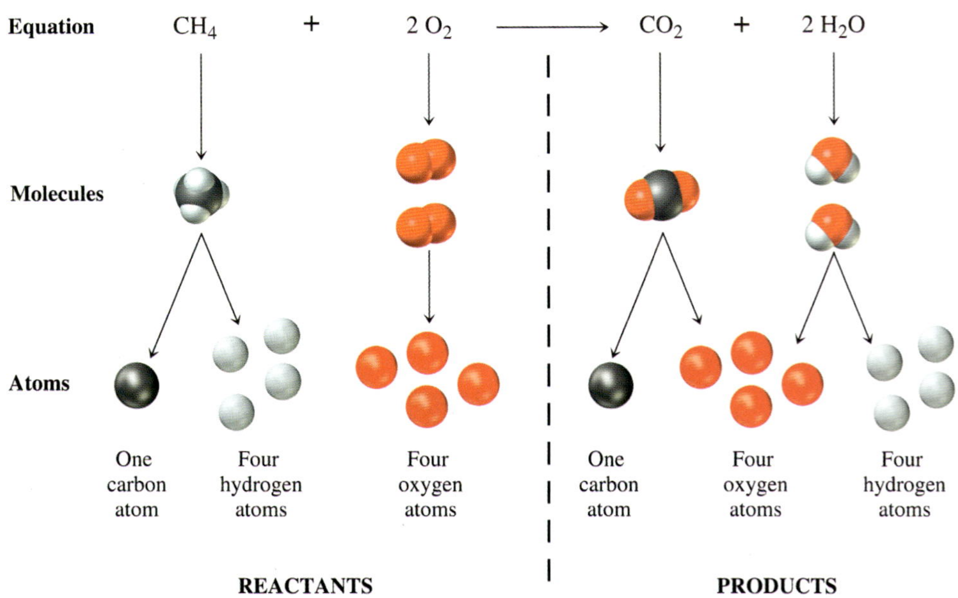

그림 3.2 반응식의 계수 맞추기(메테인과 산소의 화학적 반응)

예제 3.1

프로페인(propane), C_3H_8이 연소한다는 것은 산소와 결합하여 이산화탄소와 물을 형성한다는 것이다. 이 반응과 관련된 반응식을 쓰시오.

풀이

Step 1: 반응물은 C_3H_8과 O_2이며, 생성물은 CO_2와 H_2O이다.

$$\_\_\_C_3H_8 + \_\_\_O_2 \longrightarrow \_\_\_CO_2 + \_\_\_H_2O$$

Step 2: 탄소와 수소는 반응식의 양쪽에 모두 한 화합물에만 존재한다. 이 두 가지 원소의 균형을 먼저 맞춘다. C_3H_8의 계수는 1이고 CO_2는 3으로 양쪽의 탄소수를 맞춘다.

$$1\,C_3H_8 + \_\_\_O_2 \longrightarrow 3\,CO_2 + \_\_\_H_2O$$

(프로페인의 계수 1은 생략가능하다) 다음은 수소의 균형을 맞춘다. 프로페인은 이미 탄소 균형을 맞추기 위해 계수를 가졌으므로, 수소 원자의 수를 고려하여 물 분자의 계수를 구할 수 있다.

$$1\,C_3H_8 + \_\_\_O_2 \longrightarrow 3\,CO_2 + 4\,H_2O$$

생성물에 열 개의 산소 원자가 있기 때문에, 반응물의 O_2의 계수는 $10/2 = 5$이다.

$$1\,C_3H_8 + 5\,O_2 \longrightarrow 3\,CO_2 + 4\,H_2O$$

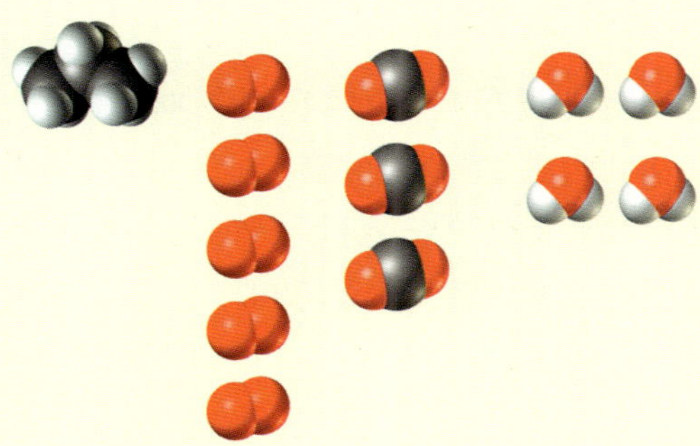

프로페인의 앞에 계수 1을 사용하지 않고 반응식을 나타내었다.

$$C_3H_8 + 5\,O_2 \rightarrow 3\,CO_2 + 4\,H_2O$$

추가문제 위의 반응은 프로페인의 완전연소이다. 이 조건에서 탄화수소류는 완전 연소하지 않기 때문에 다른 생성물이 만들어진다. 가능한 생성물이 폼알데하이드(formaldehyde, CH_2O)와 물이다. 프로페인과 산소가 생성물로 CH_2O와 H_2O를 형성하는 반응식을 완성하시오.

MathConnections

예제 3.1은 시행착오를 통한 접근이다. 하지만 좀 더 수학적 방법으로 해결할 수 있다.

$$\_\_\_C_3H_8 + \_\_\_O_2 \rightarrow \_\_\_CO_2 + \_\_\_H_2O$$

변수를 사용한다.

$$a\,C_3H_8 + b\,O_2 \rightarrow c\,CO_2 + d\,H_2O$$

반응식의 양쪽에 있는 각 원소의 원자 개수는 같아야 함을 안다.

탄소의 경우 $3a = c$
수소의 경우 $8a = 2d$
산소의 경우 $2b = 2c + d$

네 개의 미지의 계수를 위한 세 개의 식이 주어졌다. 임으로 계수 하나를 1로 놓는다. $a = 1$로 하면

$$c = 3a = 3$$
$$2d = 8a = 8\ ,\quad d = 4$$
$$2b = 2c + d = 6 + 4 = 10\ ,\quad b = 5$$

계수를 대입하여 반응식을 완성하면

$$C_3H_8 + 5\,O_2 \rightarrow 3\,CO_2 + 4\,H_2O$$

계수값이 분수 형태일 때는 전체 계수에 일정 값을 곱해 정수로 만든다.

화학반응식의 균형을 맞추는 것을 배우는 가장 좋은 방법은 될 때까지 훈련하는 방법밖엔 없다. 잘못된 방법에 따라 식의 계수를 맞출 때도 있다.

오류 중 하나가 변형된 분자식이다. 예로 폼알데하이드(CH_2O)는 프로페인과 같은 탄화수소의 불완전 연소시 생성되기도 하는데, 이때 반응할 산소가 남았다면 폼알데하이드는 불완전 연소되어 일산화탄소와 물을 형성할 것이다:

$$CH_2O + O_2 \rightarrow CO + H_2O$$

반응식의 양쪽의 원자수를 세어보면 생성물 쪽에 산소 하나가 더 필요하다. 이런 경우 아래와 같이 반응식을 시도해 본다.

$$CH_2O + O_2 \rightarrow CO_2 + H_2O$$

이 식은 완성된 반응처럼 보인다. 하지만 이 식은 의미하는 바가 다르다. 생성물에 CO가 없다면 유효하지 않다. 유사한 오류로, 반응에 O_2 대신 O를 쓰기도 하는데, CH_2O가 반응하는 것은 산소 분자이지 원자가 아니다.

산소 원자가 오른쪽에 두 개, 왼편에 세 개이므로, 반응물의 O_2에 1/2을 곱한다:

$$CH_2O + \frac{1}{2}O_2 \rightarrow CO + H_2O$$

분수형태의 계수는 분획된 분자를 의미하므로 피한다. 이 경우 2를 곱하여 1/2을 1로 바꾼다.

$$2\,CH_2O + O_2 \rightarrow 2\,CO + 2\,H_2O$$

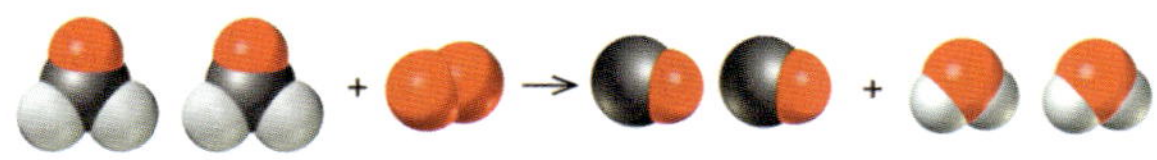

화학양론계수 모두에 2를 곱해야 하며, 산소 앞의 1/2에만 적용하면 안된다(그림 3.3).

그림 3.3 화학계수를 맞출 때 발생하는 일반적인 실수

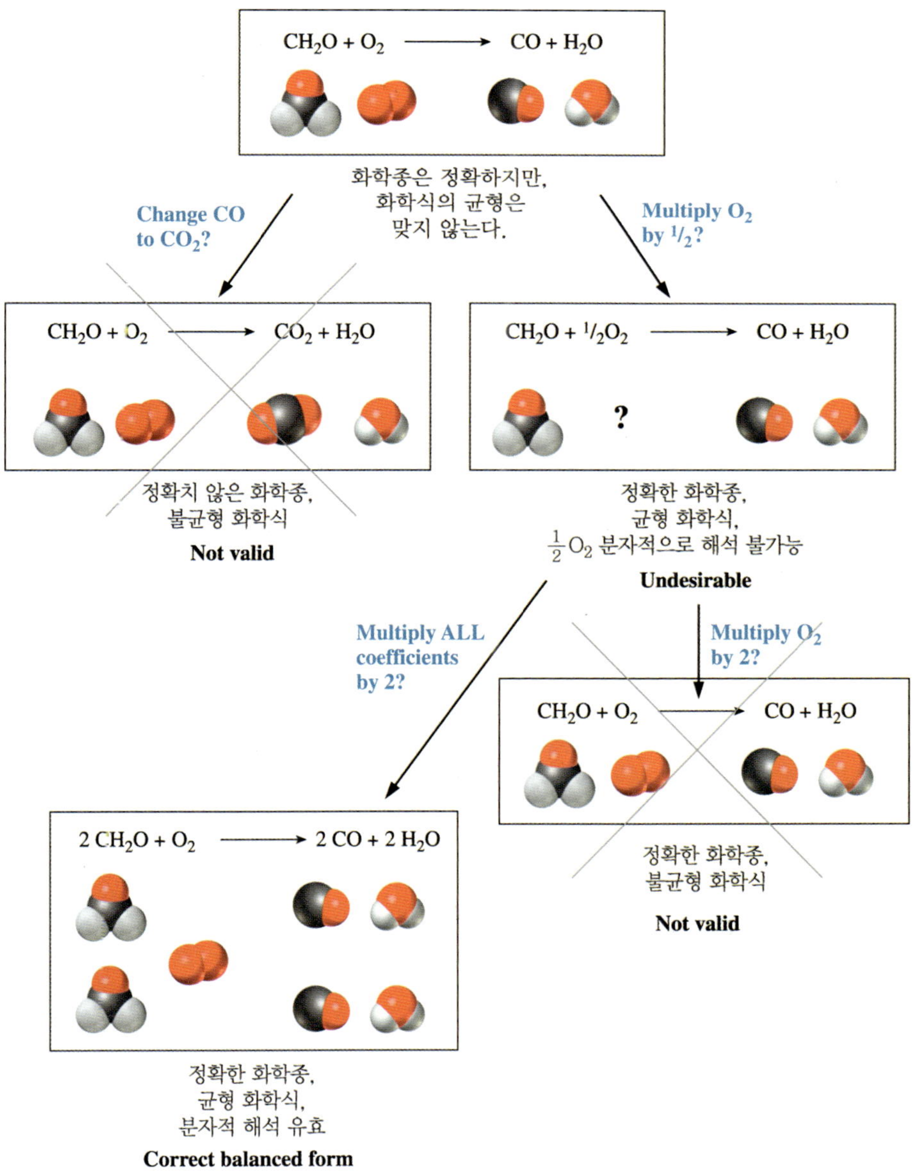

3-2 수용액과 알짜이온반응식

반응물은 서로 접촉하면 화학반응이 일어난다. 기체나 액체상태에서는, 반응물의 분자가 쉽게 움직일 수 있기 때문에 접촉이 자연스럽다. 고체상에서는 이런 움직임이 일반적이지 않기 때문에 반응이 매우 느리다. 따라서 표준상태의 고체 반응물 간에 접촉이 필요할 때는 용해시켜야 한다. 물은 가장 흔한 매개체이다. 이 경우 **수용액**(aqueous solution)에서 반응이 일어난다고 언급한다. 몇 가지 중요한 화학반응을 설명하기 위해, 다음의 용어를 정의할 필요가 있다.

용액, 용매, 용질

수용액의 분자 중 대부분을 차지하는 물은 반응물도 생성물도 아닌 단순한 반응매개체이다. 액체 전체를 **용액**(solution)이라 부르는데, 두 개 이상의 물질로 이루어진 균질한 혼합물을 뜻한다. **용매**(solvent)는 용액에서 가장 많은 부분을 차지한다. 수용액에서는 물이 용매이다. **용질**(solute)은 용액을 이루는 소량의 구성물질이다. 즉 용액은 용매에 용질이 녹은 것이다. 용질이 녹으면 입자는 용매에 분산되는데, 용매 분자가 용질의 분자나 이온을 둘러싼다. 모든 용액이 액체일 필요는 없다. 기체나 고체의 균일혼합물에도 동일하게 적용된다. 공기는 기체 용액이며, 황동의 합금은 고체 용액이다.

그림 3.4 $CuSO_4$ 수용액의 제조순서. 용질인 고체 $CuSO_4$를 플라스크에 옮긴다. 용매인 물을 넣는다. 플라스크를 흔들어 녹인다. 진한 파란색이 농도가 높은 용액이다.

표 3.1 실온에서의 이온화합물의 물에 대한 용해도 지침

용해성 물질	예외
1족양이온 화합물(Li^+, Na^+, K^+, Rb^+, Cs^+), 암모늄(NH_4^+)	–
질산염(NO_3^-), 아질산염(NO_2^-)	용해성 중간 : $AgNO_3$
염화물, 브로민화물, 요오드화물	불용성 : $AgCl$, Hg_2Cl_2, $PbCl_2$, $AgBr$, Hg_2Br_2, $PbBr_2$, AgI, Hg_2I_2, PbI_2
플루오르화물	불용성 : MgF_2, CaF_2, SrF_2, BaF_2, PbF_2
황산염(SO_4^{2-})	불용성 : $BaSO_4$, $PbSO_4$, $HgSO_4$ 용해성 중간 : $CaSO_4$, $SrSO_4$, Ag_2SO_4
염소산염(ClO_3^-), 과염소산염(ClO_4^-)	–
아세트산염(CH_3COO^-)	용해성 중간 : CH_3COOAg
불용성 물질	**예외**
인산염(PO_4^{3-})	용해성 : $(NH_4)_3PO_4$, Na_3PO_4, K_3PO_4
탄산염(CO_3^{2-})	용해성 : $(NH_4)_2CO_3$, Na_2CO_3, K_2CO_3
수산화물(OH^-)	용해성 : $LiOH$, $NaOH$, KOH, $Ba(OH)_2$ 용해성 중간 : $Ca(OH)_2$, $Sr(OH)_2$
황화물(S^{2-})	용해성 : $(NH_4)_2S$, Na_2S, K_2S, MgS, CaS

순수 물질은 밀도라는 고유값을 갖는다. 실험실의 용기에 담긴 NaCl 용액(용매는 물)을 보고, 내용물의 양이 얼마인지 판단할 수 없다. NaCl과 물의 상대적 양을 알기 원한다면, **농도**(concentration)에 대한 정보가 필요하다. 용질 입자가 많은 경우 용액은 "진한"이라고 표현되며, 용질 입자가 적은 경우 "묽은"으로 표현된다. 그림 3.4는 다른 농도의 $CuSO_4$ 용액으로, 두 용액의 색깔 차이를 쉽게 알 수 있다.

어떤 용질은 물에 잘 녹아 매우 진한 용액을 만들며, 어떤 용질은 잘 녹지 않아 측정하기도 힘들다. 물에 대한 물질의 **용해도**(solubility)는 물질의 특성이다. 쉽게 녹는 물질을 **용해성**(soluble)이라 하며, 잘 녹지 않는 물질을 **불용성**(insoluble)이라 한다. 표 3.1은 물에 대한 물질의 용해성이다.

예제 3.2

다음 화합물이 실온에서 물에 용해될 지 예측하시오.

(a) $KClO_3$ (b) $CaCO_3$ (c) $BaSO_4$ (d) $KMnO_4$

풀이

(a) $KClO_3$는 염소산포타슘(potassium chlorate)이다. 이 물질은 K^+와 ClO_3^-를 포함하기 때문에 용해된다.

(b) $CaCO_3$는 탄산칼슘(calcium carbonate)이다. 탄산염은 일반적으로 불용성이며, 예외 항목에 없다.

(c) $BaSO_4$는 황산바륨(barium sulfate)이다. 대부분의 황산염은 용해성이나 예외 항목에 있다. 따라서 불용성이다.

(d) $KMnO_4$는 과망가니즈산포타슘(potassium permanganate)이다. K^+의 모든 화합물은 용해성이다. 따라서 용해성이다.

추가문제 다음 화합물이 실온에서 물에 용해될 지 예측하시오.

(a) NH_4Cl (b) KOH (c) $Ca(CH_3COO)_2$ (d) $Ba_3(PO_4)_2$

용해도 규칙에 근거하여 질문에 yes or no로 대답하는 것은 그리 단순치 않다. 어떤 화합물이 용해성이라 언급하는 것이 작은 양의 물에도 용질을 무한대로 녹일 수 있다는 것을 뜻하진 않는다. 용질을 녹이다 보면 결국 더 이상 녹지 않게 된다. 이를 포화용액(saturated solution)이라 한다. 포화상태의 용액의 농도는 용질과 용매에 따라 달라지는데, 이를 용해도값으로 나타낼 수 있다. 단위는 용매 100g 당 용질의 질량으로 나타낸다. 예로 실온에서 물에 대한 소금의 용해도는 35.7 g NaCl/100 g H_2O이다.

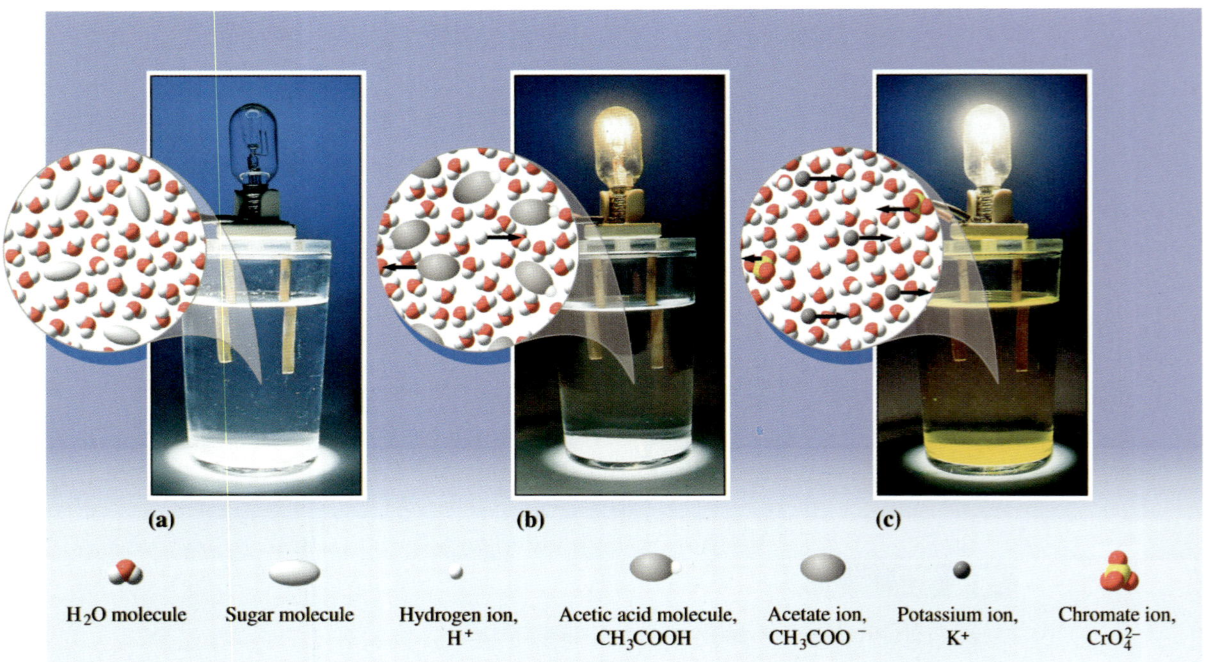

그림 3.5 용액에 구리 막대 한 쌍을 꽂아 전도성을 확인한다. (a) 설탕($C_{12}H_{22}O_{11}$)은 비전해질이다 (b) 아세트산(CH_3COOH)은 약전해질이다. 아세트산 용액이 포함한 이온의 농도는 낮다 (c) 크롬산포타슘(potassium chromate, K_2CrO_4)은 강전해질이다. 완전 해리하여 이온농도가 높다.

이온화합물은 물에 녹아 각각의 이온으로 해리될 것이다. NaCl염이 녹은 용액은 NaCl 분자가 아닌 Na^+와 Cl^- 이온을 포함한다. 자유롭게 움직이는 전하로 인해 용액은 전기를 전도한다. 물에 녹아 전기를 전도하는 수용액을 만드는 물질을 **전해질**(electrolyte)이라 한다. 전기를 전도하지 않는 물질을 **비전해질**(nonelectrolyte)이라 한다. 전해질은 두 그룹으로 나뉜다. 강전해질은 완전하게 해리 또는 이온화하여 용액에는 각각의 이온만 존재한다. 반대로, 약전해질은 부분적으로 해리 또는 이온화하여 분자와 이온(측정가능한 양의)이 공존한다. 그림 3.5는 위에 분류한 용질의 특성을 보여준다.

수용액에서의 화학반응식

화합물이 물에 녹는 과정을 화학반응식으로 표현할 수 있다. 설탕과 같은 공유결합물질은 물에 녹아도 분자는 그대로 유지된다.

$$C_6H_{12}O_6(s) \rightarrow C_6H_{12}O_6(aq)$$

하지만 이온성 고체는 물에 녹으면 구성 이온으로 분리된다. 이를 **해리반응(dissociation reaction)**이라 한다. 염화소듐의 용해는 다음과 같다.

$$NaCl(s) \rightarrow Na^+(aq) + Cl^-(aq)$$

반응식 어디에도 물 분자는 보이지 않는다. 대신 "(aq)"가 물 분자를 대신한다. 용매는 용질을 녹이기만 하고 반응에는 참여하지 않기 때문이다. 반응식에 물이 있는 경우는 물이 반응물이나 생성물로 반응에 참여하기 때문이다.

이러한 물에서의 반응식을 세 가지 형태로 나타낼 수 있다. 암모니아와 질산에 의한 질산암모늄(ammonium nitrate) 합성을 예로 들어보자. 질산암모늄은 토양의 산도를 크게 바꾸지 않는 질소비료이며, 또한 폭발성도 있다. 1995년 오클라호마의 뮤러연방정부청사 테러에 사용된 폭발물에 들어 있던 물질도 질산암모늄이다.

질산암모늄은 기체상의 암모니아(NH_3)를 진한 질산(HNO_3) 수용액과 반응시켜 제조한다. 생산된 진한 질산암모늄 수용액을 건조시켜 작은 펠렛으로 만든다. 분자반응식은 다음과 같다.

$$HNO_3(aq) + NH_3(g) \rightarrow NH_4NO_3(aq)$$

HNO_3와 NH_4NO_3는 강전해질이다. 강전해질은 물에 녹으면 해리 또는 이온화하여, 실제 용액에는 이들의 온전한 분자는 남지 않는다. 분자반응식보다는 이온반응식을 이용한다. 위 반응에 대한 전체 이온반응식은 다음과 같다.

$$H^+(aq) + NO_3^-(aq) + NH_3(g) \rightarrow NH_4^+(aq) + NO_3^-(aq)$$

H^+는 모든 수용성 산성 용액에 존재하는데, 엄밀하게 H^+ 이온은 양성자이다. 실제 수용액에서 양성자는 물 분자로 빼곡히 둘러싸여 있다. 이런 이유로 H^+ 이온은 H_3O^+로 표시된다.

$$H_3O^+(aq) + NO_3^-(aq) + NH_3(g) \rightarrow NH_4^+(aq) + NO_3^-(aq) + H_2O(\ell)$$

원자들의 계수를 맞추기 위해 반응식의 오른쪽에 물 분자를 포함시킨다.

$NO_3^-(aq)$ 이온이 양쪽 모두에 있는데 실제로 반응에 참여하지 않는다. 이런 이온을 **구경꾼 이온**(spectator ion)이라 하며 관심을 가질 필요는 없다. 구경꾼 이온을 제거하면 알짜이온반응식이 남는다.

$$H^+(aq) + NH_3(g) \rightarrow NH_4^+(aq)$$

또는 $$H_3O^+(aq) + NH_3(g) \rightarrow NH_4^+(aq) + H_2O(\ell)$$

H^+와 H_3O^+은 질산에 의한 것으로, 음이온(NO_3^-)을 양변에서 제거하면 양변은 +1의 알짜전하를 갖는다. 알짜이온반응식에서는 알짜전하가 0이 아니며, 균형을 맞춘 반응식의 양변의 알짜전하는 같아야 한다. 이 규칙은 전하량이 보존된다는 사실을 반영한다.

산-염기 반응

수용액에서 중요한 두 가지 물질은 산과 염기이다. 물에 녹아 H^+(또는 H_3O^+) 이온을 내놓는 물질을 산이라 하며, 염기는 OH^- 이온을 내놓는 물질이다. 표 3.2는 일상의 흔한 산과 염기이다. 다른 용질들처럼, 산과 염기 또한 강 또는 약전해질이다. 강산 또는 강염기는 물에서 완전히 해리 또는 이온화하여 최종 용액에는 온전한 용질 분자는 남지 않는다. 다음은 HCl과 NaOH의 해리 반응이다.

강산 $$HCl(g) + H_2O(\ell) \rightarrow H_3O^+(aq) + Cl^-(aq)$$

강염기 $$NaOH(s) \rightarrow Na^+(aq) + OH^-(aq)$$

표 3.2 강산, 약산 그리고 강염기, 약염기

강산			강염기		
HCl	염산	Hydrochloric acid	LiOH	수산화리튬	Lithium hydroxide
HNO_3	질산	Nitric acid	NaOH	수산화소듐	Sodium hydroxide
H_2SO_4	황산	Sulfuric acid	KOH	수산화포타슘	Potassium hydroxide
$HClO_4$	과염소산	Perchloric acid	$Ca(OH)_2$	수산화칼슘	Calcium hydroxide
HBr	브로민산	Hydrobromic acid	$Ba(OH)_2$	수산화바륨	Barium hydroxide
HI	요오드산	Hydroioidic acid	$Sr(OH)_2$	수산화스트론튬	Strontium hydroxide
약산			**약염기**		
H_3PO_4	인산	Phosphoric acid	NH_3	암모니아	Ammonia
HF	플루오린산	Hydrofluoric acid	CH_3NH_2	메틸아민	Methylamine
CH_3COOH	아세트산	Acetic acid			
HCN	사이안산	Hydrocyanic acid			

약산 또는 약염기는 일부만 이온화하는데, 이들 용액에는 이온뿐만 아니라 분자도 포함되어 있다. 약전해질의 해리 반응식에서는 양방향 화살표를 사용하는데 왼쪽에서 오른쪽으로 반응이 완벽하게 진행하지 않기 때문이다. 대부분의 약산은 $-COOH$ 작용기를 갖는데, 작용기는 H 원자를 용액으로 방출한다. 아세트산이 좋은 예이다.

$$\text{약산} : CH_3COOH(aq) + H_2O(\ell) \rightleftarrows H_3O^+(aq) + CH_3COO^-(aq)$$

약염기는 좀 모호하다. 대부분의 약염기는 $-OH$ 작용기를 갖지 않으나, 물에 녹으면 수산화이온을 만든다. 약염기의 대표적인 물질이 암모니아인데, 물과 반응하면 다음과 같다.

$$\text{약염기} : NH_3(aq) + H_2O(\ell) \rightleftarrows NH_4^+(aq) + OH^-(aq)$$

양방향 화살표를 사용하며, NH_4^+ 뿐만 아니라 NH_3 분자, OH^- 이온이 용액에 존재한다. 아민($R-NH_2$)도 약염기이다. 아민은 암모니아 유도체로 생각할 수 있는데, 암모니아에서 한 개 이상의 H 원자가 메틸이나 그 외의 탄화수소로 대체된 것이다.

많은 수의 산과 염기가 자연에 존재하기 때문에 수백 년 동안 관찰되어왔다. 가장 중요한 사실은 산과 염기가 동시에 존재할 수 없다는 것이다. 산과 염기를 섞으면 **중화**(neutralization)가 일어난다. 산은 H_3O^+ 이온을, 염기는 OH^- 이온을 포함하는데, 두 이온은 쉽게 결합하여 물이 되기 때문이다.

$$H_3O^+(aq) + OH^-(aq) \rightarrow 2H_2O(\ell)$$

산과 염기가 섞일 때마다 이 반응이 일어나며, 용액이 산성이나 염기성을 동시에 갖는 일은 없다.

예제 3.3

아세트산과 수산화포타슘 수용액이 섞이면 중화반응이 일어난다. 분자반응식, 총이온반응식, 알짜이온방정식을 쓰시오.

풀이 분자반응식

$$CH_3COOH + KOH \rightarrow H_2O + CH_3COOK$$

총 이온반응식

: KOH는 K^+와 OH－로 완벽히 해리되며, CH_3COOK는 K^+와 CH_3COO^-로 해리된다.

$$CH_3COOH(aq) + K^+(aq) + OH^-(aq) \rightarrow H_2O(\ell) + K^+(aq) + CH_3COO^-(aq)$$

양쪽의 포타슘 이온을 제거하면 알짜이온반응식은

$$CH_3COOH(aq) + OH^-(aq) \rightarrow H_2O(\ell) + CH_3COO^-(aq)$$

추가문제 염산과 수산화칼슘의 반응에 대한 분자반응식, 총이온반응식, 알짜이온반응식을 쓰시오.

그 외 중요한 반응이 **침전반응**(precipitation)(그림 3.6)으로, 예제 3.4에 세 가지 침전반응을 나타내었다.

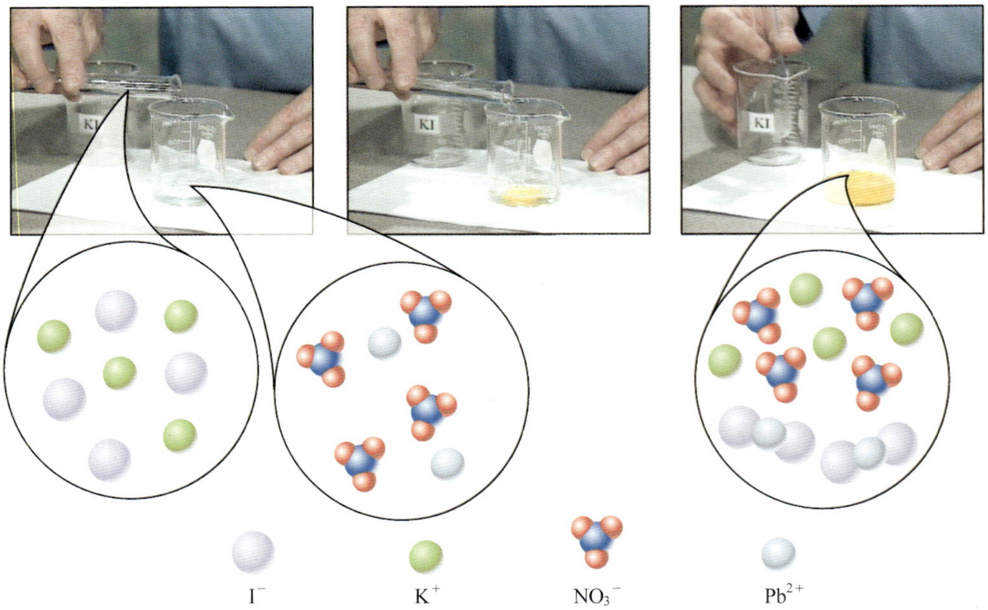

그림 3.6 무색의 KI 용액과 $Pb(NO_3)_2$ 용액이 반응하면 PbI_2의 노란색 침전이 생성된다.

예제 3.4

탄산소듐 수용액을 염화바륨에 떨어뜨렸을 때, 용액은 흰색의 탄산바륨으로 뿌옇게 변한다. 분자반응식, 총이온반응식, 알짜이온반응식을 쓰시오.

풀이 이들 물질의 화학식은 Na_2CO_3, $BaCl_2$, 그리고 $BaCO_3$이다. 분자반응식은

$$Na_2CO_3(aq) + BaCl_2(aq) \rightarrow BaCO_3(s) + 2\,NaCl(aq)$$

해리된 이온마다 "(aq)"를 붙인다. 총이온반응식은

$$2Na^+(aq) + CO_3^{2-}(aq) + Ba^{2+}(aq) + 2Cl^-(aq) \rightarrow BaCO_3(s) + 2Na^+(aq) + 2Cl^-(aq)$$

알짜이온반응식

$$CO_3^{2-}(aq) + Ba^{2+}(aq) \rightarrow BaCO_3(s)$$

추가문제 황산소듐(Na_2SO_4)이 질산납($Pb(NO_3)_2$)과 반응하면 황산납(s)과 질산소듐(aq)이 생성된다. 분자반응식, 총이온반응식, 알짜이온반응식을 쓰시오.

3-3 반응식의 이해와 몰

지금까지의 화학반응식은 미시적 관점에서 다룬 것으로 개별 분자 간의 반응을 보여준다. 거시적 관점에서는 화학반응식에서 양적 측면을 다룬다.

화학반응식의 이해

수소와 산소는 폭발적 반응을 통해 물을 생성한다.

$$2\,H_2(g) \; + \; O_2(g) \rightarrow 2\,H_2O(g)$$

위의 반응식을 보고 우리는 다음과 같이 읽는다 "두 개의 H_2 분자는 한 개의 O_2 분자와 반응하여 두 개의 H_2O 분자를 생성한다" 정확히 말하면 두 개의 H_2 분자에 한 개의 O_2 분자가 필요하다. 즉 이십 개의 H_2 분자는 열 개의 O_2 분자와 반응하여 이십 개의 H_2O 분자를 생성한다고 말할 수도 있다.

두 문장을 보면 두 가지 규칙이 존재한다. 첫째, 화학양론계수를 사용하였다. 반응에 사용된 수소 분자는 산소 분자의 두 배이다. 둘째, 입자수에 대해 언급하고 있다. 화학양론계수는 입자수와 관련됨을 기억해야 한다(2 : 1 또는 20 : 10).

아보가드로수와 몰

거시적 양의 물질을 다루는 화학반응의 경우, 반응에 참여한 분자수는 믿기 어려울 정도로 크다. 하지만 사람들은 너무 큰 숫자를 다루는 것을 좋아하지 않기 때문에, 과학자들은 다루기 쉬운 숫자로 바꾸는 방법을 만들었다. 가장 단순한 방법은 분자를 큰 묶음으로 하여 그 수를 세는 것이다. 화학자들이 선택한 양의 단위는 몰(mol)이다. 정확히 12 g의 ^{12}C에 들어 있는 탄소 원자의 수를 **몰**(mol)로 정의한다. 이 수를 **아보가드로수**(Avogadro's number)라 하며, 6.022×10^{23}이다.

아보가드로수가 화학에 유용한 데는 몇 가지 이유가 있다. 첫째, 원자만큼 작은 입자를 세는 데 유용한 단우이다. 제빵사에게 dozen(12개 한 묶음)이, 화학자에게는 몰(mol)이 유용하다. 둘째, 물질의 종류가 무엇이든 1몰의 입자수는 모두 같다. H_2 1몰과 글루코스($C_6H_{12}O_6$) 1몰의 입자수는 6.022×10^{23} 분자 로 같다. 1 몰에 해당하는 물질의 질량 또는 부피는 물질(그림 3.7)마다 다르지만, 입자수는 모두 같다.

아보가드로수는 원자(또는 분자)의 개별 질량과 1몰의 질량을 매우 편리하게 연결해 준다. 몰(mol)의 정의를 보면 다음과 같다. ^{12}C 1몰은 정확히 12 g의 질량을 갖는다. 그리고 ^{12}C 원자량은 12 amu이다. 이 값은 계산된 값이 아닌 의도된 것이다. 각 원자들의 질량을 정확히 측정할 수 있는 저울이 있고, 원자를 저울에 동시에 올릴 수 있는 방법이 있다고 가정하자. 저울이 정확히 12 g을 읽을 때까지 저울에 ^{12}C 원자를 하나씩 올리면 아보가드로수를 측정할 수 있다.

그림 3.7 시료의 양은 1몰이다. (뒷줄왼쪽부터 브로민, 알루미늄, 수은, 구리 / 앞줄왼쪽부터 황, 아연, 철)

어떤 원소의 6.022×10^{23} 원자의 질량을 그 원소의 **몰질량**(molar mass)이라 하는데, 이는 몰당 그램 값으로 대부분의 주기율표에 표기되어 있다. 실리콘 원자는 탄소 원자보다 무겁기 때문에 실리콘의 몰질량은 탄소보다 크다. 각 원소의 몰질량은 동위원소 존재비를 고려한 값이다. 탄소 몰질량은 12.011 g/mol로, ^{12}C와 ^{13}C 질량의 평균값이다(2장 참조).

몰은 중요한 단위로, 화학반응식을 거시적 관점으로 이해할 수 있게 한다. 수소와 산소의 반응을 다시 읽어보자.

$$2\,H_2(g) \;+\; O_2(g) \;\rightarrow\; 2\,H_2O(g)$$

몰(mol)을 이용하여 읽어보자. "수소 분자 2몰과 산소 분자 1몰은 물 분자 2몰을 형성한다". 반응물의 몰 비율 2 : 1은 분자수의 비율 2 : 1과 같다. 화학식과 화학양론계수는 반응에 참여하는 입자수의 비에 대한 정보이지, 질량비에 대한 것은 아니다.

몰질량의 결정

계수를 맞춘 반응식은 입자수의 관점에서 표현된 것이기 때문에, 시료의 질량으로부터 간접적으로 몰(mol)수를 계산할 수 있다 (질량(g)÷몰질량(g/mol)=몰수(mol)). 그리고 질량보존법칙을 이용하여 화합물의 몰질량을 결정할 수 있다. 물 1몰을 예로 들어보자. 물은 한 개의 O 원자와 두 개의 H 원자로 이루어져 있다. 산소 원자의 아보가드로수가 1몰일 때, 주기율표로부터 1몰의 산소 원자 질량은 16.0 g임을 안다. 또한 1몰의 물 분자는 2몰의 수소 원자를 가지며, 주기율표로부터 1몰의 수소 원자 질량이 1.0 g이기 때문에 수소 원자 2몰은 2.0 g이다. 따라서 H_2O 1몰의 질량은 18.0 g으로, 몰질량은 18.0 g/mol이다. 이러한 방법으로 모든 화합물의 몰질량을 계산할 수 있다; 화합물의 몰질량은 모든 원자의 몰질량의 합이다.

예제 3.5

다음 화합물의 몰질량을 결정하시오.
(a) calcium sulfate, $CaSO_4$, (b) urea, $CO(NH_2)_2$, (c) carnallite, $H_{12}Cl_3KMgO_6$

풀이

(a) $CaSO_4$	1 mol Ca	1 × 40.078 g/mol =	40.078 g/mol
	1 mol S	1 × 32.06 g/mol =	32.06 g/mol
	4 mol O	4 × 15.999 g/mol =	63.996 g/mol
		몰질량 =	136.13 g/mol
(b) $CO(NH_2)_2$	1 mol C	1 × 12.011 g/mol =	12.011 g/mol
	1 mol O	1 × 15.999 g/mol =	15.999 g/mol
	4 mol H	4 × 1.008 g/mol =	4.032 g/mol
	2 mol N	2 × 14.007 g/mol =	28.014 g/mol
		몰질량 =	60.056 g/mol
(c) $H_{12}Cl_3KMgO_6$	12 mol H	12 × 1.008 g/mol =	12.096 g/mol
	3 mol Cl	3 × 35.45 g/mol =	106.35 g/mol
	1 mol K	1 × 39.0983 g/mol =	39.0983 g/mol
	1 mol Mg	1 × 24.3050 g/mol =	24.3050 g/mol
	6 mol O	6 × 15.999 g/mol =	95.994 g/mol
		몰질량 =	277.84 g/mol

추가문제 다음 화합물의 몰질량을 구하시오.
(a) xylaric acid, $C_5H_8O_7$ (b) diphenolic acid, $C_4H_7(C_6H_5O)_2COOH$
(c) aspartic acid, $C_2H_5N(COOH)_2$

3-4 몰과 몰질량을 이용한 계산

몰질량을 이용하여 화합물의 질량으로부터 몰수를 계산할 수 있다. 질량과 몰수는 표현방법이 다를 뿐이지 같은 정보를 포함한다.

예제 3.6

245.3 g의 글루탐산($C_5H_9NO_4$)의 몰수를 계산하시오. 분자수도 계산하시오.

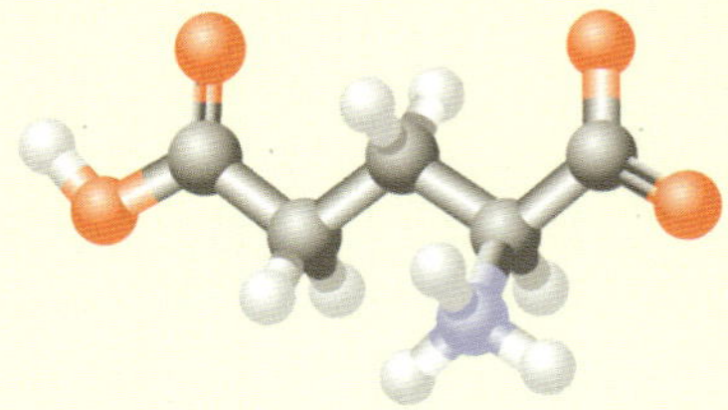

Glutamic acid, $C_5H_9NO_4$

풀이 글루탐산의 몰질량을 계산한다.

$C_5H_9NO_4$:

$$\begin{aligned}
5\text{ mol C: } & 5 \times 12.011\text{ g/mol} = 60.055\text{ g/mol} \\
9\text{ mol H: } & 9 \times 1.008\text{ g/mol} = 9.072\text{ g/mol} \\
1\text{ mol N: } & 1 \times 14.007\text{ g/mol} = 14.007\text{ g/mol} \\
4\text{ mol O: } & 4 \times 15.999\text{ g/mol} = 63.996\text{ g/mol} \\
& \text{몰질량} = \overline{147.130\text{ g/mol}}
\end{aligned}$$

몰질량을 사용하여 질량을 몰로 변환한다.

$$245\text{ g } C_5H_9NO_4 \times \frac{1\text{ mol } C_5H_9NO_4}{147.130\text{ g } C_5H_9NO_4} = 1.667\text{ mol } C_5H_9NO_4$$

아보가드로수를 이용하여 몰수를 분자수로 변환한다.

$$1.667\text{ mol } C_5H_9NO_4 \times \frac{6.022 \times 10^{23}\text{ 분자 } C_5H_9NO_4}{1\text{ mol } C_5H_9NO_4} = 1.004 \times 10^{24}\text{ 분자 } C_5H_9NO_4$$

추가문제 뷰탄올(C_4H_9OH) 1.00 L의 몰수를 계산하시오. 단 밀도는 0.810 g/mL이다.

예제 3.7

2-프로판올(C_3H_7OH) 423 몰이 반응에 필요할 때, 사용되는 양은 몇 g인가?

풀이 2-프로판올의 몰질량을 계산한다.

C_3H_7OH:

$$\begin{aligned}
3\text{ mol C: } & 3 \times 12.011\text{ g/mol} = 36.033\text{ g/mol} \\
8\text{ mol H: } & 8 \times 1.008\text{ g/mol} = 8.064\text{ g/mol} \\
1\text{ mol O: } & 1 \times 15.999\text{ g/mol} = 15.999\text{ g/mol} \\
& \text{몰질량} = \overline{60.096\text{ g/mol}}
\end{aligned}$$

몰질량을 이용하여 필요한 질량을 계산한다.

$$423\text{ mol } C_3H_7OH \times \frac{60.096\text{ g } C_3H_7OH}{1\text{ mol } C_3H_7OH} = 2.54 \times 10^4\text{ g } C_3H_7OH$$

추가문제 약 80×10^9 몰의 질산암모늄((NH_4NO_3))이 생산되었다. 질량(ton)으로 환산하시오.

원소분석 : 실험식과 분자식의 결정

새로운 분자가 합성되었을 때, 원소분석을 통해 물질을 확인한다. 화합물을 구성하는 각 원소의 질량분율을 측정하는 이 실험은 미지의 물질을 확인하는 데도 사용된다. 질량분율을 통해 화합물의 구성을 알 수 있는데, 이것을 화학식으로 나타낼 수 있다. 원소분석에서 얻어진 자료는 각 원소의 질량으로 표현되며, 각 원소의 원자수는 화학식으로 표현된다. 따라서 몰질량을 이용하여 원소분석자료로부터 **실험식**(empirical formula)을 얻을 수 있다. 화합물의 몰질량을 아는 경우, 위의 과정에서 좀 더 나아가 분자식도 결정할 수 있다.

예제 3.8

나이트로아닐린은 52.17% 탄소, 4.38% 수소, 20.28% 질소, 23.17% 산소로 이루어져있다(질량백분율). 나이트로아닐린의 실험식을 구하시오.

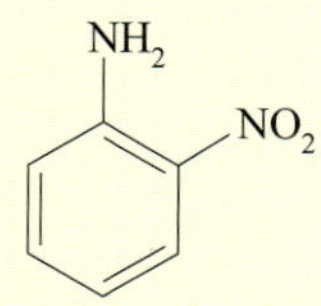

나이트로아닐린

풀이 나이트로아닐린 시료가 100 g이라 가정하자. 문제에서 주어진 백분율에 따라 시료에는 52.17 g C, 4.38 g H, 20.28 g N, 23.17 g O가 들어있다. 이들 질량을 mol로 바꾼다.

$$52.17\ \text{g C} \times \frac{1\ \text{mol C}}{12.011\ \text{g C}} = 4.344\ \text{mol C}$$

$$4.38\ \text{g H} \times \frac{1\ \text{mol H}}{1.008\ \text{g H}} = 4.35\ \text{mol H}$$

$$20.28\ \text{g N} \times \frac{1\ \text{mol N}}{14.007\ \text{g N}} = 1.448\ \text{mol N}$$

$$23.17\ \text{g O} \times \frac{1\ \text{mol O}}{15.999\ \text{g O}} = 1.448\ \text{mol O}$$

이 숫자는 화합물의 C : H : N : O에 대한 비율로, $C_{4.344}H_{4.35}N_{1.448}O_{1.448}$의 화학식을 쓸 수 있다. mol의 가장 작은 값으로 모든 숫자를 나누어준다. 이 경우에는 1.448로 나눈다.

$$\frac{4.344\ \text{mol C}}{1.448} = 3.00$$

$$\frac{4.35\ \text{mol H}}{1.448} = 3.00$$

$$\frac{1.448\ \text{mol N}}{1.448} = 1.00$$

$$\frac{1.448\ \text{mol O}}{1.448} = 1.00$$

결과는 다음과 같다. 3 mol C : 3 mol H : 1 mol N : 1 mol O.

따라서 실험식은 C_3H_3NO이다. 질량백분율로 실험식만 결정할 수 있으며, 분자식은 불가능하다.

추가문제 허브에서 발견되는 cryptomeridiol이라 불리는 성분은 전통중국약제로 74.95% C, 11.74% H, 13.31% O를 포함한다. 이 화합물의 실험식을 구하시오.

예제 3.9

전자접속기 제조에 흔히 사용되는 팔라듐과 니켈 합금은 70.8 mol % Pd와 29.2 mol % Ni로 구성된다. 이 조성을 무게백분율로 변환하시오.

풀이 팔라듐과 니켈의 몰질량은 106.42 g/mol과 58.69 g/mol이다. 합금 1 mol에 팔라듐은 0.708 mol, 니켈은 0.292 mol 들어 있다. 합금 1 mol에 들어있는 각 성분의 질량을 구해보자.

$$m_{\mathrm{Pd}} = 0.708 \text{ mol Pd} \times \frac{106.42 \text{ g Pd}}{1 \text{ mol Pd}} = 75.4 \text{ g Pd}$$

$$m_{\mathrm{Ni}} = 0.292 \text{ mol Ni} \times \frac{58.69 \text{ g Ni}}{1 \text{ mol Ni}} = 17.1 \text{ g Ni}$$

합금 1 mol 당 총 질량은

$$75.4 \text{ g Pd} + 17.1 \text{ g Ni} = 92.5 \text{ g alloy}$$

각 금속의 무게백분율은

$$\text{wt(\%) (Pd)} = \frac{75.4 \text{ g Pd}}{92.5 \text{ g alloy}} \times 100\% = 8.15 \text{ wt\% Pd}$$

$$\text{wt(\%) (Ni)} = \frac{17.1 \text{ g Ni}}{92.5 \text{ g alloy}} \times 100\% = 18.5 \text{ wt\% Ni}$$

추가문제 18 캐럿 금은 일반적으로 무게백분율로 75% 금, 16% 은, 9% 구리를 포함한다. 이 값을 몰백분율로 변환하시오.

몰농도

몰질량(g/mol)은 화학계산에 필요한 값으로, 측정이 가능한 질량과 개념상으로 중요한 mol을 포함한다. 질량 이외에 측정이 가능한 값으로 부피가 있다. 수용액의 계산에서는 질량보다는 부피를 주로 사용한다. 따라서 부피와 mol이 연결된 양의 단위를 정의할 필요가 있다.

용매에 녹아있는 용질의 농도를 표현하는 방법은 여러 가지이다. 농도 단위를 정의하기 위해서는 용질의 질량과 용매의 양을 알아야 한다. 화학에서 주로 사용되는 농도 단위는 **몰농도** (**molarity or molar concentration**)이다. 몰농도는 기호 M을 사용하며, 용액 1 L 당 용질의 몰(mol)수로 정의된다.

$$\text{몰농도 (M)} = \frac{\text{용질 (mol)}}{\text{용액 (L)}}$$

몰농도 정의는 몰농도, 용질(mol), 용액(L) 간의 관계를 나타낸다. 이들 중 두 가지 값만 알면 나머지 것도 알 수 있다. 용액의 부피를 측정하고, 부피에 몰농도를 곱하면 용질의 몰수를 알 수 있다.

용액의 부피와 몰농도를 안다면 같은 방법으로 용질의 몰수를 계산할 수 있다. 몰수는 n, 부피는 V, 몰농도는 M으로 하면, 몰농도의 정의는 아래와 같다.

$$n = M \times V \tag{3.2}$$

예제 3.10

하이포아염소산 소듐(NaClO) 45.0 g을 물에 녹여 정확히 750 mL를 만든다. 이 용액의 몰농도는?

풀이 먼저, 용질의 몰수를 구한다.

$$45.0\ \text{g NaClO} \times \frac{1.00\ \text{mol NaClO}}{74.44\ \text{g NaClO}} = 0.605\ \text{mol NaClO}$$

용액의 부피를 L로 변환하면

$$750\ \text{mL} \times \frac{1.00\ \text{L}}{1000\ \text{mL}} = 0.750\ \text{L}$$

몰농도를 계산한다.

$$\text{몰농도(M)} = \frac{\text{용질(mol)}}{\text{용액(L)}} = \frac{0.605\ \text{mol}}{0.750\ \text{L}} = 0.806\ \text{M NaClO}$$

추가문제 0.150 M H_2SO_4 4.50 L에 들어 있는 H_2SO_4의 몰수는?

희석

실험실에서 가장 흔한 실험절차 중 하나가 희석인데, 이는 용액에 용매를 부어 용질의 농도를 감소시키는 과정이다. 물론 용질의 양은 변화가 없다(용질의 몰수는 희석 전후로 같다). 용질의 몰수는 몰농도에 부피를 곱한 것으로, 여기서 처음(i)과 나중(f)을 하첨자로 사용하여 다음 식을 쓸 수 있다.

$$M_i \times V_i = M_f \times V_f \tag{3.3}$$

이 식은 용액의 희석 또는 농축에서 사용된다.

예제 3.11

6.0 M의 염산(HCl)으로 1.5 M 염산 5.0 L를 만드시오.

풀이

HCl의 초기농도 : $M_i = 6.0\ \text{M}$

HCl의 최종농도 : $M_f = 1.5\ \text{M}$

용액의 최종부피 : $V_f = 5.0\ \text{L}$

초기 부피 V_i를 구하기 위해 식 (3.3)을 이용하면

$$V_i = \frac{M_f \times V_f}{M_i} = \frac{1.5\ \text{M} \times 5.0\ \text{L}}{6.0\ \text{M}} = 1.3\ \text{L}$$

6.0 M 염산 1.3 L를 물을 넣어 5.0 L로 희석한다.

추가문제 12.0 M NaOH 2.70 mL를 150.0 mL로 희석하였을 때, 최종농도는?

연습문제

3-1 화학식과 반응식

3.6 화학반응에서 반응물과 생성물의 용어를 정의하시오.

3.7 화학반응식에서 고체, 액체, 기체, 수용액을 나타내는 기호는?

3.8 화학반응식에서 '열을 가한다'는 어떻게 표현되는가? 빛에너지는 어떻게 표현되는가?

3.9 '균형맞춘 화학반응식'의 개념을 뒷받침하는 것은 어떤 자연의 법칙인가?

3.10 화학양론계수에 대해 설명하시오.

3.11 다음 반응식을 완성하시오.
(a) $Al(s) + O_2(g) \rightarrow Al_2O_3(s)$
(b) $N_2(g) + H_2(g) \rightarrow NH_3(g)$
(c) $C_6H_6(\ell) + O_2(g) \rightarrow H_2O(\ell) + CO_2(g)$

3.12 다음 반응식을 완성하시오.
(a) $CaC_2(s) + H_2O(\ell) \rightarrow Ca(OH)_2(s) + C_2H_2(g)$
(b) $(NH_4)_2Cr_2O_7(s) \rightarrow Cr_2O_3(s) + N_2(g) + H_2O(g)$
(c) $CH_3NH_2(g) + O_2(g) \rightarrow CO_2(g) + N_2(g) + H_2O(g)$

3.13 $C_3H_6N_6O_6$은 산소중에서 폭발하여 물, 이산화탄소, 질소를 생산한다. 이 폭발에 대한 화학반응식을 쓰시오.

3.14 시멘트를 구성하는 화합물들은 물이 첨가되었을 때 서로 반응한다. 예로 CaO는 Al_2O_3와 물과 반응하여 $Ca_3Al_2(OH)_{12}$를 형성한다. 이 과정을 화학반응식으로 나타내시오.

3.15 가솔린 혼합물 중 에탄올(C_2H_5OH)은 연소하여 CO_2와 H_2O를 형성하는데, 이때의 화학반응식을 나타내시오.

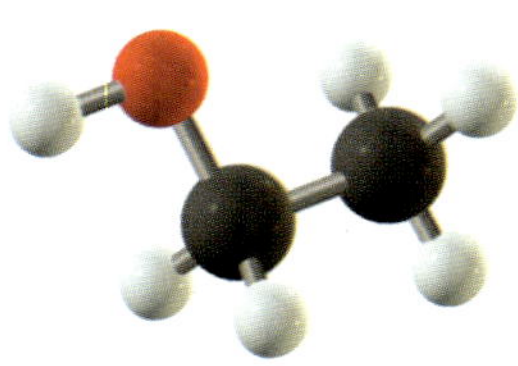

Ethanol, C_2H_5OH

3.16 다음의 화학반응식을 완성하시오.
(a) 과인산 비료를 제조하는 반응

$$Ca_3(PO_4)_2(s) + H_2SO_4(aq) \rightarrow Ca(H_2PO_4)_2(aq) + CaSO_4(s)$$

(b) Diborane(B_2H_6)을 제조하는 반응

$$NaBH_4(s) + H_2SO_4(aq) \rightarrow B_2H_6(g) + H_2(g) + Na_2SO_4(aq)$$

(c) 산화텅스텐(VI)으로부터 텅스텐을 제조하는 반응

$$WO_3(s) + H_2(g) \rightarrow W(s) + H_2O(\ell)$$

(d) 중크로뮴산암모늄의 분해

$$(NH_4)_2Cr_2O_7(s) \rightarrow N_2(g) + H_2O(\ell) + Cr_2O_3(s)$$

3.17 다음 반응에 대한 화학반응식을 완성하시오.
(a) $N_2(g)$와 $H_2(g)$가 결합하여 암모니아 $NH_3(g)$를 생성한다.
(b) $H_2(g)$와 $CO(g)$가 결합하여 메탄올 $CH_3OH(\ell)$을 생성한다.
(c) 황, 산소, 물이 결합하여 황산을 생성한다.

3.18 Diborane은 1950년대에 로켓연료로 제안된 물질이다. B_2H_6와 O_2가 반응하면 B_2O_3와 H_2O가 만들어진다. 이 과정에 대한 화학반응식을 완성하시오.

3.19 Silicon nitride(Si_3N_4)는 건설물질로 보강섬유이다. 이 물질은 silicon tetrachloride와 암모니아로부터 합성될 수 있다. 부산물로 염화암모늄이 발생된다. 이 과정에 대한 화학반응식을 완성하시오.

3.20 다음 그림은 AB_2와 B_2 화합물 간의 화학반응에 대한 분자수준의 그림이다. (A 원자는 파란색, B 원자는 흰색) 왼쪽 그림은 반응물의 혼합초기 그림이다. 오른쪽 그림은 왼쪽 반응물의 반응이 완벽히 이루어진 것을 보여준다. 이 반응에 대한 화학반응식을 쓰시오. (반응계수의 숫자는 최소가 되도록 한다)

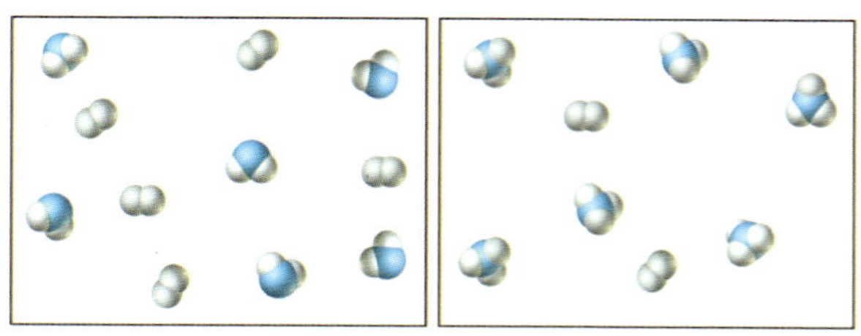

3-2 수용액과 알짜이온반응식

3.21 용액, 용질, 용매에 대해 설명하시오.

3.22 어떤 물질이 녹을 때 화학반응이 늘 발생하는가? 그렇지 않다면 무엇이 발생하는가?

3.23 진한용액은 무엇인가? 묽은용액은?

3.24 포화용액에 대해 설명하시오.

3.25 전해질이란 무엇인가? 약한 전해질과 강한 전해질을 실험적으로 어떻게 구별할 수 있는가? 각각의 예를 쓰시오.

3.26 다음 화합물은 전해질인가 비전해질인가: (a) potassium chloride, KCl (b) hydrogen peroxide, H_2O_2 (c) methane, CH_4 (d) barium nitrate, $Ba(NO_3)_2$

3.27 다음 용해성 화합물은 수용액에서 어떤 이온을 생성하는가? (a) KOH (b) K_2SO_4 (c) $LiNO_3$ (d) $(NH_4)_2SO_4$

3.28 다음 화합물중 어느 것이 용해성인가? 용해성이라면 생성되는 이온은? (a) Na_2CO_3 (b) $CuSO_4$ (c) NiS (d) $BaBr_2$

3.29 NaCl의 물에 대한 용해도는 35.7 g NaCl/100 g H_2O이다. NaCl 500.0 g을 녹일 수 있는 최소한의 물의 양은 얼마인가? (물의 밀도는 1.0 g/mL이다)

3.30 포장엔지니어는 콜드 팩을 위한 새로운 디자인 작업을 진행하고 있다. 팩 안에 담긴 14.0 mL의 물은 질산암모늄을 녹이는데 사용된다. (a) NH_4NO_3의 용해도는 190 g/100 g H_2O로, 14.0 mL의 물에 녹을 수 있는 질산암모늄의 양은? (b) 설계 사양을 보면 이러한 화학 물질이 제품 중량의 35% 이하로 구성될 수 있음이 제시되어 있다. 이를 만족하는 제품의 무게는?

3.31 다음 화합물이 산인지 염기인지 구분하시오. 강산 약산 강염기 약염기인지도 구분하시오. 물에 녹았을 때 어떤 이온이 생성되는가? (a) KOH (b) $Mg(OH)_2$ (c) HClO (d) HBr (e) LiOH (f) H_2SO_3

3.32 구경꾼 이온에 대해 설명하시오.

3.33 전체이온반응식과 알짜이온반응식의 차이는 무엇인가?

3.34 반응식의 균형을 맞추고 알짜이온반응식을 완성하시오.
(a) $(NH_4)_2CO_3(aq) + Cu(NO_3)_2(aq) \rightarrow CuCO_3(s) + NH_4NO_3(aq)$
(b) $Pb(OH)_2(s) + HCl(aq) \rightarrow PbCl_2(s) + H_2O(\ell)$
(c) $BaCO_3(s) + HCl(aq) \rightarrow BaCl_2(aq) + H_2O(\ell) + CO_2(g)$
(d) $CH_3CO_2H(aq) + Ni(OH)_2(s) \rightarrow Ni(CH_3CO_2)_2(aq) + H_2O(\ell)$

3.35 반응식의 균형을 맞추고 알짜이온반응식을 완성하시오.
(a) $Zn(s) + HCl(aq) \rightarrow H_2(g) + ZnCl_2(aq)$
(b) $Mg(OH)_2(s) + HCl(aq) \rightarrow MgCl_2(aq) + H_2O(\ell)$
(c) $HNO_3(aq) + CaCO_3(s) \rightarrow Ca(NO_3)_2(aq) + H_2O(\ell) + CO_2(g)$
(d) $(NH_4)_2S(aq) + FeCl_3(aq) \rightarrow NH_4Cl(aq) + Fe_2S_3(s)$

3.36 이산화탄소는 $Ca(OH)_2$와 침전반응하여 탄산칼슘과 물을 형성한다. 이 반응에 대한 반응식과 알짜이온반응식을 완성하시오.

3-3 반응식의 이해와 몰

3.37 몰(mol)의 개념을 설명하시오.

3.38 다음에 존재하는 개수는?
(a) 3.21 mol argon atoms
(b) 1.3×10^{-12} mol marbles
(c) 3×10^{6} mol water molecules
(d) 7.63×10^{-18} mol basketballs

3.39 모래 한 알갱이의 부피는 일반적으로 1.3×10^{-4} cm^3다. 모래 1 mol의 부피 (cm^3)는 얼마인가(모래 사이의 공극은 무시)? 단위를 L로 바꾸면?

3.40 입자 1 mol이 방을 가득 채울 때 그 입자의 크기를 측정하시오.

3.41 다음 화합물의 몰질량(g/mol)을 계산하시오. (a) Fe_2O_3, iron(III) oxide (b) BCl_3, boron trichloride (c) $C_6H_8O_6$, ascorbic acid (vitamin C)

3.42 다음 화합물의 몰질량(g/mol)을 계산하시오. (a) cane sugar, $C_{12}H_{22}O_{11}$ (b) laughing gas, N_2O (c) vitamin A, $C_{20}H_{30}O$.

3.43 다음 화합물의 몰질량을 계산하고, 각 원소의 질량퍼센트를 계산하시오. (a) PbS, lead(II) sulfide, 방연석 (b) C_2H_6, ethane, 탄화수소연료 (c) CH_3COOH, acetic acid, 식초성분 (d) NH_4NO_3, ammonium nitrate, 비료

3.44 자동차 에어백이 전개될 때, 고체 아자이드화소듐은 빠르게 분해되어 질소 가스를 생성하고 에어백을 팽창시킨다. 아자이드화소듐(NaN_3)의 몰질량은?

3.45 다음 화합물의 몰질량을 계산하시오. (a) magnesium phosphate (b) sodium sulfide (c) dinitrogen tetroxide

3.46 다음 세라믹재료의 몰질량을 계산하시오. (a) HfN (b) ThO_2 (c) $BaTiO_3$

3-4 몰과 몰질량을 이용한 계산

3.47 어떤 화학자가 용액을 만드는데 정확히 NaOH 2 mol이 필요하다. 필요한 NaOH의 질량은?

3.48 4.5 mol의 오존(O_3)의 질량은 얼마인가?

Ozone, O_3

3.49 다음 물질의 질량(g)을 계산하시오. (a) 2.5 mol of aluminum (b) 1.25×10^{-3} mol of iron (c) 0.015 mol of calcium (d) 653 mol of neon

3.50 다음 물질이 13.5 mol일 때 각각의 질량(g)을 계산하시오. (a) vinyl chloride, C_2H_3Cl, 플라스틱 재료 (b) capsaicin, $C_{18}H_{27}NO_3$, 고추의 매운성분 (c) stearic acid, $C_{18}H_{36}O_2$, 비누성분

3.51 다음 폭발물질의 각각의 몰수는 얼마인가?
(a) 358.1g trinitrotoluene(TNT), $C_7H_5N_3O_6$
(b) 82.6 g nitromethane, CH_3NO_2
(c) 1.68 kg RDX, $C_3H_6N_6O_6$

3.52 자동차 엔진의 배기가스 시험에서 10분동안 NO_2 3.7 g이 배출되었다. 그럼 45분동안 배출된 NO_2의 몰수는 얼마인가?

3.53 최신 기기는 5 ng까지 측정이 가능하다. CO_2 5.0 ng이 측정되었을 때, 측정된 분자수는 얼마인가?

3.54 7.52 g의 프로페인(C_3H_8)에 존재하는 H 원자의 수는?

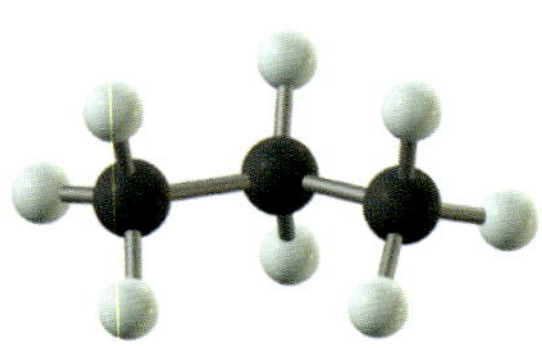

Propane, C_3H_8

3.55 214 g의 글루코스($C_6H_{12}O_6$)에 존재하는 O 원자의 수는?

3.56 3.35 g의 $H_2C_2O_4 \cdot 2H_2O$ 시료에서 수화된 물을 제거하기 위해 가열하였다. 물이 제거되고 남은 $H_2C_2O_4$의 질량은 얼마인가?

3.57 보통 사람은 1분에 약 2.5 g의 O_2를 들이마신다. 다음 시간동안 마시는 산소 분자의 수는? (a) 1 minute (b) 1 hour (c) 1 day by an average person?

3.58 붕화수소 화합물의 일반적인 화학식은 B_xH_y이다. 어떤 화합물의 구성성분이 88.5% B이고 나머지는 수소일 때, 실험식은?

3.59 Mandelic acid는 탄소(63.15%), 수소(5.30%), 산소(31.55%)의 유기산이다. 몰질량은 152.14 g/mol이다. 이 산의 실험식과 분자식을 결정하시오.

3.60 다음 화합물의 가장 간단한 화학식을 결정하시오.
(a) monosodium glutamate(MSG), 35.51% C, 4.77% H, 37.85% O, 8.29% N, 13.60% Na
(b) zircon, 34.91% O, 15.32% Si, 49.76% Zr
(c) nicotine, 74.0% C, 8.65% H, 17.4% N

3.61 다음 합금의 구성성분은 다음과 같다. 몰퍼센트(mol %), 원자 퍼센트(at %), 무게 퍼센트(wt %). 단위를 다음 단위로 바꾸시오.
(a) 60 wt % Cu and 40 wt % Al to at %
(b) 25 mol % NiO and 75 mol % MgO to wt %
(c) 40 wt % MgO and 60 wt % FeO to mol %

(at % : 원자수의 백분율. 이론적 연구에 있어 합금, 그 외 혼합물의 성분농도를 atomic percent로 나타낼 때가 많다.)

3.62 구리는 알루미나 Al_2O_3와 합금되었을 때 내마모성을 향상시킨다, 구리합금에 8.5 wt % Al_2O_3가 들어있을 때, 각 구성성분의 mol %?

3.63 다음 용액의 몰농도를 계산하시오.
(a) 1.45 mol HCl in 250. mL of solution
(b) 14.3 mol NaOH in 3.4 L of solution
(c) 0.341 mol KCl in 100.0 mL of solution
(d) 250 mol $NaNO_3$ in 350 L of solution

3.64 다음 화합물 20.00 g을 물에 녹여 4.50 L 용액을 만들었을 때 각 수용액에 존재하는 이온의 몰농도는 얼마인가? (a) cobalt(III) chloride (b) nickel(III) sulfate (c) sodium permanganate (d) iron(II) bromide

3.65 이들 용액에 존재하는 용질의 몰수는?
(a) 48.0 mL of 3.4 M H_2SO_4
(b) 1.43 mL of 5.8 M KNO_3
(c) 3.21 L of 0.034 M NH_3
(d) 1.9×10^3 L of 1.4×10^{-5} M NaF

3.66 이들 용액에 존재하는 용질의 그램수는?
(a) 37.2 mL of 0.471 M HBr
(b) 113.0 L of 1.43 M Na_2CO_3
(c) 21.2 mL of 6.8 M CH_3COOH
(d) 1.3×10^{-4} L of 1.03 M H_2SO_3

3.67 다음 묽은 용액의 최종 몰농도를 구하시오.
(a) 24.5 mL of 3.0 M solution diluted to 100.0 mL
(b) 15.3 mL of 4.22 M solution diluted to 1.00 L
(c) 1.45 mL of 0.034 M solution diluted to 10.0 mL
(d) 2.35 L of 12.5 M solution diluted to 100.0 L

3.68 원용액을 희석하여 원하는 용액으로 제조하려 한다. 이때 필요한 원용액의 양(mL)을 구하시오.
(a) 10.0 L of 0.45 M solution from 3.0 M solution
(b) 1.50 L of 1.00 M solution from 11.7 M solution
(c) 100.0 mL of 0.025 M solution from 1.15 M solution
(d) 50.0 mL of 3.3×10^{-4} M solution from 0.25 M solution

3.69 상업적으로 이용가능한 진한 황산은 18.0 M H_2SO_4이다. 2.50 L의 1.50 M H_2SO_4를 제조하려 할 때 진한 황산의 필요한 부피는?

3.70 마그네슘은 다른 구조용 금속보다 가볍기 때문에 자전거를 디자인할 때 그 중요성이 높아지고 있다. 해수에 존재하는 Mg^{2+} 이온을 Mg 금속으로 전환시켜 얻기도 한다. 해수의 마그네슘 평균 함량은 약 1270 g Mg^{2+}/ton of seawater이고, 해수밀도는 약 1.03 g/mL이다. 해수에 들어있는 Mg^{2+} 이온의 몰농도는 얼마인가? 자전거 한 대당 마그네슘 103 kg이 필요하다. 자전거 한 대를 제조하는데 필요한 바닷물의 양(gallon)은 얼마인가?

Chapter 4

화학양론

Stoichiometry

4-1 화학양론의 기초

화학에서 **화학양론**(stoichiometry)은 양적관계를 나타낼 때 사용된다. 특정물질이 "얼마나 많이" 소모 또는 생성하는가 라는 질문이 바로 화학양론이다.

반응식에는 반응에 참여하는 입자수가 표시되어 있다. 균형을 맞춘 반응식의 화학양론계수는 입자수에 관한 것이지 질량에 관한 것이 아니다. 용액의 질량과 부피는 측정하기 쉬운 양이지만, 반응에 참여한 입자수를 직접적으로 측정할 수는 없다. 화학자들은 질량 또는 부피의 일치하지 않는 단위를 해결하기 위해, 이들 값을 몰(mol)수로 변환시켜 사용한다. 따라서 반응식의 균형을 맞추는 것이 제일 중요하다.

균형맞춘 반응식에서의 몰비

메테인(CH_4, methane)은 연소가 가능한 가장 간단한 탄화수소로, 균형맞춘 반응식은 다음과 같다.

$$CH_4(g) \quad + \quad 2O_2(g) \longrightarrow CO_2(g) \quad + \quad 2H_2O(\ell)$$

반응식을 읽어보자. "메테인 가스 한 분자가 산소 두 분자와 반응한다" 또는 "메테인 분자 1 mol이 산소 분자 2 mol과 반응한다"라고 읽힌다. 메테인 분자와 산소 분자는 1 : 2의 비이며, 메테인 분자와 이산화탄소 분자는 1 : 1의 비이다. 그리고 메테인 분자와 물 분자는 1 : 2의 비이고, 산소 분자와 물 분자는 2 : 2 (또는 1 : 1)의 비이다.

$$\begin{aligned} &1 \text{ mol } CH_4 &&: 2 \text{ mol } O_2 \\ &1 \text{ mol } CH_4 &&: 1 \text{ mol } CO_2 \\ &1 \text{ mol } CH_4 &&: 2 \text{ mol } H_2O \\ &2 \text{ mol } O_2 &&: 2 \text{ mol } H_2O \end{aligned}$$

아래와 같이 화학양론 계산에서는 몰비를 분율로 나타내기도 한다. 어떤 물질의 양을 관련된 다른 물질의 양으로 환산할 때는 단위환산인자처럼 몰분율을 사용한다.

$$\frac{1 \text{ mol } CH_4}{2 \text{ mol } O_2} \quad \frac{1 \text{ mol } CH_4}{1 \text{ mol } CO_2} \quad \frac{1 \text{ mol } CH_4}{2 \text{ mol } H_2O} \quad \frac{2 \text{ mol } O_2}{2 \text{ mol } H_2O} \left(\text{or} \quad \frac{1 \text{ mol } O_2}{1 \text{ mol } H_2O} \right)$$

어떤 단위를 다른 단위로 환산하기 위해 **비**(ratio)를 사용하는데, 화학양론에서도 그리 복잡하지 않다. 하지만 화학양론에서는 여러 번의 변환이 필요하다. 그림 4.1은 반응에서 어떤 한 물질의 질량을 알고 있고, 다른 반응물 또는 생성물의 질량을 알고자 하는 경우, 세 가지 비를 사용한다: 몰질량비, 균형맞춘 반응식으로부터의 몰비, 질량을 알고자 하는 물질의 몰질량. 각 단계에 어떤 비를 사용할 지 결정하기 위해 모든 양에 단위를 붙인다. 예제 4.1의 경우, "mol CH_4" 단위를 갖는 값을 가지고 계산을 시작하는데, 이 값을 참고하여 계산에 적합한 몰비를 선택하였다.

예제 4.1

메테인의 연소에서 CH_4 6.75 mol이 완전히 연소하는데 필요한 O_2의 몰수는?

풀이 균형맞춘 반응식은 아래와 같다.

$$CH_4(g) + 2\,O_2(g) \rightarrow CO_2(g) + 2\,H_2O(\ell)$$

반응식의 계수로 CH_4와 O_2의 비를 안다.

$$\frac{1\ \text{mol CH}_4}{2\ \text{mol O}_2} \quad \text{or} \quad \frac{2\ \text{mol O}_2}{1\ \text{mol CH}_4}$$

CH_4의 양으로부터 필요한 O_2의 양을 계산하기 위해 우리는 두 번째 식을 사용한다.

$$6.75\ \text{mol CH}_4 \times \frac{2\ \text{mol O}_2}{1\ \text{mol CH}_4} = 13.5\ \text{mol O}_2$$

추가문제 위의 반응에서 생성되는 H_2O의 몰수는?

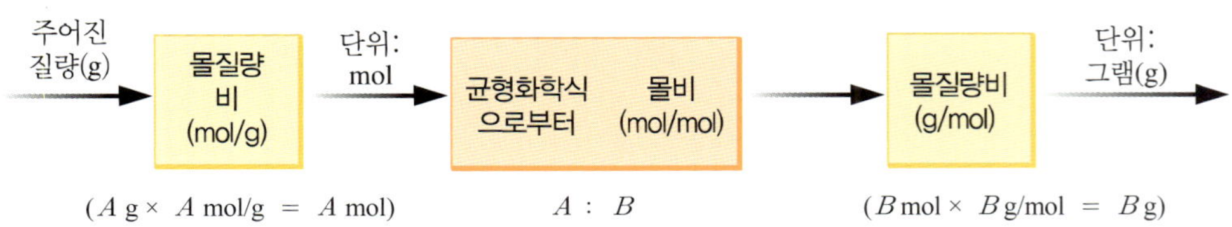

그림 4.1 화학양론문제를 풀기 위한 단계

예제 4.2

수소와 산소가 물을 생성하는 반응에서, 산소 26.0 g과 충분한 수소(H_2)가 반응할 때 생성되는 물의 양(g)은?

풀이 수소와 산소의 반응식은 아래와 같다.

$$2\,H_2(g) + O_2(g) \rightarrow 2\,H_2O(g)$$

산소의 몰질량은 32.0 g/mol, 물의 몰질량은 18.0 g/mol이다. 산소의 질량에 적합한 비를 곱해 물의 양(g)을 구할 수 있도록 한다(그림 4.3 참조).

주어진 질량 / O_2의 몰질량비 / 화학식에서의 몰비 / 물의 몰질량비

$$26.0\ \text{g O}_2 \times \frac{1\ \text{mol O}_2}{32.0\ \text{g O}_2} \times \frac{2\ \text{mol H}_2\text{O}}{1\ \text{mol O}_2} \times \frac{18.0\ \text{g H}_2\text{O}}{1\ \text{mol H}_2\text{O}} = 29.3\ \text{g H}_2\text{O}$$

추가문제 물 29.2 g을 생성하는데 필요한 수소의 양(g)은?

예제 4.3

인과 황이 반응하면 삼황화사인(P_4S_3)을 형성한다.

$$8\ P_4 + 3\ S_8 \rightarrow 8\ P_4S_3$$

153 g의 S_8과 과량의 인이 반응하였을 때 생성되는 P_4S_3의 양(g)은?

풀이 S_8의 몰질량은 256.6 g/mol, P_4S_3의 몰질량은 220.1 g/mol이다. 반응식을 참고하여 다음 식을 만들 수 있다.

$$153\ g\ S_8 \times \frac{1\ mol\ S_8}{256.5\ g\ S_8} \times \frac{8\ mol\ P_4S_3}{3\ mol\ S_8} \times \frac{220.1\ g\ P_4S_3}{1\ mol\ P_4S_3} = 3.50 \times 10^2\ g\ P_4S_3$$

추가문제 이산화황의 생성식은 다음과 같다. $S + O_2 \rightarrow SO_2$. 4.8 g의 황이 연소되었을 때 생성되는 이산화황의 양(g)은?

만약 1갤론의 가솔린이 연소할 때 발생하는 CO_2의 양은 어느 정도일까? 가솔린 대신에 옥탄의 완전연소 반응식을 이용한다.

$$2\ C_8H_{18} + 25\ O_2 \rightarrow 16\ CO_2 + 18\ H_2O$$

옥탄의 밀도를 사용하여 1갤론의 옥탄의 질량을 구할 수 있다. 옥탄의 밀도는 0.7025 g/mL이다.

$$1\ \text{갤론} \times \frac{3.7854\ L}{1\ \text{갤론}} \times \frac{1000\ mL}{1\ L} \times \frac{0.7025\ g\ \text{옥탄}}{mL} = 2659\ g$$

옥탄 2659 g의 완전연소시 발생하는 CO_2의 양을 구해보자. 여기서 몰질량과 몰비를 사용한다.

$$2659\ g\ C_8H_{18} \times \frac{1\ mol\ C_8H_{18}}{114.23\ g\ C_8H_{18}} \times \frac{16\ mol\ CO_2}{2\ mol\ C_8H_{18}} \times \frac{44.010\ g}{1\ mol\ CO_2} = 8196\ g\ CO_2$$

4-2 한계반응물질

화학반응에서 반응물 중 좀 더 빨리 소모되는 것이 있는데, 반응물 중 하나가 소모되면 반응은 멈춘다. 완전히 소모된 반응물은 반응의 진행을 결정하기 때문에 생성물의 양을 제한하게 된다. 이런 반응물을 **한계반응물질**(limiting reactant)이라 한다.

H_2와 O_2, 각각 여섯 분자가 반응할 때 얼마의 물이 생성되는가? 반응식은 아래와 같다.

$$2\ H_2(g) + O_2(g) \rightarrow 2\ H_2O(g)$$

두 반응물이 존재하는 한 반응은 계속 진행된다(그림 4.2). 그러나 여섯 개의 물 분자가 생성되면, 수소는 모두 소모된 상태이다. 산소 세 분자가 여전히 남아있더라도 반응은 진행하지 않는다. 생성물의 양은 수소 양에 의해 제한받으며, 이때 한계반응물질은 수소이다.

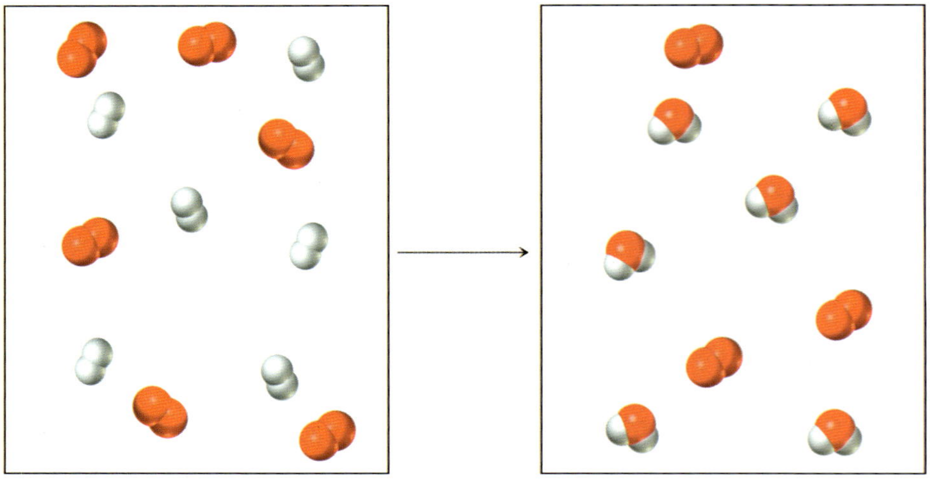

그림 4.2 한계반응물질의 개념을 설명하는 분자수준의 그림 (H_2 – 하얀색, O_2 – 빨간색)
왼쪽그림 : 6개의 H_2 분자와 여섯 개의 O_2 분자의 혼합물. 오른쪽그림 : 반응 후로, 여섯 개의 H_2O 분자와 세 개의 미반응 O_2 분자가 있다. H_2 분자가 없기 때문에 더 이상의 반응은 진행되지 않는다.

일반적으로, 반응물의 양을 조절하여 어떤 반응물이 한계반응물질인지 확인할 수 있다. 예로 가솔린의 연소반응에서는 공기로부터 과량의 산소가 공급되기 때문에, 한계반응물질은 가솔린이다.

예제 4.4

염산(HCl) 5.22 g을 포함한 용액이 K_2CO_3 3.25 g과 반응할 때, 반응물은 KCl, CO_2, H_2O이다. 과량의 반응물은 어떤 물질인가?

풀이 반응물과 생성물을 알고 있으므로, 반응식은 다음과 같다.

$$HCl + K_2CO_3 \rightarrow KCl + CO_2 + H_2O$$

반응식의 계수를 맞춘다.

$$2\,HCl + K_2CO_3 \rightarrow 2\,KCl + CO_2 + H_2O$$

주어진 염산의 양을 사용하여 반응에 필요한 K_2CO_3의 양을 구한다.

$$5.22\text{ g HCl} \times \frac{1\text{ mol HCl}}{36.46\text{ g HCl}} \times \frac{1\text{ mol K}_2\text{CO}_3}{2\text{ mol HCl}} \times \frac{138.2\text{ g K}_2\text{CO}_3}{1\text{ mol K}_2\text{CO}_3} = 9.89\text{ g K}_2\text{CO}_3$$

HCl(5.22 g)의 반응에 필요한 K_2CO_3는 9.89 g이지만, K_2CO_3 3.25 g만 이용가능하다. K_2CO_3가 완전 소모되면 반응은 멈춘다. K_2CO_3가 한계반응물질이며, HCl은 과량이다.

추가문제 암모니아는 비료로 널리 사용되며 중합체의 전구체이다. 질소와 수소에 의한 암모니아 반응식은 다음과 같다.

$$N_2 + 3\,H_2 \rightarrow 2\,NH_3$$

이 반응은 과량의 수소가 사용된다. 반응용기에 1.5×10^3 mol의 N_2가 있을 때, 얼마 이상의 수소가 필요한가?

예제 4.5

P_4S_3 생성 반응은 다음과 같다.

$$8\ P_4 + 3\ S_8 \rightarrow 8\ P_4S_3$$

28.2 g의 P_4가 18.3 g의 S_8과 반응할 때, 한계반응물질은?

풀이 P_4로 계산을 시작한다.

$$28.2\ g\ P_4 \times \frac{1\ mol\ P_4}{123.9\ g\ P_4} \times \frac{3\ mol\ S_8}{8\ mol\ P_4} \times \frac{256.5\ g\ S_8}{1\ mol\ S_8} = 21.9\ g\ S_8$$

28.2 g의 P_4의 완전반응에 필요한 S_8의 양은 21.9 g이다. S_8이 18.3 g만 있기 때문에 P_4와 반응하기에 충분치 않다. 따라서 S_8이 반응제한물질이다.

추가문제 시작을 P_4대신 S_8로 하여 계산해보자.

예제 4.6

가솔린 첨가제인 MTBE (methyl *tert*-butyl ether)는 메탄올과 아이소뷰텐으로 합성된다.

$$\underset{\text{Methanol}}{CH_3OH} + \underset{\text{Isobutene}}{(CH_3)_2C{=}CH_2} \rightarrow \underset{\text{MTBE}}{(CH_3)_3COCH_3}$$

45.0 kg의 메탄올이 70.0 kg의 아이소뷰텐과 반응할 때 생성물 MTBE의 최대 양은?

풀이 위의 세 화합물의 몰질량이 필요하다.

Methanol $[CH_3OH]$: 32.042 g/mol

Isobutene $[(CH_3)_2C{=}CH_2]$: 56.107 g/mol

MTBE $[(CH_3)_3COCH_3]$: 88.149 g/mol

한계반응물질을 결정하기 위해 45.0 kg의 메탄올과 반응할 수 있는 아이소뷰텐의 양을 계산한다.

$$45{,}000\ g\ \text{메탄올} \times \frac{1\ mol\ \text{메탄올}}{32.042\ g\ \text{메탄올}} \times \frac{1\ mol\ \text{아이소뷰텐}}{1\ mol\ \text{메탄올}} \times \frac{56.107\ g\ \text{아이소뷰텐}}{1\ mol\ \text{아이소뷰텐}}$$

$$= 7.88 \times 10^4\ g\ \text{아이소뷰텐} = 78.8\ kg\ \text{아이소뷰텐}$$

45.0 kg의 메탄올은 적어도 78.8 kg의 아이소뷰텐이 필요하다. 그러나 아이소뷰텐의 양은 70.0 kg이기 때문에 MTBE의 양은 아이소뷰텐의 양에 의해 결정된다. 아이소뷰텐이 한계반응물질이고, 메탄올은 과량이다.

$$70{,}000\ g\ \text{아이소뷰텐} \times \frac{1\ mol\ \text{아이소뷰텐}}{56.107\ g\ \text{아이소뷰텐}} \times \frac{1\ mol\ MTBE}{1\ mol\ \text{아이소뷰텐}} \times \frac{88.149\ g\ MTBE}{1\ mol\ MTBE}$$

$$= 1.10 \times 10^5\ g\ MTBE = 1.10 \times 10^2\ kg\ MTBE$$

추가문제 다이보레인(diborane, B_2H_6)의 합성반응은 아래와 같다.

$$3\,LiBH_4 + BF_3 \rightarrow 2\,B_2H_6 + 3\,LiF$$

24.6 g의 $LiBH_4$가 62.4 g의 BF_3와 반응할 때, 다이보레인의 생성량은?

한계반응물질을 명확히 단정할 수는 없다. 화학반응의 초기실험에서는, 물질을 편리하고 이용 가능한 양으로 하여 단순히 섞는다. 한계반응물질은 반응후 각 반응물의 존재량을 비교하여 결정할 수 있다. 남은 반응물의 상대적 몰비를 비교하도록 한다.

화학양론문제에서 한계반응물질을 다루는 것은 반응물의 양으로부터 생성물의 양을 결정하기 위함이다. 우선 어느 물질이 먼저 소모되는지 결정하고 계산을 하도록 한다. 로켓엔진은 이성분-연료 혼합물을 사용하는데, 두 성분의 반응에 의해 에너지를 얻는다. 이 때 두 물질은 화학양론에 맞도록 디자인되어야 하며, 한 물질만 과량으로 존재해서는 안된다.

예제 4.7

우주왕복선에 사용되는 고체연료보조로켓은 과염소산암모늄과 알루미늄의 반응에 기초한 것이다.

$$3\,NH_4ClO_4(s) + 3\,Al(s) \rightarrow Al_2O_3(s) + AlCl_3(g) + 3\,NO(g) + 6\,H_2O(g)$$

반응물 중 하나가 과량일 경우, 화학양론에 맞춰 부족한 물질을 왕복선에 보낼 것이다. 연료혼합물 kg 당 사용되는 각 반응물의 질량은?

풀이 NH_4ClO_4의 몰질량은 117.49 g/mol, Al은 26.98 g/mol이다. 117.49 g (1 mol) NH_4ClO_4을 사용할 경우, 26.98 g (1 mol)의 Al이 필요하다.

$$\frac{m_{NH_4ClO_4}}{m_{Al}} = \frac{117.49\text{ g}}{26.98\text{ g}} = 4.355$$

총 연료혼합물의 양을 1000 g으로 가정한다.

$$m_{NH_4ClO_4} + m_{Al} = 1000\text{ g}$$

$$m_{NH_4ClO_4} = 4.355\, m_{Al}$$

이므로

$$4.355\, m_{Al} + m_{Al} = 1000\text{ g}$$

$$\therefore\ m_{Al} = \frac{1000\text{ g}}{5.355} = 186.8\text{ g Al}$$

NH_4ClO_4의 양은

$$m_{NH_4ClO_4} = 1000\text{ g} - m_{Al} = 813.2\text{ g}$$

연료혼합물 1 kg은 186.8 g의 Al과 813.2 g의 NH_4ClO_4로 구성된다.

추가문제 왕복선 엔진의 실제모형에 사용된 연료혼합물은 600.0 g의 NH_4ClO_4와 400.0 g의 Al이다. 엔진이 멈추었을 경우, 연소되지 않고 남아있는 물질은 어떤 것이며 그 양은?

4-3 이론수득량과 퍼센트수득률

화학반응이 효과적으로 이루어지면, 원하지 않는 부산물은 가능한 적게, 원하는 생성물은 많이 얻을 수 있다. 온도 등의 요인, 부반응, 그리고 생성물의 과반응으로 원하는 물질의 양은 줄어든다.

완벽한 조건에서의 생성물의 양이 얼마인지 계산한 후 실제 실험에서 얻은 생성물의 양을 비교함으로써 반응의 효율성을 측정할 수 있다. 생성물의 이론적 양을 **이론수득량**(theoretical yield)이라 하며, 화학양론으로 계산하여 얻을 수 있는 값이다. 실험을 통해 측정한 생성물의 양을 **실제수득량**(actual yield)이라 한다. 그리고 두 값의 비를 **퍼센트수득률**(percentage yield)이라 한다.

$$\text{퍼센트수득률} = \left(\frac{\text{실제수득량}}{\text{이론수득량}}\right) \times 100\% \tag{4.1}$$

예제 4.8

Solvay과정은 탄산소듐((Na_2CO_3)의 상업적 제조에 중요한데, 대부분 유리제조의 마지막 단계에 Solvay과정이 사용된다.

$$2\ NaHCO_3(s) \xrightarrow{\text{heat}} Na_2CO_3(s) + CO_2(g) + H_2O(g)$$

어느 학생이 42.0 g의 $NaHCO_3$에 열을 가해 22.3 g의 Na_2CO_3을 얻었다. 이 반응의 퍼센트수득률은?

풀이 화학양론을 사용한다.

$$42.0\text{ g} \times \frac{1\text{ mol }NaHCO_3}{84.0\text{ g }NaHCO_3} \times \frac{1\text{ mol }Na_2CO_3}{2\text{ mol }NaHCO_3} \times \frac{106.0\text{ g }Na_2CO_3}{1\text{ mol }Na_2CO_3} = 26.5\text{ g }Na_2CO_3$$

$$\text{퍼센트수득률} = \left(\frac{\text{실제수득량}}{\text{이론수득량}}\right) \times 100\%$$

$$= \frac{22.3\text{ g}}{26.5\text{ g}} \times 100\% = 84.2\%$$

추가문제 173.2 g의 BF_3가 과량의 $NaBH_4$와 반응하여 28.6 g의 B_2H_6가 생성되었다. 퍼센트수득률은?

$$3\ NaBH_4 + 4\ BF_3 \rightarrow 2\ B_2H_6 + 3\ NaBF_4$$

가솔린 등의 탄화수소는 완전연소일 때 더 많은 에너지를 발생한다. 완전연소가 되면 잠재적으로 해로운 화합물(CO와 검댕)이 적게 발생된다. 따라서 완전연소의 정도에 따라 연료의 효율성을 정의할 수 있다. 배출가스에 CO_2 외에 CO, CH_2O, 기타 탄소화합물이 발견된다는 것은 부반응이 일어났음을 뜻한다.

4-4 용액에서의 화학양론

화학양론문제에서 반응에 참여한 물질의 몰(mol)수를 몰질량(g/mol)과 몰비를 이용하여 구할 수 있다. 이것을 용액에서의 반응으로 확장할 수 있다. 용액의 양은 질량보다는 부피로 측정된다. 식 (3.2)에 따르면, 몰수는 용액의 농도와 부피에 관련된다($n = MV$). 반응에서 물질 간의 몰비를 알기 위해서는 균형맞춘 화학반응식이 필요하다. 흐름도(그림 4.3)를 보고 화학양론문제를 풀어보자.

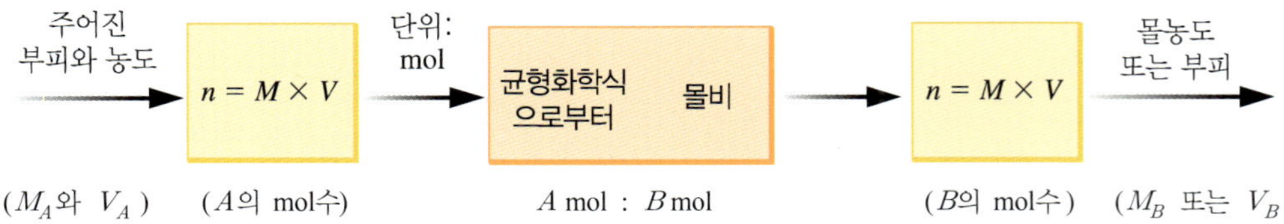

그림 4.3 용액의 화학양론문제를 풀기 위한 단계

예제 4.9

하이드라진은 하이포아염소산소듐과 암모니아의 반응에 의해 만들어진다.

$$NaClO(aq) + 2\,NH_3(aq) \rightarrow N_2H_4(aq) + NaCl(aq) + H_2O(\ell)$$

750.0 mL의 0.806 M NaClO가 과량의 암모니아와 혼합되었을 때, 생성되는 하이드라진의 몰수는? 마지막 용액의 최종 부피가 1.25 L라면 하이드라진의 몰농도는?

풀이 750.0 mL를 0.7500 L로 변환시켜 NaClO의 몰수를 구한다.

$$n_{NaClO} = M \times V = 0.806\text{ mol/L} \times 0.7500\text{ L} = 0.605\text{ mol NaClO}$$

반응식에서 NaClO와 N_2H_4의 몰비가 1 : 1임을 확인한다.

$$0.605\text{ mol NaClO} \times \frac{1\text{ mol }N_2H_4}{1\text{ mol NaClO}} = 0.605\text{ mol }N_2H_4$$

$$M = \frac{n}{V} = \frac{0.605\text{ mol }N_2H_4}{1.25\text{ L}} = 0.484\text{ M }N_2H_4$$

추가문제 0.503 g의 건조한 Na_2CO_3의 완전반응에 필요한 0.150 M HCl의 부피(mL)는?

적정(titration)이라는 실험방법을 이용하여 용액의 화학양론을 이해해 보자. 정밀히 측정된 반응물을 비커나 플라스크에 옮기고, 지시약이라 불리는 염료를 용액에 첨가한다. 두 번째 반응물을 뷰렛(그림 4.4)을 사용하여 조심스럽게 넣는다. 반응이 완료되었을 때 지시약의 색은 변하는데, 이때 화학양론에 들어맞는 반응물 혼합물에 대한 정보를 얻게 된다. 우리는 첫 번째 반응물의 몰수(또는 몰농도와 부피)와 두 번째 반응물의 사용된 부피(V')를 안다. 그리고 두 물질의 반응식을 안다면, 두 번째 반응물의 미지 농도(M')를 알 수 있다.

그림 4.4 적정법의 일반적인 순서. 반응용액 중 하나를 뷰렛에 넣는다. 지시약을 넣은 또다른 반응용액을 삼각플라스크에 옮긴다. 뷰렛의 밸브를 열어 양을 조절하면서 적정을 하고, 플라스크를 돌려 내용물이 혼합되도록 한다. 종말점에 도달하면 플라스크의 내용물은 분홍색으로 변한다.

예제 4.10

황산(H_2SO_4) 용액으로 된 시료 15.00 mL를 적정하는데 0.503 M NaOH 용액 24.75 mL가 사용되었다. 이때 산의 농도는?

풀이 황산과 수산화소듐은 반응하여 황산소듐과 물을 생성한다.

$$H_2SO_4(aq) + 2\,NaOH(aq) \rightarrow Na_2SO_4(aq) + 2\,H_2O(\ell)$$

주어진 몰농도와 부피를 이용하여 NaOH의 몰수를 구한다.

$$0.02475\text{ L 용액} \times \frac{0.503\text{ mol NaOH}}{1\text{ L 용액}} = 0.0124\text{ mol NaOH}$$

반응식을 이용하여 H_2SO_4의 몰수를 구한다.

$$0.0124\text{ mol NaOH} \times \frac{1\text{ mol }H_2SO_4}{2\text{ mol NaOH}} = 6.22 \times 10^{-3}\text{ mol }H_2SO_4$$

H_2SO_4의 농도를 구한다.

$$M = \frac{6.22 \times 10^{-3}\text{ mol }H_2SO_4}{0.01500\text{ L 용액}} = 0.415\text{ M }H_2SO_4$$

추가문제 NaOH로 된 시료 25.00 mL를 적정하는데 0.485 M의 HNO_3가 42.67 mL 사용되었다. NaOH 용액의 농도는?

연습문제

4-1 화학양론의 기초

4.7 다음 반응에서 화합물 간의 몰비를 작성하시오.
(a) $2\ H_2 + O_2 \rightarrow 2\ H_2O$
(b) $2\ H_2O_2 \rightarrow 2\ H_2O + O_2$
(c) $P_4 + 5\ O_2 \rightarrow P_4O_{10}$
(d) $2\ KClO_3 \rightarrow 2\ KCl + 3\ O_2$

4.8 매우 낮은 압력에서, 1.3×10^{15}개의 H_2 분자가 아세틸렌(C_2H_2)과 반응하면 촉매표면에 에테인(C_2H_6)이 만들어진다. 이 반응의 반응식을 작성하시오. 소비된 아세틸렌의 분자수는?

4.9 황(S_8)은 높은 온도에서 산소와 결합하면 이산화황이 만들어진다. (a) 반응식을 작성하시오. (b) 이 반응에 200개의 산소 분자가 사용되었다면, 반응한 황 분자의 수는? (c) 반응(b)에서 만들어진 이산화황의 분자수는?

4.10 다음 반응에 참여한 반응물의 양이 7.5 mol일 때 발생한 산소 분자의 몰수는?
(a) $2\ KClO_3 \rightarrow 2\ KCl + 3\ O_2$
(b) $2\ H_2O_2 \rightarrow 2\ H_2O + O_2$
(c) $2\ HgO \rightarrow 2\ Hg + O_2$
(d) $2\ NaNO_3 \rightarrow 2\ NaNO_2 + O_2$
(e) $KClO_4 \rightarrow KCl + 2\ O_2$

4.11 MTBE(C5H12O)는 가솔린에서 사연화납 대신 사용되는 첨가제이다. (예제 4.6 참조) MTBE 1.50 mol이 완전히 연소되는데 필요한 산소 분자의 몰수는?

4.12 석유 정제시, 탄화수소류는 $H_2(g)$와 반응하여 새로운 물질을 만든다. 예로 헥센(C_6H_{12})은 수소와 반응하여 헥세인(C_6H_{14})이 된다. 헥센 453 mol이 반응하는데 필요한 수소 분자의 몰수는?

4.13 다음 반응에서 x를 구하시오.
(a) $4\ C + S_8 \rightarrow 4\ CS_2$
3.2 mol S_8 yields x mol CS_2
(b) $CS_2 + 3\ O_2 \rightarrow CO_2 + 2\ SO_2$
1.8 mol CS_2 yields x mol SO_2
(c) $N_2H_4 + 3\ O_2 \rightarrow 2\ NO_2 + 2\ H_2O$
7.3 mol O_2 yields x mol NO_2
(d) $SiH_4 + 2\ O_2 \rightarrow SiO_2 + 2\ H_2O$
1.3×10^{-3} mol SiH_4 yields x mol H_2O

4.14 염화에틸렌(C_2H_3Cl) (l)이 연소되면 이산화탄소, 수증기, 염화수소 기체를 발생한다. (a) 반응식을 작성하시오. (b) 염화에틸렌 35.00 g이 반응하는데 필요한 산소 분자의 몰수는? (c) 염화에틸렌 25.00 g이 과량의 산소와 반응할 때, 발생하는 생성물의 양(g)은 각각 얼마인가?

4.15 다음 반응에서 만들어지는 생성물의 양(g)은? (양이 정해지지 않은 반응물은 과량으로 존재한다)
(a) $C_2H_4 + H_2 \rightarrow C_2H_6$
3.4 g C_2H_4 reacts to produce x g C_2H_6
(b) $CS_2 + 3\ Cl_2 \rightarrow CCl_4 + S_2Cl_2$
5.78 g Cl_2 reacts to produce x g S_2Cl_2
(c) $PCl_3 + 3\ H_2O \rightarrow H_3PO_3 + 3\ HCl$
3.1 mg PCl_3 reacts to produce x mg HCl
(d) $B_2H_6 + 3\ O_2 \rightarrow B_2O_3 + 3\ H_2O$
4.6 kg B_2H_6 reacts to produce x kg B_2O_3

4.16 많은 금속들은 할로젠과 반응하여 금속할로젠화물을 만든다. 예로, 철은 염소와 반응하여 염화철(II), $FeCl_2$이 만들어진다.

$$Fe(s) + Cl_2(g) \rightarrow FeCl_2(s)$$

철 10.0 g이 반응하는 데 필요한 Cl_2의 양(g)은? 예상되는 $FeCl_2$의 몰수와 그램수를 구하시오.

4.17 포스젠(Phosgene)은 독성이 강해 과거 화학무기로 사용되었다. 현재는 콤팩트디스크나 안경렌즈로 사용되는 폴리카보네이트를 제조하는데 사용된다. 포스젠은 다음 반응에 의해 제조된다. $CO + Cl_2 \rightarrow COCl_2$. 일산화탄소가 과량일 때 포스젠 4.5 g을 합성할 수 있는 염소 기체의 양(g)은 얼마인가?

4.18 CH_4 또는 C_2H_6 기체 1.00 g이 과량의 산소에서 연소되었을 때 물 1.80 g이 만들어진다. 기체가 완전연소되었다고 가정했을 때 반응한 기체는 어느 것인가?

4.19 다음 반응에 따라 Fe_2O_3 7.83 metric ton이 반응하는데 필요한 탄소의 양은?

$$2\ Fe_2O_3 + 3\ C \rightarrow 3\ CO_2 + 4\ Fe$$

생성된 철의 양은 얼마인가?

4.20 연탄이 온전히 탄소로 이루어져있다고 가정할 때, 37.3 g의 연탄이 완전히 타는데 필요한 산소의 양(g)은?

4.21 질산암모늄(NH_4NO_3)은 폭발적으로 분해하여 N_2, O_2, H_2O가 발생하기 때문에, 테러리스트에 의해 사용되기도 한다. 질산암모늄 2.6 kg이 분해할 때 얻어지는 질소의 양(g)은 얼마인가?

4-2 제한반응물질

4.22 3.4 mol Al과 6.2 mol Fe_2O_3이 혼합되었을 때, 한계반응물질은 어떤 것인가?

$$2\ Al + Fe_2O_3 \rightarrow Al_2O_3 + 2\ Fe$$

4.23 8.4 mol의 disilane (Si_2H_6)이 15.1 mol의 O_2와 결합할 때, 한계반응물질은?

$$2\ Si_2H_6 + 7\ O_2 \rightarrow 4\ SiO_2 + 6\ H_2O$$

4.24 일반적으로, $Sn + O_2 \rightarrow SnO_2$ 반응에는 과량의 O_2가 필요하다. 주석 7.3 mol을 산화시키는데 필요한 산소의 최소 몰수는 얼마인가?

4.25 비소와 브로민의 반응에서, 브로민이 과량으로 존재할 때 단지 $AsBr_5$만 형성된다. 이때의 반응식을 작성하고, 비소 9.6 mol이 반응하는데 필요한 브로민의 최소 몰수를 결정하시오.

4.26 다음 반응으로 암모니아 기체를 제조할 수 있다.

$$CaO(s) + 2\ NH_4Cl(s) \rightarrow 2\ NH_3(g) + H_2O(g) + CaCl_2(s)$$

112 g의 CaO가 224 g의 NH_4Cl과 반응할 때, 반응이 완료되었을 때 존재하는 반응물과 생성물의 몰수를 구하시오.

4.27 옥테인이 산소와 불완전 연소했을 때 일산화탄소가 발생한다. 옥테인 100 g이 200 g의 O_2와 반응할 때, 이 조건은 일산화탄소가 발생될 수 있는 조건인가?

4.28 다음은 철광석이 금속 철로 제련되는 반응 중 하나이다.

$$Fe_2O_3(s) + 3\ CO(g) \rightarrow 2\ Fe(s) + 3\ CO_2(g)$$

각각의 반응물이 2.00 kg일 때, 얻어지는 철의 최대 양은?

4.29 다음은 구리와 황산의 반응식이다.

$$2\ H_2SO_4 + Cu \rightarrow CuSO_4 + 2\ H_2O + SO_2$$

14.2 g의 구리와 18.0 g의 황산이 반응할 때 얻어지는 이산화황의 양(g)은?

4.30 다음은 질산제조과정의 하나로, 암모니아 산화반응이다.

$$4\ NH_3(g) + 5\ O_2(g) \rightarrow 4\ NO(g) + 6\ H_2O(g)$$

43.0 kg NH_3가 35.4 kg O_2와 반응할 때 생성되는 NO의 양은 얼마인가?

4.31 $Al(OH)_3$와 황산의 반응식은 다음과 같다.

$$2\ Al(OH)_3 + 3\ H_2SO_4 \rightarrow Al_2(SO_4)_3 + 6\ H_2O$$

1.7×10^3 g $Al(OH)_3$가 680 g H_2SO_4와 반응할 때 생성되는 황산알루미늄의 양은?

4.32 구리와 질산의 반응식은 다음과 같다.

$$3\ Cu(s) + 8\ HNO_3(aq) \rightarrow 3\ Cu(NO_3)_2(aq) + 2\ NO(g) + 4\ H_2O(\ell)$$

10.0 g Cu가 115 g HNO_3와 반응할 때 생성되는 NO(g)의 양은?

4.33 3.6 kg의 NO_2기체가 2.5 kg의 물을 통과할 때 다음 반응에 의해 만들어지는 HNO_3의 양은?

$$3\ NO_2(g) + H_2O(\ell) \rightarrow 2\ HNO_3(aq) + NO(g)$$

4.34 수소와 산소를 반응시켜 형성된 물을 수집할 수 있다. 이때의 온도는 25°C, 밀도는 0.997 g/mL이다. 36.8 g의 H_2와 168 g의 O_2가 반응할 때, 수집할 수 있는 물의 양(mL)은?

4.35 Silicon carbide는 연마제로 이산화규소와 흑연의 반응에 의해 얻을 수 있다.

$$SiO_2 + C \xrightarrow{\text{heat}} SiC + CO \text{ (balanced?)}$$

150.0 g SiO_2와 101.5 g C를 혼합한다. 이 때 반응이 충분히 진행된다면 어떤 반응물이 남게 되는가? 남은 반응물의 양은 얼마인가?

4-3 이론수득량과 퍼센트수득률

4.36 이온수득량에 대해 설명하시오.

4.37 퍼센트수득률이 100%보다 작다면, 반응에서 어떤 일이 발생했을까?

4.38 때로 퍼센트수득률이 100% 이상일 때가 있다. 계산오차는 없다고 가정한다. 예상되는 일은?

4.39 이론수득량과 실제수득량이 다음 표와 같을 때, 퍼센트수득률을 구하시오.

	Theoretical Yield	Actual Yield
Reaction 1	35.0 g	12.8 g
Reaction 2	9.3 g	120 mg
Reaction 3	3.7 metric tons	1250 kg
Reaction 4	40.0 g	41.0 g

4.40 4.8 mg taxol(항암제)을 얻는 반응에서 수득률은 38%이었다. 이론적으로 얻을 수 있는 양은 얼마일까?

4.41 메탄올(CH_3OH)은 레이싱카에 사용되곤 하는데, 청정 연소연료이기 때문이다. 메탄올 제조반응식은 다음과 같다.

$$CO(g) + 2\ H_2(g) \rightarrow CH_3OH(\ell)$$

5.0×10^3 g H_2와 과량의 CO가 반응하여 3.5×10^4 g CH_3OH가 만들어졌을 때, 퍼센트수득률을 구하시오.

4.42 철과 수증기가 고온에서 반응할 때의 반응식은 다음과 같다.

$$3\ Fe(s) + 4\ H_2O(g) \rightarrow Fe_3O_4(s) + 4\ H_2(g)$$

이 반응의 수득률은 69%로, 897 g Fe_3O_4가 생성되었을 때 과량의 수증기와 반응한 철의 양은?

4.43 다음 반응의 퍼센트수득률은 87%이다.

$$CH_4(g) + 4\ S(g) \rightarrow CS_2(g) + 2\ H_2S(g)$$

80.0 g CS_2를 얻는데 필요한 황의 양(g)은?

4.44 Sulfur hexafluoride은 매우 안정한 기체로 전기발생기와 스위치에 사용된다. SF_6는 다음 반응으로 제조된다.

$$S(s) + 3\ F_2(g) \rightarrow SF_6(g)$$

115 g S과 과량의 F_2가 반응할 때 92 g SF_6가 얻어졌다면, 이 반응의 퍼센트수득률은?

Sulfur hexafluroide, SF_6

4.45 마그네슘 금속이 공기중에서 연소하면 부반응으로 질화마그네슘이 생성된다. 순수 질소에서도 다음 반응이 진행될 수 있다.

$$3\ Mg(s) + N_2(g) \rightarrow Mg_3N_2(s)$$

20.0 g의 마그네슘이 과량의 질소와 반응할 때 18.4 g의 Mg_3N_2가 만들어졌다면, 퍼센트수득률은?

4.46 다음은 수소 기체를 공업적으로 제조하는 과정이다. 1.00 metric ton의 프로페인이 과량의 물과 반응하여 270 kg H_2가 발생했다면, 퍼센트수득률은?

$$C_3H_8(g) + 3\ H_2O(\ell) \rightarrow 3\ CO(g) + 7\ H_2(g)$$

4.47 21 g H_2S가 38 g O_2와 반응하여 31 g SO_2가 만들어졌다면, 퍼센트수득률은?

$$2\ H_2S + 3\ O_2 \rightarrow 2\ SO_2 + 2\ H_2O$$

4.48 10.0 g NO와 14.0 g NO_2를 혼합했을 때 8.52 g N_2O_3가 만들어졌다. 퍼센트수득률은?

$$NO(g) + NO_2(g) \rightarrow N_2O_3(\ell)$$

4.49 Silicon carbide는 연마제로 다음 반응에 의해 제조된다.

$$SiO_2 + 3\ C \rightarrow SiC + 2\ CO$$

(a) 이 반응의 수득률이 85%일 때, 3400 kg의 SiC를 제조하는데 필요한 이산화규소와 탄소의 최소 양은 얼마인가? (b) 이산화규소는 모래로부터, 탄소는 석탄으로부터 얻어진다. 모래에 95%(질량) SiO_2가 들어있고 석탄에 73%(질량) C가 들어있다면, 모래 1 metric ton 당 필요한 석탄의 질량은 얼마인가?

4.50 인은 반도체에 사용되는데 fluoroapatite 광석을 SiO_2와 C와 반응시켜 얻을 수 있다.

$$4\ Ca_5(PO_4)_3F + 18\ SiO_2 + 30\ C \rightarrow 3\ P_4 + 30\ CO + 18\ CaSiO_3 + 2\ CaF_2$$

우리는 1500 kg의 P_4가 필요하다. 이 반응에서 P_4의 수득률은 73%일 때 필요한 fluoroapatite의 양은?

4-4 용액에서의 화학양론

4.51 다음 반응으로 수소기체를 소량 얻을 수 있다.

$$Zn(s) + H_2SO_4(aq) \rightarrow ZnSO_4(aq) + H_2(g)$$

6.00 M H_2SO_4 25.0 mL와 과량의 아연을 반응시켜 얻을 수 있는 수소의 양(g)은?

4.52 수산화알루미늄은 염산에 녹아 염화알루미늄과 물을 생성한다. 반응식을 작성하시오. 10.0 g $Al(OH)_3$과의 반응에 필요한 3.37 M HCl의 양(mL)은?

4.53 적정에서 지시약의 역할은?

4.54 1.45 g NaOH를 당량점까지 적정하는데 필요한 0.812 M HCl의 양(mL)은?

$$NaOH(aq) + HCl(aq) \rightarrow H_2O(\ell) + NaCl(aq)$$

4.55 0.234 M H_2SO_4 25.0 mL와 완전히 반응하는데 필요한 0.512 M NaOH의 양(mL)은?

4.56 0.216 g 수산화바륨을 적정하는데 질산 20.00 mL가 소모되었다면, 질산 용액의 몰농도는?

4.57 하이드라진(N_2H_4)은 약염기로 황산과의 반응식은 다음과 같다.

$$2\,N_2H_4(aq) + H_2SO_4(aq) \rightarrow 2\,N_2H_5^{+}(aq) + SO_4^{-2}(aq)$$

0.225 M H_2SO_4 250. mL와 반응하는 하이드라진의 질량은?

4.58 어떤 야금공장이 2.74×10^3 gallon의 황산(1.53 M) 폐수를 처리하고자 한다. 소석회, $Ca(OH)_2(s)$로 폐수를 중화하고자 한다.

$$H_2SO_4(aq) + Ca(OH)_2(s) \rightarrow CaSO_4(s) + 2\,H_2O(\ell)$$

소석회는 파운드 당 $0.52로, 황산 폐수를 중화하는데 드는 비용은 얼마인가?

4.59 대부분의 채광 작업시 황산 등의 산이 만들어진다. 예로 chalcopyrite($CuFeS_2$)의 산화과정은 다음과 같다.

$$4\,CuFeS_2(s) + 17\,O_2(g) + 10\,H_2O(\ell) \rightarrow$$
$$4\,Fe(OH)_3(s) + 4\,CuSO_4(aq) + 4\,H_2SO_4(aq)$$

2.3 kg의 $CuFeS_2(s)$를 40 L 빈 용기에 넣고 풍화작용 실험을 시행하였다. 유출물로 35.8 L의 용액을 수집하였다. 이 중 25.00 mL를 0.0100 M NaOH(aq)로 분석하였다. 당량점까지 적정하는데 38.1 mL가 사용되었다 (a) 황산의 농도는? (b) 용기 안의 산은 오로지 반응한 chalcopyrite에 의한 것이라 가정할 때, 반응한 chalcopyrite의 양은? (c) 이 실험에서 반응한 chalcopyrite의 퍼센트는?

4.60 Na_2O와 BaO 혼합물 17.3 g을 물에 녹였다. 바륨을 정량하기 위해, 0.550 M 황산 10.00 mL를 넣었더니 황산바륨이 침전되었다. 침전물을 건조시키고 무게를 재었다. 혼합물의 성분이 50%(질량) BaO로 측정되었다면, 이 실험은 좋은 측정법인가? 이유를 설명하고, 실험절차를 개선할 수 있는 방법을 제안하시오.

4.61 다음 반응식과 같이 알루미늄을 HCl에 녹일 수 있다. 반면 구리는 염산과 반응하지 않는다.

$$2\,Al(s) + 6\,HCl(aq) \rightarrow 2\,AlCl_3(aq) + 3\,H_2(g)$$

35.0 g의 구리-알루미늄 합금을 3.00 M HCl 750 mL에 넣고 반응을 충분히 진행시킨다. 합금에 77.1% Al이 포함되어 있다면, 발생된 수소 기체의 양(g)은?

Chapter 5

기 체

Gases

5-1 압력

자동차 타이어에 공기를 주입하는 일부터 일기예보에 이르기까지, 압력이란 단어를 흔하게 접하기 때문에 압력을 별 생각없이 받아들인다. 하지만 기체의 움직임을 과학적으로 연구하기 위해서는 압력에 대한 전문적인 이해가 필요하다.

압력(pressure)은 단위 면적당 가해지는 힘이다.

$$P = \frac{F}{A} \tag{5.1}$$

"기체의 압력을 유발하는 힘은?"

대기압은 공기 분자의 무게에 의한 힘으로, 공기 분자는 중력에 의해 지표면으로 끌어당겨진다. 대기압의 존재를 눈으로 볼 수는 없지만, 용기 안의 공기를 제거하면 대기압을 쉽게 설명할 수 있다. 용기 안의 공기가 더 이상 용기 벽을 지탱할 수 없을 때, 용기가 단단하더라도 대기압 때문에 찌그러진다. 분자수가 증가할수록 분자들의 총무게도 증가하기 때문에, 대기압은 고도에 따라 달라진다. 해수면의 대기압은 산꼭대기에서보다 훨씬 높다. 그림 5.1은 고도에 다른 압력의 변화를 나타낸 것이다.

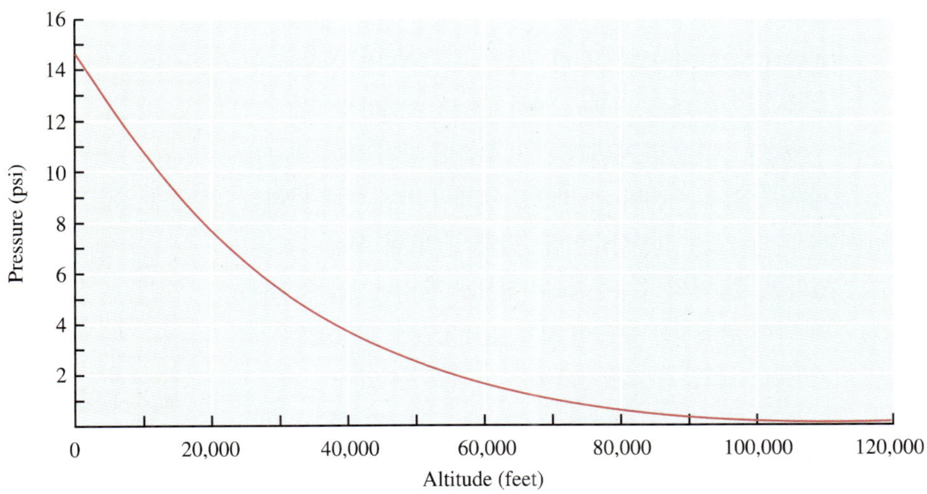

그림 5.1 고도에 따른 대기압의 변화

그렇다면 용기에 갇힌 기체는 어떠한가? 풍선 안의 공기를 생각해 보자. 풍선 안의 공기는 풍선의 전체 벽면에 대해 방향은 상관없이 균일한 압력을 가한다. 이것은 중력에 의한 것이 아니다. 분자 수준(그림 5.2)으로 확대하면, 각 기체 분자가 벽과 충돌하여 튕겨져 나오는 것을 보게 될 것이다. 각 분자가 용기 벽에 충돌하면 용기에 작은 힘이 전해진다. 수많은 기체 분자의 작은 힘들이 모여 기체압을 만든다.

그림 5.2 풍선 안의 기체분자를 미시적 수준에서 본 그림. 기체분자는 풍선 안을 돌아다니며, 때때로 고무벽과 충돌한다. 이때 풍선벽에 작은 힘이 작용하여 풍선벽을 밖으로 밀어낸다. 작은 힘들이 모여 측정이 가능한 기체압을 유발한다.

압력의 측정

압력은 기체의 중요 성질 중 하나로, 압력계를 사용하여 측정될 수 있다. 표준압력계는 끝이 막힌 긴 관에 수은이 채워져 있는 것이 특징이다. (수은이 사용되는 이유는 밀도가 높으며 다른 기체와 화학적으로 반응하지 않기 때문이다.) 수은으로 채워진 관을 수은이 담긴 통에 거꾸로 세우면, 일부 수은이 관 밖으로 흘러나간다. 이때 막혀있는 관의 끝은 진공상태이다. 만약 관의 끝 부분이 열려 있다면, 관 안의 수은은 모두 밖으로 흘러나갔을 것이다. 왜 막힌 관에서는 수은이 모두 흘러나가지 않았을까? 공기압력 때문임을 그림 5.3에서 이해할 수 있다.

통 안의 수은은 대기에 노출되어 있기 때문에, 공기가 위에서 누르는 압력을 받는다. 관 안의 수은기둥(수은주)은 윗부분이 진공이라 위에서 누르는 압력은 전혀 존재하지 않는다. 통 안의 수은에 잠긴 관의 입구를 생각해보자. 관 입구는 두 곳으로부터 힘을 받는데, 통 안의 수은에 가해지는 대기압과 관 안의 수은 무게이다. 두 힘이 같을 때 관 안의 수은기둥 높이는 일정하게 유지되는데, 이 높이로 대기압이 결정된다. 대기압이 감소하면 수은기둥은 짧아진다. 해수면 근처에서는 수은기둥의 높이가 730~760 mm이다.

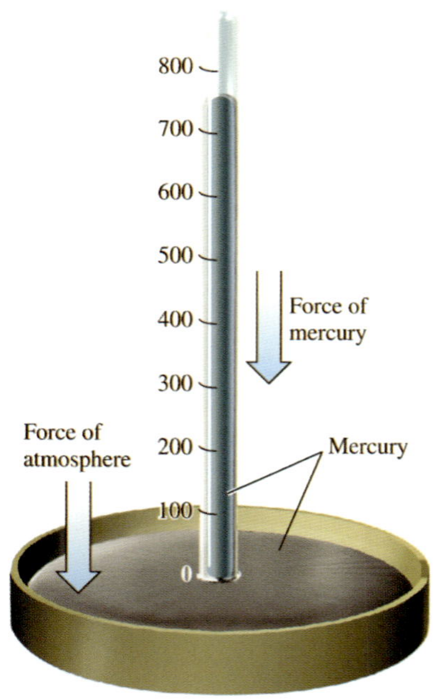

그림 5.3 수은압력계에서의 힘의 작용. 대기압이 수은표면을 누르면 튜브 안으로 수은이 밀려올라간다. 그리고 수은자체의 무게 때문에 수은기둥은 내려간다. 두 힘이 같아지면, 수은기둥의 높이는 일정해진다.

압력의 단위

압력은 단위면적 당 힘으로, 힘과 면적의 SI단위가 N과 m^2이기 때문에, 압력의 SI단위는 N m^{-2}이다. Pa(pascal)로 불리기도 한다. 1 N은 대략 1/4 파운드의 물체에 가해지는 중력으로, 이 힘이 1 m^2에 분산되면 그리 크지 않은 값이다. 즉 Pa은 상대적으로 작은 양으로, 대기압은 10^5 Pa 정도이다. 따라서 kPa을 사용하며, 많은 나라의 기상예보에서 사용된다.

미국의 대부분의 기상예보에서는 inch (in.Hg)로 압력을 표시하며, 학교에서는 대부분 mmHg를 사용한다. 하지만 압력은 단위면적 당 힘인데, 어떻게 mmHg의 단위가 사용되는가? 압력계의 수은기둥의 높이는 압력에 정비례한다; 대기압의 압력이 높을수록 수은기둥도 높아진다. 이러한 이유로 mmHg 단위는 폭넓게 이용되고 있으며, torr라는 이름을 사용하기도 한다.

$$1 \text{ torr} = 1 \text{ mmHg}$$

평균대기압의 측정과정에서 atmosphere (atm)이라는 단위가 정의되었다. 해수면에서의 평균압력은 약 760 torr로, 1 atm은 760 torr와 같다.

$$1 \text{ atm} = 760 \text{ torr} \qquad \text{(exactly)}$$

atm 단위를 SI 단위로 표현하기 위해 Pa을 사용한다.

$$1 \text{ atm} = 101{,}325 \text{ Pa} \qquad \text{(exactly)}$$

위의 두 식을 조합하면 다음과 같다.

$$760 \text{ torr} = 101{,}325 \text{ Pa} \qquad \text{(exactly)}$$

5-2 기체의 법칙

고체, 액체와 다르게 기체는 환경조건이 바뀌면 변화의 정도가 크다. 온도, 압력, 용기부피가 변하면 기체는 상당한 반응을 나타낸다. 모든 기체는 화학적으로 다르지만 물리적 변화에 같은 반응을 보인다. 기체의 법칙 공식을 사용하여 이런 변화의 영향을 계산할 수 있다. 기체 연구를 통해 현대화학의 많은 중요 사실들이 발견되었다. 기체의 물리적 성질들 간의 관계를 나타낸 이상기체방정식(식 (5.2))은 실험적 관찰에 의해 얻어진 것이다.

$$PV = nRT \tag{5.2}$$

P는 기체압력, V는 부피, n은 기체의 몰수, T는 절대온도, R은 기체상수(비례상수)이다. 어떤 기체든 간에 기체상수값은 0.08206 L atm mol^{-1} K^{-1}로 같다.

J. Charles는 19세기 초에 온도와 부피의 관계를 처음 조사하였다. 다른 양의 기체에 대해, 온도에 대한 부피의 값을 도표로 만들었는데, 두 도표의 선을 외삽하였더니 부피가 0일 때의 온도가 −273.15 °C로 서로 일치하였다(그림 5.4). 이것에 근거하여 절대온도(켈빈온도) 눈금이 만들

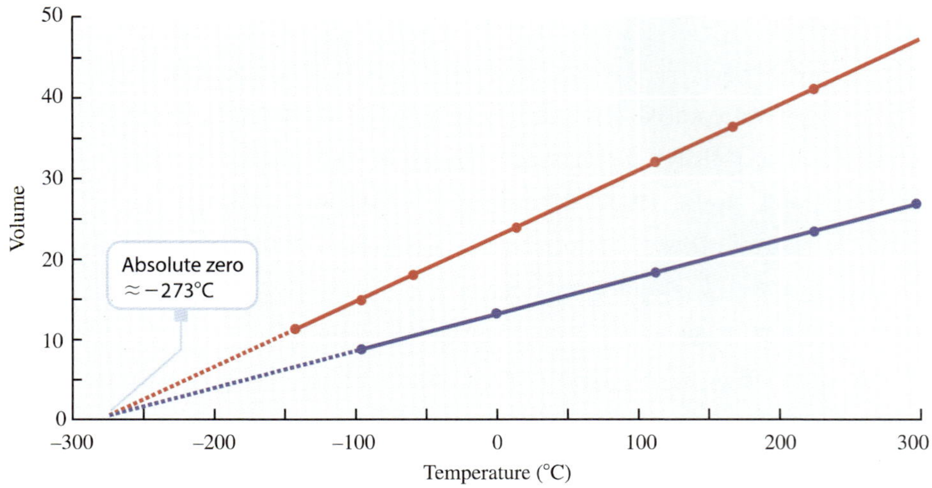

그림 5.4 온도에 대한 기체의 부피를 나타낸 그래프. 붉은선이 파란선보다 기체분자수가 더 많다.

어졌다. 온도를 켈빈눈금으로 표현하였을 때, 부피와 온도는 정비례하는데, 이것이 **샤를의 법칙**이다.

기체의 법칙은 기체의 변수들 사이의 관계를 관찰한 결과를 표현하는 과정에서 나오게 되었다. R. Boyle은 기체의 압력과 부피에 대한 관계를 연구하였는데, 어떤 기체의 압력이 증가하였을 때 부피가 감소함(또는 부피가 증가하였을 때 압력은 감소)을 알게 되었다. **보일의 법칙**에 의하면 일정 온도에서의 압력과 부피는 반비례한다. 또한 아보가드로의 법칙에 의하면 기체의 부피는 기체의 분자수에 비례한다.

기체의 상태가 변할 때 미치는 영향을 계산할 때 이들 법칙을 사용한다. 다행히도 이들 법칙은 이상기체법칙으로 모두 통합되어있기 때문에, 이상기체방정식만 알면 관련된 문제를 쉽게 해결할 수 있다. 우선 기체법칙에 관련된 변수(P, V, T, n)를 확인해야 하는데, 여기서 R은 기체상수로 절대 변하지 않는 값이다. 다음에는 변수항만 모이도록 방정식을 재배열한다. 예로 압력과 부피는 변하고 몰(mol)수와 온도는 일정하다면, 방정식은 다음과 같이 재배열된다.

$$PV = nRT = \text{일정}$$

nRT는 일정하기 때문에, PV 또한 일정하다. 즉 변화 전과 후의 $P \times V$가 같다는 것을 뜻한다.

$$P_1V_1 = P_2V_2 \tag{5.3}$$

여기서 하첨자 1과 2는 상태 변화의 전과 후이다. 위 네 개의 변수 중 세 개를 알면 나머지 한 개를 해결할 수 있다.

예제 5.1

실험실에서 사용되는 메테인(CH_4) 용기는 49.0 L로 154 atm의 압력으로 채워져 있다. 용기 안의 메테인이 밖으로 새어나가 팽창되었다. 이때 압력이 1.00 atm이 되었다면, 메테인이 차지하지 부피는?

풀이 n과 T가 일정하고, R도 항상 일정하다.

$$PV = nRT = \text{일정}$$

따라서

$$P_1V_1 = P_2V_2$$

최종 부피(V_2)를 계산하면

$$V_2 = \frac{P_1V_1}{P_2}$$

$P_1 = 154$ atm, $V_1 = 49.0$ L, $P_2 = 1.00$ atm이므로

$$V_2 = \frac{(154\ \text{atm})(49.0\ \text{L})}{(1.00\ \text{atm})} = 7550\ \text{L}$$

추가문제 어떤 기체가 125 mL의 용기에 115 torr의 압력으로 채워져 있다. 밸브가 열려 기체가 175 mL로 팽창되었다. 이 과정에서 온도는 일정하였다. 기체의 최종 압력은?

어떤 상황에서는 n과 P가 일정하고, V와 T가 변할 수 있다. 이 경우에는 다음과 같이 쓸 수 있다.

$$\frac{V}{T} = \frac{nR}{P} = \text{일정}$$

따라서

$$\frac{V_1}{T_1} = \frac{V_2}{T_2} \tag{5.4}$$

예제 5.2

헬륨이 채워진 풍선의 부피는 298 K에서 2.2 L이다. 이 풍선을 액체질소 용기에 넣어, 헬륨의 온도를 액체질소 온도(77 K)로 냉각시켰다. 풍선의 부피는 어떻게 되었을까?

풀이

$$\frac{V}{T} = \frac{nR}{P} = \text{일정}$$

$$\frac{V_1}{T_1} = \frac{V_2}{T_2}$$

최종 부피(V_2)를 계산하면

$$V_2 = \frac{V_1T_2}{T_1} = \frac{(2.2\ \text{L})(77\ \text{K})}{(298\ \text{K})} = 0.57\ \text{L}$$

추가문제 위 예제의 풍선은 부피가 2.3 L가 되면 터진다. 풍선이 터지는 온도는 얼마인가?

이상기체법칙과 단위

위 예제에서 온도 단위를 K 대신 °C를 사용했을 경우를 생각해보자. 기체 온도가 10°C에서 20°C로 변한다고 부피가 두 배가 되지는 않는다. 이상기체법칙은 절대영도($T = 0$)를 사용하는 **절대온도**(absolute temperature) 눈금에서만 유효하다. 이상기체법칙에서 $T = 0$일 경우, P와 V 또는 둘 중 하나는 0이어야 하며, 이 상태에서는 기체가 존재하지 않는다. 하지만 $T = 0$ °C 또는 $T = 0$ °F일 경우에는 이 사실을 적용할 수 없다; 겨울의 온도가 대략 이 정도인데, 이 온도에서 대기중의 공기는 사라지지 않는다.

기체상수 R에 사용되는 온도는 절대온도이다. K, °C, °F의 온도단위는 기본적으로 서로 다른 종류라 환산인자를 곱한 후 더하고 빼는 과정을 거쳐야 하는데, 0점이 서로 다르다. 공학에서는 랭킨온도 눈금(°R)을 사용하는데, 이 또한 절대눈금으로 0 °R = 0 K이다. 랭킨눈금에서의 1°는 1°F와 같은 크기이다. 절대눈금인 켈빈과 랭킨온도는 일정값을 곱해주면 호환이 가능하다: 1 °R = 1.8 K.

$$\begin{aligned} R &= 0.08206\ \text{L atm mol}^{-1}\ \text{K}^{-1} \\ &= 8.314\ \text{J mol}^{-1}\ \text{K}^{-1} \\ &= 62.37\ \text{L torr mol}^{-1}\ \text{K}^{-1} \end{aligned}$$

기체의 압력단위가 atm이고 부피단위가 L일 때는, 0.08206 L atm $\text{mol}^{-1}\ \text{K}^{-1}$를 사용한다. 압력이 torr일 경우에는 62.37 L torr $\text{mol}^{-1}\ \text{K}^{-1}$를 사용한다. 상황에 맞춰 R값을 선택하도록 한다.

예제 5.3

이산화탄소 시료가 752 torr, 72°F에서 부피가 575 cm^3일 때, 이산화탄소 시료의 질량은?

풀이 기체에 사용되는 단위로 환산한다.

$$T = (72-32) \times 5/9 = 22°\text{C} = 295\ \text{K}$$

$$V = 575\ \text{cm}^3 = 575\ \text{mL} = 0.575\ \text{L}$$

P의 단위가 torr인 것을 고려하여 R값을 선택한다.

$$n = \frac{PV}{RT} = \frac{(752\ \text{torr})\ (0.575\ \text{L})}{(62.37\ \text{L torr mol}^{-1}\ \text{K}^{-1})\ (295\ \text{K})} = 0.0235\ \text{mol}$$

이산화탄소의 몰질량은 44.0 g/mol이다.

$$0.0235\ \text{mol} \times \frac{44.0\ \text{g}}{\text{mol}} = 1.03\ \text{g}\ CO_2$$

추가문제 −25℃, 710 torr에서 이상기체 1.0 mol의 부피(ft^3)는?

5-3 부분압력

이상기체법칙을 이용하여 개별 기체의 성질을 결정할 수 있다. 대부분 한 가지 이상이 혼합된 기체이다. 화학반응 가능성은 없다고 할 때, 기체혼합물의 성질은 순수 기체와 어떻게 다를까?

이상기체방정식의 항목 중 어떤 것도 기체 성분과 관계되지 않는다. 공기를 예로 들어, 단순하게 N_2와 O_2로 구성되어 있다고 가정해 보자. 공기의 거동이 이상적일 경우, 공기의 압력은 이상기체법칙을 따른다.

$$P = \frac{nRT}{V}$$

여기서 n은 공기의 전체 몰수로, 각 성분의 몰수의 합이다.

$$n_{\text{total}} = n_{\text{N}_2} + n_{\text{O}_2}$$

이 식을 위의 식에 대입하면

$$P = \frac{nRT}{V} = \frac{(n_{\text{N}_2} + n_{\text{O}_2})RT}{V} = \frac{n_{\text{N}_2}RT}{V} + \frac{n_{\text{O}_2}RT}{V}$$

만약 질소만 존재한다면, n_{O_2}는 0이기 때문에 다음과 같이 쓸 수 있다.

$$P = \frac{nRT}{V} = \frac{n_{\text{N}_2}RT}{V}$$

산소만 존재한다면, P_{O_2}에 대한 값으로 나타낼 수 있다. 기체혼합물의 관찰된 압력은 각 성분의 **부분압력**(partial pressure)의 합이다. 이 개념은 J. Dalton에 의해 제일 먼저 확립되었기에, 달톤의 부분압력법칙이라 불린다. 성분 기체가 이상적으로 거동하며, 다른 기체와 반응하지 않는다는 가정 하에 이 법칙이 성립한다. 임의의 기체혼합물에서, 각 성분의 부분압력을 아래와 같이 표시할 수 있다.

$$P_i = \frac{n_i RT}{V} \tag{5.5}$$

i는 성분 기체를 표시하는 기호이며, n_i는 성분 i의 몰수이다. 혼합물의 전체압력 P는 각 성분의 부분압력의 합이다.

$$P = \sum_i P_i = \sum_i n_i \frac{RT}{V} \tag{5.6}$$

전체 몰수는 각 성분의 몰수의 합이다.

$$P = n_{\text{total}} \frac{RT}{V} \tag{5.7}$$

각 성분 기체의 농도를 **몰분율**(mole fraction) X_i로 표현할 수 있다.

$$X_i = \frac{n_i}{n_{\text{total}}} \tag{5.8}$$

순수 기체의 경우, $n_i = n_{\text{tot}}$이며, 몰분율은 1이다. 혼합물은 $n_i < n_{\text{tot}}$이기 때문에, 몰분율은 0~1이다. 전체압력에 대한 부분압력의 비는 식 (5.5) (5.7) (5.8)을 사용하면 다음과 같다.

$$\frac{P_i}{P} = \frac{n_i(RT/V)}{n_{\text{total}}(RT/V)} = \frac{n_i}{n_{\text{total}}} = X_i \tag{5.9}$$

부분압력은 몰분율에 전체압력을 곱한 것과 같다.

$$P_i = X_i P \tag{5.10}$$

부분압력을 사용하는 방법을 예제 5.4와 5.5를 통해 알아보자.

예제 5.4

화산활동에서 방출되는 기체혼합물 성분은 다음과 같다. 수증기 15.0 g, SO_2 3.5 g, CO_2 1.0 g 화산에서 발견되는 것과 유사한 조건을 만들기 위해, 위의 성분을 40.0 L 용기에 담아 120°C로 유지하였다. 각 구성기체의 부분압력과 전체압력을 계산하시오.

풀이 모든 기체는 다음의 조건이다. T = 120°C = 393 K, V = 40.0 L

$$H_2O\ :\ 15.0\ \text{g}\ H_2O \times \frac{1\ \text{mol}\ H_2O}{18.0\ \text{g}\ H_2O} = 0.833\ \text{mol}$$

$$P_{H_2O} = \frac{(0.833\ \text{mol})\ (0.08206\ \text{L atm mol}^{-1}\ \text{K}^{-1})\ (393\ \text{K})}{40.0\ \text{L}} = 0.672\ \text{atm}$$

$$SO_2\ :\ 3.5\ \text{g}\ SO_2 \times \frac{1\ \text{mol}\ SO_2}{64.1\ \text{g}\ SO_2} = 0.055\ \text{mol}$$

$$P_{SO_2} = \frac{(0.055\ \text{mol})\ (0.08206\ \text{L atm mol}^{-1}\ \text{K}^{-1})\ (393\ \text{K})}{40.0\ \text{L}} = 0.044\ \text{atm}$$

$$CO_2\ :\ 1.0\ \text{g}\ CO_2 \times \frac{1\ \text{mol}\ CO_2}{44.0\ \text{g}\ CO_2} = 0.023\ \text{mol}$$

$$P_{CO_2} = \frac{(0.023\ \text{mol})\ (0.08206\ \text{L atm mol}^{-1}\ \text{K}^{-1})\ (393\ \text{K})}{40.0\ \text{L}} = 0.018\ \text{atm}$$

전체압력은

$$P_{\text{tot}} = P_{H_2O} + P_{SO_2} + P_{CO_2} = 0.672 + 0.044 + 0.018 = 0.734\ \text{atm}$$

추가문제 산소 13.5 g과 질소 60.4 g의 혼합물이 25℃에서 2.13 atm 압력을 가질 때, 용기의 부피는 얼마이며, 각 기체의 부분압력은 얼마인가?

예제 5.5

어떤 혼합물의 몰분율이 아래 표와 같다. 전체압력이 750 torr일 때, 부분압력을 구하시오. 30°C 에서 기체를 15.0 L 용기에 담았다. 이 때 각 물질의 몰수는?

기체	N_2	O_2	H_2O	SO_2
몰분율	0.751	0.149	0.080	0.020

풀이

$$P_i = X_i P_{total}$$
$$P_{N_2} = (0.751)(750\ \text{torr}) = 563\ \text{torr}$$
$$P_{O_2} = (0.149)(750\ \text{torr}) = 112\ \text{torr}$$
$$P_{H_2O} = (0.080)(750\ \text{torr}) = 60\ \text{torr}$$
$$P_{SO_2} = (0.020)(750\ \text{torr}) = 15\ \text{torr}$$

전체압력 750 torr는 0.987 atm으로 환산된다.

$$n_{total} = \frac{PV}{RT} = \frac{(0.987\ \text{atm})\,(15.0\ \text{L})}{(0.08206\ \text{L atm mol}^{-1}\,\text{K}^{-1})\,(303\ \text{K})} = 0.595\ \text{mol}$$
$$n_i = X_i\, n_{total}$$
$$n_{N_2} = (0.751)(0.595) = 0.447\ \text{mol}$$
$$n_{O_2} = (0.149)(0.595) = 8.87 \times 10^{-2}\ \text{mol}$$
$$n_{H_2O} = (0.080)(0.595) = 4.8 \times 10^{-2}\ \text{mol}$$
$$n_{SO_2} = (0.020)(0.595) = 1.2 \times 10^{-2}\ \text{mol}$$

추가문제 $SO_2(g)$와 $SO_3(g)$ 혼합물의 전체압력은 1.4 atm이다. 각 기체의 몰분율이 0.70과 0.30일 때 부분압력은? 27℃에서 혼합물의 부피가 2.50 L일 때 각 기체의 질량은 얼마인가?

5-4 기체 반응에서의 화학양론

이상기체법칙은 기체의 몰수와 압력, 부피, 온도와의 관계를 제시하기 때문에, 기체가 관여된 화학반응에서는 기체법칙을 이용하여 몰수를 계산할 수 있다. 화학양론문제를 계산하는데 몰비를 이용하듯이, 기체의 몰수로 기체의 온도, 압력, 부피를 계산할 때 기체법칙을 이용한다.

예제 5.6

탄산수소소듐($NaHCO_3$) 1.4 g을 과량의 염산과 반응시켰을 때, 생성되는 이산화탄소를 722 torr, 17℃에서 수집하였다. 이 때 이산화탄소가 차지하는 부피는?

풀이

$$NaHCO_3 + HCl \rightarrow NaCl + H_2O + CO_2$$

$$1.4\text{ g } NaHCO_3 \times \frac{1\text{ mol } NaHCO_3}{84.0\text{ g } NaHCO_3} \times \frac{1\text{ mol } CO_2}{1\text{ mol } NaHCO_3} = 0.017\text{ mol } CO_2$$

이상기체법칙을 이용하여 부피를 계산한다. 온도 단위는 °C에서 K로 환산하고, 압력과 부피 단위에 주의한다.

$$V = \frac{nRT}{P} = \frac{(0.017\text{ mol})(0.08206\text{ L atm mol}^{-1}\text{ K}^{-1})(290\text{ K})}{(0.95\text{ atm})} = 0.42\text{ L} = 420\text{ mL}$$

추가문제 위의 반응으로 이산화탄소 270 mL가 1.03 atm, 25°C에서 생성되었다. 과량의 염산이 존재한다고 가정했을 때, 소비된 탄산수소소듐의 양(g)은?

STP 조건

기체의 양을 언급할 때 기체의 온도, 부피, 압력을 함께 제시할 필요가 있다. 기체의 양을 서로 비교할 때 표준이 되는 조건을 사용하는 것이 편리하다. 기체의 **표준온도와 압력**(standard temperature and pressure)을 STP라 하며, 0°C 또는 273.15 K 그리고, 1 atm이다. 이상기체 방정식에 이 값을 대입하면, STP에서의 이상기체의 몰부피를 알 수 있다.

$$V = \frac{nRT}{P} = \frac{(1\text{ mol})(0.08206\text{ L atm mol}^{-1}\text{ K}^{-1})(273.15\text{ K})}{(1\text{ atm})} = 22.41\text{ L}$$

지금까지 이상기체법칙에 근거하여 기체에 대한 문제를 풀었다. 그러나 기체가 이상적으로 거동한다고 가정했을 뿐이다. 실제 상황을 고려하지 않으면 큰 오차가 발생할 수도 있다. 이 문제를 다음 장에서 다루도록 하겠다.

예제 5.7

STP에서 이산화탄소 5.50 L가 과량의 CaO와 반응할 때, 생성되는 탄산칼슘($CaCO_3$)의 양은?

풀이

$$CO_2(g) + CaO(s) \rightarrow CaCO_3(s)$$

$$5.50\text{ L } CO_2 \times \frac{1\text{ mol } CO_2}{22.41\text{ L } CO_2} \times \frac{1\text{ mol } CaCO_3}{1\text{ mol } CO_2} \times \frac{100.1\text{ g } CaCO_3}{1\text{ mol } CaCO_3} = 24.6\text{ g } CaCO_3$$

추가문제 ZnS와 O_2를 반응시키면 SO_2가 발생한다. (ZnO가 부산물로 발생한다) STP에서 산소 14.5 L가 과량의 ZnS와 반응하였을 때, STP에서 생성되는 SO_2의 부피는?

5-5 분자운동이론 ; 이상기체와 실제기체

서로 다른 기체들이 비슷한 거동을 보임을 관찰하게 되었다. 이 사실에 근거하여 기체모델을 만들어 분자의 거동을 설명하고자 하였으나, 대부분의 경우에 기체는 이상적으로 거동하지 않았다. 우리가 사용하는 이상기체법칙 계산이 실제에서는 정확하게 맞지 않는다는 것이다. 매우 높은 압력에서의 기체는 비이상적 거동을 한다. 그럼 이러한 사례를 어떻게 설명할 수 있을까? **분자운동이론**(kinetic-molecular theory)이라는 모델을 사용할 것이다. 이 모델을 이해하면, 높은 압력의 기체가 이상기체로부터 얼마나 벗어나는지 알 수 있을 것이다.

분자운동이론 모델의 가설

개별 기체 분자를 관찰하는 것이 쉽지 않기 때문에, 다음의 가설을 세운다.

1. 기체는 많은 수의 입자로 구성되어 있고, 이들 입자는 계속해서 무작위로 운동한다.
2. 기체상의 입자는 매우 작다; 부피를 갖지 않는다.
3. 기체상의 입자는 다른 분자 또는 용기벽과의 충돌을 제외하면 직선으로 움직인다. 이것은 탄성충돌이라 입자의 총운동에너지는 보존된다.
4. 기체상의 입자는 충돌시에만 상호작용한다.
5. 기체상 입자의 평균운동에너지는 기체의 절대온도에 비례하며, 기체의 종류와는 무관하다.

우리는 가설이 유용한지, 가설을 적용하기에 적합한 조건인지에 대해 논할 것이다. 가설을 이용하여 다양한 기체의 거동을 어떻게 설명할 수 있을까?

가설 1번 '기체는 많은 수의 입자로 구성되어 있다'－개별 기체의 크기는 매우 작으므로 합당한 가설이다. '계속해서 무작위로 운동한다'－기체는 쉽게 팽창하여 용기를 채우기 때문에 이 가설 또한 합당하다. 이 가설들은 기체의 압력을 설명할 때 언급한 것과 일치한다. 기체 분자가 용기벽과 충돌할 때 용기벽에 힘이 가해지는데, 여기서 압력과 부피간의 관계를 설명할 수 있다. 용기의 부피가 증가하면, 용기벽은 서로 멀어진 상태이기 때문에, 분자와 벽과의 충돌횟수가 줄어든다. 주어진 시간동안 분자가 벽에 가하는 힘은 작아지고, 따라서 압력도 감소한다. 이는 기체법칙에서의 P와 V의 반비례 관계와 일치한다.

운동이론으로 온도 변화에 따른 결과를 어떻게 설명할 수 있을까? 가설 5번 '기체상 입자의 운동에너지는 기체의 절대온도에 비례하며, 기체의 종류와는 무관하다'를 고려해 보자. 물리학에서 운동에너지는 속력(speed)과 질량과 관계있다: $KE = 1/2\,mv^2$. 가설과 같이 운동에너지가 온도에 의존한다는 것은, 온도가 증가하면 분자의 속력(v)이 증가한다는 의미이다. 온도가 증가하여 분자가 좀 더 빠르게 움직이면 벽과 자주 충돌할 것이고, 충돌하는 동안 벽에 더 큰 힘이 가해진다. 즉 온도가 증가할수록 기체의 압력이 증가하며, 이는 기체법칙($P = nRT/V$)과 일치한다.

가설 5번에서 "평균운동에너지"란 단어를 사용하였다. 무작위로 움직이는 기체 분자 중 일부는 매우 빠르게 움직이고 일부는 순간 정지하기 때문에 "평균"이라는 단어가 사용된다. 충돌로 빠른 입자와 느린 입자의 성질이 바뀔 수도 있다. 분자는 특정 속력으로 움직이지 않기 때문에, 온도가 증가하면 평균분자속력이 증가한다고 말해야 한다. 여기서는 속력 범위를 나타낼 수 있는 **분포함수**(distribution function)를 이용하는 것이 적합하다.

분포함수는 과학, 경제, 사회과학, 교육에서 사용되는 수학적 도구로, 수험생의 분포함수를 이용하여 당신의 퍼센트 점수를 예측할 수 있다. 당신의 점수가 85% 내에 있다면, 수험생들의 85%보다 높은 점수인 것이다. 이 범위는 수험생의 수와는 관계없다.

한 조합의 기체 입자들의 속력에 대한 분포함수는 **Maxwell-Boltzmann 분포**로 알려져 있다. 이 함수는 운동이론에 대한 가설로부터 유도된 것으로, 특정 속력으로 움직이는 기체상 분자의 분포를 예측할 수 있다. 이는 속력분포의 측정이 가능한 실험도구로 증명된 바 있다.

다양한 온도에서의 이산화탄소 기체 시료에 대한 맥스웰-볼츠만 분포도를 그려보자(그림 5.5). x, y축에 무엇이 표시되는지 확인한다. 여기선 x축에 속력(m/s)을 나타낸 반면, y축은 분명한 값이 아니다. 주어진 조건에서 특정 속력으로 움직이는 분자의 분포이다. (실제 분포함수의 수학적인 형태는 MathConnections을 참고한다.) 앞에서 논했듯이, 속력은 온도함수이다. 고온에서는, 속력분포도의 정점이 높은 속력 쪽으로 이동(shift)한 것을 알 수 있다. 이는 가설 5번 '온도가 증가하면 분자의 운동에너지는 증가한다'와 일치한다.

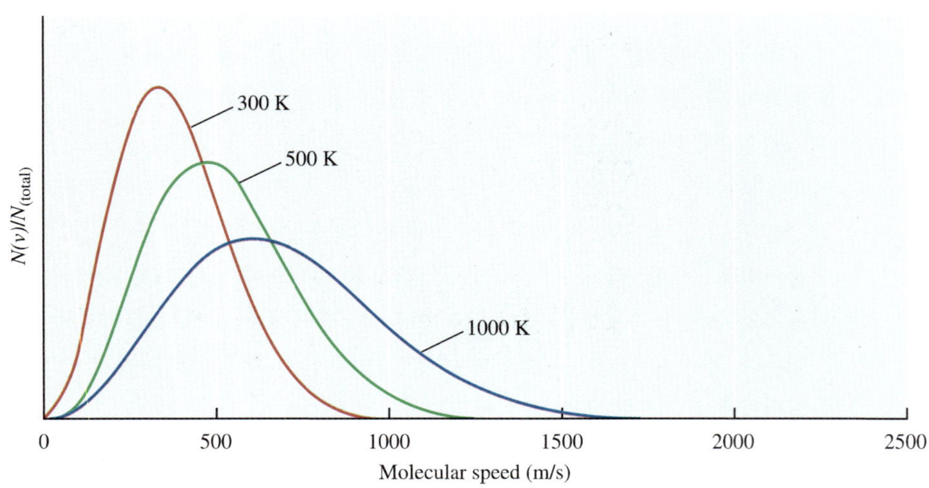

그림 5.5 세 가지 다른 온도에서의 CO_2의 속도분포; y축은 특정속도로 움직이는 기체분자의 분포이다. 온도가 높아질수록 높은 속도로 움직이는 기체분자의 분포가 증가한다.

가설 5번에 '운동에너지는 기체의 종류와는 무관하다'라고 되어 있다. 그러나 기체의 질량은 기체의 종류와 관련있다. 질량이 변하는데도 운동에너지($1/2\ mv^2$)가 일정한 값을 갖기 위해서는, 속력분포가 질량의 함수이어야 한다. 그림 5.6은 같은 온도에서의 기체들의 속력분포로, 가벼운 분자가 무거운 분자보다 빠르게 움직임을 알 수 있다. (속도 v는 m과 반비례한다)

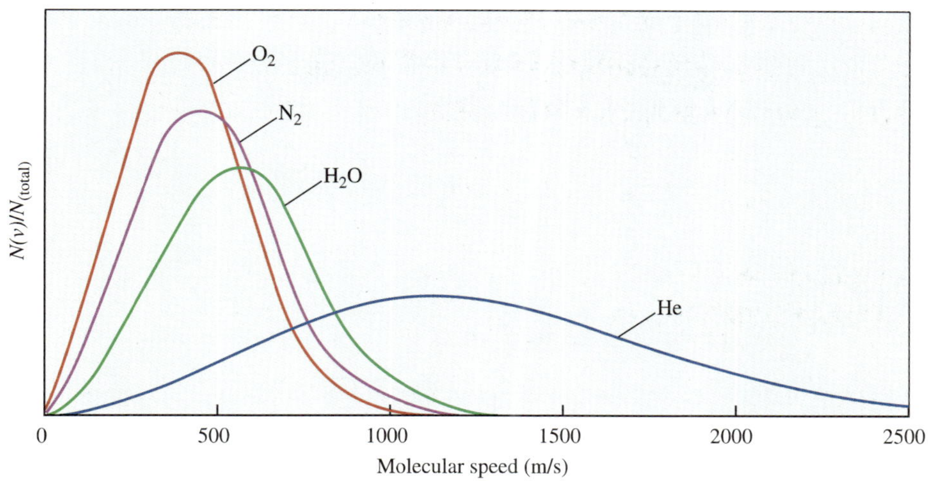

그림 5.6 같은 온도(300 K)에서의 네 가지 기체들의 속도분포 ; 분자량이 작을수록 높은 속도로 움직이는 기체분자의 분포가 증가한다.

MathConnections

맥스웰-볼츠만 속력분포의 실제 식은 다소 복잡하다.

$$\frac{N(v)}{N_{\text{total}}} = 4\pi(M/2\pi RT)^{3/2}v^2e^{-Mv^2/2RT} \tag{5.11}$$

$N(v)$는 v부터 $v+\Delta v$의 속력으로 움직이는 분자의 수이다. Δv는 속력의 작은 증가이다. 왼편은 v부터 $v+\Delta v$의 속력을 갖는 분자의 분포로 그림 5.5와 5.6의 y축에 해당한다. M은 기체의 몰질량이며, R은 기체상수, T는 절대온도이다. $e^{-Mv^2/2RT}$는 단위가 없다. 분포함수의 오른쪽에 속력 v가 포함된 항이 두 가지가 있다. 속력이 증가하면 v^2은 증가하는 반면, e^{-v^2}은 감소한다. 분포함수의 모양은 두 항 사이의 경쟁에 의한다. 속력이 작으면 v^2이 우세하기 때문에 분포함수는 증가하나, 속력이 크면 지수 항이 우세하여 함수는 감소한다. 두 제한값 사이에서 분포함수는 최대값을 지난다.

정점에서의 속력을 **최빈속력**(most probable speed)이라 한다: 좀 더 많은 분자들이 이 속도로 움직인다. 여기서는 미분 과정은 생략하며, 최빈속력은 식 (5.12)로 얻어진다.

$$v_{\text{mp}} = \sqrt{\frac{2RT}{M}} \tag{5.12}$$

최빈속력은 분포함수의 최대값으로, 식 (5.11)을 미분하여 최대값을 얻는다.

분포함수는 비대칭이기 때문에, 최빈속력과 **평균속력**(average speed)은 같지 않다. 분포곡선의 꼬리는 높은 속력에 위치하기 때문에 최빈속력보다 평균속력을 높게 만든다. 평균속력은 최빈속력의 1.128배이다.

평균제곱근속력(root-mean-square speed)은 v^2의 평균값의 제곱근으로, 평균속력과 같아 보이지만, 볼츠만분포에서는 평균속력의 1.085배이다. 평균제곱근속력은 운동에너지에서 유용하다. 평균운동에너지는 다음과 같다.

$$KE_{avg} = \frac{1}{2}mv_{\rm rms}^2 \tag{5.13}$$

실제기체와 운동이론의 한계

기체를 다룬 모든 계산에서 기체가 이상적으로 거동한다고 가정하였다. 운동이론과 기체법칙에 대한 가설은 순전히 가상적인 이상기체에만 적용된다. 실제기체가 이상적인 거동에서 얼마나 벗어나는지 알게 되면, 분자운동이론을 좀 더 이해할 수 있을 것이다.

기체 분자가 부피를 차지하지 않는다는 주장은 실제와는 맞지 않는 것처럼 보인다. 우리는 모든 물질이 공간을 차지함을 안다. 이 가설이 의미하는 바는 무엇일까? 입자 사이의 빈 공간이 차지하는 부피와 비교했을 때, 분자가 차지하는 부피는 그리 크지 않다는 것이다. 이 주장이 타당함을 알리기 위해 입자의 평균자유행로를 정의해 보자. **평균자유행로**(mean free path)는 다른 입자와 충돌하지 않고 움직일 수 있는 평균거리이다. 실온과 상압에서의 공기는 평균자유행로가 약 70 nm로, N_2와 O_2와 같은 작은 분자의 반경보다 200배 큰 값이다. (액상 분자는 평균자유행로가 분자 반경과 거의 같다.) 부피는 거리의 세제곱으로, 부피상으로는 200^3배(= 8×10^6) 크다. 즉 실온의 기체의 경우 빈 공간의 부피는 개별 분자의 부피보다 10^6배 크다; 분자의 부피가 무시할 만큼 작다는 운동이론의 가정은 합리적이다.

어떤 상황에서는 이 가정이 유효하지 않다. 조건을 바꾼다고 분자의 크기가 증가하지는 않으나, 부피를 줄임으로써 분자 간격을 좁힐 수 있다. 높은 압력에서는 기체가 많이 압축되고, 개별 분자의 부피는 무시할 수 없을 정도가 되기 때문에 가설은 깨진다(그림 5.7a). 기체를 압축하면 액체로 응축되며, 액체에서 이상기체법칙을 기대하지는 않는다.

(a) 높은 압력 (b) 낮은 온도

그림 5.7 고압과 저온에서의 이상기체 (a) 높은 압력에서는 분자들의 평균거리가 감소하기 때문에, 분자 자체의 부피를 무시할 수 없다. (b) 낮은 온도에서는 분자들이 천천히 움직이기 때문에 분자간 인력에 의한 끈적한 충돌이 발생한다.

'기체 분자는 늘 직선으로 움직이며 완벽한 탄성 충돌을 통해 상호작용한다'는 가설을 살펴보자. 다른 말로 하면 분자는 서로 잡아당기거나 밀어내지 않는다는 것이다. 이것이 사실이라면, 분자는 함께 뭉칠 수 없기 때문에 기체가 액체 또는 고체로 응축하는 것은 불가능하다. 즉 분자간에 인력이 존재함에 틀림없다(8장 참조). 이상기체모델은 분자간 인력이 운동에너지에 비해 무시할 만큼 작은 조건에서만 합리적이다. 인력이 작용하여 액체와 고체가 형성되는 사실을 통해, 인력이 중요해 지는 조건(온도를 낮추거나 압력을 높이면)을 알 수 있다. 온도를 충분히 낮추면 기체가 응축됨을 안다. 낮은 온도에서는 분자의 운동에너지가 작아지고, 분자간 인력의 세기가 운동에너지에 비교할 만큼 커지기 때문이다. 이 때, 분자는 끈적한 충돌이 발생할 것이다(그림 5.7b). 이것은 분자쌍 또는 작은 결합체들이 단순한 충돌보다는 짧은 시간동안 접촉한다는 것을 의미한다. 분자가 빠르게 서로 뭉치려는 경향으로 분자와 벽과의 충돌 횟수가 줄어들어, 기체압은 이상기체방정식에 의한 예상값보다 낮아질 것이다.

수정된 이상기체방정식

운동이론의 가설이 반영된 가정이 타당하지 않을 때, 관찰된 기체는 더 이상 이상기체방정식을 따르지 않는다. 실제기체의 거동을 기술할 때, 가장 흔히 사용되는 것이 van der Waals **방정식**이다.

$$\left(P + \frac{an^2}{V^2}\right)(V - nb) = nRT \tag{5.14}$$

a와 b는 반데르발스 상수이다. 기체상수(R)와는 다르게 반데르발스 상수는 기체마다 다른 값을 갖는다. 기체가 이상적으로 거동하면, a와 b는 0이기 때문에, 반데르발스방정식은 이상기체방정식과 같아진다. a를 포함한 항은 기체 입자 간의 인력을 반영한 것이다. b를 포함한 항은 기체 입자가 차지하는 부피를 반영한다. 표 5.1은 몇몇 기체에 대한 반데르발스 상수 값이다.

표 5.1 반데르발스 상수

기체	a (atm L^2 mol^{-2})	b (L mol^{-1})
암모니아, NH_3	4,170	0.03707
아르곤, Ar	1.345	0.03219
이산화탄소, CO_2	3.592	0.04267
헬륨, He	0.034	0.0237
수소, H_2	0.2444	0.02661
플루오린산, HF	9.433	0.0739
메테인, CH_4	2.253	0.04278
질소, N_2	1.390	0.03913
산소, O_2	1.360	0.03183
이산화황, SO_2	6.714	0.05636
물, H_2O	5.464	0.03049

크기가 큰 분자일수록 분자 자체의 부피가 크므로 b의 값도 크다. a값은 HF가 제일 큰데, 이는 다른 기체에 비해 HF 분자가 다른 분자들과의 상호작용이 많기 때문이며, 따라서 이상적인 거동으로부터 보정되는 정도가 크다.

예제 5.8

예제 5.1에서, CH_4의 저장 탱크는 49.0 L이었다. 비어있는 탱크의 질량은 55.85 kg인데, 탱크를 채우면 62.07 kg이다. 주위 온도가 21℃일 때 탱크 안의 CH_4의 압력을 계산하시오. 이상기체방정식과 반데르발스방정식으로 각각 계산하시오. 반데르발스방정식을 이용한 계산값은 몇 퍼센트의 오차인가?

풀이

$$\begin{aligned} CH_4 \text{ 질량} &= \text{메테인이 채워진 탱크의 질량} - \text{빈 탱크의 질량} \\ &= 62.07\ \text{kg} - 55.85\ \text{kg} \\ &= 6.22\ \text{kg} = 6220\ \text{g} \end{aligned}$$

$$CH_4 \text{ 가스의 몰수} = 6220\ \text{g}\ CH_4 \times \frac{1\ \text{mol}\ CH_4}{16.04\ \text{g}\ CH_4} = 388\ \text{mol}\ CH_4$$

이상기체방정식

$$P = \frac{nRT}{V} = \frac{(388\ \text{mol})(0.08206\ \text{L atm mol}^{-1}\ \text{K}^{-1})(294\ \text{K})}{(49.0\ \text{L})} = 191\ \text{atm}$$

반데르발스방정식

$$a = 2.253\ \text{L}^2\ \text{atm mol}^{-2},\ b = 0.04278\ \text{L mol}^{-1}$$

$$\begin{aligned} P &= \frac{nRT}{V-nb} - \frac{n^2 a}{V^2} \\ &= \frac{(388\ \text{mol})(0.08206\ \text{L atm mol}^{-1}\ \text{K}^{-1})(294\ \text{K})}{49.0\ \text{L} - (388\ \text{mol})(0.0428\ \text{L mol}^{-1})} \\ &\quad - \frac{(388\ \text{mol})^2(2.25\ \text{L}^2\ \text{atm mol}^{-2})}{(49.0\ \text{L})^2} \\ &= 148\ \text{atm} \end{aligned}$$

퍼센트 오차

$$\frac{191 - 148}{191} \times 100\% = 23\%$$

추가문제 극한 조건만 아니라면, 비이상적 거동에 대한 보정값은 작다. 15.0 L, 25.7℃에서의 메테인 0.500 mol의 압력을 이상기체방정식과 반데르발스방정식을 이용하여 각각 계산하시오. 퍼센트오차를 계산하고, 위 예제에서의 퍼센트오차와 비교하시오.

연습문제

5-1 압력

5.8 못을 박다가 못을 놓쳤다고, 망치가 나무를 뚫지는 못한다. 압력의 개념을 이용하여 이를 설명하시오.

5.9 어떻게 기체에 의해 대기압이 발생하는가?

5.10 산악인들은 알래스카의 Denali와 같은 높은 산 정상에서 호흡보조기를 왜 사용할까?

5.11 어떤 용액의 밀도가 수은 밀도의 절반일 때, 압력이 750 mmHg인 지점에서의 압력을 이 용액으로 측정했을 때 압력계의 높이는?

5.12 물의 밀도는 수은보다 13.6배 작다. 1 atm의 압력을 나타내는 물기둥의 높이는?

5.13 물의 밀도는 수은보다 13.6배 작다. 해저선박이 1.5 km 하강했을 때 물이 누르는 압력(atm)은?

5.14 기압계의 수은기둥 위 진공은 판독값에 영향을 주는가? 그 이유는?

5.15 기체의 압력 단위는 mmHg, atm, torr, kPa이다. 압력의 단위를 다음과 같이 환산하시오. (a) 722 mmHg to atm, (b) 1.25 atm to mmHg, (c) 542 mmHg to torr, (d) 745 mmHg to kPa, (e) 708 kPa to atm

5.16 대기압이 97.4 kPa일 때, 이 값을 mmHg로 환산하면? atm으로 환산하면?

5.17 깊은 수중에서 수영할 때 가끔 귀가 "펑" 하는 이유는?

5-2 기체의 법칙

5.18 헬륨이 풍선에서 빠져나오면, 풍선의 부피는 줄어든다. 고무를 늘릴 때의 현상과 관련하여 이 현상이 기체의 법칙과 어떻게 일치하는지 설명하시오.

5.19 CO_2 기체가 56.5 mmHg로 125 mL 플라스크에 담겨있다. 이 기체를 새로운 플라스크로 옮겼을 때 같은 온도에서 62.3 mmHg의 압력이 측정되었다. 새로운 플라스크의 부피는?

5.20 어떤 기체의 초기부피가 39 mL이고 압력은 모른다. 이 기체는 720 torr에서 514 mL이다. 초기 압력은?

5.21 겨울에 Mylar™ 풍선을 파는 상점의 점원들은 집으로 가져가는 도중 모양이 이상해지더라도 걱정하지 말라 한다. 안으로 들어가면 다시 제 모양을 찾는다고. 기체의 어떤 거동 때문인가?

5.22 기체관련 문제를 풀때 켈빈온도로 환산하는 이유는?

5.23 어떤 증거에 의해 절대온도 눈금이 확립되었는가?

5.24 다음의 미지수를 계산하시오.

$V_1 = 2.0\ \text{L},\ T_1 = 15°\text{C},\ V_2 = ?,\ T_2 = 34°\text{C}$

$V_1 = ?,\ T_1 = 149°\text{C},\ V_2 = 310\ \text{mL},\ T_2 = 54°\text{C}$

$V_1 = 150\ \text{L},\ T_1 = 180\ \text{K},\ V_2 = 57\ \text{L},\ T_2 = ?$

5.25 압축기체용기를 매우 더운 장소에 보관하는 것이 위험한 이유는?

5.26 쌀쌀한 밤에 최대 용량으로 불어 놓은 풍선을 실내로 가져왔을 때, 손도 대지 않았는데 터진다. 이유를 설명하시오.

5.27 뜨거운 액체를 담아놓은 통에서 기체 방울이 발생한다. 68°C, 1.6 atm에서 발생한 기체의 부피가 5.8 mL일 때, 압력은 1.2 atm으로, 온도는 31°C로 떨어졌을 때 이 기체가 차지하는 부피는?

5.28 15°C, 3.74 atm 압력에서 자전거 타이어가 납작해졌다. 타이어를 35°C로 가열했을 때, 타이어의 압력은? 타이어 부피는 변하지 않는다고 가정했다.

5.29 헬륨으로 채워진 풍선의 부피는 해수면에서 1.28×10^3 L이다. 해수면의 압력은 0.998 atm이고 온도는 31°C이다. 풍선을 산 정상으로 가져왔을 때 풍선의 부피는? 산 정상의 압력은 0.753 atm이고 온도는 −25°C이다.

5.30 이상기체의 부피가 14°C, 89 kPa에서 158 L일 때 기체의 몰수는?

5.31 새롭게 발견된 기체의 밀도가 23.0°C, 715 mmHg에서 2.39 g/L이다. 이 기체의 몰질량은?

5.32 STP에서의 다음 기체의 질량을 계산하시오.
(a) 1.4 L of SO_2 (b) 3.5×10^5 L of CO_2

5.33 STP에서의 다음 기체의 밀도를 계산하시오.
(a) CF_2Cl_2 (b) CO_2 (c) HCl

5.34 압력이 165 atm, 15.0 L의 실린더에 담긴 헬륨으로 파티풍선을 부풀릴 것이다. 풍선은 1.1 atm에서 2.0 L의 부피로 채워져야 한다. 부풀어 오를 수 있는 최대 풍선 수는 얼마인가? 실린더 내의 기체는 풍선 안의 기체와 같은 온도라고 가정한다. ("비어 있는" 실린더는 여전히 1.1 atm의 헬륨을 함유하고 있다)

5.35 독성의 COS 기체로 채워진 실린더는 24°C에서 800.0 torr의 압력을 갖는다. 실린더의 압력이 35 psi를 넘으면 실린더는 파괴될 수도 있다. (1 atm = 14.7 psi). 이 압력 한계선을 초과하지 않고 실린더를 가열할 수 있는 최대 온도는 얼마입니까?

5.36 압축가스의 실린더는 함유된 가스의 "표준입방피트(SCF)"를 표시하기 위해 라벨이 부착되어 있다. 0°C, 1 atm에서 기체 1 SCF가 차지하는 부피는 1 ft^3 이다. 어떤 실린더는 빈 용기의 무게가 112 lb이고, 26°C에서 크립톤이 채워져 있을 때는 155 lb이다. 이 실린더에 담겨있는 크립톤의 SCF는 얼마인가?

5-3 부분압력

5.37 부분압력에 대해 설명하시오.

5.38 몰분율에 대해 설명하시오.

5.39 몰분율과 부분압력의 관계를 식으로 나타내시오.

5.40 25°C, 5.00 L 용기에 담긴 1.50 g의 H_2와 5.00 g의 N_2 혼합물의 전체 압력(atm)은?

5.41 28.0°C, 15.0 L 용기에 담긴 3.5 g N_2, 4.5 g O_2, 13.0 g Cl_2의 전체 압력은?

5.42 1.3 mol N_2, 0.33 mol O_2, 0.061 mol Ar로 구성된 기체의 전체 압력이 740 torr일 때, 각 기체의 부분압력은?

5.43 NO_2와 SO_2로 구성된 기체의 전체 압력은 120. torr이고, NO_2의 부분압력은 43 torr이다. 용기의 부피가 800.0 mL이고 온도가 22.0°C일 때, 각 기체의 몰수는?

5.44 259 mol CO_2와 513 mol 물로 구성된 기체시료에서, 전체 압력이 21 atm일 때, 각 기체의 부분압력은?

5.45 굴뚝으로부터 1.25 L 탱크에 752 mmHg의 압력에서 시료를 채집하고 분석하였다. 분석결과 92% CO_2, 3.6% NO, 1.2% SO_2, 4.1% H_2O(질량퍼센트)이었다. 각 기체의 부분압력은?

5.46 일반적으로 우리는 공기를 건조한 것으로 간주한다. 물의 존재는 무시한 채. 대기압이 0.944 atm이고 물에 의한 압력이 0.039 atm일 때, 질소와 산소의 부분압력은? 단, 질소의 몰%는 31.929, 산소는 8.567이다.

5.47 어떤 기체 혼합물이 22.5°C에서 부피가 3.00 L이다. 이 혼합물은 14.0 g 물, 11.5 g 산소, 37.3 g 질소로 구성되어 있다. 전체 압력과 각 기체의 부분압력을 계산하시오.

5.48 화력발전소에서 방출된 기체에서 이산화황을 제거하는 실험을 수행중이다. 초기 시료에는 이산화탄소, 이산화황이 포함되어 있으며, 41°C, 715 torr에서 부피는 35 L이다. 이산화황이 제거된 후 29°C, 715 torr에서 시료의 부피는 23.5 L이다. 이산화탄소와 이산화황의 부분압력을 계산하시오.

5.49 자동차엔진의 배기가스를 측정하는 산소센서의 부분압력범위를 결정하시오. (인터넷을 이용한다)

5.50 인터넷을 사용하여 일반적인 자동차에 사용되는 연료 대 공기 혼합물의 종류를 조사하시오. 이때 각 기체의 부분압력을 계산하시오.

5-4 기체 반응에서의 화학양론

5.51 HCl(g)은 NH_3(g)와 반응하여 염화암모늄을 생성한다. 암모니아 시료는 21°C, 140 torr에서 250 mL이고, 과량의 염산과 반응할 때 생성된 NH_4Cl의 양(g)은?

5.52 산과 금속이 접촉하면 수소 기체가 발생한다. 0.93 atm, 22°C에서 과량의 염산과 2.5 g Zn (생성물 Zn^{2+})이 반응하여 생성되는 수소 기체의 부피는?

5.53 20.5°C, 748 torr에서 수행되는 실험에 400.0 mL의 수소 기체가 필요하다. 아연을 과량의 염산과 반응시켜 수소 기체를 얻고자 할 때, 필요한 아연의 양(g)은?

5.54 광석(ZnS)으로부터 아연 금속을 제련하는 첫 번째 단계는 광석을 산소와 반응시키는 것이다.

$$2\ ZnS(s) + 3\ O_2(g) \rightarrow 2\ ZnO(s) + 2\ SO_2(g)$$

620 kg의 ZnS를 처리하고자 한다. 0.977 atm, 34.0°C에서 필요한 산소의 부피는?

5.55 24°C, 0.88 atm에서 45 g의 메테인 기체를 완전연소하려 한다. 이때 필요한 산소의 부피(L)는?

5.56 Boron hydride(B_4H_{10})을 산소와 반응시키면, B_2O_3와 H_2O가 생성된다.

$$2\ B_4H_{10}(s) + 11\ O_2(g) \rightarrow 4\ B_2O_3(s) + 10\ H_2O(g)$$

0.050 g의 boron hydride가 산소중에서 완전연소할 때, 30.0°C, 4.25 L 플라스크에서 발생하는 물(g)의 압력을 구하시오.

5.57 N_2O_5는 불완전 기체로 다음과 같이 분해된다.

$$2\ N_2O_5(g) \rightarrow 4\ NO_2(g) + O_2(g)$$

22.0°C, 0.400 atm의 N_2O_5를 10.0 L 용기에 넣고 완전히 분해되었다고 가정했을 때, 기체의 전체압력(atm)을 계산하시오.

5.58 Potassium chlorate($KClO_3$)를 가열하면 산소가 발생한다(KCl도 발생). 이 반응으로 41°C, 97.8 kPa에서 386 mL의 산소를 얻었다면, 사용된 $KClO_3$의 최소 질량은?

5.59 다음은 우레아의 제조반응식이다.

$$CO_2(g) + 2\ NH_3(g) \rightarrow CO(NH_2)_2(s) + H_2O(g).$$

이산화탄소는 75 g의 드라이아이스를 사용한다. 여기에 15°C, 1.4 atm의 4.50 L 암모니아를 넣었을 때, 어느 것이 한계반응물질인가? 합성된 우레아의 질량(g)은?

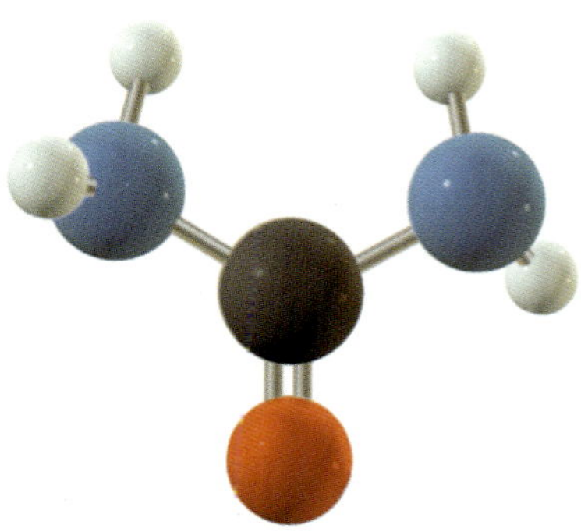

Urea, $CO(NH_2)_2$

5.60 다음 반응식을 참고하여

$$6\ NiO(s) + 4\ ClF_3(g) \rightarrow 6\ NiF_2(s) + 2\ Cl_2(g) + 3\ O_2(g)$$

20°C, 250 torr에서 2.5 L 플라스크 안의 ClF_3와 반응하는 NiO의 양은?

5.61 3.43 g의 철이 40.0 mL의 2.43 M HCl과 반응할 때 발생하는 수소 기체의 부피(L)는? 이 기체는 2.25 atm, 23°C에서 수집된다. 다른 생성물은 $FeCl_2$이다.

5.62 마그네슘이 공기중에서 타면 Mg_3N_2와 MgO가 발생한다. 3.11 g의 마그네슘이 완전연소하여 5.09 g의 생성물이 만들어졌을 때, 각 생성물의 질량을 구하시오?

5.63 자동차 에어백은 N_2 기체에 의한 것으로 반응식을 다음과 같다.

$$2\ NaN_3 \rightarrow 2\ Na + 3\ N_2$$

1.40 atm, 25°C에서 30.0 L 에어백을 채우는 데 필요한 sodium azide의 양(g)은?

5.64 자동차 에어백에 사용되는 NaN_3는 분해시 생성되는 소듐 때문에 안전문제가 염려된다. 그래서 strontium nitrate, $Sr(NO_3)_2$으로 흑연을 산화시켜 질소 가스를 얻는 방법이 고려되고 있다.

$$5\ C(s) + 2\ Sr(NO_3)_2(s) \rightarrow 2\ SrO(s) + 2\ N_2(g) + 5\ CO_2(g)$$

1.3 atm at 23°C에서 61 L의 에어백을 채울 만큼의 기체를 발생시키는 것이 목표이다. 이 시스템을 충족시키기 위한 흑연의 최소 질량은?

5.65 As one step in its purification, 니켈 금속은 일산화탄소와 반응하여 nickel tetracarbonyl, $Ni(CO)_4$을 생성한다. 316 K 이상의 온도에서는 기체이다. 350.0 K, 748 torr에서 2.00 L 플라스크에 채워진 CO기체에 5.00 g의 Ni을 넣었다. 일정온도에서 반응이 완결되었을 때 플라스크 안의 최종 압력(torr)은?

5.66 Ammonium dinitramide (ADN), $NH_4N(NO_2)_2$는 로켓 고체연료에서 산화제인 염화알루미늄을 대체하여 사용이 가능하다. 스파크에 의해 폭발이 일어나면, ADN은 빠르게 분해되고 N_2, O_2, H_2O 혼합물이 만들어진다. (연소반응은 아니다) 반응에서 많은 열이 발생하기 때문에, 처음부터 기체 형태이다. 로켓의 추력은 주로 이 가스 혼합물의 팽창으로부터 비롯된다. 2.3 kg의 ADN이 폭발하여 N_2, O_2, H_2O로 완전히 분해되었다고 가정하자. 이 기체 혼합물이 팽창하여 100.0°C, 1.00 atm에 이르렀을 때 최종 부피는?

5.67 성간 사이의 수소 분자 구름이 감지되어 왔다. 이 구름들은 약 1×10^{10} 수소 분자/m^3, 온도는 25 K로 추정된다. 이 데이터를 이용하여 압력(atm)을 추정하여라.

5-5 분자운동이론

5.68 기체의 운동이론(kinetic theory) 가설에 대해 설명하시오.

5.69 운동이론의 가설이 맞지 않는 조건은?

5.70 운동이론의 가설 중 화산 속 높은 압력에서는 성립되지 않는 것은?

5.71 다음 기체를 25°C에서 평균분자속력이 큰 순서로 나열하시오? Kr, CH_4, N_2, CH_2Cl_2.

5.72 운동이론을 사용하여 온도가 증가하면 기체의 압력이 증가한다는 것을 설명하시오.

5.73 아래 그림은 두 질소 기체에 대한 속력분포를 나타낸 것이다. 하나는 300 K이고, 다른 하나는 1000 K이다. 각각 어떤 그래프인지 찾으시오.

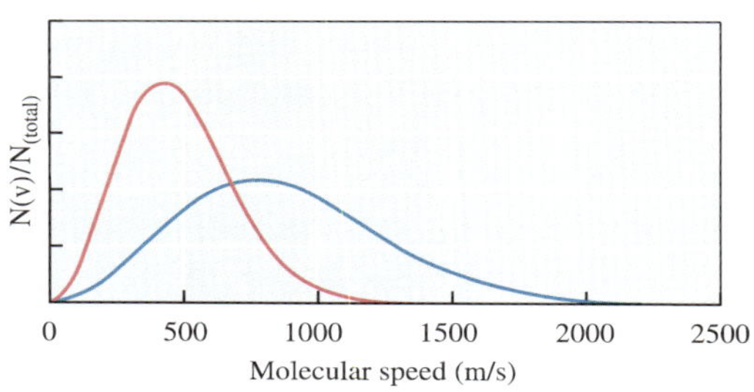

5.74 같은 온도에서 무거운 기체는 가벼운 기체보다 왜 느린가?

5.75 평균자유행로(mean free path)에 대해 설명하시오.

5.76 실제 기체의 반데르발스 방정식에는 두 개의 계수가 있다. 기체 분자의 부피를 보정하는 계수를 방정식을 사용하여 설명하시오.

5.77 45.0°C, 1.50 L의 용기에 들어있는 15.0 g의 메테인 기체의 압력을 다음 식을 이용하여 계산하시오. (a) 이상기체방정식 (b) 반데르발스방정식(표 5.1 참조)

5.78 25°C, 12.5 L의 용기에 165 g의 CO_2 기체가 들어있다. 다음 식을 이용하여 기체의 압력을 계산하시오. (a) 이상기체방정식 (b) 반데르발스방정식(CO_2, a = 3.59 atm L^2/mol^2, b = 0.0427 L/mol.)

5.79 이상기체법칙을 정확히 따르는 조건에 있는 N_2 기체가 있다. 다음 중 옳지 않은 것은?
(a) 같은 조건의 Ne(g)도 이상기체법칙을 정확히 따름에 틀림없다.
(b) 특정의 N_2 한 분자가 움직이는 속도는 시간마다 변한다.
(c) 몇몇 N_2 분자들은 같은 조건의 몇몇 $O_2(g)$ 분자보다 느리게 움직인다.
(d) 몇몇 N_2 분자는 같은 조건의 몇몇 Ne(g) 분자보다 느리게 움직인다.
(e) 두 개의 N_2 분자가 충돌하면, 두 분자는 충돌전보다 빨라지는 것이 가능하다.

Chapter 6

주기율표와 원자구조

The Periodic Table and Atomic Structure

6-1 전자기파 스펙트럼

빛이라 하면 단순히 **가시광선**(visible light)을 생각한다. 우리 눈이 감지하는 빛은 **전자기파 스펙트럼**(electromagnetic spectrum)의 일부로, 밝게 빛나는 전구에서도 방출된다. 전자기 방사선에는 가시광선 이외에도 라디오파, 마이크로파, X-선이 있다. 전자기(electromagnetic)라는 단어는 빛의 성질에서 유래한 것이다. 예로부터 빛이란, 공간을 이동하는 파동(wave)으로 여겨졌는데, 공간의 한 성분은 전기장이고 다른 성분은 자기장이다(그림 6.1). 빛의 파동성을 이해하기 위해 파동의 성질을 알아보도록 하자.

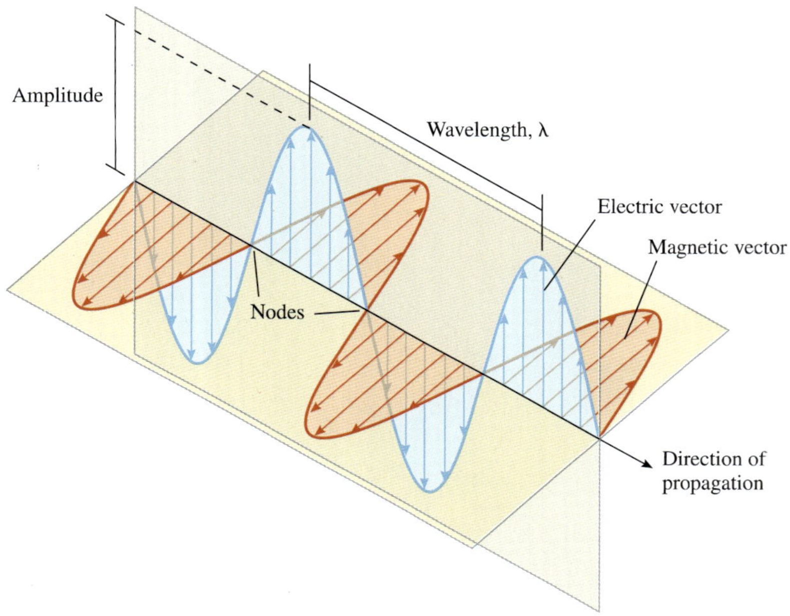

그림 6.1 빛은 전자기파의 한 형태로, 진동하는 전기장과 자기장으로 구성된다.

빛의 파동성

빛의 많은 특성들이 파동의 성질로 설명되는데, 파동은 파장, 진동수, 속도, 진폭으로 정의된다(그림 6.2). **파장**(wavelength)은 같은 위상을 가진 서로 이웃한 두 점 사이의 거리이다. 그림 6.2에서 파장(λ)은 마루와 마루 사이의 거리이며, 또는 골과 골 사이의 거리이다. **진폭**(amplitude)은 파동의 크기 또는 높이로, 그림 6.2의 아래쪽 파동이 위쪽보다 진폭이 크다. **진동수**(frequency)는 한 점을 지나가는 파동사이클의 초당 횟수로, 부호 ν를 사용하며, 단위는 1/s 또는 헤르츠(Hz)이다. 진동수와 파장은 서로 연관되어 있다. 진공에서의 빛의 속도(c, 거리/시간)는 정밀히 측정된 자연상수이다.

$$c = 2.99792458 \times 10^{8}\ \text{m s}^{-1}$$

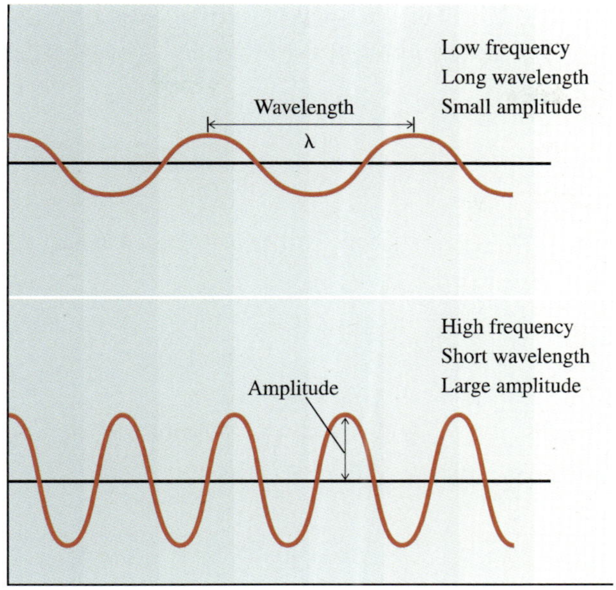

그림 6.2 사인파. 빛의 속도는 일정하기 때문에, 진동수와 파장은 반비례한다. 참고로 진폭은 진동수에 무관하며, 아래그림은 진폭이 큰 파동일 뿐 아무 의미없다.

빛의 속도는 일정하기 때문에, 일정 시간동안 한 점을 통과하는 파동의 수는 파장에 반비례한다. 긴 파장은 1초당 통과하는 사이클의 횟수가 작기 때문에, 진동수가 작다(그림 6.2). 이 관계를 수학적으로 표현하면 다음과 같다.

$$c = \lambda \times \nu \tag{6.1}$$

속도, 파장, 진동수, 진폭은 파동을 설명하는데 필요한 특성이다. 논하고자 하는 것이 빛이기 때문에, 우선 파동 특성과 빛의 공통점을 찾아본다. 일반적으로 빛을 비교할 때 가장 먼저 고려하는 것이 빛의 밝기일 것이다. 밝기는 파동 특성과 어떤 관련이 있을까? 빛이라는 파동에서, 진폭은 빛의 밝기를 결정한다: 파동의 진폭이 클수록 빛은 더 밝다. 두 빛을 비교하는 또 다른 성질은 색이다. 파동모델에서, 파장과 진동수는 빛의 색과 관련된다. 식 (6.1)에서 설명했듯이, 빛의 속도는 일정하기 때문에 자동적으로 진동수 또는 파장은 고정된 값이다. 진동수와 파장은 같은 정보를 다르게 표현하는 방식이다.

MathConnections

파동의 자세한 모양을 표현하기 위해 수학식을 사용한다. 사인함수의 파동을 예로 들어보자(자연에서 발생하는 대부분의 파동이 사인함수이다). 특정 순간에 파동의 스냅사진을 찍어 $x-y$ 그래프를 그렸다고 가정해보자. 파동은 $x=0$에서 시작하여 x축을 따라 움직인다. y값은 각 점에서의 파동의 높이이다. 이 파동의 일반적인 수식은 다음과 같다.

$$y = A\sin(bx)$$

A는 파동의 진폭이다. 그럼 b는? 사인함수를 라디안 단위로 가정하면, bx는 단위가 없다. 즉 x는 거리이기 때문에 b의 단위는 1/거리 이다. $\sin(x)$ 함수의 파장은 2π이다. 만약 어떤 파동의 파장이 450 nm라면

$$b \times 450\ \text{nm} = 2\pi$$

또는

$$b = 2\pi\ /\ 450\ \text{nm}$$

따라서, b는 $2\pi/\lambda$이다.

$$y = A\sin\left(\frac{2\pi x}{\lambda}\right)$$

좀 더 복잡한 파동은, 몇몇 사인함수를 결합하여 설명될 수 있다. 위치가 아닌 시간 함수로서의 파동도 유사한 방법으로 설명이 가능하다.

빛의 파동성은 빛과 관련된 현상들을 설명하는데 도움을 준다. **굴절**(refraction)은 빛이 한 매질에서 굴절률이 다른 어떤 매질을 통과할 때 빛이 휘는 성질이다. 굴절의 가장 일반적인 현상이 무지개로, 흰색의 빛이 여러 색으로 분리된다. 빛이 공기에서 물(또는 유리)을 통과하면, 빛의 속도가 변하면서 어떤 각도로 구부러지는데 각각의 파장에 따라 각도가 달라진다. 가시광선 스펙트럼의 색깔은 파장의 순서로 흩어진 것이다(그림 6.3).

전자기파는 굴절과 같은 파동현상을 갖기 때문에, 파장 또는 진동수로 표현될 수 있다. 그림 6.4는 전체 스펙트럼으로 진동수와 파장에 대한 정보를 갖는다. 가시광선 이외에 X-선, 자외선(UV, UltraViolet), 적외선(IR, InfraRed), 마이크로파, 라이오파도 포함되는데, 가시광선은 자외선과 적외선 사이에 위치한다. 스펙트럼은 파장이 증가하는 순서이다.

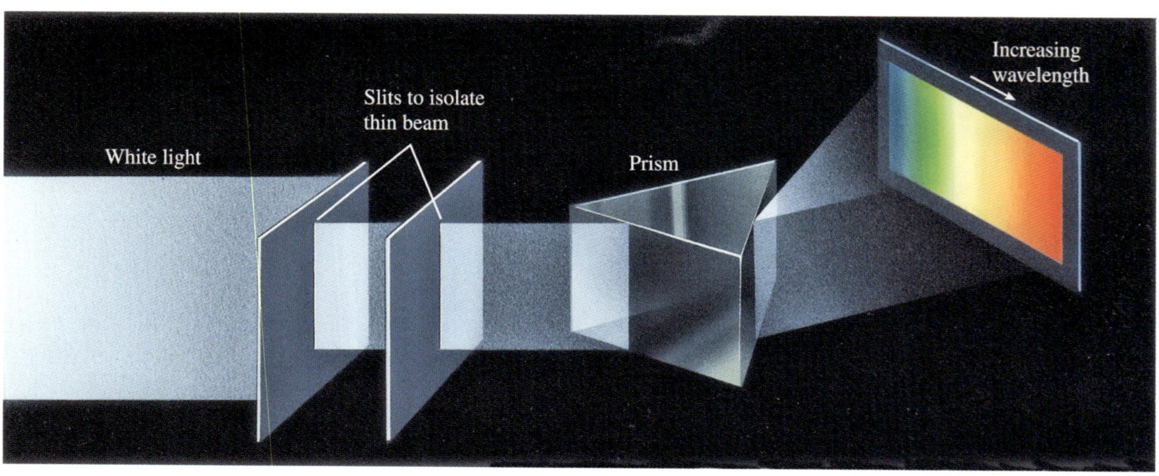

그림 6.3 백색광이 프리즘을 통과하면, 굴절에 의해 구성 색깔로 분리된다.

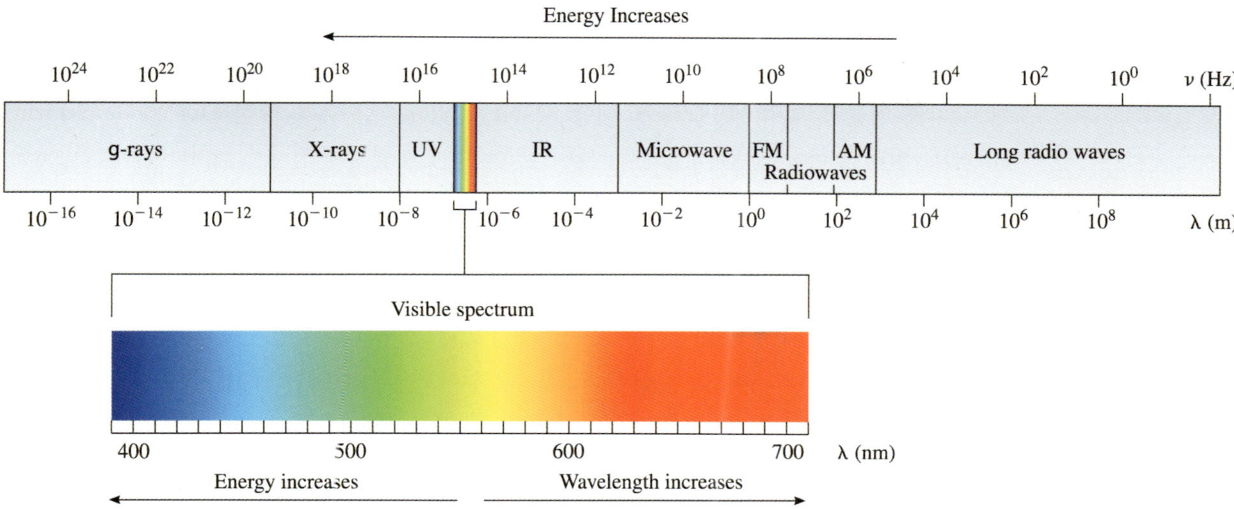

그림 6.4 가시광선은 전자기파 스펙트럼의 일부이다.

예제 6.1

4.47 nm의 과장을 검출하는 X-선 형광분석법으로 탄소를 검출할 수 있다. 이 빛의 진동수는?

풀이

$$4.47\ \text{nm} \times \frac{1\ \text{m}}{1 \times 10^{9}\ \text{nm}} = 4.47 \times 10^{-9}\ \text{m}$$

$\nu = \dfrac{c}{\lambda}$ 이므로

$$\nu = \frac{2.998 \times 10^{8}\ \text{m s}^{-1}}{4.47 \times 10^{-9}\ \text{m}} = 6.71 \times 10^{16}\ \text{s}^{-1}$$

추가문제 강철합금 내 미량의 실리콘이 불순물로 포함되었다. 712.6 pm 파장에서 X-선 형광분석법으로 실리콘을 검출하였다. 이 빛의 진동수는?

일상에서 접하는 "빛"은 가시광선뿐이지만, 전자기파 스펙트럼은 다양한 파장의 빛으로 구성된다. 빛을 이용한 화학분석은 파장의 특성을 이용한 것으로, X-선을 이용한 XRF와 가시광선을 이용한 AAS가 미량분석에 이용되고 있다. 적외선(IR)은 화학분석에 광범위하게 사용되고 있으나, 특정 원소를 바로 검출할 수는 없다. 대신 FT-IR (Fourier Transform-Infrared)로 분자의 작용기(functional group)를 알아낼 수 있기 때문에, 중합체, 페인트, 접착제에 어떤 화합물이 존재하는지 분석할 수 있다. 또한 전자레인지, 라디오, 텔레비전, 휴대폰, 무선컴퓨터 네트워크와 같은 많은 소비재에서 다양한 스펙트럼이 사용되고 있다.

빛의 입자성

지금까지는 파동모델로 빛의 여러 성질을 설명할 수 있었다. 1900년 초 과학자들은 좀 더 복잡한 장치를 만들어 빛의 파동모델에 대한 실험을 하였다. 실험에서 **광전자효과**(photoelectric effect)로 알려진 현상을 관측하였는데, 빛이 금속박막에 부딪치자 전자가 튀어나왔다. 그림 6.5는 광전자효과 실험의 개략도이다. 장치의 중심에 금속박막을 놓고, 진공상태로 밀봉하여 어떤 기체 분자의 간섭도 방지한다. 그리고서 금속으로부터 방출되는 전자를 검출한다. 금속 자체는 접지시켜 실험동안 양전하가 상당량 발생하지 못하도록 한다. 앞서 배웠듯이, 전자는 음전하를 운반하기 때문에, 전자 수를 측정하는 것은 어렵지 않다. 실험자들은 빛의 색과 강도를 변화시켰을 때 방출되는 전자의 수와 운동에너지의 변화를 알아보았다. 다양한 금속을 이용한 실험도 가능하다.

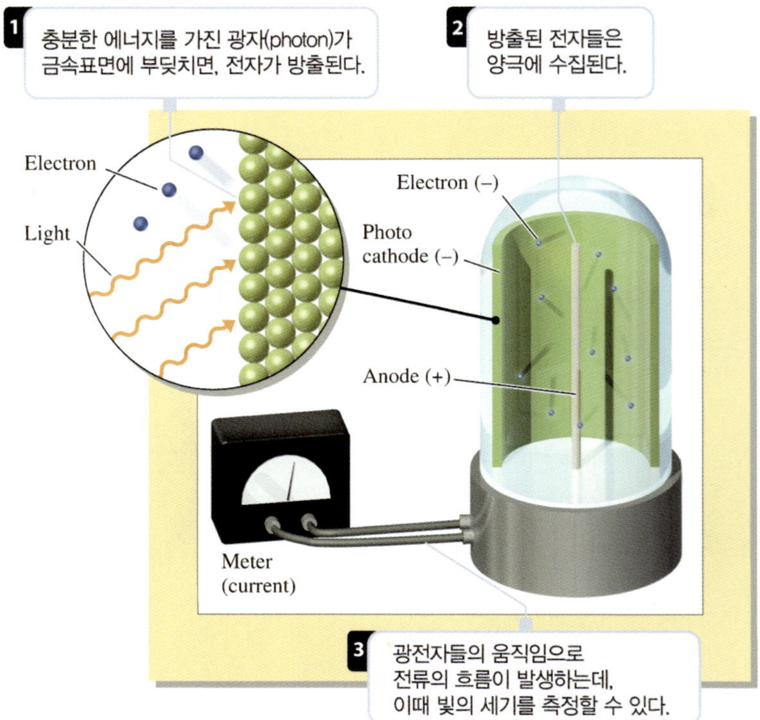

그림 6.5 광전자효과. 빛이 광음극(photocathode) 표면에 부딪치면 전자들이 방출되는데, 양극(anode)은 이들 전자를 수집한다. 측정된 전류는 빛의 세기와 관련된다.

광전자효과를 어떻게 이해할 수 있을까? **파동모델에 근거한** 가장 간단한 설명은 다음과 같다. 빛이 갖고 있던 에너지가 금속의 전자로 전이된다. 전자가 충분한 에너지(빛의 강도 I에 비례)를 얻으면 금속 표면으로부터 자유로워질 수 있다. 전자로 이동한 에너지가 많을수록, 금속으로부터 나온 전자의 움직임(KE)은 더 빨라질 것이다.

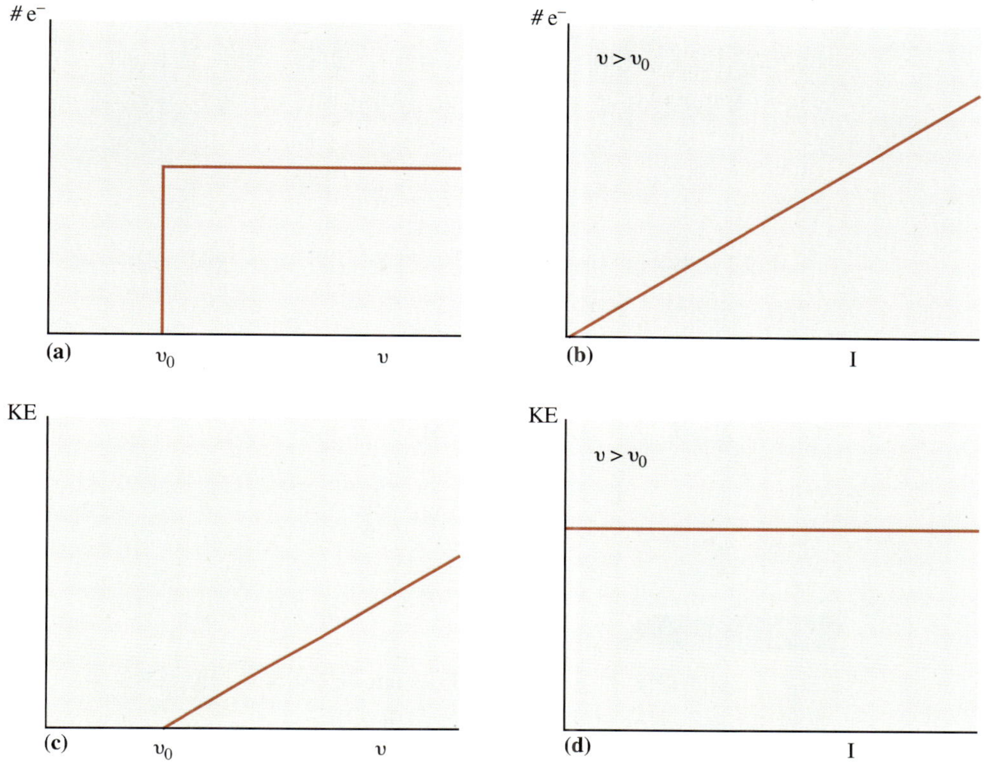

그림 6.6 광전자효과 실험에서 관찰된 그래프 ; 문턱진동수(threshold frequency, ν_o) 이하에서는 광전자가 방출되지 않는다. ν_o 이상의 진동수일 때, 방출된 전자수는 진동수와 무관하나(그림 a) 빛의 세기에 비례한다(그림 b). 방출된 전자의 운동에너지는 진동수에 비례하고(그림 c) 빛의 세기와 무관하다(그림 d).

그림 6.6은 실험에서 얻은 결과를 요약한 것으로, 빛의 파동모델에서 기대한(위에서 논한) 결과를 볼 수 없다. 광원의 에너지는 파동의 진폭 또는 빛의 강도(I)에 의해 결정된다. 우리는 빛이 밝을수록 방출되는 전자의 운동에너지가 증가할 거라 예측한다. 그러나 그림 6.6(d)는 방출된 전자의 운동에너지가 광원의 세기와는 무관함을 보여준다. 광원의 세기가 증가하였을 때 검출된 전자의 수만 증가하였다(그래프 b). 그리고 방출된 전자의 운동에너지(KE)는 광원의 진동수 또는 색깔에 영향을 받았다(그래프 c). 이는 파동모델과 일치하지 않는다. 이 실험으로 과학자들은 빛의 성질을 다시 조사하게 되었다.

광전자효과 실험결과를 제외하면, 여러 설명들이 빛의 파동성과 일치한다. 이 모든 것을 설명할 수 있는 한 가지 방법은 **파동-입자 이중성**(wave-particle duality)이다. 어떤 상황에서는 빛은 파동으로 설명되고 어떤 상황에서는 입자로 설명되는 것이 최선이다. 그렇다고 빛이 각기 다른 두 종류가 있다는 것은 아니다. 파동모델이나 입자모델로 빛의 모든 성질을 정확히 설명할 수는 없다는 뜻이다. 언젠가 두 모델의 충돌을 해결할 새 모델이 만들어 질 때까지, 실용적으로 접근하여 적합한 모델을 선택하도록 한다.

우리가 빛을 입자로 생각하게 된 것은 에너지가 옮겨갔다는 대목에서이다. 아인슈타인은 빛을 에너지의 집합체인 **광자**(photon)로 설명할 수 있다고 제안하였다. 밝은 빛은 많은 광자를 가지는 반면 희미한 빛은 광자의 수가 적다. 광자의 에너지는 빛의 진동수에 비례하며, 식은 다음과 같다.

$$E = h\nu \tag{6.2}$$

여기서 E는 광자에너지이며, ν는 빛의 진동수이다. h는 플랭크 상수이다. 플랭크 상수는 실험적으로 결정된 값으로 다음과 같다.

$$h = 6.62606957 \times 10^{-34}\ \mathrm{J\,s}$$

진동수는 파장과 관련되어 있기 때문에, 식 (6.1)을 이용하면

$$E = \frac{hc}{\lambda} \tag{6.3}$$

예제 6.2

크롬은 원자흡광광도법을 이용하여 357.8 nm 파장의 빛에 대한 흡광도를 모니터하여 검출할 수 있다. 이 빛의 광자 한 개의 에너지는 얼마인가?

풀이

$$357.8\ \mathrm{nm} \times \frac{1\ \mathrm{m}}{10^{9}\ \mathrm{nm}} = 3.578 \times 10^{-7}\ \mathrm{m}$$

$$E = \frac{6.626 \times 10^{-34}\ \mathrm{J\,s} \times 2.998 \times 10^{8}\ \mathrm{m\,s^{-1}}}{3.578 \times 10^{-7}\ \mathrm{m}} = 5.552 \times 10^{-19}\ \mathrm{J}$$

추가문제 XRF 분석기는 X-선 광원이 8048.0 eV의 에너지를 갖는 광자를 방출한다 (1 eV = 1.6022×10^{-19} J). 이 X-선의 파장은 얼마인가?

빛이 입자의 집합체 또는 에너지 덩어리로 이루어져 있음을 선뜻 이해하기는 어렵다. 이해를 돕기 위해, 예제 6.2에서 계산된 광자에너지 규모(10^{-19} J)를 전구에서 나오는 에너지양과 비교해 보자. 60-와트 전구가 초당 60 J의 에너지를 발산한다. 즉 전구의 빛은 수많은 광자로 이루어져 있음을 알 수 있다(60 J ÷ 10^{-19} J/광자 = 6×10^{2}개 광자). 빛이 밝아지면 초당 방출되는 광자의 수 또한 증가한다. 개별 광자는 에너지 양이 작기 때문에, 램프에서 나오는 에너지의 변화가 불연속적으로 보이진 않는다.

원자와 분자 수준에서 광자 한 개의 에너지는 매우 중요하다. 광전자효과 실험에서 다룬 광자의 개념에 대해 생각해 보자. 금속에 광자 한 개를 쏘았을 때 금속에 $h\nu$의 에너지가 전달된다. 이 에너지가 금속원자가 전자를 잡고 있는 힘을 깰 만큼 클 때, 금속은 광자를 받아들여 전자 한 개를 방출할 수 있게 된다. 하지만 광자에너지가 금속원자와 전자의 결합에너지보다 작다면 전자는 방출되지 않는다. 어떤 전자도 검출되지 않는 진동수를 문턱진동수(ν_0, 그림 6.6)라 하는

데, 이는 광전자 실험이 개별 광자에 의한 것임을 증명한다. 문턱진동수보다 낮은 진동수의 광자는 결합에너지를 깨고 전자를 방출할 만큼의 에너지를 갖지 못한다. 왜 방출되는 전자의 운동에너지는 빛(광자)의 진동수에 의존하는가? 이는 에너지 보존과 관련이 있다. 특정 금속에서 전자의 결합에너지는 고정된 값이다. ν_0보다 높은 진동수의 광자를 흡수했을 때 광자의 에너지 일부가 결합에너지를 깨는데 사용되고, 남은 에너지는 전자의 운동에너지로 전환된다. 광자의 진동수가 증가하면 에너지도 증가하기 때문에, 방출된 전자들의 운동에너지가 증가한다. 예제 6.3은 광전자효과를 이용하여 금속의 전자결합에너지를 측정하는 방법을 보여준다.

예제 6.3

어떤 광전자효과 실험에서, 파장이 337 nm인 자외선을 포타슘 금속 표면에 쏘았을 때, 방출된 전자들의 운동에너지는 2.30×10^{-19} J이었다. 포타슘의 전자결합에너지는 얼마인가?

풀이 먼저, 광자의 에너지를 계산한다.

$$337\ \text{nm} \times \frac{1\ \text{m}}{10^9\ \text{nm}} = 3.37 \times 10^{-7}\ \text{m}$$

$$E_{\text{photon}} = \frac{hc}{\lambda} = \frac{(6.626 \times 10^{-34}\ \text{J s})(2.998 \times 10^8\ \text{m s}^{-1})}{3.37 \times 10^{-7}\ \text{m}} = 5.89 \times 10^{-19}\ \text{J}$$

에너지보존관계를 이용하여 결합에너지를 찾는다.

$$E_{\text{photon}} = \text{결합에너지} + \text{운동에너지}$$

$$\begin{aligned}\text{결합에너지} &= E_{\text{photon}} - \text{운동에너지} \\ &= 5.89 \times 10^{-19}\ \text{J} - 2.30 \times 10^{-19}\ \text{J} = 3.59 \times 10^{-19}\ \text{J}\end{aligned}$$

추가문제 크롬 금속의 전자결합에너지는 7.21×10^{-19} J이다. 266 nm 파장의 빛을 이용한 광전자효과 실험에서 크롬으로부터 전자가 방출될 수 있는 운동에너지의 최대값을 계산하시오.

광전자효과에 대한 논의는 원소의 미량분석에도 이용될 수 있다. 각각의 금속은 결합에너지가 서로 다르기 때문에, 같은 광원에 노출되어도 운동에너지가 다른 광전자를 방출한다. 이는 금속 표면과 같은 원자 집합체에서만 관찰할 수 있는 것은 아니다. 단일 원자도 핵과 전자 사이의 인력에 해당하는 특유의 결합에너지를 갖는데, **XRF** (X-ray fluorescence)와 **AAS** (atomic absorption spectroscopy)는 이를 이용하여 특정 원소의 원자에 대한 고유의 지문(fingerprint)을 얻는다. 게다가, 원자가 빛을 흡수하거나 방출할 때 어떤 일이 일어날 지도 판단할 수 있다. 수소는 양성자 한 개와 전자 한 개의 가장 단순한 원자구조를 갖기 때문에 좋은 시작점이다. 원자의 구조와 원자가 빛과 반응하는 방식 사이의 관계를 이해한다면, 물질 성분을 분석하는 XRF와 AAS와 같은 기술을 좀 더 이해하기 쉬울 것이다.

6-2 원자스펙트럼

우리의 관심은 빛과 개별 원자 사이의 상호작용에 있으며, 이때 광자모델이 도움이 될 것이다.

원소가 흡수하고 방출하는 파장의 독특한 모양을 **원자스펙트럼**(atomic spectrum)이라 한다. 특정 원소의 들뜬(excited) 원자들은 특유의 진동수들을 방출한다. 이들 진동수는 완전히 떨어져 있기 때문에 불연속(discrete) 스펙트럼이라고 한다. 태양이나 백열전구에서 나오는 빛은 연속된 광범위한 파장들을 갖기 때문에, 이런 현상을 보이지 않는다. 다양한 원자로부터 얻은 스펙트럼을 조사하면서 놀라운 사실을 발견하였다. 모든 원소들은 몇 개의 파장으로 이루어진 불연속스펙트럼을 갖는다. 불연속스펙트럼은 19세기에 처음 발견되어 과학자들의 연구대상이 되었다. 많은 원소로부터 수집한 데이터 중에서도, 수소스펙트럼이 가장 중요하다. 수소 가스가 담긴 유리관에 전기아크를 통하면 수소를 들뜬(excite) 상태로 만들 수 있다(그림 6.7). 전기아크의 에너지는 H_2 분자를 깨어 개별 원자로 만들고, 이들 개별 원자 중 일부를 들뜨게 한다. 들뜬 수소 원자들이 좀 더 낮은 에너지상태로 안정화 되면서 빛을 방출한다. 이 빛은 파란색으로, 프리즘을 통과하면 4개의 가시광선으로 나타난다.

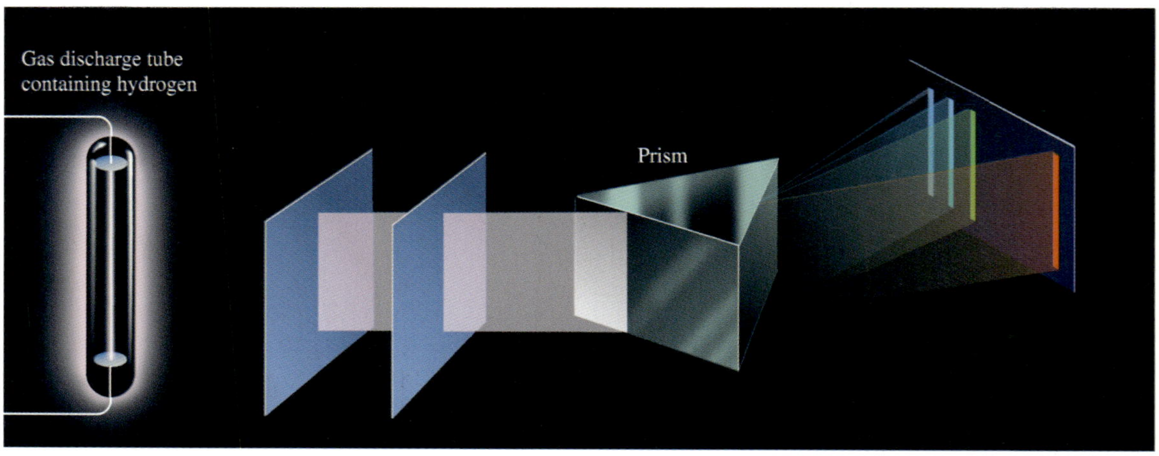

그림 6.7 수소의 불연속스펙트럼. 수소가 담긴 방전관에서는 수소 분자가 원자로 분리되면서 빛을 방출한다. 방출된 빛은 슬릿을 통과하여 좁은 빔이 된 후 프리즘을 통과한다. 프리즘을 통과한 빛은 구성 색깔로 분리되는데, 이 때 불연속 파장이 나타난다.

수소(또는 다른 원자)가 특정 파장의 빛을 방출한다는 사실로부터 어떤 결론을 도출할 수 있을까? 원자가 빛을 방출한다는 것은 주위로 에너지를 내보내는 것이다. 이는 에너지 보존과 관련된다. 원자에서 빛이 방출되면, 원자는 높은 에너지 상태에서 낮은 에너지상태로 되고, 방출된 광자는 '원자가 잃은 에너지'를 갖고 나간다. 특정 원자가 방출하는 빛의 파장의 개수가 몇 가지 안 된다는 사실은 원자가 존재할 수 있는 에너지 상태도 그 만큼이라는 것이다. 임의의 에너지를 갖는 원자에서 연속스펙트럼이 나타날 것으로 생각해 왔기 때문에, 원자가 허용된(allowed) 특정에너지만을 갖는다는 사실을 쉽게 납득하기는 어려울 것이다.

예제 6.4는 원자에서 방출된 빛의 각각의 파장과 에너지레벨들이 어떻게 관련되는 지를 알려준다.

왜 원자는 여러 개의 에너지레벨을 갖는가? 원자스펙트럼이 관찰되었을 때, 원자를 이해하는데 가장 큰 영향을 준 모델은 Niels Bohr에 의해 제안된 것이다.

예제 6.4

수소 원자의 처음 4개의 에너지레벨을 아래 그림에 나타내었다. 가장 낮은에너지상태를 E_1이라 하고, 높은 상태 순서로 E_2, E_3, E_4라 한다. 수소 원자가 E_3 레벨에서 E_1 레벨로 떨어지면 102.6 nm 파장의 광자를 방출한다. 만약 수소 원자가 E_3 레벨에서 E_2 레벨로 떨어지면 656.3 nm 파장의 광자를 방출한다. 수소 원자가 E_2 레벨에서 E_1 레벨로 떨어질 때 방출된 빛의 파장을 구하시오.

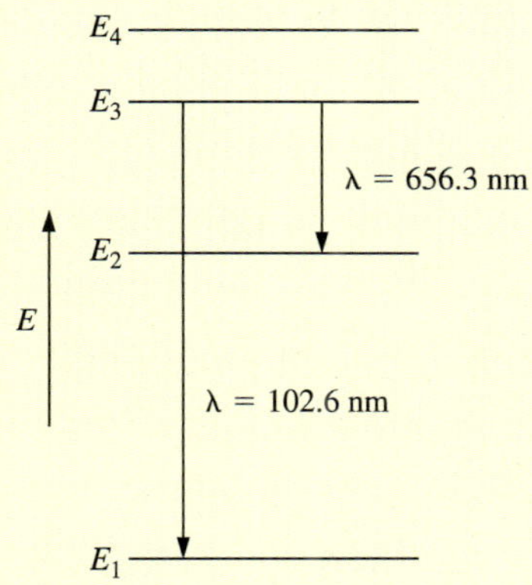

풀이 파장을 에너지로 바꾼다. $E_3 \rightarrow E_1$ 전이의 경우

$$E_{3\rightarrow1} = \frac{hc}{\lambda} = \frac{(6.626\times10^{-34}\,\mathrm{J\,s})\,(2.998\times10^{8}\,\mathrm{m\,s^{-1}})}{102.6\,\mathrm{nm}} \times \frac{10^{9}\,\mathrm{nm}}{1\,\mathrm{m}} = 1.936\times10^{-18}\,\mathrm{J}$$

$E_3 \rightarrow E_2$ 전이의 경우

$$E_{3\rightarrow2} = \frac{hc}{\lambda} = \frac{(6.626\times10^{-34}\,\mathrm{J\,s})\,(2.998\times10^{8}\,\mathrm{m\,s^{-1}})}{656.3\,\mathrm{nm}} \times \frac{10^{9}\,\mathrm{nm}}{1\,\mathrm{m}} = 3.027\times10^{-19}\,\mathrm{J}$$

그림으로부터

$$E_{3\rightarrow1} = E_{3\rightarrow2} + E_{2\rightarrow1}$$

따라서 $E_{2\rightarrow1} = E_{3\rightarrow1} - E_{3\rightarrow2} = 1.936\times10^{-18}\,\mathrm{J} - 3.027\times10^{-19}\,\mathrm{J} = 1.633\times10^{-18}\,\mathrm{J}$

에너지를 파장으로 변환한다.

$$\lambda_{2\rightarrow1} = \frac{hc}{E_{2\rightarrow1}} = \frac{(6.626\times10^{-34}\,\mathrm{J\,s})\,(2.998\times10^{8}\,\mathrm{m\,s^{-1}})}{1.633\times10^{-18}\,\mathrm{J}} = 1.216\times10^{-7}\,\mathrm{m}$$

방출된 빛의 파장은 121.6 nm이다.

추가문제 수소 원자가 E_4 레벨에서 E_3 레벨로 떨어지면 1.873 μm 파장의 광자를 방출한다. 수소 원자가 E_4 레벨에서 E_1 레벨로 떨어질 때 방출되는 빛의 파장을 구하시오.

보어의 원자모델

여러 실험에 근거하여 원자구조를 추론하면서, 원자의 핵은 양으로 하전되었고, 원자핵을 둘러싼 전자는 음으로 하전되었다고 제안되었다. 여러분은 이 모델을 의심없이 받아들일 수 있으나, 처음 제안되었을 때만 해도 당혹스러웠다. 특히 반대로 하전된 입자간 인력에 의해, 전자들이 양으로 하전된 핵에 충돌할 것이라 생각했다. 보어도 원자모델을 고안할 때 여러 미묘한 문제들을 생각했다. 보어의 가장 창의적인 업적은 다음과 같이 제안한 것이다; 전자들은 안정된 궤도(orbit)를 차지하고 있으며, 빛의 형태로 에너지를 흡수하거나 방출하지 않는 이상 궤도를 벗어나지 않는다. 이 가정에 의하면 원자 내 전자의 에너지는 **양자화**(quantized)되어 있어 특정 허용 값으로 제한된다는 결론에 이른다. 전자와 핵 사이의 거리가 특정값으로만 허용된다면, 쿨롱 법칙에 따라 특정에너지만이 허용될 것이다. 보어모델 전에는 궤도에 대한 가정이 없었기 때문에, 이전의 이론으로는 설명할 수 없었던 현상에 대해 보어모델로는 설명이 가능하다. 보어모델에서는, 원자는 전자가 핵 주위를 공전하는 것으로 묘사되고 있다.

보어 원자모델은 완벽히 정확하지는 않지만, 원자를 들뜨게 하는 과정을 편리하게 그림으로 보여줄 수 있다. 서로 반대로 하전된 전자와 양성자는 서로 인력이 작용하기 때문에, 원자핵에 가까운 전자일수록 강한 인력이 작용하며 에너지를 낮춰 준다. 안쪽 궤도(orbit)에서 바깥쪽 궤도로 이동하는 전자는(그림 6.8), 에너지를 반드시 흡수한다. 전자들이 새롭게 분포하거나 배열하여 **들뜬상태**(excited state)로 불리는 그룹을 형성한다. 자연에서 가장 강한 추진력 중 하나가 좀 더 낮은 에너지상태로 가려는 경향이다. 따라서 원자의 들뜬상태가 무기한으로 유지될 수는 없다. 들뜬상태는 방사선(radiation)을 방출하여, 가장 낮은 에너지상태 또는 **바닥상태**(ground state)로 돌아가려 한다. 보어의 원자모델을 이용하면 들뜸과 방출 과정을 이해하기 쉬워진다. 이 모델은 원자구조를 정확히 표현할 수는 없지만 매우 유용하다.

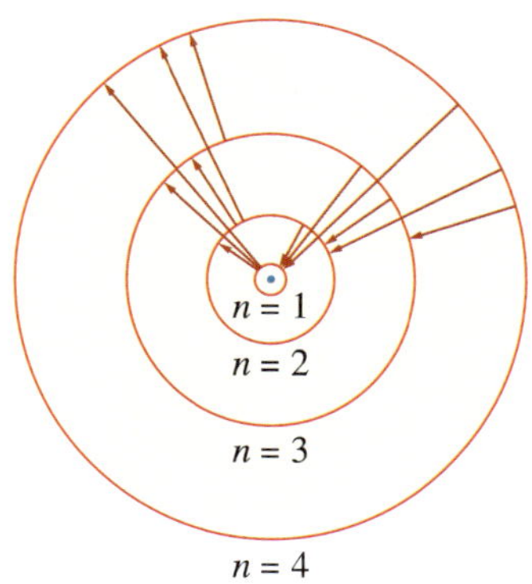

그림 6.8 보어의 원자모델. 원자가 빛을 흡수하거나 방출할 때, 전자는 허용된 궤도 사이를 이동할 수 있다. 궤도의 경로가 고정되었다는 것은 정확치 않지만 원자구조를 이해하는데 보어모델은 중요한 역할을 한다. 전자가 허용된 에너지로 제한되어있다는 점에서 예제 6.4의 에너지레벨그림과 비슷하다.

6-3 원자의 양자역학모델

원자스펙트럼과 보어모델은 원자를 이해하는데 커다란 진전을 가져왔다. 20세기 초 추가 실험들을 통해 원자의 새로운 특성들이 밝혀졌으며, 보어모델의 한계가 드러났다. 그래서 더 좋은 원자모델을 개발하기 위한 노력이 계속되었다. 이 노력은 중요한 응용들로 이어졌는데, 발광다이오드(LED)와 레이저 같은 현대적인 광원의 개발은 개선된 원자모델 없이는 불가능했을 것이다. 이러한 기술적 발전을 가능하게 한 것이 원자의 양자역학모델이다. 양자역학모델은 화학결합을 더 정확히 설명할 수 있도록 한다(7-5장 참조).

원자의 양자역학그림은 복잡하고 어렵기 때문에, 좀 더 친숙한 보어모델과 비교하면서 시작해 보자. 보어모델에서 전자들은 고정된 반경의 원 궤도를 따라 움직이는 입자들로 묘사된다. 양자모델에서는, 전자들을 입자가 아닌 파동(wave)으로 묘사하는데, 이들 파동이 **오비탈(궤도; orbital)**이라 불리는 공간 영역에 퍼져있거나 비편재화(delocalize)되어 있는 것으로 여긴다. 두 모델의 가장 중요한 유사점은, 전자의 에너지가 양자화(quantized) 되었다는 것으로, 이는 전자의 에너지가 특정 허용값으로 제한된다는 것을 의미한다. 양자역학모델에 대한 상세한 설명은 어렵기 때문에, 수학적 개념을 이용하여 다룰 것이다.

원자의 양자역학모델의 특징은 전자를 입자가 아닌 파동으로 기술했다는 것이다. 전자를 파동으로 떠올리기보다 입자로 여기는 것이 이해하기는 쉬울 것이다. 하지만 빛과 마찬가지로, 실험적 관찰들을 통해 전자가 파동처럼 거동할 수 있음이 드러났다. 전자의 파동성에 대한 첫 번째 증거는 1927년의 회절실험이다. **회절**(diffraction)은 널리 알려진 파동 현상으로, 전자의 회절이 관찰되면서 전자를 파동처럼 다루어야 한다는 의견이 강하게 제시되었다.

파동은 '주기적 거동을 나타내는 함수'로 수학적으로 표현된다. 이러한 함수를 파동함수라 하는데, 가장 단순한 형태는 $\sin x$와 $\cos x$로, 단순한 파동운동을 설명하는데 사용된다. 전자의 파동에 관한 함수는 좀 복잡하긴 하지만 기본적인 파동함수는 같다. 전자의 파동을 수학적으로 다룬 첫 번째 사람이 **E. Schrödinger**로, 슈뢰딩거 방정식은 다음과 같다.

$$H\Psi = E\Psi \tag{6.4}$$

위의 식은 매우 단순해 보인다. H항은 연산자로, 복잡한 수학적 연산을 뜻한다. E는 에너지, Ψ는 전자의 파동함수이다. 연산자인 H를 사용한 슈뢰딩거 방정식은 실제로 2차 미분방정식이다(참고 MathConnections). 근사법을 사용하여 방정식을 풀어야 하는데, 복잡한 수학으로 되어 있기 때문에 식을 풀어볼 엄두도 내지 못할 것이다. 하지만 식의 해답은 원자에 대한 현대적 이해의 기초가 될 것이다. 파동함수의 개념은 원자 양자역학모델의 핵심이다.

MathConnections

$H\Psi = E\Psi$ 의 슈뢰딩거 방정식은 겉으로는 단순해 보인다. 하지만 수소 원자에 대한 연산자 H는 다음과 같이 매우 복잡하다.

$$-\frac{b^2}{8\pi^2\mu}\left[\frac{\partial^2\Psi}{\partial x^2}+\frac{\partial^2\Psi}{\partial y^2}+\frac{\partial^2\Psi}{\partial z^2}\right]+V(x,\,y,\,z)\Psi = E\Psi$$

이 식은 매우 복잡하지만, 익숙한 이론과 연관되어 있다. 첫째, 이 식은 전자가 원자핵 주변의 3차원 공간을 움직일 때, 전자의 총에너지를 나타낸 것이다. 핵은 원자의 중심으로, x, y, z 좌표계의 원점이다. 이 식은 운동에너지와 퍼텐셜에너지에 대한 항으로 이루어진다. $V(x, y, z)$ 항은 퍼텐셜에너지에 대한 것으로, 위치의 함수이다. 왼편의 항목은 운동에너지에 대한 것이다. 슈뢰딩거 방정식은 운동에너지와 퍼텐셜에너지의 합인 총에너지이다.

다음은, 운동에너지 항목에 도함수가 사용되었다. 이차 도함수인 $\delta^2\Psi/\delta x^2$는 Ψ를 x에 관한 미분한 것을 다시 x에 관해 미분한 것이다. 미분법을 안다면 운동에너지 항목을 계산할 수 있을 것이다. 퍼텐셜에너지 항목 또한 이해될 수 있다. 원자 속 전자의 경우, 퍼텐셜에너지는 핵의 양전하와 전자의 음전하 사이의 인력을 뜻하는 것으로, V 함수는 퍼텐셜에너지가 전자의 위치변화에 따라 변함을 나타낸다. 쿨롱퍼텐셜은 전하 간의 거리에 의해 결정된다.

퍼텐셜에너지와 오비탈

슈뢰딩거 파동방정식은 전자들의 에너지에 관한 것이다. 어떤 개체 또는 입자의 총에너지는 운동에너지와 퍼텐셜에너지의 합이다. 퍼텐셜에너지는 원자구조를 나타내는 가장 중요한 항목이다. 원자 내 전자의 퍼텐셜에너지는 양전하의 핵과 음전하 전자들 사이의 쿨롱인력 뿐만 아니라, 전자들 사이의 반발과 관련 있다. 이러한 잠재적 작용들을 파동의 주기성을 이용하여 해결할 수 있다. 따라서 슈뢰딩거 방정식을 다음과 같이 다시 나타낼 수 있다.

$$H\Psi_n = E_n\Psi_n \tag{6.5}$$

여기서 n은 다양한 해결법을 나타내는 지수이다. 파동함수 Ψ_n은 두 가지 항목으로 되어 있다; 반경(radial : 핵과 전자의 거리에 영향을 받음) 항목과 각(angular : 핵에 따른 전자의 방향에 영향을 받음) 항목. $\sin x$ 함수처럼, 파동함수도 서로 다른 영역에 양과 음의 부호를 갖는다. Ψ^2값은 항상 양의 값으로, 특정 위치에서 전자가 발견될 확률이다. 불연속 입자를 다룰 때는 파동보다는 확률개념이 더 편할 것이다. 만약 당신이 진동하는 기타 줄에서 발생하는 정재파(定在波, standing wave)를 떠올려 본다면, 파동이 줄의 어떤 한 지점에서 발생하는 것이 아님을 알 것이다; 파동은 줄을 따라 동시에 발생한다. 양자역학모델에서의 전자도 어떤 한 지점에서 발생하는 것이 아니다.

식 (6.5)의 지수 n은 원자구조를 논할 때 중요하다. 지수는 일반적으로 번호와 문자(예 $1s$)를 사용하는데, 이들 라벨은 파동방정식을 식별하기 위함이다. 궤도(orbit)를 따라 전자가 위치함을 보어가 제안하였으며, 이를 **오비탈**(orbital)이라 한다. 오비탈은 전자의 위치에 대한 양자역학적 당량(equivalent)이다. 우리는 전자를 파동으로 다루기 때문에, 실제의 위치는 특정 점이 아닌 공간 영역이다. 다음의 오비탈 이름을 들어봤을 것이다: $1s$, $2s$, $2p$, $3s$, $3p$, $3d$, $4s$, $4p$, $4d$, $4f$ 등. 오비탈의 이름은 어떻게 유래된 것일까?

양자수

양자역학의 용어에 대해 알아보자. 원자의 오비탈에 붙은 이름(예 $1s$ 오비탈)은 파동방정식을 푸는 함수에서 유래한 것이다. 총괄적으로, 이를 **양자수**(quantum number)라 한다.

원자오비탈을 설명하는데 필요한 특정 양자수를 다루기 전에, 이들 양자수가 어떻게 만들어졌는지 알아보자. 양쪽 끝을 단단히 고정한 기타 줄을 튕겨 진동시켰을 때, 어떤 종류의 파동이 만들어 질까?(그림 6.9) 줄의 길이는 sin 함수 파장의 반($L = \lambda/2$)과 같다. 수학적 용어를 이용하여 다음의 방정식을 쓸 수 있다(A는 파동의 진폭, x는 줄을 따라 움직이는 위치, L은 줄의 길이).

$$\Psi(x) = A \sin\frac{\pi x}{L} \tag{6.6}$$

줄의 끝을 고정한 상태에서 또다른 파동들을 만들 수 있다. 기타리스트가 조파(調波, harmonic)를 연주하기 위해, 손가락을 아주 약하게 줄의 중간 지점에 놓았다고 하자. 여전히 줄

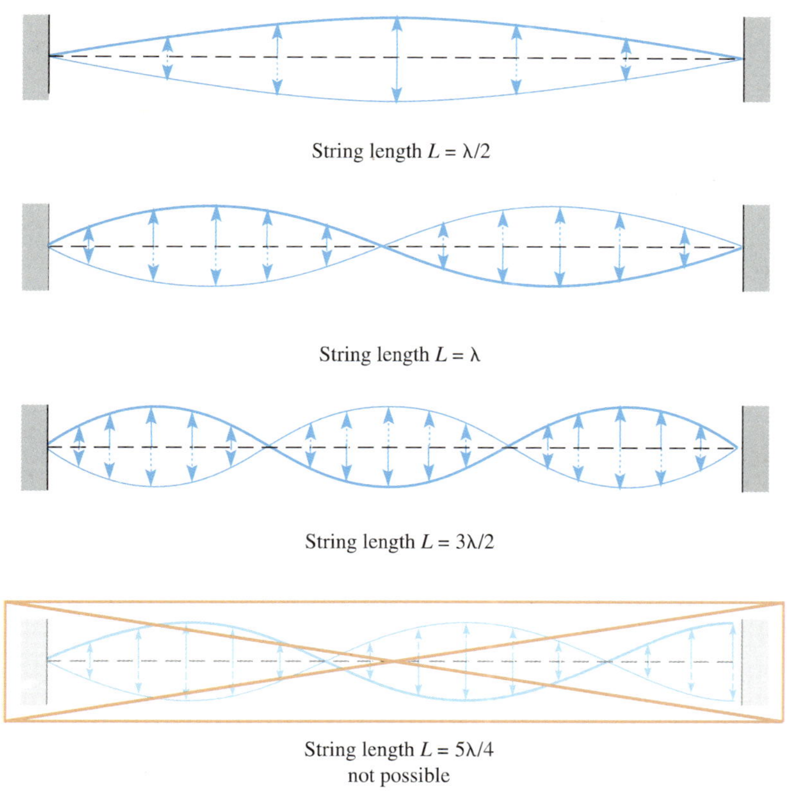

그림 6.9 양끝이 고정된 줄에서는 다양한 파동이 만들어진다.

은 중앙의 양면에서 진동하며, 줄의 길이가 완전한 하나의 파장($L = \lambda$)이 되는 사인파(sine wave)가 형성된다. 이때의 방정식은 다음과 같다.

$$\Psi(x) = A\sin\frac{2\pi x}{L} \tag{6.7}$$

이러한 파동은 진동수가 좀 더 높기 때문에, 더 높은 음조의 노트를 갖는다. 기타리스트도 줄의 적당한 위치를 고정하여 또 다른 진동수의 파동을 만들 수 있다. 중요한 조건은 줄의 끝이 고정돼 있어야 한다는 것인데, 이 조건에서는 줄의 길이가 반파장의 정배수($L = n\lambda/2$)가 된다.

줄에서 형성될 수 있는 파동의 일반식을 윗 식을 통해 유추해 보자.

$$\Psi_n(x) = A\sin\frac{n\pi x}{L} \tag{6.8}$$

여기서 n은 양자수로 양의 정수이다. 파동 일반식에서는 허용값(정수)을 n으로 표시하여, 줄에서 발생할 수 있는 특정 파동을 표시한다.

원자의 슈뢰딩거 방정식을 통해 얻은 파동함수들은 사인파보다 훨씬 복잡하다. 원자오비탈들의 함수를 수학적 방정식으로 쓰기 위해서는, 세 가지의 양자수가 필요하다: **주양자수**(principal quantum number, n), **부양자수**(secondary quantum number, ℓ), **자기양자수**(magnetic quantum number, m_ℓ). 이들 양자수는 파동방정식의 수학적 결과물이다. 원자오비탈에 관한 파동방정식을 풀다보면, 이들 양자수에 허용되는 값은 서로 연관되어 있음을 알게 될 것이다.

주양자수는 오비탈이 존재하는 **껍질**(shell)을 의미하며, 정수값을 갖는다(n = 1, 2, 3, 4, 5, ...). 첫 번째 껍질의 경우 $n = 1$이며, 두 번째 껍질은 $n = 2$이다. 수소는 전자를 한 개만 갖기 때문에, 같은 껍질에 존재하는 모든 오비탈의 에너지는 같다. 이는 보어모델에서도 예측된 것이다. 하지만 원자들이 한 개 이상의 전자를 갖고 있을 때, 음전하의 전자들은 서로를 밀어낸다. 전자들 간의 척력 때문에, 동일한 껍질에서의 오비탈 간에도 에너지 차이가 발생하는데, 이는 보어모델이 대체된 이유 중 하나이다.

부양자수는 동일한 껍질에서의 오비탈 간의 에너지 차이를 나타내는데 사용된다. 주양자수처럼 정수값을 갖는데, 0부터 $n-1$의 값을 갖는다(ℓ = 0, 1, 2, ..., $n-1$). 부양자수는 **부껍질**(subshell)을 지정하며, 부껍질은 하위 그룹의 오비탈로 같은 껍질을 갖는다. $n = 1$일 때 ℓ은 0만 가능하며, 한 개의 부껍질이 존재한다. $n = 2$일 때, $\ell = 0$과 $\ell = 1$이 가능하며, 두 개의 부껍질이 존재한다. 각각의 껍질은 n개의 부껍질을 갖는다.

부양자수는 오비탈을 지정하는 문자로 나타낼 수 있으며(표 6.1), 부양자수 ℓ의 처음 다섯 개의 문자만 나타내었다. 이들 문자는 원자스펙트럼의 초기 연구에서 사용되었던 것이다: s는 "sharp," p는 "principal," d는 "diffuse," f는 "fundamental." f 이상의 문자는 알파벳 순이다. 바닥상태일 때 f보다 높은 부껍질에 전자를 갖는 원자는 발견된 바 없다. 하지만 들뜬상태일 때는 좀 더 높은 오비탈에서도 전자가 발견된다.

표 6.1 부양자수

ℓ 값	0	1	2	3	4
지정된 문자	s	p	d	f	g

정상적인 조건에서, 원자의 오비탈에너지는 n과 ℓ의 양자수로만 표시될 수 있다. 실험실에서, 원자를 자기장에 놓고 스펙트럼을 관찰하면, 방출선이 셋, 다섯, 또는 일곱 개의 성분으로 나뉘는데, 이때 세 번째 양자수의 필요성을 알게 되었다. 이를 자기양자수(m_ℓ)라 하며, 또한 정수이다. 양 또는 음의 값 둘 다 가질 수 있으며, 절대값은 ℓ의 값보다 작거나 같아야 한다. $\ell = 0$일 때 m_ℓ은 $-1, 0, +1$의 값을 가지며, $\ell = 1$일 때 m_ℓ은 $-2, -1, 0, +1, +2$이다. 세 가지 양자수의 관계를 표 6.2에 나타내었다.

표 6.2 양자수 n, ℓ, m_ℓ의 관계. 각각의 껍질에 속한 오비탈의 총 개수는 n^2이다.

n	ℓ	m_ℓ	오비탈수
1	0 (s)	0	1
2	0 (s)	0	1
	1 (p)	−1, 0, 1	3
3	0 (s)	0	1
	1 (p)	−1, 0, 1	3
	2 (d)	−2, −1, 0, 1, 2	5
4	0 (s)	0	1
	1 (p)	−1, 0, 1	3
	2 (d)	−2, −1, 0, 1, 2	5
	3 (f)	−3, −2, −1, 0, 1, 2, 3	7

예제 6.5

$3p$ 오비탈에 대한 양자수(n, ℓ, m_ℓ)를 쓰시오.

풀이 $3p$에서 "3"은 $n = 3$의 오비탈을 갖고, "p"는 $\ell = 1$임을 뜻한다. m_ℓ의 가능한 값은 $-\ell \sim +\ell$이다: 이 경우, $m_\ell = -1, 0,$ 또는 $+1$이다. 따라서 $3p$ 오비탈의 양자수의 가능한 조합은 세 가지이다.

$$n = 3, \quad \ell = 1, \quad m_\ell = -1$$
$$n = 3, \quad \ell = 1, \quad m_\ell = 0$$
$$n = 3, \quad \ell = 1, \quad m_\ell = +1$$

추가문제 어떤 오비탈이 $n = 4$, $\ell = 2$, $m_\ell = -1$ 의 양자수를 갖는다. 어떤 형태의 오비탈인가?

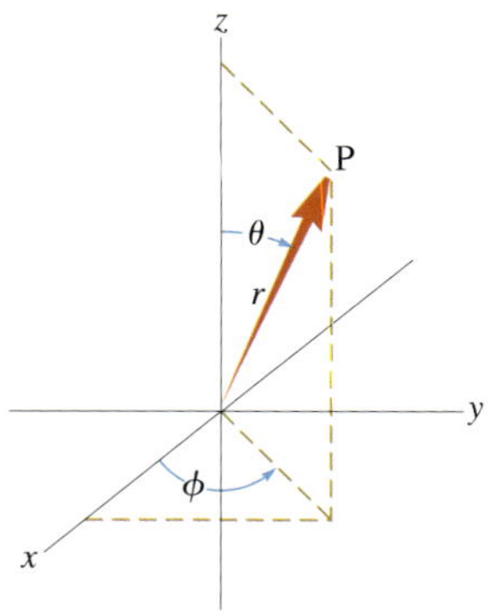

그림 6.10 원자는 대칭의 구형이기 때문에, 점 P를 반경 r과 두 개의 각 θ와 ϕ 극좌표로 나타낼 수 있다.

오비탈의 시각화

표 6.3은 수소 원자의 처음 몇 가지 오비탈들에 대한 파동함수이다. (이들 함수를 기억할 필요는 없다) 우리는 원자가 구일 것으로 생각하기 때문에, 원자함수를 구의 극좌표 형태(원자핵이 원점인)로 쓴다. 구의 극좌표는 3차원이기 때문에, 원점을 중심으로 반경 r과 두 개의 각 θ와 ϕ가 필요하다(그림 6.10). r의 항목은 오비탈의 크기를 결정하며, θ와 ϕ의 항목들은 모양을 결정한다.

표 6.3 수소 원자 $n=1$과 $n=2$ 껍질에 대한 파동함수

오비탈	파동함수
$1s$	$\Psi_{1s} = \pi^{-1/2}\, a_0^{-3/2}\, e^{-(r/a_0)}$
$2s$	$\Psi_{2s} = (4\pi)^{-1/2}(2a_0)^{-3/2}\left(2-\dfrac{r}{a_0}\right) e^{-(r/2a_0)}$
$2p_x$	$\Psi_{2p_x} = (4\pi)^{-1/2}(2a_0)^{-3/2}\dfrac{r}{a_0}\, e^{-(r/2a_0)} \sin\theta\ \cos\phi$
$2p_y$	$\Psi_{2p_y} = (4\pi)^{-1/2}(2a_0)^{-3/2}\dfrac{r}{a_0}\, e^{-(r/2a_0)} \sin\theta\ \sin\phi$
$2p_z$	$\Psi_{2p_z} = (4\pi)^{-1/2}(2a_0)^{-3/2}\dfrac{r}{a_0}\, e^{-(r/2a_0)} \cos\theta$

대부분의 화학자들은 오비탈을 수학적 함수와 양자수보다는 그림으로 설명한다. 오비탈을 그림으로 묘사하는 데는 임의의 결정이 필요하다. 파동함수는 주어진 공간영역에서 오비탈을 발견할 확률에 대한 정보를 제공한다. 만약 전자를 발견할 확률을 100%로 하려면, 오비탈이 매우 커야 하기 때문에 전자가 화학결합을 이루기에는 적합지 않다. '전자를 찾을 확률을 90%로 하는 공간'으로 오비탈을 그릴 때는 경계를 나타낼 수 있다. 파동함수의 각(angular)에 대한 항목을 플롯하면 오비탈의 모양이 나타난다. 원형의 s, p와 d 오비탈의 그림을 그림 6.11에 나타내었다.

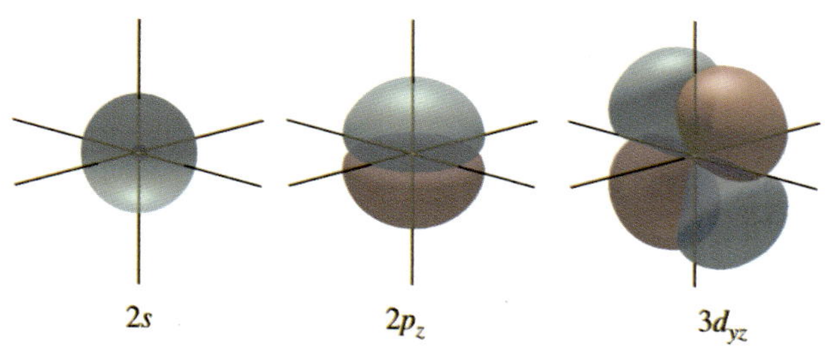

그림 6.11 $2s$, $2p$, $3d$ 오비탈의 모양. 파동함수를 플롯하여 얻은 그림이다. 반대 부호를 갖는 파동함수의 영역은 다른 색으로 표시하였다.

s 오비탈은 구 모양이며, p 오비탈은 아령 모양, d 오비탈은 네잎클로버 모양이다. p 오비탈의 두 로브(lobe)는 평면으로 분리되어 있는데, 이 면은 전자발견확률이 0이다. 이 면을 **마디**(node) 또는 절평면(nodal plane)이라 한다. d 오비탈은 두 개의 마디를 갖는다. 마디(전자발견확률 0)의 양편에 전자가 존재할 수 있다면, 전자가 한 쪽에서 다른 쪽으로 어떻게 이동하였을까? 우리는 두 가지의 대답을 제안할 수 있다. 하나는 전자들이 파동처럼 행동한다는 것이다. 그리고 기타 줄의 파동운동은 마디를 갖는다. 둘째는 **불확정성 원리**(uncertainty principle)라 불리는 양자역학 개념이다. 이 개념은 W. Heisenberg에 의해 주장된 것으로, 전자의 위치와 운동량을 동시에 정확히 결정하는 것이 어렵다고 말하고 있다.

그림 6.11로는 핵으로부터의 거리에 따라 전자발견확률이 어떻게 변하는지를 알 수 없다. 이런 이유로, 파동함수 중 반경에 대한 부분을 다룰 필요가 있다. 그림 6.12는 파동함수의 반경 항목을 다룬 것으로, $1s$, $2s$, $3s$ 오비탈의 단면을 나타낸 것이다. 오비탈은 양자수보다 하나 작은 수의 방사상 마디(radial node)를 갖는데, $2s$ 오비탈은 한 개의 마디를, $3s$ 오비탈은 두 개의 마디를 갖는다. p와 d 오비탈 중 $3p$, $4p$, $4d$도 방사상 마디를 갖는다. 그림 6.13은 $n =$ 3 껍질에서의 오비탈들의 전자밀도 그림이다.

원자의 양자모델은 그 복잡함에도 불구하고, 원자의 에너지레벨을 설명할 수 있기 때문에 널리 받아들여지고 있다. 그리고 양자모델과 오비탈은 XRF(X-ray fluorescence) 작동원리의 기반이다. 고에너지의 X-선을 시료에 조사하면, 높은 에너지 오비탈에 있는 전자뿐만 아니라, 속껍질(inner shell)의 낮은 에너지레벨의 전자를 들뜨게 한다. 속껍질에서 전자가 빠져 나오면, 그 공석을 채우기 위해 높은 에너지레벨의 전자들이 떨어지려는 경향이 있다. 원자스펙트럼과 마찬가지로, 전자가 낮은 에너지레벨로 움직이면, 원자는 여분의 에너지를 방사선으로 방출한다(그림 6.14). 높은 에너지레벨에서 낮은 레벨로 움직이는 전자는 그 레벨이 원소마다 달라, 방출되는 에너지의 양도 다르며 따라서 파장도 다르다. 표 6.4는 철강에서 흔히 발견되는 미량 원소로부터 방출된 X-선 파장으로, XRF 분광기를 이용한 검출기로 시료에 들어 있는 원소를 쉽게 알아낼 수 있다.

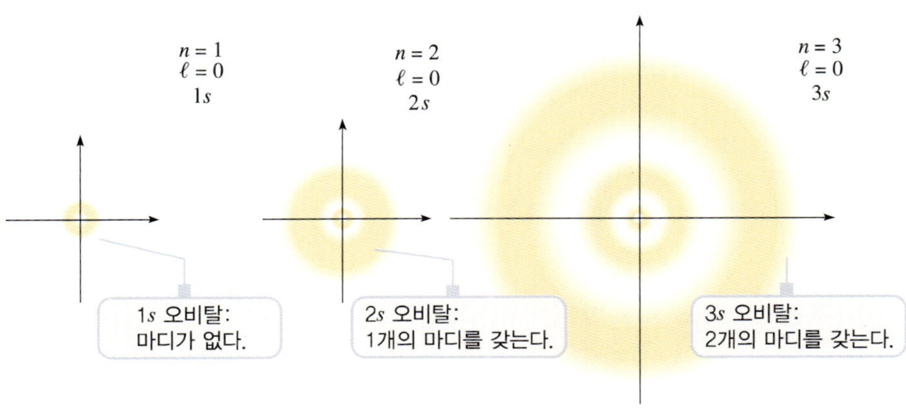

그림 6.12 $1s$, $2s$, $3s$ 오비탈의 단면. 점의 밀도가 높을수록 전자발견확률이 높다. $2s$와 $3s$ 오비탈의 흰색 영역이 마디(node)이다.

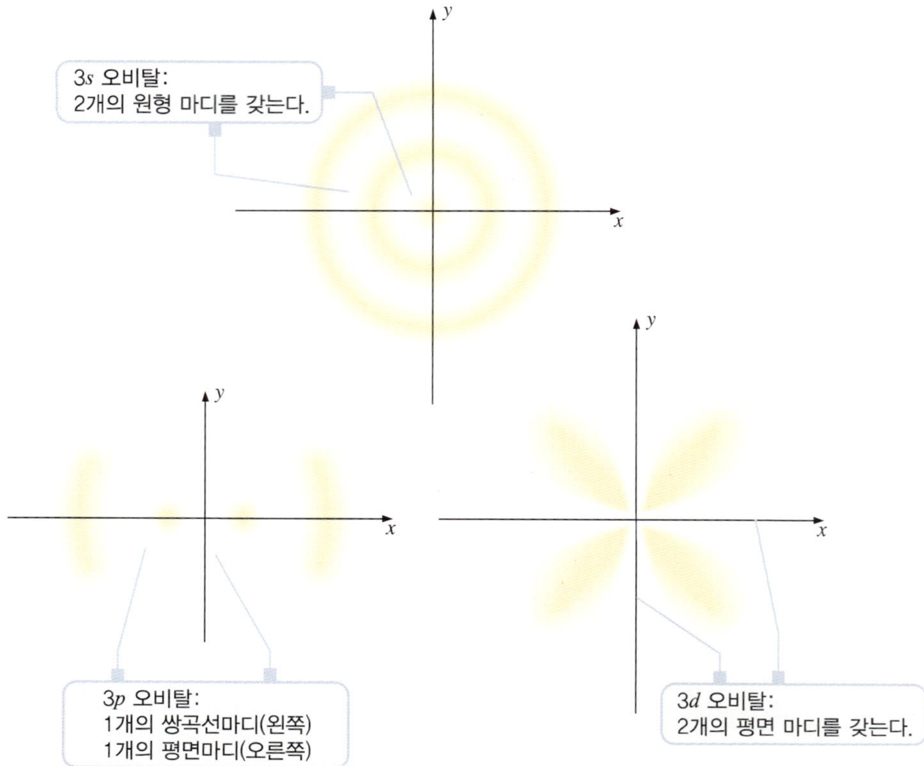

그림 6.13 $3s$, $3p$, $3d$ 오비탈의 전자밀도를 플롯하면, 방사상 마디(radial node)가 나타난다. 플롯한 점은 파동함수로부터 계산된 값이다.

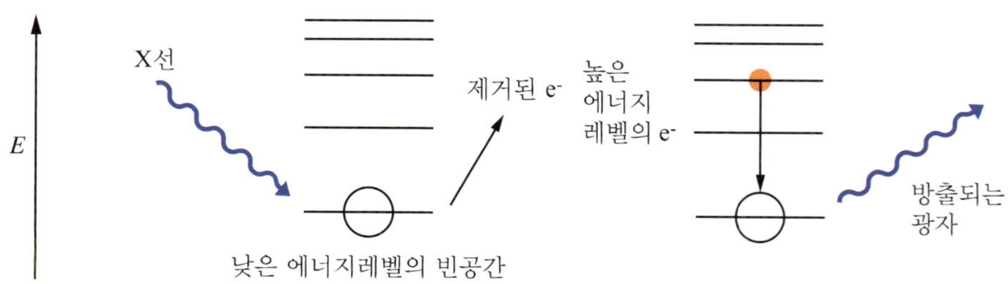

그림 6.14 X-선을 쏘아 속껍질(일반적으로 $1s$ 껍질)로부터 전자를 제거하면, 낮은 에너지 오비탈에 빈공간이 생긴다. 높은 에너지 껍질의 전자가 에너지를 잃고 빈공간을 채운다. 전자가 잃은 에너지는 광자로 방출되는데, 광자에너지로 원자의 성질을 밝힐 수 있다.

표 6.4 XRF 분석에서 선택된 원소를 검출하기 위해 사용되는 X-선 파장

원소	Al	CO	Cu	Mo	Mn	Nb	Si	Ti	V	W
XRF파장 (nm)	0.834	0.1789	0.1541	0.0709	0.2102	0.0746	0.7126	0.2749	0.2504	0.1476

6-4 파울리 배타원리와 전자배열

원자의 구조를 다룬 양자역학모델에 따르면, 전자는 원자의 특정 오비탈을 차지한다고 되어 있다. 각각의 원소들에 대한 원자의 화학적 거동을 이해하기 위해, 전자가 오비탈에 분포하는 방법을 이해할 필요가 있다. 아주 기본적인 질문으로 시작해 보자: 얼마나 많은 전자들이 오비탈을 차지할 수 있을까? 이에 대한 답을 얻기 위해서 또 다른 양자수(m_s)의 도입이 필요하다.

자기공명영상(MRI)과 같은 강한 자기장에 놓인 전자들은 작은 자석들처럼 행동한다. 전하가 루프 형태로 움직이면 자기장이 형성된다. 그래서 과학자들은 전자가 회전하고 있다고 가정하였다. 현대 모델에서는 전자는 비편재화(delocalized)된 파동이기 때문에, 회전하는 입자 모형은 더 이상 옳지 않다. 그러나 전자의 자기적 성질은 전자가 둘 중 한 방향으로 회전하고 있다는 개념과 일치하기 때문에, 우리는 전자가 "스핀업(spin up)" 또는 "스핀다운(spin down)" 한다고 언급한다. 두 가지의 스핀을 구별하기 위해 스핀양자수 m_s를 사용하며, 스핀양자수는 $+1/2$ 또는 $-1/2$ 이다. 스핀양자수를 포함한 4개의 양자수를 이용하여 원자 안의 전자를 나타낼 수 있다.

n, ℓ, m_ℓ의 양자수 값에 특정 규칙이 있듯이, m_s 양자수도 제한이 필요하다. **파울리의 배타원리**(Pauli exclusion principle)는 원자안의 두 전자는 같은 양자상태를 가져서는 안 된다고 기술하고 있다. 두 전자의 n, ℓ, m_ℓ 값이 같다면, 스핀양자수(m_s)가 달라야 한다. 이 원리의 핵심은 두 전자가 같은 오비탈을 차지할 수 없음이다. 두 전자가 같은 오비탈을 차지할 경우, 두 전자는 **쌍을 이룬 스핀**(spin paired)이어야 하며, 하나는 스핀업, 나머지는 스핀다운이다. 두 개의 전자가 오비탈들을 채울 경우, 어떤 오비탈을 채울 지 어떻게 알 수 있을까?

오비탈에너지와 전자배열

원자의 바닥상태에서, 전자는 가장 낮은 에너지의 오비탈을 채운다. 어느 오비탈의 에너지가 낮은 지 어떻게 알까? 그리고 어떤 이유로 오비탈의 에너지가 낮아지는가? 첫째, 음전하의 전자는 양전하의 핵에 끌린다. 오비탈이 작을수록 전자들이 핵에 더 강하게 끌리기 때문에 오비탈의 에너지는 낮아진다. 그리고 그림 6.12에서 보았듯이, 오비탈의 크기는 n이 클수록 증가한다. 종합하면, 원자오비탈의 에너지는 n 양자수가 클수록 증가함을 알 수 있다.

수소 원자의 경우는 위의 내용이 들어맞는다. 하지만 다전자 원자는 좀 더 복잡한 상호작용을 고려할 필요가 있다. 첫 번째 차이점은 핵의 전하 크기이다; 나머지 원소들은 수소보다 핵전하가 크다. 핵전하가 클수록 전자에 강한 인력이 작용하기 때문에, 원자번호가 높을수록 오비탈의 크기는 작아진다. 더 중요한 것은, 오비탈의 전자들은 양전하의 핵뿐만 아니라 다른 전자들과도 상호작용한다는 것이다. 큰 오비탈의 전자일수록, 핵전하(⊕전하)는 '핵에 근접한 좀 더 작은 오비탈의 전자(⊖전하)'에 의해 상쇄된다. 다른 전자들에 의해 핵전하가 가려지는 것을 **가리움**(shielding) 효과라 한다. 다전자 원자의 전자들은 가리움 효과 때문에 전자에 실제로 작용할 수 있는 핵전하의 크기는 작을 수밖에 없는데, 이를 **유효핵전하**(effective nuclear charge)라 한다.

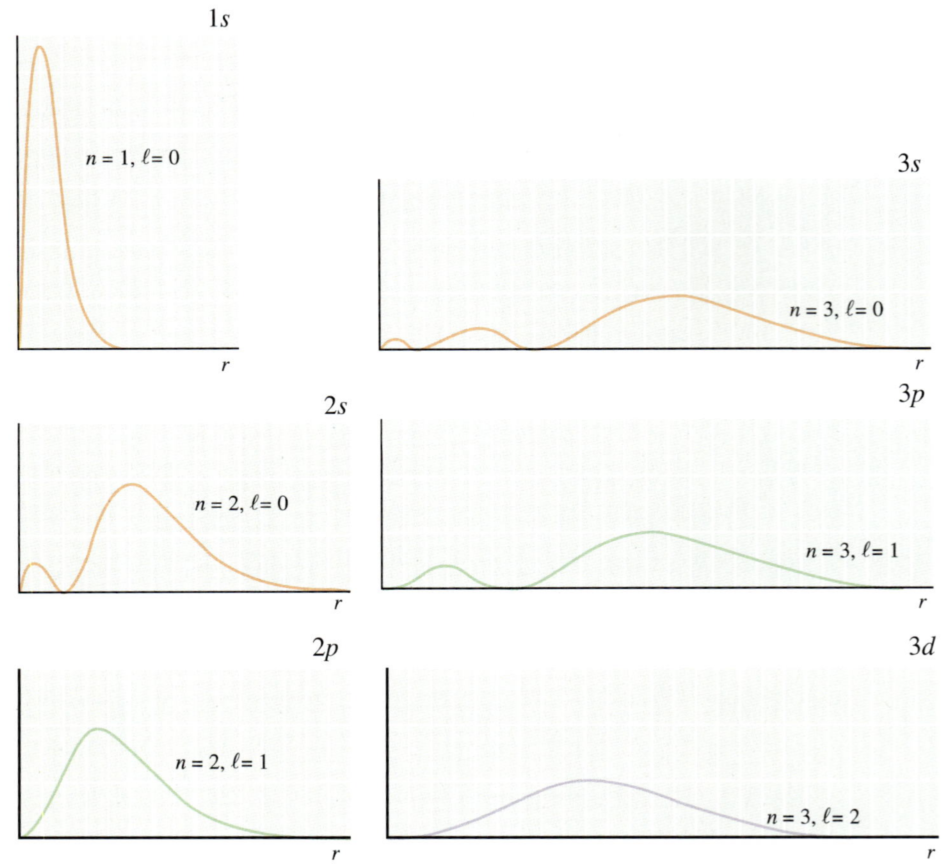

그림 6.15 $n=$ 1, 2 3인 수소 오비탈의 전자발견확률을 핵으로부터의 거리의 함수로 나타낸 것. n이 커지면 오비탈 크기도 증가한다. 같은 n값을 가진 오비탈이지만 조금씩 다른 모양을 갖는다.

유효핵전하 개념을 이용하여 오비탈의 에너지 순서를 파악할 수 있다(그림 6.15). 이 그래프는 전자발견확률을 핵으로부터의 거리의 함수로 나타낸 것으로, $n=3$까지의 부껍질에 대해 다루었다. 껍질 간에는 크기 차이가 상당한데, $1s$는 $2s$와 $2p$보다 상당히 작고, $2s$와 $2p$는 $3s$, $3p$, $3d$보다 작다. n이 증가할수록 오비탈에너지가 커진다는 내용과 일치한다. 하지만 부껍질의 크기 차이는 미묘하다. $2s$와 $2p$의 파동함수를 비교해 보자. 이들 오비탈의 전체 크기는 비슷한데, $2s$ 파동함수는 핵에 근접한 작은 극대값을 갖지만, $2p$ 파동함수에서는 나타나지 않는다. 즉 $2s$ 전자는 핵과 근접한 곳에서 발견될 확률이 높다는 것을 뜻하며, 핵과 가까운 전자일수록 유효핵전하는 더 크다. 따라서 $2s$ 오비탈은 $2p$ 오비탈보다 에너지가 낮다. $3s$ 오비탈은 파동함수에 작은 두 봉우리가 있는데, 처음의 작은 두 봉우리를 통해 핵 근처로 갈 수 있기 때문에, 다른 전자들의 차폐를 뚫고 침투(penetrate)할 수 있다. 그래서 $3s$ 오비탈의 에너지는 $3p$, $3d$ 오비탈보다 낮다. $3p$ 오비탈의 전자도 침투가 가능하기 때문에 침투가 불가능한 $3d$ 오비탈보다 에너지가 낮다.

오비탈의 4번째 껍질에 이르면, 오비탈 크기와 침투효과에 대한 연관은 없다. 더 이상의 추론은 어렵지만, 계산을 통해 오비탈의 에너지 순서를 결정할 수 있으며, 그 순서는 다음과 같다.

$$1s\ \ 2s\ \ 2p\ \ 3s\ \ 3p\ \ 4s\ \ 3d\ \ 4p\ \ 5s\ \ 4d\ \ 5p\ \ 6s\ \ 4f\ \ 5d\ \ 6p\ \ 7s\ \ 5f\ \ 6d\ \ 7p$$

$7p$ 이상의 오비탈을 채우는 전자를 갖는 바닥상태의 원소는 현재까지는 알려진 바가 없다. 이제 **전자배열**(electron configuration)을 결정하는 규칙을 알아보도록 한다.

훈트의 법칙과 쌓음 원리

어떤 오비탈에 전자를 채울지 결정하고자 한다면, 가장 낮은 에너지의 오비탈부터 채워나간다. 이는 바닥부터 올리는 빌딩의 건축과정과 비슷하기 때문에, **쌓음 원리**(Aufbau principle)라 부른다. 처음 몇 원자들은 이 과정이 그리 복잡하지 않다.

수소 원자는 한 개의 전자를 가지며, 이 전자는 $1s$ 오비탈을 차지한다. 헬륨은 두 개의 전자를 갖는다. 두 원자 모두 $1s$ 오비탈을 차지할 수 있다(헬륨의 경우 스핀이 쌍을 이룬다는 조건하에). 리튬은 세 개의 전자를 갖는데, 두 개는 $1s$ 오비탈을 차지할 수 있으며, 한 개는 그 다음으로 낮은 에너지인 $2s$ 오비탈을 채운다. 채워진 오비탈을 간단히 표기할 때, 오비탈 이름을 쓰고 전자의 수는 윗첨자로 쓴다. 예로, 리튬의 전자배열은 $1s^2 2s^1$이다. 다음 원소인 베릴륨은 네 개의 전자를 갖는다. $2s$ 오비탈은 두 개의 전자를 받아들일 수 있기 때문에, 전자배열은 $1s^2 2s^2$이다. 다섯 개의 전자를 갖는 붕소는 $1s$와 $2s$ 오비탈을 모두 채우고, 다섯 번째 전자는 다음 오비탈인 $2p$를 채워, $1s^2 2s^2 2p^1$의 전자배열을 갖는다.

탄소에 이르러 선택에 직면한다. 탄소에는 세 개의 $2p$ 오비탈이 있는데, 에너지는 모두 같다. 두 개의 전자는 한 개의 $2p$ 오비탈에 쌍을 이뤄 들어가거나, 두 개의 $2p$ 오비탈에 전자 한 개씩으로 들어갈 수 있다. 이때 모든 전자는 음전하의 입자라는 사실을 상기하면 된다. 음전하인 두 전자는 서로 밀어내기 때문에, 에너지적으로 가장 좋은 배열은, 전자들이 다른 오비탈을 차지하여 서로서로 멀리 떨어지는 것이다. 원자의 자기모멘트를 측정해 보면, 탄소의 경우 쌍을 이루지 않은 전자들이 같은 스핀을 갖고 있음을 알 수 있다. 이를 **훈트의 법칙**(Hund's rule)이라 하며, 부껍질에서 전자들은 개별적으로 오비탈을 차지하고, 가능하면 같은 방향의 스핀을 갖는다. 전자배열의 특이 형태를 설명하기 위해서는 좀 더 세부적인 방식이 필요하다. 오비탈을 상징하는 박스로 이루어진 도표를 사용하는 방법이 있다(그림 6.16). 개별 오비탈에 p_x, p_y, p_z를 붙여 식별한다. 우리는 전자배열이 익숙하기 때문에, 탄소의 전자배열 $1s^2 2s^2 2p^2$로도 충분할 것이다. 훈트의 법칙을 알면 누구든지 전자배열을 보고 오비탈을 상세하게 표시할 수 있을 것이다.

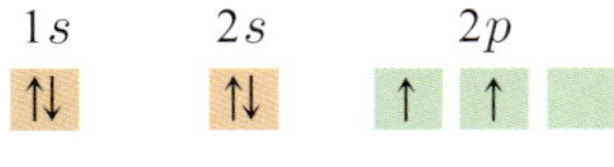

그림 6.16 탄소의 전자배열

예제 6.6

강철 합금에 황이 포함되면 연성 등의 성질이 나빠진다. 황을 모니터하는데, 미량분석이 흔히 사용된다. 황 원자의 전자배열은?

풀이 황은 16개의 전자를 갖는데, $1s$에 2개, $2s$에 2개, $2p$에 6개, $3s$에 2개, $3p$에 4개, 총 16개의 전자로 채워진다. 전자배열은 $1s^2\,2s^2\,2p^6\,3s^2\,3p^4$이다. 부껍질 $3p$에서의 네 개의 전자가 어떻게 배열하는지 판단해야 한다. 처음 세 개의 전자는 $3p$의 개별 오비탈을 각각 채우고, 네 번째 전자는 세 오비탈 중 하나를 채운다.

$1s$	$2s$	$2p$			$3s$	$3p$		
↑↓	↑↓	↑↓	↑↓	↑↓	↑↓	↑↓	↑	↑

추가문제 실리콘이 포함되면 강철은 제련하기 어려워진다. 실리콘 원자의 전자배열은?

주기율표의 같은 족에 위치한 원소들은 매우 유사한 전자배열을 갖는다. 아르곤과 크립톤을 예로 들어보자. 두 원소는 18족에 위치한 비활성 기체(noble gas)이다. 두 원소의 전자배열은? 아르곤은 $1s^2 2s^2 2p^6 3s^2 3p^6$이며, 크립톤은 $1s^2 2s^2 2p^6 3s^2 3p^6 4s^2 3d^{10} 4p^6$이다. 두 원소는 화학적 성질이 매우 비슷(비활성 성질)한데, 전자배열이 유사하기 때문이다. 마지막 전자는 p 부껍질을 채운다. 꽉 찬 p 부껍질과 화학적 안정성은 서로 관련 있다.

간편표기법을 사용하면, 전자배열을 길게 쓰지 않아도 된다. 전자구조는 화학결합과 관련되어 있다. 최외각의 부껍질을 채운 전자들에 의해 원소의 화학적 반응성이 결정된다. 안쪽의 꽉 찬 껍질들에 있는 전자는 원소의 화학적 성질에 영향을 주지 않는다. 내부전자(inner electron)는 핵과 근접해 있기 때문에 **핵심부 전자**(core electron)라 한다. 내부전자는 전자배열이 같은 비활성 기체의 원자 기호로 대체하여 표기할 수 있다. 포타슘(K)의 완전한 전자배열은 $1s^2\,2s^2\,2p^6\,3s^2\,3p^6\,4s^1$인데, 최외각의 $4s^1$ 전자가 포타슘의 화학적 성질을 결정한다. 배열을 [Ar] $4s^1$으로 표시하여 $4s^1$을 강조한다. 주석(Sn)은 [Kr] $5s^2 4d^{10} 5p^2$으로 표기할 수 있다. 이 표기법에 사용된 전자들은 핵으로부터 멀리 있는 오비탈을 채운 전자이다. 이들 전자는 외각전자(outer electron)로, 흔히 **원자가전자**(valence electron)라 불린다. 화학결합을 공부할 때, 원소의 원자가전자 배열은 매우 중요하다.

예제 6.7

간편표기법을 이용하여 황(S)의 전자배열을 쓰시오.

풀이 황의 완전한 전자배열은 $1s^2\,2s^2\,2p^6\,3s^2\,3p^4$이다. 원자가전자는 $n = 3$의 오비탈을 채우며, 핵심부 전자들은 $n = 1$과 $n = 2$의 껍질을 채운다. 네온(Ne)은 $1s^2\,2s^2\,2p^6$의 전자배열을 가진 비활성 기체이다. 따라서 황의 전자배열은 [Ne] $3s^2\,3p^4$으로 간편하게 쓸 수 있다.

추가문제 간편표기법을 이용하여 비소(As)의 전자배열을 쓰시오.

6-5 주기율표와 전자배열

주기율표에서 같은 족(group)의 원소인, 아르곤과 크립톤은 비슷한 전자배열을 갖는다. 할로젠 원소나 그 외 같은 족의 원소들끼리도 비슷한 전자배열을 갖는다. 이들 족을 주기율표(2-4장)에서 살펴보았다. 주기율표는 화학적 성질을 고려하여 만들어졌는데, 양자역학이나 전자배열이 제안되기 전이다. 양자역학모델에 의해 예측된 전자배열이 주기율표에서 예측된 것과 맞아떨어졌는데, 이는 양자역학을 이론으로 받아들이게 된 중요 계기이다. 주기율표를 이용하면 원소의 바닥상태의 전자배열을 기억하기 쉬워진다.

주기율표(그림 6.17)는 원소를 네 가지 구역으로 나누어 색깔별로 표시하였다. 같은 구역의 원소들의 공통점은, 가장높은에너지의 오비탈에 있는 전자가 같은 부껍질(ℓ껍질 : s, p, d, f)을 채우고 있다는 것이다. 주기율표의 왼쪽 가장자리에 있는 원소들은(붉은색 구역) 가장 높은 에너지의 전자가 s 오비탈을 채우고 있다. 이 구역을 s-블록이라 한다. 표의 오른쪽 가장자리의 초록색 구역은 p-블록으로, 전자가 채워진 마지막 오비탈이 p 오비탈이다. 전이금속은 d-블록 원소(보라색 구역)이고, 란탄나이드와 악티나이드는 f-블록 원소(노란색 구역)이다.

주기율표의 구조적 특성을 이용하여 원소의 전자배열을 결정할 수 있다(전이금속은 예외). 주기율표에서 원소를 찾고, 비활성 기체원소와 간편표기법을 사용하여 핵심부 전자를 적는다. 표에서의 원소 주기를 보고 원자가전자를 결정한다.

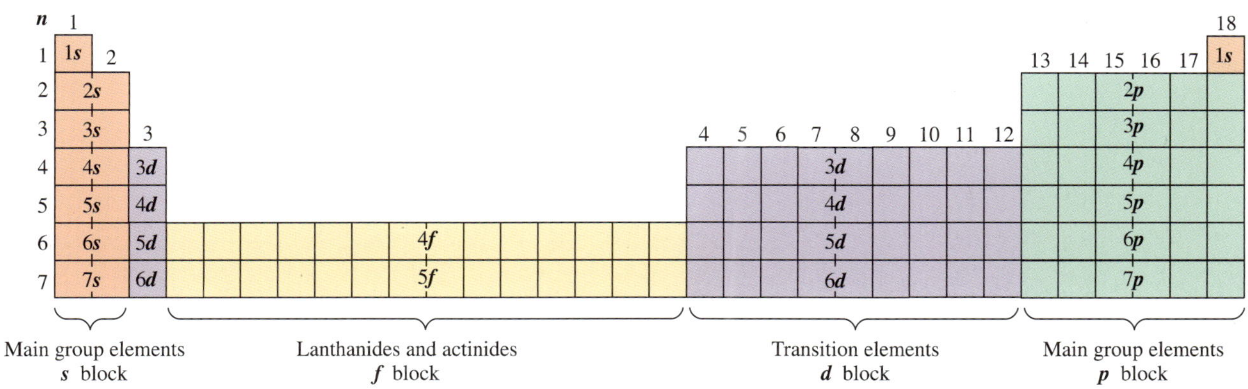

그림 6.17 원소의 바닥상태에서 가장 높은 에너지의 전자가 채워진 오비탈이 무엇이냐에 따라 주기율표의 블록을 나누었다.

예제 6.8

텅스텐 합금은 고온에서도 잘 견디는 물질이다. 주기율표를 이용하여 텅스텐(W)의 전자배열을 결정하시오.

풀이 텅스텐의 전자배열에 사용되는 비활성 기체원소는 제논(Xe)이다. 원자가전자를 셀 때, f-블록 원소임을 잊지 않는다. 전자배열은 [Xe] $6s^2 4f^{14} 5d^4$이다.

추가문제 니켈과 텅스텐을 결합하여 마모에 강한 슈퍼합금을 만들 수 있다. 주기율표를 이용하여 니켈(Ni)의 전자배열을 결정하시오.

6-6 주기적 경향을 갖는 원자 성질

주기율표 개념이 처음 소개되었을 때, 원소들의 거동에 대한 다양한 관찰이 이루어졌다. 관찰을 통해 할로젠의 반응성과 비활성 기체의 안정성을 발견하게 되었다. 오비탈과 원자구조를 이해하면, 좀 더 세부적으로 원자들의 주기적 변화를 설명할 수 있다.

원자 크기

원자의 가장 중요한 특성 중 하나가 크기이다. 원자는 윤곽이 분명한 경계를 갖지 않기 때문에 원자 크기를 측정하는 것은 복잡하다. 하지만 컴퓨터를 사용하여 서로 다른 핵의 크기를 일관성 있게 결정할 수 있게 되었으며, 그 결과를 그림 6.18에 요약하였다. 주기율표에서 족(group)과 주기(period)에 따른 경향을 알아보도록 하자. 같은 족의 아래쪽으로 갈수록 원자 크기는 증가한다. 주기의 오른쪽으로 갈수록 원자 크기는 감소한다. 기억하기 쉽게 주기율표의 왼쪽 바닥을 원점으로 하여 x, y 좌표를 그린다. x 또는 y가 증가할수록 원자 크기는 감소한다.

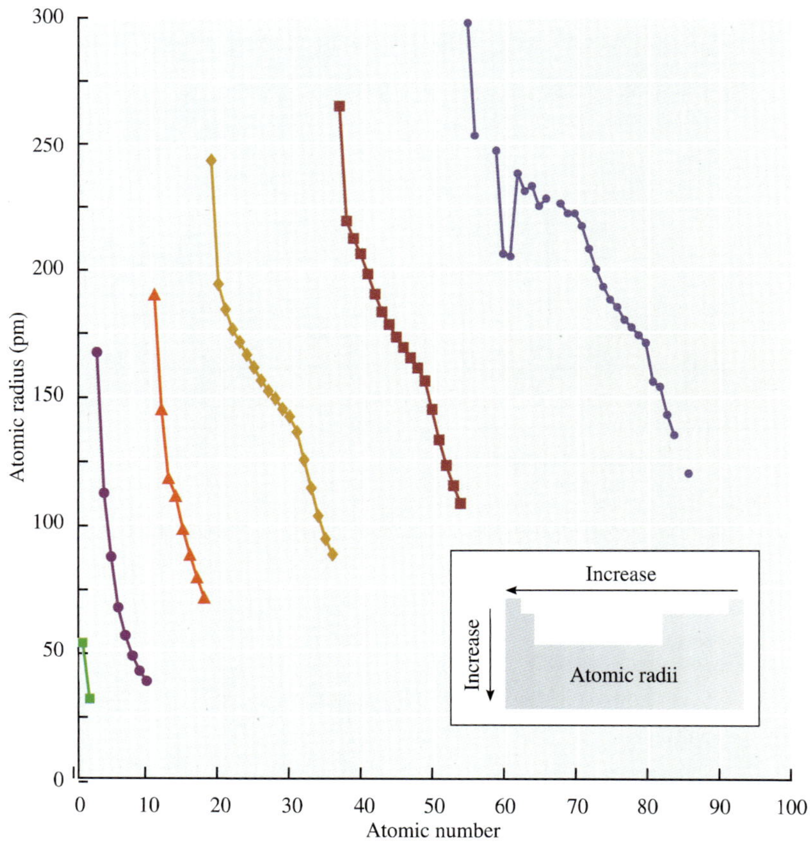

그림 6.18 원자번호에 따른 원자 반경. 주기율표의 주기를 각각 다른 색깔로 표시하였다.

원자 크기는 원자가전자로 주로 결정되는데, 원자가전자는 최외각 오비탈을 채우기 때문이다. 다음은 크기를 결정하는 중요 요소이다: (1) 원자가전자가 발견되는 껍질, (2) 핵과 원자가전자 사이의 인력 세기. 주기율표에서 같은 족의 아래쪽으로 갈수록, (1)의 요소가 작용한다. 원자가 오비탈(valence orbital)의 크기는 n과 함께 증가하기 때문에, 아래쪽에 위치한 주기(period)일수록 원자 크기도 증가한다. 하지만 주기율표의 가로열에 대해서는 이해가 쉽지 않다. 6-4장에서 논했던 유효핵전하를 떠올려보자. 유효핵전하가 작을수록 원자가전자와 핵 간의 거리는 커진다. 주기의 오른쪽으로 가면, 전자들이 같은 부껍질에 채워진다. 이들 전자는 서로를 잘 가리지 못하고, 원자번호가 증가하면 핵의 양성자가 증가하기 때문에 유효핵전하는 증가한다. 높아진 유효핵전하로 전자와 핵 간에 강한 인력이 작용한다. 따라서 원자가전자는 핵에 근접하게 되어 원자 크기는 감소하게 된다.

예제 6.9

주기율표를 사용하여, 다음 원소들을 크기가 증가하는 순서로 나열하시오.
Fe, K, Rb, S, Se

풀이 원자 반경은 주기율표에서 위에서 아래로 갈수록, 그리고 오른쪽에서 왼쪽으로 갈수록 증가한다.
황(S)과 셀레늄(Se)은 16족 원소이다. 황은 셀레늄보다 위에 있기 때문에 크기가 더 작다.
같은 이유로, 루비듐(Rb)과 포타슘(K)은 1족 원소로 포타슘이 더 작다.
마지막으로, 포타슘(K), 철(Fe), 셀레늄(Se)은 4주기 원소이다. 셀레늄은 셋 중 가장 오른쪽에 위치하기 때문에 가장 작고, 그 다음이 철, 그리고 포타슘이다. 위의 사실을 종합한 결과 원소의 크기가 증가하는 순서는 S < Se < Fe < K < Rb 이다.

추가문제 주기율표를 이용하여, 다음 원소를 크기가 증가하는 순서로 나열하시오.
Cr, Cs, F, Si, Sr

이온화 에너지

원자의 또 다른 성질은 전자를 쉽게 잃는 성질로, 이는 화학결합을 이루는 방식에서 중요한 역할을 한다. 이 성질은 **이온화 에너지**(ionization energy)라 불리며, 광전자 효과와 비슷한 실험으로 측정된다. 이온화에너지는 다음의 반응을 일으키는데 필요한 에너지이다.

$$X(g) \rightarrow X^+(g) + e^-$$

이 반응에 필요한 에너지가 제 1 이온화에너지이다. X^+ 양이온으로부터 전자를 떼어내어 X^{2+}를 형성하는데 필요한 에너지를 제 2 이온화에너지라 하며, 그 다음 에너지도 마찬가지이다. 우리가 앞으로 사용하는 "이온화에너지"는 제 1 이온화에너지이다.

같은 주기와 같은 족 내에서 이온화에너지가 변하는 방식을 보면, 주기성(periodicity)과 원자 구조가 관련 있음을 알 수 있다. 주기의 오른쪽으로 갈수록 유효핵전하가 증가한다는 사실을 앞에서 배웠다. 따라서 이온화에너지는 주기의 오른쪽으로 갈수록 증가한다. 족의 아래쪽으로 갈수록, 원자가전자는 더 큰 오비탈을 채우기 때문에, 핵으로부터 멀어져 떼어내기 쉬워진다. 주기율표의 오른쪽 위로 갈수록, 이온화에너지는 증가한다(그림 6.19).

이온화에너지 경향에서 벗어나는 원자에 대해 살펴보자. 그림 6.19를 보면, 질소(N)에서 산소(O)로 이어지는 부분에서 이온화에너지가 약간 감소하는데, 주기적 경향상으로 볼 때는 증가할 것으로 예측되는 부분이다. 전자쌍을 고려하면 이해가 가능하다. 질소는 p 부껍질이 반만 채워져 있는데, $2p$ 오비탈에 전자 한 개씩이 존재한다. p^4 배열의 산소는, $2p$ 오비탈 중 하나에 쌍을 이룬 두 개의 전자가 존재한다. 전자 한 개를 제거하면, 세 개의 $2p$ 오비탈에는 쌍을 이루지 않은 전자만 남는다. 따라서 전자 간의 척력(repulsion)이 줄어들기 때문에, 산소의 이온화에너지는 질소보다 낮다. 이러한 예외가 3주기의 황(S)과 4주기의 셀레늄(Se)에서도 보인다.

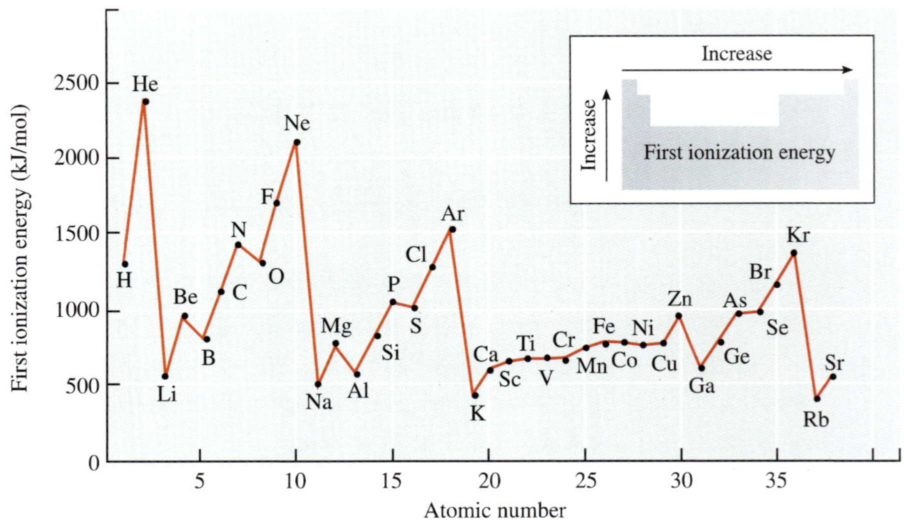

그림 6.19 원자번호에 따른 제1 이온화에너지

예제 6.10

주기율표를 이용하여, 다음 원소를 이온화에너지가 증가하는 순서로 나열하시오.
Br, F, Ga, K, Se

풀이 이온화에너지는 주기율표의 오른쪽 위로 갈수록 증가한다. 플루오린(F)을 제외한 모든 원소는 4주기 원소이다. 왼쪽에서 오른쪽으로 갈수록 이온화에너지는 증가한다: K < Ga < Se < Br
플루오린은 17족에서 브로민(Br)의 위에 위치하므로, 가장 큰 이온화에너지를 갖는다.
따라서 이온화에너지 순서는 K < Ga < Se < Br < F.

추가문제 주기율표를 이용하여, 다음 원소를 이온화에너지가 증가하는 순서로 나열하시오.
He, Mg, N, Rb, Si

표 6.5 제 1~4 이온화에너지(kJ/mol). 진하게 표시된 숫자는 특정껍질의 마지막 전자를 제거할 때의 이온화에너지이다. 전자가 채워진 껍질이 안정될수록 이온화에너지는 크다.

Z	원소	IE_1	IE_2	IE_3	IE_4
1	H	**1312**	—	—	—
2	He	2372	**5250**	—	—
3	Li	**520.2**	7298	11,815	—
4	Be	899.4	**1757**	14,848	21,007
5	B	800.6	2427	**3660**	25,026
6	C	1086	2353	4620	**6223**
7	N	1402	2856	4578	7475
8	O	1314	3388	5300	7469
9	F	1681	3374	6050	8408
10	Ne	2081	3952	6122	9370
11	Na	**495.6**	4562	6912	9544
12	Mg	737.7	**1451**	7733	10,540
13	Al	577.6	1817	**2745**	11,578
14	Si	786.4	1577	3232	**4356**
15	P	1012	1908	2912	4957
16	S	999.6	2251	3357	4564
17	Cl	1251	2297	3822	5158
18	Ar	1520	2666	3931	5771

원자구조를 알아보기 위해서는 원소의 순차적 이온화에너지를 알 필요가 있다(표 6.5). 소듐(Na)의 경우, 제 1 이온화에너지가 가장 낮으나, 제 2 이온화에너지는 다른 원자들에 비해 매우 크다. 마그네슘(Mg)의 경우는, 여전히 제 2 이온화에너지가 제 1 이온화에너지보다 큰데, 유효핵전하가 중성의 원자보다는 이온이 더 크기 때문이다. 그리고 제 3 이온화에너지($Mg^{2+} \rightarrow Mg^{3+}$)가 급격히 커진 것을 볼 수 있는데, 완전히 채워진 *p* 부껍질에서 전자 한 개를 제거하는 데는 많은 에너지가 필요하기 때문이다. 여기서 우리는 *p* 부껍질이 채워진 원소의 안정성에 대해 알 수 있으며, 0족 기체의 원소들이 반응성이 없는지도 이해할 수 있다. 채워진 부껍질의 전자들은 깨기 어려우며, 이 사실은 화학결합을 이해하는데 도움을 줄 것이다.

전자친화도

이온화에너지는 원자로부터 전자를 떼어내어 양전하를 띤 양이온을 형성하는데 필요한 에너지이다. 그러나 몇몇 원자들은 전자를 끌어당겨 음전하를 띤 음이온을 형성한다.

$$X(g) + e^- \rightarrow X^-(g)$$

전자친화도(electron affinity)라 불리는 이 성질은, 위의 반응을 일으키는데 필요한 에너지이다. 중성의 원자로부터 전자를 제거하려면 에너지가 필요한데, 원자는 스스로 전자를 내보내지 않기 때문에 이온화에너지는 항상 양의 값이다. 그러나 전자친화도의 값은 양 또는 음일 수 있다. 생성물인 음이온이 안정적이라면, 전자를 얻었을 때 에너지는 방출될 것이고, 따라서 전자친화도 값은 음이 될 것이다. 전자친화도가 양이라면, 형성된 음이온은 불안정하다는 것을 의미하며, 이 경우에는 에너지가 공급될 것이다. 대부분의 전자친화도 값은 음이다.

전자친화도 값은 전자배열에 근거한 주기적 경향을 갖는다. 전자친화도 값은 이온화에너지보다 다양한 변화를 보인다(그림 6.20). 주기율표의 위로 갈수록 그리고 오른쪽으로 갈수록 전자친화도 값은 작아지고 결국엔 음의 값으로 커진다. 전자친화도가 음의 값이 클수록, 생성된 음이온은 안정적이다.

그림 6.20을 보면 경향에서 벗어난 값이 나타나는데, 이는 이온화에너지의 경우와 마찬가지로, 짝지은 전자(electron pairing)와 관련된다. 질소(N)의 전자친화도는 음의 값이 아니다. 왜냐하면 전자 하나를 얻으면 p 오비탈에 짝지은 전자쌍이 생기면서 전자간의 척력이 증가하게 된다.

원소들의 성질 중 또 다른 주기적 경향을 알아보자. 원자 밀도의 변화는 2-4장에서 이미 다루었다. 처음 다섯 개의 전이금속(transition metal) – 스칸듐(Sc), 타이타늄(Ti), 망가니즈(Mn), 바나듐(V), 크롬(Cr)을 살펴보자. 전자가 $1s$ 껍질로 떨어질 때 발생하는 형광(fluorescence)의 파장은 각각 30.32, 27.50, 25.05, 22.91, 21.03 nm이다. d-블록 원소에서 파장이 감소하는 이유는 $1s$의 전자들과 핵 사이에 인력이 작용하는데, 핵의 양성자수가 증가할수록 핵전하가 더 강하기 때문이다. 그래서 $1s$ 에너지레벨은 주기율표의 오른쪽으로 갈수록 낮아진다. 가리움 효과 때문에 외각 껍질의 에너지는 영향을 덜 받기 때문에, $1s$와 외각 껍질의 에너지 차이는 주기의 오른쪽으로 갈수록 커진다.

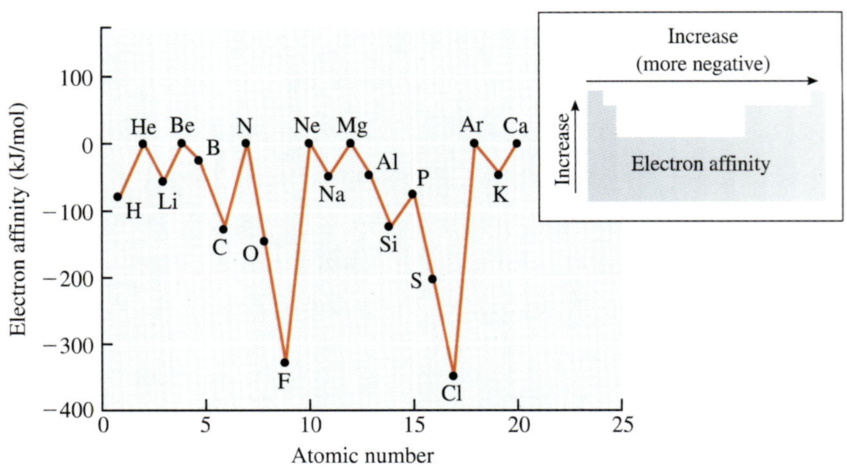

그림 6.20 원자번호에 따른 전자친화도

연습문제

6-1 전자기파 스펙트럼

6.7 빛이 전자기선이라 불리는 이유는?

6.8 다음 중 가장 높은 진동수를 갖는 파동은? 그 이유를 설명하시오.

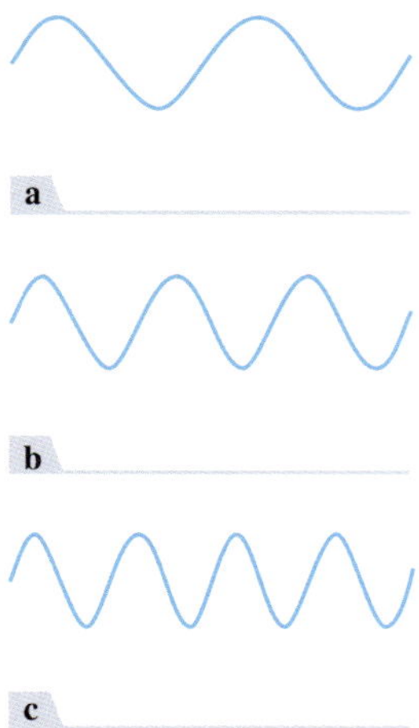

6.9 다음의 전자기파 스펙트럼을 진동수가 커지는 순서대로 나열하시오. IR, UV, radio wave, visible.

6.10 다음 복사선의 진동수를 파장(m)으로 환산하시오.
(a) $5.00 \times 10^{15}\ s^{-1}$ (b) $2.11 \times 10^{14}\ s^{-1}$
(c) $5.44 \times 10^{12}\ s^{-1}$

6.11 크리스마스트리의 장식전구는 전구 표면에 칠한 색으로 색을 띤다. 전구에서 480, 530, 580, 700 nm 파장의 불빛이 나올 때, 이 빛의 파동수는? 그림 6.4를 이용하여 어떤 색깔일지 결정하시오.

6.12 회절에 대해 설명하시오.

6.13 광자(photon)에 대해 설명하시오.

6.14 광자수와 빛의 강도 사이의 관계식을 구하시오.

6.15 다음 파동수에 해당하는 광자의 에너지를 구하시오.
(a) 15.3 THz (b) 1.7 EHz ($T=10^{12}$, $E=10^{18}$)
(c) 6.22×10^{10} Hz

6.16 다음의 방사선을 광자에너지가 커지는 순서대로 배열하시오. (a) 수은램프의 초록빛 (b) 치과용 X-ray (c) 전자렌지의 전자기파 (d) FM음악방송 89.1 MHz

6.17 다음의 에너지를 갖는 광전자의 파장을 계산하고 이에 해당하는 스펙트럼 영역을 나타내시오.
(a) 3.5×10^{-20} J (b) 8.7×10^{-26} J
(c) 7.1×10^{-17} J (d) 5.5×10^{-27} J

6.18 다음의 에너지를 갖는 광전자의 파장을 계산하고 이에 해당하는 스펙트럼 영역을 나타내시오.
(a) 6.0×10^{-19} J (b) 8.7×10^{-22} J
(c) 3.2×10^{-24} J (d) 1.9×10^{-28} J

6.19 광디스크 드라이브는 서로 다른 파장의 레이저에 의해 다양하게 만들어지는데, 더 짧은 파장으로 데이터 저장 밀도를 높인다. 특정 파장에서의 광자 한 개의 에너지를 구하시오. (a) CD, λ = 780 nm (b) DVD, λ = 650 nm (c) Blu-ray® disc, λ = 405 nm

6.20 슈퍼마켓 바코드의 레이저는 632.8 nm에서 작동한다. 이 레이저의 광자 한 개의 에너지는? 광자 1 mol의 에너지는?

6.21 어떤 전자렌지가 $1.00 \times 10^{11}\ s^{-1}$의 진동수로 작동한다. (a) 진동수를 파장(m)으로 환산하시오. (b) 광자 한 개당 에너지(J)는? (c) 광자 1 mol의 에너지는?

6.22 빈 칸을 채워 광전자효과 실험에 대한 설명을 완성하시오.
_____이 금속박막에 부딪치자 _______ 가 튀어나왔다.

6.23 58.5 nm의 빛이 주석 금속 표면에 부딪치면 전자들이 방출되는데 전자의 최대 운동에너지는 2.69×10^{-18} J이다. 이 전자들의 금속과의 결합에너지는 얼마인가?

6.24 구리 금속의 전자결합에너지는 7.18×10^{-19} J이다. 광전자효과 실험에서 구리로부터 방출되는 전자가 가질 수 있는 가장 긴 파장을 구하시오.

6-2 원자스펙트럼

6.25 연속스펙트럼과 불연속스펙트럼의 차이점을 설명하시오.

6.26 보어의 원자모델에 대해 설명하시오.

6.27 보어의 원자모델로 수소원자스펙트럼을 설명하시오.

6.28 보어의 원자모델에 의하면, 원자가 에너지를 흡수하면 어떤 일이 발생하는가?

6.29 바닥상태에 대해 설명하시오.

6.30 아래 그림은 수소 원자의 처음 네 가지 에너지레벨이다. 세개의 전이에서 자외선이 방출되는데, 파장은 121.566 nm, 102.583 nm, 97.524 nm이다. $n=4$에서 $n=3$으로의 전이에서 방출되는 빛의 진동수를 구하시오.

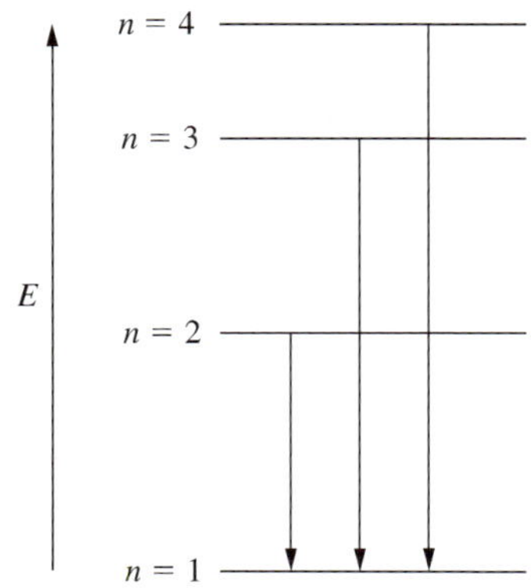

6.31 6.30문제의 에너지레벨 그림에서 수소 원자가 $n=4$에서 $n=2$로 전이가 일어날 때 방출되는 빛의 파장(nm)을 구하시오.

6.32 네온 원자는 많은 파장의 빛을 방출하는데 이중 두 개의 파장이 616.4와 638.3 nm이다. 두 파장 모두 최종 에너지레벨은 같다. (a) 각각의 전이에서 방출되는 에너지는 얼마인가? (b) 두 개의 높은에너지레벨 사이에서 전이가 일어날 때, 방출되는 빛의 진동수는 얼마인가?

6.33 수은 원자는 많은 파장의 빛을 방출하는데 이중 두 개의 파장이 435.8와 546.1 nm이다. 두 파장 모두 최종 에너지레벨은 같다. a) 각각의 전이에서 방출되는 에너지는 얼마인가? (b) 두 개의 높은에너지레벨 사이에서 전이가 일어날 때, 방출되는 빛의 진동수는 얼마인가?

6-3 원자의 양자역학모델

6.34 원자의 회절은 원자의 양자역학모델의 발전에 어떤 영향을 끼쳤는가?

6.35 파동함수를 사용하여 전자를 묘사하는 이유는?

6.36 양자수를 수학적 기원으로 표현하시오.

6.37 주양자수의 허용값은? 부양자수의 허용값은?

6.38 다음 양자수 중 올바른 배치는? 이유도 간단히 설명하시오.
(a) $n=3,\ \ell=3,\ m_\ell=0$ (b) $n=2,\ \ell=1,\ m_\ell=0$
(c) $n=6,\ \ell=5,\ m_\ell=-1$ (d) $n=4,\ \ell=3,\ m_\ell=-4$

6.39 $n=4,\ \ell=2$를 갖는 오비탈은 어느 것인가?
(a) $3p$ (b) $4p$ (c) $5d$ (d) $4d$

6.40 $2d$ 오비탈이 없는 이유는?

6.41 다음의 양자수를 갖는 원자의 최대 전자수는?
(a) $n=2$
(b) $n = 3,\ \ell=1$
(c) $n=3,\ \ell=1,\ m_\ell= 0$
(d) $n=3,\ \ell=1,\ m_\ell=-1,\ m_s=-1/2$

6.42 다음 명칭의 오비탈의 개수는? (a) $3p$ (b) $4p$ (c) $4p_x$ (d) $6d$ (e) $5d$ (f) $5f$ (g) $n=5$ (h) $7s$

6.43 p와 d 오비탈은 방향성을 갖는다. 이를 s 오비탈과 비교하여 설명하시오.

6.44 절평면(nodal plane) (또는 마디(node))에 대해 설명하시오.

6.45 그림 6.13을 참고하여, $4p$ 오비탈을 그리시오. 마디도 표현한다.

6-4 파울리 배타원리와 전자배열

6.46 네 번째 양자수가 스핀양자수라 불리는 이유는 전자가 회전하기 때문인가? 어떤 관찰로부터 이름이 만들어졌는가?

6.47 "쌍을 이룬 스핀"에 대해 설명하시오.

6.48 파울리 배타원리는 어떤 상황에서 제한되는가?

6.49 가리움 효과에 대해 설명하시오.

6.50 오비탈의 크기가 오비탈의 에너지에 영향을 미치는 이유는?

6.51 유효핵 전하는 무엇이며, 오비탈 크기에 어떤 영향을 미치는가?

6.52 질소 원자의 $2p$ 오비탈에 전자가 배치되는 방법을 두 가지 제시하시오. 어떤 배치가 훈트의 법칙에 적합한가?

6.53 전자의 전하는 훈트의 법칙에 대한 몇몇 근거를 제공한다. 이유를 설명하시오

6.54 다음 원소에 대한 바닥상태의 전자배열을 쓰시오.
(a) B (b) Ba (c) Be (d) Bi (e) Br

6.55 다음 전자배열중 바닥상태의 원자에 대한 것을 고르시오. 들뜬상태는? 불가능한 상태는?
(a) $1s^22s^1$ (b) $1s^22s^22p^3$
(c) [Ne] $3s^23p^34s^1$ (d) [Ne] $3s^23p^64s^33d^2$
(e) [Ne] $3s^23p^64f^4$ (f) $1s^22s^22p^43s^2$

6.56 다음의 원자와 이온 중 같은 전자배열을 가진 것을 고르고, 전자배열을 작성하시오.
Na^+ S^{2-} Ne Ca^{2+} Fe^{2+} Kr I^-

6-5 주기율표와 전자배열

6.57 할로젠 램프는 할로젠 원소의 화학적 성질을 이용한 것이다. 할로젠 원소(F, Cl, Br)의 전자배열을 비교하고, 원소간 화학적 성질의 공통점을 정의하시오.

6.58 핵심부 전자와 원자가전자에 대해 설명하시오.

6.59 같은 족에 속한 원소 간에 화학적 성질이 비슷한 이유를 원자가전자 배열로 설명하시오

6.60 주기율표에서 마그네슘의 오른쪽 옆에는 원소가 존재하지 않을까?

6.61 만약 50개의 원소가 더 발견된다면, 주기율표의 모양은 어떻게 바뀔까?

6.62 주기율표의 어떤 블록이 주족원소를 이루는가?

6.63 주기율표에서 s-블록이 2열이고, p-블록이 6열, d이 10열인 이유를 설명하시오.

6.64 부록 C의 전자배열을 보면 쌓음원리(aufbau principle)를 벗어난 배열이 있다. 어떤 원소인가? 그 이유를 설명하시오.

6-6 주기적 경향을 갖는 원자 성질

6.65 주기율표의 오른쪽으로 갈수록 원자크기가 작아진다. 유효핵전하가 원자 크기에 미치는 영향을 설명하시오.

6.66 알칼리금속의 전자배열, 그리고 오비탈과 양자수를 이용하여 알칼리 금속의 원자크기에 대한 경향을 설명하시오.

6.67 주기율표만 참고하여 다음 원소들을 크기가 증가하는 순서로 배열하시오.
(a) Na, Be, Li (b) P, N, F (c) I, O, Sn

6.68 이온화에너지에 대해 설명하시오. 첫 번째와 두 번째 이온화에너지의 차이점은?

6.69 염소의 경우 이온화에너지가 급격히 커지는 단계는 몇 번째 이온화에서인가? 염소의 이온화가 계속 진행될 경우 이온화에너지가 크게 증가하는 단계가 있는가?

6.70 이온화에너지가 증가하는 순서로 다음 원자를 배열하시오. Li, K, C, N

6.71 산소의 이온화에너지가 질소보다 작은 이유는?

6.72 다음 원소 중 두 번째 이온화에너지가 가장 큰 원소는, Na, C, F? 이유는?

6.73 (a) S, Se, Cl 중 원자반경이 가장 큰 원소는? (b) 반경이 더 큰 것은, Br, Br^-? (c) 첫 번째와 두 번째 이온화에너지의 차이가 가장 큰 원소는, Si, Na, P, Mg?
(d) 이온화에너지가 가장 큰 원소는, N, P, As?
(e) 반경이 가장 큰 것은, O^{2-}, N^{3-}, F^-?

6.74 전자친화도가 큰 원소를 고르시오. 이유는?
(a) Cl, S (b) S, P (c) Br, As

6.75 Na, B, Al, C 원소에서 (a) 원자반경이 가장 큰 것은? (b) 전자친화도가 가장 큰 것은? (c) 이온화에너지가 커지는 순서로 원소들을 배열하시오.

6.76 이온화에너지가 감소하는 순서로 원소들을 배열하시오: Cl, F, Ne^+, S, S^-.

Chapter 7

화학결합과 분자구조

Chemical Bonding and Molecular Structure

7-1 이온결합

모든 화학결합은 반대 전하를 가진 입자들 간의 인력에 의한 것이다. 가장 간단한 예가 이온결합인데, 반대 전하의 이온 사이에 정전기적인 인력이 작용한다.

이성분 이온화합물은 금속과 비금속 간에 형성되는 화합물로, 두 원소의 금속성이 차이가 클수록 화합물은 이온성을 갖기 쉬워진다. 이온화합물은 주기율표에서 멀리 떨어져있는 원소들이 결합된 것이다: 왼쪽에 위치한 금속과 오른쪽에 위치한 비금속. 이온화합물을 좀 더 이해하기 위해, 다음 질문에 대해 답해보자.

- 금속원소는 양이온을 형성하고, 비금속원소는 음이온을 형성한다(2-4절). 왜?
- 이온 간의 인력에너지가 이온형성에 필요한 에너지를 어떻게 보상하는가?
- 이온반경은 음이온과 양이온 간의 결합세기에 어떤 영향을 미치는가?

양이온의 형성

이온화에너지와 전자친화도에서, 이온 형성시 에너지변화가 생긴다는 것을 배웠다. 두 에너지변화는 주기적 경향을 갖으며, 주기적 변화는 금속과 비금속의 주기율표에서의 위치와 관련된다. 이를 이용하여 금속은 양이온을, 비금속은 음이온을 형성하는 이유를 설명할 수 있다.

이온화에너지를 가했을 때, 몇몇 금속들은 1+가의 양이온을, 몇몇 금속들은 더 높은 전하의 양이온을 형성한다. 전자를 제거했을 때 np^6 배열이 깨지는 경우에는, 이온화에너지가 크게 증가한다(표 6.5). 양이온이 어떤 전하(1+, 2+ ⋯)를 갖는 지는 이온화에너지의 증가를 보면 된다. 예로 소듐(Na)은 Na^+만 생성한다. 소듐의 제 1, 제 2, 제 3의 이온화에너지는 각각 496, 4562, 6912 kJ/mol로, 소듐 원자의 두 번째 또는 세 번째 전자를 제거하는 데는 엄청난 에너지가 필요하기 때문이다. 예제 7.1은 금속 양이온과 이온화에너지 간의 관계를 설명한다.

주기율표의 s- 또는 p-블록에 있는 금속의 양이온은 일반적으로 np^6의 배열을 갖는다. 그러나 전이금속은 하나 이상의 안정한 양이온을 형성하는데, 전이금속은 부분적으로 채워진 d 부껍질을 갖고 있으나, 이온이 될 때는 s 부껍질의 전자를 잃는다. 예로, 철(Fe)은 Fe^{2+}를 형성하

예제 7.1

표 6.5를 이용하여, 마그네슘(Mg)과 알루미늄(Al)이 주로 형성하는 이온을 예상하시오.

풀이 마그네슘(Mg)은 제 2 이온화에너지(1451 kJ/mol)에 비해 제 3 이온화에너지(7733 kJ/mol)가 크다. Mg에서 두 개의 전자가 제거되면, Mg^{2+}가 형성된다.
알루미늄(Al)은 제 3 이온화에너지(2745 kJ/mol)에 비해 제 4 이온화에너지(11,578 kJ/mol)가 크다. Al에서 세 개의 전자가 제거되면 Al^{3+}가 형성된다.

추가문제 인산칼슘에서 칼슘은 Ca^{2+}의 형태이다. 이 사실에 근거하여, 칼슘의 이온화에너지를 예측하시오.

는데, 중성원자의 전자배열은 $1s^2 2s^2 2p^6 3s^2 3p^6 4s^2 3d^6$이며, 이온은 $1s^2 2s^2 2p^6 3s^2 3p^6 3d^6$이다. d 오비탈의 전자를 추가로 잃고 Fe^{3+}가 되면, 반만 채워진 d 부껍질을 갖게 된다. 반만 채워진 부껍질은 꽤 안정된 배열이기 때문에, Fe^{2+}와 Fe^{3+} 이온은 둘 다 안정하다. 전이금속은 꽤 복잡하기 때문에 더 이상 다루지는 않겠다.

음이온의 형성

전자친화도의 주기적 경향(그림 6.20)은 이온화에너지와 비슷하다. 전자친화도는 기체상태의 중성의 원자가 음이온을 형성할 때의 에너지변화이다.

$$X(g) + e^- \rightarrow X^-(g)$$

이것은 흔히 에너지적으로 유리한 과정으로, 음이온이 형성되면 에너지가 방출된다. 원자가 전자를 얻을 때 방출되는 에너지는 주기율표의 오른쪽으로 갈수록 증가한다. 전자를 쉽게 얻는 이들 원자가, np^6의 안정된 전자배열을 갖는 양이온을 만들기 위해서는 많은 수의 전자를 잃어야 한다. 따라서 비금속은 양이온보다는 음이온을 형성한다.

모든 비금속은 주족(main group)에 속하고, 전자가 일부만 차있는 d 부껍질이 없기 때문에 전이금속처럼 복잡하지 않다. 비금속도 주족의 금속처럼 p 부껍질이 꽉 찬 전자배열을 가지려는 경향이 있다. 둘의 차이점이라면 비금속은 전자를 잃기보다는 받아들인다. 모든 할로젠(원자가전자 7개)은 1−가의 음이온을 형성하여 np^6의 전자배열을 갖는다. 산소와 황(원자가전자 6개)은 2−가의 음이온을 형성하여 np^6의 전자배열을 갖는다.

이온의 크기도 이온결합의 세기에 영향을 준다. 원자반경은 족(group)의 아래쪽으로 갈수록 커지며, 주기(period)의 오른쪽으로 갈수록 작아진다(6-6장). 양이온과 음이온의 반경에서는 어떤 경향이 나타날까? 양이온은 전자를 잃었기 때문에, 전자 간 척력이 감소하여 전자들이 핵과 더 밀접해진다. 그래서 양이온은 중성의 원자보다 더 작아질 것이다. 반면, 전자를 얻어 형성된 음이온은 원자가전자(valence electron) 간의 척력이 증가하여 중성의 원자보다 더 커질 것이다. 결정격자 내 간격을 측정하여 이온 반경은 결정했을 때, 앞의 예측과 일치한다. Na^+은 원자반경이 102 pm로, 원자반경이 190 pm인 Na 원자보다 매우 작다. F^-는 133 pm로 42 pm의 F보다 매우 크다.

그림 7.1은 원자와 이온의 반경을 나타낸 것으로 경향이 뚜렷하다. 원자 크기와 마찬가지로 이온 크기는 족의 아래쪽으로 갈수록 증가한다. 양이온의 경우, 같은 주기에서의 이온 크기는 중성의 원자에서 관찰된 경향과 비슷하다. 예로, Na^+와 Mg^{2+}는 같은 전자배열을 갖는다. 하지만 Mg^{2+}는 핵에 양성자가 하나 더 많기 때문에 전자를 더 세게 잡을 수 있어, Na^+보다 더 작다. p-블록의 음이온도 비슷한 추정이 가능하다. 산소 음이온(O^{2-})과 플루오린 음이온(F^-)도 전자배열이 같다. 그러나 플루오린이 핵에 양성자가 하나 더 많기 때문에 O^{2-}보다 더 작다. 비슷한 이유로, Cl^-는 S^{2-}보다 약간 작다.

중성의 금속원자와 중성의 비금속원자가 반응하여 이온 쌍(양이온과 음이온)을 형성하기 위해서는 에너지가 필요하다. 금속이 양이온으로 될 때 유입된 에너지는, 비금속이 음이온으로 될

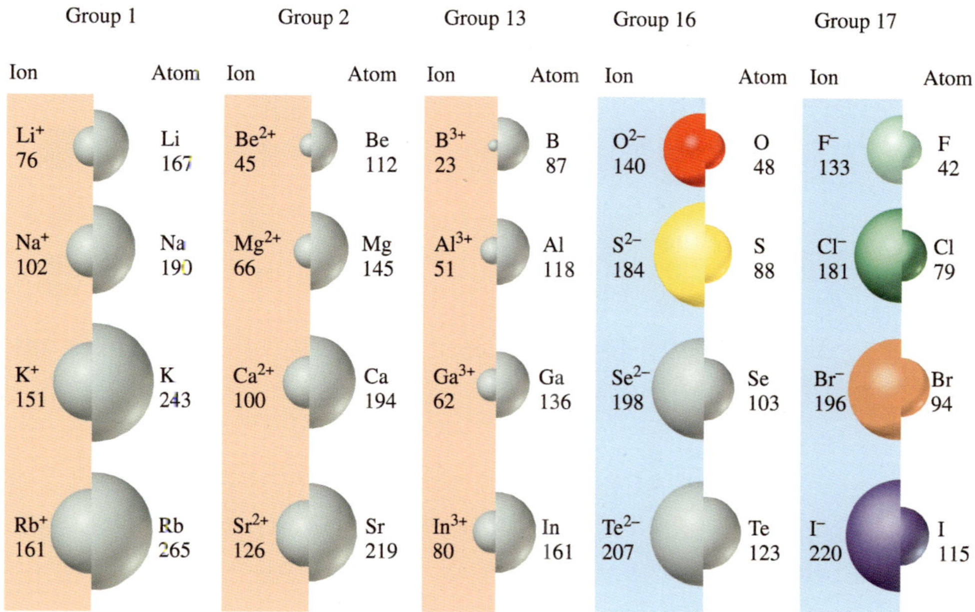

그림 7.1 중성의 원자와 이온의 크기 비교(1~2족은 금속, 13~17족은 비금속이다)

때 방출되는 에너지로는 보완되지 않는다. 그러나 일단 결합이 이루어지면 반대 전하의 이온들은 서로를 끌어당기고, 결국 총에너지는 낮아진다. 두 전하 간의 힘은 두 전하량의 곱을 거리의 제곱으로 나눈 값에 비례한다(쿨롱법칙).

$$F \propto \frac{q_1\, q_2}{r^2} \tag{7.1}$$

F는 힘이고, q_1, q_2는 전하량, r은 거리(두 이온의 핵 사이의 거리)이다. 퍼텐셜에너지 V는

$$V = k\,\frac{q_1\, q_2}{r^2} \tag{7.2}$$

k는 비례상수로, 1.389×10^5 kJ pm/mol 이다.

소듐(Na)과 플루오린(F)의 독립된 원자들로부터 NaF 이온쌍이 형성되는데, 이때 관측된 에너지변화를 보자. Na의 이온화에너지는 496 kJ/mol이고, F의 전자친화도는 −328 kJ/mol이다. 두 숫자를 결합하였을 때, 이온들은 168 kJ/mol (496 − 328 = 168)의 에너지를 필요로 한다. 그리고 식 (7.2)를 사용하여 두 이온 간의 **쿨롱인력**에 의해 방출되는 에너지를 결정한다.

Na^+와 F^-의 반경은 각각 102 pm와 133 pm이기 때문에 두 이온의 거리는 235 pm이다. 이온 사이의 인력은 다음과 같다.

$$V = \left(1.389\times10^5\ \frac{\text{kJ pm}}{\text{mol}}\right)\frac{(+1)\,(-1)}{(235\ \text{pm})} = -591\ \text{kJ/mol}$$

(−) 부호는 에너지가 방출됨을 뜻한다. 쿨롱에너지가 두 이온을 형성하는데 필요한 에너지보다 크기 때문에, 전체 반응은 에너지를 방출한다.

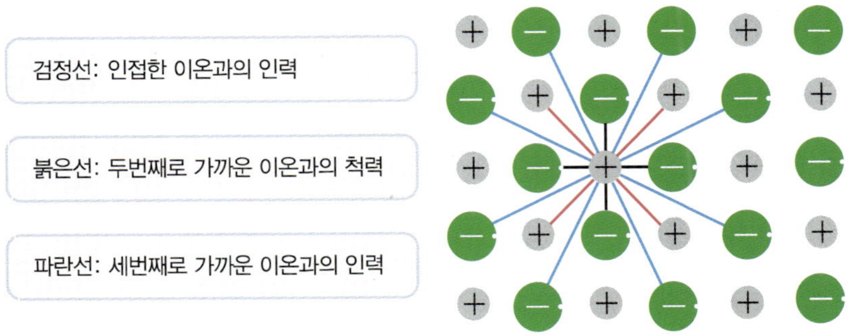

그림 7.2 고체격자의 이온은 인접한 이온, 두 번째로 가까운 이온, 그리고 세 번째로 가까운 이온과 상호작용(인력과 척력) 한다.

하지만 위의 계산은 현실성이 없다. 먼저, 위에서는 소듐과 플루오린이 독립된 원자라 가정하고 계산을 시작했다. 합리적인 조건에서 소듐은 금속의 고체이며, 플루오린은 이원자 기체일 것이다. 독립된 원자로 만들기 위해서는 에너지가 필요하다. 그리고 계산된 쿨롱에너지는 이온쌍 한 개에 대한 값이다. 하지만 플루오르화소듐(NaF)은 많은 이온들로 이루어진 벌크상태의 결정격자이다. 이온격자에서는 반대 전하를 가진 이온들은 서로 끌어당기는데, 동시에 같은 전하의 이온들은 서로 밀어낸다. 이온 간의 거리가 멀어지면, 인력과 척력은 모두 약해진다(그림 7.2).

결정 내 **격자에너지**(lattice energy)는 인력과 척력의 결과물이다. NaF 구조에서, 소듐 이온은 여섯 개의 플루오린 이온으로 둘러싸여 있으며, 플루오린은 여섯 개의 소듐 이온으로 둘러싸인다. 격자에서 정확한 쿨롱에너지를 결정하기 위해서는, 이웃 이온들과의 인력을 고려해야 한다. 소듐 금속과 이원자의 플루오린 기체가 반응하여 플루오르화소듐을 생성하는 반응에서 방출된 실제 에너지는 577 kJ/mol이다. 식 (7.2)를 보면, 큰 전하의 크기가 작은 이온일수록 이온화합물을 형성했을 때 격자에너지가 크고, 작은 전하의 큰 이온일수록 격자에너지가 작음을 알 수 있다.

예제 7.2

다음의 이온고체들은 비슷한 격자로 배열되어 있다. 격자에너지가 가장 큰 화합물은?
(a) CaO 와 KF (b) NaF 와 CsI

풀이

(a) CaO에서 칼슘은 Ca^{2+} 형태이며, 산소는 O^{2-} 형태이다. KF는 K^+와 F^-로 이루어진다. 두 물질의 원소들은 같은 주기의 원소로, 두 양이온의 크기는 크게 다르지 않다. 음이온의 경우도 마찬가지이다. CaO는 이온들의 전하가 KF보다 크기 때문에 격자에너지는 커야 한다. (사실, K^+는 Ca^{2+}보다 조금 크고, O^{2-}는 F^-보다 조금 크다. KF는 양이온이 크고, CaO는 음이온이 크기 때문에 원자크기는 그리 중요치 않다)

(b) 이온이 모두 1가의 전하를 갖기 때문에, 크기 차이가 중요하다. Na^+와 F^-는 각각 Cs^+와 I^-보다 작다. NaF의 격자 간격이 더 작다. 따라서 NaF의 격자에너지가 더 크다.

추가문제 CaF_2, KCl, RbBr 중 격자에너지가 가장 작은 화합물은?

7-2 공유결합

이온화합물에서는 이온화에너지, 전자친화도, 쿨롱인력을 고려한다. 반면, 중합체는 공유결합으로 이루어지는데, 공유결합은 어떤 결합인가? **공유결합**(covalent bond)은 두 원자가 전자 한 쌍을 공유할 때 이뤄진다(2-3장 참조). 어떻게 공유결합이 생기는지 알아보자.

화학결합과 에너지

비금속원소 사이에 화학결합이 형성될 때는, 원자가전자(valence electron)는 이동하지 않고 공유된다. 이온에서처럼, 공유결합에서도 원소가 결합한 후에 총에너지가 낮아진다. 공유결합의 경우 두 원자가 접근할 때 퍼텐셜에너지가 변한다. 원자가 충분히 멀리 떨어져 있을 경우, 서로에게 그다지 영향을 끼치지 않는다(서로가 인식하지 못한다). 그러나 원자들이 서로 가까워지면, 원자 안의 전자들이 상대방 원자의 핵에 끌리게 된다. 결과적으로, 또 다른 인력에 의해 퍼텐셜에너지는 낮아진다. 물론, 전자가 결합하는 과정에서 두 핵은 서로 밀어내기 때문에, 핵이 가까워지는 일은 없다. 인력과 척력이 균형을 이루는 순간 에너지는 최소화되며(그림 7.3), 에너지가 최소가 되는 점에서 공유결합이 형성된다. 개별 원자들이 공유결합을 형성할 때 방출하는 에너지를 **결합에너지**(bond energy)라 하며, 결합된 원자들의 핵 사이의 거리를 **결합길이**(bond length)라 한다.

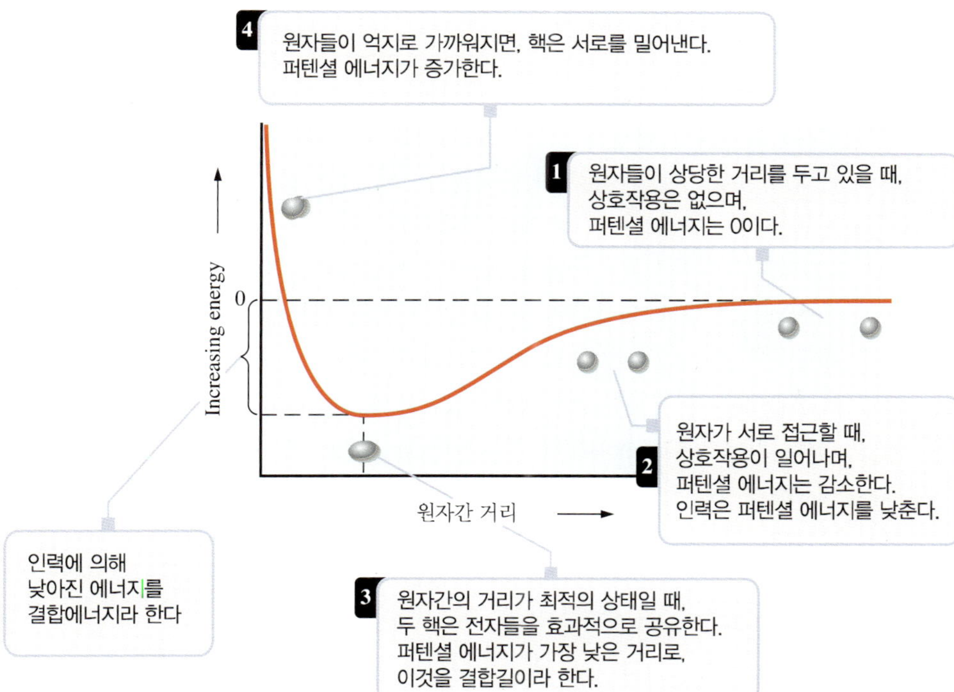

그림 7.3 원자들이 접근하여 공유결합을 이룰 때 원자 한 쌍의 퍼텐셜에너지는 변한다. 퍼텐셜에너지의 최저점에서 결합길이와 결합에너지가 정해진다.

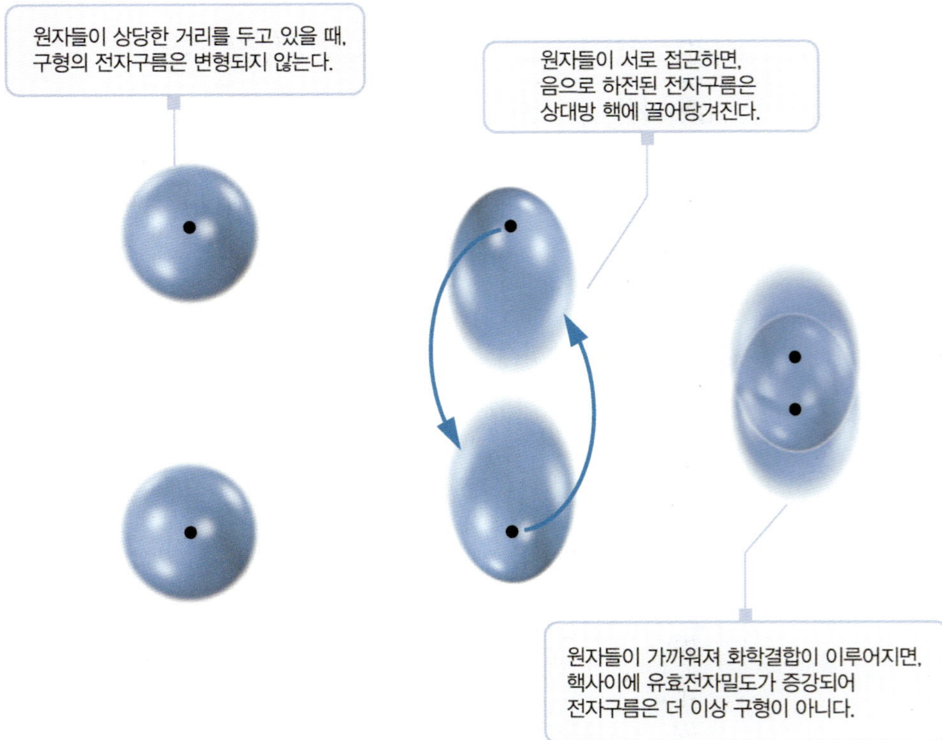

그림 7.4 두 원자가 서로 접근할 때, 음전하의 전자구름이 상대방 원자의 핵으로 끌어당겨진다. 이 인력에 의해 결합에너지가 줄어든다.

두 원자가 전자들을 공유할 때, 전자분포는 독립된 원자와는 다르다. 그림 7.4를 보면, 분자의 전자밀도는 개별 원자에서 볼 수 있는 구형의 대칭분포와는 다르다. 공유결합분자에서는, 두 원자의 결합 사이에 전자밀도가 증강된 구역이 있다. 이 구역에서 음전하가 조금이라도 증가하면 퍼텐셜에너지는 낮아지고 분자는 안정화된다.

화학결합이 형성되면 언제나 에너지가 방출한다. 결합을 깨는데 필요한 에너지는 결합에너지의 양과 동일하다. 결합에너지는 결합을 이루는 원자마다 다르다. 예로, 플루오린 원자 2 mol이 결합하여 플루오린 분자 1 mol이 만들어지는데, 이 때 156 kJ의 에너지가 방출된다. 그래서 F－F 결합에너지는 156 kJ/mol 이다. 다른 분자들에 비해 F_2는 약한 공유결합을 하는데, HF의 결합에너지는 565 kJ/mol로 세 배는 강한 결합이다. HF 결합을 깨기 위해서는 더 많은 에너지가 필요하기 때문에, HF 결합은 F_2 결합보다 안정적이라고 말한다. 화합물의 안정성을 판단하고자 한다면, 결합의 여러 형태를 알아볼 필요가 있다.

화학결합과 반응

화학반응이 일어나면 결합이 재배열되고, 반응물은 생성물로 바뀐다. 결합을 깨는데 필요한 에너지가 새로운 결합을 만들 때 방출되는 에너지보다 작으면, 반응은 에너지적으로 유리해진다. 수술 후 복부벽을 보강하는데 세포조직을 대신하여 Teflon®망이 사용된다. 테플론은 polytetrafluoroethylene (PTFE)의 상품명으로, 화학반응에 강하다.

PTFE은 플루오르화탄소로, 탄화수소의 수소 원자가 모두 플루오린으로 대체된 것이다. 테플론($-CF_2-CF_2-$)이 연소하면 CO_2와 OF_2가 생성된다. 표 7.1은 결합형태에 따른 결합에너지이다. C−F 결합은 C−H 결합보다 좀 더 강하며 끊어지기 어렵다. O−F의 결합에너지는 O−H에 비해 아주 작다. 플루오르화탄소가 연소한다는 것은, 강한 C−F 결합이 약한 O−F 결합으로 대체된다는 것으로, 에너지적으로 유리하지 않으며, 이런 이유로 플루오린 화합물은 연소되지 않는다. 결합에너지로 테플론의 비반응성을 설명할 수 있다.

표 7.1 탄화수소와 플루오르화탄소의 연소에서 결합에너지는 중요하다

결합형태	결합에너지(kJ/mol)
C−F	485
C−H	415
O−F	190
O−H	460

화학결합과 분자구조

금속과 비금속이 이온결합을 하면, 각각의 양이온과 음이온은 np^6의 전자배열을 갖는데, 이는 비활성기체의 전자배열과 유사하다. 이온결합을 이룬 비금속원자는 금속원자로부터 전자를 얻어 비활성기체의 전자배열을 갖는다. 또한 비금속은 다른 비금속과도 상호작용하여 전자를 공유할 수 있으며, 원자는 공유된 전자에 효과적으로 접근할 수 있다. 이때 비금속원자 간에 전자를 공유함으로써 비활성기체의 전자배열을 갖는다. 주족의 원소로 구성된 대부분의 분자는, 원자 주위에 8개의 원자가전자를 갖는다. 이를 **옥텟 규칙**(octet rule: **8전자 규칙**)이라 한다: 원자는 공유결합을 통해 8개의 원자가전자를 완성한다. 비활성기체 원소는 원자가껍질(valence shell)에 ns^2np^6(총 8개의 원자가전자)의 전자배열을 갖는다. 단 수소는 옥텟 규칙의 예외인데, $n=1$인 원자가껍질에는 p 오비탈이 없기 때문에 두 개의 전자만을 공유한다.

루이스 점기호(Lewis dot symbol)를 사용하여 옥텟 규칙을 그림으로 나타낼 수 있다. 루이스 기호는 20세기 초 미국의 화학자인 G. N. Lewis에 의해 창안되었다. 루이스 기호는 원자가전자를 나타낼 수 있기 때문에, 분자결합을 예측하는데 도움을 준다. 주족의 원소로 이루어진 화합물에 특히 유용한데, 원소 기호 주위에 원자가전자 수만큼의 점을 그려 기호를 완성한다. 처음 네 개의 점을 기호 주위에 하나씩 그리는데, 다섯 번째 점부터는 쌍을 이루어 나타낸다. 2주기 원소들의 루이스 기호는 다음과 같다.

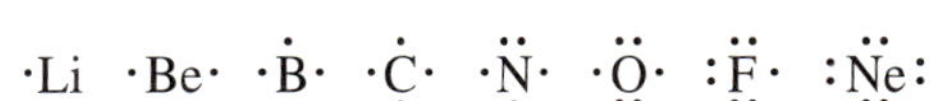

같은 족의 원소들은 원자가전자 수가 같기 때문에, 루이스 기호도 같다. 예로, 아래 그림은 탄소(C), 실리콘(Si), 게르마늄(Ge)의 루이스 기호이다.

루이스 기호로 나타낸 주족원소를 그림 7.5에 나타내었다.

Group	1	2	13	14	15	16	17	18
Number of electrons in valence shell	1	2	3	4	5	6	7	8 (except He)
Period 1	H·							He
Period 2	Li·	·Be·	·B·	·C·	·N·	·O·	:F·	:Ne:
Period 3	Na·	·Mg·	·Al·	·Si·	·P·	·S·	:Cl·	:Ar:
Period 4	K·	·Ca·	·Ga·	·Ge·	·As·	·Se·	:Br·	:Kr:
Period 5	Rb·	·Sr·	·In·	·Sn·	·Sb·	·Te·	:I·	:Xe:
Period 6	Cs·	·Ba·	·Tl·	·Pb·	·Bi·	·Po·	:At·	:Rn:
Period 7	Fr·	·Ra·						

그림 7.5 루이스 기호로 나타낸 주족원소; 루이스 구조를 이용하여 화학결합에 참여한 전자를 알 수 있다.

루이스 점기호로 분자를 그릴 때는, 두 원자의 기호 사이에 선을 그려 원자간 결합을 나타낸다. 전자수를 셀 때, 한 개의 선은 공유된 전자 한 쌍과 같다. 그림 7.6은 H와 H_2의 루이스 구조이다.

$$\mathrm{H}\cdot + \cdot\mathrm{H} \longrightarrow \mathrm{H}:\mathrm{H} \quad \text{or} \quad \mathrm{H}-\mathrm{H}$$

그림 7.6 두 개의 수소 원자는 전자 한 개씩을 공유하며 화학결합을 형성한다.

루이스 구조(Lewis structure)는 분자에서 전자들이 어떻게 공유되는지를 보여준다. F_2의 루이스 구조를 그림 7.7에 나타내었다. 플루오린은 공유결합물질로, 항상 단일결합을 통해 한 쌍의 전자를 공유하며, 옥텟 규칙을 만족한다. 두 원자가 공유한 전자쌍을 **결합전자쌍**(bonding pair)이라 하며, 원자의 다른 전자쌍을 비결합전자쌍(nonbonding electron) 또는 **고립전자쌍**(lone pair, 비공유전자쌍)이라 한다. 플루오린 분자는 한 개의 결합전자쌍과 여섯 개의 고립전자쌍을 갖는다.

$$:\ddot{\underset{\cdot\cdot}{\mathrm{F}}}\cdot + \cdot\ddot{\underset{\cdot\cdot}{\mathrm{F}}}: \longrightarrow :\ddot{\underset{\cdot\cdot}{\mathrm{F}}}:\ddot{\underset{\cdot\cdot}{\mathrm{F}}}: \quad \text{or} \quad :\ddot{\underset{\cdot\cdot}{\mathrm{F}}}-\ddot{\underset{\cdot\cdot}{\mathrm{F}}}:$$

그림 7.7 두 개의 플루오린 원자는 안정된 화학결합을 형성한다. 전자 한 개씩을 공유함으로써, 각각의 원자는 8개의 원자가전자로 둘러싸인다.

물론, 대부분의 분자들은 H_2 또는 F_2보다 복잡하고, 한 쌍 이상의 공유전자를 갖는다. 예로, 두 개의 산소 원자가 전자 한 쌍만을 공유하면 산소 원자는 8개의 원자가전자를 갖지 못하지만, 전자 두 쌍을 공유하면 옥텟 규칙을 따르게 된다. 이원자 질소의 경우, 옥텟 규칙을 만족하기 위해

전자 세 쌍을 공유해야 한다. 전자 한 쌍 이상이 공유되었을 때 다중결합이 만들어 진다: 전자 두 쌍은 **이중결합**(double bond), 세 쌍은 **삼중결합**(triple bond)을 만든다. 이중결합은 단일결합보다 강한데, 그렇다고 두 배로 강한 것은 아니다. 탄소-탄소의 결합에너지가 좋은 예이다.

결합형태	결합에너지(kJ/mol)
C−C	346
C=C	602
C≡C	835

Methyl methacrylate가 중합하여 PMMA가 되는 반응을 예로 들어보자. Methyl methacrylate 단위체($CH_2=C(CH_3)-COOCH_3$)는 탄소=탄소 이중결합을 갖는데, 중합반응을 통해 이중결합을 이루던 전자 두 개가 다른 단위체와의 결합에 사용된다. 그 결과 반응물의 이중결합은 생성물의 단일결합 두 개로 바뀐다. 두 개의 단일결합을 형성할 때 방출된 에너지는 한 개의 이중결합을 깨는데 필요한 에너지보다 크기 때문에, PMMA의 중합반응은 에너지적으로 유리하다. 이 때문에, C=C 작용기에서는 일반적으로 첨가반응이 일어난다. 삼중결합에서도 첨가반응이 일어나는데, 일반적이진 않다.

7-3 전기음성도와 결합극성

화합물의 화학적 성질을 이해하기 위해서는, 이온결합과 공유결합을 알아야 한다. 생체물질인 hydroxyapatite, $Ca_{10}(PO_4)_6(OH)_2$는 이온결합과 공유결합, 모두를 갖고 있다. 어느 결합이 이온결합이 될지, 공유결합이 될지 어떻게 예상할 수 있을까? 전기음성도와 결합극성에 대해 알아보도록 하자. 공유결합에서 전자의 공유와 이온결합에서 전자의 이동은 결합연속체의 두 말단을 의미한다.

전기음성도

금속과 비금속의 이온결합에서는, 하나 이상의 전자들이 금속에서 비금속으로 이동한다. 금속에 비해, 비금속이 상대적으로 전자를 더 많이 끌어당긴다. 공유결합에서는, 크기는 작으면서 전자친화도가 큰 비금속원자들이 전자를 끌어당기는 힘이 세다. 공유결합에서 공유 전자에 대한 원자의 인력을 **전기음성도**(electronegativity)라 한다.

이 개념이 단순해 보여도, 정량화하는 것은 매우 어렵다. 이온화에너지나 전자친화도와는 다르게, 전기음성도는 실험적으로 결정되는 에너지변화량이 아니다. 전기음성도 값은 원자크기, 전자친화도, 이온화에너지 등의 여러 요인으로 결정되며, 임의의 단위를 사용한다. 그림 7.8은 원소의 전기음성도 값이다. 화학결합에서 전기음성도 값이 큰 원소일수록 더 많은 전기밀도를 끌어당긴다. 전기음성도는 족(group)의 위로 갈수록, 또는 주기의 오른쪽으로 갈수록 커진다. 전기음성도 경향은 이온화에너지와 전자친화도와 유사하다. 플루오린은 전기음성도가 가장 큰 원소로, 그 값이 4.0이다. 산소와 질소도 전기음성도가 상대적으로 큰 원소이다. 이들 원소가 공유결합을 하면, 결합전자쌍은 균등하지 않게 분포하는데, 왜 그럴까?

Metals / Nonmetals / Metalloids

	1	2	3	4	5	6	7	8	9	10	11	12	13	14	15	16	17	18
1	1 H 2.1																	2 He
2	3 Li 1.0	4 Be 1.5											5 B 2.0	6 C 2.5	7 N 3.0	8 O 3.5	9 F 4.0	10 Ne
3	11 Na 1.0	12 Mg 1.2											13 Al 1.5	14 Si 1.8	15 P 2.1	16 S 2.5	17 Cl 3.0	18 Ar
4	19 K 0.9	20 Ca 1.0	21 Sc 1.3	22 Ti 1.4	23 V 1.5	24 Cr 1.6	25 Mn 1.6	26 Fe 1.7	27 Co 1.7	28 Ni 1.8	29 Cu 1.8	30 Zn 1.6	31 Ga 1.7	32 Ge 1.9	33 As 2.1	34 Se 2.4	35 Br 2.8	36 Kr
5	37 Rb 0.9	38 Sr 1.0	39 Y 1.2	40 Zr 1.3	41 Nb 1.5	42 Mo 1.6	43 Tc 1.7	44 Ru 1.8	45 Rh 1.8	46 Pd 1.8	47 Ag 1.6	48 Cd 1.6	49 In 1.6	50 Sn 1.8	51 Sb 1.9	52 Te 2.1	53 I 2.5	54 Xe
6	55 Cs 0.8	56 Ba 1.0	57 La 1.1	72 Hf 1.3	73 Ta 1.4	74 W 1.5	75 Re 1.7	76 Os 1.9	77 Ir 1.9	78 Pt 1.8	79 Au 1.9	80 Hg 1.7	81 Tl 1.6	82 Pb 1.7	83 Bi 1.8	84 Po 1.9	85 At 2.1	86 Rn
7	87 Fr 0.8	88 Ra 1.0	89 Ac 1.1	104 Rf	105 Db	106 Sg	107 Bh	108 Hs	109 Mt	110 Ds	111 Rg	112 Cn	113 Uut	114 Fl	115 Uup	116 Lv	117 Uus	118 Uuo

58 Ce 1.1	59 Pr 1.1	60 Nd 1.1	61 Pm 1.1	62 Sm 1.1	63 Eu 1.1	64 Gd 1.1	65 Tb 1.1	66 Dy 1.1	67 Ho 1.1	68 Er 1.1	69 Tm 1.1	70 Yb 1.0	71 Lu 1.2
90 Th 1.2	91 Pa 1.3	92 U 1.5	93 Np 1.3	94 Pu 1.3	95 Am 1.3	96 Cm 1.3	97 Bk 1.3	98 Cf 1.3	99 Es 1.3	100 Fm 1.3	101 Md 1.3	102 No 1.3	103 Lr 1.5

그림 7.8 전기음성도 ; 주기율표의 오른쪽 위로 갈수록 전기음성도값은 커진다.

결합극성

전기음성도가 높은 플루오린은 여러 공정에서 중요하게 작용한다. 예로, 치아를 불소처리하면, hydroxyapatite의 $-OH$ 그룹이 플루오린 원자($-F$)로 대체되어 fluorapatite가 된다. 플루오린이 공유결합에서 이온결합으로 바뀌는 것을 이해하기 위해, 분자상태에서의 원자의 전자분포와 개별 원자일 때의 전자분포를 비교하도록 한다.

단독으로 떨어져 있는 플루오린 원자는, 핵전하와 전자전하가 서로 완충되기 때문에 전기적으로 중성이다. 하지만 플루오린은 전기음성도가 가장 큰 원소이기 때문에, 플루오린 원자가 수소와 같은 다른 원소와 공유결합 할 경우, 결합전자쌍의 전자분포는 반 이상이 플루오린 원자쪽으로 치우친 형태가 된다. 따라서 플루오린 원자는 핵전하보다 전기밀도가 커지기 때문에 부분적으로 음전하(partial negative charge)가 되고, 수소 원자는 부분적으로 양전하(partial positive charge)가 된다(그림 7.9). 전기음성도가 다른 원자들 간의 공유결합에서는 양전하와 음전하의 중심이 나타나게 되는데, 분자는 양전하 지역과 음전하 지역을 갖기 때문에 전기장을 갖게 된다. 양전하와 음전하의 두 점은 **쌍극자**(dipole)를 이루며, 이 결합을 **극성결합**(polar bond)이라 한다. 이온처럼 전자가 이동하지 않고, 원자들이 전자를 공유한 상태이기 때문에, 이들 결합을 **극성공유결합**(polar covalent bond)이라 한다.

공유결합은 무극성(예, F_2와 H_2), 중간극성(예, HF), 그리고 이온성(예, NaF)에 걸쳐 다양한 극성을 갖는다. 이것은 결합원자간의 전기음성도 차이에 의한 것으로, 전기음성도 차이가 클수

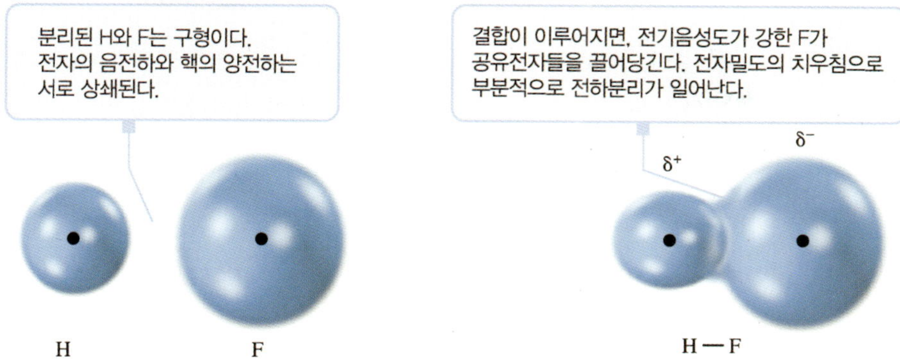

그림 7.9 전기음성도가 가장 높은 플루오린 원자는 수소 원자보다 더 강하게 전자를 끌어당긴다. HF는 극성 공유결합을 형성한다.

록 극성결합을 갖는다. 동시에, 전기음성도 차이가 2.0을 넘으면, 이온결합으로 분류된다. 전기음성도 값을 나타낸 그림 7.8을 이용하면, NaF는 전기음성도 차이가 3.0이기 때문에 이온결합이다. 플루오르화탄소인 테플론에서 C−F 결합은 극성공유결합(전기음성도 차 =1.5)이고, F−F 결합은 완벽한 공유결합(전기음성도 차 = 0)이다.

무극성 공유결합	극성 공유결합	이온결합
F : F H : H	$\delta+$ $\delta-$ H—F	Na^{+} F^{-}
동등한 전자공유	동등하지 않는 전자공유	전기음성도 차이가 큼

예제 7.3

어느 결합이 가장 극성인가? 이들 결합에서 부분적으로 양전하인 원자를 결정하시오.
C−H, O−H, H−Cl

풀이 그림 7.8로부터, 전기음성도를 찾는다.

$$H = 2.1, \quad C = 2.5, \quad O = 3.5, \quad Cl = 3.0$$

전기음성도 차이를 계산한다.

$$C-H = 0.4, \quad O-H = 1.4, \quad H-Cl = 0.9$$

O−H 결합이 가장 극성이다. 세 결합에서, H는 전기음성도가 상대적으로 작은 원자이기 때문에, 부분적으로 양전하를 갖는다.

추가문제 어느 결합이 무극성인가? C−N, N−Cl, H−Br

결합의 극성은 생체적합성에서도 중요하다. 예로 생체물질과 혈액의 반응에서, 혈액세포의 외벽에 있는 분자의 극성결합 때문에 혈액은 물과 상호작용할 수 있다. 비결정질(amorphous)의 실리카는 많은 수의 SiO_4의 실리카 단위로 구성되어 있다. 비결정질 실리카의 적합성 실험에서 혈액세포가 파괴된다고 밝혀졌는데, 산소를 이동하는 헤모글로빈에 구멍을 만든다. 비결정질 실리카 표면은 수많은 Si−O 극성결합을 갖는데, 이 결합은 혈액세포의 표면의 양전하와 강하게 결합한다(그림 7.10). 혈액세포에 근접한 실리카 입자는 세포막에 구멍을 내어, 세포를 파괴한다.

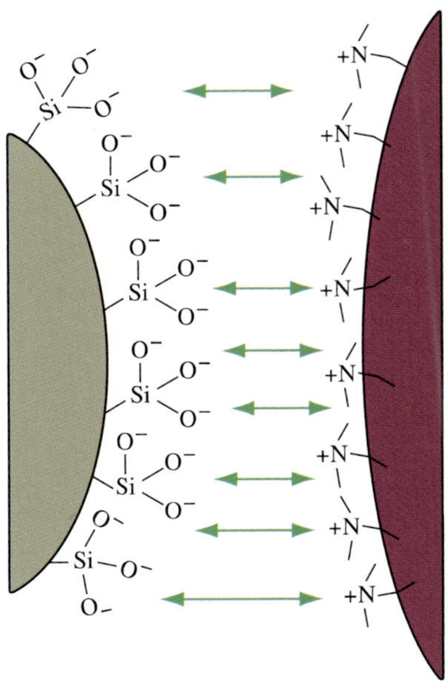

그림 7.10 비결정질 실리카(왼쪽)는 혈액세포외벽(오른쪽)과 강하게 상호작용하여, 세포를 손상시킨다.

7-4 루이스 구조

화학결합과 화합물 성질간의 관계를 알고자 한다면, 결합이 어느 원소에서 이루어졌는지 알아야 한다. 루이스 구조는 원소간의 결합을 나타낼 수 있는 가장 좋은 도구이다. H_2와 F_2와 같은 매우 간단한 분자의 루이스 구조를 그릴 때는, 각각의 원자를 분리해서 결합을 형성할 수 있는 위치에 나타낸다. 이 방법은 어떤 원자가 결합하고 있는지 안다는 가정에서 가능하다. 이원자 분자의 경우에는 선택의 문제는 없지만, 큰 분자에서는 순차적으로 접근하도록 한다. 분자의 가능한 구조를 검토하고 비교하여 어떤 결합이 형성될 수 있을지 예측한다.

단순한 분자인 물을 예로 들기에는 적합지 않다. 수소는 옥텟 규칙을 따르지 않기 때문이다. 대신 가장 비슷한 분자인, 이플루오르화산소(oxygen difluoride, OF_2)를 예로 들어보자.

Step 1: 분자나 이온의 원자가전자의 총 개수를 센다.
분자를 이루는 각 원자의 원자가전자수의 합을 구한다. (다원자 이온은, 이온의 전하도 고려해야 한다) OF_2의 경우, 플루오린 원자는 각각 7개를, 산소 원자는 6개의 원자가전자를 갖는다. 분자의 원자가전자 총 합은 20이다.

F	2 × 7 = 14
O	1 × 6 = 6
	Total = 20

Step 2: 분자의 골격구조를 그린다.

화학식의 가장 처음에 나온 원소가 분자의 중심원자이다. 단, 수소가 처음에 적힌 것은 예외이다(수소는 중심원자가 결코 아니다). 일반적으로, 중심원자는 가장 작은 전기음성도를 갖는다. 가능한 골격이 하나 이상일 경우도 있다. 이런 경우, 화학적 직관에 따른다. 또는 가능한 모든 구조를 그리고, 어느 것이 타당해 보이는 지 평가한다. OF_2에서, 산소가 처음 적혀 있고 전기음성도는 상대적으로 작기 때문에, 중심원자이다. 산소 주위에 두 개의 플루오린 원자를 적는다(플루오린 원자를 산소의 어느 쪽에 적든 중요치 않다).

F O
   F

Step 3: 원자들 사이에 선을 긋는다. 모든 원자들은 단일결합으로 연결된다.

우리는 아직도 얼마나 많은 결합이 분자에 필요한지 모른다. 하지만 중심의 산소 원자와 바깥의 플루오린 원자에 적어도 한 개의 결합이 필요함을 안다.

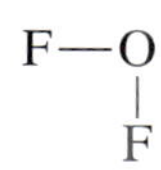

Step 4: Step 3에서 나타내지 않은 원자가전자를 옥텟 규칙을 만족할 때까지 각 원자에 배치한다. 가능한 곳에는 고립전자쌍을 배치한다. 전자를 바깥 원자에 먼저 그린다. 각 결합은 전자 두 개를 뜻하기 때문에, 두 개의 단일결합은 4개의 전자로 세어야 한다. 분자는 20개의 원자가전자를 갖기 때문에, 구조에 쓰일 전자는 16개이다. 전자 6개씩을 플루오린 원자 주변에 그리고, 산소 원자에 4개를 사용한다. 16개의 전자는 모두 고립전자쌍이다.

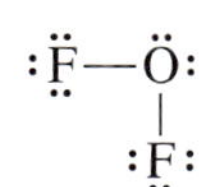

원자가전자가 어떻게 배치되는지 알 수 있다. 원자가전자의 최적의 배열을 결정하기 위해, 각 원자가 옥텟 규칙을 만족하는지 확인한다. OF_2의 경우, 위의 구조는 각각의 원자에 8개의 원자가전자가 채워져 있기 때문에, 최종구조이다. 하지만 전자 8개를 채우지 못한 원자가 있을 경우에는 추가 단계가 필요하다.

Step 5: 원자가전가가 8을 채우지 못한 원자가 있을 경우, 필요한 위치로 고립전자쌍을 이동하여 다중결합을 만든다.

예제 7.4

염화플루오르화 탄소(chlorofluorocarbon)는 1930년대부터 냉매로 사용된 물질로, 오존파괴 문제로 사용이 줄어들었다. 이염화이플루오르화 메테인(dichlorodifluoromethane), CF_2Cl_2의 루이스 구조를 그리시오.

풀이

Step 1: 원자가전자의 총 개수를 센다. 탄소는 4개, 플루오린은 7개, 염소는 7개를 갖는다.

C	$1 \times 4 =$	4
F	$2 \times 7 =$	14
Cl	$2 \times 7 =$	14
	Total $=$	32

Step 2: 분자의 골격구조를 그린다. 탄소는 화학식의 처음에 나오며, 가장 작은 전기음성도를 가지기 때문에, 중심원자이다.

Cl

F C F

Cl

Step 3: 관계된 모든 원자 사이에 단일결합을 그린다.

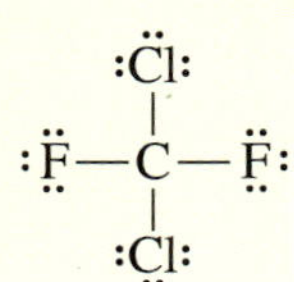

Step 4: Step 3에서 사용하지 않고 남은 원자가전자를 옥텟 규칙을 만족할 때까지 각 원자에 배치한다. 네 개의 단일결합이 그려졌기 때문에, 8개의 원자가전자가 사용되었다. 총 32개의 원자가전자 중 남은 전자수는 $32-8=24$이다. 남은 24개의 전자를 네 개의 할로젠 원자에 배치하면, 각각 3개의 고립전자쌍(6개의 전자)을 갖는다.

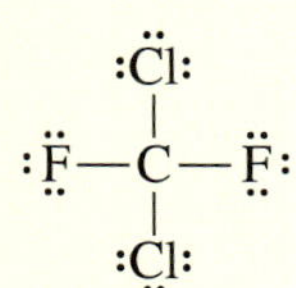

Step 5: 원자가전자 8개를 갖지 못하는 원자가 있을 경우에는, 다중결합을 만든다. 먼저, 각각의 원자가 8개의 원자가전자를 갖는지 확인한다. 탄소는 네 개의 결합전자쌍을 가지므로, 8개의 전자를 갖는다. 할로젠은 한 개의 결합전자쌍과 세 개의 고립전자쌍을 가지므로, 8개의 전자를 갖는다. 다중결합은 필요없으며, 최종구조는 Step 4에서 얻은 구조이다.

추가문제 C_2H_6의 루이스 구조를 그리시오.

예제 7.5

인산칼슘(calcium phosphate)은 바이오세라믹 코팅 형성에서 중요한 개시제이다. 인산 이온(PO_4^{3-})의 루이스 구조를 그리시오.

풀이

Step 1: 원자가전자의 총 개수를 센다. 인 원자는 5개, 각각의 산소 원자는 6개씩을 갖는다. 이온의 전체 전하는 −3가이며, 이것은 3개의 전자를 추가로 갖고 있음을 뜻한다.

P	1 × 5	= 5
O	4 × 6	= 24
이온의 전하		= 3
	Total	= 32

Step 2: 이온의 골격구조를 그린다. 인은 가장 작은 전기음성도를 가지며, 화학식의 처음에 나오기 때문에 중심원자이다. 전체 이온을 대괄호로 묶고, 전하를 표시한다.

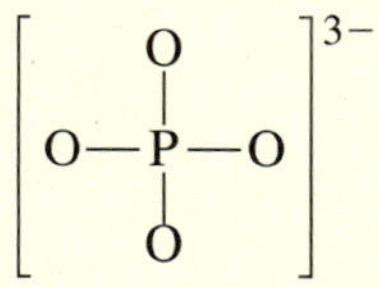

Step 3: 관계된 모든 원자 사이에 단일결합을 그린다.

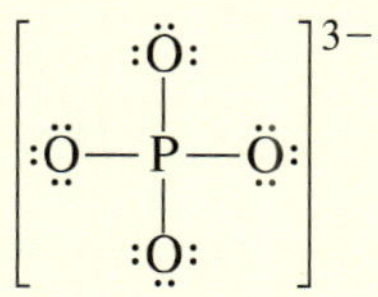

Step 4: Step 3에서 사용하지 않고 남은 원자가전자를 옥텟 규칙을 만족할 때까지 각 원자에 배치한다. 산소와 연결된 네 개의 단일결합은 8개의 원자가전자가 사용되었음을 뜻한다. 원자가전자 32개 중 남은 24개의 전자를 네 개의 산소에 배치하면 각각 3개의 고립전자쌍을 갖는다.

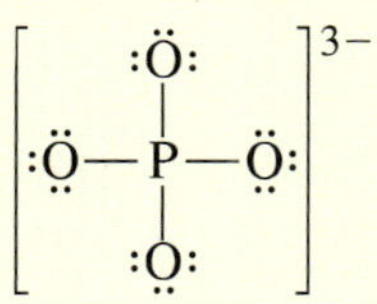

Step 5: 원자가전자 8개를 갖지 못하는 원자가 있을 경우에는, 다중결합을 만든다. 이 경우에는 다중결합은 필요없다.

추가문제 NH_4^+와 ClO_2^-의 루이스 구조를 그리시오.

예제 7.6

폴리비닐알코올은 수술용 봉합선과 같은 생체물질에 사용되는 물질이다. 폴리비닐알코올의 단위체인 비닐알코올(vinyl alcohol), CH_2CHOH의 루이스 구조를 그리시오.

풀이

Step 1: 원자가전자를 총 개수를 센다. 각각의 탄소 원자는 4개씩, 각각의 수소 원자는 1개씩, 산소 원자는 6개를 갖는다. 총 18개의 원자가전자를 갖는다.

$$\text{원자가전자 수} = 2(4) + 4(1) + 1(6) = 18$$

Step 2: 분자의 골격 구조를 그린다. 이것은 유기화합물로, 유기화학에서는 탄소 원자들이 분자의 중심에 위치하며 화학결합으로 연결되어 있다. 두 탄소 원자를 중심에 놓고, 남은 원자로 둘러싼다. 알코올은 −OH 작용기를 갖고 있기 때문에(2장 참조), 비닐알코올에서도 −OH 작용기를 예측한다. 수소는 단지 한 개의 화학결합을 이루는 원자이다. 세 개의 수소 원자와 한 개의 −OH기를 탄소 원자와 연결한다. 두 개의 수소는 탄소 한 개와 연결되며, 한 개의 수소와 −OH기는 다른 탄소 한 개에 연결된다.

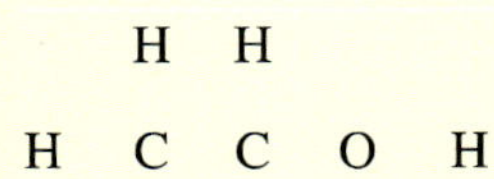

Step 3: 관계된 모든 원자 사이에 단일결합을 그린다.

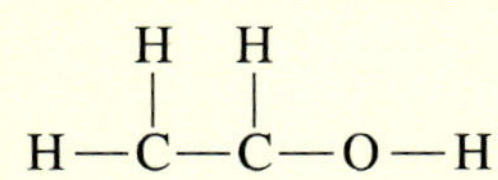

Step 4: Step 3에서 사용하지 않고 남은 원자가전자를 옥텟 규칙을 만족할 때까지 각 원자에 배치한다. 6개의 결합은 12개의 전자를 필요로 하기 때문에, 남은 전자는 18−12=6이다. 수소 원자는 고립전자쌍을 가질 수 없다. 산소는 탄소보다 전기음성도가 크기 때문에, 두 개의 고립전자쌍을 갖는다. 두 개의 남은 전자는 모멘트로 탄소 원자들 중 하나에 위치한다.(어떤 탄소가 전자를 가질지는 임의적이다)

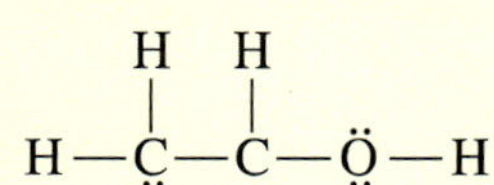

Step 5: 원자가전자 8개를 갖지 못하는 원자가 있을 경우에는, 다중결합을 만든다. 마지막 단계에서 고립전자쌍을 받지 못한 탄소 원자는 이웃 원자로부터 고립전자쌍을 받아 결합전자쌍으로 바꿔 이중결합을 만들 필요가 있다. 이중결합은 두 탄소 원자 사이 또는 탄소 원자와 산소 원자 사이, 둘 중 어디에 생길까? 두 요인에 의해 탄소−탄소가 선택된다. 첫째, 탄소는 다중결합을 흔하게 갖는다. 둘째, 두 탄소 원자 사이의 이중결합으로 분자는 좀 더 대칭적인 구조를 가지며, 이런 배열이 선호된다.

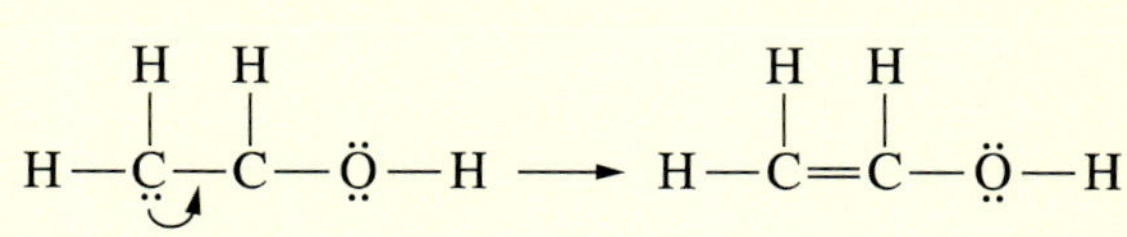

추가문제 이산화탄소(CO_2)의 루이스 구조를 그리시오.

루이스 구조는 그리기 단순하기 때문에, 분자의 결합을 잘 보여준다. 하지만 마지막 단계에서, 이중결합을 어디에 넣을 지는 임의적으로 선택된다. 루이스 구조의 틀에서 이런 분자의 결합을 설명하기 위해 공명(resonance) 개념이 개발되었다.

공명

EPA의 오염물질 중 하나인 이산화황(sulfur dioxide)을 생각해 보자. 이산화황의 루이스 구조는 어떻게 생겼을까? 황과 산소는 모두 6개의 원자가전자를 갖기 때문에, 이산화황은 총 18개의 원자가전자를 갖는다. 황이 화학식의 처음에 나오고, 전기음성도가 작기 때문에 골격 구조의 중심이다.

O S O

결합전자쌍을 황 원자와 각각의 산소 원자 사이에 놓는다.

O—S—O

남은 14개의 원자가전자는 고립전자쌍으로 존재한다.

:Ö—S̈—Ö:

옥텟을 확인한다. 양쪽 산소 원자는 8개의 원자가전자를 가지지만, 황은 6개의 원자가전자를 갖는다. 황은 전자 2개가 추가로 필요한데, 이중결합을 통해 얻을 수 있다. 어느 쪽에 이중결합을 만들까? 두 구조는 동등(equivalent)하며, 두 가지 구조를 모두 그릴 수 있다.

:Ö=S̈—Ö: ⟷ :Ö—S̈=Ö:

두 구조 모두, 중심원자인 황이 한 개의 산소 원자와 더 강한 작용을 한다. 한 개의 루이스 구조만으로는 정확히 설명될 수 없다. 실제 구조는 가능한 모든 루이스 구조를 반영한 것으로, 이것을 **공명혼성체**(resonance hybrid)라 한다. 양방향 화살표가 두 구조가 번갈아 생김을 뜻하지 않는다; 이것은 SO_2의 두 구조가 **공명구조**(resonance structures)임을 뜻한다. 공명구조에서, 원자들의 위치는 동일하다; 전자의 위치가 다를 뿐이다.

SO_2의 가능한 두 구조를 다른 시각에서 보자. 양쪽의 공명구조 모두 단일결합 한 개와 이중결합 한 개를 갖는다. 만약 이것이 사실이라면, 단일결합은 이중결합보다 길 것이다. 그러나 두 길이는 실험적으로 같았다. 게다가, SO_2의 측정된 결합길이는 S−O 단일결합과 S=O 이중결합의 중간이었다. 실험결과에 의하면 두 공명구조는 모두 옳지 않았기 때문에, 실제 구조는 두 공명구조의 평균이 아닐까 라는 견해가 힘을 얻었다. 실제 구조는 두 공명구조의 혼성체로, 혼합물은 아니다. 결합은 분자에 걸쳐 퍼져있거나(spread out) 또는 비편재화(delocalized)된 것으로 생각할 수 있다. SO_2는 두 개의 "한 개 반의 결합"을 가지는 것으로 생각된다. 루이스 점 모형으로 모든 분자를 적합하게 설명할 수는 없다.

탄산 이온도 세 가지의 공명구조를 갖는다. 실험적 증거에 의하면 CO_3^{2-}의 세 개의 탄소−산소 결합은 모두 동일하다.

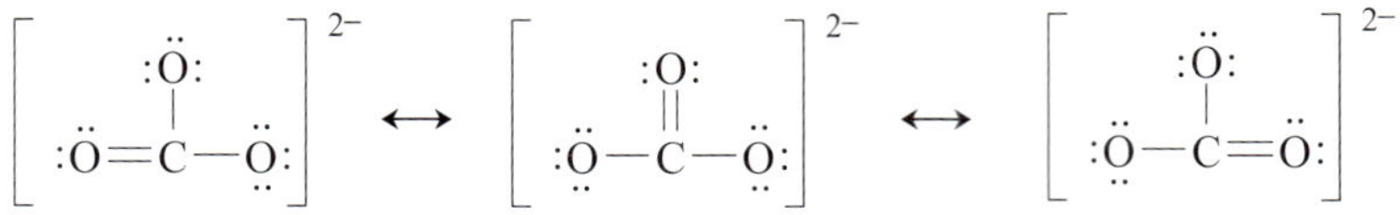

공명구조를 가진 분자는 각각의 공명구조에서 예측되는 것과는 다른 거동을 보이는데, 이것으로 단일결합과 이중결합의 중간형태라는 것을 알 수 있다. 벤젠(C_6H_6)은 공명구조를 갖는 대표적 물질이다. 벤젠은 고리화합물인데, 탄소 원자 6개가 구성된 고리형태라는 사실이 19세기 후반이 돼서야 받아들여졌다. 그러나 그림 7.11에 나타낸 벤젠의 구조는 단일결합과 이중결합이 번갈아있는 구조이다. 벤젠이 이런 구조라면, C=C 결합 화합물의 전형적인 반응인 추가반응(addition reaction)이 나타날 것이다. 하지만 벤젠은 알켄(alkene)보다 반응성이 작으며, 루이스 구조로 예상한 것보다 매우 안정함을 알 수 있다. 이런 결과를 갖는 화합물은 실험을 통해 다음의 사실을 알게 되었다: 여러 개의 공명구조로 표현되는 분자는, 공명구조들 중 하나에서만 기대되는 것보다 더 안정하다(에너지가 낮으며, 반응성이 낮다).

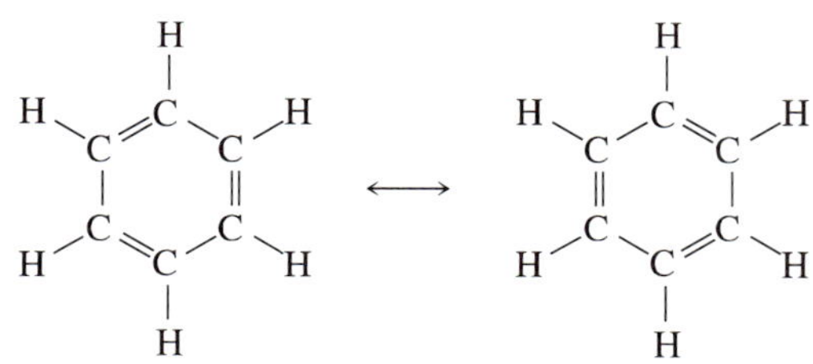

그림 7.11 벤젠의 공명구조 ; 실제구조는 두 공명구조의 중간형태이다.

7-5 오비탈 중첩과 화학결합

루이스 구조로 분자결합을 파악할 수 있긴 하지만, 화학결합이 생성되는 방식과 전자공유에 대한 정보를 알 수는 없다. 가장 좋은 원자모델은 전자를 비편재화된 파동으로 인식하며, 오비탈로 묘사하는 것이다(6장 참조). 전자가 파동처럼 행동한다면, 어떻게 전자가 원자 사이에서 결합을 형성하는지 설명하기 위해, 우리는 원자간에 파동이 어떻게 상호작용하는지 생각해 봐야 한다.

두 개의 파동(또는 오비탈)이 어떻게 서로 상호작용하는지 설명하기 위해, 간섭(interference)에 대해 알 필요가 있다. 간섭은 파동과 입자를 구분할 수 있는 요소이다. 두 입자가 같은 공간을 차지할 때는 서로 충돌하지만, 파동이 같은 공간을 차지할 때는 간섭이 일어난다. 간섭에는 보강(constructive) 간섭과 상쇄(destructive) 간섭이 있다. 보강간섭에서는, 상호작용하는 두 파동이 서로를 강화하여 더 큰 파동이 된다. 상쇄간섭에서는, 상호작용하는 두 파동이 서로를 상쇄하여 더 작은 파동이 되거나 소멸된다(그림 7.12).

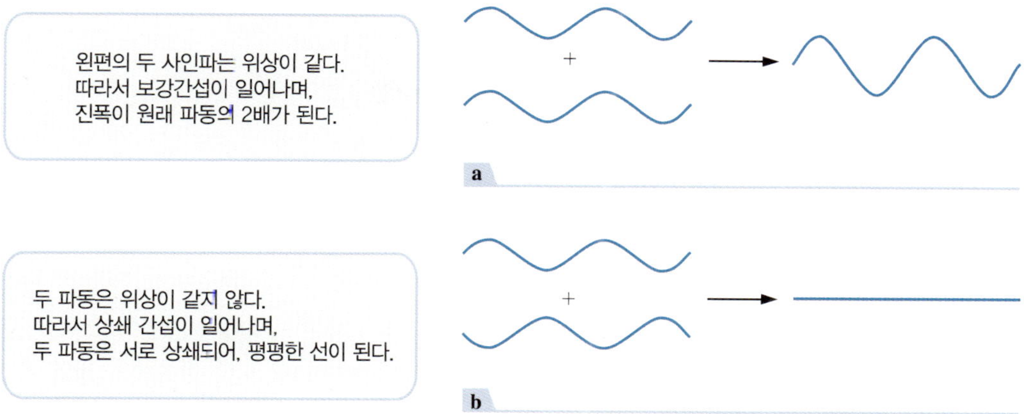

그림 7.12 간섭(interference)이 일어난 사인파

양자역학모델에서 전자는 파동이기 때문에, 화학결합은 전자의 파동들이 보강간섭을 일으킨 것으로 볼 수 있다. 그러나 각각의 원자에서 발생된 전자 파동이 상호작용하기 위해서는, 같은 공간을 차지해야만 가능하다. 즉 어떤 원자의 원자가오비탈이 상대 원자의 원자가오비탈과 겹칠(중첩; overlap) 수 있는 위치에 서로 위치해야만 한다. 이 아이디어는 **원자가결합모델**(valence bond model)의 기초이며, 모든 결합은 원자오비탈의 중첩에 의해 만들어진다. 가장 간단한 분자인 H_2에 대한 **오비탈 중첩**(orbital overlap)에 대해 알아보자.

수소 원자는 1*s* 오비탈에 원자가전자 한 개를 갖는다. 이원자 수소 분자를 형성하기 위해서는, 두 수소 원자의 1*s* 오비탈들이 중첩되어야 한다. 그림 7.13은 수소 분자의 중첩을 나타낸 것으로, 두 전자의 파동함수 간에 간섭이 일어나 어떻게 원자간 결합을 생성하는 지를 보여준다. 1*s* 오비탈은 구모양이기 때문에, 방향성은 없다. 그러나 *p* 오비탈은 좀 더 복잡한 모양으로, 오비탈의 상호작용에 의해 다른 기하학구조를 갖는다. 이 때문에 화학적 결합형태도 다르다.

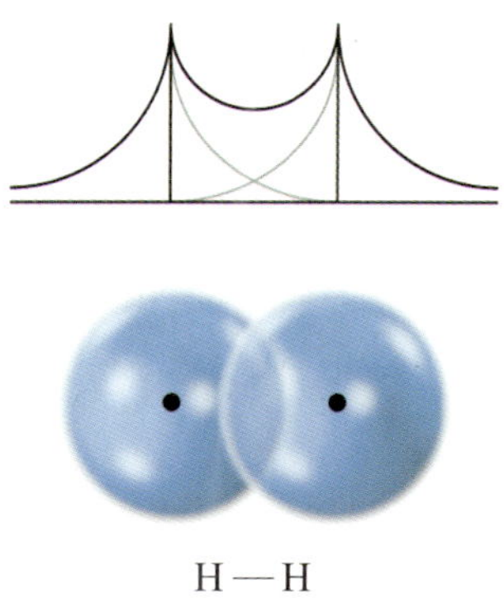

그림 7.13 수소 분자에서의 공유결합. 두 수소 원자의 1*s* 오비탈이 중첩되어 결합이 생긴다. 1*s* 오비탈의 파동함수를 플롯하면 위의 그림이 된다. 두 핵 사이에서 이들 파동함수의 보강간섭이 일어나면 결합이 형성된다. 아래 그림은 전자밀도로 나타낸 것이다.

N_2를 루이스 점구조로 나타내면, 두 질소 원자 사이에 삼중결합이 만들어진다.

$$:N \equiv N:$$

핵 사이에 음전하가 높은 밀도를 이루면서 두 질소 원자는 서로 강하게 끌어당긴다. 그런데 여섯 개의 전자가 서로를 밀어내지 않고 같은 공간을 어떻게 차지할 수 있을까? 답은 오비탈 모양과 중첩에 있다. 질소 원자의 원자가전자 배열은 $2s^2 2p^3$이다. 세 개의 $2p$ 오비탈이 모두 한 개씩만 채워져 있기 때문에, 질소 원자의 $2p$ 오비탈은 다른 원자의 $2p$ 오비탈과 중첩하여 결합을 형성할 수 있다. p 오비탈의 모양을 보면 각기 다른 방향에서 중첩이 일어날 수 있다.

$2p$ 오비탈은 x, y, z축을 따라 늘어선 모양이다(그림 6.12 참조). 두 개의 질소 원자가 z축을 따라 접근한다고 가정하자. 그림 7.14를 보면, 두 $2p_z$ 오비탈의 끝과 끝이 중첩되는데, H_2와 마찬가지로 두 핵 사이에 전자밀도가 증가한다. 보강간섭에 의한 결합을 **시그마 결합**(sigma bond)이라 한다. 시그마 결합에서는 두 핵을 연결하는 선을 따라서 전자밀도가 증가한다. 이것은 s 오비탈과 p 오비탈 사이, 또는 두 개의 s 오비탈이 중첩되는 결합에서 나타난다.

그림 7.14 두 개의 p 오비탈이 서로 접근하면서(왼쪽그림), 끝과 끝이 중첩된다(오른쪽 그림). 이때 시그마 결합이 형성된다.

질소 원자의 $2p_x$와 $2p_y$ 오비탈을 생각해보자. 핵을 좀 더 가깝게 그리면, 이들 오비탈은 가로 방향으로 겹친다(그림 7.15). 이들 오비탈이 중첩되면 보강간섭이 일어나고, 핵 사이에는 전자밀도가 증가하여 화학결합이 이루어진다. 그림 7.15를 보면, 전자밀도가 위아래 또는 앞뒤로 편재화(localized)되어 있다. 이런 결합을 **파이 결합**(pi bond)이라 한다. N_2 분자는 '$2p_x$ 오비탈들의 중첩'과 '$2p_y$ 오비탈들의 중첩'에 의해 두 개의 파이 결합을 갖는다. 이렇게 해서 시그마 결합 1개와 파이 결합 2개로 이루어진 삼중결합이 만들어진다.

화학결합은 원자오비탈간의 중첩과 상호작용에 의해 형성된다. 그러나 어떤 결합은 원자가결합모델로 설명할 때 난관에 부딪치기도 한다. 예로 p_x, p_y, p_z 오비탈은 서로가 90°를 이루기 때문에, H_2O와 OF_2 등의 분자들의 결합각은 90° 이다. 하지만 90°의 결합각은 의외로 매우 드

그림 7.15 두 개의 p 오비탈이 서로 접근하면서(왼쪽그림), 옆과 옆이 중첩된다(오른쪽 그림). 이때 파이 결합이 형성된다.

물다. 또한 탄소의 전자배열($1s^2\,2s^2\,2p^2$)을 보고 CH_2 또는 CF_2가 만들어 지겠구나 하고 예측할 수도 있다. 하지만 안정되고 일반적인 탄소화합물은 CH_4 또는 CF_4이다. 이것은 원자오비탈의 중첩으로는 설명이 어렵다. 오비탈간의 좀 더 포괄적인 상호작용을 설명하기 위해 원자가결합모델을 확장시킬 필요가 있다.

7-6 혼성오비탈

오비탈 개념은 원자를 양자역학의 측면에서 다룬 결과이다. s, p, d, f 오비탈은 주기율표의 모양을 이해할 수 있는 합리적 방법을 제공하기 때문이다. 그러나 원자가 결합하여 분자를 형성할 때, 오비탈로는 설명할 수 없을 때가 있다. 예로, 물의 경우 H−O−H는 p 오비탈의 전자가 결합에 참여하기 때문에 결합각이 90°일거라 예측하지만 실제는 그렇지 않다. 하지만 결합이 오비탈의 중첩에 의한 것이라는 생각은 여전히 매력적이다. 여기서 오비탈 **혼성(hybridization)** 개념이 필요한데, 이 개념은 오비탈 중첩에 의해 분자모양과 구조가 왜 그러한지 이해할 수 있도록 돕는다. 둘 이상의 원자들이 결합을 이룰 수 있을 만큼 서로에게 접근하면, 상호작용이 강하여 원자들의 오비탈 모양이 바뀔 수 있다. 탄소와 수소로 이루어진 가장 단순하면서 안정된 이성분화합물인 CH_4의 구조는 아래와 같다.

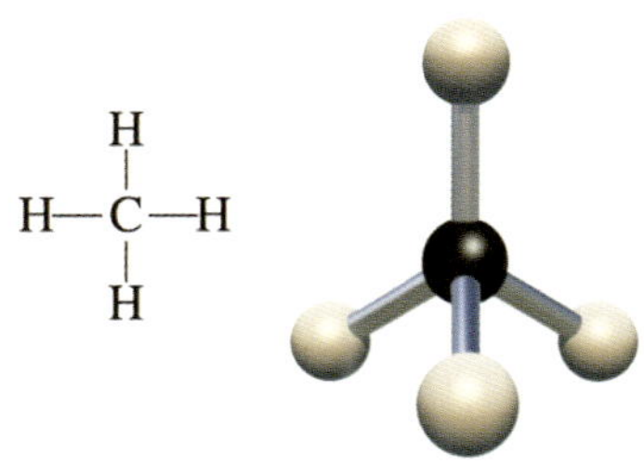

결합 길이와 세기는 실험적으로 측정되는 값으로, CH_4의 네 개의 C−H 결합은 모두 동일하게 측정되었다. 그리고 분자를 회전시켜 분자모양을 측정한 결과, CH_4의 H−C−H 결합각은 모두 109.5°였다. CH_4의 결합을 오비탈 중첩으로 설명하면, 탄소에는 네 개의 동일한 오비탈이 있으며, 이것은 109.5°로 배열되어 있음을 나타낸다. 오비탈은 파동함수로 규칙에 맞춰 변형이 가능하지만, 오비탈의 수는 변하지 않는다. 두 개의 오비탈로 시작한 함수는, 변형 후에도 두 개

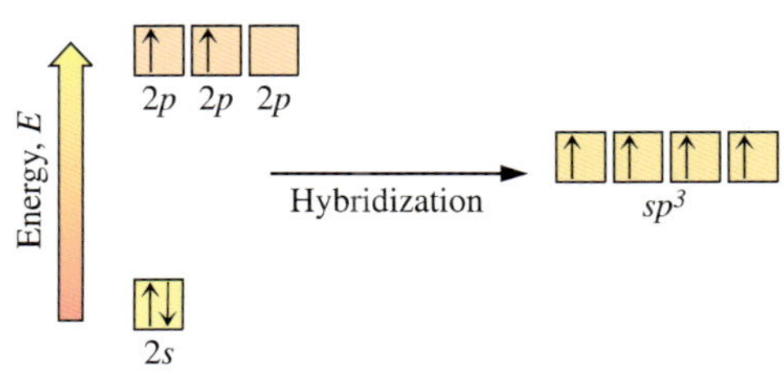

그림 7.16 sp^3 혼성오비탈의 에너지 다이어그램 ; sp^3 혼성오비탈은 에너지가 p 오비탈보다 낮고 s 오비탈보다 높다.

의 오비탈이어야 한다. 원자 오비탈들이 직선으로 결합할 때, 이 결합모형에 근거하여 새로운 오비탈을 고안할 수 있다. 이것을 **혼성오비탈**(hybrid orbital)이라 하는데, 두 개 이상의 원자 오비탈이 혼합된 것이라 하여 명명되었다.

혼성오비탈을 나타내기 위해 오비탈을 박스로 하여 표현할 수도 있다(그림 6.16 참조). 그림 7.16은 탄소 원자의 혼성오비탈이다. s 오비탈과 세 개의 p 오비탈이 섞여 네 개의 새로운 혼성오비탈이 만들어지는데, 혼성오비탈의 에너지는 모두 같다. 혼성오비탈의 이름은 sp^3로, 첨자 3은 p 오비탈이 세 개임을 뜻한다. 네 개의 동등한 sp^3 오비탈에는 전자 네 개가 한 개씩 들어간다. 탄소가 네 개의 동일한 결합을 형성한다는 사실은 혼성오비탈로 쉽게 설명된다. 탄소의 sp^3 오비탈과 수소의 s 오비탈의 중첩에 의해 네 개의 C−H 결합이 형성된다.

표 7.2에 혼성오비탈의 그림을 나타내었다. 그림에서 p 오비탈이 한 개일 경우 혼성오비탈은 sp이며, p 오비탈이 두 개일 때는 혼성오비탈은 sp^2 이다. 이것은 공유결합분자의 결합을 설명하는데 유용하다.

표 7.2 세 개의 혼성오비탈. 혼성오비탈의 이름은 결합에 참여하는 오비탈의 수와 형태에서 유래한다. 오비탈의 기하학적 모형은 7-7장을 참조한다.

결합에 참여한 오비탈	혼성오비탈	오비탈의 기하학적 모형
s, p	sp	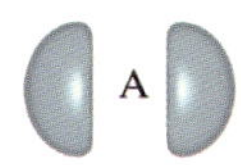
s, p, p	sp^2	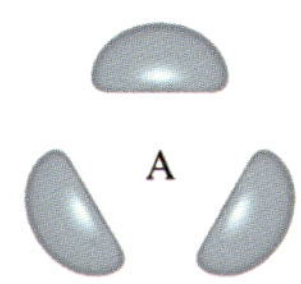
s, p, p, p	sp^3	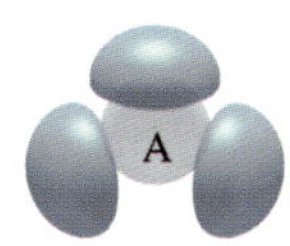

7-7 분자의 모양

루이스 구조로 분자의 결합수와 결합형태(어느 원자와 결합하는지, 결합수는 몇 개인지)를 설명할 수는 있지만, 불완전하고 2차원적인 그림을 제공한다. 분자구조를 3차원으로 확장하려면, 원자가 어떤 순서로 연결되고, 공간에 어떻게 배열되어 있는지, 즉, **분자모양**(molecular shape)이 어떠한지 검토할 필요가 있다. 분자모양은 분자 성질과 반응성에 영향을 주기 때문이다.

분자모양을 알기 위해서는, 루이스 구조를 좀 더 세부적으로 분석할 필요가 있다. 가장 유용한 방법은 **원자가껍질 전자쌍반발 이론**(valence shell electron pair repulsion (VSEPR) theory)인데, 분자는 중심원자의 원자가껍질에 있는 전자쌍의 반발을 최소화시키기 위한 모양을 갖는다.

루이스 구조는 원자 주위의 전자쌍(결합쌍과 고립쌍 모두)을 강조시켜 나타낼 수 있다. 전자쌍이 어느 영역을 차지할 경우, 이 영역들은 가능한 서로 멀리 떨어지려 한다. 이들 영역은 음전하의 중심으로, 같은 전하는 서로를 밀어내기 때문이다. 루이스 구조는 원자가껍질에 있는 전자만을 표현하며, 이 전자쌍 사이에 척력이 발생하는데, VSEPR 이름에 이 내용이 담겨 있다. 이 이론으로 분자내 전자들을 간단히 표현할 수 있으며, 분자의 기하학구조를 정확히 예상할 수 있다.

표 7.3 표에 제시된 기하학구조는, 제시된 수의 전자쌍의 반발을 최소화시킨다.

전자쌍의 수	기하학 구조 이름	결합각	모양
2	선형	180°	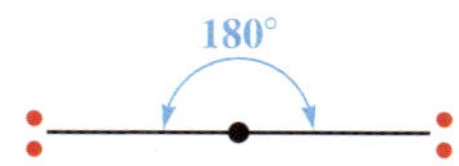 2: Linear
3	삼각평면	120°	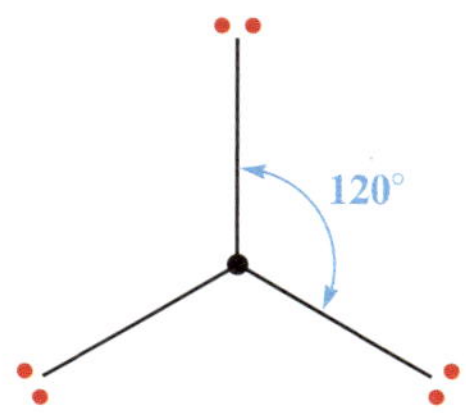 3: Trigonal planar
4	사면체	109.5°	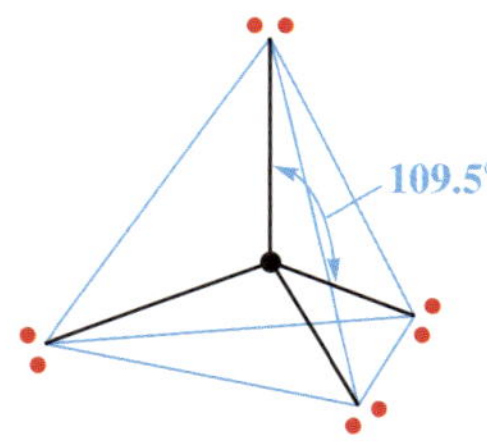 4: Tetrahedral
5	삼각쌍뿔	120°, 90°	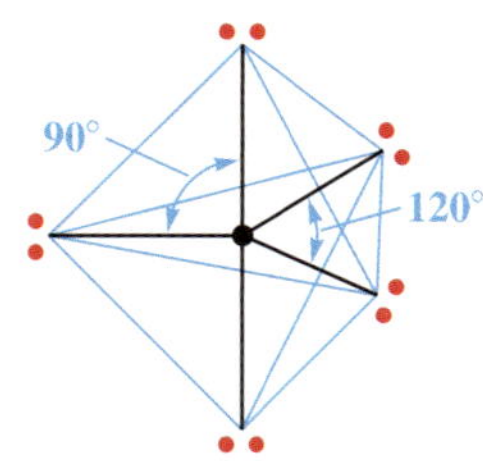 5: Trigonal bipyramidal
6	팔면체	90°, 180°	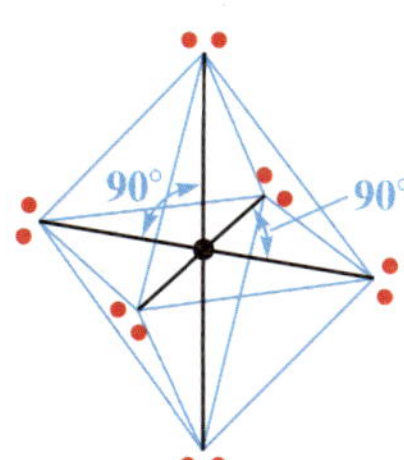 6: Octahedral

결합길이가 고정된 값일 경우, 전자쌍을 가진 음전하 영역이 서로 멀리 떨어져 있기 위해서는 기하학적으로 어떤 모양일까? 이에 대한 답은 원자 주위의 전자쌍의 개수와 관련된다. 표 7.3에 2~6개의 전자쌍의 척력을 최소화하기 위한 분포를 갖는 기본 구조를 나타내었다. 예로, 전자밀도의 영역이 두 개일 때는 선형구조가 적합한데, 두 영역이 가장 먼 구조이기 때문이다. 표 7.3의 구조 중 사면체(tetrahedral)와 삼각쌍뿔(trigonal bipyramidal)은 익숙지 않은 구조일 것이다.

분자의 기하학구조는 대칭일 거라 예상할 수 있다. 중심원자 주위의 전자쌍을 중심으로 하여, 루이스 구조를 그린다. 일단, 중심원자 주위의 결합전자쌍과 비결합전자쌍의 수를 센다.

중심원자가 단일결합만 갖는 분자구조일 때가 가장 간단하다. 중심원자에 연결된 단일결합의 수를 세고, 표 7.3을 이용하여 VSEPR로 예측되는 구조에 맞춰 본다. 예제 7.7에서 분자와 이온의 모양을 결정해 보자.

예제 7.7

다음 분자의 모양을 결정하시오. (a) PO_4^{3-} (b) PCl_5

풀이

(a) PO_4^{3-}의 루이스 구조는 다음과 같다.

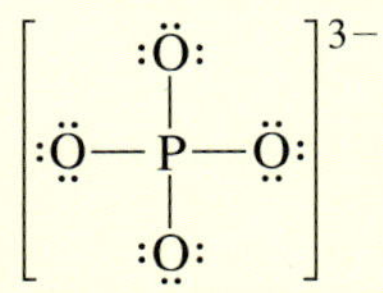

중심원자인 인(P)은 4개의 결합전자쌍인 8개의 전자를 갖는다. 4개의 전자쌍은 사면체의 꼭지점에 위치할 때가 상호작용이 최소가 된다. 이온은 사면체(표 7.3)이다.

(b) PCl_5의 루이스 구조는 흔치 않은 구조로, 중심원자인 인(P)이 8개 이상의 전자를 갖는다. 이런 구조를 갖는 분자는 여러 개이며, VSEPR 구조의 가장 유용한 예이다.

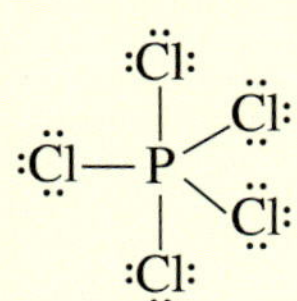

중심의 인 원자는 원자가껍질에 5개의 결합쌍인 10개의 전자를 갖는다. 5개의 전자쌍은 삼각쌍뿔의 꼭지점에 위치한다(표 7.3).

(a) 삼각쌍뿔 구조의 염소 원자는 동등(equivalent)한 위치가 아니다. 수평의 삼각형(equatorial 위치)에 배열된 염소 원자는 120°의 각을 유지하며, 삼각형 평면의 위와 아래(axial위치)에 위치한 두 원자는 삼각평면과 90°의 각을 이룬다.

추가문제 SF_6 분자의 모양을 예측하시오.

예제 7.7은 중심원자에 고립전자쌍이 없는 경우이다. 고립전자쌍이 있을 경우에는 전자쌍 간의 척력 때문에, 분자의 기하학구조에 영향을 미친다. 중심원자가 결합전자쌍과 비결합전자쌍을 가지면, 전자밀도가 높은 영역의 개수(결합전자쌍+고립전자쌍)를 세고 표 7.3에서 알맞은 기하학구조를 찾는다. 우선, 고립전자쌍이 있는 자리가 비워있다 가정하고 모양이 어떨지 생각한다. 어떤 경우는 가능한 모양이 한 개 이상이다. VSEPR에 의해 전자쌍 간의 척력이 가장 작게 되는 모양을 찾는다. 척력의 순서는 고립쌍－고립쌍 > 고립쌍－결합쌍 > 결합쌍－결합쌍 이다. 고립쌍은 한 개의 핵에만 끌리기 때문인데, 고립쌍은 약하게 편재화 되었기 때문에 좀 더 큰 공간을 차지한다. 가능한 여러 가지 기하학구조의 예를 표 7.4에 표시하였다. 예제 7.8에서 결합전자쌍과 비결합전자쌍을 갖는 분자의 기하학구조를 판단해 보자.

표 7.4 중심원자를 둘러싼 전자쌍의 총 개수와 고립전자쌍의 수를 고려한 분자모양

전자쌍의 수	고립전자쌍의 수	모양	모형
3	0	삼각평면	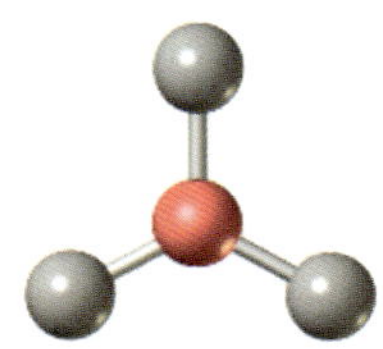
3	1	굽은모양(120°)	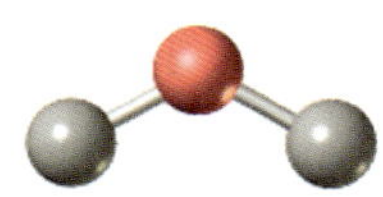
4	0	사면체	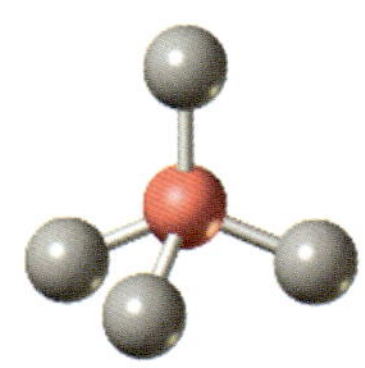
4	1	삼각형 피라미드 (삼각뿔)	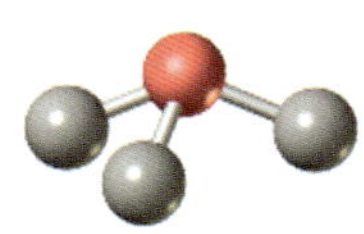
4	2	굽은모양(109.5°)	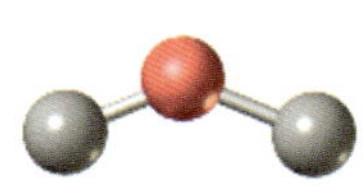
5	0	삼각쌍뿔	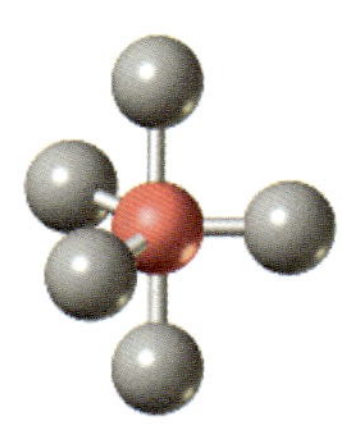

표 7.4 계속

전자쌍의 수	고립전자쌍의 수	모양	모형
5	1	시소	
5	2	T-모양	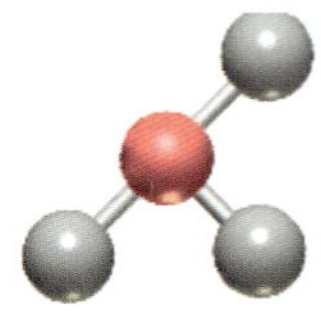
5	3	직선	
6	0	팔면체	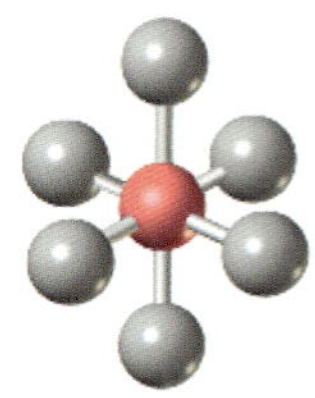
6	1	평방피라미드	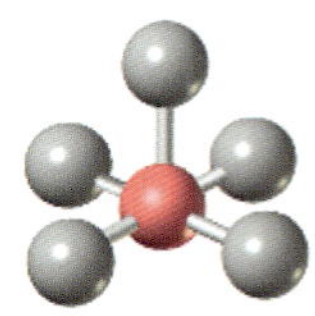
6	2	사각평면	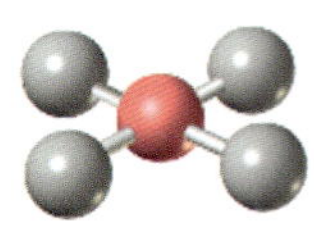
6	3	T-모양	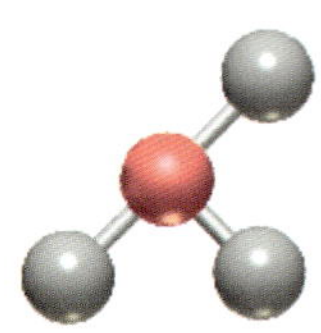
6	4	직선	

예제 7.8

VSEPR 이론을 사용하여 다음의 분자의 모양을 결정하시오. (a) SF_4 (b) BrF_5

풀이 (a) SF_4의 루이스 구조는 다음과 같다.

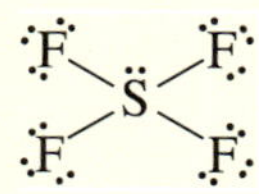

황 주위에는 5개의 전자쌍이 있다. 상호작용이 최소가 되는 모양은 삼각쌍뿔(trigonal bipyramid)이다. 중심원자인 황(S)은 1개의 고립전자쌍을 갖는다. 삼각쌍뿔의 다섯 개의 점은 서로 동등하지 않기 때문에, 고립전자쌍의 가장 좋은 위치를 결정한다. 삼각평면(수평위치, equatorial)의 전자쌍은 120°의 각을 이루는 두 개의 이웃과 90°를 이루는 두 개의 이웃을 갖는다. 반면 axial위치(축방향)의 전자쌍은 90°의 각을 이루는 세 개의 이웃을 갖는다. 따라서 수평위치에 있는 전자쌍은 공간이 좀 더 많다. 고립쌍–결합쌍의 척력은 결합쌍–결합쌍보다 크기 때문에, 고립전자쌍은 수평위치를 차지한다. (고립전자쌍이 축방향에 있다면, 고립쌍은 세 개의 결합전자쌍과 90°를 이룬다)

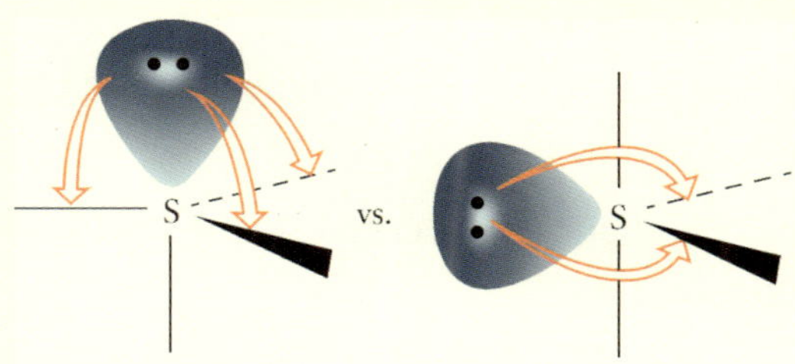

축방향에 위치한 고립전자쌍 수평방향에 위치한 고립전자쌍 (선호하는 배열)

분자의 모양은 시소모양이다.

(b) BrF_5의 루이스 구조는 다음과 같다.

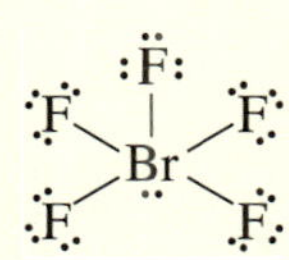

중심원자인 브로민(Br) 주위에는 6개의 전자쌍이 있기 때문에, 전자 분포는 팔면체(octahedron)를 기본으로 한다. 고립전자쌍은 여섯 개의 자리 중 하나를 차지하는데, 어디로 놓을지 결정해야 한다. 그러나 팔면체는 완벽한 대칭으로 꼭지점은 동등한 위치이기 때문에, 고립전자쌍은 어느 쪽에나 위치할 수 있다. 분자의 모양은 사각피라미드(square pyramid) 이다.

추가문제 다음 분자의 모양을 결정하시오. (a) ClF_3 (b) XeF_2

VSEPR로 분자의 기하학구조를 판단할 때, 다중결합은 전자가 밀집된 한 개의 영역으로 본다(단일결합과 마찬가지이다). 분자모양을 결정하기 위해, 이중 또는 삼중결합을 하나의 전자쌍처럼 다룬다. 예제 7.9에서는 이중 또는 삼중결합이 포함된 분자의 모양을 결정한다.

예제 7.9

VSEPR 이론을 이용하여 NOF 분자의 모양을 결정하시오.

풀이 중심원자를 결정하는 것이 쉽지 않다. 그러나 질소가 전기음성도가 가장 작은 원자이기 때문에 중심원자이다. 골격구조는 O−N−F이고, 루이스 구조는 다음과 같다.

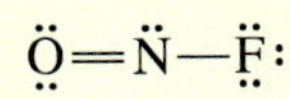

질소 원자 주위에 전자가 밀집된 영역이 세 곳 있다. 상호작용이 최소가 되는 모양은 삼각평면(trigonal planar)이다. 중심원자인 질소(N)는 고립전자쌍 한 개를 갖는다. 삼각평면구조에서 세 위치는 동등하기 때문에, 고립전자쌍이 어디로 위치할 지는 중요치 않다. 분자는 구부러진 형태로, O−N−F 결합각은 약 120°이다. 고립전자쌍은 척력이 좀 더 강하기 때문에, 실제 결합각은 120°보다 작을 것이다.

추가문제 다음 분자들의 모양을 결정하시오. (a) COF_2 (b) COS

VSEPR 이론을 크기가 큰 분자의 기하학구조를 예측하는 데도 이용할 수 있다. 한 개 이상의 중심원자를 가진 분자에서는, 분자의 골격구조를 그리고 위의 절차와 마찬가지로 결합을 예상한다. 예로, 비닐알코올($H_2C{=}CHOH$)의 구조에 VSEPR 이론을 적용할 때, 루이스 구조(예제 7.6 참조)가 좋은 시작점이다.

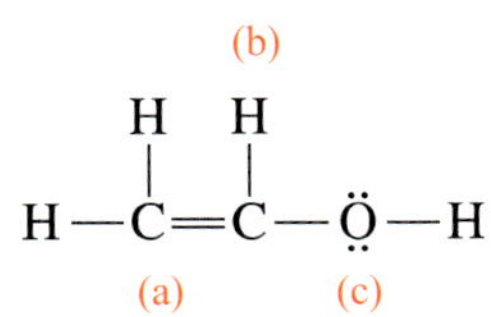

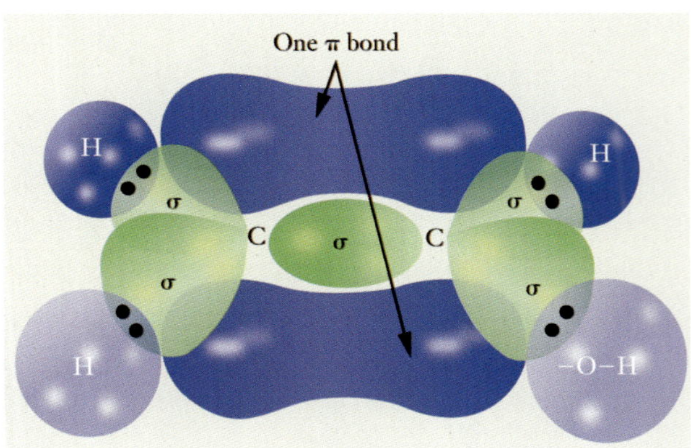

그림 7.17 $H_2C{=}CHOH$ 결합에 참여한 오비탈. 탄소 원자의 sp^2 오비탈은 다른 오비탈 (a)~(c)과 중첩하여 시그마결합을 이룬다. (a) 탄소 간에 (b) 수소의 s 오비탈 (c) 산소의 sp^3 오비탈.
상대방 탄소의 혼성화되지 않은 p 오비탈과 중첩하여 파이결합을 이룬다. 파이결합의 전자밀도는 분자평면의 위 아래에 위치한다. 탄소와 세 개의 수소는 같은 평면에 위치한다.

두 탄소 원자는 각각 세 개의 다른 원자와 결합하였으며, 고립전자쌍은 없기 때문에, 삼각평면 구조이다. 다음은, 두 삼각평면이 동일평면 상에 있는지의 여부이다. 이중결합을 형성하는 오비탈과 혼성에 대해 생각해 보자. 각각의 탄소 원자는 sp^2 혼성오비탈(3개의 혼성오비탈)이다. 두 개의 혼성오비탈은 수소)와 산소 원자의 오비탈과 중첩하여 각각 시그마결합(σ-bond)을 만들고, 세 번째 혼성오비탈은 상대방 탄소의 sp^2 혼성오비탈과 중첩하여 한 개의 시그마결합을 만든다. 하지만 각 탄소에는 혼성화되지 않은 p 오비탈이 한 개씩 남아 있는데, sp^2 혼성 평면에 수직이다(그림 7.17). 이들 p 오비탈은 서로에게 평행하게 배열되어 있어, 옆으로 중첩이 일어나고 파이결합(π-bond)을 만든다. 시그마결합과 파이결합에 의해 이중결합이 만들어지는데, 탄소 원자들과 탄소에 연결된 원자들은 같은 평면에 놓인다. 만약 비닐알코올의 한 쪽 말단이 회전하여 p 오비탈들이 같은 방향을 갖지 못한다면, 파이결합을 하지 못하게 될 것이다.

연습문제

7-1 이온결합

7.7 자연에 Na^{2+} 이온이 존재하지 않는 이유는?

7.8 비금속은 양이온보다는 음이온을 형성한다. 이유는?

7.9 다음 쌍에서 더 작은 것은?
(a) N, N^{3-} (b) Ba, Ba^{2+} (c) Se, Se^{2-} (d) Co^{2+}, Co^{3+}

7.10 이온반경이 커지는 순서로 배열하시오.
(a) K^+, Ca^{2+}, Ga^{3+} (b) Ca^{2+}, Be^{2+}, Ba^{2+}, Mg^{2+}
(c) Al^{3+}, Sr^{2+}, Rb^+, K^+ (d) K^+, Ca^{2+}, Rb^+

7.11 이온반경이 커지는 순서로 배열하시오.
(a) Cl^-, P^{3-}, S^{2-} (b) S^{2-}, O^{2-}, Se^{2-}
(c) Br^-, N^{3-}, S^{2-} (d) Br^-, Cl^-, I^-

7.12 다음 원소쌍이 화합물을 형성할 때 격자에너지가 더 큰 쌍은? 이유는? Na와 F, Mg와 F

7.13 어떤 격자에서 양이온 하나가 8개의 음이온에 의해 둘러싸여 있다. 격자에너지는 반대전하인 두 입자간의 상호작용 에너지의 8배라고 생각할 수도 있다. 이 추론에서의 오류는?

7.14 NaF는 물에 녹지만, CaF는 녹지 않는다. 격자에너지 개념을 이용하여 이유를 설명하시오. MgF는 물에 녹을 것인지 예측하시오.

7.15 그림 7.2는 인접한 이온과의 상호작용을 나타낸 것이다. (a) 네 번째로 가까운 이온과의 상호작용은 인력일까 척력일까? (b) 쿨롱의 법칙에 근거하여, 다음 퍼텐셜 에너지의 각 항목의 상대적 크기를 비교하시오. $V = V_{1st} + V_{2nd} + V_{3rd} + V_{4th}$

7.16 이온화에너지가 작은 원소와 전자친화도가 큰 원소 사이에는 어떤 결합이 예상되는가? 이유를 설명하시오.

7-2 공유결합

7.17 공유결합과 이온결합의 차이점을 설명하시오.

7.18 상호작용하는 입자들 간의 퍼텐셜에너지에서, 공유결합에 의해 계의 에너지가 낮아지는 이유는?

7.19 원자간의 퍼텐셜에너지와 원자간의 거리에 대한 관계를 그래프를 그리시오. 그래프에서 결합에너지와 결합거리를 정의하시오.

7.20 공유결합이 형성될 때 에너지는 흡수되는가 방출되는가? 위 문제의 그래프를 이용하여 이유를 설명하시오.

7.21 이온결합을 설명하는 데 쿨롱인력이 자주 언급된다. 쿨롱인력을 공유결합에서도 사용할 수 있는가? 이유를 설명하시오.

7.22 연소반응이 발열반응인 이유를 공유결합의 세기를 이용하여 설명하시오.

7.23 항상 에너지가 방출되는 화학결합에서, 모든 원소들이 수십 개의 결합을 형성하진 못한다. 이유는?

7.24 다음 원자들의 루이스 점기호를 그리시오. (a) boron (b) fluorine (c) selenium (d) indium

7.25 원자핵 구조의 이론적 모델을 이용하여 미발견된 초중량 원소의 존재를 예측할 수 있으며 꽤 안정할 것으로 보인다. 원소 117이 합성되었고 원소기호를 Lt라고 가정해 보자. 새로운 원소의 루이스점기호를 작성하시오.

7.26 루이스 점기호를 사용하여 염소가 수소 원자 한 개하고만 결합하는지 이유를 설명하시오.

7.27 고립전자쌍에 대해 설명하시오.

7.28 두 원자 사이에 공유된 전자의 수는? (a) 단일공유결합 (b) 이중공유결합 (c) 삼중공유결합

7.29 동일한 원자들 간의 한 개의 이중결합과 두 개의 단일결합의 결합에너지를 비교하시오. 이를 이용하여 이중결합의 화합물이 참여하는 반응의 형태를 설명하시오.

7-3 전기음성도와 결합극성

7.30 전기음성도에 대해 설명하시오.

7.31 전자친화도와 전기음성도의 차이를 설명하시오.

7.32 그림 7.8의 주기율표에서 어떤 원소는 전기음성도값이 없다. 전기음성도개념과 이들 원소의 특징에 근거하여 그 이유에 대한 가설을 세우시오.

7.33 전기음성도가 다른 두 원소가 공유결합을 형성할 때, 전자분포는 어떤 모양인가?

7.34 HF는 극성결합으로, 수소는 부분적으로 양전하를 띤다. 즉 수소 원자 주위에 한 개 이하의 전자가 존재한다는 것이다. 그러나 HF의 루이스 점구조에는 두 개의 전자가 분포되어 있다. HF의 전자밀도분포 그림을 그리고, 수소 원자가 부분적으로 양전하를 띠는 이유를 설명하시오. HF의 루이스구조와 전자밀도그림은 어떤 점이 다르며, 그럼에도 불구하고 어떻게 같은 것을 묘사할까?

7.35 전기음성도가 다른 두 원자가 극성결합을 하는 이유는?

7.36 주기율표에 근거하여, 다음 원소쌍이 이온결합 또는 공유결합 중 어떤 결합을 할지 예측하시오.
(a) Ca 와 Cl (b) P 와 O (c) Br 와 I
(d) Na 와 I (e) Si 와 Br (f) Ba 와 F

7.37 다음 결합중 어떤 결합이 가장 극성인가? 극성이 가장 작은 것은?
(a) C−H, O−H, S−H (b) C−Cl, Cl−Cl, H−Cl
(c) F−F, O−F, C−F (d) N−H, N−O, N−Cl

7.38 그림 7.8의 전기음성도 경향을 고려할 때, 두 개 이상의 전이금속으로 이루어진 합금이 왜 이온 물질이 아닌지 이유를 설명하시오.

7.39 어떤 분자에서 플루오린 원소는 부분적으로 양전하를 가질 수 있을까? 이유는?

7.40 다음 중 이온결합과 공유결합을 모두 갖고 있는 것은?
(a) $BaCO_3$ (b) $MgCl_2$ (c) BaO (d) H_2S (e) SO_4^{2-}

7.41 할로젠 원자만 사용하여, 가장 극성인 큰 이원자분자를 만들고 이유를 설명하시오.

7.42 서로 다른 할로젠 원자만 사용하여, 가장 극성인 작은 이원자분자를 만드시오.

7-4 루이스 구조

7.43 다음 분자의 루이스 구조를 그리시오.
(a) CO (b) H_2S (c) SF_6 (d) NCl_3

7.44 다음 분자 또는 이온의 루이스 구조를 그리시오.
(a) CS_2 (b) BF_4^- (c) HNO_2 (HONO)
(d) $OSCl_2$ (S가 중심원자)

7.45 다음 분자의 루이스 구조를 그리시오.
(a) Tetrafluoroethylene, C_2F_4
(b) Acrylonitrile, CH_2CHCN

7.46 다원자 분자의 루이스 구조에서 수소가 중심원자가 되는 것은 왜 불가능한가?

7.47 루이스 구조에서 공명이란?

7.48 공명구조를 그리시오.
(a) NO_2^- (b) NNO (c) HCO_2^-

7.49 공명을 보이는 분자의 구조에서 공명 혼성이란 용어를 사용할 수 있는 이유는?

7.50 오존(O_3)의 두 공명구조를 루이스 구조로 그리시오. O−O의 두 결합에 대한 상대적 길이를 예측하시오.

7.51 벤젠과 같이 공명구조를 갖는 분자가 화학적으로 비반응성인 이유를 어떻게 설명할 수 있는가?

7.52 NO_2^+, NO_2^-, NO_3^-에서 질소−산소의 결합길이가 가장 긴 이온은? 가장 짧은 이온은? 이유를 설명하시오.

7.53 다음 화학종의 루이스 구조를 그릴 때 고립전자쌍을 한 개만 갖는 것은? F_2, CO_3^{2-}, CH_4, PH_3

7.54 다음은 BBr_3와 SO_2의 루이스 구조이다. 어느 부분이 잘못되었는가?

(a) 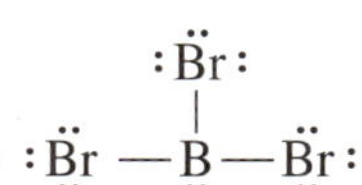 (b) 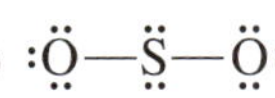

7.55 다음은 O_3와 XeF_4의 루이스 구조이다. 어느 부분이 잘못되었는가?

(a) 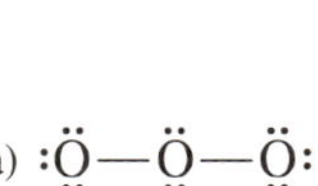 (b) 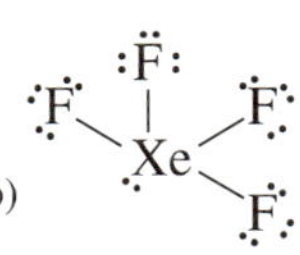

7.56 화학종들이 루이스 구조가 같을 때 등전자(N^+는 C와 등전자적, isoelectronic)라 한다. 다음 이온들과 등전자인 중성분자의 루이스 구조를 그리시오.
(a) CN^- (b) NH_4^+ (c) CO_3^{2-}

7-5 오비탈 중첩과 화학결합

7.57 파동간섭에 대해 설명하시오.

7.58 보강간섭과 상쇄간섭에 대해 설명하시오.

7.59 오비탈 중첩과 전자의 파동성은 어떤 관련이 있는가?

7.60 화학결합에서 핵 사이에 전자밀도가 증가하는 것을 오비탈 중첩으로 설명하시오.

7.61 시그마결합과 파이결합의 차이점은? 비슷한 점은?

7.62 CO, CO_2, CH_3OH, CO_3^{2-}의 루이스 구조를 그리시오. 이중결합이 단일결합보다 세고, 삼중결합이 이중결합보다 세다. C−O 결합세기가 증가하는 순서로 화학종을 나열하시오.

7.63 다음 화학종의 루이스 구조를 그리고, 파이결합의 수는 몇 개인지 확인하시오.
(a) CS_2 (b) CH_3Cl (c) NO_2^- (d) SO_2

7.64 다음 화합물의 루이스 구조를 그리고, 파이결합의 수는 몇 개인지 확인하시오.
(a) Cl_2O (b) H_2CCH_2 (c) HCCCN (d) SiO_2

7-6 혼성오비탈

7.65 분자에 대한 어떤 관찰을 통해 원자 오비탈의 혼성에 대해 고려하게 되었을까?

7.66 혼성오비탈의 수는 결합된 원자오비탈의 수와 같다. 이유를 설명하시오.

7.67 어떤 원자에서 s 오비탈과 세 개의 p 오비탈이 결합할 때 만들어지는 혼성오비탈의 유형과 수는?

7.68 s와 p 원자오비탈만 사용하여, 다음 결합에 사용되는 혼성오비탈의 유형을 적으시오.
(a) 단일결합 (b) 이중결합 (c) 삼중결합

7.69 다음 분자의 중심원자에서 예측되는 혼성오비탈은 어떤 것인가? (a) $GeCl_4$ (b) PBr_3 (c) BeF_2 (d) SO_2

7.70 다음 화학종의 탄소 원자에서 예측되는 혼성의 유형은?
(a) CO (b) CO_2 (c) H_2CO (d) CH_2F_2

7-7 분자의 모양

7.71 VSEPR 이론의 전제가 되는 물리적 개념은?

7.72 다음 화학종의 기하학적 모양을 예측하시오.
(a) SO_2 (b) $BeCl_2$ (c) $SeCl_4$ (d) PCl_5

7.73 다음 분자 또는 이온의 모양을 예측하시오.
(a) IF_3 (b) ClO_3^- (c) TeF_4 (d) XeO_4

7.74 다음 분자 또는 이온의 모양을 예측하시오.
(a) PH_4^+ (b) OSF_4 (c) ClO_2^- (d) I_3^-

7.75 이들 분자중 선형 모양을 갖는 것은? 중심원자가 고립전자쌍을 갖는 것은?
(a) XeF_2 (b) CO_2 (c) BeF_2 (d) OF_2

7.76 다음 분자들의 결합각을 대략적으로 구하시오.
(a) Cl−S−Cl in SCl_2 (b) N−N−O in N_2O
(c) 비닐알코올의 1, 2, 3 표시부분

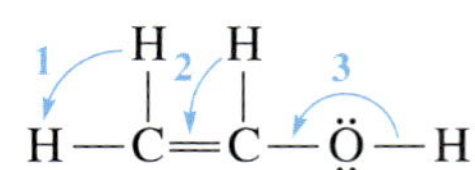

7.77 프로펜(H_2C=CH−CH_3)에서 탄소 원자 각각의 기하학적 모양을 고려하여 분자의 전체적인 모양을 표현하시오.

7.78 중심원자가 네 개의 결합전자쌍과 한 개의 고립전자쌍을 가질 때, 고립전자쌍은 axial위치보다 equatorial위치에 존재한다. 그 이유는?

7.79 C=C 이중결합에 첨가반응이 일어나 C−C 단일결합으로 바뀌면, 기하학적 모양은 어떻게 바뀌는가?

Chapter 8

분자와 물질

Molecules and Materials

8-1 응축상태 - 고체

대부분의 원소는 표준온도와 압력에서 고체상태이다. 응축상태(condensed phase = 고체 + 액체)는 왜 안정할까? 해답은 원자들과 분자들 사이에 작용하는 힘에 있으며, 응축상의 구조를 통해서도 그들의 안정성을 이해할 수 있다.

미시적 관점에서 볼 때, 고체나 액체가 기체보다 원자나 분자들로 더 촘촘하게 채워져 있다(1장 참조). 원자나 분자가 고체상태에서 배열되는 방식으로, 고체를 두 가지로 분류할 수 있다. 대부분의 물질은 규칙적이고 반복되는 기하학배열을 갖는데, 이들 물질을 **결정질 고체**(crystalline solid)라 한다. 무작위 배열을 가진 고체를 **비결정질 고체**(amorphous solid)라 한다. 규칙적인 배열이 연구하기가 더 쉽기 때문에, 결정질 고체가 더 많이 알려져 있다. 따라서 결정질 고체에 초점을 두고 설명하도록 하겠다.

원자를 구(sphere)라 하면, 결정질 고체의 배열은 박스 안에 공이 채워져 있는 것과 비슷하다. 박스에 공을 어떻게 배열하든, 공 사이에는 틈이 존재한다; 구는 박스를 완전히 채울 수 없다. 하지만 배열만 잘 한다면 빈 공간을 최소화 할 수도 있다. 그림 8.1에서는 공을 채우는 방식을 구슬을 사용하여 2차원 모델로 나타내었다. 구슬이 엇갈리게 배열된다면 틈이 줄어들 것이다. 이것은 구조의 **패킹효율**(주어진 배열이 차지하는 공간의 백분율)로 정량화될 수 있다. 엇갈리게 배열된 구조의 패킹효율은 90.7%인 반면, 일직선으로 배열된 구조는 78.5%였다.

원자의 패킹효율은 물질의 밀도와 관련있다. 패킹효율이 증가하면 같은 부피에 더 많은 원자가 채워질 수 있기 때문이다. 많은 원소들이 고체상태로 응축되면, 가능한 완벽하게 공간을 채운다는 사실을 결정구조실험을 통해 알게 되었다. 이런 배열을 밀집구조(close-packed structure)라 하며, 그림 8.1(b)는 구슬이 엇갈리게 배열된 구조의 3차원 형태이다.

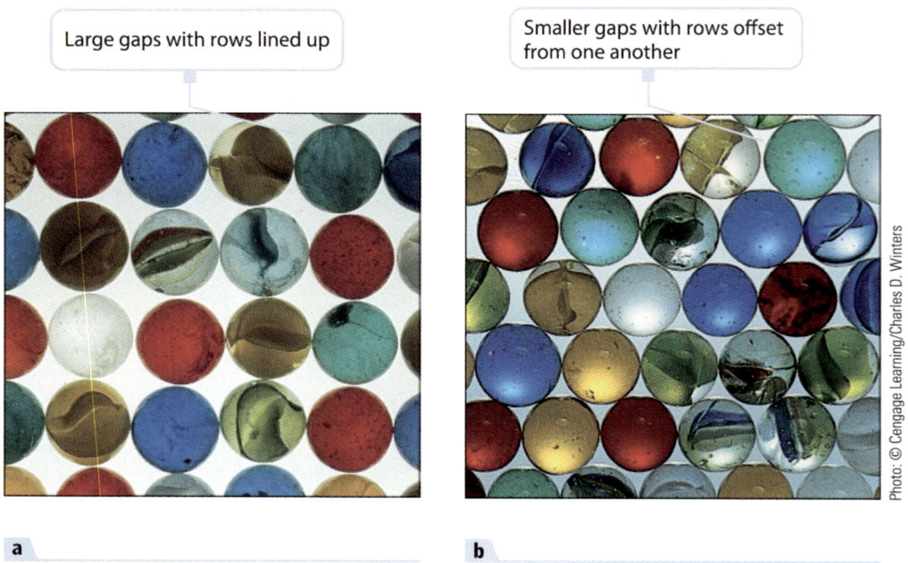

그림 8.1 (a) 구슬이 정돈된 패턴으로 배열되어 있지만, 빈 공간이 많다. (b) 엇갈린 구조로 배열되어 있어, 완벽하게 공간을 채운다.

2차원의 원에서 3차원인 구로 바뀌면, 선택사항이 추가된다. 박스를 공으로 채울 때, 공의 한 개 층은 밀집구조(그림 8.1b)로 완성했다고 가정하자. 두 번째 열(그림 8.2)의 공은 첫 번째 열의 공 위로 바로 놓거나, 또는 공 사이의 틈에 놓을 수 있다. 후자의 방식이 패킹효율이 높아, 더 많은 공을 박스에 채울 수 있을 것이다. 두 번째 열의 공이 완성되면 세 번째 층을 시도해본다. 세 번째 층을 두 번째 층의 틈을 채울 수 있게끔 배치할 경우에도 두 가지가 가능하다. 세 번째 열의 공을 첫 번째 열의 공 사이 틈의 위쪽으로 놓거나, 첫 번째 공의 바로 위로 놓을 수 있다. 전자에 의한 구조를 입방최밀구조(cubic close-packing) (ccp)라 하며, 후자에 의한 구조를 육방밀집구조(hexagonal close-packing) (hcp)라 한다. 두 구조 모두 공간의 약 74%를 차지한다.

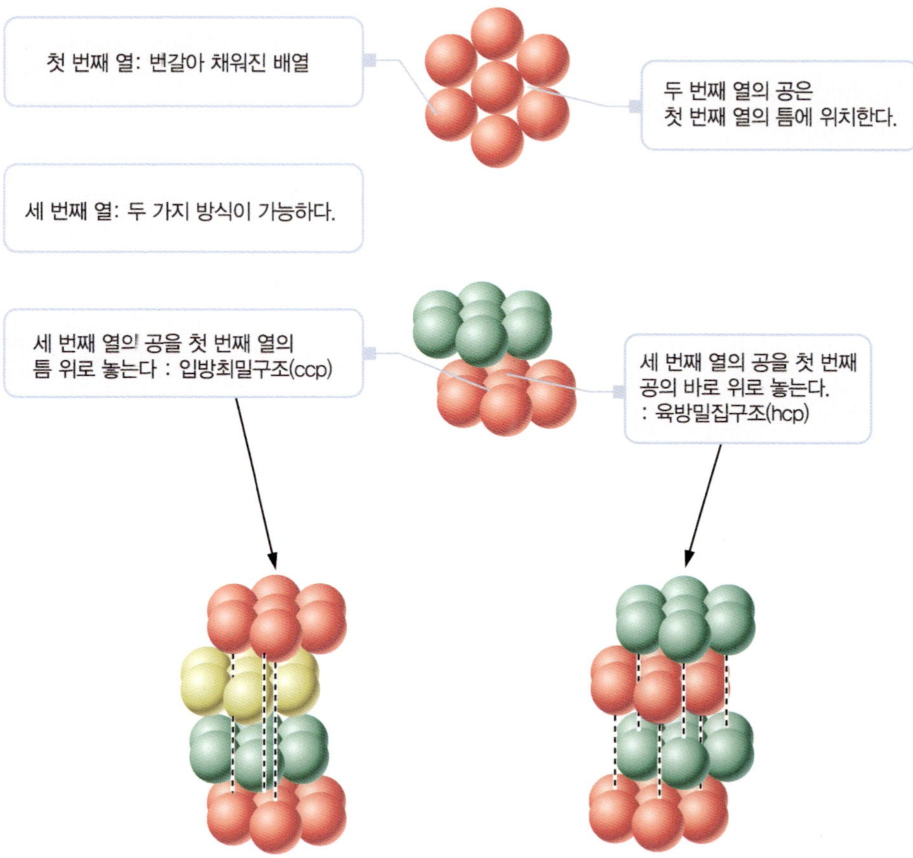

그림 8.2 왼쪽-입방최밀구조(cubic close-packing) (ccp) : a, b, c, a, b, c, … 패턴
오른쪽-육방밀집구조(hexagonal close-packing) (hcp) : a, b, a, b, … 패턴

입방최밀구조는 **면심입방구조**(face-centered cubic) (fcc)라 불리기도 하는데, 그림 8.3의 오른쪽 구조이다. 입방체(cube)의 꼭지점마다 원자가 한 개씩 위치하며, 입방체의 여섯 면의 중심에도 원자가 위치한다. 꼭지점의 원자들은 면의 중심에 위치한 원자들과 맞닿는다. 원자를 면의 중심에 맞추기 위해서는, 입방체의 가장자리 길이는 원자의 직경보다 커야 하는데, 이 경우 꼭지

점의 원자들끼리는 서로 닿지 않는다. 그림 8.3에 나타낸 입방체는 면심입방구조의 **단위격자**(unit cell)이다. 단위격자는 원자의 가장 작은 집합체로, 구조의 특성을 결정한다. 단위격자를 실제 샘플에 적용하기 위해서는, 단위격자를 모든 방향으로 반복하여 결정격자를 확장할 필요가 있다.

몇몇 물질은 밀집구조(close-packed)로도 공간을 효율적으로 채우지 못한다. 예로, **체심입방구조**(body-centered cubic) (bcc)가 그렇다(그림 8.3). 원자들이 입방체의 꼭지점에 위치하고, 원자 한 개가 입방체의 중심에 위치한다. 면심구조(face-centered)와 유사하게, 꼭지점의 원자들은 중심원자와 맞닿지만, 자기들끼리는 접촉하지 않는다. 이 구조의 패킹효율은 68%로 면심입방구조보다 작다. 드문 경우, 체심입방구조(bcc)에서 중심원자가 없는 경우도 있는데, 이 경우 입방체의 모서리 길이는 원자 직경과 같다. 이것은 **단순입방구조**(simple cubic) (sc)라 불린다. 가장 단순한 입방구조이지만, 가장 비효율적으로 공간이 채워진다. 패킹효율이 약 52%이다. 예제 8.1은 패킹효율이 어떻게 계산되는지 보여준다.

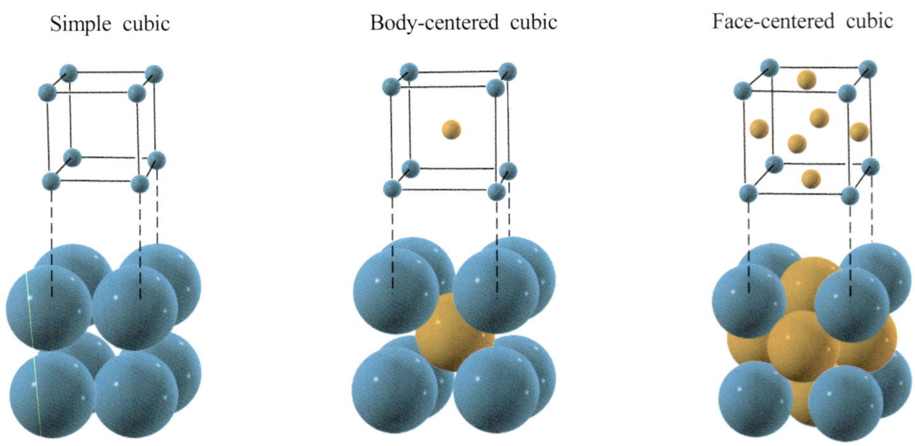

그림 8.3 **단순입방구조**(simple cubic) : 원자들은 입방체의 꼭지점에 위치한다. **체심입방구조**(body-centered cubic) : 단순입방구조+(입방체의 중심에 위치한 원자 한 개). **면심구조**(face-centered cubic) : 단순입방구조+(면의 중심에 위치한 원자들). 모두 같은 원소이며, 단지 다른 위치를 나타내기 위해 다른 색을 사용하였다.

예제 8.1

면심입방구조(fcc)의 패킹효율이 74%임을 증명하시오.

풀이 단위격자(unit cell)의 원자의 부피를 계산하기 전에, 다음 질문에 답해 보자: 얼마나 많은 원자들이 단위격자에 들어있는가? 우선, 개별 원자는 여러 개의 단위격자에 의해 공유된다. 면(face)에 위치한 원자는 인접한 단위격자에도 속한다. 꼭지점에 위치한 각각의 원자는 총 여덟 개의 단위격자에 의해 점유된다.

$$\text{단위격자 당 원자수} = \frac{1}{2}(\text{면심 원자수}) + \frac{1}{8}(\text{꼭지점 원자수})$$

입방체는 8개의 꼭지점과 6개의 면을 갖기 때문에, 면심원자수는 6개이고 꼭지점 원자수는 8개이다.

$$단위격자\ 당\ 원자수 = \frac{1}{2}(6) + \frac{1}{8}(8) = 4$$

따라서, 단위격자는 4개의 완벽한 원자를 포함한다. 원자반경이 r일 때, 원자의 부피는 $\frac{4}{3}\pi r^3$이다. 원자가 차지하는 전체 부피는 원자수 곱하기 원자부피이다.

$$원자수\ 4 \times \left(\frac{4}{3}\pi r^3\right) = \frac{16}{3}\pi r^3$$

단위격자의 부피는 원자반경으로 나타낼 수 있다. 입방체의 한 면을 그리면

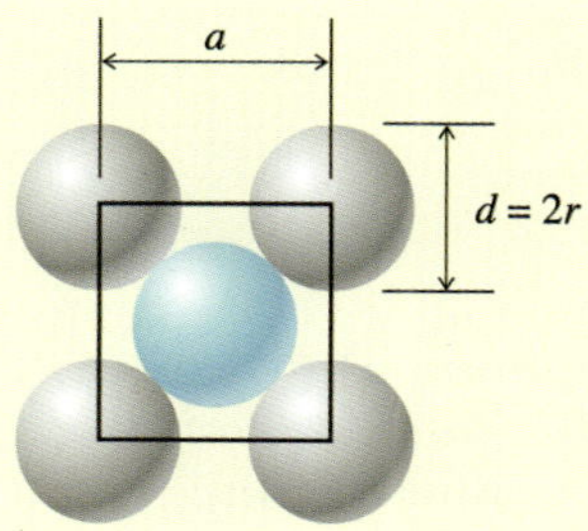

원은 원자를 나타내고, 사각형은 단위격자의 면이다. 원자의 직경(d)은 $2r$이며, 입방체의 모서리 길이는 a이다. 그림에서, 입방체의 면의 중심을 통과하는 대각선의 길이는 $2d$이다. 왜냐하면 중심원자의 직경과 꼭지점에 위치한 두 원자의 반경의 합은 같기 때문이다. 입방체의 면은 사각형이기 때문에, 대각선은 옆면과 45°의 각을 이룬다. 삼각법에 의해 다음의 관계식을 얻을 수 있다.

$$\frac{a}{2d} = \sin 45° = \frac{1}{\sqrt{2}} = 0.707$$

따라서

$$a = 1.414d = 0.828r$$

입방체의 부피는 a^3인데, r로 표현하면

$$V_{\text{unit cell}} = a^3 = (2.828\, r)^3 = 22.63\, r^3$$

위에서 계산한 원자부피와 결합하면 패킹효율은 다음과 같다.

$$패킹효율 = \frac{4\ 원자부피}{단위격자부피} \times 100\%$$

$$= \frac{\frac{16}{3}\pi r^3}{22.63\, r^3} \times 100\% = \frac{16.76}{22.63} \times 100\% = 74.05\%$$

추가문제 단순입방구조와 체심입방구조의 패킹효율을 계산하시오. 패킹효율이 각각 52%, 68%인지 확인하고 증명하여 나타내시오.

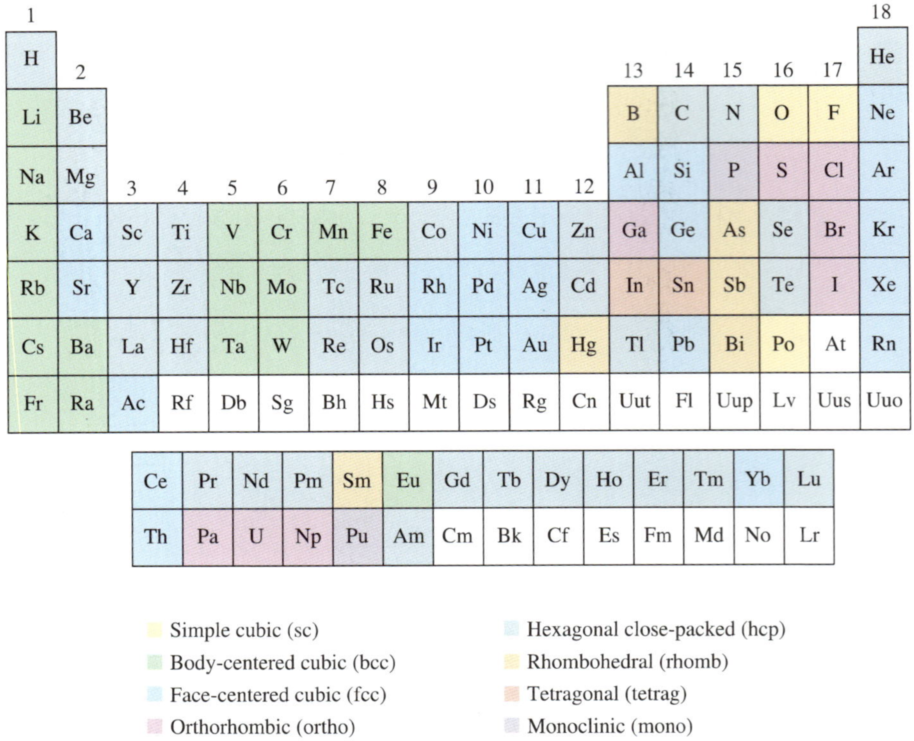

그림 8.4 고체상태에서의 원소의 안정된 결정구조

결합의 관점에서, **배위수**(coordination number)는 중요한 개념으로 인접한 원자의 수를 뜻한다. 단순입방구조(sc)는 배위수가 6, 체심입방구조(bcc)는 배위수가 8, 밀집구조(ccp와 hcp)는 배위수가 12이다. 가장 흔한 구조인 밀집구조는, 배위수가 증가하면 격자 내 원자는 가장 가까운 이웃 원자와 상호작용이 가능해지고, 인력에 의해 결정이 유지된다.

그림 8.4의 주기율표에 고체상태의 원소가 선호하는 결정격자를 나타내었다. 표를 보면, 금속은 주로 세 가지 구조 중 하나를 갖는다: bcc, fcc, hcp. 금속이 어떤 구조를 가질지 인식할만한 패턴은 없지만, 어떤 구조인지 아는 것은 신물질 개발에 중요하다. 예로, 강철은 철에 소량의 다른 원소가 섞인 것으로, 제련하기 쉬운 성질을 갖게 된다. 원자들이 철의 고체프레임과 유용하게 결합하는지 판단하기 위해서는, 철의 구조가 어떤지, 그리고 철 원자와 다른 원소가 교환이 가능한지 알아야 한다.

탄소를 포함한 몇몇 원소는 하나 이상의 고체상태를 갖는다. (그림 8.4의 구조는 가장 안정된 형태이다) 탄소로 이루어진 다이아몬드와 흑연은 완전 다른 물리적 성질을 갖는다. 그리고 이들 성질은 결정구조와 직접적으로 관련된다. 다이아몬드와 흑연은 둘 다 흔치 않은 결정구조로, 공유결합을 하고 있다. 7-6장에서 보았듯이, 탄소 원자는 네 개의 단일결합을 갖는 사면체 구조이다. 이 기하학구조가 사방으로 확대되면, 탄소 원자는 네 개의 이웃원자와 연결되면서 다이아몬드 구조(그림 8.5)가 된다. 그림 8.5에 한 개의 탄소 원자를 중심으로 한 사면체 구조(파란색 강조)를 나타내었다. 각각의 탄소 원자는 네 개의 강한 C−C 결합을 갖는데, 다이아몬드가 강한

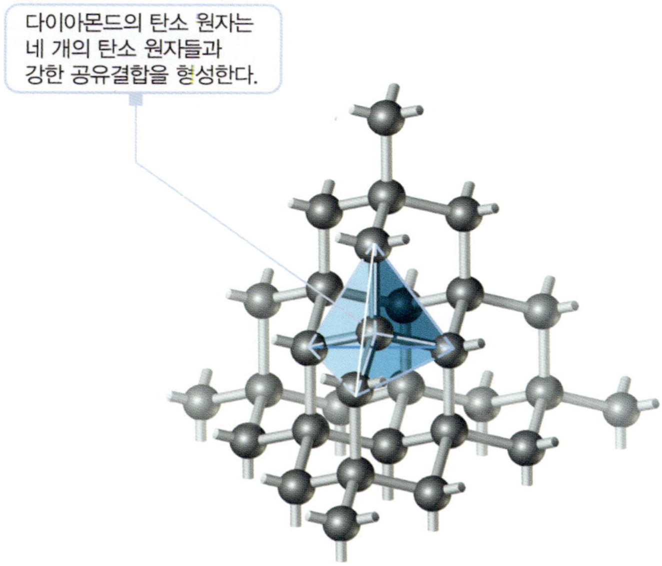

그림 8.5 다이아몬드의 탄소 원자는 공유결합으로 연결되어 있으며, 각각의 탄소는 사면체구조를 갖는다.

물질인 이유이다. 다이아몬드를 깨기 위해서는 많은 공유결합을 깨야 하는데, 이때 엄청난 양의 에너지가 필요하다. 실리콘 또한 다이아몬드 구조를 갖는다.

흑연은 층구조로(그림 8.6), 다이아몬드보다 복잡하다. 흑연에서, 같은 평면의 탄소 원자들 간 거리는 탄소–탄소 공유결합 길이보다 짧다. 하지만 층(또는 평면) 간 거리는 더 큰데, 같은 평면 내 원자거리의 두 배가 넘는다. 8-3장에서 층 내 작용하는 힘과 층 사이에 작용하는 힘의 차이점을 알아볼 것이며, 이것으로 흑연의 물리적 성질을 설명할 수 있을 것이다.

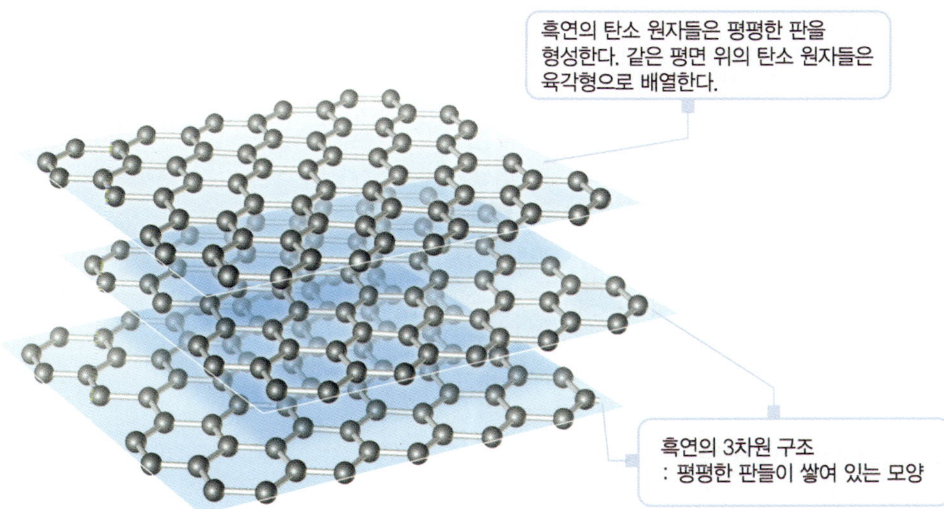

그림 8.6 흑연의 층구조; 같은 평면에 있는 탄소 원자들은 공유결합으로 긴밀히 연결되어 있지만, 층 간 미치는 힘은 약하다. 따라서 판끼리 쉽게 미끄러진다.

8-2 고체에서의 결합 : 금속, 절연체, 반도체

금속은 **가단성**(malleable)이 있어, 필요한 모양으로 성형이 가능하다. **연성**(ductile)도 있어, 잡아당겨 가는 선으로 만들 수 있다. 그리고 전기와 열을 전도한다. 금속결합으로 이들 성질을 어떻게 설명하겠는가? 금속원자를 넣은 나노튜브도 같은 성질을 가질까? 금속결합모델을 통해 이 질문에 대한 답을 얻을 수 있을 것이다.

금속결합모델

금속원소들끼리는 전기음성도 차이가 크지 않기 때문에, 금속과 합금은 이온결합을 하기 쉽지 않다. 또한 부껍질을 채워 완벽한 옥텟을 얻기 위해서는 많은 수의 공유결합을 해야 하는데, 이 또한 쉽지 않다. 이온결합이나 공유결합이 어렵다면, 금속원자들의 결합을 어떻게 설명할 수 있을까?

금속결합에 대한 가장 단순한 설명이 **전자바다모델**(sea of electrons model)이다. 이 모델에서는 금속원자의 원자가전자는 비편재화(delocalized)되어 있고, 원자에 묶여 있지 않고 고체 내부를 자유롭게 움직인다(그림 8.7). 이 모델로 금속의 몇 가지 성질을 설명할 수 있다. 가단성의 경우, 금속을 망치로 내려치면 원자 수준에서 어떤 일이 벌어질까? 적어도 몇 개의 원자는 이 힘에 반응하여 움직일 것이다. 하지만 전자바다모델처럼 전자가 자유롭게 움직인다면, 전자들은 원자의 새 위치에 적응할 수 있기 때문에 결합에 영향을 비교적 끼치지 않는다. 연성도 마찬가지로, 금속을 잡아당겨 가는 선으로 만들면 원자의 위치가 변하는데, 비편재화된 전자들은 적응

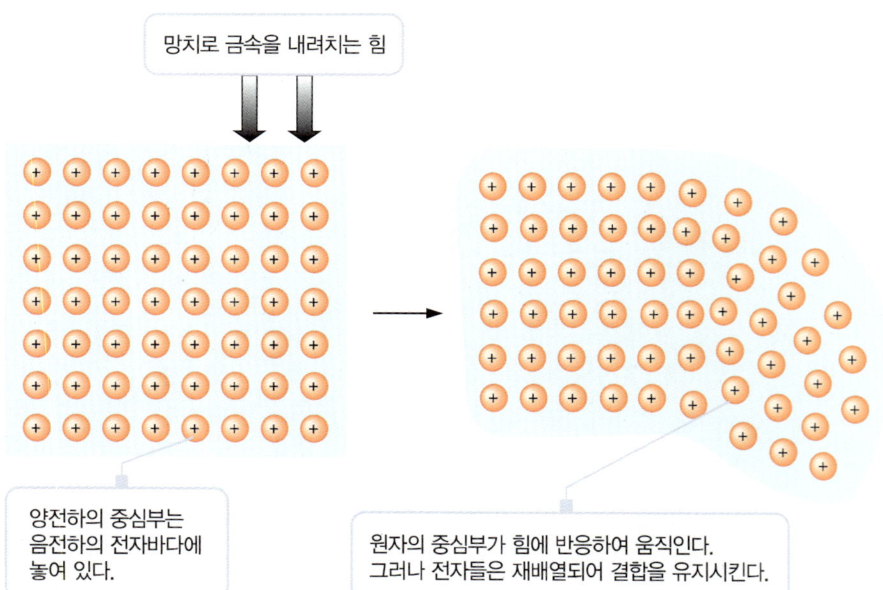

그림 8.7 금속결합에서의 전자바다모델. 파란색은 음전하로 비편재화된 영역으로, 원자가전자가 금속전체에 퍼져 있다. ⊕은 금속원자의 양으로 하전된 중심부이다. 망치로 금속(왼쪽)을 내려치면 금속원자의 중심부는 이 힘에 반응하여 움직이게 되고, 샘플은 변형된다(오른쪽). 하지만 전자의 자유흐름은 금속결합을 유지시킨다.

하여 금속결합을 유지할 수 있다. 마지막으로, 비편재화된 전자들은 전기장에 반응하여 움직일 수 있는데, 이 모델을 이용하여 금속의 전도성도 설명된다.

전자바다모델이 질적 이해를 돕는다면, 금속결합의 양적 측면을 다룬 모델도 존재한다. 밴드이론(band theory)은 중요한 모델로, 이 이론을 설명하기 위해 탄소나노튜브에 금속원자를 첨가하는 것을 예로 들어보자.

리튬 원자를 알맞은 크기의 나노튜브에 넣으려면, 금속원자들을 원자 한 개의 너비로 줄을 세워야 한다. 리튬의 원자가전자 배열은 $2s^1$이기 때문에, 금속원자 간 결합은 $2s$ 오비탈에서 이루어진다. 오비탈은 파동이기 때문에, 금속 간 인력은 파동간섭으로 설명된다. 가장 간단한 경우로 시작해보자: 두 개의 리튬 원자가 가깝이 접근하여 $2s$ 오비탈이 겹치고 상호작용한다. $2s$ 오비탈 쌍이 같은 위상에서 상호작용하면, 보강간섭이 일어난다. 결과적으로, 핵 주위의 전자밀도는 증가하는데, 이것을 **결합성 분자오비탈**(bonding molecular orbital)이라 한다. 반면, $2s$ 오비탈 쌍이 다른 위상으로 상호작용한 결과 파동은 핵 주위에 마디(node)를 갖는다. 이것을 **반결합성 분자오비탈**(antibonding molecular orbital)이라 한다. 그림 8.8은 분자오비탈에너지와 $2s$ 오비탈에너지 사이의 관계이다. 그림 8.8을 보면, 나노튜브에 첨가된 리튬 원자가 많을수록 어떤 일이 일어날 지 충분히 생각해 볼 수 있다. 두 원자가 결합하면, 한 개의 결합성 오비탈과 한 개의 반결합성 오비탈이 만들어진다. 네 원자가 결합하면, 두 개의 결합오비탈과 두 개의 반결합성 오비탈이 만들어진다. 원자수가 많아질수록 분자오비탈의 수도 많아지는데, 오비탈 간의 에너지 차이는 실질적으로 없다. 오비탈이 '허용된 에너지레벨의 밴드'에 묶여 있다 하여, **밴드이론**(band theory)이라 한다.

나노튜브에 있는 리튬 원자를 선택한 이유는, 리튬이 타당한 1차원 시스템이기 때문이다. s 부껍질 이상의 껍질에 원자가전자를 가진 금속은, p 또는 d 오비탈에 의한 밴드가 형성된다. 전도성 등의 성질을 이해하는데 있어, 밴드구조는 가장 강력한 모델이다.

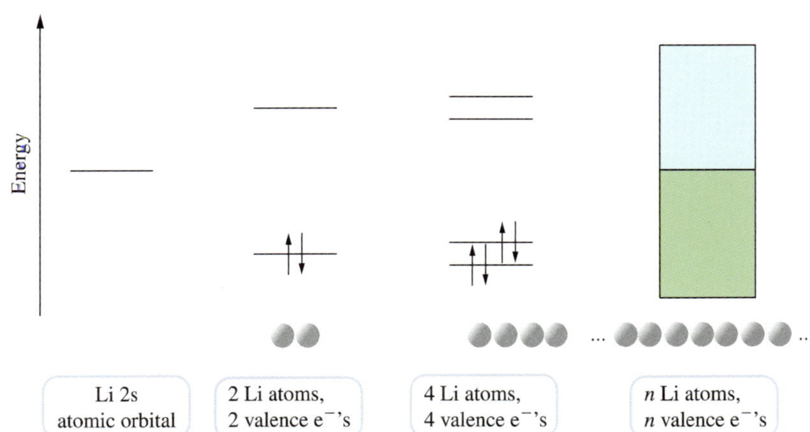

그림 8.8 나노튜브에 결집된 리튬 원자들. 두 개의 리튬 원자는 각각 한 개의 원자가전자를 내놓아 두 개의 원자가전자를 갖는다(두 번째 그림). 리튬 원자가 많아질수록 이용가능한 오비탈들은 에너지적으로 매우 밀접해진다. 이용가능한 오비탈들의 아래쪽 반은 전자로 채워져 있는데, 이것을 원자가밴드(valence band)라 한다. 위쪽의 비어있는 높은 에너지 상태를 전도성 밴드(conduction band)라 한다.

밴드이론과 전도성

물질의 밴드구조는 원자오비탈의 에너지레벨과 매우 유사하다. 축조원리에 따라 전자는 가장 낮은 에너지의 오비탈을 먼저 채우는데, 벌크 물질의 전자도 가장 낮은 에너지의 밴드를 먼저 채운다. 전자들이 움직이면 전류가 발생하는데, 이것은 전자가 오비탈들 사이를 움직이는 것과 같다. 전자가 꽉 찬 밴드에서는 전자가 쉽게 움직이지 못하기 때문에 전기를 전도할 수 없다. 이동이 쉬운 전자를 갖기 위해서는 "채워진 밴드"와 에너지가 비슷한 "채워지지 않은 밴드"가 있어야 한다.

리튬의 밴드다이어그램을 생각해 보자(그림 8.8의 오른쪽). 원자가전자들이 밀집된 밴드를 **원자가밴드**(valence band, **가전자대**)라 하고, 위쪽의 비어있는 밴드를 **전도성 밴드**(conduction band, **전도대**)라 한다. 에너지상으로 전도성밴드는 원자가밴드의 위에 위치하며, 전자가 채워진 가장 높은 에너지레벨은 두 밴드 사이의 경계선에 위치한다. 원자가밴드의 꼭대기에 있는 전자는 아주 작은 양의 에너지만으로도 전도성밴드로 이동할 수 있다. 이것은 리튬이 좋은 전기전도체라는 것을 의미하며, 실제로도 그렇다.

그림 8.9는 금속, 반도체, 절연체의 밴드를 나타낸 것이다. 금속은 작은 양의 에너지로도 전자를 전도성밴드로 올릴 수 있다. 반면, 비금속은 원자가밴드와 전도성밴드의 에너지 차이가 크기 때문에, (전자이동이 가능한) 전도성밴드로 전자를 올리기 위해서는 상당량의 에너지가 필요하다. 일반적인 환경에서는, 전자들은 **밴드 갭**(band gap)을 극복할 만큼의 에너지를 갖지 않기 때문에, 비금속은 전도성이 없으며, **절연체**(insulator)로 불린다. 다이아몬드는 비전도성 물질의 좋은 예이다.

반도체의 경우, 전자가 채워진 가장 높은 에너지레벨이 원자가밴드의 꼭대기에 위치하지만, 전도성밴드가 에너지상으로 다소 높다. 열에너지가 충분한 몇몇 전자들은 실온에서도 전도성밴드로 올라갈 수 있어 제한된 전기전도성을 갖는다. 온도가 증가하면 더 많은 전자들이 전도성밴드를 차지하기 때문에, 온도가 높을수록 반도체의 전도성은 증가한다. 탄소와 같은 그룹인 실리콘도 반도체 성질을 가진 원소이다.

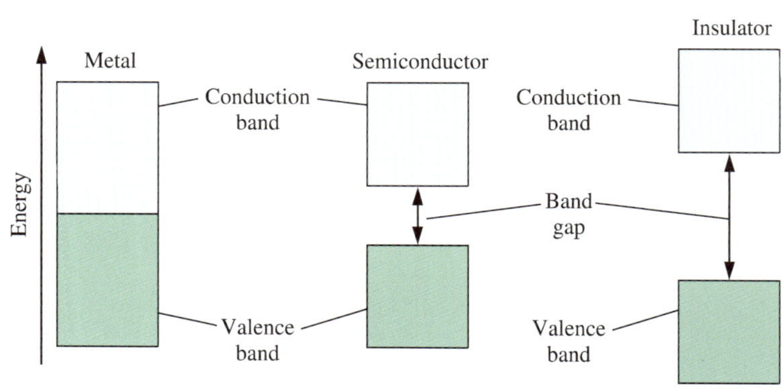

그림 8.9 밴드에너지 다이어그램. 초록색 – 전자가 채워진 원자가밴드, 파란색 – 전자가 채워지지 않은 전도성밴드. 금속, 반도체, 절연체의 전도성의 차이는 '밴드갭'과 '원자가밴드에서 전도성밴드로 전자를 올리는 난이도'로 설명된다.

반도체

순수 실리콘은 반도체(semiconductor)의 교과서적인 예로 관심이 높은 물질이나, 가전제품에 많이 사용되진 않는다. 순수 실리콘이 전도성을 갖기 위해서는, 원자가밴드에서 전도성밴드로 전자를 올릴 수 있어야 한다. 이때 에너지가 필요한데, 실리콘을 상당한 열에 노출시키거나, 충분한 광자에너지를 가진 빛을 흡수하도록 한다. 그러면 전자가 들떠 밴드갭을 극복할 수 있게 된다. 하지만 전자기기에서는 두 방법 모두 쉽지 않다. 대신 다른 원소를 결합시켜 반도성 성질을 갖는 물질을 만들 수 있다. 이것은 **도핑**(doping)이라 불리는 과정으로, 실리콘과 같은 반도체에 미량 원소의 양을 조절하여 넣을 수 있다.

도핑 작업의 이해를 위해, 실리콘의 밴드다이어그램을 사용하자(그림 8.10 왼쪽). 순수 실리콘의 전도성을 증가시킨다고 하자. 금속의 전도성에서 배웠듯이, 전도성밴드로 전자들이 들어가야 한다. 만약 여분의 전자를 넣는 방법이 있다면, 전자는 위쪽 밴드로 들어갈 수 있게 되고 밴드를 자유로이 다닐 수 있다. 충분한 양의 전자를 넣을 수 있다면, 좋은 전도체를 얻을 수도 있다. 전자를 실리콘에 어떻게 넣을 것인가? 실리콘 원자는 네 개의 원자가전자를 갖는다. 원자가전자의 수를 증가시키기 위해, 원자가전자가 네 개 이상인 원소를 소량 첨가해 볼 수도 있다. 순수 고체 실리콘에서 실리콘 원자 하나를 인(P) 원자로 대체시켰다고 가정해 보자. 원자 한 개만 바뀌었기 때문에, 전체 결정구조와 밴드다이어그램은 영향을 받지 않는다. 하지만 여분의 전자 한 개를 갖게 된다. 원자가밴드는 채워진 상태이기 때문에, 여분의 전자는 높은 에너지 오비탈로 이동한다. 이 오비탈은 실리콘이 아닌 인 원자와 관련되기 때문에 실리콘의 전도성밴드보다는 약간 낮은 에너지를 갖는데, 이것을 **도너레벨**(donor level, **주게 준위**)이라 한다. 도너레벨과 전도성밴드 사이의 갭은 매우 작기 때문에, 전자는 도너레벨에서 전도성밴드로 쉽게 올라갈 수 있다.

물론 원자 하나만 대체하는 것은 불가능하다. 가능하더라도 전도성 변화는 측정이 어려울 정도로 작을 것이기 때문에, 더 많은 수의 인 원자를 첨가한다면 실현가능해질 것이다. 인 원자의 다섯 번째 원자가전자는 도너레벨의 새로운 밴드로 이동하여, 전도성밴드로 올라갈 수 있다(그림 8.10 오른쪽). 인 원자의 도너레벨은 전도성밴드 근처에 위치한 전자밀도의 공급원으로 전도

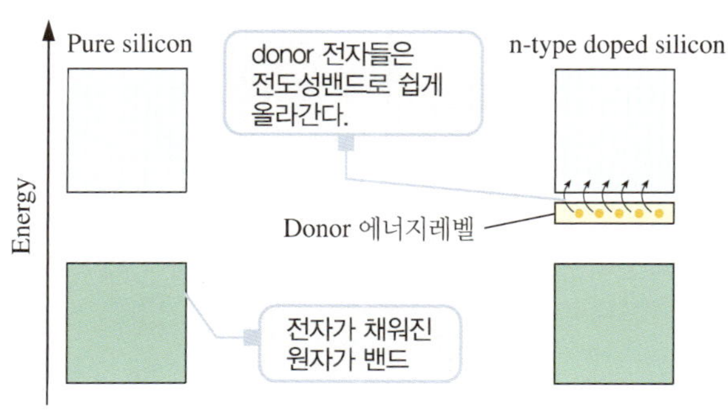

그림 8.10 실리콘을 소량의 인으로 대체시킴으로써 전자를 순수 실리콘에 주입할 수 있다. 도입된 전자는 전도성밴드보다 낮은 도너레벨을 차지한다. 이것이 n-형 반도체이다. 도너레벨의 전자는 밴드갭을 거치지 않고 전도성밴드로 올라갈 수 있다.

성을 증가시킨다. 그리고 인의 양에 따라 전도성 크기는 조절될 수 있다. 이것은 음전하의 전자를 얻었다 하여, **n-형 반도체**(n-type semiconductor)라 불린다. (물론 격자는 중성이다)

n-형 반도체는 실리콘 결정에 0.00001% 인이 포함된 것이다. 도핑이 이루어지면 물질은 자라지만, 도핑원자가 무작위로 분산되었다면 결정구조에 미치는 영향은 작다. 그리고 인은 원자반경이 실리콘과 비슷하기 때문에 결정격자에 큰 지장을 주지 않는다.

p-형 반도체(p-type semiconductor)는 원자가전자가 네 개 이하인 도핑원소를 사용하여, 원자가밴드의 전자수를 감소시킬 때 얻어진다. **어셉터레벨**(acceptor level)은 에너지상으로 원자가밴드의 꼭대기보다 약간 높다. 이 경우 흔히 선택되는 도핑원소는 알루미늄이며, 그림 8.11에 도핑전후의 변화를 밴드다이어그램으로 나타내었다. 원자가밴드의 전자는 어셉터레벨로 쉽게 올라갈 수 있기 때문에, 원자가밴드에 정공(hole)이 생긴다. 이들 정공은 양전하를 가진 것처럼 행동하기 때문에, p-형 반도체라 한다.

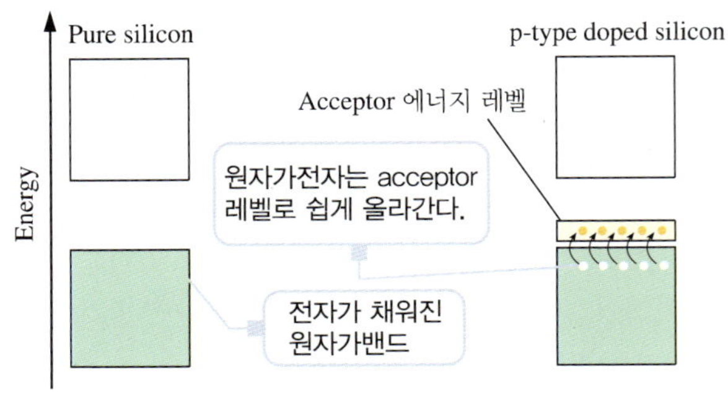

그림 8.11 p-형 반도체. 전자가 부족한 도핑원자가 주입되면, 원자가밴드의 위에 위치하는 어셉터레벨이 제공된다.

예제 8.2

순수 게르마늄에 다음의 원소가 도핑되었을 때, 게르마늄 반도체는 어떤 형태(n- 또는 p-형)인가?
(a) gallium (b) arsenic (c) phosphorus

풀이

(a) 갈륨(Ga)은 13족 원소로, 원자가전자는 3개이다. 따라서 p-형 반도체를 만든다.
(b) 비소(As)은 15족 원소로, 원자가전자는 5개이다. 따라서 n-형 반도체를 만든다.
(c) 인(P)도 15족 원소이다. 따라서 n-형 반도체를 만든다.

추가문제 실리콘으로부터 n-형 반도체를 제작하려 한다. 도핑물질로 어떤 원소가 좋을까? 결과물질의 밴드다이어그램을 그리시오.

p-형 물질이 n-형 물질을 만나는 지점을 **p-n접합**(p-n junction)이라 한다. p-n접합을 가로지르는 전자의 흐름은 전압(배터리로부터)을 걸어 쉽게 제어할 수 있기 때문에, p-n접합들은 스위치와 게이트 기능을 할 수 있다.

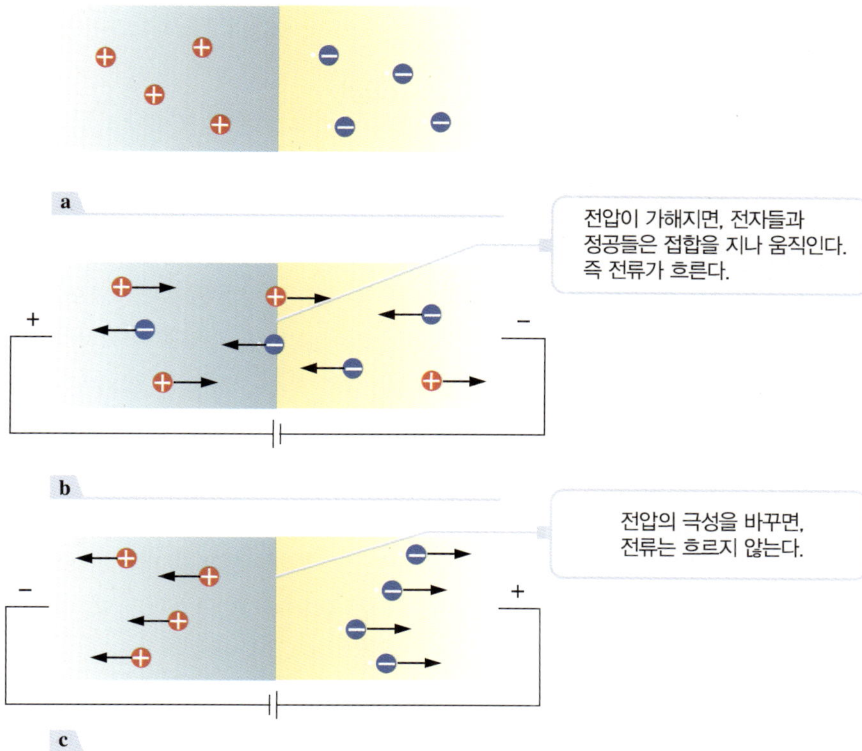

그림 8.12 p-n접합은 스위치로 작용한다; 적합한 극성으로 전압을 연결하면 전류가 통한다.

그림 8.12는 p-n접합 다이어그램이다. p-형 물질(왼쪽)은 전자를 잃고 양의 정공(positive hole)을 갖는다. 오른쪽은 n-형 물질로 여분의 전자를 갖는다. 두 물질의 끝에 배터리를 연결한다(그림 b). p-형 물질의 전자는 배터리의 양극을 향하고, 정공은 음극을 향한다. 즉 배터리가 연결되었을 때, 접합을 가로질러 전류가 흐르게 된다. 그러나 반대방향으로 전압을 연결하면(그림 c), 전자와 정공은 접합으로부터 멀리 도망가기 때문에, 전류는 경계면을 가로질러 흐르지 않는다. 따라서 p-n접합을 전압제어 스위치로 사용할 수 있다.

8-3 분자간 힘

7장에서, 화학결합이 형성되면, 결합을 통해 원자들의 에너지가 작아짐을 배웠다. 고체의 구조는, 화학결합뿐만 아니라 원자들 또는 분자들 사이의 인력과 척력의 균형에 의해서도 결정된다. 이번 장에서는, **분자간 힘**(intermolecular force)에 대해 알아볼 것이다. 분간간 힘은 화학결합력보다는 많이 약하지만, 고체와 액체의 구조와 성질을 결정하는데 매우 중요하다.

분산력

분산력(dispersion force)은 때때로 런던힘(London force)이라 불리며, 모든 분자에서 발견된다. 또한 순간쌍극자−유도쌍극자 힘이라 불리기도 한다. 정반대의 전하를 띤 두 점이 거리를 두고 있을 때 쌍극자가 존재한다.

원자의 양자역학적 그림인, 여러 모양의 오비탈들은 전자의 발견확률과 평균위치로부터 얻어진 것이다. "순간쌍극자"는 순간의 전자위치 또는 분포를 뜻한다. *s* 오비탈은 전자가 핵으로부터 일정거리에 있기 때문에, 전자발견확률은 구형의 대칭모양이다. 전자의 스냅샷을 찍으면, 잠시 후에는 전자가 핵의 다른 쪽에서 찍히는데 평균위치는 구형과 일치한다. 분자에서도 전자의 분포가 역동적으로 변한다. 순간적으로 분자 끝에 전자가 몰릴 수 있지만, 평균적으로는 고르게 퍼져있다. 이러한 변동이 일어날 때마다, 전하는 순간적으로 비대칭이 된다; 분자의 한쪽 끝은 크고 일시적인 음전하를 가지며, 반면 분자의 다른 끝은 작고 일시적인 양전하를 갖는다. 이것은 수명이 짧은 전하가 순간적으로 분리되었음을 의미하며, 이때 쌍극자 모멘트가 생긴다. 쌍극자는 극성결합에서 다루었던 것과는 다른 개념으로, 순간적으로 전자가 편재되어 분포한다고 해서 **순간쌍극자**(instantaneous dipole)라 불리기도 한다. 순간쌍극자의 수명은 매우 짧아, 곧 사라졌다 다시 생성되기 때문에, 전자분포는 순간적으로 다시 비대칭이 된다.

전자밀도의 편재된 분포에 의해서만 전자들이 역동적인 분포를 갖는 것은 아니다. 전자들은 매우 작은 질량을 갖고 전하를 띠기 때문에, 이웃분자의 쌍극자와 같은 외부전기장에 의해 영향을 받는다. 분자가 외부전기장을 만나면, 음전하의 전자는 전기장의 음극으로부터 멀어지려 하고, 결과적으로 분자 내에 새로운 쌍극자가 만들어진다. 이렇게 외부자기장에 의해 기존에 없던 쌍극자가 생겨나게 된다; 이때 쌍극자를 유도(induced)되었다고 한다(그림 8.13).

조금 떨어져 있는 두 분자를 생각해보자. 한 분자는 전자밀도가 변동하여, 순간쌍극자를 만든다. 순간쌍극자가 근처 분자에 외부전기장으로 작용하면, 이 분자는 **유도쌍극자**(induced dipole)를 만든다. 이때 쌍극자의 양의 말단은 상대쌍극자의 음의 말단 근처에 있게끔 배열되는데, 순간쌍극자−유도쌍극자 사이에 작용하는 이러한 인력을 **분산력**이라 한다. 순식간에 만들어지는 힘이라 매우 약할 거라 생각되며, 실제로도 그렇다. 그러나 아보가드로수 만큼의 분자의 힘이 합해진다면 엄청난 양의 에너지가 될 수 있다. 이 에너지에 의해 액체나 고체가 유지된다.

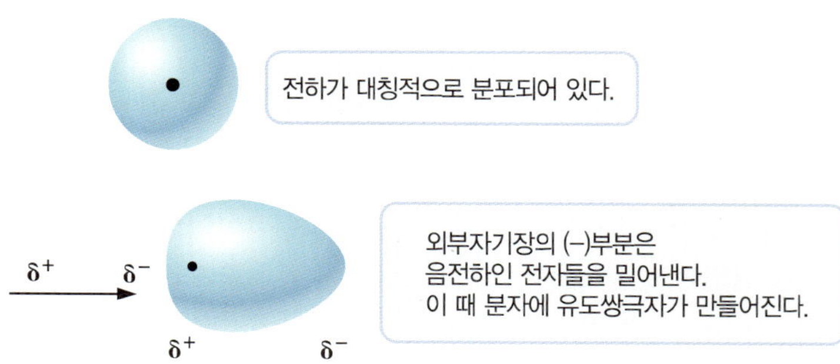

그림 8.13 외부전기장은 분자나 원자 주변의 전자구름 모양을 왜곡시킨다. 왜곡된 분자는 근처 분자에 외부전기장으로 작용하는데, 이 효과는 주위로 전파된다. 유도쌍극자 사이의 인력으로 만들어진 힘을 분산력이라 한다.

각 물질마다 분산력의 상대적 크기를 어떻게 측정할까? 해답은 **분극율**(polarizability)에 있다. 분극율은 분자가 외부전기장의 작용에 의해 전하분포가 편재되었을 때의 민감도 정도를 나타낸 것이다. 큰 분자는 작은 분자보다 분극이 잘 되는데, 거리가 증가할수록 핵과 전자 사이의 인력이 감소하기 때문이다. 즉 전자가 덜 잡혀있어 외부전기장에 의해 쉽게 영향을 받는다. 큰 분자일수록 분극성이 좋다는 것은 분산력이 강함을 의미한다.

쌍극자－쌍극자 힘

영구쌍극자(permanent dipole)를 갖는 분자가 상호작용할 때, 분자의 양의 영역은 상대분자의 음의 영역 근처에 위치한다. 이들의 전하량은 전자 한 개 전하량의 일부도 되지 않는다. 화학결합의 세기와는 비교도 안될 만큼 작지만, 반대 전하간의 인력 또는 같은 전하간의 척력은 분산력보다는 크다. 그림 8.14는 50개 분자에 대한 스냅샷으로, 각 분자는 가장 가까운 이웃 분자들과 상호작용한다. 말단이 반대전하인 두 개의 쌍극자가 서로 접근하면 인력이 작용하고, 같은 전하인 경우는 척력이 작용한다. 분자들은 인력을 최대화하고 척력을 최소화하는 배열을 좋아한

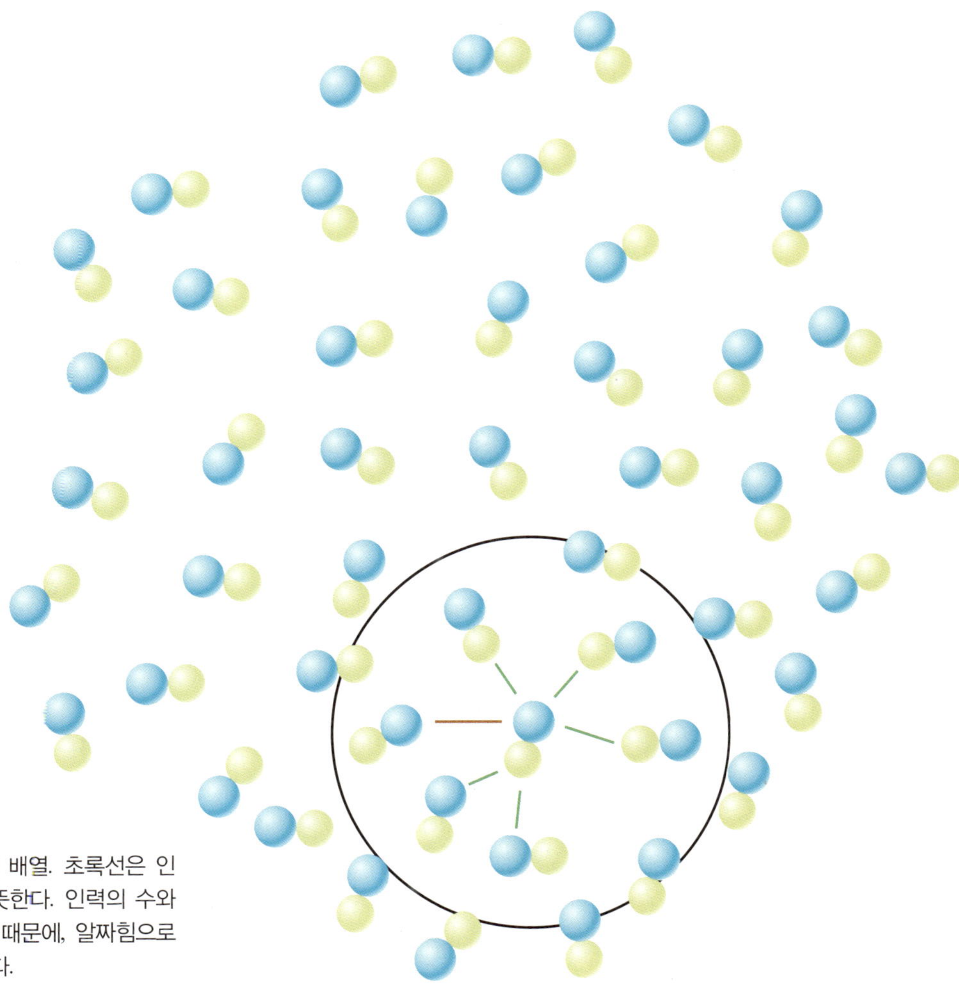

그림 8.14 극성분자의 배열. 초록선은 인력, 붉은선은 척력을 뜻한다. 인력의 수와 세기는 척력보다 크기 때문에, 알짜힘으로 분자를 회합할 수 있다.

다. 각 분자들의 위치는 끊임없이 바뀌지만, 인력에 의한 상호작용이 척력에 의한 상호작용보다 많을 것이다. 이 쌍극자들은 일시적이기보다는 영구적이기 때문에, 쌍극자－쌍극자 인력은 분산력보다 세다.

수소결합

분자간 인력에서 마지막으로 다룰 것은 "수소결합(hydrogen bonding)"이라 불리는 힘인데, 실제 결합은 아니다. 오히려 쌍극자－쌍극자 상호작용의 강한 형태로 생각하면 된다. 수소결합은 분자간 인력 중 가장 강한 힘으로, 생화학에서는 매우 중요하다.

수소결합의 "수소"는 전기음성도가 높은 원자(N, O, F)와 연결된 수소 원자를 의미한다. 전기음성도가 높은 원자는 수소와 공유한 전자쌍을 끌어당기기 때문에, 수소 원자는 부분적으로 양의 전하를 갖는다. 수소는 원자가전자가 없기 때문에, 양전하는 다른 분자들에 노출되어 있다. 부분적으로 음의 전하를 갖고 고립전자쌍을 갖는 원자가 노출된 양전하에 접근한다면, 쌍극자에 의한 강한 인력이 작용할 것이다. N, O, F로 이루어진 화합물에서, 이들 원소는 하나 이상의 고립전자쌍을 갖는데, 가까이에 위치한 다른 분자의 수소 원자와 고립전자쌍을 부분적으로 공유한다.

수소 원자와 전기음성도가 높은 원자로 구성된 분자의 순수 화합물에서 이들 힘이 나타난다. 플루오르화수소(hydrogen fluoride) 분자의 H 원자는 다른 HF의 F 원자에게 끌릴 수 있다. 물(H_2O)의 경우, O 원자는 상대분자의 H 원자에 고립전자쌍을 제공하여 수소 원자를 끌어당긴다. 수소결합 상호작용은 분자내 단일결합보다는 매우 약한 힘이다. 물의 경우, 수소결합에 의해 분자들은 고체나 액체상으로 유지되는데, 액체상의 물이 가열되면 수소결합은 깨지나 화학결합은 깨지지 않는다. 수증기는 여전히 H_2O 분자이다. 수소결합은 단백질과 같은 거대분자에서도 발견된다.

예제 8.3

다음의 물질이 액체에서 기체로 될 때 극복해야 할 분자간 힘은? (a) CH_4 (b) CH_3F (c) CH_3OH

풀이

(a) CH_4의 구조는 사면체로, 네 개의 동일한 C－H 결합을 갖는다.

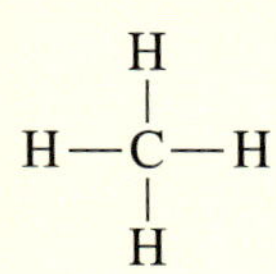

구조는 대칭이기 때문에, 쌍극자－쌍극자 힘은 가능하지 않다. CH_4의 H 원자들은 N, O, F에 연결되지 않았기 때문에, 수소결합도 가능하지 않다. 분산력만이 액체 메테인이 기화하는데 극복할 힘이다.

(b) 플루오르화메테인(methyl fluoride)도 사면체이다. 그러나 메테인의 수소 원자중 하나가 플루오린으로 대체되었다.

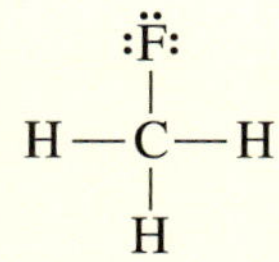

플루오린 원자가 한 개인 분자는 더 이상 대칭이 아니다. C−F 결합은 편극되어 있어, 쌍극자 모멘트를 갖는다. 극복할 힘은 쌍극자−쌍극자 힘이다.

(c) 메탄올의 구조는 메테인 구조와 유사하다. CH_4의 수소 원자중 하나가 −OH기로 대체하면 된다.

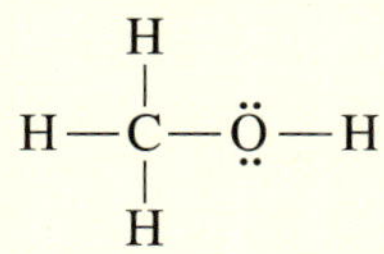

CH_3F 분자처럼, CH_3OH도 쌍극자 모멘트를 가지는데, 쌍극자는 −OH기에서 발생한다. −OH기의 수소 원자는 다른 분자의 산소 원자에 있는 고립전자쌍에 강하게 끌린다. 따라서 메탄올이 증발하기 위해서는, 수소결합 상호작용을 극복해야 한다.

분산력은 약한 힘이기 때문에, CH_4의 끓는점은 낮다. CH_3F의 쌍극자−쌍극자 상호작용은 CH_3F의 증발을 어렵게 하기 때문에, 끓는점이 높아진다. (CH_3F의 질량이 CH_4보다 무겁기 때문에 분산력도 좀 더 강해진다) CH_3OH는 수소결합 때문에 셋 중 끓는점이 가장 높다.
−164°C (CH_4), −78°C (CH_3F), 65°C (CH_3OH).

추가문제 분자간 힘을 고려하여 끓는점이 증가하는 순서로 다음 화합물을 배열하시오.
Ne, CO, CH_4, NH_3.

분자간 힘, 세 가지−분산력, 쌍극자-쌍극자 상호작용, 수소결합− 모두 아주 약한 화학결합보다도 강하지 않다. 이중 수소결합이 가장 강하지만, 공유결합보다도 한참 약하다. 분자간 힘은 약하지만, 여러 개의 힘이 모이면 총괄성질을 결정하는 주요 요소가 될 수 있다.

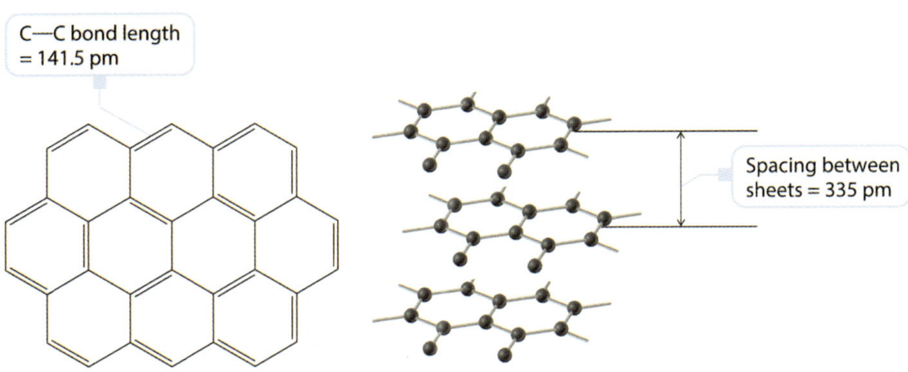

"Top view" of a graphite sheet

"Side view" of a stack of three graphite sheets

그림 8.15 흑연의 구조. 같은 평면상의 탄소 원자들은 강한 공유결합으로 연결되어 있기 때문에 C−C 거리가 짧다. 층 사이에 작용하는 힘이 약하기 때문에, 판 사이의 거리는 더 멀고, 쉽게 미끄러진다. 흑연은 부드럽고, 연마제로 유용하다.

분자간 힘과 분자내 힘을 비교하기 위해 흑연에 대해 알아보자. 같은 평면상의 탄소 원자들은 강한 공유결합으로 연결되어 있다(그림 8.15 왼쪽). 여러 개의 공명구조가 가능하지만, C−C 결합의 세기는 단일결합과 이중결합의 사이라고 보는 것이 합리적이다. 그러나 판 사이의 상호작용은 분산력에 의한 것이기 때문에 약하다. 즉 판 위의 탄소 원자들은 상대적으로 강한 화학결합으로 서로 묶여 있으며, 인접한 판들은 매우 약한 분산력에 의해 고정된다. 이 결과, 흑연은 강한 힘을 견딜 수 있고, 쉽게 미끄러지는 특성을 갖기 때문에, 연마제로 유용하다.

8-4 응축상태 − 액체

액체와 고체의 중요한 차이점은 원자나 분자의 움직임이 액체가 더 크다는 것이다. 고체의 경우, 각 입자의 평균위치는 크게 변하지 않는다. 반면, 액체의 경우 움직임이 자유롭기 때문에, 끊임없이 움직인다. 액체는 물질을 녹일 수 있는 용매로 쓰이는데, 용해된 입자들은 액체처럼 움직임이 가능해 진다. 이로 인해 용해된 입자들은 용해된 다른 물질을 만나, 화학반응을 일으킬 수 있다. 이 장에서는 액체의 물리적 성질에 대해 알아본다.

증기압

소나기 후의 물웅덩이는 물이 끓지도 않았는데 사라진다. 물웅덩이의 증발은 증기압으로 알려진 현상으로, **증기압**(vapor pressure)은 밀폐된 용기 안의 순수액체와 평형을 이룬 물질의 기체상 압력이다. 특정 온도에서의 특정 물질의 특성이다. 웅덩이는 더운 날에 더 빠르게 증발한다. 만약 액체가 아세톤일 때, 웅덩이는 훨씬 빠르게 사라질 것이다.

분자적 측면에서, 액체에서는 수많은 분자가 끊임없이 상호작용하며 움직이고 있다. 개별 입자들의 속도는 계속 바뀌지만, 높은 운동에너지를 갖는 입자들은 늘 존재한다. 특히 액체표면에 위치하면서 높은 에너지를 갖는 분자는, 이웃 분자와의 인력을 극복하고 증기상으로 탈출한다. 이것이 분자적 측면에서의 증발이다.

온도변화에 따른 증기압의 변화를 예상해보자. 온도가 증가하면 높은 운동에너지를 가진 분자수도 증가하기 때문에, 더 많은 분자들이 분자간 인력을 끊고 탈출할 수 있다. 따라서 온도가 증가하면 증기압도 증가한다. 분자간 힘의 세기는 증발하는 분자가 극복해야 하는 압력이다. 분자간 인력이 강하면 탈출할 수 있는 분자의 수는 적어지기 때문에, 증기압은 낮다. 높은 증기압을 갖는 액체는 빠르게 증발하는데, 휘발성이 있다고 한다.

액체 또는 고체의 증기압을 측정하기 위해서는 계는 평형상태이어야 한다. 다시 말하면, 액체로부터 '탈출하는 분자의 수'와 '포획되는 분자의 수'는 같아야 한다(그림 8.16). 일단 평형상태가 되면 가스상태의 분자의 압력은 일정하게 유지되어 쉽게 측정될 수 있다. 계의 알짜 상태는 변하지 않지만, 끊임없이 액체로부터의 탈출과 포획이 이루어지는데, 이 과정을 **동적평형상태**(dynamic equilibrium)라 한다. 표 8.1은 실온에서의 액체의 증기압이다.

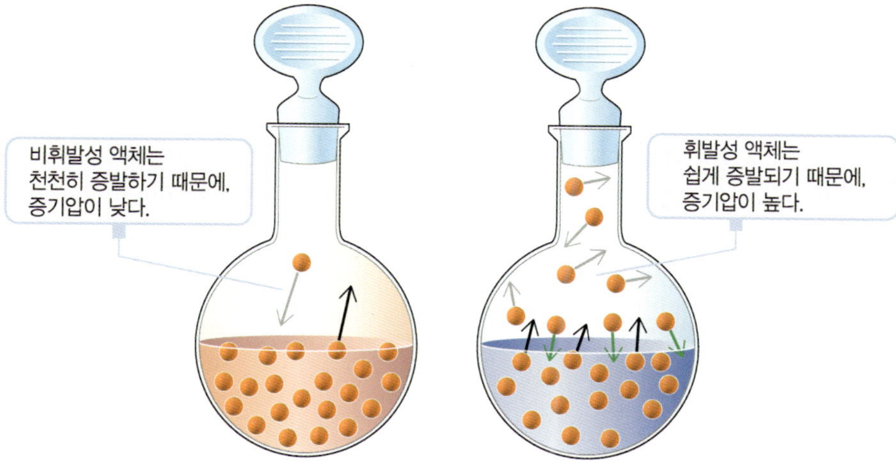

그림 8.16 밀폐용기에 담겨 있는 액체는 증기상태와 평형을 이룬다.

표 8.1 298 K에서의 증기압과 표준끓는점

물질	증기압(torr)	표준끓는점(°C)
Acetone	202	56.2
Br_2	185	58.8
$CClF_3$	24,940	−81.1
CCl_2F_2	4448	−29.8
CCl_3F	717	23.8
CCl_4	99.0	76.54
HCN	657	26
Formaldehyde	3525	−21
Methanol	108	64.96
n-Pentane	455	36.07
Neopentane	1163	9.5
Isobutane	2393	−11
n-Butane	1658	−0.5
Propane	6586	−42.07
Ethane	29,380	−88.63
Water	19.8	100

끓는점

액체의 끓는점도 증기압처럼 분자간 상호작용의 영향을 받는다. 온도가 증가하면 증기압도 증가한다. 이 현상은 모든 온도 범위에서 가능한데, 온도가 계속 증가하면, 결국 액체의 증기압은 외부압력과 같아진다. 이때 액체 내부에서는 작은 증기방울이 발생하고, 계는 끓게 된다. 액체의 **표준끓는점**(normal boiling point)은 증기압이 대기압과 같아질 때의 온도이다. 물의 끓는점은

100°C이다. 외부압력이 1 atm 이하이면 끓는점은 낮아진다. 높은 고도에서 계란을 삶으면, 물이 낮은 온도에서 끓기 때문에 더 오래 삶아야 한다. 그림 8.17은 온도의 함수로 나타낸 물의 증기압이다. 해수면과 산에서의 끓는점이 다른 이유는 증기압과 관련된다. 높은 고도일수록 대기압은 더 낮아지는데, 증기압이 외부압력과 같아지는 점에서 끓기 시작한다. 그래프의 모양을 보면, 물의 끓는점인 100°C 이상에서 증기압이 빠르게 증가한다.

표 8.1을 보면, 낮은 증기압을 갖는 액체들은 끓는점이 높다. 액체의 끓는점을 보고 분자간 상호작용의 세기를 판단할 수 있다. 증류에 의해 분자간 상호작용의 세기가 다른 분자들을 서로 분리하는 것이 가능하다.

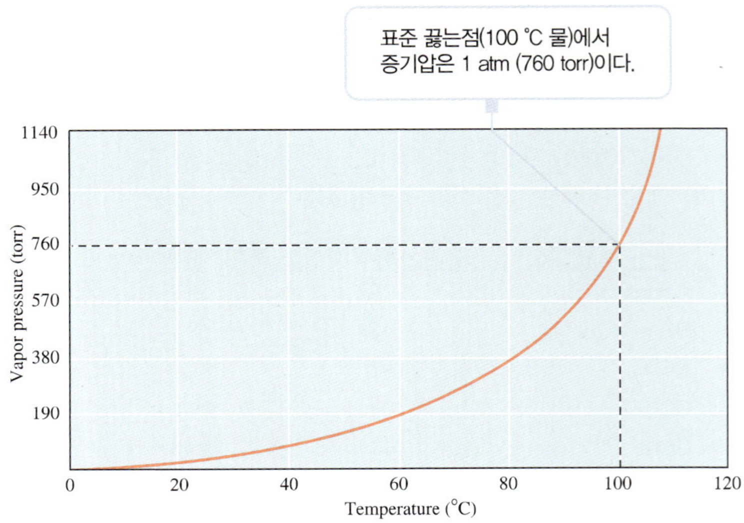

그림 8.17 온도함수로 나타낸 물의 증기압

표면장력

분자간 인력이 증가하면, 액체표면의 분자수는 작아진다. 표면에 있는 분자들은 용액내부(bulk)에 있는 분자들과는 다른 환경을 갖는다. 액체표면이 기체와 접촉하고 있을 경우, 액체표면분자들은 더 작은 수의 기체분자들과 상호작용한다(그림 8.18). 기체가 액체보다 밀도가 작기 때문이다. 이러한 상호작용은 주로 인력을 뜻하는데, 표면분자들이 이웃하는 분자수가 적다는 것은 용액내부의 분자보다 높은 에너지 상태라는 것을 의미한다. 계는 높은 에너지를 가진 분자의 수를 자연스럽게 줄이려 하며, 이때 **표면장력**(surface tension)이라 불리는 현상이 일어난다.

물방울이 동그랗게 맺혀 있는 것도 표면장력에 의한 것이다. 표면에 있는 분자의 수가 작아질수록 액체의 에너지는 줄어들 것이다. 표면적은 작으면서 가장 큰 부피를 갖는 모양이 구(sphere)이다. 수소결합 때문에 분자간 상호작용이 큰 물은 표면장력이 상대적으로 높아 구형의 방울을 형성하려는 힘이 강하다. 이것은 왁스칠 된 표면에서 잘 관찰되는데, 극성의 물 분자는 비극성의 왁스와 강한 상호작용을 하지 않는다. 이와 반대로 더러운 차 후드에서는, 물 분자는 표면장력을 극복하고 표면의 먼지들과 강한 상호작용을 하여, 수막이 고르게 형성된다.

그림 8.18 액체표면의 분자들은 액체내부의 분자들보다 이웃하는 분자수가 작다. 이때 표면장력이 발생한다.

액체분자는 서로 상호작용하며, 고체분자와도 상호작용한다. 액체－액체 상호작용을 **응집력**(cohesion)이라 하며, 액체－고체 상호작용을 **부착력**(adhesion)이라 한다. 두 힘의 상대적인 크기에 따라 굴곡된 표면(또는 메니스커스)의 모양이 결정된다. 그림 8.19는 유리관 안에 담긴 다른 두 액체를 비교한 것이다. 물(위)은 유리와 강한 상호작용을 하는데, 유리는 표면에 수많은 극성결합을 갖기 때문이다. 따라서 부착력이 응집력보다 더 크기 때문에, 메니스커스는 위로 오목(∪)하다. 튜브의 아래쪽 액체는 수은으로, 극성의 유리표면과 강한 상호작용을 하지 않는다. 부착력이 응집력보다 상대적으로 작기 때문에 메니스커스는 아래로 오목(∩)하다. 응집력과 부착력이 같은 액체에서는 표면이 수평이다.

그림 8.19 물(위)의 메니스커스는 위로 오목(∪)하다. 수은(아래)의 메니스커스는 아래로 오목(∩)하다. 응집력과 부착력의 차이 때문이다.

8-5 중합체

탄소는 형성할 수 있는 화합물이 많기 때문에, 화학이나 재료과학에서 중요하다. 중합체(polymer)는 단위체(monomer, 단량체)라 불리는 작은 분자들이 순차적으로 모여 만들어진 거대분자이다. 중합체의 장점은 물리적 성질을 조절할 수 있다는 것이다. 실험적으로 조절 가능한 요소는 단위체, 반응종류, 촉매로, 이들을 잘 선택하여 중합체의 물리적 성질을 제어할 수 있다.

첨가중합체

중합체가 만들어지는 방식은 단위체의 특성에 따라 달라진다. 그림 8.20을 보면, **첨가중합**

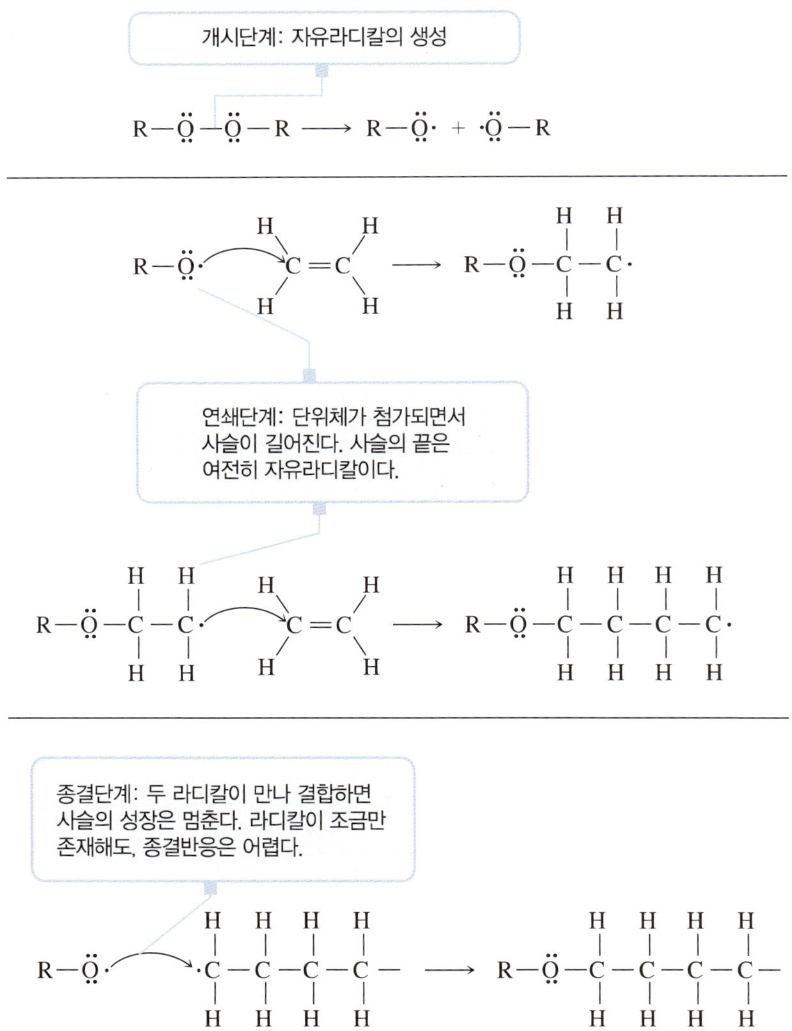

그림 8.20 첨가중합반응; 개시단계, 연쇄단계, 종결단계

(addition polymerization)은 자유라디칼의 생성으로 시작된다. 우선 과산화물(peroxide)이나 다른 분자를 가열하여 두 개의 라디칼(R－O·)을 만든다.

과산화물

만들어진 자유라디칼은 단위체($H_2C=CH_2$)의 이중결합을 공격하여 새로운 라디칼을 만든다. 새로운 라디칼($RO-H_2C=CH_2\cdot$)이 다른 단위체의 이중결합을 공격하여, 단위체의 이중결합을 끊고 새로운 단일결합으로 연결된다. 생성된 물질은 여전히 라디칼이다. 이 라디칼도 다른 단위체를 공격할 수 있는데, 이 단계를 여러 번 거치면 중합체가 될 수 있다. 이 반응을 얼마나 반복하느냐에 따라 중합체 사슬의 길이가 정해진다. 라디칼이 다른 라디칼과 만나거나 다른 반응에 의해 제거되면, 중합체는 더 이상 자라지 않는데, 이것을 연쇄정지반응(chain termination)이라 한다. 정지단계는 다소 무작위이기 때문에, 중합체 사슬은 같은 길이일 수 없다. 대신, 길이 범위를 사용하여 분자량 분포를 얻는다. 분자량 분포는 **중합도**(degree of polymerization)로 대략 설명되는데, 이것은 중합체의 반복단위의 평균수이다. 이것은 질량에 관한 항목으로 계산된다.

$$\text{중합도} = \frac{\text{중합체의 몰질량}}{\text{단량체의 몰질량}}$$

단위체의 선택에 따라 각기 다른 성질을 가진 다양한 중합체를 만들 수 있다. 하지만 같은 단위체를 가지고도 다른 성질의 중합체를 만드는 것이 가능하다. 그 중 한 가지가 중합도인데, 중합도는 합성반응에 사용된 변화조건들에 의해 제어될 수 있다. 다른 한 가지는 단위체가 결합하는 방식을 제어하는 것이다. 저밀도 폴리에틸렌(low-density polyethylene) (LDPE)과 고밀도 폴리에틸렌(high-density polyethylene (HDPE)이 좋은 예이다.

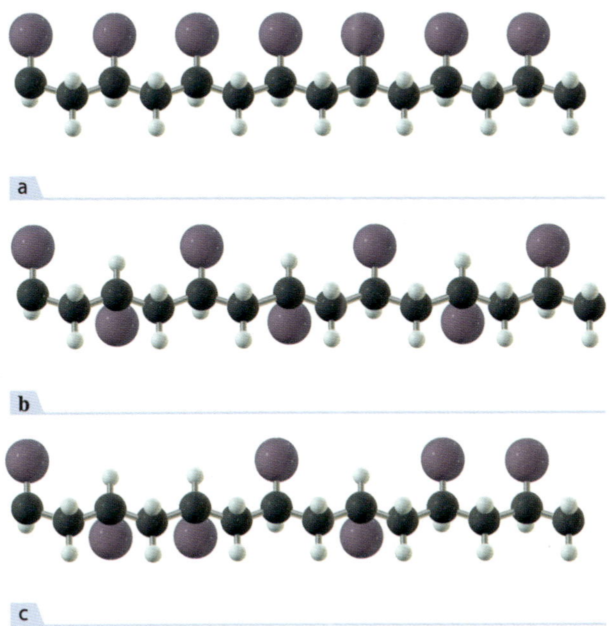

그림 8.21 폴리프로필렌($-(CH_3)CH-CH_2-$). 보라색 공은 메틸($-CH_3$)기를 상징한다. (a) 메틸기가 모두 사슬의 한 방향으로 배열되어 있다: 아이소택틱(isotactic, 동일배열) (b) 메틸기가 교대로 배열되어 있다: 신디오택틱(syndiotactic, 규칙성교대배열) (c) 메틸기가 무작위로 배열되어 있다: 아탁틱(atactic, 혼성배열)

단위체가 에틸렌($H_2C=CH_2$)처럼 대칭적이지 않을 경우, 중합과정에 따른 결과는 달라진다. 예로, 프로필렌($H_2C=CH-CH_3$)은 에틸렌과 비슷한 구조이지만, 수소 대신 메틸($-CH_3$)기로 대체되면 구조는 달라진다. 이렇게 합성된 고분자는 메틸기가 세 가지 방식으로 탄소 골격에 붙을 수 있기 때문에, 중합체는 기하학적 배열이 다양해진다(그림 8.21). 사슬을 이루는 탄소 원자는 기하학구조가 사면체이기 때문에, 메틸기는 평면의 앞이나 뒤에 위치할 수 있다. 중합체에서 메틸기가 모두 앞 또는 뒤로 위치한 배열(그림 8.21a)을 아이소택틱(isotactic, 동일배열)이라 한다. 메틸기의 위치가 앞뒤로 대칭적으로 번갈아 있을 때의 배열을 신디오택틱(syndiotactic, 규칙성교대배열)이라 한다. 세 번째 경우는 메틸기의 배열이 무작위이며, 규칙적인 패턴이 없는데, 이것을 아탁틱(atactic, 혼성배열)이라 한다.

아탁틱 중합체의 구조는 정해진 것이 아니기 때문에, 물리적 성질 또한 다양하다. 아이소택틱과 신디오택틱 중합체는 단위체가 규칙적으로 배열되어 있기 때문에, 예상과 제어가 가능하다. 중합체가 특정 배열을 갖게끔 제어하는 능력이 K. Ziegler와 G. Natta에 의해 1950년대에 처음 이루어졌다. 첨가중합반응에 새로운 촉매를 사용하여 반응속도를 높이면서 구조도 제어할 수 있음을 발견하였다. 이것이 Ziegler-Natta 촉매이다. 이 발견으로 중합체 분야는 활기를 띠게 되었으며, 이 공로로 1963년 노벨화학상을 수상하였다.

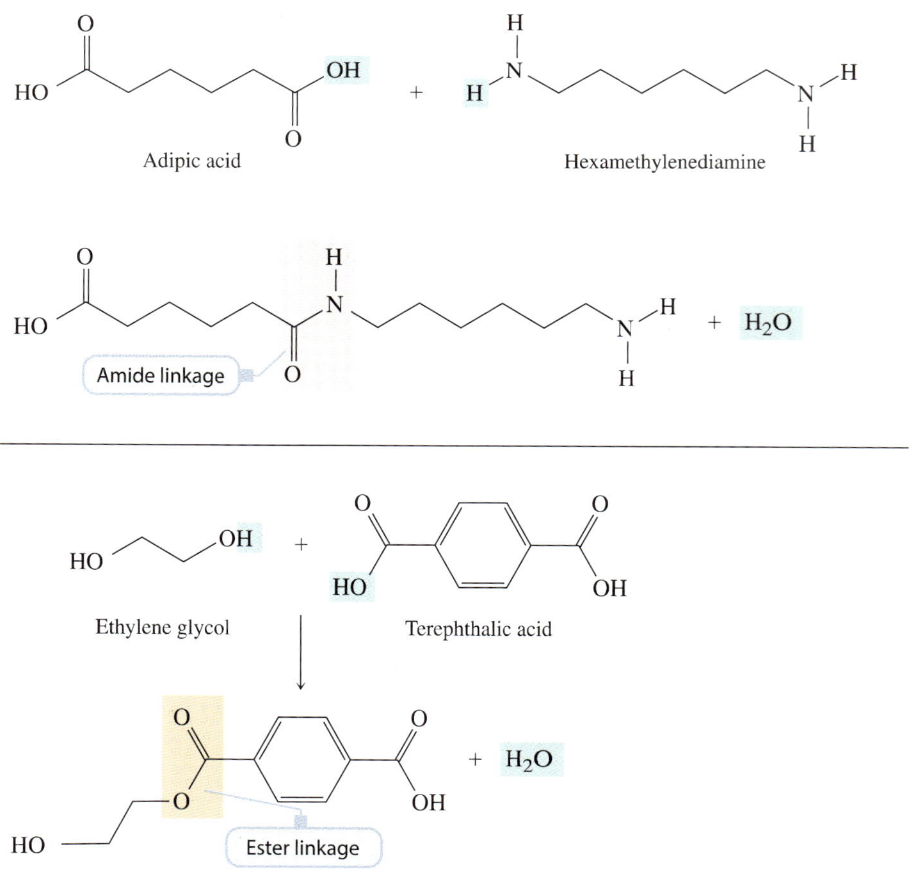

그림 8.22 나일론(위)과 데이크론(아래)의 축합중합반응. 두 단위체가 반응하여 물 분자가 빠져나온다.

축합중합체

중합체의 형성반응의 두 번째 유형은 축합반응이다. 이 반응에서는, 두 단위체의 작용기가 서로 반응하여 작은 분자를 형성한다. 형성된 작은 분자는 떨어져 나가고, 두 단위체의 나머지 부분은 서로 결합된다. 제거되는 작은 분자가 주로 물이기 때문에, **축합중합체**(condensation polymer)라 불린다. 그림 8.22는 두 가지 중합체에 대한 축합반응으로, Nylon®과 Dacron®의 섬유제조에서 중요하다. 나일론은 폴리아마이드(polyamide)이고, 데이크론은 폴리에스터(polyester)이다.

예제 8.4

다음의 단위체는 축합중합반응을 할 수 있다. 반응에서 얻어진 중합체의 반복단위와 결합구조를 그리시오.

(a) 글라이신(glycine)

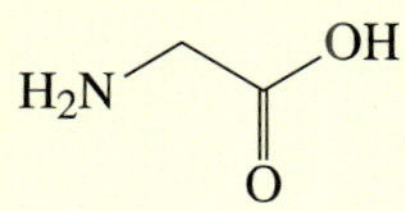

(b) 6-aminocaproic acid

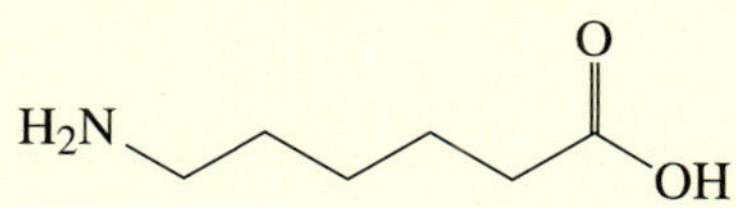

(c) *p*-phenylenediamine과 terephthalic acid

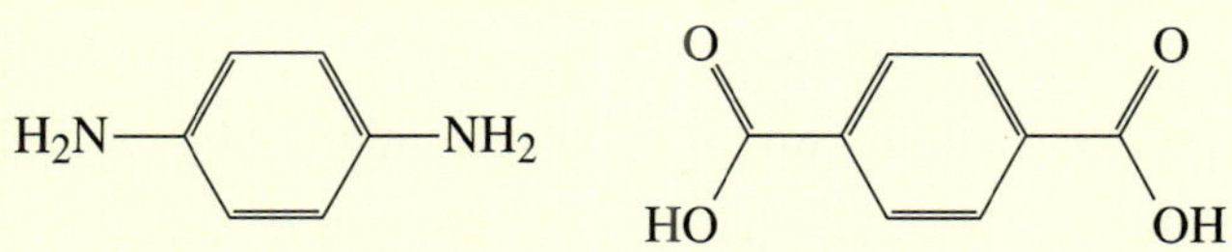

풀이

(a) 글라이신 단위체의 한쪽 끝에는 아민기($-NH_2$, amine group), 반대편에는 카복시기($-COOH$, carboxyl group)가 있다. 두 작용기로부터 H_2O가 제거되면 아마이드(amide) 결합이 만들어진다. 중합체는 두 단위체가 아마이드 결합으로 연결된 구조를 가질 것이다.

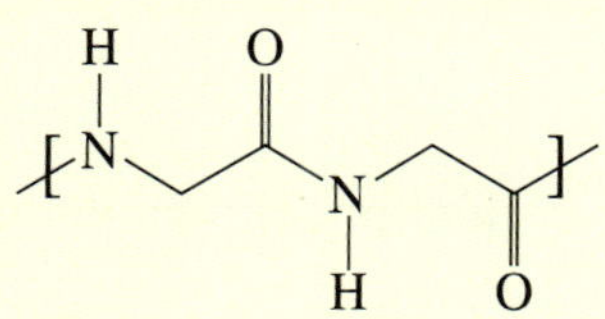

(b) (a)와 유사하다.

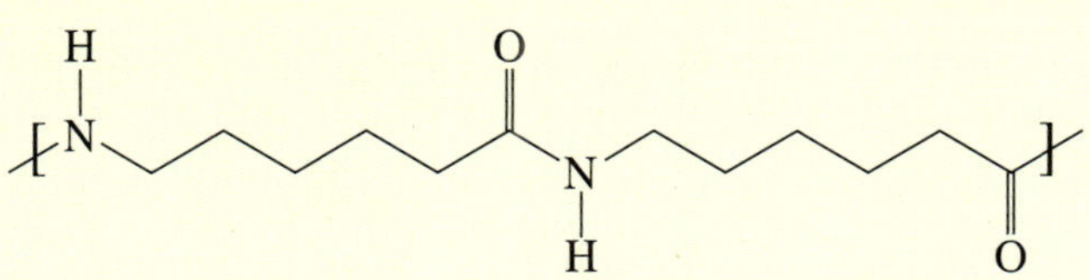

(c) 아민기를 갖는 단위체(*p*-phenylenediamine)와 카복시기를 갖는 단위체(terephthalic acid)가 반응하여, 아마이드 결합이 만들어진다. 그리고 두 단위체는 교대로 연결된다. (이 중합체는 Kevlar®이다)

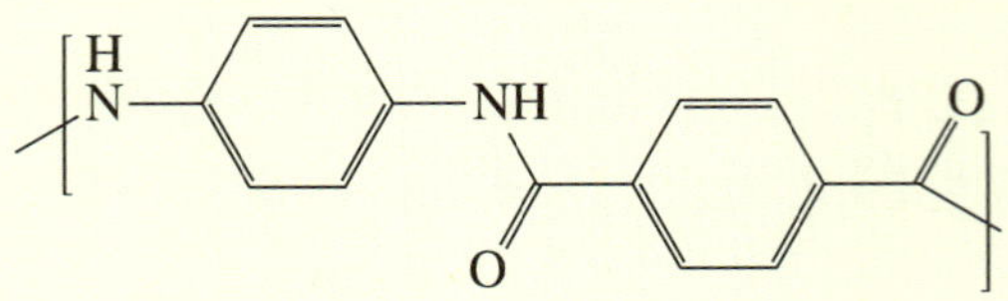

추가문제 다음의 중합체는 물이 제거되는 축합반응에 의해 형성된 것이다. 중합체를 이루는 단위체의 구조를 그리시오.

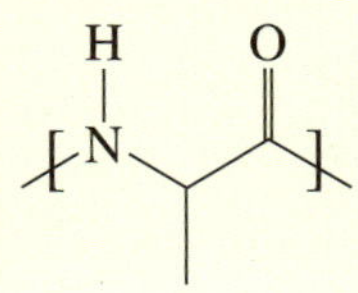

공중합체

나일론과 데이크론은 한 종류 이상의 단위체로 만들어진 **공중합체**(copolymer)이다. 두 경우, 단위체들은 규칙적이고 번갈아 배열되어 있기 때문에, **교호공중합체**(alternating copolymer)로 분류된다. 그림 8.23에 중요한 공중합체를 유형별로 나타내었다. **블록공중합체**(block copolymer)는 한 단위체만 반복되는 구역과 다른 단위체가 반복되는 구역을 번갈아 갖는다. 스판덱스는 블록공중합체의 예이다. 이 중합체의 일부는 뻣뻣하고 일부는 유연한데, 강하고 유연한 성질을 모두 갖기 때문에 운동장비나 패션에서 광범위하게 사용된다.

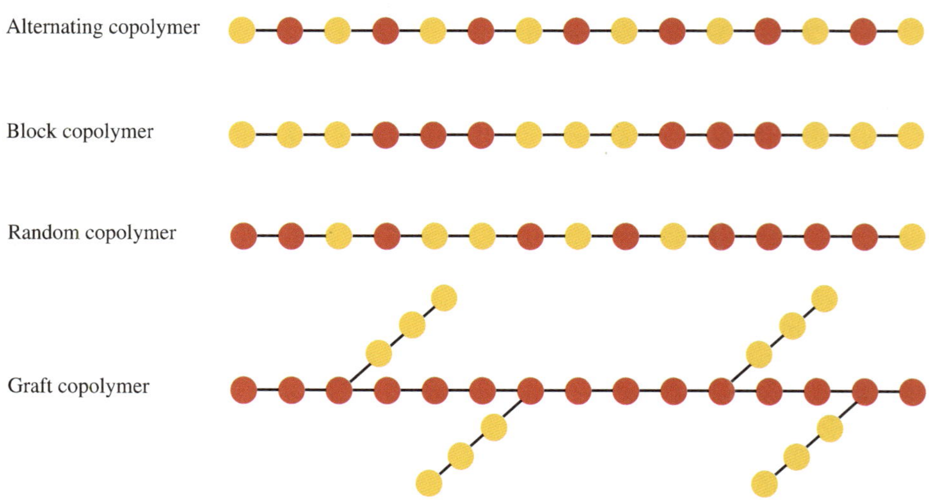

그림 8.23 공중합체의 종류

어떤 공중합체는 ABS라 불리는데, 단위체 단위가 아크릴로나이트릴(acrylonitrile), 뷰타다이엔(butadiene), 스타이렌(styrene)이기 때문이다. 이 물질은 **그래프트 공중합체**(graft copolymer)로, 뷰타다이엔과 아크릴로나이트릴이 폴리스타이렌의 골격에 붙어 있는 구조이다. 그래서 세 성분의 성질을 모두 갖는다. 폴리스타이렌은 가공이 용이하고, 광택이 있으며, 견고하다. 아크릴로나이트릴은 약품에 강하고 견고하다. 뷰타다이엔은 충격에 강하다. 사용에 맞게 조성을 조절할 수 있다. ABS는 가정용 전자제품의 강한플라스틱 케이스로 사용되는데, PVC 대신 파이프로 사용되기도 한다.

물리적 성질

중합체가 중요한 이유는 두 가지이다. 첫째, 중합체는 강도와 탄성 등의 물리적 성질을 사용범위 내에서 원하는 데로 조절할 수 있다. 둘째, 금속이나 다른 물질보다 쉽게 제어되며 원하는 데로 만들 수 있다. 원하는 중합체와 합성과 공정의 세부사항을 선택하여 원하는 성질을 얻을 수 있다.

중합체의 열적 성질에 대해 생각해보자. 중합체를 디자인할 때는, 중합체가 사용되는 온도범위를 확인해야 한다. 중합체는 열에 반응하는 방식에 따라 크게 두 가지로 나뉜다. **열가소성 중합체**(thermoplastic polymer)는 열이 가해지면 녹거나 변형된다. 고온에서는 적합하지 않다는 의미이기 때문에 약한 것처럼 보이기도 한다. 그러나 장남감이나 플라스틱 병을 포함한 수많은 플라스틱 물건들은 일반적으로 상온에서 사용되기 때문에, 큰 결점은 아니다. 오히려 복잡한 모양을 가진 물건을 만들 때, 중합체가 적정 온도에서 녹는다는 것은 큰 장점이다.

고온에서도 사용할 수 있는 물건을 디자인할 때는, 열가소성 중합체는 적합지 않다. 대신, 열이 가해져도 모양이나 강도가 유지되는 **열경화성 중합체**(thermosetting polymer)를 사용한다. "열경화성" 이름은 열이 가해진 후에도 중합체 구조가 고정되어있기 때문에 붙여진 것이다. 열이 가해지면, 물질의 강도는 증가하며 모양은 변하지 않는다. 대부분의 열경화성 중합체는 압출성형보다는 형틀성형(molded)한다. 열가소성과 열경화성 중합체의 분자수준에서의 차이를 그림 8.24에 나타내었다. 열경화성 중합체에 열을 가하여 구조를 고정시키면, 사슬의 탄소골격 사이에 교차결합(cross-link, 가교)이라 불리는 여러 개의 링크가 만들어진다. 이들 링크는 추가로 생긴 공유결합으로, 중합체 사슬들을 연결한다. 대부분의 공유결합처럼, 링크도 열에 쉽게 끊어지지 않을 만큼 강하기 때문에, 교차결합 중합체(ross-linked polymer)는 모양을 유지할 수 있다.

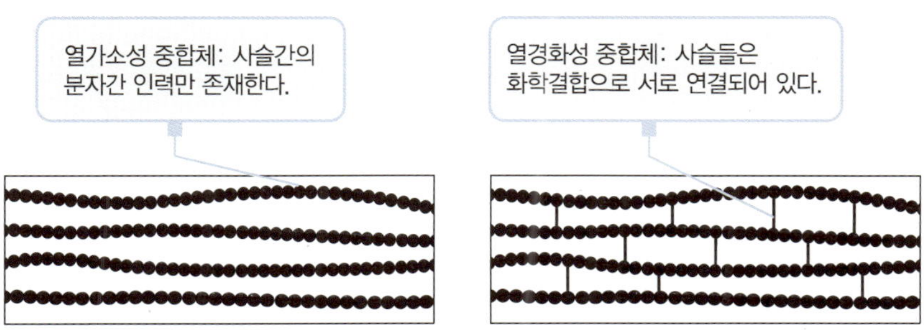

그림 8.24 열가소성 중합체와 열경화성 중합체의 차이

교차결합의 중요한 예가 가황(vulcanization)이다. 천연고무에 황을 넣고 열을 가하면, 교차결합이 만들어져 더 강한 물질이 만들어지는데, 열에도 잘 견딘다. 가황이 발견되기 전에는, 천연고무는 열을 가하면 끈적거리기 때문에 자동차 타이어와 같은 물건에 사용되기 어려웠다.

중합체의 또다른 특성은 탄성이다. 중합체에 압력을 가하거나 변형시켜도 원래의 모양으로 회복할 수 있는 성질로, 공학자에게는 매우 유용한 성질이다. 특히, 섬유는 탄성이 있어야 한다. 탄성중합체(elastomer)는 탄소 골격의 기하학구조 때문에 비결정질 고체를 형성한다. 비결정질 고체의 중합체 분자들 간의 힘은 결정질 고체보다 강하지 않기 때문에, 작은 힘에도 변형과 복원이 가능하다.

중합체와 첨가제

중합체 단독으로는 특정 디자인에 필요한 특성을 갖기 어렵다. 다행히도, 첨가제를 넣어 중합체의 성질을 조절할 수 있다. 예로 색소는 물질을 변색시키나, 구조엔 영향을 주진 않는다. PVC는 잘 부러지는데, 가소제라 불리는 작은 분자들을 넣으면 유연성이 향상된다. 가소제는 비휘발성이어야 하는데, 고체로부터는 너무 빨리 빠져나오면 원하는 유연성을 유지할 수 없다. 천천히 빠져나오는 가소제로 인해 플라스틱에서 냄새가 나기도 한다. 기타 첨가제가 정전기방지제, 충전제, 내화제, 열안정제로 사용되고 있다.

연습문제

8-1 응축상태-고체

8.8 비결정질 고체와 결정질 고체의 차이점은?

8.9 패킹효율에 대해 정의하시오.

8.10 낮은 패킹효율과 높은 패킹효율을 설명하기 위한 규칙적인 2차원 배열을 그리시오. (원으로 표현한다)

8.11 오각형을 사용하여, 낮은패킹효율과 높은패킹효율을 설명할 수 있는 배열을 만드시오.

8.12 원을 사용하여, 입방(cubic)구조가 육방(hexagonal)구조보다 배위수가 작음을 나타내시오.

8.13 그림 8.1의 2차원 배열에 대한 패킹효율을 계산하시오.

8.14 hcp와 ccp 구조의 배위수가 같은 이유를 설명하시오.

8.15 다이아몬드 구조에서 원자의 배위수는 얼마인가?

8.16 흑연이 층구조로 묘사되는 이유를 설명하시오.

8.17 폴로늄(Po)은 단순입방구조이다. 폴로늄의 밀도(9.32 g/cm^3)를 이용하여 원자반경을 계산하시오.

8.18 이리듐(Ir)은 면심입방구조이며, 원자 직경은 271.4 pm이다. 이리듐의 밀도를 계산하시오.

8.19 유로퓸(Eu)은 체심입방구조로, 밀도는 4.68 g/cm^3이다. 입방체 격자의 모서리 길이를 계산하시오.

8.20 망가니즈는 체심입방구조로, 밀도는 7.88 g/cm^3이다. 입방체 격자의 모서리 길이를 계산하시오.

8.21 X-ray 회절로 측정된 격자의 간격을 이용하면 아보가드로수를 구할 수 있다. 철은 체심입방구조이며, 단위격자의 길이는 286.65 pm이다. 밀도는 25°C에서 7.874 g/cm^3이다. 앞의 자료를 이용하여 아보가드로수를 계산하시오.

8-2 고체에서의 결합

8.22 다음 금속의 전자바다 모델에서 원자 당 비편재화된 전자의 수를 구하시오. (a) 철 (b) 바나듐 (c) 은

8.23 금속의 중요한 물리적 성질 중 하나는 가단성이다. 전자바다 모델을 이용하여 이 성질을 설명하시오.

8.24 전자바다 모델은 정량적 예측에는 사용되지 않는다. 이 모델에서 배제된 어떤 요인에 의해 정량적 정밀도가 떨어지는가?

8.25 금속결합의 전자바다 모델을 이용하여 금속이 좋은 전기전도체인 이유를 설명하시오.

8.26 금속은 전기를 전도하지만 이온고체는 그렇지 못하다. 금속결합과 이온결합의 차이점은 무엇인가?

8.27 결합성 오비탈과 반결합성 오비탈의 차이점은?

8.28 원자오비탈이 결합하여 밴드가 어떻게 형성되는지 설명하시오.

8.29 금속의 밴드구조를 그리고, 원자가밴드와 전도성밴드를 나타내시오.

8.30 밴드이론을 이용하여 전도체와 절연체의 차이점을 설명하시오. 전도체와 반도체의 차이점도 설명하시오.

8.31 온도가 증가할수록 반도체의 전도성은 증가한다. 밴드이론을 이용하여 이 현상을 설명하시오.

8.32 "III – V" 반도체를 인터넷으로 검색해 보시오. 실리콘과 어떤 관련이 있는가?

8.33 도핑이 반도체의 전자적 성질에 어떤 영향을 주는지 설명하시오.

8.34 n-형 반도체에서 도펀트로 어떤 종류의 원자가 사용되는가? n-형이라 불리는 이유는?

8.35 p-형 반도체에서 도펀트로 어떤 종류의 원자가 사용되는가? p-형이라 불리는 이유는?

8.36 n-형 반도체는 실제로 음전하를 띠는가?

8.37 p-n 접합이 전압의 스위치와 게이트 역할이 가능한 이유는?

8.38 1×10^{-5} %(질량퍼센트) 인이 도핑된 실리콘 15.0 mg이 있다. 실리콘에 포함된 인 원자의 수는?

8-3 분자간 힘

8.39 순간쌍극자에 대해 설명하시오.

8.40 분산력이 중요하게 다뤄지는 이유는?

8.41 극성이 작은 분자는 외부전기장에 어떻게 반응할까?

8.42 극성과 분산력의 관계에 대해 설명하시오.

8.43 대부분의 기체 화합물은 작은 분자이며, 중합체는 실온에서 기체상이 아니다. 분자간 힘에 근거하여 이에 대해 설명하시오.

8.44 쌍극자-쌍극자 힘이 분산력보다 센 이유는?

8.45 이온-쌍극자 힘이 중요하게 다뤄지는 환경은?

8.46 다음 중 액체 상태에서 분자간 수소결합을 형성하는 화합물? (a) CH_3OCH_3 (dimethyl ether) (b) CH_4 (c) HF (d) CH_3CO_2H (acetic acid) (e) Br_2 (f) CH_3OH (methanol)

8.47 수소결합에서 N, O, F가 중요하게 다뤄지는 이유는?

8.48 다음 화합물이 액체에서 기체로 바뀔 때 극복해야 할 분자간 힘의 종류는?
(a) CO_2 (b) NH_3 (c) $CHCl_3$ (d) CCl_4

8.49 다음 물질에서 가장 중요한 분자간 힘(분산력, 쌍극자-쌍극자힘, 수소결합)을 확인하시오.
(a) methane (CH_4) (b) methanol (CH_3OH)
(c) chloroform ($CHCl_3$) (d) benzene (C_6H_6)
(e) ammonia (NH_3) (f) sulfur dioxide (SO_2)

8.50 다음의 순수물질을 분자간 힘의 세기가 증가하는 순서로 배열하시오. 25°C, 1 atm에서 기체인 물질은?
(a) $CH_3CH_2CH_2CH_3$ (b) CH_3OH (c) He

8.51 사염화탄소(CCl_4)는 실온과 실압에서 액체이지만, 암모니아(NH_3)는 기체이다. 분자간 힘을 이용하여 이를 설명하시오.

8.52 흑연이 윤활제로 유용한 성질을 갖는 이유를 분자적 측면에서 설명하시오.

8-4 응축상태-액체

8.53 분자간 상호작용이 액체의 증기압에 미치는 영향을 설명하시오.

8.54 화합물을 휘발성으로 만드는 것은?

8.55 다음 질문에 "증가, 감소, 변화없음"으로 답하시오.
(a) 액체의 분자간 힘이 증가하면, 액체의 끓는점은?
(b) 액체의 분자간 힘이 감소하면, 액체의 증기압은?
(c) 액체의 표면적이 감소하면, 증기압은?
(d) 액체의 온도가 증가하면, 평형증기압은?

8.56 동적평형상태 이후에 물질의 증기압이 측정되어야 하는 이유는?

8.57 두 화합물 중 끓는점이 더 높은 것은? (a) O_2 or N_2 (b) SO_2 or CO_2 (c) HF or HI (d) SiH_4 or GeH_4

8.58 다음 화합물은 주어진 온도에서 증기압이 증가하는 순서로 배열하시오.
(a) FCH_2CH_2F (b) $HOCH_2CH_2OH$ (c) FCH_2CH_2OH

8.59 표면장력이 높은 물질의 증기압과 끓는점은 어떠할 지 예상하시오.

8.60 다음의 세 가지 순수 물질은 실온에서 액체이다. 증기압을 측정했더니, 물질 Q는 110 torr, 물질 R은 42 torr, 물질 S는 330 torr이었다. 온도를 천천히 올렸을 때, 제일 먼저 끓는 물질과 마지막에 끓는 물질을 찾으시오.

8.61 다음의 세 가지 순수 물질은 실온에서 액체이다. 물질 A의 끓는점은 53°C, 물질 B는 117°C, 물질 C는 77°C이다. 실온에서 이들 물질의 증기압이 큰 순서로 나열하시오.

8.62 다음 탄수화물을 증기압이 증가하는 순서로 나열하시오. C_2H_6, $C_{10}H_{22}$, CH_4, C_7H_{16}, $C_{22}H_{46}$.

8.63 액체분자 간 상호작용이 액체와 용기 간 상호작용보다 작을 때 용기 내 액체의 메니스커스를 그리시오.

8.64 물이 유리관에 담겨있을 때, 메니스커스 모양은? 이를 응집력과 부착력의 상대적 크기로 설명하시오.

8-5 중합체

8.65 중합에 참여하는 단위체의 구조가 주어졌을 때, 첨가중합인지 결정할 수 있는 것은 무엇인가?

8.66 온도가 증가하면 첨가중합반응은 대부분 시작된다. 이유는 무엇일까?

8.67 중합반응에서 연쇄정지(chain termination)가 의미하는 것은?

8.68 Polyvinylchloride의 단위체는 $H_2C=CHCl$이다. 아이소택틱 PVC 고분자를 그리시오.

8.69 Polyethylene는 아이소택틱과 신디오택틱 형태가 없다. 이유는?

8.70 재료개발시 아이소택틱과 신디오택틱 고분자가 많이 이용되는 이유는?

8.71 축합중합반응에서 나오는 생성물은 어떠한가?

8.72 Nylon-6는 하나의 단위체로부터 만들어진다.

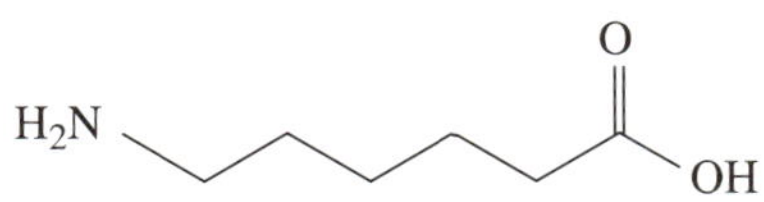

Nylon-6의 중합체 사슬을 그리시오.

8.73 블럭공중합체와 그래프트공중합체의 차이점을 설명하시오.

8.74 여섯 가지 합성섬유에 사용된 중합체를 검색하시고, 이들을 분류하시오. (a) 첨가중합 또는 축합중합 (b) 교호 또는 블록 또는 그래프트 공중합체

8.75 열가소성 중합체를 특징짓는 물리적 성질을 쓰시오.

8.76 열가소성 중합체를 사용하기 어려운 조건은?

8.77 열경화성 중합체가 가열되면 분자적으로 어떤 일이 일어나는가?

8.78 가소제 등의 첨가제에 필요한 구조적 특성은 무엇인가?

8.79 연필 지우개를 만드는 물질을 인터넷으로 검색하시오. 이 물질을 녹여 새로운 모양을 만드는 것이 가능하게 될까?

Chapter 9

에너지와 화학

Energy and Chemistry

9-1 에너지

에너지의 형태

에너지는 크게 퍼텐셜에너지와 운동에너지로 나뉜다: **퍼텐셜에너지**(potential energy)는 물체의 상대적 위치와 관련된다. 예로, 롤러코스터는 첫 번째 슬로프 위로 끌어올려지면 퍼텐셜에너지를 갖는데, 지상에서 상대적으로 높은 위치로 올라가면 중력이 롤러코스터를 아래로 끌어당기기 때문이다. 하지만 물체의 위치와 관련된 에너지는 중력에 의한 것만은 아니다. 전기를 띤 전하 사이의 인력과 척력에 의해서도 퍼텐셜에너지가 생긴다. 반면 **운동에너지**(kinetic energy)는 운동과 관련된 에너지로, 롤러코스터가 첫 번째 슬로프에서 아래로 향할 때, 퍼텐셜에너지는 운동에너지로 바뀐다. 어떤 물체의 질량(m)과 속도(v)를 알 때, 운동에너지는 다음과 같다.

$$\text{운동에너지} = \frac{1}{2}mv^2 \tag{9.1}$$

롤러코스터는 거시적 수준에서 다룬 에너지의 예이고, 미시적 수준에서는 원자와 분자가 될 것이다. 원자와 분자는 일정한 운동을 하기 때문에 운동에너지를 가지며, 상호작용하는 힘에 의해 퍼텐셜에너지도 갖는다. 물체를 이루는 원자와 분자의 운동에너지와 퍼텐셜에너지의 합을 **내부에너지**(internal energy)라 한다.

어떤 물체의 내부에너지의 대부분은 물체를 이루는 원자들의 퍼텐셜에너지이다. 화학결합이 형성되거나 깨지면 퍼텐셜에너지가 변화한다(7장 참조). 대부분의 화학반응에서, 반응물의 결합은 깨지고, 생성물에서는 새로운 결합이 만들어진다. 생성물에서 새로운 결합이 만들어질 때 나오는 에너지의 양은, 반응물의 결합을 깰 때 필요한 에너지보다 크다. 이때 방출되는 에너지를 **화학에너지**(chemical energy)라 한다.

에너지의 형태별로 용어를 아는 것도 필요하다. 복사(radiant)에너지는 빛이나 전자기복사선과 관련되며, 태양의 복사에너지는 바이오연료인 식물의 에너지원이다. 역학(mechanical)에너지는 물체의 운동과 관련된다. 열(thermal)에너지는 물체의 온도와 관련된다. (열에너지는 원자들과 분자들의 분자수준에서의 운동과도 관련된다) 전기(electrical)에너지는 전하의 운동과 관련된다. 핵(nuclear)에너지는 핵분열과 융합과정에서 방출되는데, 원자핵에서 양성자와 중성자 배열과 관계된 퍼텐셜에너지이다.

열과 일

모든 에너지의 흐름은 열 또는 일의 형태이다. 세계의 에너지경제를 평가하기 위해서는 에너지가 전달되는 두 형태를 이해할 필요가 있다. 열이란 뜨거운 것에서 차가운 것으로 에너지가 흐르는 것이다. **열**(heat)은 과정이지 양이 아니다. 일상에서 "방의 열을 올려줘"라고 말하지만, 열은 퍼 올릴 수 있는 개체가 아니다. 물체는 열을 소유하지 못한다. 난로는 열을 만들어내는 것이 아니라, 따뜻한 공기나 뜨거운 물을 만들어낸다.

일(work)은 에너지를 전달하는 두 번째 형태이다. 질량을 가진 어떤 물체가 저항을 이기고 일정거리를 움직이는데 드는 힘은, 일이라는 형태로 에너지가 전달된 것이다. 중력에 반하여 롤러코스터를 위로 올리는 것이 그 예이다. 롤러코스터를 생각할 때, 우리는 일을 역학에너지의 관점에서만 보는데, 일은 상당히 넓은 범위의 현상들을 포함한다. 화학과정에서 접하는 일의 가장 흔한 형태는 압력과 부피에 관한 일(**PV-work**)이다. 기체가 팽창할 때, 기체는 일을 한다. 끈으로 묶지 않은 부풀린 풍선을 놓치면, 풍선 안의 기체가 밖으로 팽창되어 빠져나오면서 주위를 날아다닌다. 날고 있는 풍선은 질량이 있기 때문에, 팽창된 기체는 풍선에 일을 한다: 이것이 PV-work이다.

화학반응에 의한 일의 예로, 자동차엔진의 가솔린 연소를 생각해보자. 가솔린은 탄화수소 혼합물로, 차를 움직이는데 필요한 에너지는, 엔진실린더에서 탄화수소가 연소할 때 얻어진다.

$$\text{탄화수소} + O_2(g) \rightarrow CO_2(g) + H_2O(g)$$

연소에 의해 이산화탄소와 수증기가 나오고, 이들 기체는 실린더의 피스톤에 대항하여 팽창함으로써 PV-work를 한다. 이 PV-work는 구동렬을 통해 전달되고 차를 움직이게 한다.

에너지 단위

에너지를 측정하고 논할 때 다양한 단위가 사용되는데, 여기서는 SI단위인 **주울**(J)을 사용한다. 1 J은 1 kg m^2/s^2와 같다. 일은 에너지의 단위임을 기억하자. 일 = 힘×거리, 힘 = 질량×가속도 이므로

$$\text{일} = \text{질량} \times \text{가속도} \times \text{거리}$$

또는

$$\text{kg} \times \frac{\text{m}}{\text{s}^2} \times \text{m} = \frac{\text{kg m}^2}{\text{s}^2}$$

1 주울은 1 kg의 책을 10 cm 들어 올리는데 필요한 에너지의 양이다. 분자수준에서 1 주울은 엄청나게 큰 에너지이다; 단일결합을 깨는데 필요한 에너지는 약 10^{-18} J이다.

그밖에 Btu는 1 lb의 물의 온도를 1°F 올리는데 필요한 에너지이다. 칼로리는 1 g의 물을 14.5에서 15.5°C로 올리는데 필요한 에너지이다. 1 칼로리는 4.184 J이며, 1 Btu는 1055 J이다. 식품쪽에서는 Calorie를 사용하는데 kilocalorie와 같다.

9-2 에너지전환과 에너지보존

에너지의 형태는 다양하다. 그러나 그 쓰임이 같지 않기 때문에, 많은 경우 에너지를 알맞은 형태로 전환시켜 사용한다. 예로, 전등 빛은 전기에 의해 작동되며, 전기는 석탄의 연소를 통한 화학에너지에 의해 발생된다. 석탄덩어리를 직접 태워 당신의 방을 밝히고 싶지 않다면, 여러분은 석탄연소에서 나오는 화학에너지를 이용할 방법을 찾은 후, 그것을 전기에너지로 바꿔야 한다. 전기에너지가 당신의 방으로 운반되면, 전구는 전기에너지를 방사에너지로 바꾼다.

에너지형태를 바꿀 때 적용되는 자연의 법칙을 생각해 보자. 에너지전환(transformation)에서 가장 중요한 제약조건은 다음과 같다. "총에너지는 보존되어야 한다". 에너지변환(conversion)과 에너지이동(transfer) 과정을 설명하려면, 총에너지양은 일정해야 한다. 우선, 다음의 용어들을 정의할 필요가 있다. **계**(system)는 우주의 일부이다. 계를 제외한 우주의 남은 부분은 **주위**(surrounding)이다. 즉 **우주**(universe) = 계 + 주위. 계와 주위는 **경계**(boundary)로 나누어진다. 경계는 물리적 용기일 수도 있고, 추상적인 분리를 뜻하는 것일 수도 있다.

계와 주위의 선택이 늘 명확하지는 않다. 예로, 연구하려는 계(system)가 "지구의 대기"일 때, 경계(boundary)를 정의하기가 쉽지 않다. 대기밀도는 점차 줄어드는데, 우리는 그 끝을 모호하게 결정해야 한다.

일단 계가 정해지면, 에너지보존 개념을 사용할 수 있다. 여기서 에너지 전달형태는 열과 일, 두가지 뿐이다. 따라서 계의 에너지(E)의 총 변화는 열(q)과 일(w)로 표현된다.

$$\Delta E = q + w \tag{9.2}$$

Δ는 변화량을 뜻한다. 열역학에서 자주 사용되는 부호로, 최종상태(final)와 처음상태(initial)의 차이로 정의된다.

$$\Delta E = E_{\text{final}} - E_{\text{initial}} \tag{9.3}$$

계의 안으로 이동한 에너지는 (+)부호를, 계의 밖으로 흘러나온 에너지는 (−)부호를 붙인다. 열이 주위에서 계로 흘러가면 q의 값은 (+)이다. 일이 계에 행해지면 w의 값은 (+)이다. 반대로, 열이 계의 밖으로 흘러나오거나, 일이 계에 의해 주위로 행해지면, q와 w는 (−)가 될 것이다.

예제 9.1

515 J의 열이 기체에 가해지고, 218 J의 일을 했을 때, 계의 에너지변화는?

풀이

열이 계에 가해졌다 : $q > 0$, 따라서 $q = +515$ J

일이 계에 의해 행해졌다 : $w < 0$, 따라서 $w = -218$ J

$$\Delta E = q + w = 515\ \text{J} + (-218\ \text{J}) = +297\ \text{J}$$

추가문제 408 J의 일이 계에 행해지고, 185 J의 열이 방출되었을 때, 계의 에너지변화는?

위 예제에서, ΔE는 0이 아니다. 에너지보존법칙에 위배되지 않는가? 사실, q와 w의 부호는 계의 입장에 의한 것이기 때문에, ΔE는 계에서 일어난 변화이다. 계의 내부에너지변화는 주위의 내부에너지변화와 같다. $\Delta E_{\text{surrounding}} = -\Delta E_{\text{system}}$. 따라서 우주의 에너지는 일정하게 유지된다.

$$\Delta E_{\text{universe}} = \Delta E_{\text{surrounding}} + \Delta E_{\text{system}} = 0$$

에너지는 전환될 수 있으나, 창조되거나 소멸하지 않는다. **열역학 제1법칙**이다.

에너지 손실

에너지는 다양한 형태로 전환될 수 있다. 저녁 한기를 막기 위해 캠프파이어 앞에 앉아 있는 누구나 열의 미덕을 주장하겠지만, 문명은 에너지가 일의 형태인 것을 좋아한다. 자동차엔진은 가솔린이 연소될 때 만들어진 열을 이용하는데, 이때 한 일(work)은 우리를 원하는 장소로 데려다 준 것이다. 하지만 열을 완벽하게 일로 바꾸는 것은 불가능하다. 자동차가 달리면 엔진은 뜨거워진다. 엔진을 데운 열은 차를 움직이는데 쓰이지 못했다. 즉 가솔린 연소로 발생된 에너지의 일부는 차를 움직이는 일에 쓰이지 못한다. 이 에너지는 손실(wasted energy)된 것으로 간주할 수 있다.

계가 일을 하도록 만드는 일반적인 방법은 계를 가열하는 것이다: 열이 계로 흘러가면 계는 일을 한다. 하지만 실제에서는, 일의 양보다 더 많은 열이 필요하다. 과잉의 열은 열오염을 일으킨다. (열오염은 뜨겁거나 차가운 폐수를 버려 하천이나 바다의 온도를 올리거나 낮추는 것이다)

9-3 열용량과 열량측정

열용량과 비열

두 개의 계 또는 물체의 온도를 올리고자 한다. 두 계가 흡수하는 에너지의 양은 다음 세 가지 요인에 따라 달라진다: 물질량, 물질종류, 그리고 온도변화. 물질량의 중요성을 알기 위해, 한 컵의 물과 바다를 비교해 보자. 뜨거운 여름날 해변에서, 같은 시간동안 차가운 물 한 컵은 빨리 데워지지만, 바닷물의 온도는 크게 변하지 않는다. 컵 안의 물과 바닷물은 그 양에서 차이가 크다. 물질종류 또한 중요한데, 해변근처에 있는 모래는 대부분의 성분이 이산화규소(silicon dioxide, SiO_2)로, 얕은 물보다 빠르게 데워진다. 같은 양의 태양에너지에 노출되었지만, 데워지는 속도는 달랐다. 마지막으로, 공급된 에너지양은 온도변화와 관련된다. 흐린날 해변의 모래는 쉽게 데워지지 않는다: 구름이 태양에너지 일부를 흡수하기 때문에, 모래에 공급된 에너지의 양은 작다. 따라서 주어진 온도변화를 이용하여 열을 계산하고자 할 때, 가열된 물질의 양과 특성도 알아야 한다. 이것을 식으로 나타내면 다음과 같다. 여기서 c는 물질의 특성으로, 비열 용량(specific heat capacity, 또는 비열)이라 한다.

$$q = mc\Delta T \tag{9.4}$$

비열(specific heat)은 물질의 물리적 성질로, 물질 1 g의 온도를 1°C 올리는데 필요한 열이다. 몰열용량은 물질 1 mol의 온도를 1°C 올리는데 필요한 열이다. 물질의 양을 mol로 표현하고자 한다면, 식은 다음과 같다.

$$q = nC_P\Delta T \tag{9.5}$$

여기서 C_P는 일정한 압력에서의 열용량(heat capacity)이다. 표 9.1은 몇몇 물질에 대한 비열과 열용량으로, 이 외의 물질은 부록 D를 참조한다.

표 9.1 몇몇 물질에 대한 비열과 몰열량

물질	비열 ($J\ g^{-1}\ K^{-1}$)	몰열용량 ($J\ mol^{-1}\ K^{-1}$)
Al(s)	0.900	24.3
Cu(s)	0.385	24.5
$H_2O(s)$	2.09	37.7
$H_2O(\ell)$	4.18	75.3
$H_2O(g)$	2.03	36.4

예제 9.2와 9.3의 식을 보면, 열용량은 온도단위(K 또는 °C)에 상관없이 같은 값을 갖는다. 열은 온도변화와 관련 있지, 온도 자체에는 영향을 받지 않는다. 금속의 온도가 20에서 30°C로 증가하였을 경우, ΔT는 10°C나 10 K 둘 다 쓸 수 있다.

예제 9.2

24.0 g의 알루미늄캔을 가열하여 온도를 15.0°C 올렸다. 캔의 열량 q를 구하시오.

풀이 표 9.1에서 알루미늄의 비열 $c = 0.900\ J\ g^{-1}\ K^{-1}$이다. 문제에서 온도단위가 °C이므로, 단위는 $J\ g^{-1}\ °C^{-1}$로 한다.

$$\begin{aligned} q &= mc\Delta T \\ &= 24.0\ g \times \frac{0.900\ J}{g\ ℃} \times 15.0°C \\ &= 324\ J \end{aligned}$$

추가문제 207 g의 철이 1.50 kJ의 열을 흡수하였다. 철의 온도변화는?

예제 9.3

물의 몰열용량은 $75.3\ J\ mol^{-1}\ K^{-1}$이다. 물 37.5 g을 42.0°C에서 7.0°C로 냉각시켰을 때, 물의 열량 q는?

풀이

$$\begin{aligned} q &= nC_P\Delta T \\ &= 37.5\ g \times \frac{1\ mol}{18.0\ g} \times \frac{75.3\ J}{mol\ ℃} \times -35.0°C \\ &= -5.49 \times 10^3\ J = -5.49\ kJ \end{aligned}$$

음의 값은 계(여기선, 물)가 주위로 에너지를 잃음을 나타낸다. $\Delta T = T_{final} - T_{initial}$임을 기억한다.

추가문제 226 kJ의 열은 구리 47.0 kg의 온도를 12.5°C 증가시킨다. 구리의 몰열용량은?

예제 9.4

유리 안에 78.0°C의 따뜻한 물 250.0 g이 담겨있다. 2.30°C인 금을 물에 넣었다. 계의 최종온도는 76.9°C이다. 금의 질량은? 물의 비열은 4.184 J g^{-1} °C^{-1}이고, 금의 비열은 0.129 J g^{-1} °C^{-1}이다.

풀이 금이 얻은 열은, 물이 잃어버린 열이다.

$$q_{\text{gold}} = -q_{\text{water}}$$

$$m_{\text{gold}} \times c_{\text{gold}} \times \Delta T_{\text{gold}} = -m_{\text{water}} \times c_{\text{water}} \times \Delta T_{\text{water}}$$

$$m_{\text{gold}} \times \frac{0.129\ \text{J}}{\text{g}\ ℃} \times 74.6°\text{C} = -250.0\ \text{g} \times \frac{4.184\ \text{J}}{\text{g}\ ℃} \times -1.1°\text{C}$$

$$m_{\text{gold}} = \frac{-250.0\ \text{g} \times \frac{4.184\ \text{J}}{\text{g}\ ℃} \times -1.1℃}{\frac{0.129\ \text{J}}{\text{g}\ ℃} \times 74.6℃} = 120\ \text{g}$$

추가문제 125 g의 차가운 물과 283 g의 뜨거운 물을 섞어 보온병에 넣고 평형이 되도록 한다. 차가운 물의 온도는 3.0°C이고, 뜨거운 물의 온도는 91.0°C이었다. 평형을 이룬 최종온도는?

열량측정

열의 흐름을 측정하기 위해 열량측정(calorimetry)을 한다. 예제 9.4의 개념에 근거한 열량계(calorimeter)를 이용하여 실험이 이루어진다. 계가 내놓거나 흡수한 열은 주위의 온도변화를 측정하여 결정된다. 열량계는 단열이 최우선이다. 그림 9.1은 전형적인 열량계이다. 열량계가 우주(universe)의 나머지로부터 열적으로 고립되어 있다면, 열의 흐름(heat flow)은 계와 인접한 주위 사이에서만 일어난다.

두 단계의 과정을 거쳐 열량측정이 이루어진다. 첫 번째 단계는 보정이다. 두 번째 단계는 실제 측정으로, 양을 알고 있는 어떤 물질의 반응에서 흡수하거나 방출된 열의 양을 측정한다. 열량계를 보정하기 위해서는, 특성화된 물질의 알려진 양을 태워 열량(q)을 계산한 후, 주위의 온도변화(ΔT)를 측정하는데, 이 때 열량계의 열용량($C_{\text{열량계}}$)을 구할 수 있다.

$$q = C_{\text{열량계}} \times \Delta T \tag{9.6}$$

q와 ΔT의 초기식($q = mc\Delta T$, $q = nC_P\Delta T$)과 비교했을 때, 이 식에는 질량이나 몰수가 없다. 열량계상수($C_{\text{열량계}}$)는 열량계의 열용량이고, 열량계는 하나이기 때문이다. 그림 9.1의 봄베열량계에서, 열량계상수는 대부분이 봄베를 둘러싼 물에 의한 것이지만, 온도계, 교반기, 봄베에 의한 것도 포함한다.

열량계상수를 알게 되면, 열량계로 물질의 열량을 측정한다. 질량을 측정한 반응물을 열량계에 넣고, 반응물이 반응을 시작하면 열량계의 온도변화를 측정한다. 열량계상수를 이용하여 반응에서 방출하거나 흡수한 열량을 계산할 수 있다.

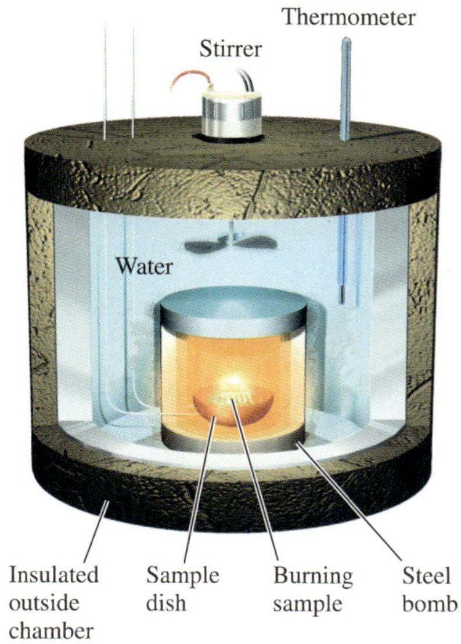

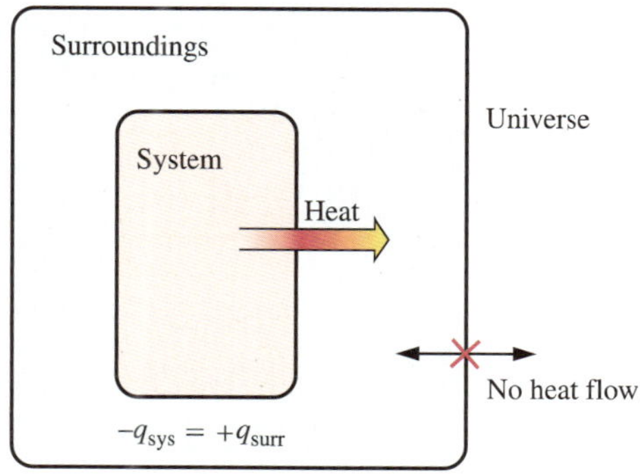

그림 9.1 봄베열량계(bomb calorimeter). 일정부피에서 반응이 수행되며, 열량계는 외부로부터 단열된 상태이다. 계는 봄베 자체의 내용물이다. 주위는 봄베를 둘러싼 물이다.

예제 9.5

열량계 보정을 위해, 100.0 J의 열을 가했을 때, 온도가 0.850°C 증가하였다. 특정 연료 0.245 g을 같은 열량계에서 태웠을 때, 온도는 5.23°C 증가하였다. 연료의 에너지밀도(에너지양/연료 g)를 계산하시오.

풀이

Step 1: 보정

$$q = C_{열량계} \times \Delta T$$

$$C_{열량계} = q/\Delta T$$

$$= 100.0\ \text{J} / 0.850°\text{C} = 118\ \text{J}/°\text{C}$$

Step 2: 연료에서 발생된 열량을 구한다.

$$q_{열량계} = C_{열량계} \times \Delta T$$

$$= 118\ \text{J}/°\text{C} \times 5.23°\text{C} = 615\ \text{J}$$

그리고

$$q_{연료} = -q_{열량계} = -615\ \text{J}$$

Step 3: 에너지밀도를 계산한다.

$$에너지밀도 = -q_{연료}/m$$

$$= -(-615\ \text{J}) / 0.245\ \text{g} = 2510\ \text{J/g} = 2.51\ \text{kJ/g}$$

연료에서 열이 방출되는 것이므로, $q_{연료}$의 부호는 (−)이다. 에너지밀도는 양의 값이므로, 마지막 단계에서 음의 부호를 다시 붙인다.

추가문제 나프탈렌($C_{10}H_8$)이 연소하면 5150.1 kJ/mol의 에너지가 방출한다. 나프탈렌은 열량계 보정에 자주 사용된다. 1.05 g의 나프탈렌을 열량계에서 태웠을 때, 온도가 3.86°C 증가하였다. 같은 열량계에서 1.83 g의 석탄을 태웠을 때, 온도는 4.90°C 증가하였다. 석탄의 에너지밀도는?

9-4 엔탈피

차가운 물체는 뜨거운 물체에 의해 데워진다. 이해는 가지만 과학적으로 세심한 검토가 필요하다. 예로, 1 mol의 옥테인(C_8H_{18}, octane)이 타면 이산화탄소(기체)와 물(액체)이 만들어진다. 그리고 일정부피조건에서는 5.45×10^3 kJ의 열이 발생한다. 일정압력조건에서는 5.48×10^3 kJ의 열이 발생한다. 두 값의 차이는 30 kJ로 작지만, 수천 몰의 옥테인이 타게 되면, 이 차이는 안전에 매우 중요한 값이 될 수도 있다. 왜 이런 차이가 발생하는지 알아보도록 하자.

엔탈피의 정의

일정부피조건일 때, 내부에너지변화는 열의 흐름(q)과 같다.

$$\Delta E = q + w$$

기체가 팽창할 때, 기체가 주위(surrounding)에 한 일은 $P\Delta V$이다. 팽창된 기체가 계(system)라면, 기체에 행해진 일은 $-P\Delta V$이다. 따라서 $w = -P\Delta V$이다.

$$\Delta E = q - P\Delta V \qquad (9.7)$$

만약 부피가 일정하면 $\Delta V = 0$이며, $P\Delta V$항은 0이 된다.

$$\Delta E = q_V \qquad (9.8)$$

q_V의 하첨자 "$_V$"는 일정부피조건을 뜻한다. 열량계의 실험이 일정부피조건이라면, ΔE를 직접 구할 수 있다.

일정압력조건이라면? 일정압력조건에서의 열의 흐름은 **엔탈피**(H, enthalpy)로 알려진 함수를 사용한다.

$$H = E + PV \qquad (9.9)$$

엔탈피의 변화(ΔH)는 일정압력조건에서의 열의 흐름과 같음을 증명하도록 한다.

$$\Delta H = \Delta E + \Delta(PV)$$

식 (9.7)의 ΔE를 위 식에 대입하면

$$\Delta H = (q - P\Delta V) + \Delta(PV)$$

압력이 일정하기 때문에, $\Delta(PV)$는 $P\Delta V$가 된다.

$$\Delta H = (q - P\Delta V) + P\Delta V$$

$$\Delta H = q_P \tag{9.10}$$

따라서, 엔탈피변화는 일정압력조건에서의 열의 흐름과 같다.

일정부피와 일정압력 조건에서의, 계로 유입되는 열흐름을 정의하였다. 일정부피과정의 열흐름은 내부에너지변화, ΔE와 같다. 일정압력과정의 열흐름은 엔탈피변화, ΔH와 같다. 일정압력이 더 흔한 조건이기 때문에 엔탈피가 좀 더 많이 사용된다. 예로, 비커 안에서 일어나는 반응은 일정압력조건이다. 반응에서 발생된 열은 엔탈피변화($\Delta H = H_{\text{final}} - H_{\text{initial}}$)이다.

열이 계로부터 발생되는 경우를 **발열**(exothermic)이라 하며, ΔH는 0보다 작다. 발열과정에서는 열이 느껴진다: 발열반응이 일어나는 비커를 집어 올릴 때, 반응계로부터 당신의 손으로 열이 흐른다. 반대로, 열이 계에 의해 흡수되는 경우를 **흡열**(endothermic)이라 하며, ΔH는 0보다 크다. 흡열과정에서는 계가 주위로부터 열을 흡수하기 때문에 여러분은 차가움을 느낀다.

상변화에 대한 ΔH

열이 물질로 유입된다고 온도가 모두 오르는 것은 아니다. 0°C의 얼음조각으로 열이 유입되었을 때, 얼음은 0°C 물로 녹는다. (녹은 물로도 열이 계속 유입되면, 온도는 오르기 시작한다) 열의 유입에도 온도는 어떻게 유지되는 걸까? 분자간 인력은 액체보다 고체가 더 크다. 얼음조각

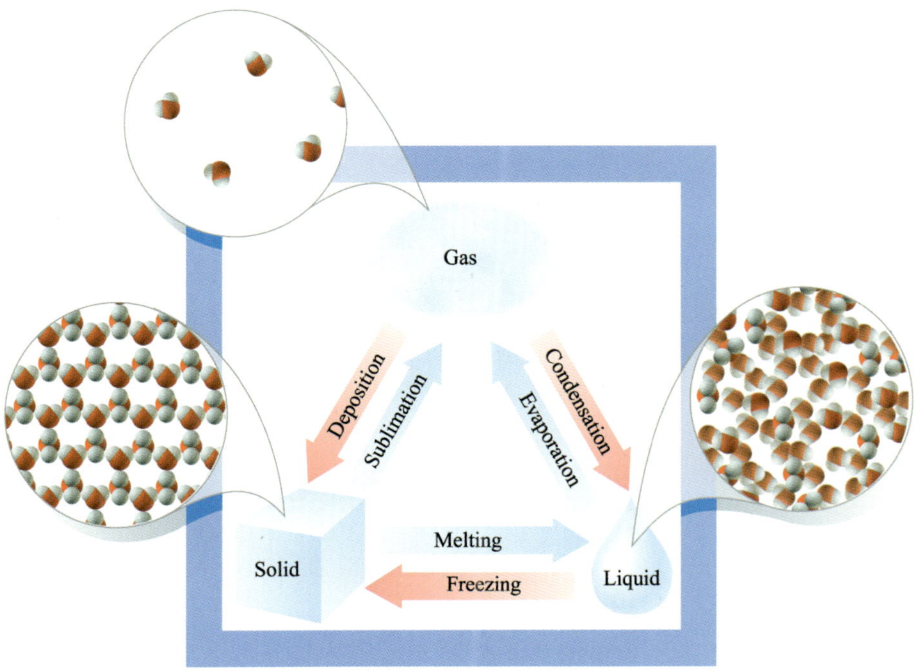

그림 9.2 고체, 액체, 기체 사이의 상변화

이 녹을 때, 분자간 인력을 극복하기 위해 에너지가 소비된다. 같은 온도이더라도, 내부에너지는 물이 얼음보다 더 크다.

상변화가 일어날 때도 열의 흐름이 생긴다. 고체, 액체, 기체 사이의 상변화를 그림 9.2에 나타내었다. 이들 상변화는 일반적으로 일정압력에서 발생하기 때문에, 열의 흐름은 엔탈피변화이다. 몇 가지 상변화는 매우 흔해 엔탈피변화에 특정 이름이 붙는다. 물질이 녹는데 필요한 열은 융해열(fusion), ΔH_{fus}이다. 액체가 기체로 바뀔 때의 엔탈피변화는 증발열(vaporization), ΔH_{vap}이다. 액체가 기체로 되기 위해서는, 분자간 힘을 극복해야 한다. 따라서 증발열은 항상 양의 값이다. 반대과정인 액화(condensation)는 항상 열을 방출한다. 증발과 액화과정은 같은 값에, 부호는 반대이다. 분자간 힘의 세기는 물질마다 다르기 때문에, 상전이의 엔탈피변화 값도 다르다(부록 D 참조). 표 9.2는 물의 상전이에 대한 엔탈피변화이다.

표 9.2 물의 상전이에 대한 엔탈피변화

상변화	융해	응고	증기	액화
상전이 온도	0°C	0°C	100°C	100°C
ΔH(J/mol)	ΔH_{fus} = 6009.5	ΔH_{freeze} = −6009.5	ΔH_{vap} = 4.07×10^4	ΔH_{cond} = -4.07×10^4

이때, 열(ΔH)은 상변화하는 물질의 양과 비례한다: 큰 조각의 얼음이 작은 조각보다, 녹을 때 더 많은 열이 필요하다. 표 9.2의 물의 상변화 단위는 J/mol이므로, 물의 양은 mol이다.

$$\Delta H = n \times \Delta H_{\text{상변화}} \tag{9.11}$$

n은 몰수로, 상변화에서는 온도가 일정하므로, 식 (9.4), (9.5)와 비교했을 때 위 식에 ΔT는 포함되지 않는다.

예제 9.6

245 g의 얼음이 녹을 때, 엔탈피변화를 계산하시오.

풀이 표 9.2의 ΔH_{fus}는 단위가 J/mol이므로, 얼음의 양을 mol로 바꾸어야 한다.

$$245\text{ g } H_2O \times \frac{1\text{ mol}}{18.015\text{ g}} = 13.6\text{ mol } H_2O$$

$$\Delta H = n \times \Delta H_{fus} = 13.6\text{ mol} \times 6009.5\text{ J/mol} = 8.17 \times 10^4\text{ J}$$

추가문제 14.5 g의 수증기가 물로 액화하였을 때, 엔탈피변화를 계산하시오.

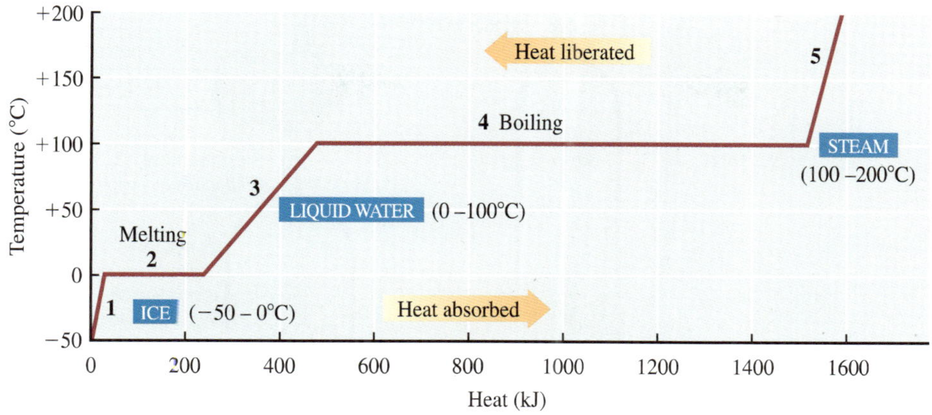

그림 9.3 500 g 물이 열을 흡수할 때의 온도변화. −50°C 얼음은 0°C까지 온도가 증가한다(구역 1). 0°C 얼음이 액체로 녹을 때 까지 0°C를 유지한다(구역 2). 0°C 물은 100°C(끓는점)까지 온도가 증가한다(구역 3). 100°C 물은 모두 수증기가 될 때까지 100°C를 유지한다(구역 4). 수증기는 열을 계속 흡수하기 때문에 수증기의 온도는 증가한다(구역 5).

물의 몰질량을 이용하여, 표 9.2의 값을 J/mol에서 J/g으로 바꿀 수 있다. 단위가 어떻든 개념은 변하지 않는다.

얼음에서 물로, 그리고나서 수증기로 바뀔 때의 엔탈피변화를 구하기 위해서는 상변화에서의 열흐름($n \Delta H_{상변화}$)과 온도변화($q = nC_P \Delta T$)를 알아야 한다. 그림 9.3은 열이동에 대한 온도 그래프이다. 열이 전달되었을 때, 그림의 (1), (3), (5) 구역은 온도변화가, (2), (4) 구역은 상변화가 나타난다.

증발과 전기생산

물이 액체에서 기체로 바뀔 때 필요한 에너지는 매우 큰데(그림 9.3), 이것은 화학에너지를 전환시키는데 이용된다. 그림 9.4는 화력발전소의 기본 모양이다.

석탄이나 천연가스가 탈 때, 화학에너지가 열로 방출된다. 화력발전소의 목표는 이 에너지를 가능한 모두 전기로 바꾸는 것이다. 따라서 연소반응에서 나오는 열을 포획하는 것은 중요한 단계이다. 이 과정에서 물이 선택되는데, 증발열이 크기 때문이다. 물은 광범위한 수소결합을 갖고 있어 분자간 힘이 매우 세기 때문에, ΔH_{vap}도 매우 크다. 물 대신 ΔH_{vap}가 작은 물질로 대체하면, 같은 양의 열을 흡수하려면 더 많은 양이 필요하게 된다.

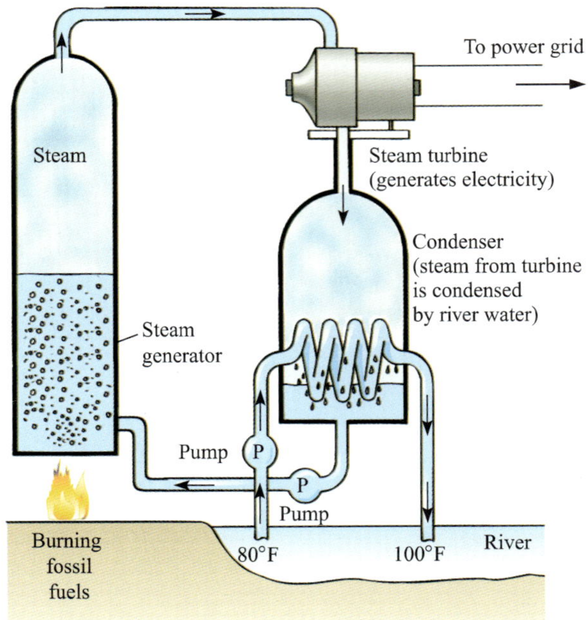

그림 9.4 화력발전소의 기본 모양. 이 과정은 물의 증발열이 크다는 점을 이용한다.

반응열

화학반응에서도 엔탈피변화가 일어나는데, 일반적으로 **반응열(heat of reaction)**이라 불린다. 많은 반응들이 일정압력조건에서 일어나기 때문에, 이 용어가 실용적이다.

결합에너지

화학반응시 에너지변화가 발생하는데, 반응물이 생성물이 될 때 화학결합이 깨지거나 만들어지기 때문이다. 메테인의 연소를 예로 들어보자.

$$CH_4(g) + 2\,O_2(g) \longrightarrow CO_2(g) + 2\,H_2O(\ell)$$

루이스 구조로 쉽게 쓸 수 있다.

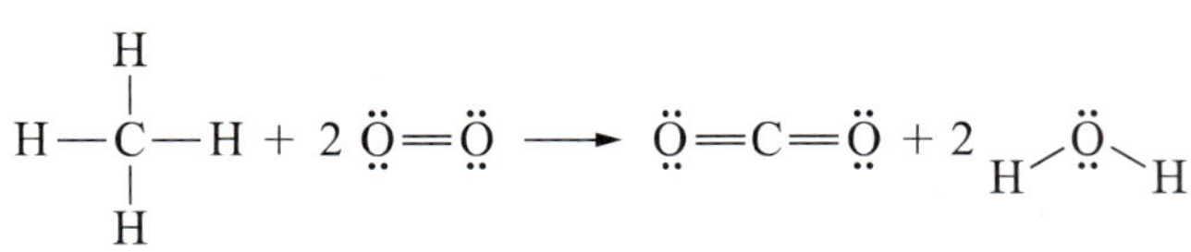

반응물 쪽에는, 네 개의 C−H 결합과 두 개의 O=O 결합이 있다. 생성물 쪽에는 두 개의 C=O 결합과 네 개의 O−H 결합이 있다. 반응과정에서, 반응물의 모든 결합이 깨져야 하는데, 이 때 에너지가 필요하다. 반면, 생성물의 모든 결합이 만들어 질 때 에너지가 방출된다. (결합형성은 발열, 결합깨짐은 흡열이다) 새로운 결합을 형성할 때 방출된 에너지가, 기존의 결합을 깨는데 필요한 에너지보다 크다면, 총반응은 발열이다. 반대의 경우에는 흡열이다. 메테인 1 mol

의 연소에 대한 ΔH는 -890.4 kJ이다.

메테인의 연소에서, **열화학 반응식**(thermochemical equation)은

$$CH_4(g) + 2\,O_2(g) \rightarrow CO_2(g) + 2\,H_2O(\ell) \qquad \Delta H = -890.4\text{ kJ}$$

이 반응식으로 두 가지를 알 수 있다. 첫째, ΔH 부호를 보고 반응이 흡열인지 발열이지 알 수 있다. 메테인의 연소는 ΔH에 음의 부호가 붙었기 때문에, 발열반응이다. 둘째, 열화학반응식은 ΔH값을 포함하기 때문에, 열이 얼마나 방출되는지 정확히 알 수 있다. 메테인 1 mol은 산소 2 mol과 반응하여, 890.4 kJ을 방출한다. 만약 더 많은 메테인이 탄다면, 더 많은 열이 발생된다. 화학양론계수에 곱한 수만큼 반응열에도 곱한다.

$$2\,CH_4(g) + 4\,O_2(g) \rightarrow 2\,CO_2(g) + 4\,H_2O(\ell) \qquad \Delta H = -1780.8\text{ kJ}$$

특정반응에 대한 반응열

화학반응의 일반적인 몇가지 부류에는 이름이 붙어 있다. 앞서 제시한 메테인의 반응은 연소(combustion)로 분류되며, 이것을 연소열, ΔH_{comb}이라 한다. 산과 염기의 중화(neutralization) 반응에서도 열이 발생하는데, 이것을 중화열, ΔH_{neut}이라 한다.

생성반응에서의 반응열을 **생성열**(heat of formation), ΔH_f^o이라 한다. 생성반응은 화합물 1 mol이 표준상태의 원소들로부터 생성되는 화학반응이다. **표준상태**는 25°C(실온), 1 atm에서의 원소의 가장 안정한 형태이다. 일산화탄소(carbon monoxide)의 생성반응을 보면

$$C(s) + \frac{1}{2}O_2(g) \rightarrow CO(g) \qquad \Delta H^o = \Delta H_f^o[CO(g)]$$

표준상태인 원소의 생성열은 항상 0이다. $O_2(g)$를 예로 들어보자.

$$O_2(g) \rightarrow O_2(g) \qquad \Delta H^o = \Delta H_f^o[O_2(g)] = 0$$

산소의 표준상태는 $O_2(g)$로, 형성반응이 일어나지 않는다.

생성물인 CO 1 mol에 대한 식을 맞추기 위해, O_2에 1/2를 사용한다. 표준상태가 아닌 원소들이 있거나 생성물이 1 mol 이상일 때는, 생성반응을 표기할 때 두 가지 실수를 할 수 있다. 일산화탄소의 경우, 다음의 오류가 있을 수 있다.

$$C(s) + O(g) \rightarrow CO(g) \qquad \Delta H^o \neq \Delta H_f^o[CO(g)]$$

$$2\,C(s) + O_2(g) \rightarrow 2\,CO(g) \qquad \Delta H^o \neq \Delta H_f^o[CO(g)]$$

첫 번째 반응은 산소가 표준상태인 이원자분자가 아니기 때문에 옳지 않다. 두 번째 반응은 일산화탄소 2 mol이 형성되었으므로 옳지 않다.

9-5 Hess의 법칙과 반응열

화학반응에서 엔탈피변화는 중요하다. 그러나 새로운 연료나 폭발물과 같이 합성자체가 위험하거나 열량계로 직접 반응열을 측정할 수 없을 경우에는, 엔탈피변화가 알려진 물질과 비교하여 엔탈피변화를 결정할 수 있다.

Hess의 법칙

간접적으로 반응열을 구하기 위해 **Hess의 법칙**을 이용한다: 어떤 반응의 엔탈피변화는 반응이 수행된 경로와는 무관하다. 이 법칙은 "엔탈피가 **상태함수**(state function)"라는 것에서 시작한다. 상태함수는 계의 상태와 관련된 변수로, 경로에는 영향을 받는 않는다. 차를 운전할 때, 위치는 상태함수이며, 도착지까지 주행한 거리는 상태함수가 아니다. 화학반응에서 엔탈피는 상태함수이기 때문에, 반응물에서 생성물로 가는 특정 경로에 대한 엔탈피변화를 결정할 방법을 안다면, 실제 반응경로가 어떻든 간에 이 결과를 적용할 수 있다. 그림 9.5는 이 개념을 그림으로 나타낸 것이다.

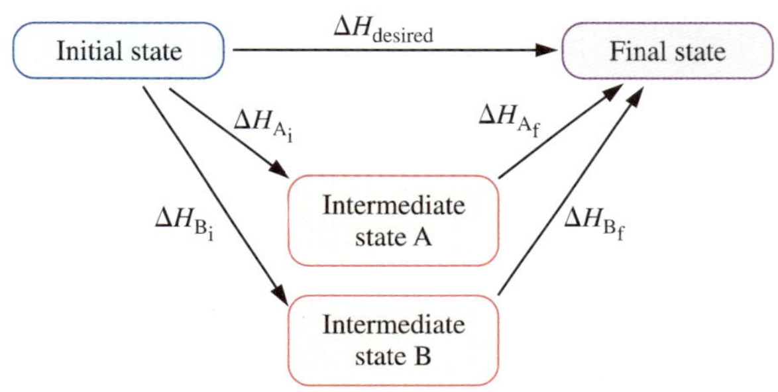

그림 9.5 Hess의 법칙을 나타낸 다이어그램. 엔탈피는 상태함수이기 때문에, 처음상태에서 최종상태로의 경로를 선택하여 엔탈피변화를 계산할 수 있다.

그림 9.5를 보면, 원하는(desired) 경로의 엔탈피변화는 다른 두 경로에 의해서도 얻어질 수 있다.

$$\Delta H_{\text{desired}} = \Delta H_{A_i} + \Delta H_{A_f}$$
$$\Delta H_{\text{desired}} = \Delta H_{B_i} + \Delta H_{B_f}$$

그림 9.6은 메테인의 연소에 대한 엔탈피 다이어그램이다. 완전연소에서는 이산화탄소가 발생하지만, 불완전연소에서는 일산화탄소가 발생한다.

Hess의 법칙을 다음과 같이 응용할 수 있다. 원래반응과 결과가 같다면, 화학반응을 여러 단계로 나눌 수도 있다. Hess의 법칙에 의하면, 어떤 반응이 연속적으로 일어날 때, 반응의 최종 엔탈피변화는 각 단계의 엔탈피변화의 합과 같다.

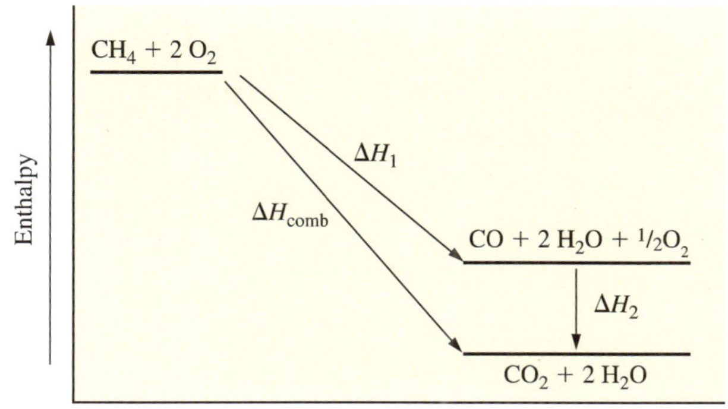

그림 9.6 메테인의 연소에 대한 엔탈피 다이어그램. CH_4 1 mol은 CO로 바뀌고(step 1), 반응이 더 진행되면 CO는 CO_2로 된다(step 2). ΔH_1과 ΔH_2의 값을 안다면, ΔH_{comb}를 계산할 수 있다.

예제 9.7

삼산화황(sulfur trioxide)은 물과 반응하여 황산을 형성하는데, 이것이 산성비의 원인이다. SO_3는 석탄에 미량 포함된 황이 연소한 것으로, 반응은 다음과 같다.

$$S(s) + \frac{3}{2}O_2(g) \rightarrow SO_3(g)$$

다음의 열화학 정보를 이용하여, 위 반응의 반응열을 구하시오.

$$S(s) + O_2(g) \rightarrow SO_2(g) \qquad \Delta H° = -296.8\ kJ$$
$$2\ SO_2(g) + O_2(g) \rightarrow 2\ SO_3(g) \qquad \Delta H° = -197.0\ kJ$$

풀이

주어진 두 개의 반응을 살펴보자.

$$S(s) + O_2(g) \rightarrow SO_2(g) \qquad \Delta H° = -296.8\ kJ$$

두 번째 반응에 1/2을 곱하여 1 mol의 SO_3를 생성하는 반응으로 만든다.

$$\frac{1}{2} \times [\,2\ SO_2(g) + O_2(g) \rightarrow 2\ SO_3(g) \qquad \Delta H° = -197.0\ kJ]$$

1 mol의 SO_2가 소비되는 반응의 엔탈피변화는 다음과 같다.

$$SO_2(g) + \frac{1}{2}O_2(g) \rightarrow SO_3(g) \qquad \Delta H° = -98.5\ kJ$$

두 반응을 더하면 원하는 반응에 대한 반응열을 구할 수 있다.

$$S(s) + O_2(g) \rightarrow SO_2(g) \qquad \Delta H° = -296.8\ kJ$$
$$SO_2(g) + \frac{1}{2}O_2(g) \rightarrow SO_3(g) \qquad \Delta H° = -98.5\ kJ$$
$$\overline{S(s) + \frac{3}{2}O_2(g) \rightarrow SO_3(g) \qquad \Delta H° = -395.3\ kJ}$$

추가문제 다음의 열역학 반응식을 이용하여, 다이아몬드의 생성열을 구하시오.

$$C(diamond) + O_2(g) \rightarrow CO_2(g) \qquad \Delta H^\circ = -395.4 \text{ kJ}$$
$$2\,CO_2(g) \rightarrow 2\,CO(g) + O_2(g) \qquad \Delta H^\circ = 566.0 \text{ kJ}$$
$$C(graphite) + O_2(g) \rightarrow CO_2(g) \qquad \Delta H^\circ = -393.5 \text{ kJ}$$
$$2\,CO(g) \rightarrow C(graphite) + CO_2(g) \qquad \Delta H^\circ = -172.5 \text{ kJ}$$

생성반응과 Hess의 법칙

여러 물질에 대한 반응열은 부록 E의 표와 같다. Hess의 법칙은 이들 표의 값을 이용하여 실제 화학반응에 대한 엔탈피변화를 계산할 수 있도록 한다. 그림 9.7은 이것이 어떻게 유용한지 알려주는 그림이다.

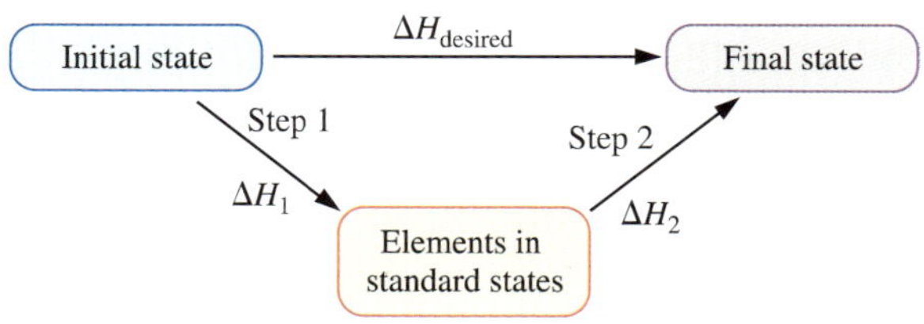

그림 9.7 화학반응의 엔탈피변화를 계산하는 과정. 반응물을 표준상태의 원소로 바꾼다. 이들 원소는 재결합하여 생성물을 만든다. 엔탈피는 상태함수이기 때문에, 반응의 실제경로는 알 필요가 없다.

Step 1은 반응물을 표준상태의 원소들로 분해한다. 분해반응은 형성반응의 반대로, 엔탈피변화는 $-\Delta H_f^o$(반응물)이다. Step 2는 표준상태의 원소들로부터 생성물이 형성되는 반응으로, 엔탈피변화는 ΔH_f^o(생성물)이다. 여기서 기억할 것은, 부록 E의 생성반응은 생성물 1 mol에 대한 것이다. 부록 E를 이용할 때, 반응물이나 생성물의 몰수를 설명하기 위해 반응식에 화학양론계수를 곱한다. 다음은 위의 내용이 포함된 열화학적 방정식이다.

$$\Delta H^o = \sum_i \nu_i\, \Delta H_f^o(\text{생성물})_i - \sum_j \nu_j\, \Delta H_f^o(\text{반응물})_j \qquad (9.12)$$

여기서 ν는 화학양론계수이다.

예제 9.8

1 mol의 프로페인(C_3H_8, propane)이 연소하여 이산화탄소(기체)와 물(액체)을 형성할 때, 부록 E의 생성열을 이용하여 연소열을 구하시오.

풀이

우선 화학반응식을 쓰고, 부록 E에서 생성열을 찾는다. 표준상태에서는 원소(여기선 O_2)의 생성열은 0이다.

$$C_3H_8(g) + 5\,O_2(g) \rightarrow 3\,CO_2(g) + 4\,H_2O(\ell)$$

$$\begin{aligned}\Delta H^\circ &= 3\text{ mol }\Delta H_f^\circ[CO_2(g)] + 4\text{ mol }\Delta H_f^\circ[H_2O(\ell)] \\ &\quad - 1\text{ mol }\Delta H_f^\circ[C_3H_8(g)] - 5\text{ mol }\Delta H_f^\circ[O_2(g)] \\ &= 3\text{ mol }(-393.5\text{ kJ/mol}) + 4\text{ mol }(-285.8\text{ kJ/mol}) \\ &\quad - 1\text{ mol }(-103.8\text{ kJ/mol}) - 5\text{ mol }(0\text{ kJ/mol}) \\ &= -2219.9\text{ kJ}\end{aligned}$$

추가문제 부록 E의 생성열을 이용하여, 다음 반응의 ΔH°를 계산하시오.
$ClO_2(g) + O(g) \rightarrow ClO(g) + O_2(g)$

예제 9.9

에탄올(C_2H_5OH)의 연소열은 1366.8 kJ/mol이다. 에탄올의 생성열을 구하시오.

풀이

$$C_2H_5OH(\ell) + 3\,O_2(g) \rightarrow 2\,CO_2(g) + 3\,H_2O(\ell) \qquad \Delta H^\circ = -1366.8\text{ kJ}$$

식 (9.12)를 사용하면

$$\begin{aligned}\Delta H^\circ &= 2\text{ mol }\Delta H_f^\circ[CO_2(g)] + 3\text{ mol }\Delta H_f^\circ[H_2O(\ell)] \\ &\quad - 1\text{ mol }\Delta H_f^\circ[C_2H_5OH(\ell)] - 3\text{ mol }\Delta H_f^\circ[O_2(g)]\end{aligned}$$

$$\begin{aligned}-1366.8\text{ kJ} &= 2\text{ mol }(-393.5\text{ kJ/mol}) + 3\text{ mol }(-285.8\text{ kJ/mol}) \\ &\quad - \Delta H_f^\circ[C_2H_5OH(\ell)] - 3\text{ mol }(0\text{ kJ/mol})\end{aligned}$$

따라서, $\Delta H_f^\circ[C_2H_5OH(\ell)] = -277.6\text{ kJ/mol}$

추가문제 메테인, $CH_4(g)$가 불완전연소하면 물(액체)과 일산화탄소, CO(g)를 발생한다. 이때의 반응열을 계산하시오.

9-6 에너지와 화학양론

열화학반응식을 푸는 방식은 화학양론문제와 비슷하다. 발열반응에서는 에너지를 생성물로 취급하며, 흡열반응에서는 에너지를 반응물로 취급할 뿐이다. 그리고 ΔH 값은 반응물질의 몰(mol)수와 관련됨을 기억한다.

주어진 양(또는 부피)의 메테인이 탈 때 방출된 에너지의 양을 계산하고자 한다면, 단위를 몰수로 바꾸어야 한다. 균형맞춘(balanced) 열화학반응식을 통해, 연소되는 메테인 몰수 당 에너지의 양을 알 수 있다. 우리는 열화학반응식을 이용하여 반응물이나 생성물의 몰수를 에너지(방출되거나 흡수되는)로 전환할 수 있다. 이것을 그림 9.8에 나타내었다. 몰질량, 밀도, 기체압, 기체부피 등을 몰수로 전환할 필요가 있다.

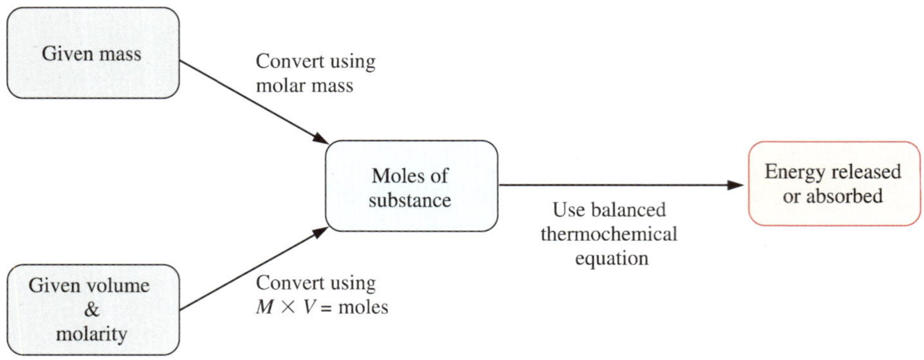

그림 9.8 화학반응시 방출되거나 흡수되는 에너지를 계산하는 순서를 나타낸 흐름도

질소 가스와 산소가 반응하여 산화질소(nitric oxide)가 발생하는데, 이것은 연료인 탄화수소가 연소할 때 부반응으로 발생한다. 자동차엔진은 연소시 순수 산소가 아닌 공기를 사용하는데, 공기에는 많은 양의 질소가 포함되어 있다. 질소와 산소가 반응하여 NO를 형성하는 반응은 다음과 같다.

$$N_2(g) + O_2(g) \longrightarrow 2NO(g) \qquad \Delta H^\circ = 180.5\ \text{kJ}$$

NO(g)는 산소와 결합하여 갈색의 이산화질소를 생성하는데, 이 때문에 도시스모그는 어둡다.

예제 9.10

어떤 엔진이 산화질소 15.7 g 발생할 때, 필요한 열은?

풀이

$$15.7\ \text{g} \times \frac{1\ \text{mol NO}}{30.0\ \text{g NO}} = 0.523\ \text{mol NO}$$

$$0.523\ \text{mol NO} \times \frac{180.5\ \text{kJ}}{2\ \text{mol NO}} = 47.2\ \text{kJ}$$

추가문제 질소와 산소에 의한 산화질소 합성반응에 124 kJ의 열이 흡수되었을 때, 합성되는 NO의 양(g)은? 그리고 소비된 N_2의 양(g)은 얼마인가?

연습문제

9-1 에너지

9.6 운동에너지와 퍼텐셜에너지에 대해 설명하시오.

9.7 내부에너지에 대해 설명하시오.

9.8 56.6 g의 철공이 15.75 J의 운동에너지를 갖기 위해 어떤 속도(m/s)로 움직여야 하는가?

9.9 1.5×10^3 m/s로 움직이는 한 개의 산소 분자의 운동에너지를 구하시오.

9.10 분자의 운동에너지는 화학반응에 사용된다. O_2 분자의 결합에너지는 8.22×10^{-19} J이다. 780 m/s로 움직이는 O_2 분자는 O=O 결합을 깨는데 충분한 에너지를 공급할 수 있는가? 이 결합을 깨기 위한 운동에너지를 얻기 위해 필요한 O_2 분자의 최소속도는? (에너지는 100% 전환된다고 가정한다)

9.11 "압력×부피"의 단위를 분석하고, 이것이 PV-일과 관련된 에너지 단위임을 보이시오.

9.12 3.27 L atm을 kilojoule 단위로 환산하시오.

9.13 탄화수소에 대해 정의하시오.

9.14 탄화수소를 완전연소시켰을 때 발생되는 생성물은?

9.15 다음의 에너지 단위를 각각 환산하시오. (a) 14.3 Btu into calories (b) 1.4×10^5 cal into joules (c) 31.6 mJ into Btu

9.16 107.66×10^{15} Btu를 joule과 calorie 단위로 환산하시오.

9-2 에너지전환과 에너지보존

9.17 어떤 기계에 7.31×10^4 kJ의 열이 공급되면 4.8×10^3 kJ의 일을 한다. 이 기계의 내부에너지변화를 구하시오.

9.18 다음을 계산하시오. (a) 어떤 계가 54 J의 일을 하고 에너지가 72 J 감소하였다. q의 값은? (b) 어떤 기체가 38 J의 열을 방출하고 102 J의 일이 기체에 행해졌다. ΔE의 값은?

9.19 ΔE가 음의 값일 때 에너지는 어떤 방향으로 흐르는가?

9.20 열역학 제1법칙에 대해 설명하시오.

9.21 에너지, 열, 일 중에서 사회적으로 더 높게 평가되는 것은? 이유도 설명하시오.

9.22 일정한 압력에서 부피가 변하면 PV-일이 발생한다. 만약 부피의 변화가 없다면 PV-일이 발생할 수 있을까? 이때 $\Delta E = q + w$(식 9.2)는 어떻게 될까?

9.23 다음 중 더 많은 일을 하는 계는? (a) $\Delta E = -436$ J, $q = 400$ J (b) $\Delta E = 317$ J, $q = 347$ J ?

9.24 다음 중 계에 열이 가해지는 경우는? (a) $\Delta E = -43$ J, $w = 40$ J (b) $\Delta E = 31$ J, $w = 34$ J ?

9.25 에너지 효율이 반드시 가정에너지 수요감소로 이어질 것인가? 가정용 에너지 사용량을 지속적으로 증가시키는 요인은 무엇일까?

9.26 가스용해로는 효율성이 매우 높은데, 이는 두 번째 열교환기 때문이다. 이 열교환기는 수증기를 응축시켜 배기시스템 밖으로 배출하기 때문이다. 효율이 증가된 이유를 설명하시오.

9.27 에너지 절약 프로그램에서 흔히 전등을 끄는 전략이 포함된다. 웹을 검색하여 조명에 기인한 미국 가정 에너지 사용량의 평균 비율을 결정하고, "조명" 전략이 얼마나 효과적인지에 대해 논의하시오.

9.28 어떤 전기장치가 X 와트로 Y초 가동되었을 때, $X \times Y$ joule의 에너지가 사용되었다고 한다. 매달 전기청구서에는 kWh의 단위가 사용되는데, 1 kWh를 joule 단위로 환산하면? 전기료가 $0.09/kWh일 때, megajoule당 전기료를 구하시오.

9-3 열용량과 열량측정

9.29 열량계에 대해 설명하시오.

9.30 얕은 물과 모래 해변중, 열용량이나 비열이 더 큰 물질은? 더운 날, 해변을 예로 들어 설명하시오.

9.31 26.0 kg의 철로 만들어진 라디에이터가 있다. 철의 비열은 0.449 J g^{-1} $°C^{-1}$이다. 라디에이터의 온도가 25.0에서 55.0°C로 증가했을 때 공급된 열(J)은 얼마인가?

9.32 일반적으로 금속라디에이터를 가열하는 데 사용되는 물질은 물이다. 보일러에서는 79.5°C의 물이 발생하는데, 앞 문제에서 필요한 열을 공급하는데 필요한 물의 양은? 물의 비열은 4.184 J g^{-1} °C^{-1}이다.

9.33 구리선은 전류를 이동하는데 사용되며 이때 구리선의 저항 때문에 열이 발생한다. 140-g의 구리선에 280 J의 열이 발생했을 때, 온도의 변화는? 구리의 비열은 0.384 J g^{-1} °C^{-1}이다.

9.34 같은 온도와 같은 질량을 갖는 구리 못과 철 못을 끓는 물에 넣었다. 100°C에 먼저 도달하는 것은? 이유를 설명하시오.

9.35 20.8 g의 타이타늄 금속을 끓는물에 넣어 99.5°C로 온도를 올린 후 21.7°C의 75.0 g의 물이 담긴 열량계에 넣었다. 열평형에 도달한 후 최종온도는 24.3°C이었다. 타이타늄의 열용량을 계산하시오.

9.36 보정(calibration)에 대해 설명하시오.

9.37 16.95°C의 75.0 g의 물이 들어있는 열량계가 있다. 65.58°C의 93.3 g 철 시료를 열량계 안에 넣었을 때 최종온도가 19.68°C이었다. 열량계의 열용량을 계산하시오. 물의 비열은 4.184 J g^{-1} °C^{-1}이고, 철의 비열은 0.444 J g^{-1} °C^{-1}이다.

9.38 석탄의 에너지밀도를 종류별로 나타내었다.

Anthracite 35 kJ/g Subbituminous 31 kJ/g
Bituminous 28 kJ/g Lignite 26 kJ/g

미지의 석탄시료를 1.3 kJ/°C의 열량계에서 태웠다. 시료의 무게가 0.367 g일 때 온도변화는 8.75°C이었다. 이 시료의 석탄 종류는?

9.39 수영장의 크기가 4 ft 깊이, 20 ft 폭, 75 ft 길이일 때 수영장 물의 온도를 1°C 높이는데 필요한 열에너지(MJ)는?

9.40 해안가 도시들이 내륙의 도시들보다 여름에 시원한 이유를 물의 비열로 설명하시오.

9-4 엔탈피

9.41 어떤 과정에서 엔탈피 변화가 열과 같을 수 있는 조건을 설명하시오.

9.42 실제 계의 열역학에서 엔탈피가 내부에너지보다 더 유용한 이유는?

9.43 발열과 흡열에 대해 설명하시오.

9.44 상변화 중 발열과정인 것은?

9.45 어떤 물질이 흡열 상변화하였을 때 온도는 어떻게 변할까? 열이 가해졌다면 온도는 어떻게 변할까?

9.46 순수 실리콘의 융해열은 43.4 kJ/mol이다. 5.24 g의 실리콘을 녹이는데 필요한 에너지는? 실리콘의 녹는점은 1693 K이다.

9.47 1.6 g의 HCl이 증기에서 액체로 응축될 때 14.8 kJ의 열이 방출된다. HCl의 ΔH_{cond}(kJ/mol)를 구하시오.

9.48 −12.0°C의 1.70 g 얼음을 105°C의 수증기로 바꾸는데 필요한 에너지를 계산하시오.

9.49 아세톤의 ΔH_{vap}는 31.3 kJ/mol이다. 보일러에서 1.40 kg의 물을 수증기로 증발시켰다면, 같은 열을 사용하여 증발시킬 수 있는 아세톤의 양(kg)은?

9.50 열량계에 담긴 400.0 mL의 물에 13.0 g의 NaOH(s)를 녹였을 때 온도가 22.6°C에서 30.7°C로 증가하였다. 용액의 비열 용량이 물과 같다고 가정하였을 때, 다음을 계산하시오. (a) 계에서 주위로 이동한 열 (b) 다음 반응의 ΔH

$$NaOH(s) \rightarrow Na^+(aq) + OH^-(aq)$$

9.51 형성반응(formation reaction)에 대해 설명하시오.

9.52 다음 물질의 형성반응을 쓰시오. (a) $CH_4(g)$, (b) $C_3H_8(\ell)$, (c) HCl(g), (d) $C_6H_{12}O_6(s)$, (e) NaF(s)

9.53 다음 화학반응식은 올바르지 않다. 이유를 설명하시오.

(a) $4\ Al(s) + 3\ O_2(g) \rightarrow 2\ Al_2O_3(s)$

(b) $N_2(g) + \frac{3}{2}H_2(g) \rightarrow NH_3(g)$

(c) $2\ Na(s) + O(g) \rightarrow Na_2O(s)$

9-5 Hess의 법칙과 반응열

9.54 다음 중 어떤 것이 상태함수인가? (a) 풍선의 부피, (b) 집에서 학교로 가는데 걸리는 시간, (c) 커피잔에 담긴 물의 온도, (d) 손에 쥐고 있는 공의 퍼텐셜에너지

9.55 아래 반응을 이용하여, 납(s)이 산소(g)와 반응하여 1 mol의 PbO(s)를 생성할 때의 표준엔탈피 변화를 구하시오.

$PbO(s) + C(graphite) \rightarrow Pb(s) + CO(g)$
$\Delta H° = 106.8\ kJ$

$2\ C(graphite) + O_2(g) \rightarrow 2\ CO(g)$
$\Delta H° = -221.0\ kJ$

250 g의 납이 산소와 반응하여 lead(II) oxide를 생성할 때, 흡수 또는 방출된 열에너지(kJ)의 양은?

9.56 흑연과 다이아몬드 간의 상변화를 직접 관찰하기는 어렵다. 하지만 두 물질 모두 탈 수 있기 때문에, 아래 반응식을 이용하여 다이아몬드가 흑연으로 바뀔 때의 $\Delta H°$를 계산하시오.

$C(s, graphite) + O_2(g) \rightarrow CO_2(g)$
$\Delta H° = -393.51\ kJ$

$C(s, diamond) + O_2(g) \rightarrow CO_2(g)$
$\Delta H° = -395.94\ kJ$

9.57 수소 기체가 아세틸렌 또는 에틸렌 기체와 반응할 때의 열역학 반응식은 다음과 같다. 아세틸렌이 수소기체와 반응하여 에틸렌으로 바뀔 때의 열역학 반응식을 구하시오.

$C_2H_2(g) + 2\ H_2(g) \rightarrow C_2H_6\quad \Delta H° = -311\ kJ$
$C_2H_4(g) + H_2(g) \rightarrow C_2H_6\quad \Delta H° = -136\ kJ$

9.58 부록 E의 생성열을 이용하여 다음 반응의 생성열을 계산하시오.

(a) $C_2H_2(g) + \frac{5}{2}O_2(g) \rightarrow 2\ CO_2(g) + H_2O(\ell)$
(b) $PCl_3(g) + Cl_2(g) \rightarrow PCl_5(g)$
(c) $C_2H_4(g) + H_2O(g) \rightarrow C_2H_5OH(g)$
(d) $Fe_2O_3(s) + 2\ Al(s) \rightarrow Al_2O_3(s) + 2\ Fe(\ell)$

9.59 뷰테인의 연소열은 −2877 kJ/mol이다. 이 값을 이용하여 뷰테인의 생성열을 구하시오.(부록 E 참조)

9.60 화학결합이 끊어질 때 에너지는 흡수 또는 방출되는가?

9.61 어떤 반응이 발열과정일 때, 생성물과 반응물의 결합에너지의 합이 더 큰 것은?

9-6 에너지와 화학양론

9.62 $C_2H_2(g) + 2\ H_2(g) \rightarrow C_2H_6,\ \Delta H° = -136\ kJ$
다음 반응에서 물질들의 몰과 에너지 사이의 비(ratio)를 구하시오.

9.63 $N_2(g) + O_2(g) \rightarrow 2\ NO(g),\ \Delta H° = 180.5\ kJ$
35몰의 NO(g)를 생성하는 데 필요한 에너지는?

9.64 나이트로글리세린, $C_3H_5(NO_3)_3(\ell)$은 폭발물질로, 나이트로글리세린이 폭발하면 네 가지 기체(N_2, O_2, CO_2, 수증기)가 발생하기 때문이다. 게다가, 폭발시 6.26 kJ/g의 열이 발생한다. (a) 열역학적 반응식을 쓰시오. (b) 생성물이 4.65 mol 형성되었을 때 ΔH를 구하시오.

9.65 실란, SiH_4의 연소반응은 다음과 같다.

$SiH_4 + 2\ O_2 \rightarrow SiO_2 + 2\ H_2O,\quad \Delta H° = -1429\ kJ$

15.7 g의 실란이 연소되었을 때 방출되는 에너지는?

9.66 화력발전소에서 배출된 가스로부터 석회를 이용하여 삼산화황을 제거하는 반응식은 다음과 같다.

$CaO(s) + SO_3(g) \rightarrow CaSO_4(s),\quad \Delta H° = -886\ kJ$

240 kg의 SO_3를 제거할 때 방출되는 열의 양은?

9.67 탄화수소류의 반응은 석유공업에서 많이 다루어진다.

$2\ C_3H_8(g) \rightarrow C_6H_6(\ell) + 5\ H_2(g),\ \Delta H° = 698\ kJ$

25°C, 0.97 atm에서 프로페인 35 L이 반응할 때 발생되는 열의 양은?

9.68 오존은 납과 탄소와 반응하며, 열역학적 반응식은 다음과 같다.

$Pb(s) + C(s) + O_3(g) \rightarrow PbCO_3(s)\quad \Delta H° = -841.0\ kJ$

110 g의 오존을 과량의 납과 탄소와 반응시킬 때 방출되는 에너지는?

9.69 연소열이 −37.6 kJ/mol인 화합물 0.0157 g을 열량계에서 태웠을 때, 18.5 J의 열이 방출된다. 이 화합물의 몰질량을 구하시오.

9.70 에너지밀도에 대해 설명하시오.

9.71 연료운송시 에너지밀도가 중요한 이유는?

Chapter 10

엔트로피와 열역학 제2법칙

Entropy and the Second Law of Thermodynamics

10-1 자발성

가솔린 등의 탄화수소 분자는 산소와 쉽게 반응하여 이산화탄소와 물을 생성한다. 하지만 역반응은 일어나지 않는다; 수증기와 이산화탄소는 공기 중에 늘 존재하지만, 서로 반응하여 가솔린을 만들진 않는다. 우리는 이 반응의 방향을 자연스럽게 알고 있다. 무엇이 이런 방향을 제시하는가? 그럼, 화학반응이 실제 일어날지를 예측할 수 있는 양적모델을 어떻게 만들 수 있을까?

자발적 과정

일반적으로 우리는 자연의 방향성을 직감으로 알고 있으며, 어떤 일이 "그냥 발생하지"라고 생각한다. 외부의 어떤 개입이 없이도 과정이 진행되는데, 이것을 **자발적 과정**(spontaneous process)이라 한다. 하지만 자발적과 비자발적 반응의 차이가 늘 분명하지는 않는다.

"자발성"을 과정(또는 반응)이 빠른 것으로 잘못 이해하기도 한다. 자발적 과정 몇 가지는 매우 빠르나, 어떤 것은 반응시간이 매우 길다. 폐기물 중 어떤 화합물(예, 종이)은 오랜 시간에 걸쳐 자발적으로 분해된다. 다이아몬드의 연소는 열역학적으로 자발적 반응이긴 하나, 너무 느려 영원히 존재할 것처럼 여겨진다. 어떤 반응은 시작되면 빠르게 진행되나, 스스로 반응을 시작하지 못한다. 예로 캔에 담긴 가솔린은 공기 중 산소와 접촉하고 있지만, 반응은 일어나지 않는다. 그러나 차량의 실린더 안에서 공기와 혼합되고, 스파크플러그에 의해 점화되자마자, 가솔린이 모두 탈 때까지 반응은 진행된다. 이 반응은 자발적인가? 답은 그렇다 이다. 반응을 시작하기 위해 불꽃이나 스파크가 필요할 지라도, 반응이 시작되면 반응은 더 이상의 외부개입이 없어도 진행된다. 바위가 절벽에 아슬아슬하게 놓여있는 것과 비슷하다.

대부분의 고분자 합성반응도 마찬가지로, 일단 반응이 개시되면 더 이상의 개입없이도 반응은 자발적으로 진행된다. 예로, PMMA (poly(methyl methacrylate))의 합성반응에 대해 알아보자.

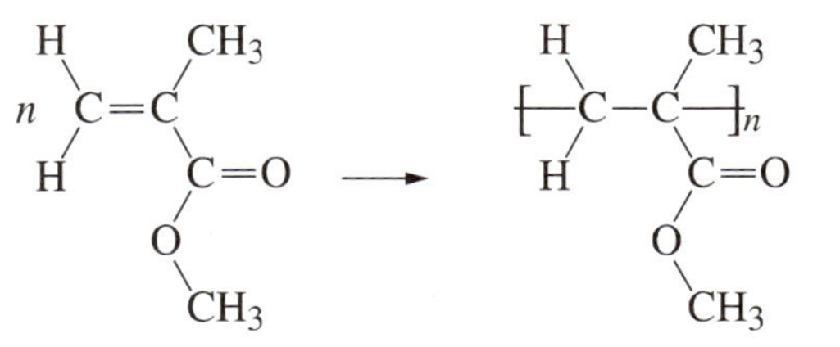

이것은 자유라디칼에 의한 반응으로(2-7장 참조), 반응을 시작하기 위해 소량의 개시제가 필요하며, 단위체(monomer)가 모두 중합체로 바뀔 때까지 반응이 진행된다.

하지만, 중합체를 단위체로 다시 바꾸고자 한다고 가정해 보자. 중합의 역반응은, 상온에서는 열역학적으로 자발적 과정이 아니다. 역반응이 일어나게 하기 위해서는, 고온을 유지하여 중합체에 충분한 에너지를 주어 자발적 방향을 거스르도록 한다. 그럼, 자연의 방향성에서 에너지의 역할은 무엇일까?

엔탈피와 자발성

화학반응에서 엔탈피변화는 일정압력에서의 열흐름이다(9장 참조).

$$\Delta H = q_P$$

ΔH가 (−)일 때 발열반응, (+)일 때 흡열반응이다. 엔탈피변화에 근거한 반응의 자발성은? 주위의 자발적 과정은 대부분 발열과정이지만, 몇몇 흡열반응은 자발적으로 일어날 수도 있다. 예로, 실온에서 얼음조각은 자발적으로 녹는다(흡열과정). 따라서 과정이 자발적인지 아닌지 결정하는 데는, 에너지(또는 엔탈피) 이외에 다른 것이 필요하다. 반응의 자발성을 예측할 수 있는 개선된 방법으로, 열역학 상태함수인 엔트로피를 소개한다.

10-2 엔트로피

열(heat)이라는 에너지흐름으로만 어떤 과정이 자발적인지 아닌지 결정할 수는 없다. 그래서, 열역학적 상태함수인 **엔트로피**(S)를 고려해야 한다. 엔트로피는 19세기 주요 관심사였던 증기기관[2)]의 효율성을 다루면서 처음 소개되었다. 그림 10.1은 카르노 사이클(Carnot cycle)로, 기체는 압력과 부피의 순환적 변화를 겪는다. 1과 3의 단계는 등온(isothermal) 과정이다. 1단계에서, 기체는 일정온도에서 팽창하기 때문에 q는 양의 값이다. 3단계에서, 기체는 일정온도에서 압축

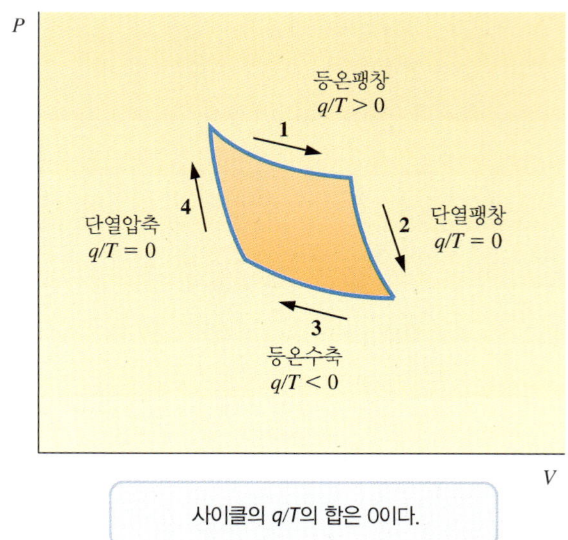

그림 10.1 카르노 사이클. 이상기체는 일련의 네 과정을 거친다. 1과 3의 과정은 등온과정이다. 2와 4의 과정은 단열과정이다. 사이클의 q/T의 총합은 0이다. 사이클의 처음과 마지막은 같은 상태로, 상태함수는 q/T와 같다. 이것을 상태함수 엔트로피라 한다.

2) 증기기관 : 증기가 지닌 열에너지를 기계적 일로 변화시킨다. 열을 가해 발생시킨 증기의 압력으로 실린더 내의 피스톤을 밀어올리고, 증기를 다시 차갑게 응축시키면 피스톤이 내려간다.

되기 때문에 q는 음의 값이다. 즉 1단계와 3단계의 q/T는 값은 같지만 부호는 반대이다. 2와 4의 단계는, 단열(adiabatic) 과정으로, 열의 교환이 없다. 따라서 2와 4의 단계는 $q=0$이기 때문에, $q/T=0$이다. 네 단계를 결합하면, 폐쇄경로에서의 q/T의 합은 0이다(현실적으로 불가능한 사이클이다). q/T는 새로운 상태함수인 엔트로피를 정의한다. 계와 주위의 엔트로피 변화는 어떤 과정이 자발적인지 아닌지 예측할 수 있도록 도와준다. 엔트로피는 무엇이며, 중합체의 합성과 재활용을 이해하는데 어떤 도움을 줄까?

확률과 자발적 변화

나뭇잎 수천 개는 아보가드로수의 입자를 가진 분자계와 유사하다. 아쉽게도 낙엽은 한 번에 쌓일 수 없기 때문에, 낙엽 대신 주사위를 이용하여 확률개념을 다뤄보자.

주사위 한 개를 굴렸을 때, 4가 나올 확률은 1/6이다. 주사위 두 개를 굴려 모두 4가 나올 확률은 1/36이다 주사위 세 개를 굴려 모두 4가 나올 확률은 1/216이다. 주사위가 많아질수록 같은 숫자가 나올 확률은 작아지는데, 다음 식에 의한다.

$$\text{확률} = \left(\frac{1}{6}\right)^N$$

여기서 N은 던져진 주사위의 개수이다.

분자 1은 주사위의 특정 면이 한 개이기 때문이며, 분모 6은 주사위의 가능한 면이 여섯 개이기 때문이다. 이 식에 의하면, 네 개의 주사위를 굴렸을 때 같은 숫자가 나올 확률은 1/1296이다. (다섯 개의 주사위에서의 확률은 1/7776이다. 가능한 여섯 숫자 중 하나에만 특정하지 않는다면 여섯 번의 기회를 갖는다) 다섯 개의 주사위를 굴렸을 때, 무작위의 숫자배열이 더 많이 발생한다는 것을 경험상 알고 있다.

더 나아가 확률은 다음의 두 가지 특징을 갖는다. 첫째, 일련의 사건들이 일어날 확률은 개별사건들이 일어날 확률을 곱한 것이다. 얼마나 많은 분자들이 참여하는지 고려한다면, 관찰값은 중요해 진다. 둘째, 질서를 갖는 관찰값(주사위 번호가 모두 4인 것처럼)이 나올 경우의 수는, 무작위 관찰값일 경우의 수보다 작다. ~10^{23}개의 입자로 이루어진 분자의 집합체는, 특정 배열을 가질 기회가 매우 작다. 아보가드로수의 주사위를 굴린다고 하면, 모두 4가 나올 확률은 $\left(\frac{1}{6}\right)^{6.02\times10^{23}}$이다.

이 숫자는 상상할 수 없을 정도로 작다.

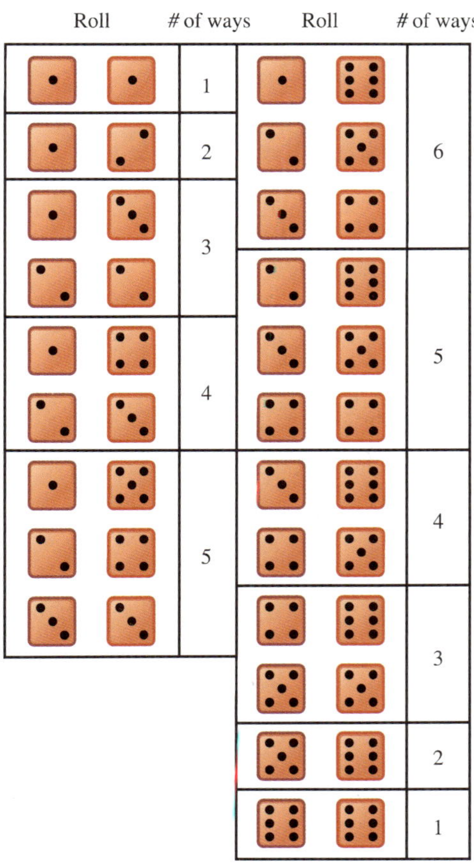

그림 10.2 두 개의 주사위를 굴렸을 때 두 수의 합이 나올 확률. 두 수의 합이 2와 12가 되는 경우의 수는 1이다. 합이 7이 되는 경우의 수는 6이다.

엔트로피의 정의

매우 많은 수의 입자들은, 확률상 무작위 배열을 좋아한다. 계의 무질서도의 척도로 엔트로피를 정의한다. 여기서의 확률은 입자가 물리적으로 배열되는 방법의 수가 아니라, 입자들이 같은 에너지를 갖는 방법의 수이다.

분자속도와 관련한 맥스웰-볼츠만 분포(5-5장 참조)에서, 실온의 기체 중 몇몇 입자는 느리게 움직이나 일부 입자는 매우 빠르다. 어느 입자가 빠르고 어느 입자가 느린지 정확히 말할 수는 없다(그림 10.3). 시료는 같은 양의 총에너지를 갖기 때문에 같은 온도이지만, 각각의 입자들은 속도가 모두 다르다. 통계학적으로, 입자들의 집합이 특정에너지를 갖는 방법을 **미시적상태**

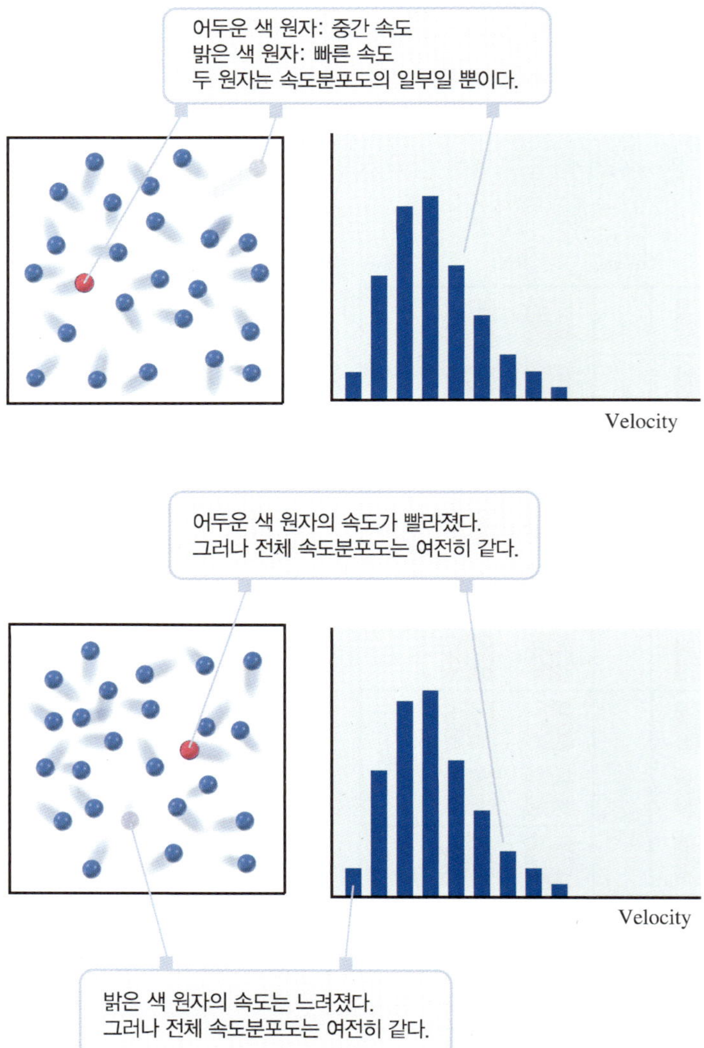

그림 10.3 맥스웰-볼츠만 분포 ; 분자들 속도를 총괄적으로 나타내었다. 분자의 충돌로 에너지 교환이 일어나 개별 분자들의 속도도 변할 수 있지만, 전체 속도분포는 바뀌지 않는다.

(microstate) 개념으로 나타낼 수 있다. 주어진 에너지의 미시적상태의 수는 Ω로 나타내며, 계의 엔트로피(S)와 다음의 관계에 있다.

$$S = k_B \ln \Omega \tag{10.1}$$

여기서 k_B는 볼츠만 상수이다. 계가 무질서하다는 것은 미시적상태의 수가 증가한다는 것이다. 따라서 계를 이루는 입자가 무질서한 분포를 많이 할수록 계의 엔트로피는 증가한다.

엔트로피 변화의 결정

미시적상태의 개념은 추상적이긴 하지만, 어떤 변화로 엔트로피가 증가되었는지 말할 수 있다. 다음을 보고 왜 그런지 설명해 보자. 먼저, 고체가 녹아 액체가 되는 것을 고려해보자. 고체에서의 입자는 고정되어 결합된 상태로, 이들이 특정에너지를 갖는 방법의 수는 제한되어 있다. 액체에서는, 입자들의 움직임이 상대적으로 많아지기 때문에 방법의 수는 더 커지며, 따라서 미시적상태의 수가 증가하고, 엔트로피도 증가한다. 끓는 과정에도 같은 추론을 할 수 있다. 액체의 분자들은 서로에게 구속되어 있다가 기체가 되면 무질서하게 분포한다. 무질서한 분자운동이 증가할수록 미시적상태의 수도 증가하기 때문에, 엔트로피는 증가한다. 계의 엔트로피를 증가시키는 또다른 방법은 입자수를 증가시키는 것이다. 화학반응에서 기체 1 mol이 2 mol이 되면, 엔트로피는 증가한다.

또한 엔트로피는 온도에 따라 변한다. 매우 낮은 온도에 있는 분자 시료를 고려해 보자. 이러한 시료의 분자는 빠른 속도로 움직이지 못하는데, 분자가 움직이는 데는 에너지가 많이 필요하기 때문이다. 여기서는, 개별 분자는 이용가능한 총에너지가 낮기 때문에 제한을 받는다. 계가 가열되어 높은 온도를 가지면, 에너지가 많아졌기 때문에 몇몇 분자들은 빠른 속도로 움직일 수 있다. 따라서 계를 가열하면 엔트로피는 증가한다.

중합체의 합성과 재활용에 대해 살펴보자. 중합체가 합성되면, 수많은 단위체는 한 개의 거대 분자로 바뀐다. 대부분의 경우, 계의 엔트로피는 감소하지만(부반응으로 물과 같은 작은 분자가 생성되기도 하나, 엔트로피 변화에 대한 영향은 작다), 적절한 조건에서의 중합반응은 자발적인데, 계의 엔트로피만 고려해서는 안 됨을 알려준다. 에너지와 같은 다른 요인도 중합체의 합성에 영향을 줌에 틀림없다. 그럼 재활용에서의 엔트로피의 역할은? 플라스틱이 재활용될 때, 중합체의 긴 사슬은 깨진다. 엔트로피 측면에서 유리한 과정이다. 사슬이 깨지면 평균분자크기도 작아진다. 그리고 개별 분자의 수가 많아지기 때문에 계는 더 많은 미시적상태를 가질 수 있다. 하지만 중합체 사슬길이가 짧아지면 서로간의 상호작용이 약해지지 못하기 때문에, 플라스틱의 기계적 성질도 약해진다. 그래서 재활용과정에서 엔트로피를 적용하는 것은 어렵다. 물질의 질을 떨어뜨리지 않고 중합체를 재활용하기 위해서는, 엔트로피 대신 충족시킬 무언가가 필요하다.

10-3 열역학 제2법칙

에너지가 다른 형태로 전환될 때, 에너지의 일부를 잃는다. 즉 이용가능한 잠재적 에너지를 원하는 과정으로 모두 전환시킬 수는 없다. 엔트로피에서 그 해답을 찾아보자.

열역학 제2법칙

열은 일로 완벽하게 바뀌지 않는다. 이것이 **열역학 제2법칙**(second law of thermodynamics)이다. 첫째, 열은 분자들의 무질서한 충돌을 통해 흐르며, 온도가 증가할수록 분자의 무질서한 운동도 증가한다. 일은 질량을 가진 물체가 어떤 거리를 움직이는 것이다. 알짜움직임을 계산하기 위해 운동방향이 필요하며, 방향은 운동에 질서를 부여한다. 따라서 열이 일로 바뀌게 되면, 무질서한 운동에서 좀 더 질서있는 운동으로 바뀐다. 이러한 변화는 더 무질서한 상태를 선호하는 자연의 경향과 반대이다. 그럼 엔트로피와 어떻게 관련지을 수 있을까?

우선, 우주(universe)의 변화는 계(system)의 변화와 주위(surrounding)의 변화의 합이다. 계에만 초점을 맞추면, 얼마의 질서가 발생했는지 이해할 수 없기 때문에, 우주의 엔트로피의 총변화 ΔS_u에 초점을 맞춘다. 다음은 엔트로피 측면에서 열역학 제2법칙을 표현한 것이다.

$$\Delta S_u = \Delta S_{sys} + \Delta S_{surr} \tag{10.2}$$

자연은 좀 더 확률이 높은 상태(무질서한 상태)로 진행하려 하는데, 이는 열역학 제2법칙을 다르게 표현한 것이다: 자발적 과정에서, 우주의 총엔트로피 변화는 0보다 크다($\Delta S_u > 0$). 제2법칙의 원래 내용은 다음과 같다. 일(엔트로피가 감소되는 과정)로 전환되지 않은 에너지는 열의 형태로 주위로 전달된다. 따라서 주위의 엔트로피도 증가하지만, '계+주위'의 총엔트로피 변화도 증가한다.

제2법칙의 의미와 응용

제2법칙으로 화학반응이나 과정이 어떤 결과일 지 예측할 수 있다. Methyl methacrylate의 중합체인 PMMA의 합성을 예로 들어보자. 단위체와 중합체의 구조(10-1장을 참조)를 보면, 반응동안 대부분의 화학결합은 바뀌지 않는다. 단, 단위체의 C=C 이중결합이 중합체의 두 개의 −C−C− 단일결합(안정된 결합)으로 바뀐다. 결합에너지를 고려할 때 이 반응은 발열반응이다. 두 개의 −C−C− 단일결합이 C=C 이중결합보다 강하다. 수많은 단위체 분자들이 한 개의 중합체 분자로 바뀌기 때문에, 계의 엔트로피 변화는 0보다 작다. 그런데 이 반응은 왜 자발적인가? 발열반응에서 발생한 열은 주위(surrounding)로 전달되기 때문에, 주위의 엔트로피는 증가한다. 주의의 엔트로피 증가가 계의 엔트로피 감소보다 크기 때문에, 전체 과정의 총엔트로피 변화는 0보다 크다.

주위는 $-\Delta H$의 열을 흡수하지만, 주위는 매우 큰 저수지와 같기 때문에, 관측할 정도의 온도변화는 나타나지 않는다. 주위의 엔트로피 변화는 다음과 같다.

$$\Delta S_{surr} = \frac{-\Delta H}{T}$$

계의 엔트로피 변화는 ΔS이며, 중합반응의 경우 음의 값이다. 자발적 반응일 경우

$$\Delta S_u = \Delta S + \Delta S_{surr} > 0$$

ΔS_{surr}의 절대값이 ΔS의 절대값보다 크기 때문에 ΔS_u는 0보다 크다. (ΔS는 음, ΔS_{surr}은 양의 값임을 기억한다) ΔS와 ΔH의 크기는 온도에 무관하지만, ΔS_{surr} $(= -\Delta H/T)$은 온도가 증가할수록 감소한다. 따라서 높은 온도에 이르면, ΔS_u는 더 이상 양의 값이 아니며, 반응도 자발적이지 않다.

중합체 반응의 ΔS_u가 음의 값이 될 정도로 온도를 높였다고 가정하자. 중합체가 다시 단위체가 되는 역반응의 ΔS_u는 양의 값을 갖는다. 따라서 중합체를 임계온도(threshold temperature) 이상으로 가열하면, methyl methacrylate 단위체가 재생될 것이다. PMMA를 400°C 이상으로 가열하면 단위체로 바뀌는데, 효율이 매우 높다. 이 과정을 열분해(thermolysis)라 한다. 재생된 단위체는 증류 등의 방법으로 정제될 수 있기 때문에, PMMA를 재합성 할 수도 있다. 하지만 열분해가 대부분의 플라스틱에 그리 실용적이지는 못한데, 고온에서 단위체의 결합이 끊어지거나 원하지 않는 반응을 일으키기 때문이다.

10-4 열역학 제3법칙

화학반응에 대한 엔트로피 변화를 계산하기 위해 **열역학 제3법칙**을 이용하는데, 이 법칙의 내용은 다음과 같다. 절대온도가 0에 접근할수록 '순수물질의 완벽한 결정'의 엔트로피는 0에 가까워진다. 절대온도 0에 거의 접근하기는 했지만, 절대영도에 이르는 것은 현실상 불가능하다. 이론상 모든 물질은 절대영도 가까이 냉각될 수 있기 때문에, 표준상태에서의 화학물질 1 mol의 엔트로피를 평가할 수 있다. 이 값은 1기압일 때, 0 K에서 298 K로의 엔트로피 변화이다. 표 10.1은 **표준몰엔트로피** ($S°$, standard molar entropy)로, 더 많은 자료는 부록 E를 참조한다.

표 10.1 물질의 표준몰엔트로피

화합물	$S°$ (J mol^{-1} K^{-1})	화합물	$S°$ (J mol^{-1}K^{-1})
$H_2(g)$	130.6	$CO_2(g)$	213.6
$O_2(g)$	205.0	$C_4H_{10}(g)$	310.03
$H_2O(\ell)$	69.91	$CH_4(g)$	186.2
$H_2O(g)$	188.7	$C_2H_4(g)$	219.5
$NH_3(g)$	192.3	$C_3H_3N(\ell)$	178.91

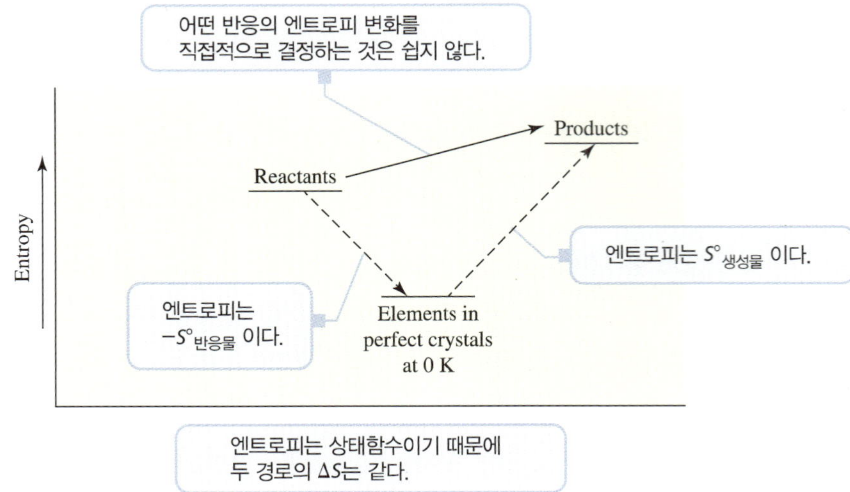

그림 10.4 엔트로피는 상태함수이기 때문에, 반응물에서 생성물로 변하는 경로와는 무관하다. 표준몰엔트로피 값을 이용하기 위해, 반응물을 원소(at 0 K)로 바꾼 후, 원하는 반응물로 결합시킨다. 경로는 중요치 않다.

엔트로피는 상태함수이고, 제3법칙은 표준몰엔트로피 값을 제공하기 때문에, 엔트로피 변화식을 유도할 수 있다. 그림 10.4는 반응에서의 엔트로피 변화를 결정하는 방법으로 Hess의 법칙(식 9.12 참조)과 유사하다.

$$\Delta S^o = \sum_i \nu_i S^o(\text{생성물})_i - \sum_j \nu_j S^o(\text{반응물})_j \tag{10.3}$$

여기서 ν는 화학양론계수이며, 첨자 i, j는 각각의 생성물과 반응물을 뜻한다.

예제 10.1

중합반응의 열역학 특징에 대해 알아보자. 폴리에틸렌의 형성반응 대신, 다음의 반응을 예로 들어보자. 두 개의 에틸렌(ethylene) 분자가 수소와 결합하면 뷰테인(butane)을 형성한다.

$$2\,C_2H_4(g) + H_2(g) \rightarrow C_4H_{10}(g)$$

표 10.1을 이용하여 반응의 $\Delta S°$를 계산하시오.

풀이

(1) 물질의 상태를 확인한다 : 여기서는 모두 기체이다.

(2) 계산에 화학양론계수를 사용한다.

$$\begin{aligned}\Delta S° &= S°[C_4H_{10}(g)] - 2S°[C_2H_4(g)] - S°[H_2(g)] \\ &= (310.03\ J\ K^{-1}) - 2(219.5\ J\ K^{-1}) - (130.6\ J\ K^{-1}) = -259.6\ J\ K^{-1}\end{aligned}$$

반응물이 3 mol이고 생성물이 1 mol인 것으로, 엔트로피 변화의 부호가 (−)일 것을 직감할 수 있다. 그럼 이 반응은 자발적인가? C−H와 C−C의 강한 결합이 생성되었기 때문에 발열반응이다. 열이 방출되었기 때문에 계주위의 엔트로피는 증가하는데, 계의 엔트로피 감소를 보상할 만큼 크다.

추가문제 아크릴로나이트릴(C_3H_3N, acrylonitrile)은 아크릴섬유 생산에 사용되는 중요한 단위체이다. 이것은 프로펜(propene)과 암모니아로부터 합성된다.

$$2\ C_3H_6(g) + 2\ NH_3(g) + 3\ O_2(g) \rightarrow 2\ C_3H_3N(\ell) + 6\ H_2O(g)$$

이 반응의 $\Delta S°$는 -43.22 J/mol로, 표 10.1를 이용하여 $C_3H_6(g)$의 표준몰엔트로피($S°$)를 계산하시오.

예제 10.1은 ΔS로 자발성을 예측하는 것이 위험함을 알려준다. 계와 주위, 둘 다 고려해야 하는데, "주위"를 빼고 결론을 내리는 실수를 한다.

10-5 깁스자유에너지

열역학은 수학을 과학에 적용한 가장 좋은 예로, J. Willard Gibbs는 어떤 과정이 자발적인지 예측하고자 새로운 함수를 정의하였는데, 이 함수는 **깁스자유에너지**(G ; Gibbs free energy)라 불린다.

$$G = H - TS$$

깁스자유에너지 변화로 일정압력과 온도에서 어떤 과정이 자발적인지 아닌지를 예측할 수 있다. 많은 실험 과정이 일정압력과 온도(또는 근접한)에서 이루어진다. 일정온도에서의 어떤 과정에 대한 깁스자유에너지 변화는 다음과 같다.

$$\Delta G = \Delta H - T\Delta S \tag{10.4}$$

이 식은 10장에서 가장 중요한 식이다.

자유에너지와 자발적변화

자유에너지 변화와 과정의 자발성은 어떤 관련이 있을까? 자발적과정에서 "계+주위의 총엔트로피"는 증가함을 이미 알고 있다. 총엔트로피 변화는

$$\Delta S_u = \Delta S_{sys} + \Delta S_{surr}$$

계의 엔트로피 변화에서 "sys"를 빼고 ΔS로 표시하면

$$\Delta S_u = \Delta S + \Delta S_{surr}$$

주위의 엔트로피 변화는 열의 흐름 때문에 발생하며, T는 일정하기 때문에 ΔS_{surr}은 q_{surr}/T이다. q_{surr}은 $-q_{sys}$이다. 일정압력일 때 q_{sys}는 ΔH이다. 두 식을 연결하면

$$\Delta S_{surr} = -\frac{\Delta H}{T}$$

이 식을 위의 식에 대입하면

$$\Delta S_u = \Delta S - \frac{\Delta H}{T}$$

양변에 T를 곱하면, ΔG의 형태를 볼 수 있다.

$$T\Delta S_u = T\Delta S - \Delta H$$

아래 식은 식 (10.4)이다.

$$\Delta G = \Delta H - T\Delta S$$

따라서

$$\Delta G = -T\Delta S_u$$

이들 식에서, T는 절대온도로 양의 값이다. ΔG의 부호는 ΔS_u와 언제나 반대이다. ΔS_u가 양의 값이면, 과정은 자발적 과정인데, 이 때 ΔG는 음의 값이다.

ΔG가 왜 유용한지 알아보자. 첫째, ΔG는 계의 상태함수이기 때문에 계산이 쉽다. 둘째, ΔG의 부호로 과정이 자발적인지 아닌지 알 수 있다.

식 (10.4)의 ΔH와 ΔS를 이용하여 반응의 자발성을 판단할 수 있다. $\Delta H < 0$인 발열반응이 흡열반응보다 선호되며, 또한 $\Delta S > 0$인 반응이 선호됨을 알고 있다. 식 (10.4)에서 ΔH가 음의 값이고 ΔS가 양의 값일 때, ΔG는 항상 음의 값이다. 그러나 모든 자발적 과정이 이러한 패턴을 갖는 것은 아니다. 표 10.2는 ΔH와 ΔS 부호의 가능한 네 가지 결합이다. 발열과정이면서 계의 엔트로피가 감소할 때, ΔG의 부호는 온도에 따라 달라진다. T가 증가하면 $-T\Delta S$ 항목의 상대적 영향은 커지는데, 낮은 온도에서는 ΔH 항목이 우세하기 때문에, 이때 ΔG는 음의 값이 되며 과정은 자발적이다. 여기서 낮은 온도에서 자발적으로 일어나는 과정을 **엔탈피에 의한 과정**(enthalpy driven)이라 한다. 흡열과정이면서 계의 엔트로피가 감소할 때, ΔG는 양의 값이 되며 과정은 비자발적이다. 하지만 엔트로피가 증가하는 흡열과정은, 높은 온도에서는 $-T\Delta S$ 항목이 ΔH 항목보다 훨씬 커지기 때문에(식 10.4: $\Delta G = \Delta H - T\Delta S$), 자발적 과정이 될 수도 있다. 이것을 **엔트로피에 의한 과정**(entropy driven)라 한다.

표 10.2 ΔH와 ΔS 부호의 네 가지 결합

ΔH 부호	ΔS 부호	반응의 자발성
−	+	모든 온도에서 자발적이다
+	−	자발적이지 않다
−	−	낮은 온도에서 자발적이다
+	+	높은 온도에서 자발적이다

예제 10.2

얼음이 실온에서는 자발적으로 녹지만 추운 겨울에는 녹지 않는 이유를, ΔH와 ΔS의 부호를 사용하여 설명하시오.

풀이 계에 열을 가해야 녹기 때문에, 녹는 것은 흡열과정($\Delta H > 0$)이다. 고체일 때 서로 묶여 있던 분자들은 액체에서 더 자유롭게 움직이기 때문에 엔트로피는 증가한다. ΔH와 ΔS 모두 양의 값이기 때문에, 높은 온도에서는 $T\Delta S$ 항목이 커지기 때문에 ΔG는 0보다 작다. 따라서 높은 온도일 때는 녹게 된다. 우리는 물이 실온에서도 충분히 자발적으로 녹는다는 것을 안다. 낮은 온도에서는 ΔH 항목이 중요해지기 때문에, 겨울에는 ΔG는 양의 값이 된다. 얼음은 자발적으로 녹지 않는다. 어는점에서 ΔG는 0이며, 얼음과 물은 공존한다.

추가문제 어떤 온도에서 기체는 응축할까? 이들 온도에서 이 과정의 자유에너지 변화가 음인 이유를 설명하시오.

예제 10.3

폴리에틸렌의 결정체의 융해열은 약 7.7 kJ/mol이며, 녹을 때 엔트로피 변화는 $19\ \mathrm{J\ mol^{-1}\ K^{-1}}$이다. 이들 값을 이용하여 폴리에틸렌의 녹는점을 추산하시오.

풀이 식 (10.4)를 이용하며 $\Delta G = 0$으로 한다(아래 식에서 첨자 "m"은 녹는점을 뜻한다)

$$\Delta G = \Delta H - T_m \Delta S = 0$$

재배열하면

$$\Delta H = T_m \Delta S$$

ΔH와 ΔS는 알려진 값이기 때문에, T_m을 계산할 수 있다.

$$T_m = \frac{\Delta H}{\Delta S} = \frac{7700\ \mathrm{J\ mol^{-1}}}{19\ \mathrm{J\ mol^{-1}\ K^{-1}}} = 410\ \mathrm{K}$$

추가문제 Poly(tetrafluoroethylene)은 약 327°C에서 녹는다. 융해열(ΔH_{fus})이 $5.28\ \mathrm{kJ\ mol_{-1}}$이라면, 융해 몰엔트로피변화($\Delta S_{\mathrm{fus}}$)는 얼마인가?

자유에너지와 일

이름이 왜 자유에너지(free energy)일까? 깁스자유에너지 변화는 계가 행한 최대일이다.

$$\Delta G = -w_{\mathrm{max}} \tag{10.5}$$

(−) 부호는, w가 계가 행한 일이기 때문이다. ΔG는 얼마나 많은 에너지가 "자유로운지" 또는 이용가능한지를 뜻한다.

일은 상태함수가 아니기 때문에, 특정경로에서만 최대일이 발생한다. 이 경우, 경로는 **가역적(reversible)**이어야 한다. 이것은 계가 평형상태로, 변수에 작은 증가가 일어나도 계가 초기상태로 돌아갈 수 있음을 뜻한다. 최대일은 가역과정에서만 가능하다. 평형이 이루어지지 않은 계에서는 비가역적 변화가 일어난다. **비가역적**(irreversible) 변화에서는, 변수에 작은 증가가 일어나도 원래 상태로 회복되지 않는다. 비가역적 변화에서의 이용가능한 일의 양은 언제나 최대일보다 작다. 따라서 자유에너지변화는 계가 행하는 일의 상한계선이다. 예로 연소반응에서의 반응 혼합물은 평형상태가 아니다. 이런 계는 변화가 빠르기 때문에, 비가역적인 경향을 갖는다.

자유에너지 개념을 양적으로 사용하기 위해서는, 자유에너지변화의 정확한 값을 얻을 수 있는 방법이 필요하다.

10-6 자유에너지와 화학반응

자유에너지는 상태함수로, 계의 자유에너지 값은 농도나 압력 등의 특정 변수에 따라 달라진다. 일관된 비교를 위해, 표준상태를 1 atm, 1 M로 정의한다. 이 조건들에서의 자유에너지변화를 **표준 깁스자유에너지 변화**($\Delta G°$, standard Gibbs free energy change)라 한다. 식 (10.4)에 주어진 온도에서의 $\Delta H°$와 $\Delta S°$를 대입하여 계산할 수 있지만, 자유에너지 변화를 계산하는 가장 편리한 방법은 Hess의 법칙과 유사한 식을 사용하는 것이다.

$$\Delta G^o = \sum_i \nu_i \, \Delta G_f^o(\text{생성물})_i - \sum_j \nu_j \, \Delta G_f^o(\text{반응물})_j \tag{10.6}$$

표 10.3은 형성반응에 대한 자유에너지값으로, 더 많은 자료는 부록 E를 참조한다. 표준상태에 있는 원소의 ΔG_f^o가 0이었듯이, 같은 이유로 생성열의 값은 0이다. 표준상태일 때 원소의 생성반응에서, 반응물과 생성물은 화학종이 같기 때문에, 열역학적 상태함수에 어떤 변화도 일어나지 않는다.

표 10.3 생성(formation)반응에 대한 자유에너지변화

물질	ΔG_f (kJ mol^{-1})	물질	ΔG_f (kJ mol^{-1})
$H_2(g)$	0	$CO_2(g)$	−394.4
$O_2(g)$	0	$C_4H_{10}(g)$	−15.71
$H_2O(\ell)$	−237.2	$CH_4(g)$	−50.75
$H_2O(g)$	−228.6	$C_2H_4(g)$	68.12
$NH_3(g)$	−16.5	$C_3H_6(g)$	62.75

예제 10.4

예제 10.1의 에틸렌 두 분자의 첨가반응에서 엔트로피 변화는 0보다 작았다. 하지만 반응이 강한 발열과정이기 때문에 자발적이었다. 이 반응에 대한 표준자유에너지 변화를 표 10.3을 이용하여 계산하시오.

$$2\,C_2H_4(g) + H_2(g) \rightarrow C_4H_{10}(g)$$

풀이

$$\Delta G^\circ = G_f^o[C_4H_{10}(g)] - 2\Delta G_f^o[C_2H_4(g)] - \Delta G_f^o[H_2(g)]$$
$$= (-15.71\ kJ) - 2\,(68.12\ kJ) - (0) = -151.95\ kJ$$

ΔG°가 0보다 작다고 반응이 빠른 것은 아니다. 몇몇 경우는, 반응이 자발적이지만 반응을 관찰할 수 없을 만큼 너무 느리다.

추가문제 다음 반응의 $\Delta G^\circ = -1092.3$ kJ이다. 아크릴로나이트릴(C_3H_3N)의 ΔG_f^o를 계산하시오.

$$2\,C_3H_6(g) + 2\,NH_3(g) + 3\,O_2(g) \rightarrow 2\,C_3H_3N(\ell) + 6\,H_2O(g)$$

반응에서의 ΔG° 의미

표준자유에너지 변화값은 무엇을 의미하는가? 자유에너지 변화는 반응으로부터 얻을 수 있는 최대일을 뜻한다. 자유에너지 변화는 화학반응에서 매우 중요한데 방향성을 제시하기 때문이다. 장의 앞부분에서 PMMA를 열분해하여 재활용할 수 있음을 나타내었다. Methyl methacrylate의 중합반응에서 $\Delta H^\circ = -56$ kJ이고 $\Delta S^\circ = -117$ J/K이다. 식 (10.4) 에 대입하면 $\Delta G^\circ = \Delta H - T\Delta S = -56 + 298 \times 0.117 = -21$ kJ 이다. (표준온도 298 K를 사용하기 때문에 ΔG°를 구할 수 있다) ΔG°가 0보다 작기 때문에, 중합체의 형성은 298 K에서 자발적 반응임을 알 수 있다. 물론 PMMA가 단위체로 깨지는 가역반응은 이 온도에서 자발적이지 않다. 중합반응의 역반응이기 때문에, 중합해체반응의 ΔG°는 +21 kJ로 결론내릴 수 있다.

중합반응 : methyl methacrylate monomer → PMMA중합체 $\Delta G^\circ = -21$ kJ

중합해체반응 : PMMA 중합체 → methyl methacrylate monomer $\Delta G^\circ = +21$ kJ

위의 자유에너지 변화값은 상대적으로 작기 때문에, 작은 온도변화에도 부호가 바뀔 수 있다. 즉 중합해체반응을 열역학적으로 선호되는 과정으로 만들 수 있다. 예제 10.3의 계산을 이용하여, ΔG°이 0이 되는 온도를 찾는다 ($0 = \Delta H - T\Delta S$).

$$T = \frac{\Delta H}{\Delta S} = \frac{-56\ kJ}{-0.117\ kJ\ K^{-1}} = 480\ K$$

이 온도 이상에서는 엔트로피가 엔탈피를 이기기 때문에, 단위체가 만들어지는 역반응이 발생한다. 임계온드점이 낮기 때문에, PMMA의 중합해체반응은 용이하며 재활용이 가능해진다. 대부분의 중합반응은 ΔS° 값이 약 −100 J/K이지만, PMMA보다 강한 발열반응이다. 따라서 열분해는 두 가지 이유로 실현가능하지 않다. 첫째, 높은 온도일수록 높은 비용이 든다. 둘째, 높은 온도에서는 부반응이 일어나기 쉬워, 끊어진 단위체는 다른 화합물을 만들기도 한다.

연습문제

10-1 자발성

10.7 다음 중 어떤 반응이 자발적일지 예측하시오.

(a) $CO_2(s) \rightarrow CO_2(g)$ at 25°C
(b) $NaCl(s) \rightarrow NaCl(\ell)$ at 25°C
(c) $2\ NaCl(s) \rightarrow 2\ Na(s) + Cl_2(g)$
(d) $CO_2(g) \rightarrow C(s) + O_2(g)$

10.8 자발적 과정의 열역학적 정의에서, "연속개입(continuous intervention)" 이란 문구에서 연속이란 단어가 중요한 이유는?

10.9 뷰테인의 연소가 자발적이라면, 뷰테인 라이터를 안전하게 넣고 다닐 수 있는 방법을 생각해 보시오.

10.10 다음 과정이 자발적인지 비자발적인지 구분하시오. 비자발적 과정은 역방향의 자발적과정도 나타내시오.

(a) 치어리더들의 인간피라미드 만들기
(b) 소금이 물에 녹는다.
(c) 방안의 차가운 커피가 뜨거워진다.
(d) 공기중 물 분자가 수소와 산소 기체로 바뀐다.
(e) 오렌지 껍질을 벗기면 다른 방에서 냄새를 맡는다.

10.11 다음 과정이 자발적인지 비자발적인지 구분하시오. 비자발적 과정은 역방향의 자발적과정도 나타내시오.

(a) 산소 분자가 분리되어 산소 원자가 된다.
(b) 따뜻한 날 햇빛 아래 놓인 물이 얼어 있다.
(c) 소금물은 염기 층 위에 산 층을 형성한다.
(d) $AgNO_3$을 NaCl 용액에 넣으면 침전이 형성된다.
(e) 황산이 물과 $SO_3(g)$로 바뀐다.

10.12 운동트레이너들은 즉석에서 빠르게 냉각시킬 수 있는 즉석 아이스팩을 사용한다. 팩을 짜면 내부 용기가 파손되어 두 구성 요소가 서로 섞이고 반응하여 팩이 차갑게 된다. 이러한 자발적 과정에서의 열흐름을 나타내시오.

10.13 다음 발열과정 중 일부는 어떤 환경에서는 자발적과정이 아니다. 이를 나타내시오.

(a) 눈은 물로 만들어진다.
(b) 수증기가 응축되면 물이 된다.
(c) 화석연료가 타면 이산화탄소와 물이 만들어진다.
(d) 단위체가 반응하여 중합체가 된다.

10.14 엔탈피 변화로 과정이 자발적인지 아닌지 예측할 수 있다. 발열 또는 흡열반응 중 어떤 것이 자발적인가? 당신의 주장과 반론을 뒷받침하는 두 가지 예를 제시하시오.

10.15 화석연료의 연소에서 계는 화석연료인가?

10.16 머피의 법칙은 잘못될 수 있는 것은 잘못된 것이라고 말하는 엉뚱한 규칙이다. 그러나 화학 교육 저널에 실린 글에서 프랭크 램버트는 "머피의 법칙은 사기이다"라고 썼다. 또한 "열역학 제2법칙은 시간의 화살이며 화학반응속도론은 시계이다" 랩버트의 논문을 읽어보고 (J. Chem. Ed., 74(8), 1997, p. 947), 왜 이런 글을 썼는지 논하시오. (http://secondlaw.oxy.edu/)

10.17

Humpty Dumpty sat on a wall,
Humpty Dumpty had a great fall.
All the King's horses and all the King's men
Couldn't put Humpty together again.

거울나라의 엘리스에서, 엘리스는 벽 위에 앉아 있는 사람크기의 알인 Humpty Dumpty를 우연히 만난다. 엘리스는 걱정한다. "땅이 더 안전할 거라고 생각하지 않니? 그 벽은 너무 좁아." Humpty는 예의를 갖춰 말한다 "그럴리 없어요. 왕이 약속했어요, 만약 떨어진다면 일분 안에 나를 다시 올려놓겠다고"

엘리스의 입장에서 Humpty에게 다음을 설명해보자. (a) Humpty가 벽에서 떨어질 확률 (b) 왕의 말이나 사람들이 그를 다시 합칠 수 있을 확률

10.18

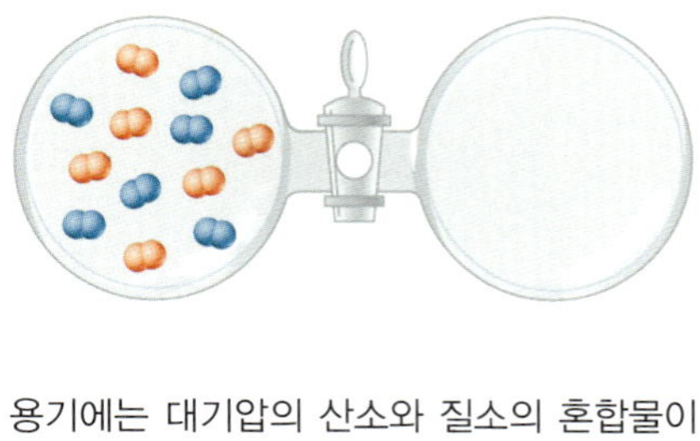

왼쪽 용기에는 대기압의 산소와 질소의 혼합물이 담겨 있다. 오른쪽 용기는 비어있다.

(a) 스탑콕을 열면 어떤 일이 일어나는가
(b) 개별 분자들을 볼 수 있다면 시간이 경과한 후 무엇이 관찰될까?
(c) (a)와 (b)를 확률 개념을 사용하여 설명하시오.
(d) 순간적으로 모든 산소 분자들이 한 용기에 있고 모든 질소 분자들이 다른 용기에 있을 확률은?

10-2 엔트로피

10.19 Carnot은 카르노 사이클의 어떤 부분을 보고 새로운 상태함수의 존재를 제안했을까?

10.20 만약 1부터 8의 숫자가 적힌 여덟 면을 가진 주사위 두 개를 굴렸을 때, 모두 8이 나올 확률은? 가장 확률이 높은 경우의 수는?

10.21 확률과 자발성은 어떤 관련이 있는가?

10.22 미시적상태(microstate)에 대해 설명하시오. 이 개념은 계의 질서 또는 무질서와 어떤 관련이 있는가?

10.23 각 항에서 엔트로피가 높은 것을 고르고 이유를 설명하시오.

(a) ① $-78°C$의 CO_2 고체, ② $0°C$의 CO_2 기체

(b) ① 고체 설탕, ② 커피에 녹아있는 설탕

(c) ① 100 mL의 순수한 물과 100 mL의 순수한 알코올 ② 두 시료를 섞었을 때

10.24 얼음이 녹으면 부피가 감소한다. 하지만 계의 엔트로피는 증가한다. 다음을 설명하시오 (a) 엔트로피가 증가한 이유 (b) 대부분의 경우는 부피가 감소하면 엔트로피도 감소하는데 그 이유를 설명하시오.

10.25 공기를 질소와 산소 분자로 분리하였다면(나머지 기체는 무시), 이 공정에서의 ΔS의 부호를 적고, 이유를 설명하시오.

10.26 각 공정에서 계의 엔트로피 변화가 양인지 음인지 판단하시오.

(a) 유리직공이 유리(계)를 연화 온도까지 가열한다.

(b) 설탕을 커피에 녹인다(계는 설탕과 커피의 혼합물)

(c) 동굴안의 물로부터 탄산칼슘이 침전되어 종유석과 석순이 형성된다. (계는 탄산칼슘)

10.27 다음 반응이 표시된 방향대로 진행된다고 할 때, 각 반응의 엔트로피 변화가 양인지 음인지 계산없이 예측하시오.

(a) $CH_3OH(\ell) + 3/2\ O_2(g) \rightarrow CO_2(g) + 2\ H_2O(g)$

(b) $Br_2(\ell) + H_2(g) \rightarrow 2\ HBr(g)$

(c) $Na(s) + 1/2\ F_2(g) \rightarrow NaF(s)$

(d) $CO_2(g) + 2\ H_2(g) \rightarrow CH_3OH(\ell)$

(e) $2\ NH_3(g) \rightarrow N_2(g) + 3\ H_2(g)$

10.28 다음의 화학반응에서 계의 ΔS의 부호를 계산없이 예측하시오.

(a) $Fe(s) + 2\ HCl(g) \rightarrow FeCl_2(s) + H_2(g)$

(b) $3\ NO_2(g) + H_2O(\ell) \rightarrow 2\ HNO_3(\ell) + NO(g)$

(c) $2\ K(s) + Cl_2(g) \rightarrow 2\ KCl(s)$

(d) $Cl_2(g) + 2\ NO(g) \rightarrow 2\ NOCl(g)$

(e) $SiCl_4(g) \rightarrow Si(s) + 2\ Cl_2(g)$

10.29 나뭇잎은 정교한 질서의 한 예이다. 그럼 나뭇잎이 자연에서 어떻게 자발적으로 형성될 수 있을까? 나뭇잎에서 발견되는 질서가 단지 일시적임을 자연의 과정을 통해 설명하시오.

(Frank L. Lambert, Journal of Chemical Education, 76(10), 1999, 1385).

"외부요인에 의해 매크로 개체가 한 곳에서 다른 곳으로 이동하는 것은 그 개체의 엔트로피 변화를 수반하지 않는다. 움직임의 요인은 그 과정에서의 엔트로피 증가를 나타낸다."

10.30 한 학생이 새로운 카드 묶음을 펼쳐 섞고 있다. 카드의 엔트로피는 증가했을까? 열역학적 용어를 사용하여 이를 설명하시오. 카드를 섞는 행동이 엔트로피를 증가시키는 이유를 설명하시오.

10.31 폭발로 낡은 건물을 무너뜨리면 잔해더미가 남는다. 열역학적 엔트로피는 증가하였는가? 그렇다면 어디에서 증가하였는지 이유와 함께 설명하시오.

10.32 위 문구에 대한 개념을 설명하기 위한 예를 두 가지 적으시오.

10.33 램버트에 의하면, 마당에 쌓인 나뭇잎과 테이블 위의 정리되지 않은 게임카드의 경우 그들의 열역학적 엔트로피는 증가하지 않는다. 이들이 H_2O 분자나 O_2 분자가 담긴 계의 엔트로피와 유사하지 않은 이유를 설명하시오.

10.34 한 연구원이 닫힌 용기에 담긴 물을 가열하여 끓이고 있다.

(a) 물의 엔트로피는 증가하는가?

(b) 물 분자들의 무작위도(randomness)는 증가하는가? (즉, 분자들이 차지할 수 있는 물리적 자리들이 더 많아지는가)

(c) 계의 엔트로피에 영향을 미치는 어떤 요인이 증가하였는가?

연구원은 지금 수증기를 400 K에서 500 K로 가열한다. 부피는 일정하게 유지한 채

(d) 계의 엔트로피는 증가하는가?

(e) 분자들의 무작위도는 증가하는가?

(f) 일정부피에서의 기체의 온도가 증가하면 엔트로피도 증가하는 이유는?

10-3 열역학 제2법칙

10.35 자발적과정에서 우주(universe)의 엔트로피의 변화는?

10.36 열역학 제2법칙을 적용할 때 계의 주위(surrounding)를 고려해야 하는 이유는?

10.37 열역학 제2법칙 문구를 보면, 열을 완전히 일로 바꿀 수 없다고 되어 있다. 또한 우주의 엔트로피는 언제나 증가한다고. 두 문구를 연관시켜 설명하시오.

10.38 열역학 제2법칙에 따르면, 열을 일로 바꿀 때 일부 에너지가 소모되거나 주위로 잃는다. 이를 ΔS_{univ}의 부호로 나타내시오.

10.39 발열과정을 갖는 어떤 계가 자발적 변화로 더 질서있게 될 때, 이것을 열역학적 제2법칙으로 설명하시오.

10.40 공학자는 자연과 엔트로피의 경향성을 극복하는 일을 하는 사람으로 표현될 수 있다. (a) 어떤 면에서 그러한지 설명하시오. (b) 열역학 제2법칙을 위반하지 않으면서 공학설계는 어떻게 질서를 만들 수 있을까?

10.41 어떤 반응이 발열반응일 때, 발열반응이 계와 주위의 ΔS에 미치는 영향은?

10.42 다음 반응중 엔트로피의 증가가 더 큰 반응은? 이유를 설명하시오.
(a) $2\ H_2O(\ell) \rightarrow 2\ H_2(g) + O_2(g)$
(b) $C(s) + O_2(g) \rightarrow CO_2(g)$

10.43 다음 반응중 엔트로피의 증가가 더 큰 반응은? 이유를 설명하시오.
(a) $2\ NO(g) \rightarrow N_2(g) + O_2(g)$
(b) $Br_2(g) + Cl_2(g) \rightarrow 2\ BrCl(g)$

10.44 몇몇 경주차는 연료로 메탄올을 태운다. 메탄올이 일단 점화되면 반응은 자발적이다. 그러나 엔트로피 변화는 음의 값을 갖는다.

$$2\ CH_3OH(\ell) + 3\ O_2(g) \rightarrow 2\ CO_2(g) + 4\ H_2O(\ell)$$

열역학적 제2법칙을 위반하지 않는 이유는?

10.45 석회석은 $CaCO_3$로, 다음의 반응을 한다.

$$CaCO_3(s) \rightarrow CaO(s) + CO_2(g).$$

이 반응은 비자발적이나 ΔS는 양의 값이다. 이 반응이 비자발적인 이유를 열역학 제2법칙으로 설명하시오.

10-4 열역학 제3법칙

10.46 어떤 계가 절대엔트로피 0을 갖는다는 것을 발견했다고 가정해 보자. 그 계에 대해 어떤 결론을 내릴 수 있을까?

10.47 열역학 데이터를 이용하여 다음 반응의 표준엔트로피 변화를 계산하시오.
(a) $Fe(s) + 2\ HCl(g) \rightarrow FeCl_2(s) + H_2(g)$
(b) $3\ NO_2(g) + H_2O(\ell) \rightarrow 2\ HNO_3(\ell) + NO(g)$
(c) $2\ K(s) + Cl_2(g) \rightarrow 2\ KCl(s)$
(d) $Cl_2(g) + 2\ NO(g) \rightarrow 2\ NOCl(g)$
(e) $SiCl_4(g) \rightarrow Si(s) + 2\ Cl_2(g)$

10.48 부록 E의 $S°$를 보면, 몇몇 수용성 이온은 0보다 작은 값을 갖는다. 열역학 제3법칙에 의하면 순수물질의 엔트로피는 0 K에서 0에 근접한다. 물 속 이온의 용매화를 사용하여 수용성 이온의 $S°$가 음의 값을 어떻게 갖는지 설명하시오.

10.49 염화마그네슘의 용해에 대한 $\Delta S°$를 계산하시오.

$$MgCl_2(s) \rightarrow Mg^{2+}(aq) + 2\ Cl^-(aq)$$

분자수준에서 이온의 용매화를 사용하여 $\Delta S°$의 부호를 설명하시오.

10.50 다음 반응의 표준엔트로피 변화를 계산하시오.

$$CO_2(g) + 2\ H_2O(\ell) \rightarrow CH_4(g) + 2\ O_2(g)$$

$\Delta S°$의 부호를 보고 반응의 자발성을 판단하시오.

10.51 광합성을 통해 식물은 이산화탄소로부터 탄소를 얻어 당(sugar) 분자를 만든다. 이 과정에서, 엔트로피는 감소한다. CO_2와 HCOOH가 반응하면 옥살산이 만들어지는데, 이 반응을 통해 화합물 한 개당 탄소 원자의 수는 증가한다.

$$CO_2(aq) + HCOOH(aq) \rightarrow H_2C_2O_4(aq)$$

(a) 이 반응의 표준엔트로피 변화를 계산하고 $\Delta S°$의 부호에 대해 설명하시오.
(b) 이러한 엔트로피 변화를 고려할 때, 식물이 당(sugar)에서의 탄소 원자의 수를 증가시키는 반응이 어떻게 가능할까?

10.52 웹 사이트를 검색하여 기록상 가장 낮은 온도에 도달하기 위한 시도를 두 가지 찾으시오. 이러한 실험들은 어떤 특징을 가지고 있는가?

10.53 다음 분자들의 표준엔트로피값을 구하시오: $CH_4(g)$, $C_2H_5OH(\ell)$, $H_2C_2O_4(s)$. 엔트로피가 증가하는 순서로 나열하고, 이유를 설명하시오.

10.54 다음 분자들의 표준엔트로피값을 구하시오: $SiO_2(s)$, $NH_3(g)$, $C_2H_6(g)$. 엔트로피가 증가하는 순서로 나열하고, 이유를 설명하시오.

10.55 40°C의 물이 든 비커(왼쪽)와 0°C의 얼음물이 든 비커가 단열용기 안에 나란히 들어있다. 몇 시간 후에, 왼쪽 비커의 물 온도는 30°C가 되지만 얼음물은 아직 0°C이다. 각 비커에 어떤 일이 일어났는지 설명하시오. (a) 분자수준에서 (b) 열역학 제2법칙을 이용하여

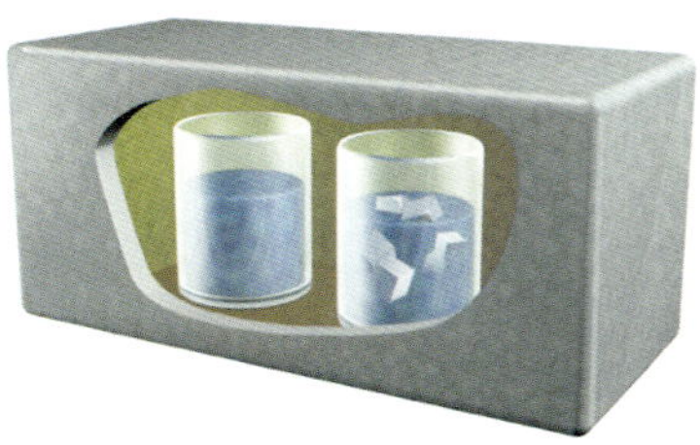

10-5 깁스자유에너지

10.56 어떤 과정의 자발성을 판단하는데 ΔS_u보다 ΔG를 이용하는 것이 용이한 이유를 설명하시오.

10.57 ΔG로 과정이 자발적인지 아닌지를 예측할 수 있는 조건을 쓰시오.

10.58 자유에너지 상태함수인 Helmholtz 자유에너지 A는 다음과 같다. $A = E - TS$. (참고 $G = H - TS$). 어떤 조건일 때 헬름홀츠 자유에너지로 공정이 자발적인지 아닌지 판단할 수 있는가?

10.59 다음 반응에 대한 45°C에서의 $\Delta G°$를 계산하시오.

(a) $\Delta H° = 293$ kJ; $\Delta S° = -695$ J/K

(b) $\Delta H° = -1137$ kJ; $\Delta S° = 0.496$ kJ/K

(c) $\Delta H° = -86.6$ kJ; $\Delta S° = -382$ J/K

10.60 1 atm에서의 다음 반응의 자발성에 온도변화가 미치는 영향을 설명하시오.

(a) $Al_2O_3(s) + 2\,Fe(s) \rightarrow 2\,Al(s) + Fe_2O_3(s)$

$\Delta H° = +851.5$ kJ; $\Delta S° = +38.5$ J/K

(b) $N_2H_4(\ell) \rightarrow N_2(g) + 2\,H_2(g)$

$\Delta H° = -50.6$ kJ; $\Delta S° = 0.3315$ kJ/K

(c) $SO_3(g) \rightarrow SO_2(g) + 12\,O_2(g)$

$\Delta H° = 98.9$ kJ; $\Delta S° = +0.0939$ kJ/K

10.61 $CO_2(g) + H_2(g) \rightarrow CO(g) + H_2O(g)$ 반응은 실온에서는 자발적이지 않지만, 좀 더 높은 온도에서는 자발적이다. 이 사실로부터 $\Delta H°$와 $\Delta S°$의 부호를 결정하고 이유를 설명하시오. 엔탈피와 엔트로피 변화는 온도변화에 의해 크게 영향받지 않는다고 가정한다.

10.62 계의 자유에너지 변화가 일이 아닌 최대일과 같은 이유는?

10.63 가역과정과 비가역과정의 차이를 설명하시오.

10.64 $NO(g) + NO_2(g) \rightarrow N_2O_3(g)$ 반응에서 열역학 데이터를 이용하여 $\Delta H°$와 $\Delta S°$를 계산하시오. 이들 값을 이용하여 다음 질문에 답하시오.

(a) 이 반응은 25°C에서 자발적인가? 이유는?

(b) 이 반응이 25°C에서 비자발적이라면, 반응이 자발적이 되는 온도는 더 높은 온도일까 더 낮은 온도일까?

(c) 여러분의 예측이 정확함을 보여주기 위해 (b)에서 선택한 온도를 이용하여 ΔG를 계산하시오. (엔탈피와 엔트로피는 온도에 무관하다)

10.65 아세틸렌이 연소되면 아주 뜨거운 불꽃이 만들어진다.

$$C_2H_2(g) + \frac{5}{2}O_2(g) \rightarrow 2\,CO_2(g) + H_2O(g)$$

$$\Delta H° = -1255.5 \text{ kJ}$$

(a) 부록 E를 이용하여 위 반응의 $\Delta S°$를 계산하시오.

(b) $\Delta G°$를 계산하고, 이 반응이 25°C에서 자발적인지 보이시오.

(c) 이 반응이 자발적이지 않은 온도범위를 구하시오.

(d) $\Delta G = \Delta H - T\Delta S$를 이용하여 확실한 온도범위를 구할 수 있다고 생각하는지 설명하시오.

10.66 천연가스(메테인)는 실험차량의 천연연료로 사용된다.

(a) $CH_4(g)$의 연소반응식을 쓰시오. 이 때 반응물과 생성물은 모두 기체상태이다.

(b) 부록 E를 이용하여 $\Delta S°$를 계산하시오.

(c) $\Delta G°$를 계산하고, 이 반응이 25°C에서 자발적인지 보이시오.

10.67 실리콘은 알케인과 유사한 화합물을 형성하며 다음의 화학식을 갖는다. Si_nH_{2n+2}. 첫 번째 화합물은 실란(SiH_4)으로, 초순수 실리콘 필름을 생산하는 전자산업에 사용된다. $SiH_4(g)$는 실온에서도 발화성이 강해 스스로 불이 붙기 때문에 작업되기 어렵다.

(a) $SiH_4(g)$의 연소반응식을 쓰시오. (탄화수소의 연소와 비슷하다. SiO_2는 표준상태에서 고체이며, 생성된 물은 기체이다)

(b) 부록 E를 이용하여 $\Delta S°$를 계산하시오.

(c) $\Delta G°$를 계산하고, 이 반응이 25°C에서 자발적인지 보이시오.

(d) 이 반응의 $\Delta G°$를 메테인 연소반응과 비교하시오.

10-6 자유에너지와 화학반응

10.68 $O_2(g)$의 ΔG_f°가 0인 이유를 설명하시오.

10.69 열역학 데이터를 이용하여 각 반응에 대한 ΔG°를 계산하시오.

(a) $Fe(s) + 2\,HCl(g) \rightarrow FeCl_2(s) + H_2(g)$

(b) $3\,NO_2(g) + H_2O(\ell) \rightarrow 2\,HNO_3(\ell) + NO(g)$

(c) $2\,K(s) + Cl_2(g) \rightarrow 2\,KCl(s)$

(d) $Cl_2(g) + 2\,NO(g) \rightarrow 2\,NOCl(g)$

(e) $SiCl_4(g) \rightarrow Si(s) + 2\,Cl_2(g)$

10.70 열역학 데이터를 이용하여 각 반응에 대한 ΔG°를 계산하시오.

(a) $Mg_3N_2(s) + 6H_2O(\ell) \rightarrow 2NH_3(g) + 3Mg(OH)_2(s)$

(b) $4CH_3NH_2(g) + 9O_2(g) \rightarrow 4CO_2(g) + 10H_2O(\ell) + 2N_2(g)$

(c) $Fe_3O_4(s) + 4CO(g) \rightarrow 3Fe(s) + 4CO_2(g)$

(d) $P_4O_{10}(s) + 6H_2O(\ell) \rightarrow 4H_3PO_3(aq)$

10.71 부록 E를 이용하여 염화소듐과 염화은의 용해에 대한 ΔG°를 계산하시오. ΔG°를 이들 물질의 용해도와 관련지어 설명하시오.

10.72 인은 여러 가지 고체상태로 존재하는데, 붉은인과 흰인을 들 수 있다. (a) 각각의 생성열을 근거로 하여 표준상태로 정의되는 인이 어떤 형태인지 제시하시오. (b) 흰인과 붉은 인 사이의 상전이는 다음과 같다.

$$P_4(s,\ white) \rightarrow 4\ P(s,\ red)$$

부록 E를 이용하여 25°C에 좀 더 안정된 인의 형태를 결정하시오. (결과를 보면 표준상태를 규정하는 일반적인 관례에서 인은 예외이다)

10.73 벤젠(C_6H_6)의 녹는점은 5.5°C이다. 녹는 과정에서 다음 항목의 부호를 구하시오.

(a) ΔH° (b) ΔS° (c) ΔG° at 5.5°C

(d) ΔG° at 0.0°C (e) ΔG° at 25.0°C

10.74 다음의 화석연료 1 mol을 완전연소시킬 때 ΔG°를 계산하시오: 메테인(CH_4), 에테인(C_2H_6), 프로페인(C_3H_8), n-뷰테인(C_4H_{10}). 계산된 ΔG° 값을 보고 경향성을 파악하시오.

10.75 다음 반응이 자발적으로 이루어지는 온도범위를 추정하시오.

(a) $2\,Al(s) + 3\,Cl_2(g) \rightarrow 2\,AlCl_3(s)$

(b) $2\,NOCl(g) \rightarrow 2\,NO(g) + Cl_2(g)$

(c) $4\,NO(g) + 6\,H_2O(g) \rightarrow 4\,NH_3(g) + 5\,O_2(g)$

(d) $2\,PH_3(g) \rightarrow 3\,H_2(g) + 2\,P(g)$

10.76 화석연료의 불완전연소는 산소가 부족할 때 일어나며, 생성물로 이산화탄소가 아닌 일산화탄소가 발생한다. 또 다른 생성물로 물이 발생한다.

(a) 프로페인의 완전연소와 불완전연소에 대한 화학반응식을 적으시오.

(b) 엔트로피변화가 큰 반응이 어느 것인지 예측하시오.

(c) 열역학 데이터를 이용하여 각 반응의 ΔG°를 계산하시오.

(d) 이 결과들을 근거로, 일산화탄소가 연소하여 이산화탄소로 되는 반응에 대한 ΔG°의 값을 예측하시오.

Chapter 11

화학반응속도론

Chemical Kinetics

11-1 화학반응의 속도

어떤 물질이 소비되는 것보다 생성되는 것이 더 빠를 때, 이 물질은 축적될 것이다. 이 내용을 정량적으로 논하기 위해, 화학반응속도론(chemical kinetics)을 두 가지 측면에서 다루어보자. 반응속도란? 그리고 반응속도를 어떻게 측정하는가?

반응속도

우리가 집으로부터 55 km 이동하는데 걸린 시간이 1시간일 때, 평균속력(average speed)은 55 km/hr이다.

$$평균속력 = \frac{이동거리}{경과시간}$$

평균속력은, (이동에 소요된 시간)에 대한 (이동한 거리)이다. 이동거리의 범위는 0 km (집일 때)에서 55 km이며, 이동거리의 변화는 Δd로 표시한다. 여기서 Δ는 변화의 표시이다. 시간 t의 범위는 0 hr (집일 때)에서 1 hr이며, 경과시간은 Δt로 표시한다.

$$평균속력 = \frac{\Delta d}{\Delta t} = \frac{55\ \text{km}}{1\ \text{hour}}$$

그렇다면, 평균속력을 화학반응속도론으로 어떻게 풀어낼까?

화학반응속도는 반응시간에 대한 반응진행정도이다. 우리는 이동거리 대신 화학물질의 변화를 측정해야 하는데, 일반적으로 농도변화를 측정하여 **반응속도**(reaction rate)를 계산한다.

$$반응속도 = \frac{농도변화}{반응시간} \qquad (11.1)$$

식 (11.1)의 단위를 생각해 보자. 일반적으로 농도는 몰농도(mol/L)이며, 시간은 초(s) 단위이기 때문에, 속도 단위는 mol L^{-1} s^{-1}이다. 몰농도는 대괄호 [ ]로 표시한다.

$$반응속도 = \frac{\Delta[물질]}{\Delta t}$$

화학양론과 반응속도

다음은 오존의 분해반응이다.

$$2\,O_3 \rightarrow 3\,O_2$$

이 반응의 속도는 오존이 분해되는 속도이다.

$$반응속도 = \frac{\Delta[O_3]}{\Delta t}$$

시간이 지남에 따라, 오존농도는 감소하는 반면 산소농도는 증가한다. 측정된 농도변화는 다르지만 반응속도는 같아야 한다. 그러나 두 개의 오존분자 당 세 개의 산소분자가 생성되기 때문에, 산소농도는 오존농도가 감소되는 것보다 더 빠르게 증가한다. 우리는 산소생성속도와 오존분해속도 중 어느 것을 측정해야 하는가? 답은 둘 중 하나이다. 그러나 같은 결과를 얻기 위해서는 반응의 화학양론을 고려해야 한다.

우리가 생성물의 농도 증가를 측정하였다면, 반응속도는 양의 값이다. 반응물 농도의 감소를 측정하였을 때, 양의 값을 갖는 반응속도를 얻기 위해서는 식에 (−) 부호를 붙여야 한다.

$$\text{반응속도} = \frac{\Delta\,\text{생성물}}{\Delta t}$$

또는

$$\text{반응속도} = -\frac{\Delta\,\text{반응물}}{\Delta t}$$

생성물과 반응물에 대한 반응속도를 갖게 하기 위해, 화학양론계수를 식의 분모에 추가한다.

$$\text{반응속도} = \frac{\Delta\,\text{생성물}}{\nu_{prod}\,\Delta t} \tag{11.2.a}$$

또는

$$\text{반응속도} = \frac{\Delta\,\text{반응물}}{\nu_{react}\,\Delta t} \tag{11.2.b}$$

여기서 ν_{prod}는 생성물의 화학양론계수이고, ν_{react}는 반응물의 화학양론계수이다.

예제 11.1

오존이 산소로 분해될 때, 반응식은 $2\,O_3 \rightarrow 3\,O_2$이다.
오존의 분해속도는 2.5×10^{-5} mol L^{-1} s^{-1}일 때, 산소의 생성속도는 얼마인가?

풀이 어떤 양을 측정하든 반응속도는 같으므로, 산소생성속도와 오존소비속도는 같다.

$$\text{반응속도} = -\frac{\Delta[O_3]}{2\Delta t} = \frac{\Delta[O_2]}{3\Delta t}$$

반응물의 농도변화($\Delta[O_3] = [O_3]_{later} - 2\,[O_3]_{initial}$)는 (−)의 값이므로 $\frac{\Delta[O_3]}{\Delta t}$는 -2.5×10^{-5} mol L^{-1} s^{-1}이다.

$$\frac{2.5\times10^{-5}\,\text{mol L}^{-1}\text{s}^{-1}}{2} = \frac{\Delta[O_2]}{3\Delta t}$$

O_2의 생성속도는

$$\frac{\Delta[O_2]}{\Delta t} = \frac{3\,(2.5\times10^{-5}\,\text{mol L}^{-1}\,\text{s}^{-1})}{2} = 3.8\times10^{-5}\,\text{mol L}^{-1}\,\text{s}^{-1}$$

추가문제 오존과 마찬가지로, 오산화이질소(dinitrogen pentoxide)는 분해하여 O_2와 NO_2를 생성한다. $2\,N_2O_5 \rightarrow 4\,NO_2 + O_2$. 이 반응에서 N_2O_5의 분해속도는 4.0×10^{-6} mol L^{-1} s^{-1}이다. 각 생성물의 생성속도는?

평균속도와 순간속도

그림 11.1과 같은 단순 실험을 예로 들어 보자. 유리병 안에 양초를 둔다. 양초에 불을 켜고, 잠시 동안 타게 놔둔 후, 유리병을 덮개로 막는다. 불꽃을 관찰한다. 어떤 일이 일어났는가? 밝게 타던 불꽃은 점점 크기가 작아지다 꺼져버리는데, 반응물인 산소 농도가 감소하기 때문이다. 연소반응속도는 점점 감소하게 되고, 마침내 반응은 멈춰버린다. 이 반응의 속도는 무엇인가? 밝게 타오르는 불꽃에서의 산소소비속도인가, 아니면 거의 타버린 불꽃에서의 산소소비속도인가? 이 실험을 통해, 반응속도는 관찰한 시간과 방법에 따라 달라짐을 알 수 있다.

그림 11.1 밀폐용기에서 양초가 타고 있다. 불꽃은 점점 작아지고 결국 꺼진다. 산소가 줄어들면서 연소속도도 줄어들기 때문이다. 용기에 산소가 충분치 못하면 연소속도는 유지되지 못한다.

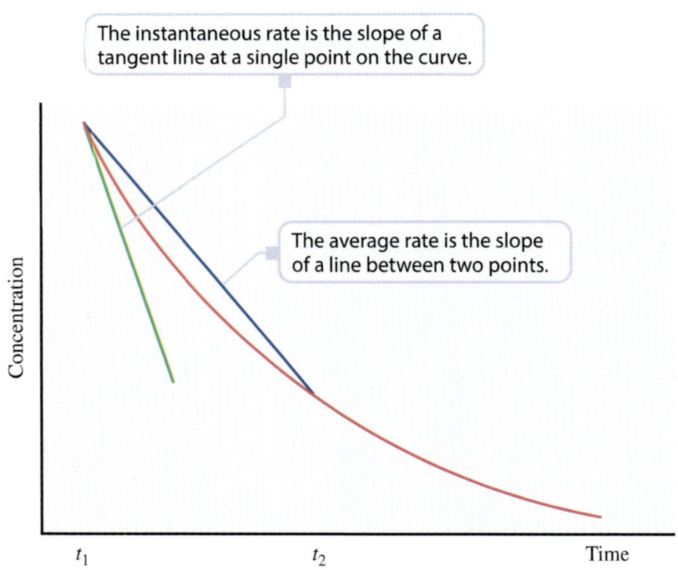

그림 11.2 순간속도와 평균속도의 차이점. 초록선의 기울기는 시간 t_1에서의 순간속도이다. 파란선의 기울기는 t_1~t_2 구간의 평균속도이다.

그림 11.2는 시간에 따른 오존농도 그래프이다. 파란선의 평균반응속도와 초록선의 순간반응속도는 서로 차이가 있다. 이는 관찰에 필요한 시간의 양 때문이다. **평균속도**(average rate)에서는, 유한 시간 차이를 두어 농도를 두 번 측정하기 때문에, 이들 시간 사이의 직선기울기가 속도가 된다. **순간속도**(instantaneous rate)는 순간적인 속도로, 시간 대 농도변화 곡선(붉은색)에 대한 접선의 기울기이다. 그림 11.2를 보면, 두 기울기는 다르다. 속력(speed)을 예로 들면, 운전시 어떤 때는 가속페달을 밟고, 어떤 때는 교통체증으로 멈추기 때문에, 평균속력과 순간속력은 매우 다를 수 있다. 그림 11.2에서, 적어도 짧은 시간구역에서는 접선과 농도곡선은 일치하기 때문에, 초기순간속도를 상대적으로 쉽게 측정할 수 있다.

11-2 반응속도식과 농도와의 관계

그림 11.1에서 O_2가 소비되면서 연소속도가 감소하는 것을 보았다. 화학반응속도에 영향을 주는 여러 인자 중 하나가 반응물농도이다.

반응속도식

반응속도와 농도의 관계는 간단한 수학식으로 표현되며, **반응속도식**(rate law)이라 한다. 반응속도식의 두 가지 형태 중 하나인 **미분반응속도식**(differential rate law)으로 시작해 보자. 물질 X와 Y의 반응에서, 반응속도는 다음식으로 표현된다.

$$\text{반응속도} = k[\text{X}]^m[\text{Y}]^n \tag{11.3}$$

반응속도는 **속도상수**(rate constant) k와 반응물농도 [X]와 [Y]에 의존한다. 지수 m과 n은 정수 또는 반정수(홀수/2)로, 실험으로 측정될 수 있는 값이다. (지수는 대부분 화학양론계수이다)

실험적으로 결정된 m과 n은 **반응차수**(order of the reaction)라 불린다. 예로, $m = 1$일 때, 반응물 X에 대한 1차반응이다; $m = 2$일 때, X에 대한 2차반응이다. 지수가 2 이상인 반응은 드물다. 반응속도에 관여하는 반응물이 하나 이상일 때, 반응의 전체반응차수와 각 반응물의 차수를 구분한다.

$$\text{반응속도} = k[\text{A}][\text{B}]$$

이 반응은 전체반응차수가 2이지만, 반응물 A와 B에 대한 반응차수는 각각 1이다.

예제 11.2

다음의 반응속도식에서, 각 물질에 대한 반응차수와 전체반응차수를 결정하시오.
(a) 반응속도 $= k[\text{A}]^2[\text{B}]$, (b) 반응속도 $= k[\text{A}][\text{B}]^{1/2}$

풀이

(a) A에 대한 반응차수는 2이고, B에 대한 반응차수는 1이다. 전체반응차수는 3이다.
(b) A에 대한 반응차수는 1이고, B에 대한 반응차수는 1/2이다. 전체반응차수는 3/2이다.

추가문제 다음반응의 속도식을 참고하여, 각 물질에 대한 반응차수와 전체반응차수를 결정하시오.
(a) $H_2(g) + Br_2(g) \rightarrow 2\,HBr$; 반응속도 = $k\,[H_2]\,[Br_2]$
(b) $2\,N_2O_5 \rightarrow 4\,NO_2 + O_2$; 반응속도 = $k\,[N_2O_5]$

속도상수는 화학반응의 속도에 대한 것이다. 속도상수의 크기로 반응이 빠르게 진행되는지의 여부를 알 수 있다. 속도상수가 작으면 반응은 느리게 진행되며, 속도상수가 크면 반응은 빠르게 진행된다. 속도상수의 값은 반응온도의 영향을 받는다. 이 내용은 11-4장에서 다룰 것이다.

속도상수의 단위는 전체반응차수에 따라 달라진다. 앞서 서술했듯이, 농도단위가 mol L^{-1}일 때, 속도단위는 mol L^{-1} s^{-1}이었다. 속도상수의 단위는 속도식의 단위에 맞게 계산하면 된다. 1차반응에 대한 속도상수의 단위는 (mol L^{-1} s^{-1}) ÷ (mol L^{-1}) = s^{-1}이고, 2차반응에 대한 속도상수의 단위는 (mol L^{-1} s^{-1}) ÷ (mol L^{-1})^2 = L mol^{-1} s^{-1}이다.

오존층 파괴반응($2\,O_3 \rightarrow 3\,O_2$)에서, 생성물인 O_2 농도가 증가하면 반응은 느려진다. 따라서 반응속도식은 산소농도에 반비례한다. 따라서 반응속도식은 다음과 같다.

$$\text{반응속도} = k\,\frac{[O_3]^2}{[O_2]}$$

또는

$$\text{반응속도} = k\,[O_3]^2\,[O_2]^{-1}$$

반응속도식의 결정

반응속도식을 실험적으로 결정할 수 있는 방법은 두 가지이다. 하나는 데이터를 그래프로 그려 가능한 속도식을 구한다(11-3장 참조). 우리는 다른 접근법－반응물들의 농도를 조절하여 반응의 초기속도를 측정하는 방법－을 이용할 것이다.

반응물이 하나인 간단한 반응에 대해 알아보자. 반응물을 A라 할 때, 반응속도는 다음과 같다.

$$\text{반응속도} = k\,[A]^n$$

반응차수 n은 언제나 정수이며, 2 이상의 값을 거의 갖지 않음을 기억하자(n = 0, 1, 2). A의 농도가 2배가 되면, 속도는 예측된 방식으로 단순하게 변한다.

1. $n = 0$일 때, A의 농도가 2배가 되면, 속도는 변하지 않는다. ($[A]^0 = 1$)
2. $n = 1$일 때, A의 농도가 2배가 되면, 속도도 2배가 된다. ($[2]^1 = 2$)
3. $n = 2$일 때, A의 농도가 2배가 되면, 속도는 4배가 된다. ($[2]^2 = 4$)

예제 11.3은 반응물이 하나인 반응에서, 초기속도를 이용하여 반응속도식을 결정하는 방법이다.

예제 11.3

다음은 N_2O_5의 분해반응이다.

$$2\,N_2O_5(g) \rightarrow 4\,NO_2(g) + O_2(g)$$

다음은 반응속도에 대한 자료이다.

실험	$[N_2O_5]$ 초기농도 (mol L^{-1})	초기반응속도 (mol L^{-1} s^{-1})
1	3.0×10^{-3}	9.0×10^{-7}
2	9.0×10^{-3}	2.7×10^{-6}

반응속도식과 속도상수를 결정하시오.

풀이 농도변화에 따라 속도가 어떻게 변하는지 살펴본 후, 반응물에 대한 반응차수를 결정한다. 자료를 보면, 실험 2에서는 초기농도가 실험 1의 세 배가 되었다.

$$3\,(3.0\times10^{-3}) = 9.0\times10^{-3}\ \text{mol L}^{-1}$$

그리고 속도 또한 세 배가 되었다.

$$3\,(9.0\times10^{-7}) = 2.7\times10^{-6}\ \text{mol L}^{-1}\,\text{s}^{-1}$$

농도가 세 배가 되었을 때, 속도도 세 배가 되는 반응은 1차반응이다.

$$\text{반응속도} = k\,[N_2O_5]$$

속도상수 k를 결정하기 위해 실험자료를 사용한다. 실험 1로부터

$$9.0\times10^{-7}\ \text{mol L}^{-1}\,\text{s}^{-1} = k\,(3.0\times10^{-3}\ \text{mol L}^{-1})$$

따라서,

$$k = 3.0\times10^{-4}\ \text{s}^{-1}$$

추가문제 실험자료를 실험 2의 것을 사용했을 때, 속도상수에 변화가 있는가?

반응물이 두 개인 반응에 대해 알아보자. 이 때 반응식은 세 개의 미지수를 포함한다; 속도상수, 두 개의 반응차수. 이들 계수를 결정하기 위해서는 적어도 세 번의 실험이 필요하다. (세 개의 미지수를 풀기 위해서는 세 개의 방정식이 필요하다) 두 반응물 중 하나는 농도를 고정하고, 다른 반응물의 농도가 속도에 미치는 영향을 알아본다.

예제 11.4

실제 계의 반응속도는 복잡하다. 예로, O_3가 O_2로 변하는 데는 몇 가지 방법이 있다. 이중 한 반응이

$$NO_2 + O_3 \rightarrow NO_3 + O_2$$

세 번의 실험은 같은 온도에서 수행되었다.

실험	$[NO_2]$ 초기농도 (mol L^{-1})	$[O_3]$ 초기농도 (mol L^{-1})	초기반응속도 (mol L^{-1} s^{-1})
1	2.3×10^{-5}	3.0×10^{-5}	1.0×10^{-5}
2	4.6×10^{-5}	3.0×10^{-5}	2.1×10^{-5}
3	4.6×10^{-5}	6.0×10^{-5}	4.2×10^{-5}

위의 자료를 이용하여 속도식과 속도상수를 결정하시오.

풀이

NO_2에 대한 반응차수

실험 1과 2에서, $[O_3]$는 고정하고, $[NO_2]$를 두 배로 했을 때, 속도는 두 배가 된다. NO_2의 반응차수는 1이다.

O_3에 대한 반응차수

실험 2와 3에서, $[NO_2]$는 고정하고, $[O_3]$를 두 배로 했을 때, 속도는 두 배가 된다. O_3의 반응차수는 1이다.

$$\text{반응속도} = k\,[NO_2]\,[O_3]$$

k를 구하기 위해, 세 개의 자료 중 실험 2를 이용하면

$$\text{반응속도} = k\,[NO_2]\,[O_3]$$

$$2.1 \times 10^{-5}\ \text{mol L}^{-1}\,\text{s}^{-1} = k\,(4.6 \times 10^{-5}\ \text{mol L}^{-1})\,(3.0 \times 10^{-5}\ \text{mol L}^{-1})$$

$$k = 1.5 \times 10^{4}\ \text{L mol}^{-1}\,\text{s}^{-1}$$

추가문제 k의 단위가 예제 11.3과 다른데, 그 이유는?

11-3 적분반응속도식

반응물의 농도는 시간에 따라 변하기 때문에, 반응이 좀 진행된 후에는 반응속도식으로 농도를 예측하기가 쉽지 않다. 때문에, 농도를 시간함수로 표현한 방정식이 필요하다. 새로운 방정식을 **적분반응속도식**(integrated rate law)이라 하며, 반응속도식에서 유도된다. (MathConnections 참조) 적분반응속도식이 합리적인 이유는 다음과 같다: 어떤 특정 시간에 반응계의 모든 농도를 알고, 반응속도가 시간에 따라 어떻게 변화하는지 안다면, 조금 후의 농도도 예측할 수 있다.

적분반응속도식은 반응차수에 의존한다. 몇 가지 반응차수를 갖는 일반적인 적분반응속도식을 안다면, 자료를 모델과 비교하여 반응속도식을 결정할 수 있다.

MathConnections

적분반응속도식은 반응속도식을 적분하였기 때문에 붙여진 이름이다.
우선, 가장 단순한 형태인, 한 개의 반응물에 의한 0차반응에 대해 알아보자.

$$\text{반응속도} = k[\text{A}]^0 = k$$

속도는 시간변화에 대한 농도변호이다. Δ를 사용하여 식을 표현한다.

$$\text{반응속도} = -\frac{\Delta[\text{A}]}{\Delta t} = k$$

변화를 무한소로 작게 하면, 델타를 미분으로 바꿀 수 있다.

$$-\frac{d[\text{A}]}{dt} = k$$

dt를 오른쪽 항으로 이동하면

$$d[\text{A}] = -k\,dt$$

반응의 시작인 $t=0$과 $[\text{A}]=[\text{A}]_0$에서 시작하여 t와 $[\text{A}]_t$까지 적분한다.

$$\int_{[\text{A}]_0}^{[\text{A}]_t} d[\text{A}] = -k\int_0^t dt$$

적분한 결과는 다음과 같다.

$$[\text{A}]_t - [\text{A}]_0 = -kt$$

이것이 0차반응에 대한 적분반응속도식이다.
1차와 2차 반응의 적분반응속도식도 같은 방법으로 유도될 수 있다.

0차 적분반응속도식

가장 단순한 반응속도식은 **0차반응**(zero-order reaction)이다.

$$\text{반응속도} = k[\text{A}]^0 = k$$

0차반응에서는, 반응물이 소비되어도 반응속도는 변하지 않는다. 적분반응속도식은

$$[\text{A}]_t = [\text{A}]_0 - kt \tag{11.4a}$$

이 식을 재배열하여, $y = mx + b$의 형태로 바꾼다.

$$[\text{A}]_t = -kt + [\text{A}]_0 \tag{11.4b}$$

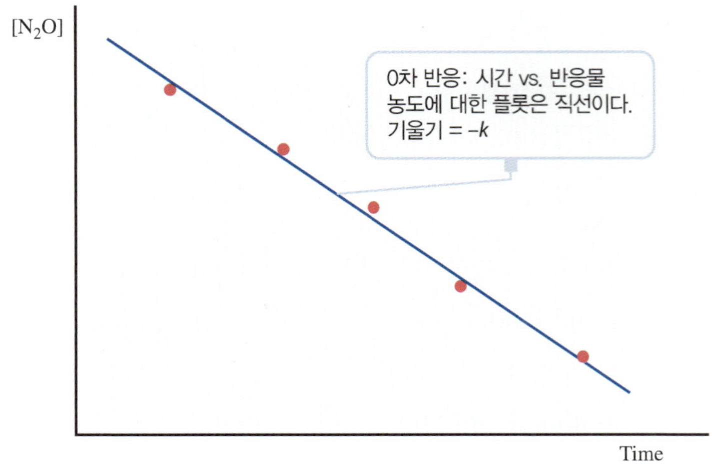

그림 11.3 금 표면에서의 N_2O의 분해반응은 0차반응이다. 반응물의 농도는 시간에 따라 직선으로 감소한다.

t (x축)에 대해 $[A]$ (y축)를 플롯하면 직선이 얻어진다. 직선의 기울기 m은 $-k$이고, y절편 b는 반응물의 초기농도인 $[A]_0$이다. 실제 반응에서 시간함수로 반응물 A의 농도를 측정하고, $[A]$ 대 t의 플롯을 그린다. 플롯이 직선이라면, 0차반응일 것이다. 금 표면에서의 N_2O의 분해반응도 0차반응으로, 반응에 대한 그래프를 그림 11.3에 나타내었다.

1차 적분반응속도식

한 개의 반응물에 대한 1차반응 ($d[A]/dt = -k[A]$)에서, 적분반응속도식은 다음과 같다.

$$\ln\frac{[A]_t}{[A]_0} = -kt \tag{11.5}$$

또는

$$[A]_t = [A]_0 e^{-kt} \tag{11.6}$$

$[A]_0$는 $t = 0$에서의 반응물의 초기농도이다. 속도상수와 초기농도를 안다면, 후속 시간에서의 농도를 예상할 수 있다.

예제 11.5

상층대기에서의 자외선에 의한 오존의 광해리는 1차반응으로, 10 km 상공에서의 속도상수는 $1.0 \times 10^{-5}\ s^{-1}$ 이다.

$$O_3 + h\nu \rightarrow O + O_2$$

이 조건으로 하여, 오존에 자외선을 조사하였다. O_3의 초기농도는 5.0 mM일 때, 1.0일 후 오존의 농도는 얼마일까?

풀이

$$1.0\ \text{day}\left(\frac{24\ \text{h}}{1\ \text{day}}\right)\left(\frac{60\ \text{min}}{1\ \text{h}}\right)\left(\frac{60\ \text{s}}{1\ \text{min}}\right) = 8.6\times 10^{4}\ \text{s}$$

$$\begin{aligned}[O_3] &= [O_3]_0\, e^{-kt} \\ &= 5.0\ \text{mM}\ \left(e^{-(1.0\times 10^{-5}\ \text{s}^{-1})(8.6\times 10^{4}\ \text{s})}\right) \\ &= 2.1\ \text{mM}\end{aligned}$$

추가문제 성층권의 고도는 40 km로, 같은 반응에 대한 속도상수는 $1.0\times 10^{-3}\ \text{s}^{-1}$이다. (차이점은 더 높은 고도로 자외선의 세기가 더 강하다) 이 조건에서 실험을 행했을 때, 초기 오존농도 5.0 mM이 2.1 mM이 되는데 걸리는 시간을 구하시오.

그림 11.4는 시간 대 $[O_3]$를 플롯한 것으로 위의 예제에서 다룬 실험이다. 그림 11.3의 그래프는 직선이고, 그림 11.4의 그래프는 1차반응곡선으로 지수함수적 감소를 보인다.

그림 11.4의 자료를 측정했을 때, 반응차수를 바로 알 수는 없다. 시간 대 농도에 대해 플롯한 그래프는 직선이 아니므로, 이 반응은 0차반응이 아니다. 다음은, 1차반응인지 확인한다. 우선, 스프레드쉬트 등의 프로그램에 자료를 입력하여 식 (11.6)에 부합하는 그림을 얻는지 확인한다. 하지만 곡선플롯은 직선만큼 판단하기 쉽지 않기 때문에, 식을 조작하여 직선식으로 만든다.

$$\ln[\text{A}] = -kt + \ln[\text{A}]_0$$

시간 대 $\ln[\text{A}]$의 플롯은 직선이다. 그림 11.5는 그림 11.4와 같은 자료이다.

(1) 시간 대 $[\text{A}]$의 플롯이 직선이면, 0차반응이다. (2) 시간 대 $\ln[\text{A}]$의 플롯이 직선이면, 1차반응이다. 두 직선의 기울기는 $-k$로 같다. 그래프로부터 속도상수와 반응차수를 알 수 있다.

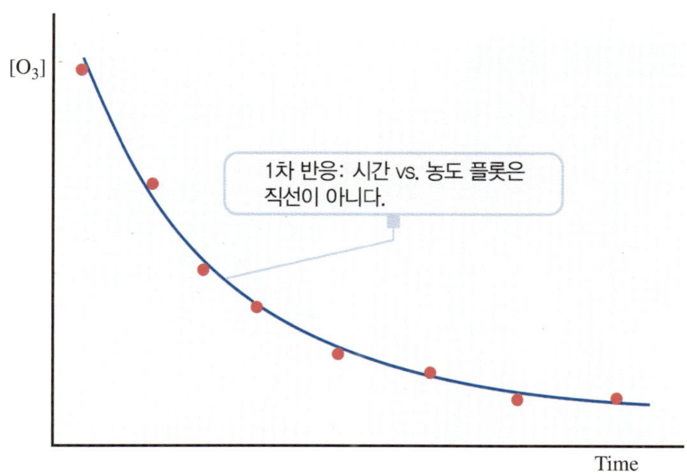

그림 11.4 오존의 분해반응은 0차반응속도식을 따르지 않는다. 따라서 시간 대 $[O_3]$를 플롯한 그래프는 직선이 아니다.

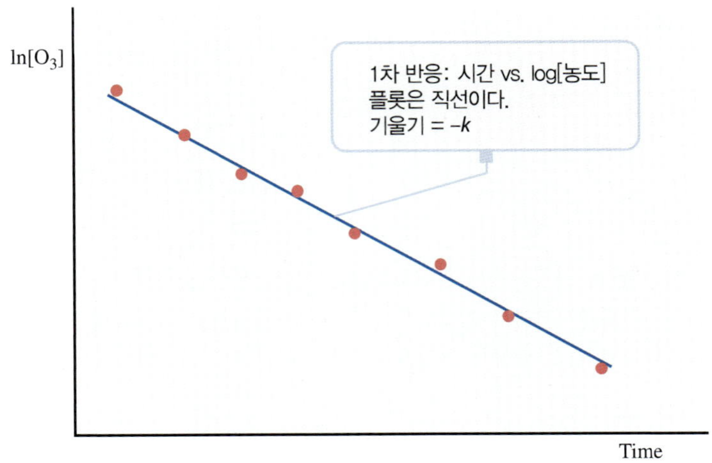

그림 11.5 오존의 분해반응을 1차 적분반응속도식으로 표현한 그래프. 시간 대 ln [A]의 플롯은 직선이다.

2차 적분반응속도식

2차반응 ($d[\mathrm{A}]/dt = -k[\mathrm{A}]^2$)에서는, 적분반응속도식의 수학적 형태가 1차반응과는 매우 다르다. 반응물 A가 소비될 때, 적분반응속도식은 다음과 같다.

$$\frac{1}{[\mathrm{A}]_t} - \frac{1}{[\mathrm{A}]_0} = kt \tag{11.7}$$

$[\mathrm{A}]_t$는 시간 t에서의 A의 농도이고, $[\mathrm{A}]_0$는 초기농도이다. k의 값을 알면, 예제 11.5처럼 2차 적분반응속도식을 사용할 수 있다. 2차 적분반응속도식은 시간 대 $1/[\mathrm{A}]$에 대해 플롯한 그래프가 직선이며, 실험자료를 이 모델과 비교해 보고 2차반응인지 결정한다.

예제 11.6

NO_2는 분해하여 NO와 O_2를 생성한다. 이 반응은 370°C에서 연구된다.

시간(s)	$[NO_2]$ (mol L^{-1})
0.0	3.00×10^{-1}
5.0	1.97×10^{-2}
10.0	1.00×10^{-2}
15.0	7.00×10^{-3}
20.0	5.20×10^{-3}
25.0	4.10×10^{-3}
30.0	3.50×10^{-3}

이들 자료를 사용하여, 반응차수와 속도상수를 결정하시오.

풀이

시간에 대해 플롯한 농도의 세 가지 버전은 다음과 같다.

$[NO_2]$ (0차반응), ln$[NO_2]$ (1차반응), 1/$[NO_2]$ (2차반응).

Time	$[NO_2]$	ln$[NO_2]$	1/$[NO_2]$
0.0	3.00×10^{-1}	−1.20	3.33
5.0	1.97×10^{-2}	−3.93	50.8
10.0	1.00×10^{-2}	−4.61	100.
15.0	7.00×10^{-3}	−4.96	140.
20.0	5.20×10^{-3}	−5.26	190.
25.0	4.10×10^{-3}	−5.50	240.
30.0	3.50×10^{-3}	−5.65	290.

먼저, 시간 대 $[NO_2]$를 플롯하여, 반응이 0차반응인지 결정한다.

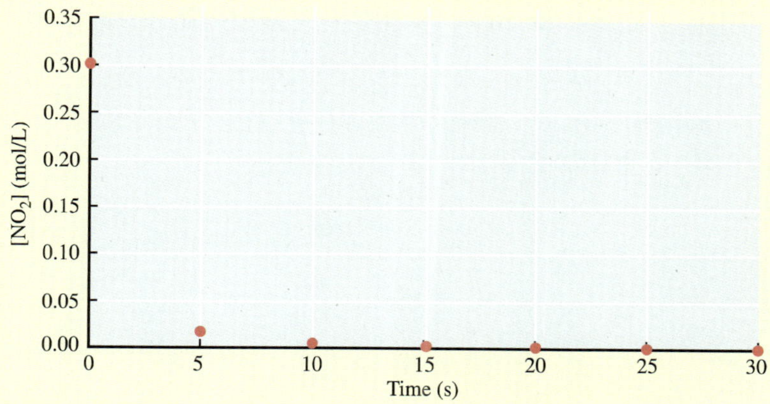

이 플롯이 직선인지 명확하지 않다면, 시간 대 ln$[NO_2]$ 플롯을 확인하여 1차반응인지 확인한다.

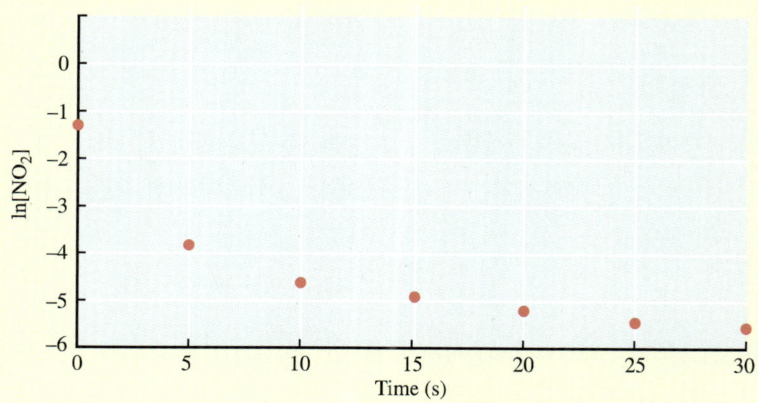

플롯이 직선이 아니라면 1차반응이 아니다. 시간 대 1/ $[NO_2]$ 플롯을 확인하여 2차반응인지 확인한다.

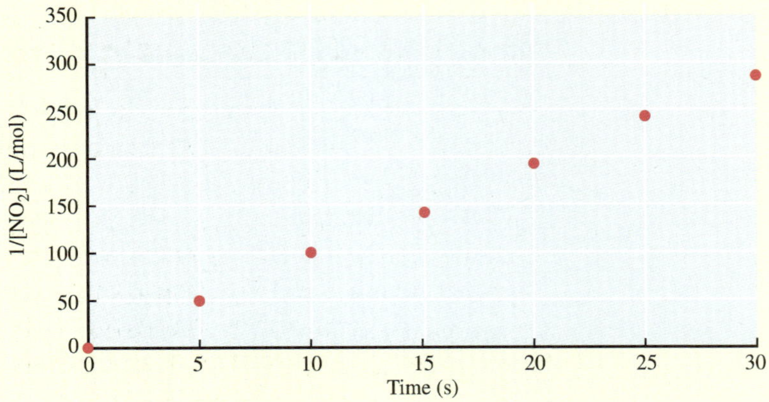

이 플롯이 직선이기 때문에, 2차반응이다. 속도상수를 결정하기 위해, 직선의 기울기를 결정한다. 5초일 때 y값은 50, 21초일 때 200으로, 기울기는 150/16 (=9.4)이다. 따라서 속도상수 k는 9.4 L mol^{-1} s^{-1}이다.

추가문제 $N_2O_5(g)$는 분해하여 NO_2와 O_2를 생성한다. 다음 자료는 300℃에서 얻은 것이다. 반응 차수와 속도상수를 결정하시오.

시간	$[N_2O_5]$ (mol L^{-1})
0.0	0.1500
300.0	0.0729
600.0	0.0316
900.0	0.0203
1200.0	0.0108
1500.0	0.0051
1800.0	0.0020

반감기

반감기(half-life)는 반응물의 농도가 초기농도의 반이 되는데 걸린 시간이다. 이 값은 반응물에 한정되며, 1차반응에서는 특히 중요하다. 자외선에 의한 오존의 광해리(예제 11.5)를 다시 고려해 보자.

$$O_3 + h\nu \rightarrow O + O_2$$

이 반응은 고도 10 km에서의 1차반응으로 속도상수는 1.0×10^{25} s^{-1}이다. 모든 조건이 같게끔 실험실을 디자인하여, 그림 11.6의 결과를 얻었다. 이 실험은 $P_{O_3} = 1$ atm에서 시작하며, 시간

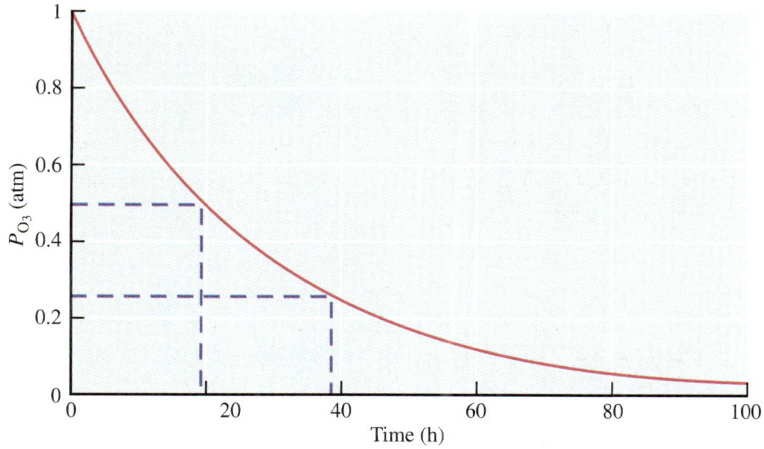

그림 11.6 성층권에서의 오존파괴반응에 대해 시간 대 오존압력으로 플롯한 그림. 19시간마다 오존압력은 1/2 줄어든다.

이 경과하면서 P_{O_3}는 감소한다. 그림에서 점선은 약 19시간 뒤로, 압력이 초기값의 반이 되는 곳이다. 반응이 진행되면, 압력은 더욱 떨어져 0.25 atm에 이른다. 약 38시간 후에 압력은 초기값의 1/4이 된다. 처음 19시간 구역에서는, 압력이 1에서 0.5로 떨어진다. 19시간과 38시간의 사이 구역에서는, 압력은 0.5에서 0.25로 떨어진다. 19시간마다 오존의 압력은 1/2로 감소하였기 때문에, 반감기는 19시간으로 일정하다.

1차반응에 대한 반감기를 수학적으로 표현하기 위해, 식 (11.5)에 $t = t_{1/2}$와 $[\mathrm{A}]_t = ½[\mathrm{A}]_0$을 대입하면

$$\ln\frac{[\mathrm{A}]_t}{[\mathrm{A}]_0} = -kt \tag{11.5}$$

$$\ln\left(\frac{1/2\ [\mathrm{A}]_0}{[\mathrm{A}]_0}\right) = \ln\left(\frac{[\mathrm{A}]_0}{2\ [\mathrm{A}]_0}\right) = -kt_{1/2}$$

$$\ln\frac{1}{2} = -kt_{1/2}$$

$$\ln 2 = kt_{1/2}$$

반감기에 대해 풀면

$$t_{1/2} = \frac{\ln 2}{k} = \frac{0.693}{k} \tag{11.8}$$

식 (11.8)은 1차반응의 반감기로, 속도상수 k는 물질의 양에는 의존하지 않으며, 따라서 $t_{1/2}$도 마찬가지이다. 반감기는 핵분열의 속도를 설명할 때 자주 사용되며, 모든 방사성붕괴과정은 1차반응속도에 따른다. 예제 11.7에 의하면, 반감기를 속도상수로 쉽게 바꿀 수 있다.

예제 11.7

그림 11.6의 오존의 광해리 속도는 느려 보이지만, 자외선이 없을 때보다는 엄청나게 빠른 반응이다. 25°C의 어두운 곳에서의 오존의 열분해에 대한 속도상수 k는 $3 \times 10^{-26}\ s^{-1}$이다. 오존의 반감기는 얼마인가?

풀이

$$t_{1/2} = \frac{0.693}{k} = \frac{0.693}{3 \times 10^{-26}\,s^{-1}} = 2 \times 10^{25}\,s$$

속도상수가 작기 때문에, 반감기가 큰 것은 당연하다. 앞의 19시간 (68,000 s)과 비교하면 매우 큰 값이다. 광해리 반응에서 자외선이 중요하다는 것을 알 수 있다.

추가문제 성층권(약 40 km)에서의 N_2O_5 광해리 반응에 대한 반감기는 약 43,000 s이다. 속도상수는 얼마인가?

11-4 온도와 속도

식품보관을 위해 냉동과 냉장이 중요한데, 온도를 낮추면 위험한 미생물의 성장을 포함하여 여러 화학반응의 속도가 느려진다. 예로, 우유를 실온과 냉장고에 각각 보관하였을 때, 우유에 신 냄새가 나는데 걸리는 시간은 분명하게 판단된다: 실온의 우유는 더 빠르게 상한다. 왜 온도는 반응속도에 영향을 미치며, 이 영향을 어떻게 정량화할 수 있을까?

반응분자에 온도가 미치는 영향

분자운동론(kinetic-molecular theory)과 같은 분자운동모델을 이용하여 속도에 미치는 온도의 역할을 연구할 수 있다. 기체상의 두 분자 사이에 화학반응이 일어났다고 가정하자.

분자운동론에 의하면, 분자는 단지 충돌을 통해서만 서로 반응한다고 한다. 따라서 두 분자가 반응하기 위해서는 먼저 충돌해야 한다. 하지만 분자가 충돌한다고 모두 화학반응을 일으킬 거라고 생각하진 않는다. 예로, 공기중의 N_2와 O_2 분자는 끊임없이 충돌하지만, 어떤 변화도 일어나지 않는다. 이는 질소와 산소의 반응확률이 매우 낮기 때문이다. 충돌 하나로만 반응성을 설명할 수 없다면, 어떤 변수가 필요할까? 바로 충돌분자의 운동에너지이다. 느리게 움직이는 분자들은 충돌 영향력이 크지 않아 반응으로 연결되지 않지만, 빠르게 움직이는 분자들은 반응하기 쉬울 거라 생각된다.

볼츠만분포(5-5장 참조)는 분자들의 속력을 설명한 것이다. 그림 11.7은 두 온도에서의 기체 분자들의 속력분포이다. 더 높은 온도에서는, 분자들이 높은 속력쪽으로 분포되어 있다. 따라서 반응을 일으킬 정도의 높은 에너지를 가진 반응물들이 더 많이 충돌하기 때문에, 반응이 좀 더 빠르게 진행된다.

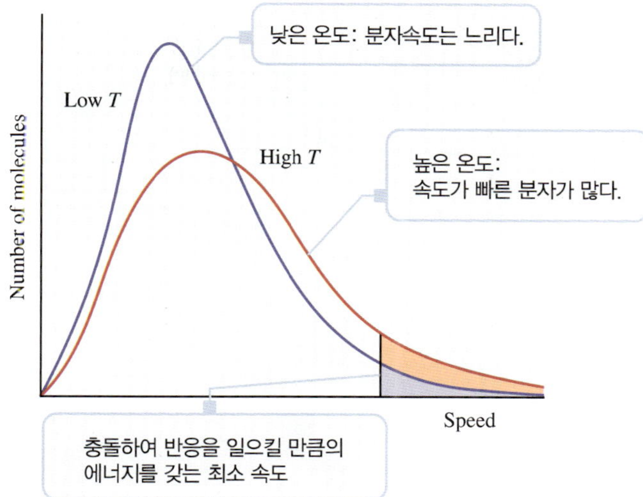

그림 11.7 두 온도에서의 분자속도의 맥스웰-볼츠만 분포 ; 음영으로 된 영역은 분자의 속도가 빨라, 서로 충돌하면 반응을 일으킬 만큼 에너지가 높다. 높은 온도에서는 분자들의 움직임이 더 빠르다.

왜 높은 에너지를 가진 입자가 충돌해야 반응이 일어나는가? 화학반응에서는 결합의 깨짐과 형성이 발생한다. 열역학적으로, 결합을 끊으려면 에너지가 필요하며, 결합이 형성되면 에너지를 방출한다. 따라서 대부분의 화학반응에서는 반응물의 결합을 끊기 위해 처음에 에너지가 유입되어야 한다(그림 11.8). 표준열역학 데이터로 반응이 발열인지 흡열인지 예측할 수는 있다(9장 참조). 그러나 반응물이 생성물에 이르기 위해서는, 우선 **활성화에너지**(E_a, activation energy)라

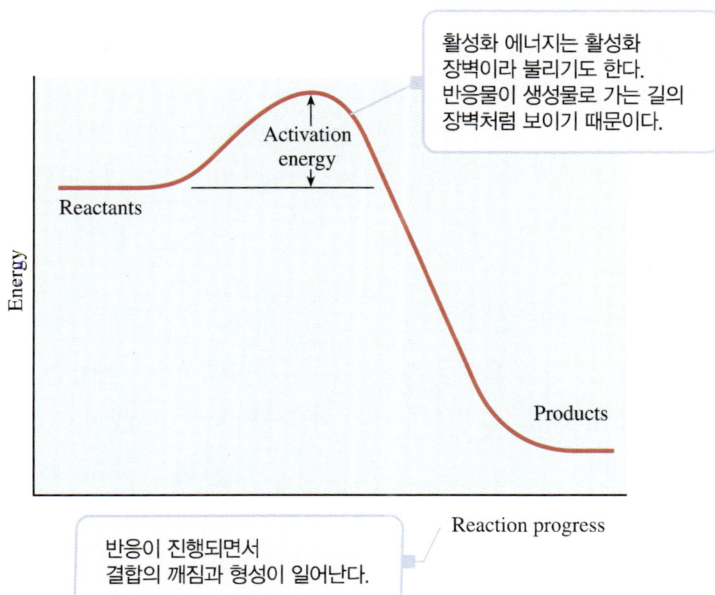

그림 11.8 발열반응에서의 퍼텐셜에너지 그림. 반응물이 생성물로 진행되기 위해서는, 분자들은 충분한 에너지로 충돌하여 활성화에너지 장벽을 넘어야 한다.

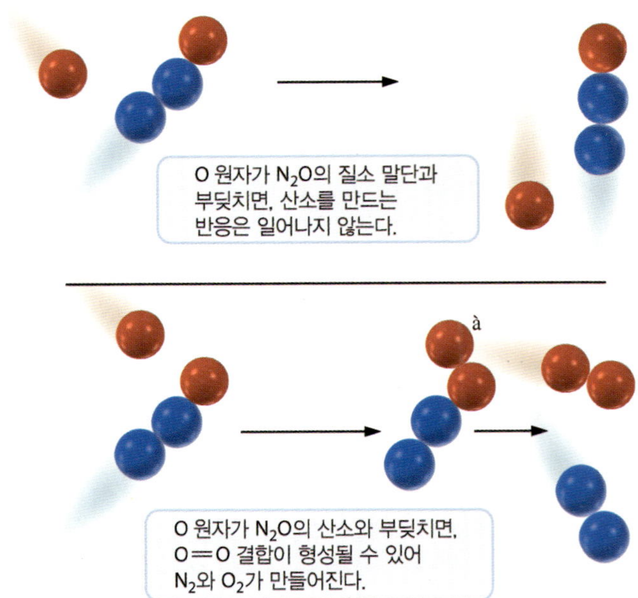

그림 11.9 분자의 충돌이 반응으로 이어질 수 있을 지 판단할 수 있다. 산소 원자(붉은색)가 N_2O와 반응하기 위해서, 산소 원자는 N_2O의 산소와 부딪쳐야 한다.

불리는 문턱에너지를 넘어서야 한다. 분자들의 충돌로 **활성화 장벽**(activation barrier)을 극복할 정도의 충분한 운동에너지가 제공되어야 한다. 장벽이 클수록, 필요한 운동에너지도 커진다. 즉 활성화에너지는 분자들이 충돌하여 반응을 일으키는데 필요한 최소한의 에너지를 뜻한다.

그림 11.9를 보면, N_2O 분자와 산소 원자가 서로 충돌하였을 때, 반응이 진행될 수도 아닐 수도 있다. 충돌이 효과적으로 일어난 순간에, 결합의 깨짐과 형성이 발생한다. 예로, 결합이 재배열하면서, **활성화물**(activated complex)이라 불리는 불안정한 중간물질이 생긴다(활성화물은 ‡로 표시한다). 활성화물은 반응물에서 생성물로 가는 경로의 가장 높은 에너지 위치에 있다. 활성화물은 매우 불안정하기 때문에, 수명이 10^{-15}초로 짧다. 활성화물의 형성과 분해는 에너지와 충돌방향에 달려있다.

Arrhenius 거동

화학반응속도론의 온도 의존성은 수년간 연구되어왔다. 대부분의 반응에서, 속도상수 k가 온도에 대한 함수임을 설명하기 위해, **아레니우스 식**(Arrhenius equation)을 사용한다.

$$k = A\,e^{-E_a/RT} \tag{11.9}$$

여기서 E_a는 활성화에너지, R은 보편기체상수, T는 온도(K), A는 **빈도계수**(frequency factor)라 불리는 비례상수이다. 활성화에너지가 크면 반응이 일어나기 어려워진다. 식 (11.9)에서, E_a가 커지면 속도상수 k는 작아져 반응은 더 느려진다. 온도와 활성화에너지는 지수의 형태이기 때문에, 속도상수는 이들 변수에 대해 매우 민감하다. 즉 온도변화가 작아도 반응속도에 미치는 영향은 매우 크다.

아레니우스 식을 이용하여 활성화에너지를 실험적으로 결정할 수 있다. 온도는 조절가능한 변수로, 식 (11.9)의 양변을 자연로그화 한다.

$$\ln k = \frac{-E_a}{RT} + \ln A$$

재배열하면

$$\ln k = \frac{-E_a}{R}\left(\frac{1}{T}\right) + \ln A$$

이 식으로 E_a와 A를 결정할 수 있다. 적어도 두 온도에서의 k값을 측정하여 기울기를 구한다. $y = mx + b$의 형태로, $1/T$에 대해 $\ln k$를 플롯하면 직선이 된다. 기울기가 $-E_a/R$이다(그림 11.10). R은 기체상수로 알려진 값이기 때문에, 활성화에너지를 구할 수 있다.

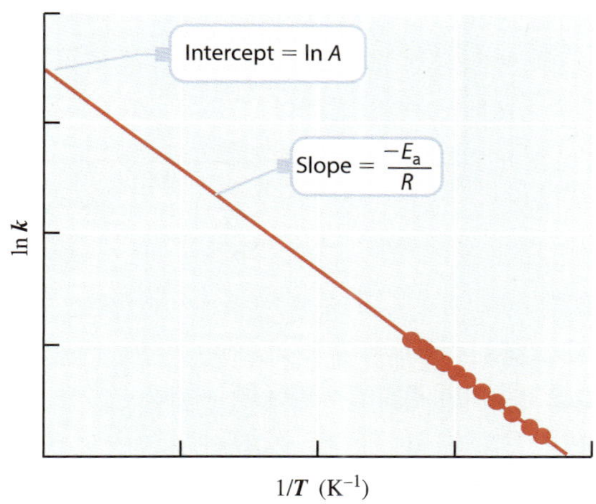

그림 11.10 아레니우스 식에 따라, $1/T$에 대해 $\ln k$를 플롯하면 직선이 된다. 기울기는 $-E_a/R$로, 활성화에너지를 구할 수 있다.

예제 11.8

대류권에서, 오존은 수산화(hydroxyl) 라디칼에 의해 O_2로 바뀐다.

$$HO\cdot(g) + O_3(g) \rightarrow HO_2\cdot(g) + O_2(g)$$

여러 온도에 대한 위 반응의 속도상수 k값은 다음과 같다.

k (L mol^{-1}s^{-1})	온도 (K)
1.0×10^7	220
5.1×10^7	340
1.1×10^8	450

(a) 이 반응은 아레니우스 거동을 보이는가? (b) 위 자료를 이용하여 활성화에너지를 계산하시오.

풀이 반응이 아레니우스 거동을 보이는지 판단하기 위해서는, 자료를 아레니우스식과 비교해본다. 먼저, 자료를 $1/T$에 대한 $\ln k$ 그래프로 플롯한다.

k (L mol^{-1}s^{-1})	ln k	온도 (K)	1/ T(K^{-1})
1.0×10^7	16.1	220	4.5×10^{-3}
5.1×10^7	17.7	340	2.9×10^{-3}
1.1×10^8	18.5	450	2.2×10^{-3}

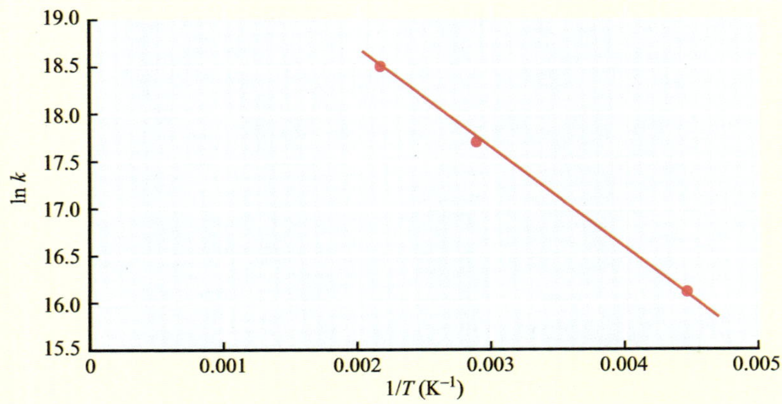

위의 플롯은 직선으로, (a)의 답은, 반응은 아레니우스 거동을 보인다. 직선의 기울기는 스프레드쉬트 프로그램을 이용하여 구하든가, 또는 직선의 두 점으로부터 구할 수 있다. 처음과 마지막 점의 자료를 이용하면 합리적 계산이 될 것이다.

$$\text{기울기} = \frac{\Delta \ln k}{\Delta\left(\frac{1}{T}\right)} = \frac{18.5 - 16.1}{(2.2 \times 10^{-3} - 4.5 \times 10^{-3})\ \text{K}^{-1}}$$

$$= -1.04 \times 10^3\ \text{K} = -\frac{E_a}{R}$$

$R = 8.314\ \text{J K}^{-1}\ \text{mol}^{-1}$을 대입하면

$$E_a = (1.04 \times 10^3\ \text{K})\ (8.314\ \text{J K}^{-1}\ \text{mol}^{-1})$$

$$= 8.7 \times 10^3\ \text{J mol}^{-1} = 8.7\ \text{kJ mol}^{-1}$$

추가문제 일단 생성된 $HO_2\cdot$ 은 일산화탄소와 반응하여 수산화 라디칼(HO·)과 이산화탄소를 만든다. 아래 자료를 이용하여 이 반응의 속도상수를 결정하고, 활성화에너지를 계산하시오.

k (L mol^{-1}s^{-1})	온도 (K)
5.9	301
4.7×10^4	650

학생들은 본체(bulk)의 거시적 성질을 분자수준에서 볼 수 있도록 노력해야 한다. 이에 아레니우스 식은 좋은 기회이다.

$$k = A\,e^{-E_a/RT}$$

위 식은 지수와 빈도인자 A로 이루어져 있다. 그림 11.11은 식의 두 요소를 분자수준에서 어떻게 해석하였는지를 보여준다. 그림은 ClO 두 분자가 Cl_2와 O_2로 바뀌는 반응이다.

$$2\,ClO \rightarrow Cl_2 + O_2$$

그림에서, 염소 원자는 초록색, 산소 원자는 빨간색으로 표시하였다. 이 반응은 오존의 대기화학과 관련된다.

온도가 미치는 영향을 볼츠만분포(그림 2,3)로 나타내었다. 그림 (2)는 낮은 온도, 그림 (3)은 더 높은 온도이다. 앞서 논했듯이, 높은 온도에서는 더 많은 분자들이 반응을 한다. 그리고 마지막 세 그림은, 분자속도와 반응성에 관한 것이다.

그림 (4)는, 느리게 움직이는 분자들은 에너지가 충분하지 못해 반응하지 못한다; 충돌에너지가 활성화에너지를 넘지 못한다. 하지만 그림 (5)는, 높은 속도의 분자들은 충돌에너지가 활성화에너지를 넘어설 정도로 크기 때문에, 반응이 일어난다. 더 높은 온도의 볼츠만분포에서는 더 많은 분자들이 높은 충돌에너지를 갖기 때문에, 더 효과적인 충돌이 일어날 것이라고 쉽게 판단한다. MathConnections에서 볼츠만분포를 정량적 식으로 나타내었다.

MathConnections

그림 11.11(볼츠만분포)은 충돌에너지가 활성화 장벽을 넘어서는 것이 얼마나 중요한지를 알려준다. 이 개념을 아레니우스 식으로 어떻게 표현할 수 있을까? 5-5장의 기체운동론에서 논했던 평균속도(정확히, root-mean-square velocity)는 다음과 같다.

$$\left[\; v_{\mathrm{rms}} = \sqrt{\frac{3RT}{MM}} \;\right]$$

MM은 기체의 몰중량이다. 식의 양변을 제곱하여, RT에 대한 식으로 정리한다.

$$\left[\; RT = \frac{1}{3} MM\, v_{\mathrm{rms}}^2 \;\right]$$

여기서 분자의 몰중량(MM) = 분자량$(m) \times$ 아보가드로수(N_A)

$$RT = \frac{N_A}{3}\, m\, v_{\mathrm{rms}}^2$$

RT는 평균운동에너지 $\left(\frac{1}{2}mv^2\right)$와 직접적으로 관련된다.

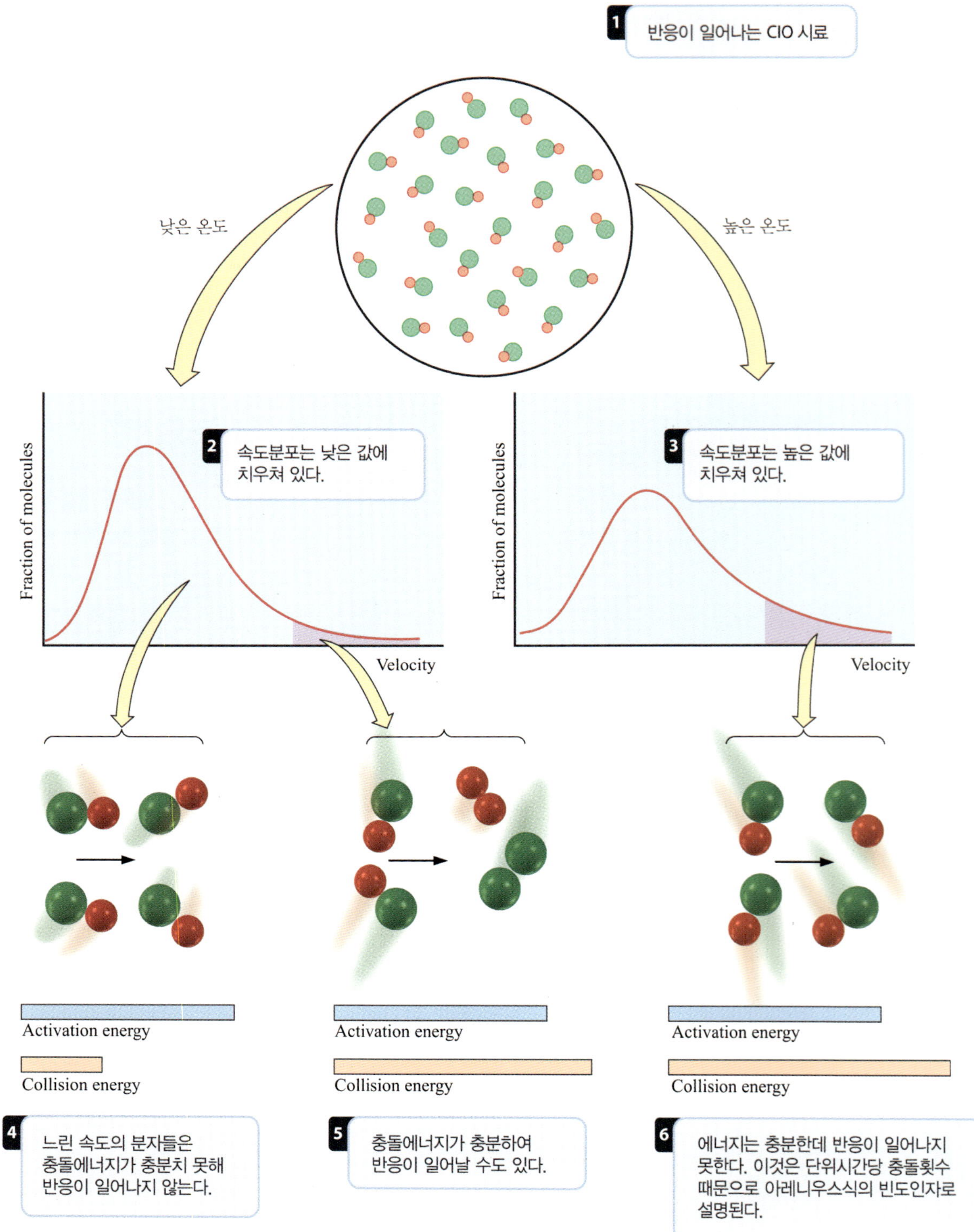

그림 11.11 온도, 충돌에너지, 반응속도의 관계. 활성화에너지는 충돌이 반응으로 가기 위해 넘어야 할 최소 에너지이다. 볼츠만 분포에 의하면, 온도가 높으면 에너지가 높은 분자수가 증가한다.

$$RT = \frac{2N_A}{3}\left(\frac{1}{2}mv_{\mathrm{rms}}^2\right) = \frac{2N_A}{3}KE_{avg}$$

위의 식을 아레니우스 식 $\left(k = Ae^{-E_a/RT}\right)$에 대입하면, 아레니우스 식은 아래식과 같이 "활성화에너지(E_a) / 운동에너지(KE_{avg})"를 포함하는 형태를 갖는다.

$$k = A\,e^{-E_a/\frac{2N_A}{3}KE_{avg}}$$

온도가 변하면 운동에너지는 변하지만, 활성화에너지는 같은 값을 유지한다.

빈도인자 A는 충돌횟수로, 분자의 크기에 영향을 받는다. 하지만 높은 온도와 높은 충돌에너지를 가질 때조차도 분자의 모든 충돌이 반응으로 이어지진 않는다. 충돌방향 때문이다(그림 11.9). ClO 두 분자의 산소가 직접적으로 충돌해야만 O=O 결합이 형성된다.

11-5 반응메카니즘

반응메카니즘(reaction mechanism)은 반응물이 생성물이 되는 방법을 나타내는 일련의 반응단계들을 말한다. 반응속도를 이해하기 위해서는 반응메카니즘을 고려해야 하는데, 총반응에는 반응물과 마지막 생성물만 표시되므로, 결합이 깨지고 생성되는 단계적 과정을 알아야 한다.

단일단계와 반응메카니즘

분자운동론에 의하면, 두 입자간의 충돌은 흔하게 발생한다. 세 입자간의 충돌은 쉽게 발생하지 않는데, 무작위로 움직이는 세 개의 입자가 같은 시간, 같은 점에서 만나기는 쉽지 않다. 네 입자간의 충돌은 사실상 일어나기 어렵다. 그러나 화학양론계수를 보면, 많은 입자들간에 충돌이 일어나는 것처럼 보인다: 화학양론계수는 대부분 2 또는 3 이상의 값을 갖는다. 따라서 반응메카니즘을 이해하기 위해서는, 총반응과 단계별 반응을 구별할 필요가 있다.

반응메카니즘의 개별단계를 **단일단계**(elementary step)라 한다. 단일단계의 반응물 계수는, 반응속도식 (속도 $= k[\mathrm{X}]^m[\mathrm{Y}]^n$)의 지수이다. 개별단계의 참여분자수는 하나, 둘 또는 세 개이다. 반응물이 하나인 단계를 **단분자**(unimolecular) 반응이라 하며, 반응물이 둘 또는 셋일 때는 **이분자**(bimolecular) 또는 **삼분자**(termolecular) 반응이라 한다. 반응분자수(molecularity)는 반응속도식의 총 반응차수이다(표 11.1).

염소라디칼에 의한 오존 파괴반응의 알짜반응식은 $2\,O_3 \rightarrow 3\,O_2$이다. 이 반응의 메카니즘은 다음과 같다.

$$Cl\cdot + O_3 \rightarrow ClO\cdot + O_2$$

$$ClO\cdot + O_3 \rightarrow Cl\cdot + 2\,O_2$$

$$\text{알짜반응식:} \quad 2\,O_3 \rightarrow 3\,O_2$$

표 11.1 단일반응의 반응분자수와 반응속도식

단일반응의 종류	반응분자수	속도식
A → 반응물	1	속도 = k [A]
A+B → 반응물 2A → 반응물	2	속도 = k [A][B] 속도 = k $[A]^2$
A+B+C → 반응물 2A+B → 반응물	3	속도 = k [A][B][C] 속도 = k $[A]^2[B]$
A+B+C+D → 반응물	Not	

반응메카니즘을 쓸 때, 단일단계에 대한 각각의 반응식을 쓴다. 위의 메카니즘에서, 두 가지 중요한 특징을 볼 수 있다.

1. 첫 번째 반응에서 생성된 ClO· 는 두 번째 반응에서 소비된다. 첫 번째 단계에서 생성되어 다음 단계에서 소비되는 화학종을 **반응중간체**(reactive intermediate)라 한다. 대부분의 메카니즘은 하나 이상의 반응중간체를 포함한다.
2. 메카니즘의 모든 단계를 적절히 합치면, 총반응에 대한 화학양론이 나타난다.

기체상 반응에서 순간 발생하는 충돌횟수는 매우 많고, 반응중간체의 형성과 분해가 빠르기 때문에, 반응메카니즘을 확실하게 알 수는 없다. 그러나 반응속도를 측정하고, 실험속도와 총화학양론에 의해 제안된 각각의 메카니즘을 비교하여, 반응메카니즘을 제안할 수 있다. 한 개 이상의 메카니즘이 타당해 보인다면, 추가실험을 디자인하여 그들 중 하나를 선택한다.

예제 11.9

N_2O_5의 분해는 다음 식과 같다.

$$2\,N_2O_5(g) \rightarrow 4\,NO_2(g) + O_2(g)$$

이 반응의 메카니즘은 다음과 같다.

$$N_2O_5 \rightarrow NO_2 + NO_3$$
$$NO_2 + NO_3 \rightarrow NO_2 + NO + O_2$$
$$NO + NO_3 \rightarrow 2\,NO_2$$

(a) 위의 메카니즘은 올바른 화학양론으로 되어 있는가? 그렇지 않다면 어떻게 수정해야 할까? (b) 반응중간체를 확인하시오. (c) 메카니즘의 각 단계의 반응분자수를 확인하시오.

풀이

(a) 위의 메카니즘을 단순히 합하면

$$N_2O_5 + NO_3 \rightarrow O_2 + 3\,NO_2$$

이것은 원하는 화학양론이 아니다. 첫 번째 단계에 2를 곱하면

$$2\,N_2O_5 \rightarrow 2\,NO_2 + 2\,NO_3$$

여기에 단계 2와 3을 더한다.

$$
\begin{aligned}
2\,N_2O_5 &\rightarrow 2\,NO_2 + 2\,NO_3 \\
NO_2 + NO_3 &\rightarrow NO_2 + NO + O_2 \\
NO + NO_3 &\rightarrow 2\,NO_2 \\
2\,N_2O_5 &\rightarrow O_2 + 4\,NO_2
\end{aligned}
$$

이 메카니즘은 올바른 화학양론을 보인다.

(b) 중간체는 NO_3와 NO이다.

(c) 단계 1은 단분자이고, 단계 2와 3은 이분자이다.

추가문제 N_2O_5의 분해반응에 대해 다음 메카니즘이 제안되었다.

$$
\begin{aligned}
N_2O_5 &\rightarrow N_2O_3 + O_2 \\
N_2O_3 &\rightarrow NO_2 + NO \\
NO + N_2O_5 &\rightarrow 3\ NO_2
\end{aligned}
$$

(a) 이 메카니즘은 타당한가? (b) 반응중간체를 확인하시오. (c) 각 단계의 반응분자수를 확인하시오.

메카니즘과 속도 : 속도결정단계

일단 메카니즘이 제안되면, 반응속도식은 쉽게 작성될 수 있다. 하지만 실험적으로 측정할 수 있는 것은 총반응에 대한 것이다. 관찰된 총반응속도식을 각각의 단일단계에 대한 속도식으로 어떻게 연결시킬 수 있을까? 여러 단계 중 가장 속도가 느린 단계가 있는데, 여기에 답이 있다. 가장 느린 단계를 **속도결정단계**(rate-determining step)라 하며, 반응속도식으로 연결된다. 가장 느린 단계가 왜 답일까?

매우 유명한 카페에서 점심을 먹는다고 가정해 보자. 이 곳은 음식양이 많고 가격은 싸다. 한 가지 문제는 서비스가 조금 느리다. 줄을 서서, 음식을 받는데 걸리는 시간이 한 사람당 5분이며, 돈을 계산하는데 30초가 걸린다. 금전등록기를 보면, 5분마다 고객 한 사람이 나가는 것으로 보인다. 이 메카니즘에서 가장 느린 것은 점심을 받는 것이다. 주인은 속도를 높이기 위해, 새로운 금전등록기를 구입하여 계산시간을 15초로 줄였다. 하지만 여전히 고객은 5분마다 금전등록기를 빠져나간다. 이 과정들 중 빠른 부분의 속도를 올려도 전체 속도에는 영향을 주지 않는다. 속도는 느린 단계에 의해 설정되기 때문이다. 이것이 반응메카니즘에서 느린 단계를 속도결정단계라 부르는 이유이다.

Chapman cycle을 통한 오존형성반응에서, 느린 단계는 마지막 단계로, 오존과 산소 원자가 반응하는 것이다.

$$O + O_3 \rightarrow 2\,O_2$$

오존층의 순환반응에서는 위의 단계가 속도결정단계이다. 일단 산소 원자가 결합하여 오존이 형성되며, 생성된 O_3는 자외선을 흡수할 수 있을 만큼 오래 존재하며, 자외선이 지표로 도착하지 못하도록 막는다. 이 단계가 느리지 않다면, 일찍 생성된 오존은 자외선을 만나기 전에 산소 원자를 만나 화학적으로 파괴될 것이다.

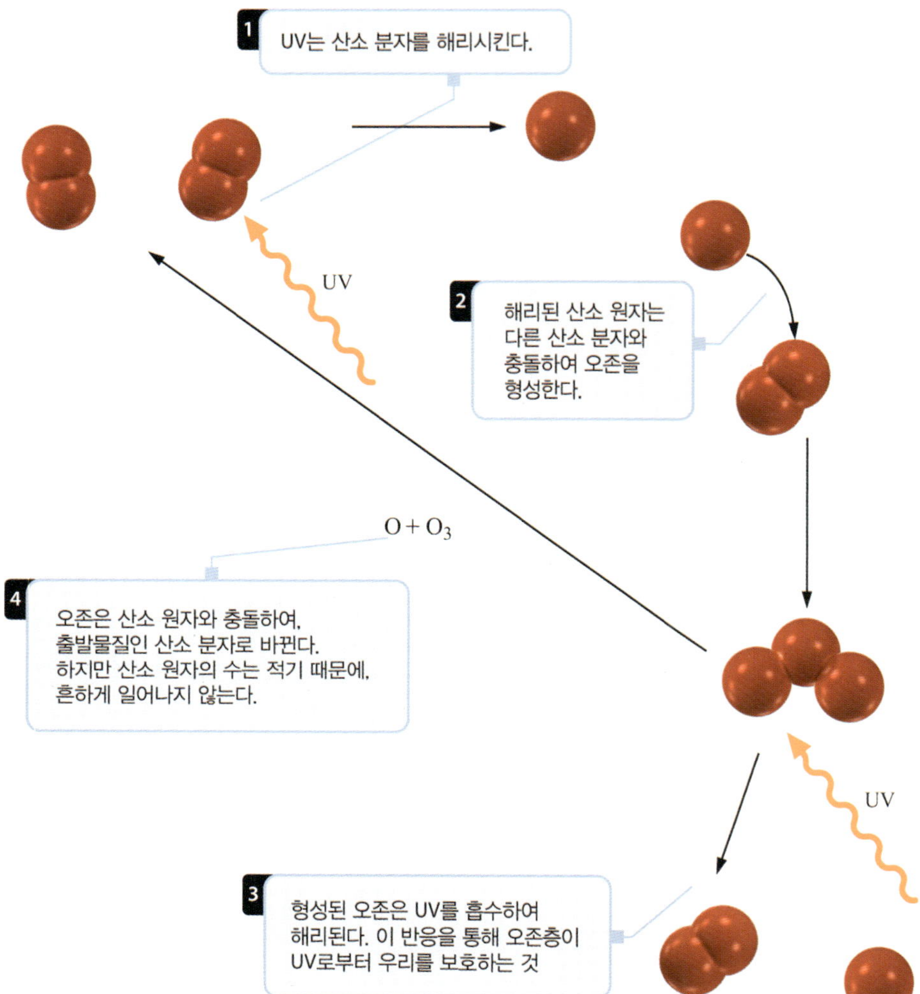

Chapman cycle

11-6 촉매 작용

성층권의 오존파괴속도가 증가하면서, 오존층의 고갈에 대한 관심도 증가하게 되었다. 이것은 인조화학물질 때문에 발생하는데, 특히 냉각제로 사용되는 염화플루오르화탄소(CFCs)가 그러하다. CFCs가 어떻게 오존파괴를 가속화하는가? 여기서 촉매과정(catalysis)이란 반응속도가 어떤 물질에 의해 영향을 받는 과정으로, 촉매는 반응물이나 생성물 어떤 것도 아니다. **촉매(catalyst)**는 반응속도를 증가시키는 물질로, 과정 중에 생성되거나 파괴되지 않는다. CFCs는 오존파괴를 어떻게 촉진하는가?

균일촉매와 불균일촉매

촉매는 크게 두 가지로 나뉜다. **균일촉매**(homogeneous catalyst)는 반응물질과 같은 상(phase)이며, **불균일촉매**(heterogeneous catalyst)는 반응물질과 다른 상이다. 가스상 반응의 경우, 불균일촉매는 주로 고체표면이다.

성층권에서의 오존의 촉매 파괴는 기체들 간의 반응으로, 균일촉매과정의 예이다. 이 과정에서 가장 중요한 촉매는 염소이다. 성층권에 존재하는 염소의 대부분은 CFC 분자들에서 기인되는데, 대류권에 방출된 CFC 분자들은 성층권으로 천천히 이동한다. (CFCs는 지상에서는 비활성이기 때문에, 대기로 방출된 모든 CFCs는 성층권에서 발견된다) CFCs가 자외선을 흡수하면, 촉매반응 메카니즘을 개시한다.

$$\text{Step 1:} \quad CF_2Cl_2 + h\nu \rightarrow CF_2Cl + Cl\cdot$$

$$\text{Step 2:} \quad Cl\cdot + O_3 \rightarrow ClO\cdot + O_2$$

$$\text{Step 3:} \quad ClO\cdot + O_3 \rightarrow Cl\cdot + 2\,O_2$$

오존파괴반응에서 염소 원자는 촉매로 작용하는데, 이유는 다음과 같다. (a) 염소 원자는 화학반응양론에 참여하지 않는다 (b) 염소 원자는 반응에서 소비되지 않는다 (c) 염소 원자는 알짜반응의 속도를 증가시킨다. 염소 원자는 단계 3에서 재생되기 때문에, 다른 반응의 촉매로도 작용한다. 한 개의 염소 원자는 사이클을 순환하기 때문에, 100,000 이상의 오존 분자를 파괴할 수

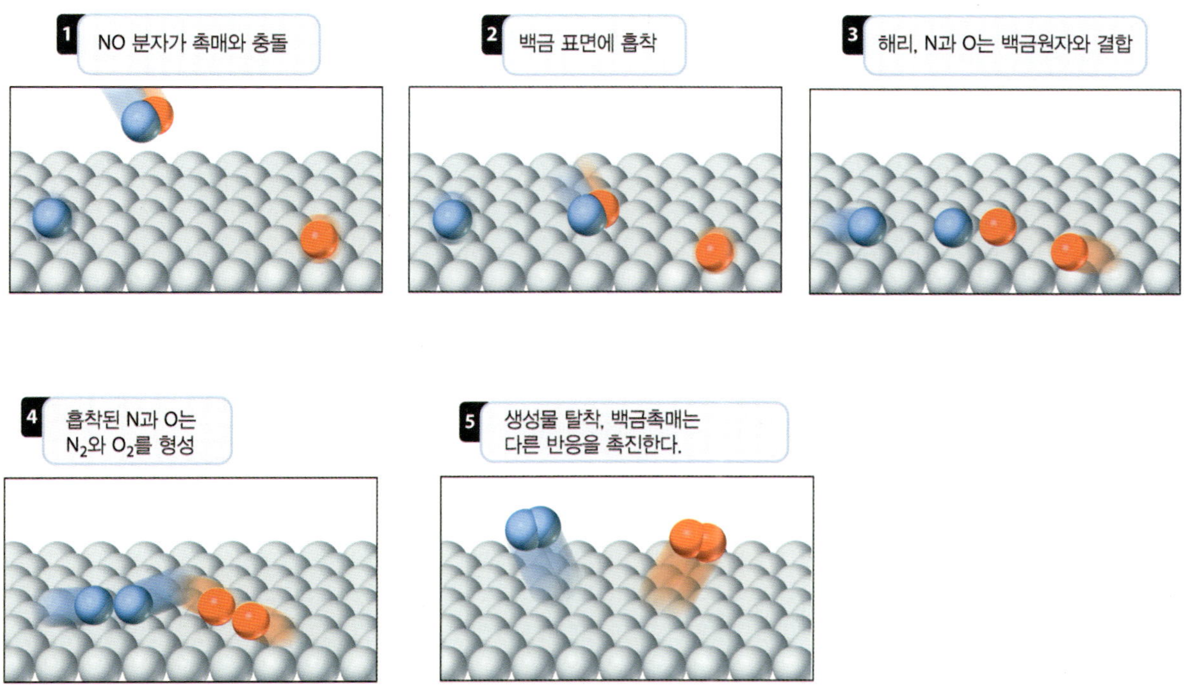

그림 11.12 배기가스로부터 NO의 촉매적 제거과정

있다. 이 때문에 미국에서는 압축가스로서 CFCs의 사용을 1978년에 금지하였다. 몬트리올 의정서에서는 CFC 합성의 중단을 요청하였다. 지금은 Non-CFC 냉매제와 압축가스가 사용되고 있으나, 오래된 냉장고와 에어컨에서는 CFCs가 여전히 방출되고 있다.

대기권의 오존화학에서는 불균일촉매가 중요하게 작용한다. 자동차의 촉매변환기는 다공성 세라믹물질로 채워져 있어, 배기가스로부터 CO와 NOx를 제거한다. (NOx는 오존발생의 개시제로, 광화학스모그는 폐를 자극한다) 촉매변환기에 의한 과정을 그림 11.12에 나타내었다. 다음은 불균일촉매과정의 단계를 설명한 것이다.

1. 반응성 화학종은 촉매표면에 흡착하여 달라붙는다.
2. 화학종은 서로 만날 때가지 촉매표면을 이동한다.
3. 촉매표면에서 반응이 일어난다.
4. 촉매표면에서 생성물이 탈착된다.

분자수준에서 본 촉매작용

화학반응에서 활성화에너지는 반응속도론 측면에서 중요하다. 촉매는 활성화에너지를 낮추는 새로운 반응경로를 제공함으로써 반응속도를 증가시킨다. 그림 11.13은 $2\ O_3 \rightarrow 3\ O_2$ 반응에 대한 것이다. 염소 원자가 첨가되면 오존의 충돌과 관련된 새로운 단계가 생기며, 반응의 알짜에너지가 낮아지기 때문에 반응은 빨라진다. 촉매가 들어가면 활성화에너지는 작아지기 때문에, 대부분의 분자들은 필요한 에너지를 얻을 수 있을 정도의 속도가 된다. 분자수준에서 촉매는 활성화에너지를 낮추어, 반응의 속도를 증가시킨다.

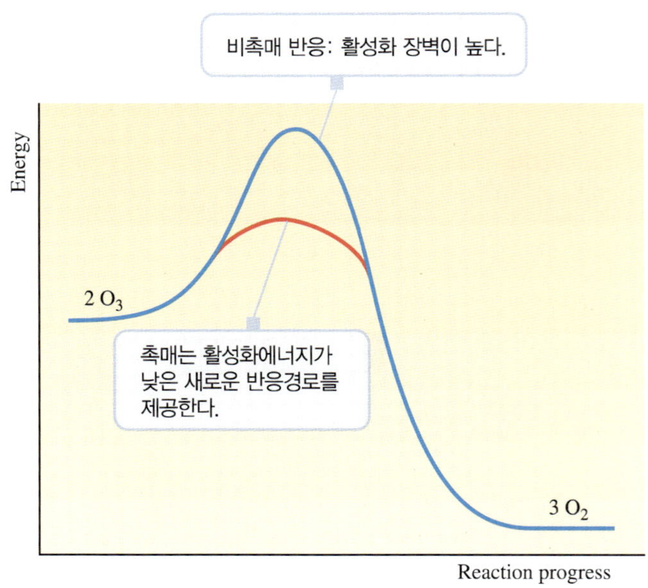

그림 11.13 촉매는 반응속도를 증가시킨다. 촉매는 활성화에너지가 낮은 반응경로를 제공한다.

연습문제

11-1 화학반응의 속도

11.10 적당한 속도단위를 제시하시오.
(a) 한 곳에서 다른 곳으로 운전
(b) 손으로 접시 닦기
(c) 모기의 퍼덕거리는 날개
(d) 눈 깜빡임

11.11 적당한 속도단위를 제시하시오.
(a) 심장 박동
(b) 비디오테이프 되감기
(c) 자동차 바퀴의 회전
(d) 매우 빠른 화학반응에서 발생하는 가스

11.12 반응속도가 증가하는 순서로 나열하시오.
(a) 다이나마이트 폭발
(b) 녹스는 철
(c) 타는 종이

11.13 순간속도와 평균속도의 차이점을 쓰시오. 다음의 각 상황에서 측정된 속도는 순간속도인가 평균속도인가?
(a) 핫도그 먹기대회에서, 우승자는 20개의 핫도그를 먹는데 4분이 걸렸다. 즉 분당 5개를 먹은 것이다.
(b) 1분에 우승자는 분 당 6개의 핫도그를 먹었다. 그러나 3분이 지나자 분당 3개의 핫도그만 먹었다.

11.14 양초의 왁스는 탄화수소 혼합물이다. 양초의 왁스와 산소의 반응(그림 11.1)에서, 용기를 덮은 후에는 산소소비속도가 시간이 경과되면서 줄어들고 결국은 불이 꺼진다. 분자운동론의 측면에서, 용기 안에서 어떤 일이 벌어지는지 설명하시오.

11.15 그림 11.1의 양초사진에서 산스의 소비에 대해 언급하였다. 양초의 왁스는 C_nH_{2n+2}의 탄화수소 혼합물이라고 가정했을 때, 반응속도를 결정하는 요인으로 산소농도 이외에 어떤 변수가 있을까?

11.16 다음은 암모니아 생성반응이다.

$$N_2(g) + 3\,H_2(g) \rightarrow 2\,NH_3(g)$$

어떤 실험환경에서 암모니아의 발생속도가 6.29×10^{-5} mol L^{-1} s^{-1}일 때, 질소가 소비되는 속도를 구하시오. 수소가 소비되는 속도는?

11.17 암모니아가 산소와 반응하면 산화질소와 물이 발생된다.

$$4\,NH_3(g) + 5\,O_2(g) \rightarrow 4\,NO(g) + 6\,H_2O(g)$$

실험중 암모니아가 소비된 속도가 4.23×10^{-4} mol L^{-1} s^{-1}일 때, 산소가 소비된 속도를 구하시오. 그럼 NO의 생성속도는? 그리고 수증기의 생성속도는?

11.18 다음의 데이터는 $H_2O_2(aq)$가 $O_2(g)$와 $H_2O(\ell)$로 분해되는 반응에서 얻어진 것이다. 산소 기체의 생성속도를 측정하였다.

Time (min)	Volume of O_2 (mL)
3.3	10.4
6.9	17.3

(a) 처음 3.3분 동안의 평균속도(mL/min)는?
(b) 처음 6.9분 동안의 평균속도(mL/min)는?

11.19 기체 AB가 분해하여 생성된 B_2의 부피를 시간함수로 측정하였다. 측정된 데이터는 다음과 같다.

Time (min)	0	8.3	15.4	19.0
Volume (L)	0	4.2	8.6	11.5

처음 8.3분 동안 B_2의 평균생성속도? 처음 19분 동안의 평균속도는?

11.20 다음 데이터는 A → 2 B 반응에 관한 것이다:

Time (s)	[B] (mol/L)
0.00	0.000
10.0	0.326
20.0	0.572
30.0	0.750
40.0	0.890

(a) 위의 데이터를 그래프로 그리고, 0.0초부터 40.0초까지 10초 간격으로 [B]의 변화속도를 계산하시오. 농도변화속도는 감소하는가? 이 결과에 대한 이유도 제시하시오.
(b) 각각의 시간 간격에서 [B]의 변화속도와 관련하여 [A]의 변화속도는 어떠한가? 10.0초부터 20.0초까지의 시간구간에서의 [A]의 변화속도를 계산하시오.
(c) [B] = 0.750 mol/L일 때, $\Delta[B]/\Delta t$의 순간속도는?

1.21 아조메테인(CH_3NNCH_3)은 불안정한 화합물로, 생성되면 바로 분해된다. 분해속도는 아조메테인의 부분압력

(torr)를 모니터링하여 측정될 수 있다.

Time (min)	0	15	30	48	75
Pressure (torr)	36.2	30.0	24.9	19.3	13.1

데이터를 플롯하여 $t = 20$분에서의 아조메테인의 분해반응에 대한 순간속도를 결정하시오.

11-2 반응속도식과 농도와의 관계

11.22 다음중 가장 큰 속도상수를 갖는 것은 어느 것인가? 그럼 가장 작은 속도상수를 갖는 것은?
(a) 다이나마이트 폭발
(b) 녹스는 철
(c) 타는 종이

11.23 어떤 반응의 반응속도 = $k[A]^2$이다. A의 농도가 세 배가 되었을 때 반응속도는 어떻게 변화하는가? 그럼 A의 농도가 반으로 줄었을 때는?

11.24 대기화학의 모델링에 사용되는 이차속도상수의 단위는 cm^3 $molecule^{-1}$ s^{-1}이다. 다음 속도상수의 단위를 L mol^{-1} s^{-1}로 바꾸시오.
(a) 3.5×10^{-14} cm^3 $molecule^{-1}$ s^{-1}
(b) 7.1×10^{-18} cm^3 $molecule^{-1}$ s^{-1}
(c) 6.1×10^{-30} cm^3 $molecule^{-1}$ s^{-1}

11.25 다음의 반응속도식에서, X, Y, Z에 대한 반응차수와 전체반응차수를 구하시오.
(a) Rate = k [X] [Y] [Z]
(b) Rate = k $[X]^2$ $[Y]^{1/2}$ [Z]
(c) Rate = k $[X]^{1.5}$ $[Y]^{-1}$
(d) Rate = k [X] / $[Y]^2$

11.26 500 K 이하에서의 CO(g) + NO_2(g) 반응은, NO_2에 대해서는 2차반응이고 CO에 대해서는 0차반응이다.
(a) 이 반응에 대한 반응속도식을 작성하시오.
(b) NO_2의 농도가 반으로 줄었을 때 반응속도는?
(c) CO의 농도가 두 배가 되었을 때 반응속도는?

11.27 다음의 이차반응에서 속도의 단위가 mol L^{-1} s^{-1}일 때, 속도상수의 단위가 L mol^{-1} s^{-1}임을 증명하시오.

$H_2(g)$ + $Br_2(g)$ → 2 HBr rate = k $[H_2][Br_2]$

11.28 성층권에서의 O_3 분자의 파괴 반응은 다음과 같다.

$$NO + O_3 \rightarrow NO_2 + O_2$$

이 반응은 NO와 O_3에 대한 일차반응으로, 반응속도상수는 1.9×10^4 L mol^{-1} s^{-1}이다. [NO] = 1.2×10^{-5} mol L^{-1} 이고 $[O_3] = 2.0 \times 10^{-5}$ mol L^{-1}일 때, 이 반응의 속도를 구하시오.

11.29 A + B → C의 반응속도식은 다음과 같다.

$$\text{반응속도} = k[A]^x[B]^y$$

[A]가 두 배가 되고 [B]는 일정할 때, 반응속도는 두 배가 되었다. 그러나 [B]가 두 배가 되고 [A]가 일정할 때, 반응속도는 4배가 되었다. x와 y?

11.30 과산화수소(H_2O_2)의 분해속도는 요오드 이온의 농도에 영향을 받는다. 일정한 온도와 압력에서 H_2O_2와 KI의 농도를 변화시켜 과산화수소의 분해속도를 측정하였다. 각각의 물질에 대한 반응차수를 결정하고, 반응속도식과 속도상수를 구하시오.

Rate (mL min^{-1})	$[H_2O_2]$ (mol L^{-1})	[KI] (mol L^{-1})
0.090	0.15	0.033
0.178	0.30	0.033
0.184	0.15	0.066

11.31 다음 반응에 대한 반응속도 = $k[A][B]^2$이다. 각각의 반응물에 대한 반응차수와 전체반응차수를 구하시오.

$$A + B + C \rightarrow D + E$$

11.32 다음은 2 A + 3 B → C + 2 D 반응에 대한 데이터이다. 각각의 반응물에 대한 반응차수와 반응속도상수를 구하시오.

[A] (mol L^{-1})	[B] (mol L^{-1})	Rate = $\Delta[C]/\Delta t$ (mol L^{-1} s^{-1})
0.127	0.15	0.033
0.127	0.30	0.132
0.255	0.15	0.066

11.33 다음은 NH_4 반응에 대한 데이터이다. 이 반응에 대한 반응속도식을 결정하고 반응속도상수를 구하시오.

$[NH_4^+]$ (mol L^{-1})	$[NO_2^-]$ (mol L^{-1})	Rate = $\Delta[N_2]/\Delta t$ (mol L^{-1} s^{-1})
0.0092	0.098	3.33×10^{-7}
0.0092	0.049	1.66×10^{-7}
0.0488	0.196	3.51×10^{-6}
0.0249	0.196	1.80×10^{-6}

11.34 아래 데이터는 25°C에서의 다음 반응에 대한 것이다. 이 반응에 대한 반응속도식을 구하시오.

$$A + 2\ B \rightarrow C + 2\ D$$

Expt.	Initial [A] (mol L^{-1})	Initial [B] (mol L^{-1})	Initial Rate of Formation of C (mol L^{-1} min^{-1})
1	0.10	0.10	3.0×10^{-4}
2	0.30	0.30	9.0×10^{-4}
3	0.10	0.30	3.0×10^{-4}
4	0.20	0.40	6.0×10^{-4}

11.35 아래 데이터는 1100°C에서의 다음 반응에 대한 것이다.

$$2\ NO(g) + 2\ H_2(g) \rightarrow N_2(g) + 2\ H_2O(g)$$

반응속도식을 결정하고 반응속도상수를 구하시오.

[NO] (mol L^{-1})	[H$_2$] (mol L^{-1})	Rate = $\Delta[N_2]/\Delta t$ (mol L^{-1} s^{-1})
5.0×10^{-3}	0.32	0.012
1.0×10^{-2}	0.32	0.048
1.0×10^{-2}	0.64	0.096

11.36 자동차엔진에서 이산화질소가 발생되는 반응은 다음과 같다.

$$NO(g) + O_2(g) \rightarrow NO_2(g) + O(g)$$

아래 데이터는 500 K에서의 반응속도를 측정한 것이다. 이 반응에 대한 반응속도식을 결정하고 반응속도상수를 구하시오.

[NO] (mol L^{-1})	[O$_2$] (mol L^{-1})	Rate = $-\Delta[NO]/\Delta t$ (mol L^{-1} s^{-1})
0.002	0.005	8.0×10^{-17}
0.002	0.010	1.6×10^{-16}
0.006	0.005	2.4×10^{-16}

11.37 불균일 계에서는, 예로 산소 속에서 나무가 타는 반응과 같은, 고체 표면적은 반응속도에 영향을 미친다. 나무의 표면적이 증가하면 산소 분자와의 충돌횟수가 많아진다.

(a) 길이가 2 cm인 정육면체를 그리고, 표면적을 계산하시오.

(b) 이 정육면체의 각각의 면을 4등분한다. 몇 개의 정육면체가 얻어지는가?

(c) 새로운 정육면체의 크기를 구하시오.

(d) 새로운 정육면체들의 총 표면적을 구하시오. 정육면체를 또다시 나누면 어떻게 될까?

(e) 이제 통나무 또는 이 통나무로 만든 이쑤시개들을 태운다고 생각해 보자. 표면적이 연소속도에 어떤 영향을 미칠까? 통나무나 이쑤시개들 중 어느 것으로 캠프파이어를 시작하는 게 좋을까?

11.38 미국과 캐나다의 평원 지대와 같은 밀 재배 지역에서는, 수확된 밀이 커다란 곡물 엘리베이터에 저장된다. 밀은 트럭에서 엘리베이터의 하부로 들어갔다가 엘리베이터를 타고 창고로 옮겨진다. 이 때 밀 입자가 서로 마찰하면서 발생하는 가연성 분진으로 곡물용 엘리베이터가 폭발을 일으킨 적이 있다. 11.37의 문제와 유사한데, 분산된 밀 분진에 불꽃이 튀면 폭발적으로 반응하는 반면, 통밀 입자는 그렇지 않다. 이유를 설명하시오.

11-3 적분반응속도식

11.39 사염화탄소 용액에서의 N_2O_5 분해는 일차반응이다.

$$2\ N_2O_5 \rightarrow 4\ NO_2 + O_2$$

주어진 온도에서의 반응속도상수는 $5.25 \times 10^{-4}\ s^{-1}$이다. N_2O_5의 초기농도가 0.200 M일 때, 10분이 경과한 후의 N_2O_5 농도를 구하시오.

11.40 위 문제에서 N_2O_5의 초기농도가 0.100 M일 때, 초기농도의 0.0100배로 되는데 걸리는 시간을 계산하시오.

11.41 약물이 병을 효과적으로 치료하기 위해서는, 혈액에서의 약물의 수준이 일정 기간 동안 유지되어야 한다. 체내에서의 약물의 수준을 측정하려면 소변으로 배출되는 속도를 측정한다. 페니실린의 배출속도는 일차반응이고, 약 30분의 반감기를 가진다. 어떤 사람에게 25 mg의 페니실린을 주사한다면($t = 0$), 3시간 후에 얼마만큼의 페니실린이 체내에 남아 있는가?

11.42 Amoxicillin은 분말의 형태로 포장된 항생 물질이다. 아기와 작은 동물들을 치료하는데 사용할 때는, 약사나 수의사는 그것을 물에 분산시켜 경구투여할 수 있도록 한다. 라벨에는 14일이 지난 사용하지 않은 현탁액은 처분하도록 하며, 냉장보관이 필요하다고 표시되어 있다. 반응속도와 관련하여 이 내용이 의미하는 것을 설명하시오.

11.43 아스피린도 효과가 있으려면 충분히 오래 지속되어야 한다. 혈액에서 소변으로 배출되는 아스피린의 제거속도는 일차반응이며, 반감기는 약 3시간이다. 아스피린 병을 보면 매 4시간마다 1~2알씩 복용하라고 지시하고 있다. 만약 아스피린 2알을 복용하고 두 번째 복용량이 될 때면 아스피린이 혈류에 얼마나 남아 있을까? (한 알 당 325 mg의 아스피린이 포함되어 있다)

11.44 살충제인 DDT가 분해되어 해가 없는 화합물로 되는 반응이 실험으로 시도되었다. 이 반응은 일차반응으로 25°C에서 반응속도상수 $k = 4.0 \times 10^{-8}\ s^{-1}$이다. DDT 분해반응의 반감기(year)를 구하시오.

11.45 A → 생성물이 되는 일차반응에서 반응물의 초기 농도는 0.64 mol/L이고 반감기는 30.0 s이었다.
(a) 반응시작 후 60초 후의 반응물 농도를 계산하시오.
(b) 반응물의 농도가 초기농도의 1/8로 줄어드는데 걸리는 시간은?
(c) 반응물의 농도가 0.040 mol/L로 되는데 걸리는 시간은?

11.46 어떤 물질의 분해반응은 일차반응이다. 500°C에서 40.0분 후에 처음 시료의 12.5%만이 남아 있다. 이 반응의 반감기는? 처음 시료의 무게가 243 g일 때, 2.00시간 후에 남아있는 시료의 양은?

11.47 어떤 2차반응의 반감기 다음과 같다.

$$t_{1/2} = \frac{1}{k[A]_0}$$

이차반응의 반감기가 일차반응의 반감기와 어떤 점에서 다른가?

11.48 다음은 N_2O_5의 분해반응에 관한 것이다.

Time, *t* (min)	$[N_2O_5]$ (mol L^{-1})
0	0.200
5	0.171
10	0.146
15	0.125
20	0.106
25	0.0909
30	0.0777
35	0.0664
40	0.0570

(a) 그래프를 사용하여 반응속도상수를 결정하시오.
(b) 반감기를 구하시오.

11.49 제초제인 picloram의 수계에서의 광분해속도는 낮 동안 햇빛에 노출된 정도에 따라 달라진다. 다음의 데이터는 이러한 실험에 대한 것이다.
Picloram의 광분해반응에 대한 반응차수, 반응속도상수, 반감기를 결정하시오.

Exposure Time, *t* (days)	[Picloram] (mol L^{-1})
0	4.14×10^{-6}
7	3.70×10^{-6}
14	3.31×10^{-6}
21	2.94×10^{-6}
28	2.61×10^{-6}
35	2.30×10^{-6}
42	2.05×10^{-6}
49	1.82×10^{-6}
56	1.65×10^{-6}

11.50 다음 반응에 의한 SO_2Cl_2의 분해속도는 반응용기의 전체압력을 모니터링하여 얻을 수 있다.

$$SO_2Cl_2(g) \rightarrow SO_2(g) + Cl_2(g)$$

Time, *t* (s)	Total Pressure (torr)
0.0	491.7
185.3	549.6
242.8	566.6
304.5	584.1
362.7	599.9
429.5	617.2
509.7	637.0
606.3	659.5

전체압력을 SO_2Cl_2의 압력변화로 바꾸려면 어떻게 해야 하는가? 데이터를 필요한 형태로 계산한 다음 그래프로 플롯한다. 그리고 반응차수와 속도상수를 결정하시오.

11.51 Peroxyacetyl nitrate(PAN)의 화학식은 $C_2H_3NO_5$로 광스모그에서 폐를 자극하는 주요물질이다. PAN 광분해속도의 실험데이터는 다음과 같다. 반응차수를 결정하고 PAN의 분해속도상수를 계산하시오.

Time, *t* (min)	Partial Pressure of PAN (torr)
0.0	2.00×10^{-3}
10.0	1.61×10^{-3}
20.0	1.30×10^{-3}
30.0	1.04×10^{-3}
40.0	8.41×10^{-4}
50.0	6.77×10^{-4}
60.0	5.45×10^{-4}

11.52 다음의 그림은 A_2 분자가 원자들로 해리되는 과정을 나타낸 것이다. $A_2 \rightarrow 2\,A$. 각각의 그림은 특정시간에서의 반응혼합물의 스냅샷이다.

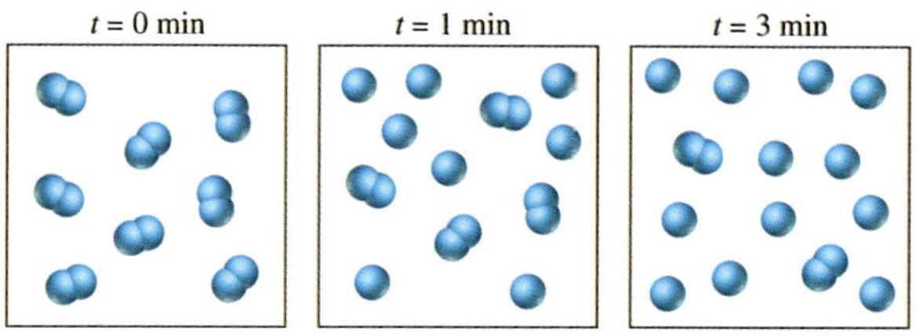

이 반응에 대한 반응속도식과 반응속도상수를 구하시오. 농도단위는 mol L^{-1}로 가정한다.

11.53 과산화수소(H_2O_2)는 물과 산소로 분해된다.:

$$H_2O_2(aq) \rightarrow H_2O(\ell) + \frac{1}{2}O_2(g)$$

이 반응은 초기에 느리게 진행되지만 요오드 이온(I^-)이 존재하면 분해는 훨씬 빨라진다. 20°C에서 요오드 이온 존재시 과산화수소가 분해되는 것을 연구한 데이터를 여러 방법으로 플롯하였다. 아래의 그래프를 사용하여 다음 질문에 답하시오.

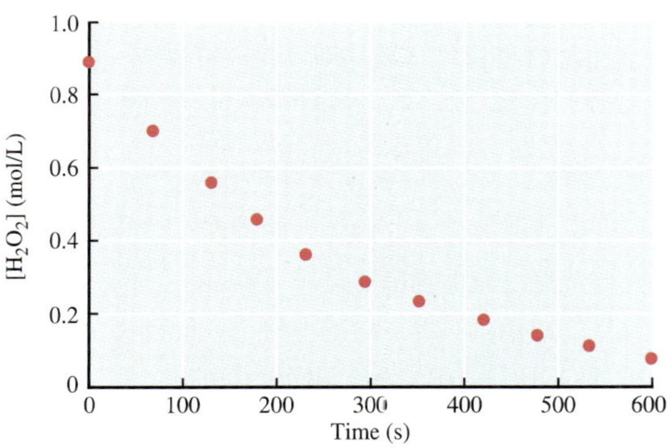

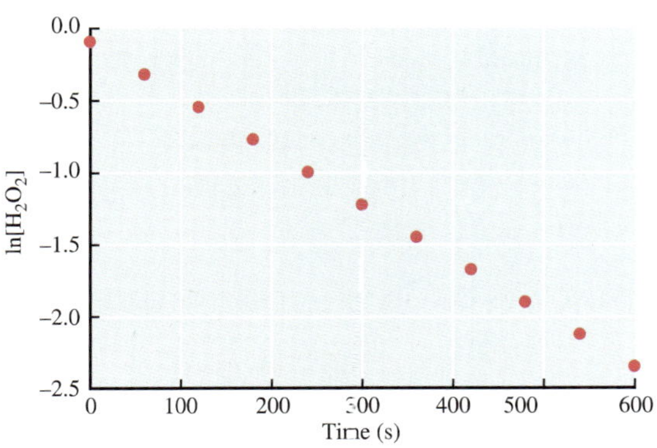

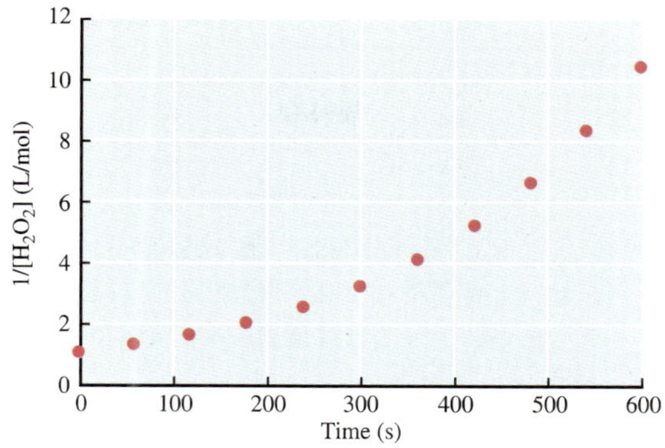

(a) 과산화수소의 분해에 대한 반응차수를 구하시오.
(b) 20°C에서의 반응속도상수를 단위와 함께 구하시오
(c) 반응의 초기속도를 구하시오. (t=0 에서의 속도).

11-4 온도와 속도

11.54 분자운동론을 이용하여 온도가 증가하면 반응속도가 증가하는 이유를 설명하시오.

11.55 CO_2가 CO와 자유라디칼 산소원자 O·로 분해되는 반응의 활성화에너지는 460 kJ mol^{-1}이다. 빈도계수는 2×10^{11} s^{-1}이다. 298 K에서의 반응속도상수를 구하시오.

11.56 대부분의 의약품에는 시원하고 어두운 곳에 보관되어야 한다고 명시되어 있다. 이 문장이 옳은 이유를 반응속도론의 측면에서 설명하시오.

11.57 N_2O_5 가스의 분해를 온도함수로 연구한 실험에서 다음의 속도상수값을 얻었다. 생성물은 NO_2와 NO_3이다

k (s^{-1})	Temperature (K)
3.5×10^{-5}	298
2.2×10^{-4}	308
6.8×10^{-4}	318
3.1×10^{-3}	328

반응의 활성화에너지(kJ/mol)를 구하시오.

11.58 다음은 NO와 오존의 반응에서, 반응속도상수를 세 가지 온도에서 측정한 데이터이다. 이들 데이터로부터 반응의 활성화에너지(kJ/mol)를 구하시오. (온도의 유효숫자는 2개이다)

k (L mol^{-1} s^{-1})	Temperature (K)
1.3×10^6	200
4.4×10^6	250
9.9×10^6	300

11.59 다음은 내연기관에서 질소산화물이 발생되는 반응의 속도상수를 세 가지 온도에서 측정한 것이다(온도의 유효숫자는 2개이다). 반응의 활성화에너지(kJ/mol)를 구하시오.

k (L mol^{-1} s^{-1})	Temperature (K)
4.4×10^2	2000
2.5×10^5	3000
5.9×10^6	4000

11.60 광화학 스모그의 형성시 많은 반응이 발생하는데, 예로 오존과 휘발성유기화합물(VOCs)의 반응이 있다. 다음 데이터는 네 가지 반응에 대한 Arrhenius 식이다.

Volatile Organic Chemical	Arrhenius Expression
Allene	$9.6 \times 10^5 \exp(-2750/T)$
Propane	$6.6 \times 10^6 \exp(-1970/T)$
1-Butene	$1.7 \times 10^6 \exp(-1696/T)$
cis-2-Butene	$1.9 \times 10^6 \exp(-956/T)$

(a) 310 K에서 가장 빠른 반응은?
(b) 활성화에너지가 가장 낮은 반응은?
(c) 활성화에너지가 가장 높은 반응은?

11.61 박테리아는 우유에 락트산을 만들어 신맛이 나게 한다. 박테리아에 의해 우유에 락트산이 생성되는 반응에 대한 활성화에너지를 측정할 수 있는 실험을 고안하였다. 이 값을 결정하는 데 필요한 정보를 제공할 수 있는 실험을 제안하시오. 이러한 반응에서는 어떤 가정이 필요한가?

11-5 반응메카니즘

11.62 반응중간체를 반응메카니즘 측면에서 설명하시오.

11.63 반응메카니즘은 정확하게 증명될 수 있는가?

11.64 다음 반응에 대한 반응속도식을 쓰시오.
(a) $Cl(g) + ICl(g) \rightarrow I(g) + Cl_2(g)$
(b) $O(g) + O_3(g) \rightarrow 2\,O_2(g)$
(c) $2\,NO_2(g) \rightarrow N_2O_4(g)$

11.65 Chapman cycle이 반응메카니즘으로 표현된 방식을 설명하시오. Chapman cycle에서 각 반응의 반응분자수는?

11.66 Chapman cycle에서 반응중간체는 어떤 것인가?

11.67 가정용 연료로 사용되는 프로페인의 연소반응식은 다음과 같다.

$$C_3H_8 + 5\,O_2 \rightarrow 3\,CO_2 + 4\,H_2O$$

위 반응식을 보고 가능한 반응메카니즘을 제안하시오.

11.68 파티 종료 후 다섯 명의 사람들이 청소를 책임지고 있다. 두 사람이 테이블을 치우고, 한 사람은 설거지를, 두 사람은 접시를 건조시킨다. 어느 단계가 속도결정단계일까?

11.69 다음은 어떤 반응에 대한 반응메카니즘이다.

$NO + Br_2 \rightarrow NOBr_2$ (slow)
$NOBr_2 + NO \rightarrow 2\,NOBr$ (fast)

(a) 이 반응의 전체반응식을 쓰시오.
(b) 속도결정단계는?
(c) 반응중간체는?
(d) 이 반응의 각 단계에 대한 반응분자수는?
(e) 각 단계에 대한 반응속도식을 쓰시오.

11.70 아래 반응은 HBr의 산화반응이다.

$$4\,HBr(g) + O_2(g) \rightarrow 2\,H_2O(g) + 2\,Br_2(g)$$

제안된 메카니즘은 다음과 같다.

$HBr + O_2 \rightarrow HOOBr$ (slow)
$HOOBr + HBr \rightarrow 2\,HOBr$ (fast)
$HOBr + HBr \rightarrow H_2O + Br_2$ (fast)

(a) 이 메카니즘으로 올바른 화학양론을 설명할 수 있는지 보이시오.
(b) 모든 반응중간체를 확인하시오.
(c) 각 단계의 반응분자수를 구하시오.
(d) 각 단계의 반응속도식을 쓰시오.
(e) 속도결정단계는?

11.71 $NO_2(g)$와 $CO(g)$의 반응은 다음의 두 단계를 거칠 것으로 생각된다.

Step 1: $NO_2(g) + NO_2(g) \rightarrow NO(g) + NO_3(g)$ (slow)
Step 2: $NO_3(g) + CO(g) \rightarrow NO_2(g) + CO_2(g)$ (fast)

(a) 개별 단계를 더해 반응전체의 화학양론식을 얻을 수 있는지 보이시오.

(b) 각 단계의 반응분자수는?
(c) 반응메카니즘이 kinetic data와 일치할 경우, 반응속도식을 구하시오.
(d) 반응중간체를 확인하시오.

11-6 촉매 작용

11.72 만약 교과서가 촉매제를 "반응 속도를 증가시키는 물질"이라고 정의한다면, 그 정의는 적합한가?

11.73 촉매라는 단어는 과학 밖에서도 사용되어 왔다. 스포츠 경기에서, 경기에 들어오는 예비 선수는 복귀의 승리를 위한 촉매제로 묘사될 수도 있다. 이 단어의 사용법이 단어의 과학적 사용법과 유사한지 토론하시오.

11.74 CFCs가 성층권의 오존을 파괴하는 과정에서, 촉매는 빛인가? 이유를 설명하시오.

11.75 균일촉매와 불균일촉매를 구분하시오.

11.76 흡착과 탈착에 대해 설명하시오. 이들 용어는 불균일 촉매 과정에서만 언급이 가능한가?

11.77 물질의 운동론에 근거하여, 역반응에서의 촉매작용을 설명하시오.

11.78 비촉매반응에 대한 가설적 활성화에너지 도표를 그리시오. 몇몇 동일한 좌표에서는 촉매반응 그래프와 유사하다. 촉매의 사용으로 인해 반응속도가 증가하는 이유는?

Chapter 12

화학평형

Chemical Equilibrium

12-1 화학평형

정반응과 역반응

테이블 위에 물 한 컵이 있다. 밤새 방치하면 물의 양은 줄어든다(그림 12.1). 사라진 물은 증발되었다. 컵의 입구를 막고 같은 실험을 반복했을 때, 물은 컵 안에 그대로 남는다. 닫힌계(입구를 막은 컵)에서는, 물과 수증기 사이에 **동적평형**(dynamic equilibrium)이 이루어진다(그림 12.2). 평형상태에서는, 물 분자가 액체표면을 떠나는 속도와 액체표면으로 되돌아가는 속도가 같다. 증발속도는 액체분자의 에너지 분포로 결정된다. 충분한 운동에너지를 가진 분자들은 액체의 분자간 인력을 극복하고 증기상으로 탈출한다. 따라서 물의 온도가 일정하면, 증발속도는 일정할 것이다. 응결속도는 어떨까? 기체상의 분자들은 액체표면과 부딪칠 때마다 액체상으로 돌아갈 기회를 갖는다. 기체분자가 액체표면과 부딪치는 속도는 기체분자수 또는 기체압에 비례한다. 처음에 액체만 존재한다면, 응결속도는 0이다. 하지만 증발이 일어나면, 잠시 후에 용기는 약간의 증기로 채워지고, 응결이 시작된다. 증발속도가 응결속도보다 크면, 증기상의 압력이 증가할 것이며, 결국은 응결속도도 증가하게 된다. 마침내 두 속도는 같아지고, 액체양과 증기양에서 알짜변화는 없다.

그림 12.1 시간에 따른 두 컵의 물 높이. 왼쪽 컵은 뚜껑이 덮여있고, 오른쪽 컵은 공기에 개방된 상태이다. 사진들은 10일씩 경과한 후의 것으로, 오른쪽 컵의 물 높이는 점점 낮아지고 있다.

평형상태에서도 증발과 응결은 멈추지 않고 진행되는데, 이것을 동적평형이라 한다. 두 경쟁과정의 속도는 서로 같으나, 0은 아니다. 미시적관점에서, 각각의 분자들은 액체에서 증기로, 다시 증기에서 액체로 계속 움직인다. 그러나 거시적관점에서는, 액체와 증기의 관측양은 더 이상 변하지 않는다.

우리는 화학반응식을 쓸 때, 정반응으로 간주하여 표기한다. 역반응에서는, 생성물이라 불렸던 물질이 반응한다. 역반응이 어떤 경우는 영향력있게, 어떤 경우는 미비하게 발생지만, 원칙적으로 모든 화학반응에서 발생한다. 즉 "증발"에서 설명한 것처럼, 닫힌계일 때 화학반응은 동적평형에 도달함을 의미한다.

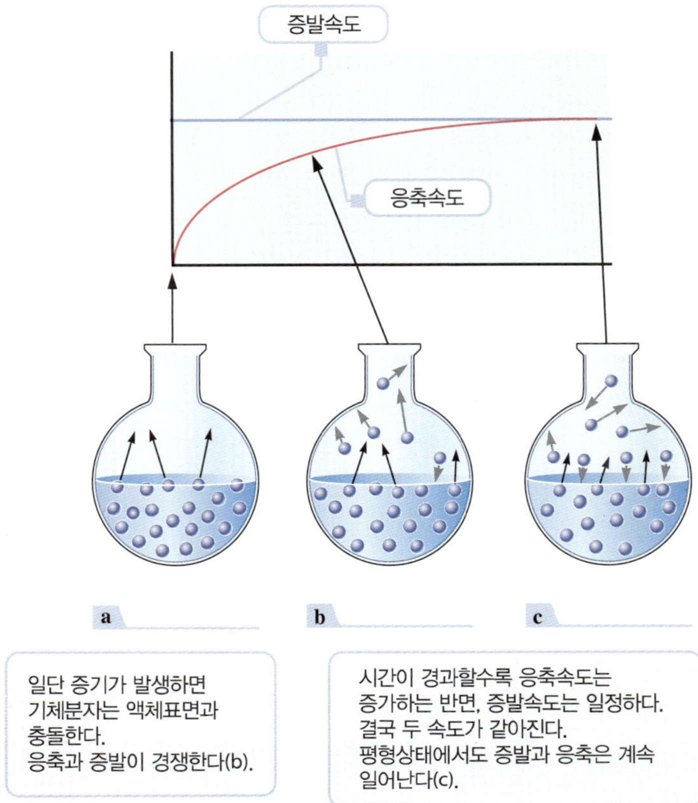

그림 12.2 밀폐용기에서의 액체와 증기의 평형은 증발속도와 응축속도에 지배된다. 증기가 전혀 없는 밀폐용기에 액체를 넣는다. 액체표면의 에너지가 높은 분자들은 기체상으로 움직일 수 있다(a). 일단 약간의 증기가 존재하면, 기체분자는 액체표면과 부딪쳐 다시 응축된다(b). 시간이 지날수록 응축속도는 증가하나, 증발속도는 일정하다. 결국 두 속도는 같아지고, 평형상태에서도 증발과 응축은 계속 일어난다.

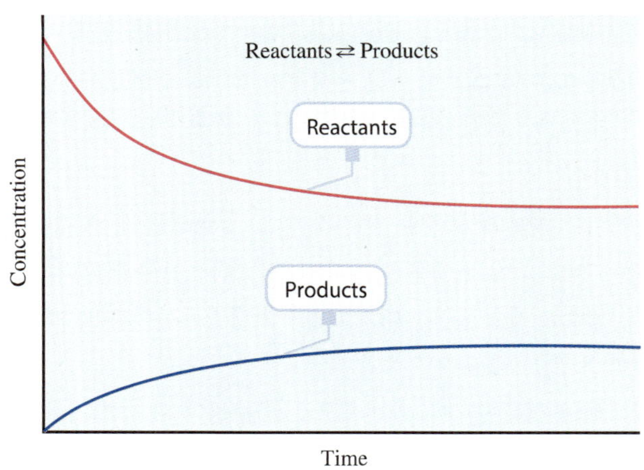

그림 12.3 화학계가 평형에 이르는 과정을 나타낸 그래프 ; 처음에는 반응물만 존재한다. 정반응이 일어나면서 생성물이 만들어진다. 반응물 농도가 증가할수록, 역반응이 중요해진다. 결국 정반응과 역반응 속도는 같아지고, 평형상태에서 반응물과 생성물 농도는 일정하다.

두 반응물간의 화학반응을 예로 들어보자(그림 12.3). 화학반응속도는 반응물의 농도에 비례하기 때문에, 초기 역반응속도는 0이다. 처음 반응물들을 섞으면 처음에는 정반응속도가 역반응속도보다 크다. 시간이 경과하면, 반응물 농도는 감소하고 생성물 농도는 증가하면서, 정반응은 느려지고 역반응은 빨라진다. 최종적으로 화학평형에 도달하면 두 속도는 같아지며, 반응물과 생성물의 관측농도는 일정해진다. 평형상태의 화학계에서 정반응속도와 역반응속도는 같다.

화학평형의 수학적 관계식

정반응과 역반응의 반응속도식으로 평형상태를 표현할 수 있다. 반응물 R과 생성물 P의 어떤 반응에서, 평형상태의 화학식을 정방향과 역방향의 두 개의 화살표로 나타낸다.

$$R \rightleftarrows P$$

정반응과 역반응은 단일단계(11-5장 참조)로 진행된다고 가정하자. 정반응의 반응속도식은

$$\text{반응속도(정반응)} = k_{\text{정반응}}[R]$$

역반응의 반응속도식은

$$\text{반응속도(역반응)} = k_{\text{역반응}}[P]$$

평형상태에서는 두 속도가 같다.

$$k_{\text{정반응}}[R]_{\text{eq}} = k_{\text{역반응}}[P]_{\text{eq}}$$

이 때의 농도는 평형상태에서의 농도이므로, "eq"를 붙여 표시한다. 위의 식은

$$\frac{k_{\text{정반응}}}{k_{\text{역반응}}} = \frac{[P]_{\text{eq}}}{[R]_{\text{eq}}}$$

$k_{\text{정반응}}$과 $k_{\text{역반응}}$은 속도상수로, 온도가 일정하면 속도상수도 일정하기 때문에 식의 왼쪽은 일정하다. 즉 주어진 온도에서 $[P]_{\text{eq}}/[R]_{\text{eq}}$는 일정하다.

시멘트에 감수제로 사용되는 살리실산(salicylic acid), $C_6H_4(OH)COOH$을 예로 들어보자.

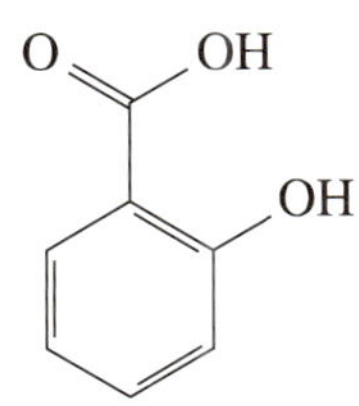

salicylic acid

살리실산은 물에 녹아 수소 이온과 $C_6H_4(OH)COO^-$ 음이온을 생성한다.

$$C_6H_4(OH)COOH(aq) \rightleftarrows H^+(aq) + C_6H_4(OH)COO^-(aq)$$

정반응과 역반응은 단일단계과정으로, 반응속도식은 다음과 같다.

$$\text{반응속도(정반응)} = k_{\text{정반응}}[C_6H_4(OH)COOH]$$

$$\text{반응속도(역반응)} = k_{\text{역반응}}[H^+][C_6H_4(OH)COO^-]$$

평형상태에서 두 속도는 같으므로

$$k_{\text{정반응}}[C_6H_4(OH)COOH] = k_{\text{역반응}}[H^+][C_6H_4(OH)COO^-]$$

위 식을 재배열하면

$$\frac{k_{\text{정반응}}}{k_{\text{역반응}}} = \frac{[H^+]_{eq}[C_6H_4(OH)COO^-]_{eq}}{[C_6H_4(OH)COOH]_{eq}} = \text{일정}$$

12-2 평형상수

석회암인 $CaCO_3$의 분해반응은 다음과 같다.

$$CaCO_3(s) \rightarrow CaO(s) + CO_2(g)$$

시멘트 제조에서는 CaO가 중요하며, 환경문제에서는 CO_2가 중요하다. 이들 화합물의 양을 계산하기 위해서는 평형상태에 대한 수학적 모델이 필요하다.

평형상수식

일반적인 화학반응에서

$$a\,A + b\,B \rightleftarrows c\,C + d\,D$$

반응물과 생성물의 농도비를 다음과 같이 정의할 수 있다.

$$Q = \frac{[C]^c\,[D]^d}{[A]^a\,[B]^b} \tag{12.1}$$

이것을 **반응지수**(Q, reaction quotient)라 한다. 식의 분자에는 생성물 농도를, 분모에는 반응물 농도가 위치한다. 농도는 양론계수의 지수배로 증가한다. 평형상태에서 이 비는 **평형상수식**(equilibrium expression)이 되는데, 이때의 Q를 **평형상수**(K, equilibrium constant)라 한다.

$$K = \frac{[C]_{eq}^c\,[D]_{eq}^d}{[A]_{eq}^a\,[B]_{eq}^b} \tag{12.2}$$

특정 반응에 대한 K값을 결정하기 위해서는, 반응물과 생성물의 평형상태에서의 농도를 측정해야 한다.

예제 12.1

굴뚝에 사용되는 콘크리트는 부식저항성을 갖도록 디자인된다. 산화황이 만들어지는데, 분산되지 않는다면 반응은 평형에 도달한다.

$$2\ SO_2(g) + O_2(g) \rightleftarrows 2\ SO_3(g)$$

이 반응에 대한 평형상수식을 쓰시오.

풀이

$$K = \frac{[SO_3]^2}{[SO_2]^2[O_2]}$$

추가문제 대기중 산화질소에 의해 산성비가 만들어진다. 다음 반응에 대한 평형상수식을 쓰시오. 이때 기체상의 아질산(nitrous acid)이 형성된다.

$$NO(g) + NO_2(g) + H_2O(g) \rightleftarrows 2\ HNO_2(g)$$

가스상에서의 평형: K_P vs. K_c

평형반응의 대부분은 가스상에서 발생한다. 예제 12.1에서는 평형상수식을 몰농도로 나타내었다. 하지만 몰농도 대신 부분압력을 사용하여 기체의 평형상수식을 표현하는 것이 더 쉬울 때도 있다. 이때의 평형상수는 K_P로 나타낸다.

$$a\,A(g) + b\,B(g) \rightleftarrows c\,C(g) + d\,D(g)$$

K_P로 표현하면 다음과 같다.

$$K_P = \frac{(P_C)^c_{eq}\,(P_D)^d_{eq}}{(P_A)^a_{eq}\,(P_B)^b_{eq}} \qquad (12.3)$$

식 (12.2)와 (12.3)의 값은 같은가? 기체의 몰농도를 기체의 부분압과 연관시켜 볼 필요가 있다. 이상기체법칙에서 기체의 부분압력은 다음과 같다.

$$P_i = \frac{n_i R T}{V}$$

기체의 몰농도는 n_i/V이다. A기체의 경우

$$P_A = \frac{n_A}{V} RT = [A]RT$$

B, C, D 기체도 같은 방식으로 표현될 수 있다.

$$K_P = \frac{([C]_{eq}RT)^c\,([D]_{eq}RT)^d}{([A]_{eq}RT)^a\,([B]_{eq}RT)^b}$$

$$= \frac{[\mathrm{C}]^c_{\mathrm{eq}}\,[\mathrm{D}]^d_{\mathrm{eq}}}{[\mathrm{A}]^a_{\mathrm{eq}}\,[\mathrm{B}]^b_{\mathrm{eq}}} \times (RT)^{(c+d-a-b)}$$

$$= K_c \times (RT)^{(c+d-a-b)}$$

여기서 K_c는 몰농도로 표현된 평형상수를 뜻한다. $(RT)^{(c+d-a-b)} \neq 1$이면, K_P와 K_c는 같지 않다. 지수 $(c+d-a-b)$는 반응물에서 생성물로의 기체 몰수의 변화(Δn_{gas})이다. 위의 식을 다시 쓰면

$$K_P = K_c \times RT^{(\Delta n_{\mathrm{gas}})} \tag{12.4}$$

$\Delta n_{\mathrm{gas}} = 0$일 경우, 두 평형상수 K_P와 K_c는 같다. 따라서 평형상수가 K_P 또는 K_c 어떤 것인지 확인해야 한다. 이 책에서는 K_c만 사용하며, 첨자 "c"없이 K만 쓰도록 하겠다.

균일평형과 불균일평형

지금까지 다뤘던 평형은 **균일평형**(homogeneous equilibria)으로, 반응물과 생성물의 상(phase)이 같다. 그러나 반응물이나 생성물 중에 하나가 고체 또는 액체상일 때, 조금 수정된 평형상수 식을 사용한다. 순수 고체나 액체는 반응이 진행되어도 농도가 변하지 않는다. 예로, 닫힌계에서의 탄산칼슘(calcium carbonate) 분해반응을 보자(그림 12.4).

$$\mathrm{CaCO_3(s)} \leftrightarrows \mathrm{CaO(s)} + \mathrm{CO_2(g)}$$

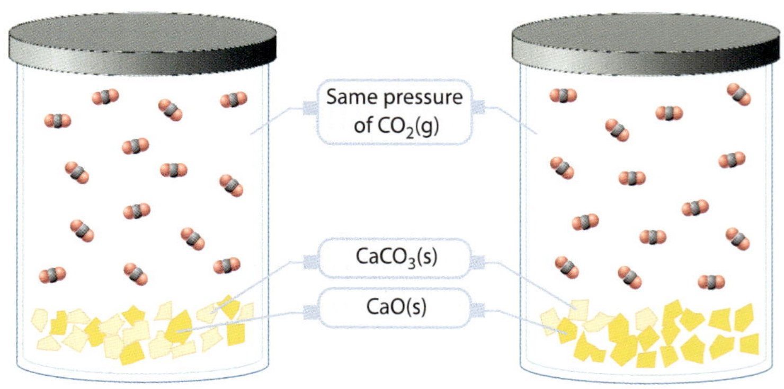

Much $CaCO_3$(s), little CaO(s)   Little $CaCO_3$(s), much CaO(s)

그림 12.4 고체는 농도가 변하지 않기 때문에, 반응에 대한 평형상수는 [CO_2]에 대한 것이다. 특정온도에서 CO_2 압력은 $CaCO_3$와 CaO의 양과는 관련없다. 두 용기의 CO_2 압력은 같다.

계에 열을 가하면 더 많은 CaO와 CO_2가 형성되는데, 계의 부피는 일정하기 때문에 CO_2 농도(mol/L)는 증가한다. 그러나 고체는 자체 부피를 갖기 때문에, 고체의 농도는 변하지 않으며, 액체도 마찬가지이다. 예로, $CaCO_3$의 몰수(질량)에 대한 $CaCO_3$의 부피 비는 일정하다. 반응에 참여하는 물질의 상이 두 가지 이상인 **불균일평형**(heterogeneous equilibrium)에서는, 액체나

고체인 반응물이나 생성물은 평형상수식에 표현되지 않는다. 따라서 위 반응의 평형상수식은 다음과 같다.

$$K = [CO_2]$$

예제 12.2

수산화칼슘(calcium hydroxide)의 침전반응은 다음과 같다.

$$Ca^{2+}(aq) + 2\,OH^-(aq) \rightleftarrows Ca(OH)_2(s)$$

반응의 평형상수식을 쓰시오.

풀이

$$K = \frac{1}{[Ca^{2+}][OH^-]^2}$$

추가문제 구리(II)이온과 인산이온을 포함한 용액으로부터 인산제2구리(cupric phosphate)가 침전하는 화학반응식을 쓰고 평형상수식을 완성하시오.

평형상수의 의미

화학평형을 이해하기 위해 평형상수식을 사용한다. 평형상수는 10^{-99}부터 10^{99}로 광범위하다. 예로, "칼슘은 어떤 음이온과 더 쉽게 결합하는가?"에 답하기 위해 평형상수를 어떻게 이용할 수 있을까?

$$K = \frac{[\text{생성물}]}{[\text{반응물}]}$$

분자에 생성물 농도, 분모에 반응물 농도가 위치한다. K값이 크면, 생성물 농도가 크고 반응물 농도는 작다. 반면, K값이 작으면, 반응물 농도가 크고 생성물 농도는 작다.

$$K = \frac{\mathbf{[\text{생성물}]}}{[\text{반응물}]} = \text{큰 값}$$

$$K = \frac{[\text{생성물}]}{\mathbf{[\text{반응물}]}} = \text{작은 값}$$

즉, K값으로 반응의 방향성을 알 수 있다. K값이 크면, 생성물이 만들어지는 방향으로 반응이 진행되며, K값이 작으면($K \ll 1$) 평형상태에서 반응물의 대부분이 반응하지 않고 남아 있다. 만약 K값의 승수가 1이라면, 평형상수식에서 반응물과 생성물 농도는 모두 중요하다.

예제 12.3

칼슘 이온과 마그네슘 이온은 수산화이온과 반응하여 침전하였다.

$$Ca^{2+}(aq) + 2\,OH^-(aq) \rightleftarrows Ca(OH)_2(s) \quad K = 1.3 \times 10^5$$
$$Mg^{2+}(aq) + 2\,OH^-(aq) \rightleftarrows Mg(OH)_2(s) \quad K = 6.7 \times 10^{10}$$

이때 어느 이온과 더 쉽게 침전하는가?

풀이 평형상수는 모두 1보다 크지만, 마그네슘이온의 반응에 대한 평형상수가 훨씬 크다. 따라서 수산화마그네슘이 형성되는 경향이 크기 때문에, 더 쉽게 생성물을 만든다.

추가문제 수산화제2망간(manganese(II) hydroxide)의 침전반응은 다음과 같다.

$$Mn^{2+}(aq) + 2\,OH^-(aq) \rightleftarrows Mn(OH)_2(s) \quad K = 2.17 \times 10^{13}$$

칼슘과 마그네슘이온과 비교했을 때, 망간이온(II)이 수산화이온과 침전을 형성하는 속도는?

침전반응의 반대 과정인 용해도를 부록 H에서 볼 수 있다.

화학반응식의 역반응

평형상수를 사용할 때, 화학반응식의 방향 즉, 정반응인지 역반응인지를 판단한다. 수산화칼슘의 침전을 예로 들어보자.

$$Ca^{2+}(aq) + 2\,OH^-(aq) \rightleftarrows Ca(OH)_2(s) \qquad K = \frac{1}{[Ca^{2+}][OH^-]^2}$$
$$Ca(OH)_2(s) \rightleftarrows Ca^{2+}(aq) + 2\,OH^-(aq) \qquad K' = [Ca^{2+}][OH^-]^2$$

두 평형상수식은 서로 역수로, 반응물과 생성물이 교차된다.

$$K' = \frac{1}{K}$$

화학양론의 조절

화학양론계수는 평형상수식에서 지수로 사용되기 때문에, 화학양론의 선택은 중요하다.

$$2\,NH_3(g) + 2\,CH_4(g) + 3\,O_2(g) \rightleftarrows 2\,HCN(g) + 6\,H_2O(g)$$

또는

$$NH_3(g) + CH_4(g) + \frac{3}{2}\,O_2(g) \rightleftarrows HCN(g) + 3\,H_2O(g)$$

두 반응식에 대한 평형상수식은?

$$K_1 = \frac{[HCN]^2[H_2O]^6}{[NH_3]^2[CH_4]^2[O_2]^3} \qquad K_2 = \frac{[HCN][H_2O]^3}{[NH_3][CH_4][O_2]^{3/2}}$$

K_2는 $\sqrt{K_1}$ 이다. 평형상수값을 고려할 때 화학반응식을 주의깊게 보아야 한다.

예제 12.4

질소와 수소로부터 합성된 암모니아는 비료, 중합체, 시멘트혼합물의 성분이다.

$$N_2(g) + 3\,H_2(g) \rightleftarrows 2\,NH_3(g)$$

평형상수식을 쓰시오. (a) 위의 반응대로 (b) 역반응 (c) 반응계수를 2로 나눈 반응에 대해

풀이

(a) $K = \dfrac{[NH_3]^2}{[N_2][H_2]^3}$

(b) $K' = \dfrac{1}{K} = \dfrac{[N_2][H_2]^3}{[NH_3]^2}$

(c) $K'' = K^{1/2} = \dfrac{[NH_3]}{[N_2]^{1/2}[H_2]^{3/2}}$

추가문제 다음 반응의 평형상수식을 쓰시오. (a) 반응대로 (b) 역반응 (c) 반응계수를 2배로 한 반응에 대해

$$2\,NH_3(g) + \frac{5}{2}O_2(g) \rightleftarrows 2\,NO(g) + 3\,H_2O(g)$$

연속반응에 대한 평형상수

어떤 화학반응의 생성물은 다음연속반응의 반응물이 될 수도 있다. 두 반응에 대한 각각의 평형상수를 안다면, 총반응에 대한 평형상수를 결정할 수 있다. 인산 이온와 수소 이온의 단계적 반응을 예로 들어보자.

$$PO_4^{3-}(aq) + H^+(aq) \rightleftarrows HPO_4^{2-} \qquad K_1 = \frac{[HPO_4^{2-}]}{[PO_4^{3-}][H^+]}$$

$$HPO_4^{2-}(aq) + H^+(aq) \rightleftarrows H_2PO_4^- \qquad K_2 = \frac{[H_2PO_4^-]}{[HPO_4^{2-}][H^+]}$$

$$PO_4^{3-}(aq) + 2\,H^+(aq) \rightleftarrows H_2PO_4^- \qquad K_3 = \frac{[H_2PO_4^-]}{[PO_4^{3-}][H^+]^2}$$

세 번째 식은 처음 두 식을 합한 것으로, K_3는 다음과 같다.

$$K_3 = K_1 \times K_2$$

$$K_3 = \frac{[HPO_4^{2-}]}{[PO_4^{3-}][H^+]} \times \frac{[H_2PO_4^-]}{[HPO_4^{2-}][H^+]} = \frac{[H_2PO_4^-]}{[PO_4^{3-}][H^+]^2}$$

예제 12.5

다음의 화학반응식에서

$$CO_2(g) \rightleftarrows CO(g) + \frac{1}{2} O_2(g)$$

$$H_2(g) + \frac{1}{2} O_2(g) \rightleftarrows H_2O(g)$$

두 반응을 합한 반응에 대한 평형상수식을 결정하시오.

풀이

$$CO_2(g) \rightleftarrows CO(g) + \frac{1}{2} O_2(g) \qquad K_1 = \frac{[CO][O_2]^{1/2}}{[CO_2]}$$

$$H_2(g) + \frac{1}{2} O_2(g) \rightleftarrows H_2O(g) \qquad K_2 = \frac{[H_2O]}{[H_2][O_2]^{1/2}}$$

$$K_3 = \frac{[CO][O_2]^{1/2}}{[CO_2]} \times \frac{[H_2O]}{[H_2][O_2]^{1/2}} = \frac{[CO][H_2O]}{[CO_2][H_2]}$$

참고로 두 반응을 합한 반응은 다음과 같다.

$$CO_2(g) + H_2(g) \rightleftarrows CO(g) + H_2O(g)$$

추가문제 다음은 한 쌍의 기체상 반응에 대한 평형상수식이다. 두 반응을 합한 반응에 대한 평형상수식을 찾고, 반응식을 쓰시오.

$$K_1 = \frac{[NO_2]^2}{[N_2][O_2]^2}, \qquad K_2 = \frac{[NO]^2[O_2]}{[NO_2]^2}$$

평형상수는 단위가 없는 것이 편하기 때문에, 화학종의 농도를 기준 농도 1 M로 나누어 사용한다. 예로, 평형상수식의 수산화이온 농도는 $[OH^-] = [OH^-]_{eq} / 1\,M$이다.

12-3 평형농도

평형상수를 결정하기 위해서는 평형농도를 측정해야 한다. 역으로, 평형상수에 근거하여 평형농도를 예측할 수도 있다. 평형상수와 화학양론을 이용하여 아래 순서에 따라 평형농도를 계산할 수 있다.

- 화학반응식의 균형을 맞춘다.
- 반응식에 맞는 평형상수식을 쓴다.
- 모든 반응물질에 대한 농도표를 만든다.

농도표는, 1행에 초기농도, 2행에 농도변화, 3행에 평형농도(마지막 농도)를 넣는다. 문제의 정보를 이용하여 표를 채워나간다.

예제 12.6

수소 기체가 아이오딘 기체와 반응했을 때, 다음의 평형이 이루어진다.

$$H_2(g) + I_2(g) \rightleftarrows 2\,HI(g)$$

400°C에서 평형상수를 측정하였을 때 59.3이었다. 0.050 M 수소와 0.050 M 아이오딘이 포함된 혼합물로 반응을 시작하였을 때, 반응물과 생성물의 평형농도는 얼마인가?

풀이

계가 평형에 이르면, H_2와 I_2의 초기농도는 감소하고, HI 농도는 증가할 것이다.

화학반응식에서, H_2 분자와 I_2 분자는 한 개씩 반응하여 두 개의 HI 분자를 만든다. 농도변화를 변수 x를 이용하여 표현할 수 있다. $[H_2]$의 변화는 "$-x$"일 때, H_2와 I_2의 몰비는 1 : 1이므로, $[I_2]$의 변화는 $-x$이다. H_2와 HI의 몰비는 1 : 2이므로 [HI]의 변화는 $+2x$이다.

	H_2	I_2	HI
초기 농도	0.050 M	0.050 M	0 M
농도의 변화	$-x$	$-x$	$+2x$
최종 농도			

다음은, 세 번째 열을 채울 수 있다. 평형상태에서의 농도는 초기농도에 농도변화를 더하여 구할 수 있다.

	H_2	I_2	HI
초기 농도	0.050 M	0.050 M	0 M
농도의 변화	$-x$	$-x$	$+2x$
최종 농도	$0.050-x$	$0.050-x$	$2x$

평형농도의 실제 값을 구하기 위해 x를 계산할 필요가 있다. 평형상수식에 세 번째 열의 값을 대입하면,

$$K = \frac{[HI]^2}{[H_2][I_2]} = \frac{(2x)^2}{(0.050-x)(0.050-x)} = 59.3$$

x에 대해 풀면

$$\frac{2x}{0.050-x} = 7.70$$

$$x = 0.040$$

x값을 대입하여 평형농도를 계산한다.

$$[H_2] = [I_2] = 0.050 - 0.040 = 0.010\ M$$

$$[HI] = 2x = 0.080\ M$$

추가문제 더 높은 온도에서 위 반응의 평형상수를 측정하였을 때 $K=51.4$이었다. 수소와 아이오딘의 농도는 각각 0.010 M로 시작하였다. 각 화학종의 평형농도를 계산하시오.

예제 12.7

염소 기체와 삼염화인(phosphorus trichloride)의 반응에 대한 평형상수는 250°C에서 33이다. 0.050 M PCl_3와 0.015 M Cl_2로 반응을 시작하였을 때, 세 기체의 평형농도는?

$$Cl_2(g) + PCl_3(g) \rightleftarrows PCl_5(g)$$

풀이 예제 12.6에서처럼 농도표를 만든다. 초기농도와 농도변화를 채워 넣는다. 이 반응의 화학양론은 1 : 1 : 1이므로, 농도변화는 Cl_2와 PCl_3의 경우 $-x$, PCl_5의 경우 $+x$이다.

	Cl_2	PCl_3	PCl_5
초기 농도	0.050 M	0.050 M	0 M
농도의 변화	$-x$	$-x$	$+x$
최종 농도	$0.150 - x$	$0.050 - x$	x

평형상수식에 대입하면

$$K = \frac{[PCl_5]}{[Cl_2][PCl_3]} = \frac{x}{(0.015 - x)(0.050 - x)} = 33$$

$$33x^2 - 3.145x + 0.025 = 0$$

근의 공식을 사용하여 x에 대해 풀면

$$x = \frac{-b \pm \sqrt{b^2 - 4ac}}{2a}$$

$$= \frac{3.145 \pm \sqrt{9.89 - 3.3}}{66}$$

$$x = 0.087 \text{ 또는 } 0.0088$$

$x = 0.087$일 경우, Cl_2와 PCl_3는 음의 농도를 갖는다. 따라서 $x = 0.0088$를 사용하여 다음의 결과를 얻을 수 있다.

$$[PCl_5] = x = 0.0088 \text{ M}$$

$$[Cl_2] = 0.015 - x = 0.015 - 0.0088 = 0.006 \text{ M}$$

$$[PCl_3] = 0.050 - x = 0.050 - 0.0088 = 0.041 \text{ M}$$

위의 농도를 평형상수식에 대입하여 계산값이 타당한지 확인한다.
이 경우 $K = (0.0088)/(0.006)(0.041) = 36$이다. 33은 아니지만, 자료가 유효숫자 2자리를 포함하기 때문에 맞는 것으로 판단한다.

추가문제 $PCl_5(g)$의 분해반응에 대한 평형상수는 0.030(같은 온도)이다. 0.040 M $PCl_5(g)$로 반응을 시작하였을 때, 세 기체의 평형농도는?

12-4 LeChatelier 원리

어떤 생성물을 만들 때 평형상수를 보고 반응을 선택하지만, 생각만큼 간단치 않다. 예로, H_2, N_2, NH_3의 평형상수는 그 값이 크지 않아 암모니아 형성이 그리 유리해 보이진 않는다. 그럼에도 불구하고 암모니아는 중요한 물질이기 때문에 상업적으로 제조되고 있다. 반응을 조절할 수 있는 변수는 무엇이며, 이들 변수가 평형에 미치는 영향은 무엇인가?

LeChatelier 원리는 다음과 같이 요약된다. 평형상태의 계는 변화에 대응한다. 평형상태의 계에 스트레스가 가해지면, 스트레스를 최소화하는 방향으로 평형이 재배열된다. 화학평형에서의 스트레스는 주로 세 가지이다: 농도변화, 압력변화, 온도변화.

반응물 또는 생성물 농도의 변화가 평형에 미치는 영향

화학적 평형상태에 이르면 화학종들의 농도 사이에 균형이 이뤄진다. 계의 평형상태를 깨는 직접적인 방법이 반응물이나 생성물의 농도를 변화시키는 것이다. 막힌 플라스크에 평형상태의 NO_2와 N_2O_4 기체의 혼합물이 담겨있다. 이 계에 NO_2를 추가로 투입하면, 평형은 어떤 방식으로 움직일까? 그림 12.5를 보면, 스트레스를 줄이기 위해 N_2O_4가 생성된다.

이 반응에서 가해진 스트레스는 어떻게 상쇄되는가? 평형상태에서 $Q = K$이다. 그러나 농도가 변하면 Q는 더 이상 K와 같지 않다. 그림 12.5처럼 반응물의 농도가 증가하면, Q는 K보다 작아진다. 새로운 평형상태에 도달할수록 Q의 값은 커진다. 즉 계는 분자에 있는 생성물의 농도가 증가하고 분모에 있는 반응물의 농도가 감소하는 방향으로 반응한다. $Q < K$일 때, 생성물이 선호되는 방향으로 반응이 일어나고, $Q > K$이면, 반응물이 선호되는 방향으로 반응이 일어난다. 표 12.1에 평형상태의 계가 네 가지 농도변화에 반응하는 방식을 나타내었다.

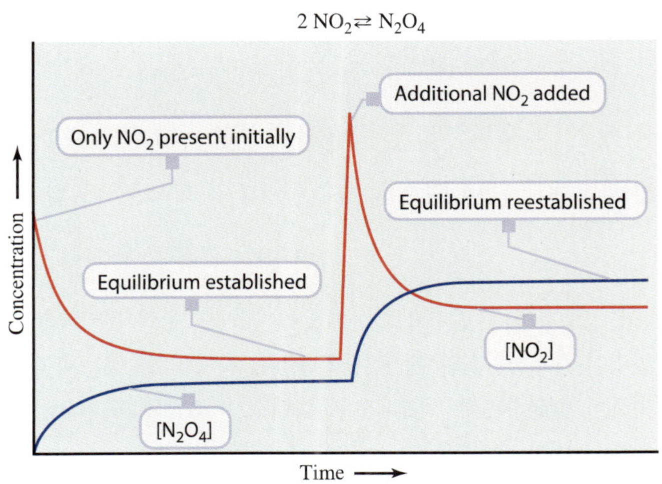

그림 12.5 반응물인 NO_2의 농도가 증가하였을 때 평형에 미치는 영향. (붉은색 $-NO_2$, 파란색 $-N_2O_4$) 반응중간에 NO_2가 첨가되면 N_2O_4가 만들어지고 새로운 평형에 이른다.

표 12.1 평형상태에서 농도가 변했을 때 반응지수 Q를 평형상수 K와 비교하여 새로운 평형상태를 예측한다.

반응 형식	온도변화	계의 반응
[생성물] 증가	$Q > K$	더 많은 반응물이 생성
[생성물] 감소	$Q < K$	더 많은 생성물이 생성
[반응물] 증가	$Q < K$	더 많은 생성물이 생성
[반응물] 감소	$Q > K$	더 많은 반응물이 생성

예제 12.8

아세트산(acetic acid, CH_3COOH) 용액에서 수소 이온과 아세트산 이온(CH_3COO^-)의 평형은 다음의 방법에 의해 깨진다. 이때 반응지수 Q의 변화를 예측하시오. (a) 아세트산소듐을 계에 넣었을 때 (b) 아세트산을 추가로 넣었을 때 (c) 수산화소듐을 넣었을 때. 스트레스를 줄이기 위해 평형이 어떤 방향으로 움직이는지도 설명하시오.

풀이 화학반응식은 다음의 평형을 이룬다.

$$CH_3COOH(aq) \rightleftarrows H^+(aq) + CH_3COO^-(aq)$$

(a) 아세트산소듐은 Na^+와 CH_3COO^-로 해리된다. 소듐 이온은 평형에 관여하지 않지만 CH_3COO^-에 의해 생성물의 농도는 증가한다. Q는 증가하여 $Q > K$가 된다. 평형은 반응물 쪽으로 움직여, CH_3COOH가 추가로 만들어진다.

(b) 아세트산을 추가하면, CH_3COOH는 반응물이기 때문에 Q는 감소한다. $Q < K$이면, 평형은 생성물쪽으로 움직인다. CH_3COOH 일부가 해리하여 H^+와 CH_3COO^-의 농도가 증가한다.

(c) 수산화소듐이 첨가되면, 해리된 수산화이온(OH^-)이 H^+ 이온과 반응하여 물을 만든다. 따라서 H^+ 농도는 감소하여 $Q < K$가 된다. 평형은 생성물 쪽으로 움직인다.

추가문제 평형이 반응물쪽으로 움직이게 만드는 두 가지 방법을 설명하시오.

기체가 존재할 때 압력변화가 평형에 미치는 영향

물에 용해된 이산화탄소를 예로 들어보자. 화학반응이 일어나 평형상태에 도달하였다.

$$CO_2(g) + H_2O(\ell) \rightleftarrows H_2CO_3(aq)$$

탄산음료는 높은 압력으로 물에 CO_2 기체를 녹인 것이다. 캔을 땄을 때 어떤 일이 발생하는가? 압력이 감소하기 때문에, 이산화탄소가 차지할 수 있는 부피는 매우 커진다. 그리고 탄산음료에 거품이 발생하는데, 이것은 이산화탄소가 용액을 빠져나오기 때문이다. LeChatelier 원리로 어떻게 설명할 수 있을까?

LeChatelier 원리에 따르면 계에 가해진 스트레스를 최소화하는 방향으로 평형이 움직인다. 이 경우, 캔이 열리면서 탄산음료를 누르던 CO_2 압력이 낮아진다. 계는 변화된 압력의 영향을 어떻게 최소화할까? 더 많은 기체가 용액을 탈출하여 빠져나간 압력을 채운다. 음료에서 거품이

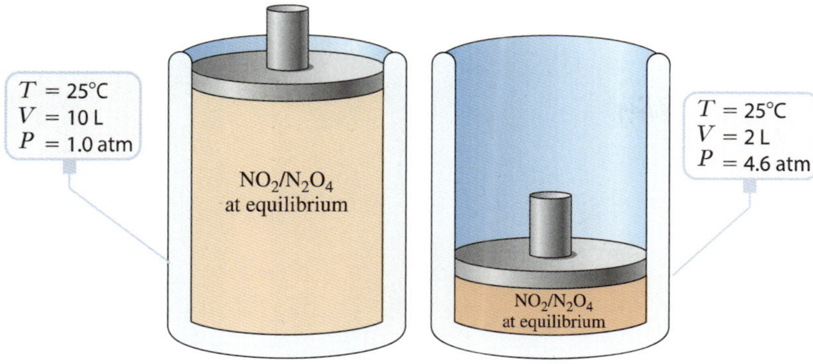

그림 12.6 NO_2/N_2O_4의 평형상태에 압력이 미치는 영향 ($2NO_2 \rightleftarrows N_2O_4$). 초기 평형상태는 10 L, 1.0 atm이다. 부피를 2 L로 줄이면 즉시 압력은 5.0 atm으로 증가한다. 이때 N_2O_4가 더 많이 만들어지는데, 압력의 증가에 맞춰 총 기체수는 감소한다. 따라서 2 L에 있는 N_2O_4의 부분압력은 10 L일 때보다 더 커진다.

나는 것은, 더 많은 기체를 만드는 방향으로 계의 평형이 이동하기 때문이다. 용기는 대기로 열려있기 때문에, 음료를 누르는 CO_2 압력은 실제로는 증가하지 않으며, 음료의 탄산이 0이 될 때까지 CO_2 기체는 계속 빠져나간다.

NO_2와 N_2O_4 간의 평형에 대해 생각해보자: 2 mol의 NO_2 기체가 결합하여 1 mol의 N_2O_4 기체가 형성된다. 압력이 가해지면, 계는 반응하여 더 많은 N_2O_4를 만든다(그림 12.6).

예제 12.9

HCN의 제조법은 다음과 같다. 계에 제시된 스트레스가 가해졌을 때, 반응은 어떤 방향으로 움직이는가?

(a) $NH_3(g) + CH_4(g) \rightleftarrows HCN(g) + 3\,H_2(g)$; 압력증가

(b) $2\,NH_3(g) + 2\,CH_4(g) + 3\,O_2(g) \rightleftarrows 2\,HCN(g) + 6\,H_2O(g)$; 압력감소

풀이

(a) 왼편에 2 mol, 오른편에 4 mol의 기체가 있다. 압력이 증가하면, 증가된 압력을 제거하기 위해 평형은 왼쪽으로 이동한다.

(b) 왼편에 7 mol, 오른편에 8 mol의 기체가 있다. 압력이 감소하면, 감소된 압력을 보충하기 위해 평형은 오른쪽으로 이동한다.

추가문제 계에 제시된 스트레스가 가해졌을 때, 반응은 어떤 방향으로 움직이는가?

(a) $N_2(g) + 3\,H_2(g) \rightleftarrows 2\,NH_3(g)$; 압력감소

(b) $CO_2(g) + H_2(g) \rightleftarrows CO(g) + H_2O(g)$; 압력증가

온도변화가 평형에 미치는 영향

온도가 계에 미치는 영향을 알아보기 위해, 온도변화를 계로 흘러들어가거나 빠져나오는 열흐름으로 생각하자. 반응이 흡열인지 발열인지 안다면, 계가 온도변화에 어떻게 반응할 지 예측할 수 있다. 발열반응에서는 열이 계 밖으로 흘러나온다. 이 열은 반응의 생성물이라 할 수 있다.

그림 12.7 NO_2(갈색)와 N_2O_4(무색)의 혼합물. 왼쪽사진의 플라스크는 얼음통에 담겨 있고, 연한 갈색이다. 오른쪽의 사진은 동일한 플라스크로 50°C 물에 담겨있고, 갈색이 뚜렷하다. LeChatelier 원리에 따라 온도가 높아지면 NO_2가 더 많아지는 방향으로 평형상태가 바뀐다.

열화학식으로 나타내면

$$\text{발열반응 : 반응물} \rightleftarrows \text{생성물} + \text{heat}$$

온도가 증가하면, 증가된 열에 의해 계에 스트레스가 가해진다. LeChatelier 원리에 따라, 계는 스트레스를 최소화하기 위해 과량의 열을 흡수하여, 반응물 방향으로 평형이 이동한다. 반대로, 온도가 낮아지면, 계는 열을 만들기 위해 생성물 방향으로 평형이 이동한다.

NO_2와 N_2O_4 사이의 평형반응에서, 두 개의 질소 원자 사이에 결합이 생기기 때문에 발열반응이다 ($2NO_2 \rightleftarrows N_2O_4$ + heat). 따라서 N_2O_4는 낮은 온도에서 더 잘 형성된다(그림 12.7).

흡열반응의 경우

$$\text{흡열반응 : 반응물} + \text{heat} \rightleftarrows \text{생성물}$$

온도가 증가하면, 흡열반응의 계는 열을 흡수하는 방향 즉, 생성물을 만드는 방향으로 움직인다. 온도가 감소하면, 반응물쪽으로 반응이 이동하여 열을 방출한다. 표 12.2에 온도변화에 따른 화학반응의 가능한 대응을 요약하였다.

표 12.2 발열반응과 흡열반응에 따라 온도변화가 화학계의 평형상태에 미치는 영향. 평형상수는 농도와 압력변화에 의해 바뀌지 않지만, 온도변화에 의해서도 바뀐다.

반응 형식	온도변화	계의 반응
발열	T 증가	더 많은 반응물이 생성
발열	T 감소	더 많은 생성물이 생성
흡열	T 증가	더 많은 생성물이 생성
흡열	T 감소	더 많은 반응물이 생성

생성물 또는 반응물의 농도가 바뀌어도, 평형상수는 변하지 않는다. 하지만 온도가 변하면 평형상수는 변한다. 반응속도를 높이기 위해 온도를 높이는데, 평형상수 쪽에서 보면 선호되지 않을 수도 있다. 이런 경우는, 상업적으로 실행가능하도록 요소들을 잘 조절한다.

촉매가 평형에 미치는 영향

정반응 속도와 역반응 속도가 같을 때 평형이 이루어진다. 촉매를 평형상태의 계에 넣으면 어떤 일이 발생할까? 촉매는 정반응과 역반응의 속도를 함께 증가시키기 때문에, 평형에 영향을 미치지 않는다.

12-5 용해도 평형

수산화물, 인산염, 탄산염의 침전반응에서, 화합물의 용해도에 대한 평형상수에 대해 알아보자.

용해도곱상수

용질이 특정 용매에 얼마나 녹을 수 있는가를 측정할 때 "용해도"란 용어를 사용한다. 용해도 규칙을 이온성 물질에만 적용한다고 생각하기 쉽다. 하지만 이 규칙을 이용하여 수산화칼슘($Ca(OH)_2$)과 수산화마그네슘($Mg(OH)_2$)을 불용성으로 분류할 수 있다. "**불용성(insoluble)**"이라는 것이 무엇을 의미하는지 알아 볼 필요가 있다. 좀 더 정확히 말하면, 수산화칼슘과 수산화마그네슘은 녹기 어려운 염(salt)이다. 충분한 시간과 깨끗한 용매를 계속 주입하면, 대부분의 불용성 염조차도 녹을 것이다. 그럼, 불용성 화합물이 녹는 양을 어떻게 나타낼 수 있을까?

용해도곱상수란

수산화칼슘과 수산화마그네슘을 물에 넣으면, 염(salt)과 구성 이온 간에 동적평형이 이루어진다. 이 반응은 불균일 반응이다. 평형상수식은 고체염의 농도를 포함하지 않는다; 용해된 이온들의 농도곱을 **용해도곱상수**(K_{sp}, solubility product constant)로 나타낸다. 위의 두 염을 용해도곱으로 나타내면

$$Ca(OH)_2(s) \rightleftharpoons Ca^{2+}(aq) + 2\,OH^-(aq)$$

$$K_{sp} = [Ca^{2+}][OH^-]^2 = 7.9 \times 10^{-6}$$

$$Mg(OH)_2(s) \rightleftharpoons Mg^{2+}(aq) + 2\,OH^-(aq)$$

$$K_{sp} = [Mg^{2+}][OH^-]^2 = 1.5 \times 10^{-11}$$

용해도곱상수로 염이 녹기 어려운지 아닌지 판단할 수 있다. 표 12.3은 일반적인 염에 대한 K_{sp}이다. (부록 H 참고)

표 12.3 용해도곱상수

염	K_{sp}
Ag_2CO_3	8.1×10^{-12}
Ag_3PO_4	1.3×10^{-20}
$AgBr$	5.3×10^{-13}
$AgCl$	1.8×10^{-10}
$AgCN$	6.0×10^{-17}
$Ca_3(PO_4)_2$	2.0×10^{-33}
$CaCO_3$	4.8×10^{-9}
$FeCO_3$	3.5×10^{-11}
$Mg_3(PO_4)_2$	9.9×10^{-25}
$PbCO_3$	1.5×10^{-13}
PtS	9.9×10^{-74}
ZnS	1.1×10^{-21}

예제 12.10

플루오르화칼슘(calcium fluoride)의 용해도곱식을 쓰시오.

풀이 플루오린은 −1가 이온을, 칼슘은 +2가 이온을 형성한다. 즉 플루오르화칼슘은 CaF_2이다. 용해도평형은

$$CaF_2(s) \rightleftarrows Ca^{2+}(aq) + 2\,F^-(aq)$$

따라서

$$K_{sp} = [Ca^{2+}][F^-]^2$$

추가문제 다음의 불용성 염에 대한 용해도곱식을 쓰시오. (a) 수산화망간(II) : manganese(II) hydroxide, (b) 황화구리(II) : copper(II) sulfide, (c) 아이오딘화구리(II) : copper(I) iodide, (d) 황산알루미늄 : aluminum sulfate

K_{sp}와 몰용해도의 관계

용해도는 용매 100 g에 녹은 용질의 질량으로, 가능한 농도단위를 선택한 것이다. **몰용해도(molar solubility)**는 포화용액에서의 용해된 고체의 몰농도이다. 몰용해도는 K_{sp}로 쉽게 구할 수 있다.

예제 12.11

인산칼슘(calcium phosphate)의 $K_{sp} = 2.0 \times 10^{-33}$일 때, 몰용해도는 얼마인가?
포화용액의 밀도를 1.00 g/cm^{3}라 할 때, $Ca_3(PO_4)_2$의 용해도(g/100 g 용매)는 얼마인가?

풀이 인산칼슘의 용해반응의 평형상태는

$$Ca_3(PO_4)_2(s) \rightleftarrows 3\,Ca^{2+}(aq) + 2\,PO_4^{3-}(aq)$$

용해도곱식을 작성한다.

$$K_{sp} = [Ca^{2+}]^3\,[PO_4^{3-}]^2 = 2.0 \times 10^{-33}$$

포화용액 안에서 일부 고체가 녹아 이온을 만들고, 이온은 염과 평형상태를 이룬다. 3 : 2의 화학양론을 고려하여 표의 빈칸을 채운다. 1 mol이 $Ca_3(PO_4)_2(s)$이 녹으면, 3 mol의 칼슘 이온과 2 mol의 인산 이온이 용액으로 방출된다.

	$Ca_3(PO_4)_2(s)$	$Ca^{2+}(aq)$	$PO_4^{3-}(aq)$
초기 농도	고체	0 M	0 M
농도의 변화	고체	$+3x$	$+2x$
최종 농도	고체	$3x$	$2x$

용해도곱식에 표의 값을 대입하면

$$K_{sp} = 2.0 \times 10^{-33} = [Ca^{2+}]^3 [PO_4^{3-}]^2 = (3x)^3 (2x)^2$$

x에 대해 풀면

$$2.0 \times 10^{-33} = 108\,x^5$$

$$x = 1.1 \times 10^{-7}$$

인산칼슘의 몰용해도는 1.1×10^{-7} M이다.

g 단위로 용해도를 바꾼다.

$$용해도 = \frac{1.1 \times 10^{-7}\ \text{mol Ca}_3(\text{PO}_4)_2}{\text{L}} \times \frac{1\ \text{L}}{10^3\ \text{cm}^3} \times \frac{1\ \text{cm}^3}{1.0\ \text{g}} \times \frac{310.2\ \text{g Ca}_3(\text{PO}_4)_2}{1\ \text{mol Ca}_3(\text{PO}_4)_2}$$

$$= 3.5 \times 10^{-8}\ \text{g 용질 / g H}_2\text{O}$$

$$= 3.5 \times 10^{-6}\ \text{g 용질 / 100 g H}_2\text{O}$$

추가문제 시안화은(silver cyanide)의 몰용해도를 계산하시오. 용해도(g/100 g 용매)로 환산하면 얼마인가?

공통이온효과

수산화칼슘이나 수산화마그네슘의 용해도는, 순수한 물에서 염과 이온의 평형이 이루어진다는 가정하에 구한다. (NaOH를 첨가하여) 수산화 이온을 첨가하였을 때 어떤 일이 일어날까? 염의 용해도에 영향을 미치는가?

LeChatelier 원리에 의해, 평형계에 평형에 참여하는 이온과 공통되는 이온을 외부에서 넣어 주면, 평형은 그 이온 농도를 감소시키는 방향으로 이동한다. 평형상태의 $Mg(OH)_2$ 용액에 공통이온 OH^-를 넣어주면, OH^- 이온을 소비하는 방향으로 반응이 이동하기 때문에, $Mg(OH)_2$가 형성되는 방향으로 반응이 진행된다.

$$Mg(OH)_2 \rightleftarrows Mg^{2+} + 2OH^-$$

이것이 **공통이온효과**(common ion effect) (그림 12.8)이다.

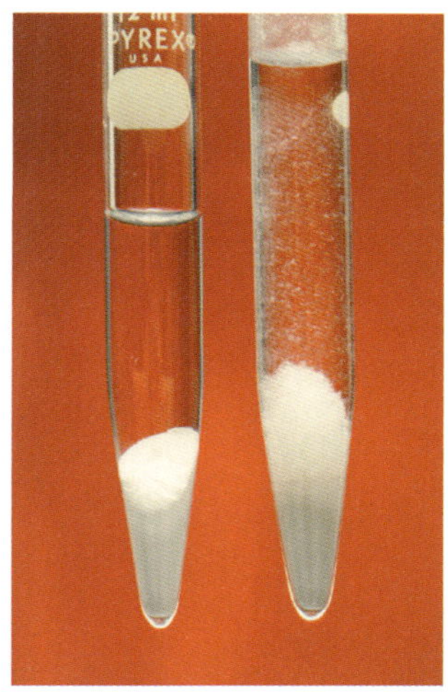

그림 12.8 포화 아세트산은이 들어 있는 왼쪽시험관에 $AgNO_3$ 수용액을 첨가하면, 아세트산은이 추가적으로 침전된다(오른쪽). 이는 공통이온효과 때문이다.
$CH_3COOAg \rightleftarrows Ag^+ + CH_3COO^-$

예제 12.12

$Ca_3(PO_4)_2$의 K_{sp}는 2.0×10^{-33}이다. 0.10 M $(NH_4)_3PO_4$에서의 $Ca_3(PO_4)_2$의 몰용해도를 결정하시오. 예제 12.11에서 구한 $Ca_3(PO_4)_2$의 몰용해도와 비교하시오.

풀이 $(NH_4)_3PO_4$는 물에 쉽게 용해되기 때문에, $[PO_4^{3-}]$는 0.1 M이다. 용액에 $Ca_3(PO_4)_2$를 넣었을 때, 염의 몰용해도는 용액의 $[Ca^{2+}]$로부터 알 수 있다.
용액 1 L당 녹은 $Ca_3(PO_4)_2$의 몰수를 x로 놓는다. Ca^{2+}의 초기농도는 0이지만, PO_4^{3-}는 0.10 M이다.

$$Ca_3(PO_4)_2(s) \rightleftarrows 3\,Ca^{2+}(aq) + 2\,PO_4^{3-}(aq)$$

	$Ca_3(PO_4)_2(s)$	$Ca^{2+}(aq)$	$PO_4^{3-}(aq)$
초기 농도	고체	0M	0.10M
농도의 변화	고체	$+3x$	$+2x$
최종 농도	고체	$3x$	$0.10+2x$

용해도곱식으로 나타내면

$$K_{sp} = 2.0 \times 10^{-33} = [Ca^{2+}]^3\,[PO_4^{3-}]^2 = (3x)^3\,(0.10 + 2x)^2$$

순수한 물에서의 $Ca_3(PO_4)_2$ 몰용해도는 10^{-7} M로, 공통이온효과로 용해도는 더 낮아질 것이다. 따라서 $2x$는 0.10에 비해 무시할 수 있을 만큼 작다.

$$0.10 + 2x \approx 0.10$$

식을 간단히 하면

$$2.0 \times 10^{-33} = (3x)^3\,(0.10)^2$$
$$x = 1.9 \times 10^{-11}\ M$$

$Ca_3(PO_4)_2$의 물에 대한 몰용해도는 1.1×10^{-7} M이었다.
인산염 0.1 M에 의해 $Ca_3(PO_4)_2$의 용해도는 1.9×10^{-11} M로 작아진다.

추가문제 CaF_2의 K_{sp}는 1.7×10^{-10}이다. 물에 대한 용해도와 0.15 M NaF에 대한 용해도를 계산하시오.

우리는 계산의 편리성을 위해 용해도를 계산할 때, 이온의 몰농도를 사용한다. 하지만 이온 농도가 높을 때는, 반대 전하의 입자들간 인력 때문에 이온의 거동이 바뀐다. 이 영향을 계산에 넣기 위해, 활동도(activity) 또는 유효농도(effective concentration)를 사용한다. 좀 더 정확성을 요구하는 실험에서는 몰농도 대신 활동도를 사용한다.

12-6 산과 염기

수용액에서 산으로 작용하는 여러 가지 화합물을 3-2장에서 소개하였다. 강산은 용액에서 완전히 해리하며, 약산은 부분적으로 해리한다. 약한 전해질은 부분적으로 해리하여 평형에 도달하기 때문에, 평형상수를 사용하여 약산과 약염기의 상대적 세기를 나타낼 수 있다. 흔히 사용되는 것으로 pH 범위가 있다.

브뢴스테드－로우리 산염기 이론

수용액 중에서 해리하여, 수소 이온(H^+)을 내놓는 물질을 산이라 하며, 염기는 수산화 이온(OH^-)을 내놓는 물질이다. 이것은 **Arrhenius 산염기 정의**로, 비수용성 용액으로도 이 정의를 확장할 필요가 있었다. 1923년 Brønsted와 Lowry에 의해 새로운 산염기 정의가 발표되었다. **브뢴스테드－로우리 정의**에 의하면, 산은 양성자(H^+, proton) 주개(donor)이고, 염기는 양성자 받개(acceptor)이다.

이 정의는 아레니우스 산염기 정의도 포괄적으로 포함한다. 예로, HCl 기체는 물에 녹으면, 쌍극자－쌍극자(dipole) 힘에 의해, 부분적으로 음전하인 산소(물 분자의)는 부분적으로 양전하인 (HCl 분자의) 수소를 끌어당긴다. 이 인력에 의해 HCl의 수소 이온은 물 분자로 이동하여, 하이드로늄 이온(H_3O^+)을 만든다.

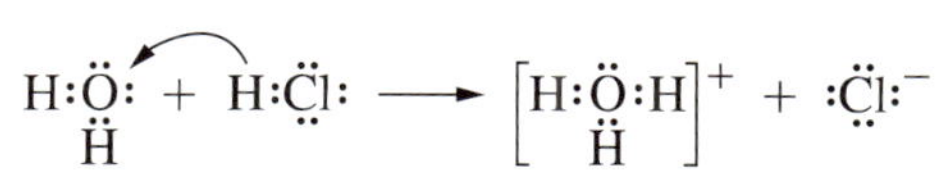

HCl은 양성자를 물 분자에 주고, 물 분자는 양성자를 받는다. 식으로 나타내면

$$HCl(g) + H_2O(\ell) \rightarrow H_3O^+(aq) + Cl^-(aq)$$

NaOH(s)의 이온화로 만들어진 $OH^-(aq)$ 이온은 양성자를 받기 때문에 염기이다.

$$OH^-(aq) + H^+(aq) \rightleftarrows H_2O(\ell)$$

브뢴스테드－로우리 이론에서 물의 역할

물에서의 HCN의 이온화는 다음과 같다.

$$HCN(aq) + H_2O(\ell) \rightleftarrows H_3O^+(aq) + CN^-(aq)$$

브뢴스테드－로우리 이론에 의하면, 양성자를 내놓은 HCN 분자는 산이고, 양성자를 받는 물 분자는 염기이다. 하지만 아래 반응에서, 물 분자는 암모니아 분자에 양성자를 주기 때문에, 산으로 작용한다.

$$NH_3(g) + H_2O(\ell) \rightarrow NH_4^+(aq) + OH^-(aq)$$

따라서, 물은 산과 염기 모두로 작용할 수 있다. 이것을 양쪽성(amphoteric)이라 한다.

암모니아와 물의 반응은 실제로 동적평형상태이다.

$$NH_3(aq) + H_2O(\ell) \rightleftarrows NH_4^+(aq) + OH^-(aq)$$

역반응에서는 암모니아 이온이 양성자를 내놓기 때문에, 정반응과 역반응 모두 산염기 반응이다.

$$NH_3(aq) + H_2O(\ell) \rightleftarrows NH_4^+(aq) + OH^-(aq)$$

Base 1 Acid2 Acid 1 Base2

이 식은 산과 염기 두 쌍을 포함한다: NH_4^+/NH_3 와 H_2O/OH^-. 이것을 **짝산-짝염기 쌍**(conjugate acid-base pair)이라 한다. NH_4^+의 짝염기는 NH_3이고, NH_3의 짝산은 NH_4^+이다. OH^-의 짝산은 H_2O이고, H_2O의 짝염기는 OH^-이다.

$$NH_3(aq) + H_2O(\ell) \rightleftarrows NH_4^+(aq) + OH^-(aq)$$

Base 1 Acid2 Acid 1 Base2

예제 12.13

물에 녹은 CH_3COOH를 아세트산(acetic acid)이라 한다. 물에서의 평형반응식을 쓰고, 짝산-짝염기쌍을 찾으시오.

풀이

$$CH_3COOH(aq) + H_2O(\ell) \rightleftarrows CH_3COO^-(aq) + H_3O^+(aq)$$

Acid 1 Base2 Base 1 Acid2

추가문제 탄산염과 물이 반응하여 탄산수소염과 수산화 이온을 만드는 반응에서, 짝산-짝염기 쌍을 찾으시오.

브뢴스테드-로우리 이론의 장점 중 하나가 액체 암모니아와 같은 비수용성 용매에서도 산-염기 반응을 설명할 수 있다는 것이다. 액체 암모니아에서, HCl(g)은 NH_3에 양성자를 주어, NH_4^+와 Cl^-를 만든다. 암모늄과 염소 이온은 암모니아 분자에 의해 용매화되기 때문에 "aq" 대신 "am"을 사용한다.

$$HCl(g) + NH_3(\ell) \rightarrow NH_4^+(am) + Cl^-(am)$$

브뢴스테드-로우리 정의는 아레니우스 정의와는 달리 수용액일 필요는 없지만, 산이 반드시 이온화될 수 있는 수소 원자를 포함하고 있어야 한다는 한계가 있다. 이에 루이스는 산과 염기의 반응에서 산이 염기의 고립전자쌍(비공유전자쌍)을 받아들여 공유결합하는 것으로 정의하였다. **루이스 산**은 양성자를 내놓는 물질뿐만 아니라 고립전자쌍을 받을 수 있는 물질(Zn^{2+}, BF_3

등)로 확장된다. 루이스 염기는 양성자를 받아들일 수 있는 물질뿐만 아니라 다른 이온이나 분자에게 줄 수 있는 고립전자쌍을 가진 물질(NH_3 등)로 확장된다.

$$Zn^{2+}(aq) + 4:NH_3(g) \rightarrow Zn(NH_3)_4^{2+}(aq)$$

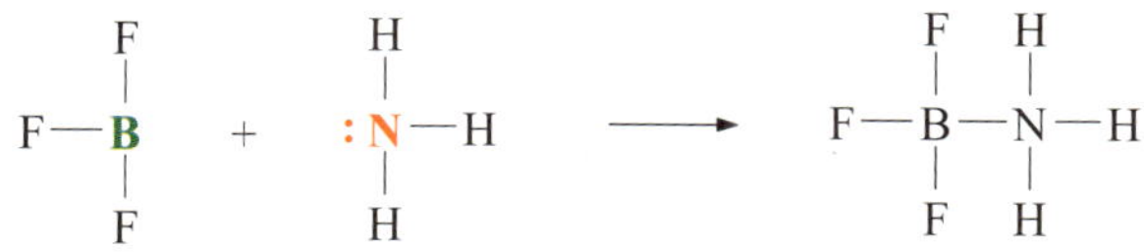

루이스 산　　루이스 염기

약산과 약염기

살리실산을 포함한 많은 산(acid)은 약산으로 물에서 완전히 이온화되지 못한다. 약산은 물과 반응하여 짝산−짝염기를 만드는데, 오른쪽의 산과 염기는 왼쪽의 짝산과 염기보다 강하다. 이것은 평형이 왼쪽방향으로 흘러감을 뜻하는 것으로, 약산의 이온화 양은 작다. 일반적으로 약산은 HA로 표현된다.

$$\underset{\text{약산}}{HA(aq)} + \underset{\text{약염기}}{H_2O(\ell)} \rightleftarrows \underset{\text{강산}}{H_3O^+(aq)} + \underset{\text{강염기}}{A^-(aq)}$$

평형상수식으로 나타내면

$$K = \frac{[H_3O^+][A^-]}{[HA][H_2O]}$$

표 12.4 약산에 대한 산 이온화상수(25°C). K_a가 클수록 강산이다.

약산	화학식	K_a
유기산		
Formic acid	$HCOOH$	1.8×10^{-4}
Acetic acid	CH_3COOH	1.8×10^{-5}
Propanoic acid	CH_3CH_2COOH	1.3×10^{-5}
Butanoic acid	$CH_3CH_2CH_2COOH$	1.5×10^{-5}
Salicylic acid	$C_6H_4(OH)COOH$	1.1×10^{-3}
Gluconic acid	$HOCH_2(CHOH)_4COOH$	2.4×10^{-4}
Heptonic acid	$HOCH_2(CHOH)_5COOH$	1.3×10^{-5}
무기산		
Hydrofluoric acid	HF	6.3×10^{-4}
Carbonic acid	H_2CO_3	4.4×10^{-7}
Hydrocyanic acid	HCN	6.2×10^{-10}

물론, 반응에서 물은 순수 액체이며, 순수 고체처럼 물의 농도는 일정하다. 위의 평형상수식에서 $[H_2O]$를 생략한 평형상수를 **산 이온화상수**(K_a, acid ionization constant)라 한다.

$$K_a = \frac{[H_3O^+][A^-]}{[HA]}$$

표 12.4에 약산에 대한 이온화상수(25°C)를 나타내었다. 더 많은 자료는 부록 F를 참조한다. 약염기의 이온화 평형은 다음과 같다.

$$\underset{\text{약염기}}{B(aq)} + \underset{\text{약산}}{H_2O(\ell)} \rightleftarrows \underset{\text{강산}}{BH^+(aq)} + \underset{\text{강염기}}{OH^-(aq)}$$

마찬가지로, $[H_2O]$를 생략한 평형상수식에 대한 평형상수를 **염기 이온화상수**(K_b, base ionization constant)라 한다.

$$K_b = \frac{[BH^+][OH^-]}{[B]}$$

Increasing acidity (pH 0 → 5)

Increasing basicity (pH 7 → 14)

pH	$[H_3O^+]$ mol/L	Common substances in pH range
0	10^0	1.0 M HCl
1	10^{-1}	HCl in the human stomach
2	10^{-2}	
3	10^{-3}	Vinegar : $CH_3COOH(aq)$
4	10^{-4}	Soft drinks
5	10^{-5}	
6	10^{-6}	Milk
7	10^{-7}	Pure water, blood
8	10^{-8}	Seawater
9	10^{-9}	
10	10^{-10}	Milk of magnesia : $Mg(OH)_2(aq)$
11	10^{-11}	Household ammonia
12	10^{-12}	
13	10^{-13}	
14	10^{-14}	1.0 M NaOH

그림 12.9 수용액의 상대적인 pH 척도 ; 순수 물(25°C)의 pH는 7.00이다. pH가 7 이하이면 산이고, 7 이상이면 염기이다. pH는 0 이하, 14 이상의 값도 가능하다.

약염기에 대한 K_b 값은 부록 G를 참고한다.

산이 물에 용해되면, 하이드로늄 이온(H_3O^+ or H^+)이 형성된다. 농도가 작은 하이드로늄 이온을 과학적으로 표기하기 위해, pH 범위를 사용한다.

$$pH = -\log [H_3O^+] = -\log [H^+] \tag{12.5}$$

하이드로늄 이온의 농도가 0.1 M인 용액이 있다. 이 용액의 pH = $-\log(10^{-1})$ = 1이다. 그림 12.9에 수용액들의 하이드로늄 이온 농도를 pH 범위로 나타내었다. H_3O^+의 농도가 1×10^{-x}일 때, pH = x이다. 어떤 산의 K_a와 초기농도를 알면, H_3O^+의 농도를 계산할 수 있으며, 따라서 pH를 구할 수 있다.

예제 12.14

아세트산(CH_3COOH)의 K_a는 1.8×10^{-5}이다. 0.10 M 아세트산 용액의 pH를 계산하시오.

풀이 아세트산의 초기농도는 0.10 M이고, 이온들의 농도는 0이다.

$$CH_3COOH(aq) + H_2O(\ell) \rightleftarrows H_3O^+(aq) + CH_3COO^-(aq)$$

	$CH_3COOH(aq)$	$H_3O^+(aq)$	$CH_3COO^-(aq)$
초기 농도	0.10	0	0
농도의 변화	$-x$	$+x$	$+x$
최종 농도	$0.10-x$	x	x

평형상수식을 쓰고, 표의 값을 대입한다.

$$K_a = \frac{[H_3O^+][CH_3COO^-]}{[CH_3COOH]} = \frac{x^2}{(0.10-x)} = 1.8 \times 10^{-5}$$

약산이 해리되는 양은 작으므로 $(0.1-x) \approx 0.10$이다. 식을 다시 작성하면

$$K_a \approx \frac{x^2}{0.10} = 1.8 \times 10^{-5}$$

x에 대해 풀면

$$x^2 = 1.8 \times 10^{-5}(0.10) = 1.8 \times 10^{-6}$$

$$x = 1.3 \times 10^{-3}\ M$$

따라서, $[H_3O^+] = [CH_3COO^-] = 1.3 \times 10^{-3}$ M이다.

$$pH = -\log(1.3 \times 10^{-3}) = 2.87$$

위의 가정이 맞는지 확인해 보자

$$0.10\ M - 1.3 \times 10^{-3}\ M = 0.0987 \approx 0.10\ M$$

추가문제 위의 근사법을 이용하여 0.10 M 살리실산의 퍼센트 이온화도를 결정하시오. 가정(근사법)이 맞는지도 확인하시오.

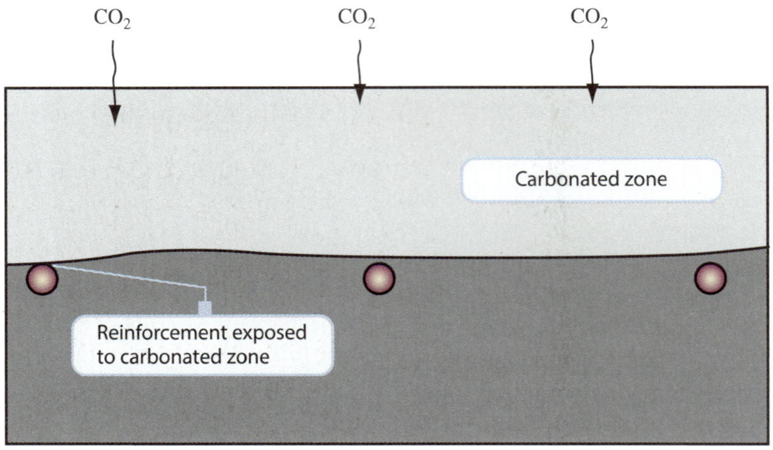

그림 12.10 콘크리트가 대기중의 CO_2에 노출되면 탄산화가 일어난다. 탄산화 구역이 철근(붉은 원)까지 도달하면 철근의 부식속도가 가속된다.

산-염기 화학은 콘크리트의 풍화작용에서도 중요하다. CO_2는 $Ca(OH)_2$와 반응하여 탄산칼슘과 물을 생성한다. 산-염기 반응처럼 보이진 않지만, 여기서는 CO_2가 산으로 작용한다. CO_2는 물에 녹아, 탄산이 되며, 탄산은 수산화칼슘과 반응한다.

$$H_2CO_3(aq) + Ca(OH)_2(aq) \rightarrow CaCO_3(s) + 2\ H_2O(\ell)$$

콘크리트 안으로 확산된 CO_2가 시멘트와 반응하여, 탄산화 구역(carbonated zone)이 만들어진다(그림 12.10). 이 구역이 철근까지 도달하면, 부식반응이 가속화된다.

12-7 자유에너지와 화학평형

평형은 자유에너지가 최소인 상태이다. 모든 계는 평형상태를 향해 움직이는데, 평형상태가 되면 자유에너지는 낮아진다. 따라서 평형상태에 도달하면, 자유에너지는 더 이상 변하지 않는다. 즉 평형상태에서 $\Delta G = 0$이다.

그래프를 이용한 이해

그림 12.11은 반응경로에 따른 함수로 자유에너지를 나타낸 것이다. (그림 11.8의 퍼텐셜에너지 다이어그램과 비슷하다) y축의 깁스자유에너지는 절대값은 아니며, 이를 이용하여 변화량을 측정할 수 있다. 이 그래프는 평형상태에 가까이 갈수록 자유에너지가 감소한다는 사실을 보여준다. 계는 자발적으로 평형상태를 향해 움직인다. 평형상태에 도달하면 자유에너지변화는 0이 될 것이다.

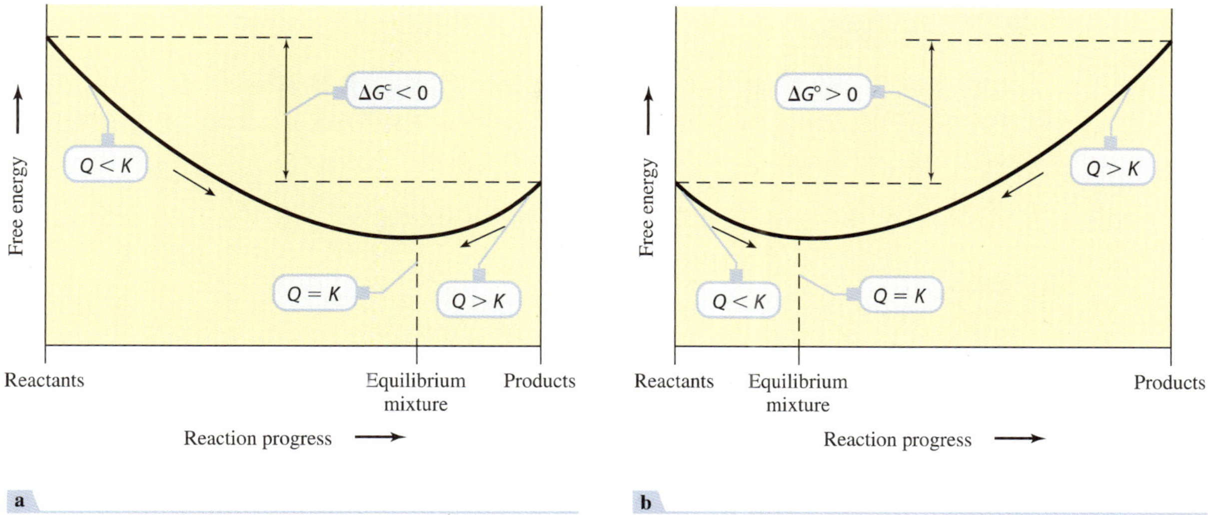

그림 12.11 화학반응은 자유에너지를 최소화하는 방향으로 진행된다. 왼쪽 그림은 $\Delta G^\circ < 0$인 반응으로 평형은 반응물 방향으로 진행된다. 오른쪽 그림은 $\Delta G^\circ > 0$인 반응으로 평형은 생성물 방향으로 진행된다. 두 경우 모두 자유에너지가 최소가 되는 점에서 평형이 이루어진다.

ΔG°는 표준상태에서의 반응물과 생성물의 자유에너지 차이이다. 오른쪽 그림은 $G^\circ_{생성물} > G^\circ_{반응물}$이기 때문에 $\Delta G^\circ > 0$이다. 모든 화학반응은 자유에너지가 최소화되는 방향으로 진행된다. $\Delta G^\circ < 0$인 반응은 $G^\circ_{생성물} < G^\circ_{반응물}$이므로, 평형위치가 생성물에 더 가깝기 때문에, 반응은 생성물 방향으로 진행된다. $\Delta G^\circ > 0$인 반응은, 평형위치가 반응물과 가깝다. 반응은 평형상태로부터 먼 방향으로 움직이려 하지 않기 때문에, 생성물 방향으로 자발적으로 진행되지 않는다.

자유에너지와 비표준상태

ΔG°와 평형상수 K의 수학적 관계를 유도해 보자. 먼저, 평형상태는 표준상태와 일치하지 않음을 기억하자. 모든 반응물과 생성물이 평형상태에서 대기압과 1 M일 거라 기대할 순 없다. 식으로 표현하면

$$\Delta G = \Delta G^\circ + RT \ln Q \tag{12.6}$$

여기서 R은 보편기체상수이며, T는 온도, Q는 반응지수이다. 계가 평형상태에 도달하면 Q는 K에 가까워진다. 평형상태에서 $\Delta G = 0$이므로

$$0 = \Delta G^\circ + RT \ln Q$$

$$\Delta G^\circ = -RT \ln Q \tag{12.7}$$

원하는 반응의 표준자유에너지변화를 알면 평형상수를 계산할 수 있다.

예제 12.15

메탄 기체(CH_4)가 메탄올(CH_3OH)(실온에서 메탄올은 액체이다)로 전환되는 반응은, 상당한 연구가 이루어지고 있지만, 아직 경제적 효용은 없다. 열역학 자료를 이용하여, 다음 반응의 평형상수(25°C)를 계산하시오.

$$CH_4(g) + \frac{1}{2}O_2(g) \rightleftarrows CH_3OH(\ell)$$

풀이

$$\Delta G^\circ = \Delta G_f^o[CH_3OH(\ell)] - \{\Delta G_f^o[CH_4(g)] + \frac{1}{2}\Delta G_f^o[O_2(g)]\}$$

$$= -166.27\ \mathrm{kJ\ mol^{-1}} - (-50.75\ \mathrm{kJ\ mol^{-1}}) - \frac{1}{2}(0\ \mathrm{kJ\ mol^{-1}})$$

$$= -115.52\ \mathrm{kJ\ mol^{-1}}$$

ΔG°와 R의 에너지 단위를 일치시킨다.

$$-115.52 \times 10^3\ \mathrm{J\ mol^{-1}} = -(8.3145\ \mathrm{J\ mol^{-1}\ K^{-1}})(298.15\ \mathrm{K})\ \ln K$$

$$\ln K = 46.600$$

$$K = e^{46.600} = 1.73 \times 10^{20}$$

추가문제 메탄의 완전연소반응에 대한 평형상수를 계산하시오.

$$CH_4(g) + 2\,O_2(g) \rightarrow CO_2(g) + 2\,H_2O(\ell)$$

완전연소반응의 평형상수를 불완전산화반응의 평형상수와 비교하여, 부분적산화가 일어나기 어려운 이유를 설명하시오.

연습문제

12-1 화학평형

12.8 테이블 위에 물이 반만 채워진 유리컵이 있는데, 유리컵의 입구를 유리판으로 막아놓았다.
(a) 유리컵, 물, 유리판을 사용하여 동적평형을 어떻게 설정하겠는가?
(b) 평형에 도달했을 때 일어나는 과정을 분자적 수준에서 설명하시오.

12.9 그림에서, 한 쪽 수족관에 오렌지 물고기가, 인접한 수족관에 초록 물고기가 들어있다. 두 수족관은 제거가능한 칸막이로 분리된 것이다.

(a) 칸막이가 열린 후 처음 몇 분 동안 어떤 일이 일어날지 설명하시오.
(b) 몇 시간이 흐른 후에는 무엇이 예상되는가?
(c) 이 계는 동적화학평형과 어떤 점에서 유사한가?

12.10 특정온도에서, $H_2(g)$가 들어있는 용기에 아이오딘(I_2) 기체를 넣었다. 반응물의 농도 변화를 분자수준에서 설명하시오.
(a) 반응용기에 I_2가 주입된 순간
(b) 반응 진행중
(c) 평형상태

12.11 위 문제의 계에서, 평형상태를 정반응과 역반응의 속도 측면에서 설명하시오.

12.12 천연수에서 탄산이온과 중탄산(bicarbonate) 이온의 평형은 다음과 같다.

$$HCO_3^-(aq) \rightleftarrows H^+(aq) + CO_3^{2-}(aq)$$

양방향 반응을 개별과정들로 가정한다.
(a) 정반응과 역반응의 반응속도식을 쓰시오.
(b) 정반응과 역반응의 속도에 근거하여 평형상수식을 쓰시오.

12.13 다음 그래프는 $A(g) \rightleftarrows B(g)$ 반응의 진행도이며, 반응의 시작은 반응물 A로만 한다. 그래프의 각각의 두 선이 A인지 B인지 표시하시오. ((a), (b), (c)로 표시된 각각의 시간에 어떤 일이 발생하는지 설명하시오.

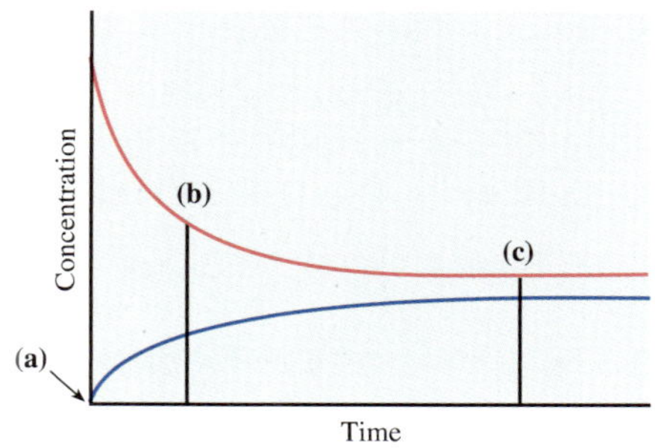

12.14 소량의 용해성 염을 물에 녹였다. 이때 용해된 염과 용해되지 않은 염 간에 평형이 일어날 수 있는지 설명하시오.

12.15 아래의 평형반응이 호수에서 발생할 때, 평형상태에서 알 수 있는 알맞은 추론은 다음중 어느 것인가?

$$HCO_3^-(aq) \rightleftarrows H^+(aq) + CO_3^{2-}(aq)$$

(a) 정반응의 속도가 역반응의 속도와 같아진다.
(b) 모든 화학종의 평형농도는 같다.
(c) 평형상태에서의 출발물질은 $HCO_3^-(aq)$만이다.

12-2 평형상수

12.16 다음 반응들의 평형상수식을 쓰시오.
(a) $H_2(g) + I_2(g) \rightleftarrows 2\ HI(g)$
(b) $2\ NO(g) + O_2(g) \rightleftarrows 2\ NO_2(g)$
(c) $N_2(g) + 3\ H_2(g) \rightleftarrows 2\ NH_3(g)$
(d) $CO(g) + NO_2(g) \rightleftarrows CO_2(g) + NO(g)$
(e) $2\ CO(g) + O_2(g) \rightleftarrows 2\ CO_2(g)$

12.17 다음 반응들의 평형상수식을 쓰시오.
(a) $2\ NOBr(g) \rightleftarrows 2\ NO(g) + Br_2(g)$
(b) $4\ HCl(g) + O_2(g) \rightleftarrows 2\ H_2O(g) + 2\ Cl_2(g)$
(c) $SO_2(g) + \frac{1}{2}O_2(g) \rightleftarrows SO_3(g)$
(d) $CH_4(g) + 2\ O_2(g) \rightleftarrows CO_2(g) + 2\ H_2O(g)$
(e) $C_2H_5OH(g) + 3\ O_2(g) \rightleftarrows 2\ CO_2(g) + 3\ H_2O(g)$

12.18 균일 평형과 불균일 평형의 차이점에 대해 설명하시오.

12.19 다음 불균일 평형들의 평형상수식을 쓰시오.

(a) $CaCO_3(s) \rightleftarrows Ca^{2+}(aq) + CO_3^{2-}(aq)$
(b) $AgCl(s) \rightleftarrows Ag^+(aq) + Cl^-(aq)$
(c) $Mg_3(PO_4)_2(s) \rightleftarrows 3\ Mg^{2+}(aq) + 2\ PO_4^{3-}(aq)$
(d) $Zn(s) + Cu^{2+}(aq) \rightleftarrows Cu(s) + Zn^{2+}(aq)$

12.20 다음 평형반응들의 평형상수식을 쓰시오.

(a) $2\ C(s) + O_2(g) \rightleftarrows 2\ CO(g)$
(b) $Zn^{2+}(aq) + H_2S(g) \rightleftarrows ZnS(s) + 2\ H^+(aq)$
(c) $HCl(g) + H_2O(\ell) \rightleftarrows H_3O^+(aq) + Cl^-(aq)$
(d) $H_2(g) + \frac{1}{2}O_2(g) \rightleftarrows H_2O(g)$

12.21 다음 반응에서 선호되는 것은 반응물인가 생성물인가?

(a) $AgCl(s) \rightleftarrows Ag^+(aq) + Cl^-(aq)$
$K = 1.8 \times 10^{-10}$
(b) $Ca^{2+}(aq) + CO_3^{2-}(aq) \rightleftarrows CaCO_3(s)$
$K = 2.1 \times 10^8$
(c) $N_2O_4 \rightleftarrows 2\ NO_2$
$K = 1.10$

12.22 다음 중 수산화 이온이 쉽게 침전되는 반응은?

(a) $Cu(OH)_2(s) \rightleftarrows Cu^{2+}(aq) + 2\ OH^-(aq)$
$K = 1.6 \times 10^{-19}$
(b) $Ca(OH)_2(s) \rightleftarrows Ca^{2+}(aq) + 2\ OH^-(aq)$
$K = 7.9 \times 10^{-6}$

12.23 다음 중 황산 이온이 쉽게 침전되는 반응은?

(a) $PbSO_4(s) \rightleftarrows Pb^{2+}(aq) + SO_4^{2-}(aq)$
$K = 1.8 \times 10^{-8}$
(b) $CaSO_4(s) \rightleftarrows Ca^{2+}(aq) + SO_4^{2-}(aq)$
$K = 9.1 \times 10^{-6}$

12.24 $3\ H_2(g) + N_2(g) \rightleftarrows 2\ NH_3(g)$ 반응의 평형상수는 다음과 같다.

at $T = 25°C,\ K = 2.8 \times 10^4$
at $T = 500°C,\ K = 2.4 \times 10^{-7}$

(a) 반응물이 선호되는 온도는?
(b) 생성물이 선호되는 온도는?
(c) 127°C에서 평형상수가 1.2일 때 반응에 대해 논하시오.

12.25 다음 반응에서, 역반응에 대한 평형상수식을 쓰시오.

(a) $2\ C(s) + O_2(g) \rightleftarrows 2\ CO(g)$
(b) $AgCl(s) \rightleftarrows Ag^+(aq) + Cl^-(aq)$

12.26 다음은 $SO_2(g)$가 발생하는 평형반응이다. K_1과 K_2의 관계는?

$$SO_2(g) + \frac{1}{2}O_2(g) \rightleftarrows SO_3(g) \quad K_1$$
$$2\ SO_3(g) \rightleftarrows 2\ SO_2(g) + O_2(g) \quad K_2$$

(a) $K_2 = K_1^2$
(b) $K_2^2 = K_1$
(c) $K_2 = K_1$
(d) $K_2 = 1/K_1$
(e) $K_2 = 1/K_1^2$

12.27 아래 반응식을 사용하여, 다음을 결정하시오.

$CO_3^{2-}(aq) + H^+(aq) \rightleftarrows HCO_3^-(aq)\ \ K_1 = ?$
$HCO_3^-(aq) + H^+(aq) \rightleftarrows H_2CO_3(aq)\ \ K_2 = ?$

(a) 평형상수식, K_1과 K_2
(b) 두 반응식의 합
(c) 두 반응식의 합에 대한 평형상수식 K_3

12.28 (a) 위 문제에서, $K_1 = 2.1 \times 10^{10}$이고 $K_2 = 2.3 \times 10^6$, 일 때, K_3의 값은?
(b) 역반응에 대한 K_3'를 구하시오.

12.29 엔지니어는 광산에서 소량의 메탄을 생산하기 위해 methanotrophs이라 불리는 박테리아의 사용을 고려하고 있다. 반응은 다음과 같다. $CH_4(g) + 2\ O_2(g) \rightleftarrows CO_2(g) + H_2O(\ell)$. 이 반응의 평형상수식을 쓰시오.

12.30 아래 반응식을 사용하여

$HAsO_4^{2-}(aq) \rightleftarrows AsO_4^{3-}(aq) + H^+(aq)$
$K_1 = 3.0 \times 10^{-13}$
$HAsO_4^{2-}(aq) + H^+(aq) \rightleftarrows H_2AsO_4^-(aq)$
$K_2 = 1.8 \times 10^7$

다음 반응의 평형상수를 결정하시오.
$H_2AsO_4^-(aq) \rightleftarrows AsO_4^{3-}(aq) + 2\ H^+(aq)$

12.31 위 문제의 두 반응중 경향성이 더 큰 것은?

12.32 $H_2(g) + I_2(g) \rightleftarrows 2\ HI(g)$의 평형상태(25°C)에서 $[H_2] = 0.10\ mol\ L^{-1}$, $[I_2] = 0.20\ mol\ L^{-1}$, $[HI] = 4.0\ mol\ L^{-1}$

이 온도에서의 반응의 평형상수를 계산하시오.

12.33 $3\ H_2(g) + N_2(g) \rightleftarrows 2\ NH_3(g)$의 반응이 140°C에서 평형상태에 도달하였다. 이 온도에서의 반응의 평형상수를 계산하시오.
$[H_2] = 0.10\ mol\ L^{-1}$, $[N_2] = 1.1\ mol\ L^{-1}$,
$[NH_3] = 3.6 \times 10^{-2}\ mol\ L^{-1}$

12.34 $3\ H_2(g) + N_2(g) \rightleftarrows 2\ NH_3(g)$의 반응에서 주어진 온도에서의 평형상수는 1.4×10^{-7}이다.
$[H_2] = 1.2 \times 10^{-2}\ mol\ L^{-1}$ 그리고 $[N_2] = 3.2 \times 10^{-3}\ mol\ L^{-1}$일 때, 암모니아의 평형농도를 계산하시오.

12-3 평형농도

12.35 Nitrosyl chloride(NOCl)는 고온에서 NO와 Cl_2로 분해된다.

$$2\ NOCl(g) \rightleftarrows 2\ NO(g) + Cl_2(g)$$

2.00 mol의 NOCl를 1.00 L 플라스크에 넣고 온도를 462°C로 올린다. 평형에 도달하면, 0.66 mol의 NO가 발생한다. 평형상수 K_c를 계산하시오.

12.36 수소 기체와 아이오딘 기체의 반응은 다음과 같다.

$$H_2(g) + I_2(g) \rightleftarrows 2\ HI(g) \qquad K_c = 76\ (at\ 600\ K)$$

0.050 mol HI를 600 K의 1.0 L 플라스크에 넣었다. 이때 HI, I_2, H_2의 평형농도를 구하시오.

12.37 1.00 L이 폐쇄 용기에 넣은 산소 기체는 600 K의 온도에서 평형에 도달하였다.

$$O_2(g) \rightleftarrows 2\ O(g) \qquad K = 2.8 \times 10^{-39}$$

O와 O_2의 평형농도를 구하시오.

12.38 $Cl_2(g)$와 $PCl_3(g)$가 반응하여 $PCl_5(g)$을 생성하는 반응에서 특정온도에서의 평형상수 값은 51이다. PCl_3의 초기농도는 $0.012\ mol\ L^{-1}$이고, Cl_2의 초기농도는 $0.125\ mol\ L^{-1}$ 일 때, 평형상태에서의 모든 화학종의 농도를 구하시오.

$$PCl_3(g) + Cl_2(g) \rightleftarrows PCl_5(g)$$

12.39 다음의 반응이 2000 K에서 평형에 도달하였다.

$$N_2(g) + O_2(g) \rightleftarrows 2\ NO \qquad K = 4.1 \times 10^{-4}$$

질소 기체 $0.100\ mol\ L^{-1}$와 산소 기체 $0.100\ mol\ L^{-1}$로 반응을 시작할 때, 평형상태에서의 모든 화학종의 농도를 구하시오.

12.40 문제 12.39의 반응에서, 반응용기에 NO를 주입하여 반응을 개시하였다. $0.200\ mol\ L^{-1}$ NO가 주입되었을 때, 평형상태에서의 모든 화학종의 농도를 구하시오.

12.41 문제 12.39의 반응에서, N_2의 초기 농도와 NO의 초기 농도를 $0.100\ mol\ L^{-1}$로 같게 했을 때, 평형상태에서의 모든 화학종의 농도를 구하시오.

12.42 문제 12.39의 실험에서, N_2 0.15 mol과 O_2 0.15 mol를 2500 K의 1.0 L 용기에 주입하였다. 2500 K에서의 평형상수는 3.6×10^{-3}이다. 평형상태에서의 반응혼합물의 조성을 구하시오.

12.43 문제 12.39의 실험에서, N_2 0.15 mol과 O_2 0.15 mol를 2500 K의 5.0 L 용기에 주입하였다. 평형상수는 3.6×10^{-3}이다. 평형상태에서의 반응혼합물의 조성을 구하시오.

12.44 N_2O_4가 NO_2로 해리되는 반응에서, 특정온도에서의 평형상수는 133이다. N_2O_4의 초기농도가 $0.100\ mol\ L^{-1}$일 때, 평형상태에서의 모든 화학종의 농도를 구하시오.

$$N_2O_4 \rightleftarrows 2\ NO_2$$

12.45 호수에서의 탄산–탄산수소의 평형반응은 다음과 같다.

$$H_2CO_3(aq) \rightleftarrows H^+(aq) + HCO_3^-(aq) \quad K = 4.4 \times 10^{-7}$$

탄산 0.1000 M로 반응을 시작한다고 했을 때, 평형상태에서의 모든 화학종의 농도를 구하시오.

12.46 탄산은 두 번째 이온화 반응을 갖기 때문에, 문제 12.45의 실험자는 자기가 계산한 수소 이온 농도가 잘못되지 않았을까 하고 걱정하고 있다.

$$HCO_3^-(aq) \rightleftarrows H^+(aq) + CO_3^{2-}(aq)$$

이 반응의 평형상수를 찾아보니 4.8×10^{-11}이었고, 실험자는 본인의 답이 맞다고 판단하였다. 이렇게 판단한 이유를 설명하시오.

12.47 호수의 CO_3^{2-}은 탄산칼슘($CaCO_3$)의 형태로 가라앉는다. 문제 12.45의 실험자는 탄산 이온과 탄산칼슘의 평형에 대해서도 실험을 진행하려 한다. 반응은 다음과 같을 때, 이 반응의 평형상수는 2.1×10^8이다.

$$Ca^{2+}(aq) + CO_3^{2-}(aq) \rightleftarrows CaCO_3(s)$$

반응 초기에 칼슘 이온의 농도는 0.02 M 이고, 탄산염의 농도는 0.03 M일 때, 평형상태에서의 이온들의 농도를 구하시오.

12-4 LeChatelier 원리

12.48 다음은 호수에서의 평형상태반응이다.

$$HCO_3^-(aq) + H^+(aq) \rightleftarrows H_2CO_3(aq)$$

다음의 스트레스에 의한 반응지수 Q의 변화를 예측하시오. 그리고, 이 예측에 근거하여 평형이 어떻게 이동하는지 설명하시오.

(a) $NaHCO_3$를 호수에 넣었을 때
(b) H_2CO_3를 넣었을 때
(c) NaOH를 넣었을 때

12.49 다음은 닫힌 계에서 일어난 반응이다. 다음의 스트레스에 의해 평형이 어떻게 이동하는지 설명하시오.

$$HF(g) + H_2O(\ell) \rightleftarrows H_3O^+(aq) + F^-(aq)$$

(a) HF(g)을 넣었을 때
(b) 물을 넣었을 때
(c) $Ca(NO_3)_2$ 용액을 넣자, CaF_2가 침전되었다.
(d) 부피가 줄어들었다.
(e) KOH을 넣었을 때
(f) 촉매를 넣었을 때

12.50 다음의 반응에서, 압력이 증가하면 평형은 어떻게 이동하는가?

(a) $2\ SO_2(g) + O_2(g) \rightleftarrows 2\ SO_3(g)$
(b) $H_2(g) + I_2(g) \rightleftarrows 2\ HI(g)$
(c) $3\ H_2(g) + N_2(g) \rightleftarrows 2\ NH_3(g)$

12.51 다음의 반응에서, 압력이 증가하면 평형은 어떻게 이동하는가?

(a) $CaCO_3(s) \rightleftarrows CaO(s) + CO_2(g)$
(b) $N_2O_4(g) \rightleftarrows 2\ NO_2(g)$
(c) $HCO_3^-(aq) + H^+(aq) \rightleftarrows H_2CO_3(aq)$

12.52 다음의 반응에서, 온도가 증가하면 평형은 어떻게 이동하는가?

(a) $AgNO_3(s) \rightleftarrows Ag^+(aq) + NO_3^-(aq)$
$\Delta H° = 22.6\ kJ\ mol^{-1}$
(b) $C(s) + O_2(g) \rightleftarrows 2\ CO(g)$
$\Delta H° = -209\ kJ\ mol^{-1}$

12.53 NH_4HS의 분해반응은 흡열과정이다.

$$NH_4HS(s) \rightleftarrows NH_3(g) + H_2S(g)$$

Le Chatelier의 원리를 이용하여, 온도의 증가가 평형에 미치는 영향을 설명하시오. 평형상태의 플라스크에 NH_4HS를 첨가하면, 평형은 어떻게 이동하는가? 플라스크에 NH_3를 첨가할 때는? 플라스크에서 H_2S를 일부 제거하면 NH_3의 압력은 어떻게 될까?

12.54 다음의 계에서

$$4\ NH_3(g) + 3\ O_2(g) \rightleftarrows 2\ N_2(g) + 6\ H_2O(\ell)$$

$\Delta H = -1530.4\ kJ$

(a) 평형상태에서 암모니아의 양은 다음에 의해 어떤 영향을 받는가?
(1) $O_2(g)$를 제거하면
(2) $N_2(g)$를 넣으면
(3) 물을 넣으면
(4) 일정압력에서 용기의 부피를 확장시키면
(5) 온도를 올리면

(b) 위의 요인 중 K 값을 증가시키는 것은? 그럼 감소시키는 것은?

12.55 닫힌 용기에서 다음의 반응이 평형에 도달했다.

$$C(s) + O_2(g) \rightleftarrows CO_2(g) \qquad \Delta H° = -393\ kJ\ mol^{-1}$$

다음의 스트레스에 의해 평형은 어떻게 이동하는가?

(a) 고체 탄소의 양이 증가한다.
(b) 소량의 물을 첨가하면, CO_2는 물에 녹는다.
(c) 계를 냉각시킨다.
(d) 용기의 부피를 증가시킨다.

12-5 용해도 평형

12.56 다음은 염이 물에 용해되는 반응의 평형식으로, 각 반응에 대한 K_{sp} 식을 쓰시오.

(a) $AgI(s) \rightleftarrows Ag^+(aq) + I^-(aq)$
(b) $PbI_2(s) \rightleftarrows Pb^{2+}(aq) + 2\ I^-(aq)$
(c) $Hg_2I_2 \rightleftarrows Hg_2^{2+}(aq) + 2\ I^-(aq)$
(d) $Cu(IO_3)_2 \rightleftarrows Cu^{2+}(aq) + 2\ IO_3^-(aq)$

12.57 다음의 물질이 물에 용해될 때의 반응평형식과 K_{sp} 식을 쓰시오. (a) AgBr, (b) $Cu(OH)_2$, (c) $BaSO_4$, (d) $PbCrO_4$, (e) $Mg_3(PO_4)_2$

12.58 다음 화합물의 몰용해도를 계산하시오. (a) MgF_2, (b) $Fe(OH)_3$, (c) $Mg_3(PO_4)_2$

12.59 1974년의 음용수안전법에 근거한 은 이온의 최대허용치는 0.05 ppm이다. AgCl 포화용액에서의 Ag^+의 농도(ppm)를 구하시오. (1 ppm = 1 mg/L)

12.60 문제 12.59에서, AgCl의 허용농도(AgCl g/물 100 g)를 구하시오.

12.61 다음에서의 $ZnCO_3$의 용해도를 계산하시오.
(a) 물, (b) 0.050 M $Zn(NO_3)_2$, (c) 0.050 M K_2CO_3.
K_{sp} of $ZnCO_3 = 3 \times 10^{-8}$

12.62 황산바륨은 엑스레이에 불투명하기 때문에, 물에 현탁시켜 복용하면 지나간 자리가 엑스레이 사진에 나타난

다. 바륨 이온은 독성이 있지만, 황산바륨의 K_{sp}는 1.1×10^{-10}로 용해도가 낮아 안전하게 이용되고 있다.
(a) $BaSO_4$의 몰용해도를 구하시오.
(b) $BaSO_4$의 용해도(g/물 100 g)를 구하시오.

12.63 HgS는 수은의 주요 원천이다. HgS는 붉은색 고체로, 물에 대한 용해도는 5.5×10^{-27} mol L^{-1}이다.
(a) HgS의 K_{sp}를 계산하시오.
(b) HgS의 용해도(g/물 100 g)를 구하시오.

12.64 다음 화합물의 몰용해도를 이용하여 K_{sp}를 계산하시오.
(a) AgCN, 7.73×10^{-9} M
(b) $Ni(OH)_2$, 5.16×10^{-6} M
(c) $Cu_3(PO_4)_2$, 1.67×10^{-8} M

12.65 다음 화합물의 용해도를 이용하여 K_{sp}를 계산하시오.
(a) CuBr, copper(I) bromide, 1.0×10^{-3} g/L
(b) AgI, silver iodide, 2.8×10^{-8} g/10 mL
(c) $Pb_3(PO_4)_2$, lead(II) phosphate, 6.2×10^{-7} g/L
(d) Ag_2SO_4, silver sulfate, 5.0 mg/mL

12.66 Magnesium fluoride(MgF_2)의 물에 대한 용해도는 0.016 g/L이다. 0.020 M NaF에 대한 MgF_2의 용해도(g/L)를 구하시오.

12.67 고체 Na_2SO_4를 0.10 M $Pb(NO_3)_2$과 0.10 M $Ba(NO_3)_2$.의 용액에 천천히 첨가하였다. $PbSO_4$와 $BaSO_4$중 먼저 침전되는 것은? $PbSO_4$가 침전되기 전에 침전된 Ba^{2+}의 퍼센트를 계산하시오.

12.68 0.010 M NaOH 25.0 mL가 0.10 M $MgCl_2$ 75.0 mL와 반응하면 $Mg(OH)_2$가 침전되는가?

12.69 보일러는 물을 끓이는 장치로, 이때 발생된 스케일로 문제가 발생한다. 이를 화학적으로 설명하시오.

12.70 가용성 염인 Ag_2SO_4의 K_{sp}는 1.2×10^{-5}이다. Ag_2SO_4의 용해도는 충분히 높다. 만약 용액에 많은 수의 이온쌍이 존재한다면 Ag_2SO_4의 용해도 측정에 어떤 영향을 미치는가?

12-6 산과 염기

12.71 다음의 산에 대한 짝염기를 작성하시오. (a) HNO_3, (b) H_2O, (c) HSO_4^-, (d) H_2CO_3, (e) H_3O^+

12.72 다음의 염기에 대한 짝산을 작성하시오. (a) OH^-, (b) NH_3, (c) CH_3NH_2, (d) HPO_4^{2-}, (e) CO_3^{2-}

12.73 다음은 브뢴스테드-로우리 산염기 반응이다. 짝산-짝염기 쌍을 찾으시오.
(a) $CN^-(aq) + H_2O(\ell) \rightleftharpoons HCN(aq) + OH^-(aq)$
(b) $HCO_3^-(aq) + H_3O^+(aq) \rightleftharpoons H_2CO_3(aq) + H_2O(\ell)$
(c) $CH_3COOH(aq) + HS^-(aq) \rightleftharpoons CH_3COO^-(aq) + H_2S(aq)$

12.74 다음 산-염기 반응의 생성물을 구하시오. 짝산-짝염기 쌍을 찾으시오.
(a) $HClO_4 + H_2O \rightarrow$
(b) $NH_4^+ + H_2O \rightarrow$
(c) $HCO_3^- + OH^- \rightarrow$

12.75 다음의 약산과 물이 반응할 때, 화학반응식과 평형상수식을 작성하시오. (a) acetic acid, CH_3COOH, (b) propanoic acid, C_2H_5COOH, (c) hydrofluoric acid, HF, (d) hypochlorous acid, HClO, (e) carbonic acid, H_2CO_3

12.76 다음의 약염기와 물이 반응할 때, 화학반응식과 평형상수식을 작성하시오. (a) ammonia, NH_3, (b) methylamine, CH_3NH_2, (c) acetate ion, CH_3COO_2, (d) hydrogen carbonate ion, HCO_3^-, (e) aniline, $C_6H_5NH_2$

12.77 Hydrofluoric acid(HF)는 약산으로 유리에 패턴을 새길 때 사용된다. 유리를 녹이는 HF는 플라스틱 용기에 저장되다. 0.1 M의 HF 용액은 pH가 2.1이다. 이 용액의 $[H_3O^+]$를 계산하시오.

12.78 약산인 HB의 0.129 M 용액의 pH는 2.34이다. 이 용액의 K_a를 구하시오.

12.79 0.10 M propanoic acid 용액의 pH를 계산하고, 페센트 이온화도를 판단하시오.

12.80 0.115 M $NH_3(aq)$ 용액의 pH를 계산하시오.

12.81 Acrylic acid는 중합반응에 사용되는데 acrylates를 만든다. 이 산의 K_a는 5.6×10^{-5}이다. 0.11 M acrylic acid ($CH_2CHCOOH$)의 pH를 계산하시오.

12.82 매우 약한 산인 HA의 이온화상수는 4.0×10^{-9}이다. 0.040 M 용액에서의 H_3O^+, A_2, HA의 평형농도를 계산하시오

12.83 몰핀의 분자식은 $C_7H_{19}NO_3$으로, 양귀비에서 추출된 아편이다. 약한 염기성 아민으로, K_b는 1.6×10^{-6}이다. 0.0045 M 몰핀 용액의 pH를 계산하시오.

12-7 자유에너지와 화학평형

12.84 $Cl_2(g) + NO_2(g) \rightleftarrows Cl_2NO_2(g)$ 반응의 평형상수는 2.8 이다.

(a) 위 자료를 사용하여, 반응의 $\Delta G°$를 계산하시오.

(b) 부록 E를 이용하여, 반응의 $\Delta G°$를 계산하고 두 계산값에 대해 논하시오.

12.85 $PCl_5(g) \rightleftarrows PCl_3(g) + Cl_2(g)$ 반응의 평형상수는 25°C 에서 7.7×10^{-3} 이다.

(a) 위 자료를 근거로 $\Delta G°$의 값이 양인지 음인지 예상하시오. (b) 위 자료를 사용하여 $\Delta G°$를 계산하시오.

12.86 부록 E를 이용하여 다음의 반응들에 대한 평형상수 K_p 를 계산하시오.

(a) $H_2(g) + Cl_2(g) \rightleftarrows 2\ HCl(g)$

(b) $CH_4(g) + H_2O(g) \rightleftarrows CO(g) + 3\ H_2(g)$

(c) $SO_2(g) + Cl_2(g) \rightleftarrows SO_2Cl_2(g)$

(d) $2\ HCl(g) + F_2(g) \rightleftarrows 2\ HF(g) + Cl_2(g)$

12.87 어떤 학생이 세 반응에 대한 평형상수를 계산하였다. 반응 1은 $\Delta G° = -50$ kJ, 반응 2는 $\Delta G° = -30$ kJ, 반응 3은 $\Delta G° = -10$ kJ이다. 근데 세 개의 답이 모두 $K = 1$에 가까웠다. 학생이 한 실수는 무엇일까? 세 반응에 대한 실제 K값을 계산하시오.

Chapter 13

전기화학

Electrochemistry

13-1 산화환원반응과 갈바닉전지

철이 공기에 노출되었을 때, 대부분의 경우 녹이 슨다. 사막에서도 마찬가지일까? 그렇지 않다. 특정 환경에 의해 철과 산소의 반응이 촉진됨에 틀림없다. 쉽게 관찰되는 반응들을 이용하여 전기화학에 대해 알아보도록 한다.

산화환원과 반반응

산화환원반응(oxidation－reduction reaction)은 전자가 이동하는 반응이다. **산화**(oxidation)는 화학종이 전자를 잃어버리는 것이며, **환원**(reduction)은 전자를 얻는 것이다. 전하와 질량은 보존되기 때문에, 산화과정에서 잃은 전자는 다른 종의 환원에 사용된다. 즉 산화와 환원은 동시에 일어난다. 질산은(silver nitrate) 용액에 구리선을 넣었을 때의 반응을 그림 13.1에 나타내었다.

사진을 보면, 질산은($AgNO_3$) 용액은 무색의 맑은 액체이다(그림 13.1a). 구리선을 넣으면 잠시 후 구리선에 기포가 보이고, 무색의 용액은 밝은 청색이 된다(그림 b). 시간이 지날수록 현상은 더욱 두드러진다. 마지막 사진에서, 구리선에 금속의 은이 쌓여 있는 것이 보이며, 용액은 선명한 파란색이다(그림 c). 화학적으로 어떤 일이 발생하였을까? 용액의 파란색은 Cu^{2+} 이온의 존재를 뜻한다. 구리 이온은 구리선에서 나온 것이다. 구리 원자는 전자를 잃고 구리 이온을 형성한다. 이때 구리는 산화되었다고 한다.

$$Cu(s) \rightarrow Cu^{2+}(aq) + 2\,e^-$$

구리선에서 구리 이온이 형성될 때 나온 전자는 어디로 갔을까? 구리선 위에 축적된 은(Ag)은, 용액에 녹아있던 은 이온(Ag^+)에 의한 것이다. 용액의 은 이온이 구리가 잃은 전자를 받아들였기 때문이다. 이때 은은 환원되었다고 한다.

$$Ag^+(aq) + e^- \rightarrow Ag(s)$$

a b c

그림 13.1 구리선을 무색의 질산은 용액에 담그면(a) 화학반응이 일어난다. 금속 은이 구리선 위에 생성되고(b), 용액은 파란색으로 변한다(c). Cu(s)은 Cu^{2+}로 산화되고, Ag^+은 Ag(s)로 환원된다.

위 두 식은 구리의 산화와 은의 환원에 대한 **반반응**(half-reaction)이다. 산화와 환원은 동시에 일어나며, 단독으로 일어날 수는 없다.

구리는 두 개의 전자를 잃은 반면, 은 이온은 한 개의 전자를 얻었다. 이동한 전자의 수는 보존되므로, 구리 원자 하나가 산화될 때, 은 이온 두 개가 환원된다.

$$\mathrm{Cu(s)} \rightarrow \mathrm{Cu^{2+}(aq)} + 2\,\mathrm{e^-}$$

$$2\,\mathrm{Ag^+(aq)} + 2\,\mathrm{e^-} \rightarrow 2\,\mathrm{Ag(s)}$$

두 반반응을 결합하면, 알짜이온식을 구할 수 있다.

$$2\,\mathrm{Ag^+(aq)} + \mathrm{Cu(s)} \rightarrow 2\,\mathrm{Ag(s)} + \mathrm{Cu^{2+}(aq)}$$

구경꾼 이온(이 경우 NO_3^-)을 포함시켜 반응식을 완성한다.

$$2\,\mathrm{AgNO_3(aq)} + \mathrm{Cu(s)} \rightarrow 2\,\mathrm{Ag(s)} + \mathrm{Cu(NO_3)_2(aq)}$$

은 이온은 구리 금속을 산화시킨다. 그리고 구리 금속은 은 이온을 환원시킨다.

산화되는 화학종은 환원제(reducing agent)로 작용한다.
환원되는 화학종은 산화제(oxidizing agent)로 작용한다.

갈바닉전지의 구조

산화와 환원의 반반응은 같은 비커에서 발생한다. 그러나 분리된 용기에서 반반응이 일어나면, 어떤 일이 발생할까? 다음 실험을 고려해 보자. 구리(II) 이온 용액에 구리 금속을 넣는다(그림 13.2a). 다른 비커에는, 은 이온 용액에 은 금속을 넣는다. 각각의 비커에서는 어떤 반응도 관찰되지 않는다. 도선으로 두 용액 안의 구리와 은을 연결하고, 그 사이를 전압계로 연결한다. 전류는 흐르지 않는다. 왜? 두 용액의 하전입자는 이온이지 자유 전자가 아니기 때문이다. (하전입자는 도선을 따라 흐르지 못한다) 처음에는 구리 용액($\mathrm{Cu} \rightarrow \mathrm{Cu^{2+}} + 2\mathrm{e^-}$)으로부터 은 용액($\mathrm{Ag} + \mathrm{e^-} \rightarrow \mathrm{Ag}$)으로 전자가 흐르는데, 은 용액의 비커에 음전하가 쌓이면서 전자흐름은 빠르게 멈춘다. **염다리**(salt bridge)로 두 비커를 연결하면, 전하가 쌓이는 것을 경감시킬 수 있다(그림 13.2b). 염다리에는 강전해질이 있어, 전해질의 양이온(cation)이나 음이온(anion)이 용액으로 이동하여 용액의 전하중성을 유지한다. 이 경우, 염다리는 NH_4Cl로 채워져 있다. 암모늄 양이온이 은 용액으로 흘러가 Ag^+(aq)가 제거된 자리를 상쇄하고(NH_4^+ NO_3^-), 염소 음이온이 구리 용액으로 흘러가 Cu^{2+}(aq)의 생성을 상쇄한다(Cu^{2+} Cl^-). 이 장치는 **갈바닉전지**(galvanic cell)의 예이다.

갈바닉전지의 특징은 다음과 같다. 분리된 두 개의 반반응을 염다리로 연결하여, 금속에 연결된 도선을 따라 전자가 흐를 수 있도록 한다. 갈바닉전지는 전기화학전지로 자발적 화학반응에 의해 전류를 만들 수 있다. 전기현상과 이에 따르는 화학변화와의 관계를 연구하는 학문이 **전기화학**(electrochemistry)이다.

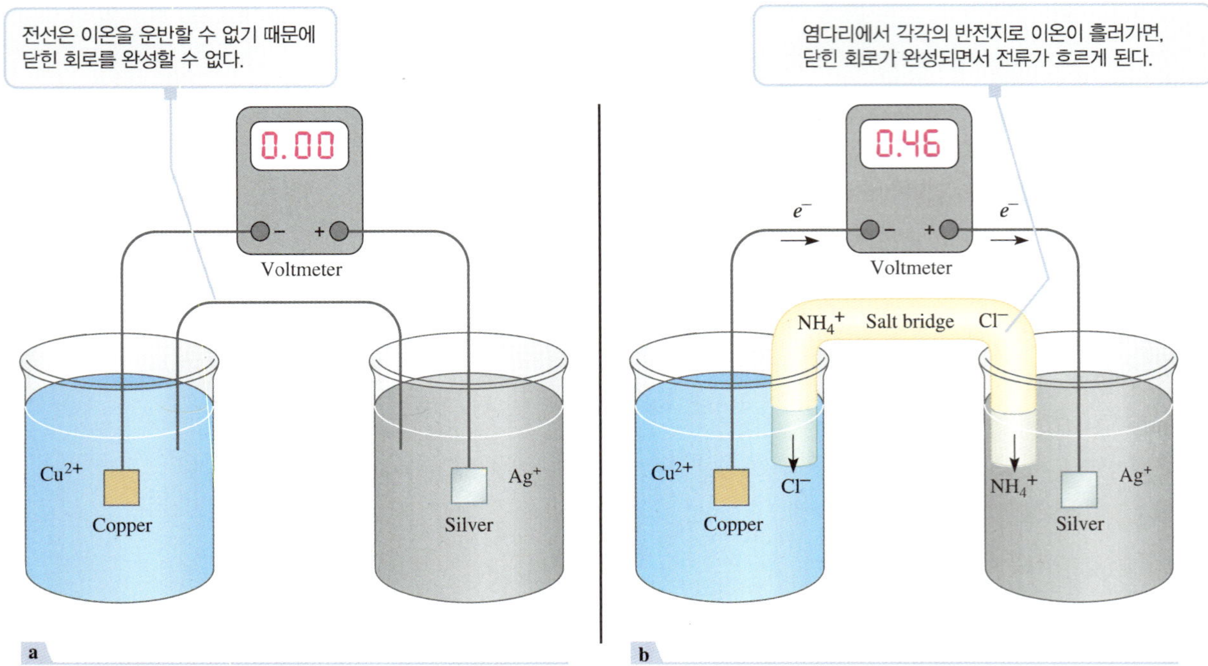

그림 13.2 염다리는 갈바닉전지에서 중요하다. 염다리에서 각각의 반전지로 이온이 흘러가면, 닫힌회로가 완성되면서 전류가 흐르게 된다. 전선은 전자가 운반되는 통로로, 이온을 운반하지는 못한다.

갈바닉전지의 용어

갈바닉전지를 만드는 방식은 다양하지만, 공통된 특징을 갖는데, 용어를 통해 특징을 알아보자. 산화 또는 환원이 일어나는 전자전도체를 **전극**(electrode)이라 한다. 산화는 **양극**(anode: anion이 모인다)에서, 환원은 **음극**(cathode: cation이 모인다)에서 일어난다.

화학전지의 화학성을 나타내는 간단표기법이 고안되었다. **전지표기**(cell notation)에는 반응에 참여하는 금속과 이온을 적는다. 수직선(|)은 상의 경계, 이중선(‖)은 염다리를 뜻한다. 양극은 왼쪽에, 음극을 오른쪽에 적는다.

양극 | 양극전해질 ‖ 음극전해질 | 음극

구리와 은의 반응에 대한 전지표기는 다음과 같다.

$$Cu(s) \mid Cu^{2+}(aq)\ (1\ M) \parallel Ag^{+}(aq)\ (1\ M) \mid Ag(s)$$

구경꾼 이온은 식별되지 않으나, 전해질 농도는 표기되어 있다. 위의 예에서는, 전해질 농도는 1 M이다. 1 M은 화학전지의 **표준상태**(standard state)의 농도이다. 기체가 포함된 반반응의 표준상태는 1 atm이다. 대부분의 전극물질은 실온에서 고체이기 때문에, 열역학적으로 표준상태이다.

원자적 관점에서 본 갈바닉전지

부식과 건전지의 원리를 이해하기 위해, 전기화학의 기초법칙을 알아야 한다. 전지에서 전자는 어떻게 흐르는 걸까? 갈바닉전지에서 발생하는 일을 원자적 수준에서 생각해보자. 양극과 음극으로 분리한 갈바닉전지에서, 염다리를 연결하기 전, 두 전극에서는 어떤 일이 일어날까? '고체 전극'과 '전극을 둘러싼 용액' 사이의 계면에 전하가 누적된다. 단일 상태(예, 액체상태)의 화학계는 전기적으로 중성이나, 다른 상(예, 액체와 고체)으로 이뤄진 화학계는 반드시 전기적으로 중성이 아니다. 완벽한 회로를 갖지 못하는 계는 반응이 부분적으로만 일어난다. 양극에서는 산화가 발생하여 전극이 양이온의 형태로 용액으로 용해되고, 양극에는 음전하가 남게 된다. 음극에서는 환원되기 위한 양전하 이온이 모이기 때문에, 결과적으로 양전하가 쌓이게 된다. 전하가 쌓인 두 전극에서는 빠르게 평형상태가 이뤄지며, 전극의 전하는 용액의 이온에 의해 부분적으로 상쇄된다(그림 13.3). 이것은 반반응의 평형상태이다.

전극에 쌓인 전하는 전기적인 일을 뜻한다. 이것을 **전위**(cell potential) 또는 **기전력**(electromotive force, EMF)이라 한다. EMF는 화학전지가 만드는 최대일이다.

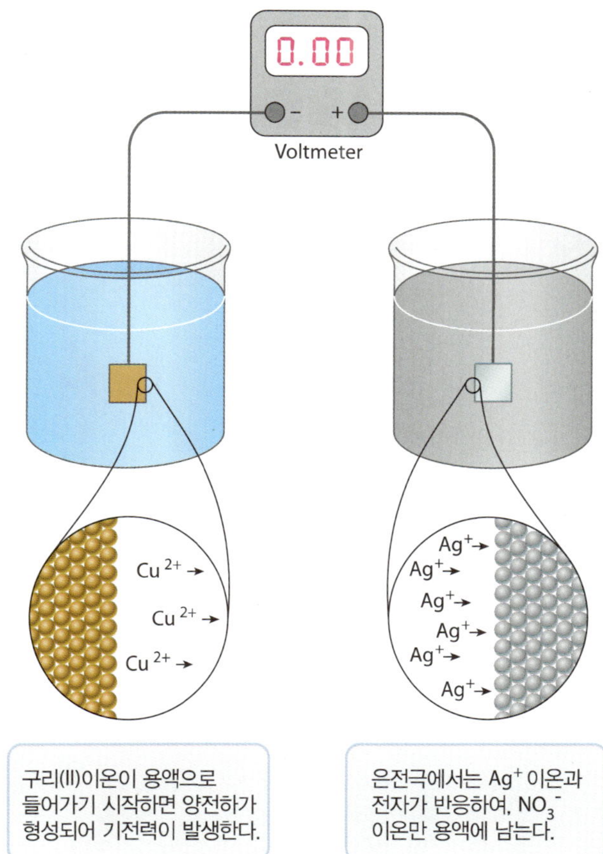

그림 13.3 염다리가 없는 경우, 양쪽 전극 주변에 전하가 편재화된다. 전극에서의 반응은 아주 미미할 정도이기 때문에, 전지전압은 측정되지 않는다.

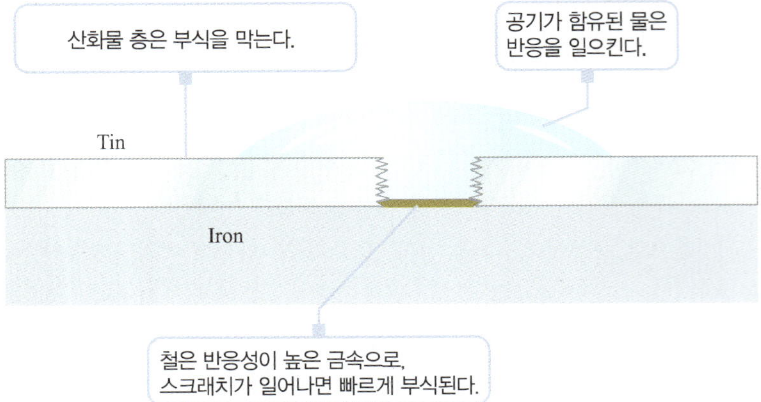

그림 13.4 주석캔은 강철에 주석이 코팅된 것이다. 코팅된 주석에 스크래치가 생겨 철이 노출되면, 철은 빠르게 부식된다.

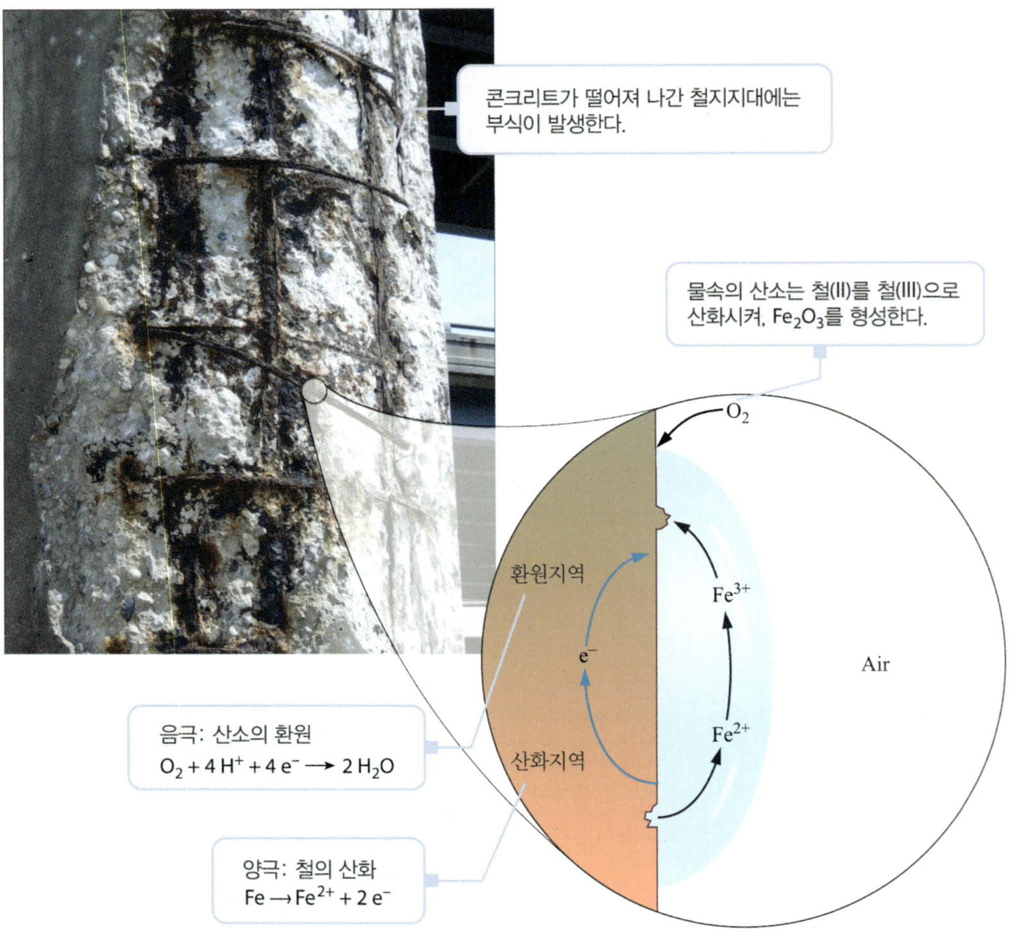

그림 13.5 녹슨 철은 전형적인 부식의 예이다. 철이 산화될 때 공기중의 산소는 환원된다. 이온이 양극과 음극 사이를 이동하는데 물이 필요하며, 이온 염이 존재하면 부식반응이 가속된다.

$$w_{\max} = qE \quad (13.1)$$

여기서 q는 이동하는 전하량(전자의 흐름을 통해), E는 전위이다. 이 식은 전하량이 어떤 힘의 작용에 의해 움직인 것으로 일의 개념과 일치한다. 금속의 부식 경향을 EMF로 어떻게 설명할 수 있을까? 우선, 부식의 두 종류에 대해 알아보자.

갈바닉부식과 균일부식

일반적인 부식에서는, 용액과 접촉하고 있는 금속이 산화반응을 일으키고, 용액 안의 물질이 환원반응을 일으킨다. 어떤 환경에서 두 금속이 접촉하고 있을 때, 갈바닉부식(galvanic corrosion)이 발생한다. 산화와 환원이 다른 곳에서 발생한다는 점에서 갈바닉전지와 유사하다(그림 13.4). 깡통 캔은 주석이 코팅된 강철로, 주석에 스크래치가 생기면 철은 공기와 물에 노출되어 부식이 빠르게 진행된다. 철이 양극이고 주석이 음극으로 작용하기 때문이다. 철의 부식순서를 보면 철-주석 > 순수철 > 철-아연 이다. 왜?

못을 마당에 방치하면 녹이 슨다(그림 13.5). 다른 금속과의 접촉이 없이도 철 표면을 녹이 덮고 있다. 여기서 산화-환원 전극은 모두 못이며, 서로 간격을 두고 있다. 이 과정에서 전류를 운반하는 것은 이온으로, 염(salt)의 염소이온이 부식속도를 증가시킨다.

위의 내용은 전지전위(cell potential)를 이용하여 좀 더 자세히 설명할 수 있을 것이다.

13-2 전지전위

전지전위의 측정

갈바닉전지의 전극을 전압계에 연결하여(그림 13.6), 전압의 크기를 측정할 수 있다. 이는 음극과 양극간의 위치차 즉, 극성을 뜻한다. 구리와 은을 예로 들어보자. $Cu(s) \mid Cu^{2+}(1\ M) \parallel Ag^{+}(1\ M) \mid Ag(s)$ 전지의 전위는 0.462 V이다. 구리 반쪽전지를 Fe(III)/Fe(II) 반쪽전지에 연결하였을 때, 측정한 전위는 0.434 V이다. 철 전극을 은 전극에 연결하면, 0.028 V의 전위가 측정된다. 이 숫자들은 서로 관련된다(그림 13.7).

$$0.462\ (E^{\circ}_{Ag^{+}/Ag} - E^{\circ}_{Cu^{2+}/Cu}) =$$
$$0.434\ (E^{\circ}_{Fe^{3+}/Fe^{2+}} - E^{\circ}_{Cu^{2+}/Cu}) + 0.028(E^{\circ}_{Ag^{+}/Ag} - E^{\circ}_{Fe^{3+}/Fe^{2+}})$$

이유는 다음과 같다. 첫째, 전지전위는 상태함수이다. 둘째, 표준전극을 이용하여 전지전위를 측정할 수 있다.

그림 13.6 배터리의 극을 거꾸로 연결하면 전압계의 부호는 변한다.

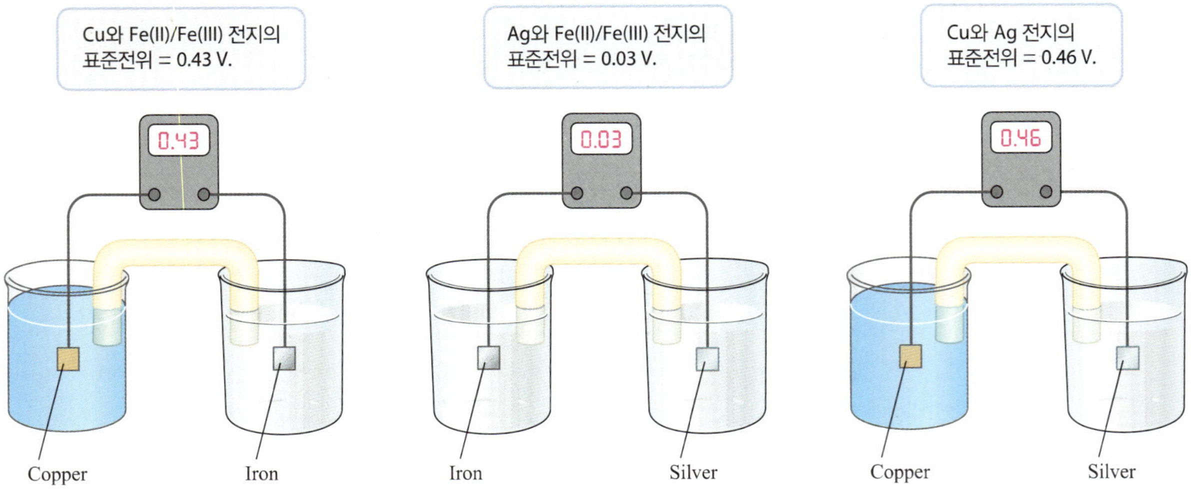

그림 13.7 반반응 조합에 대한 표준전지전압

그림 13.8에 **표준수소전극**(SHE, standard hydrogen electrode)을 나타내었다. 백금선은 전자를 전도하는 물체이다. 백금전극에서 1 atm의 수소 기체가 발생하며, 전해질 용액은 1 M HCl(aq)이다. 반반응은

$$2\,H^+(aq) + 2\,e^- \rightarrow H_2(g)$$

반쪽전지를 전지표기법으로 나타내면

$$Pt(s)\mid H_2(g,\ 1\ atm)\mid H^+(1\ M)$$

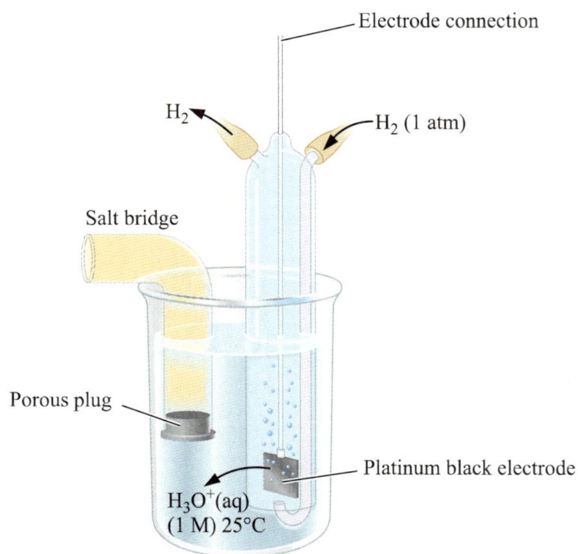

그림 13.8 표준수소전극(SHE)의 표준환원전위(0.00 V)는 기준점으로 사용된다. SHE에 대한 상대적 전위를 측정하여 다른 전극의 전위를 결정한다.

위의 반반응의 전위는 0.00 V이다. 다른 반쪽 전지를 SHE에 연결하여 전지의 전위를 측정하면, SHE는 0.00 V이기 때문에, 측정된 전지전위가 다른 반쪽 전지의 전위가 된다.

원하는 반쪽 전지의 전위를 측정하기 위해, SHE는 전압계의 음극단자에 연결하고, 목적하는 전극을 전압계의 양극단자에 연결한다. 이때 양이나 음의 값이 모두 측정될 수 있다. 양극이 전압계의 음극단자에 연결되면, 전압계에는 양의 값이 뜬다. 반대로, 양극이 전압계의 양극단자에 연결되면, 전압계에는 음의 값이 뜬다(그림 13.9).

전압계의 부호로 산화환원반응의 방향을 알 수 있다. 전지전위가 양의 값 ($E°_{환원} - E°_{산화} = E°_{환원} - E°_{SHE}$)이면, SHE는 양극으로 작용한다.

$$H_2(g) \rightarrow 2\,H^+(aq) + 2\,e^- \qquad E°_{SHE} = 0.00\ V$$

전지전위가 음의 값이면, SHE는 음극으로 작용한다. 전기화학측정을 이용하여 물질의 산화 환원 경향을 평가할 수 있다.

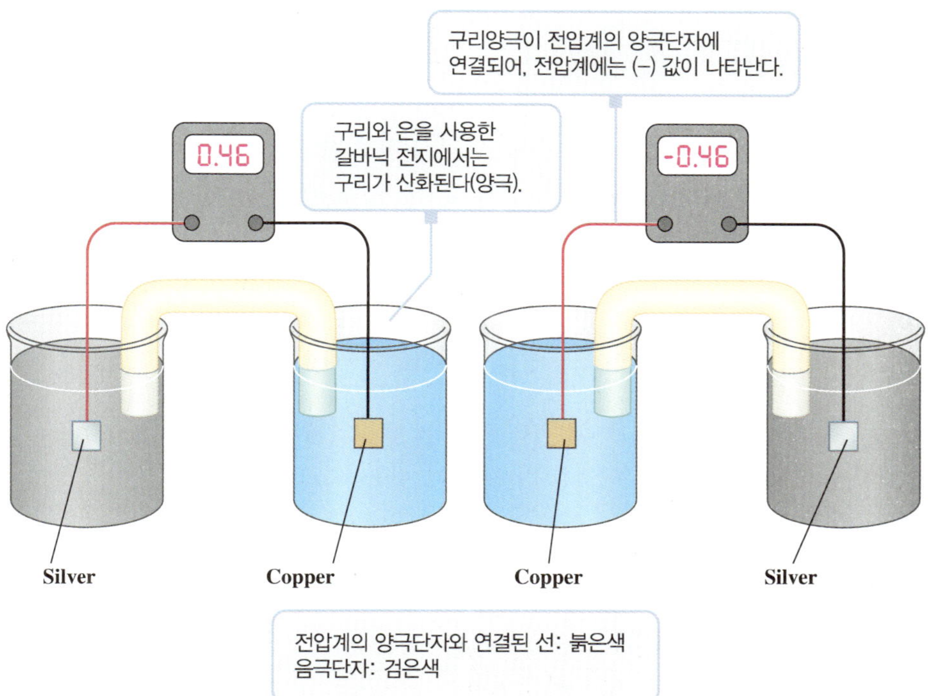

그림 13.9 갈바닉전지는 고정된 극을 갖는다. 전자가 외부회로를 통해 양극(anode)에서 음극(cathode)으로 흐른다. 반전지의 위치를 바꾸면 전압계의 값은 반대 부호이다.

표준환원전위

강산과 약산이 있는 것처럼, 화학물질은 산화와 환원의 세기가 다르다. 화학종의 산화–환원 경향을 체계화하기 위해, **표준환원전위**(standard reduction potential)를 사용하는데, 이는 SHE와 연결한 전극의 반반응 전위이다. 표준환원전위를 측정하기 위해, 모든 전극은 열역학적으로 표준상태를 충족하도록 구성된다. 즉 용액의 농도는 1 M이며, 기체는 1 atm의 압력을 갖는다. 표준환원전위의 일부를 표 13.1에 나타내었으며, 상세한 자료는 부록 I를 참고한다. 이 표의 특징은 다음과 같다. 첫째, 모든 반반응이 환원반응으로 적혀있다. 둘째, 일부 반반응의 전위는 양의 값이지만, 일부는 음의 값이다. 표준환원전위가 양의 값이면 환원이 일어나기 쉬운 반응이며, 음의 값이면 역반응인 산화가 일어나기 쉬운 반응이다. 여기서 SHE는 전압계의 양극단자에 연결되어 있음을 기억하자.

표 13.1 표준환원전위

반반응	표준환원전위(V)
$Zn^{2+} + 2e^- \rightarrow Zn$	−0.763
$Fe^{2+} + 2e^- \rightarrow Fe$	−0.44
$2H^+ + 2e^- \rightarrow H_2$	0.000
$Cu^{2+} + 2e^- \rightarrow Cu$	+0.337
$Fe^{3+} + e^- \rightarrow Fe^{2+}$	+0.771
$Ag^+ + e^- \rightarrow Ag$	+0.7994

표준환원전위가 양의 값이 클수록 물질은 쉽게 환원되며, 따라서 좋은 산화제이다. 역으로, 표준환원전위가 음의 값이 클수록 물질은 쉽게 산화되며, 좋은 환원제이다. 그림 13.11은 표준환원전위와 산화환원반응의 방향성 간의 관계를 나타낸 것이다.

표준전지전위를 식으로 나타내었다.

$$E^o_{\text{cell}} = E^o_{\text{환원}} - E^o_{\text{산화}} \tag{13.2}$$

$E^o_{\text{환원}}$ 는 음극의 표준환원전위, $E^o_{\text{산화}}$ 는 양극의 표준환원전위이다. $E^o_{\text{산화}}$ 앞의 (−) 부호는 환원전위가 아닌 산화전위로 나타내기 위함이다.

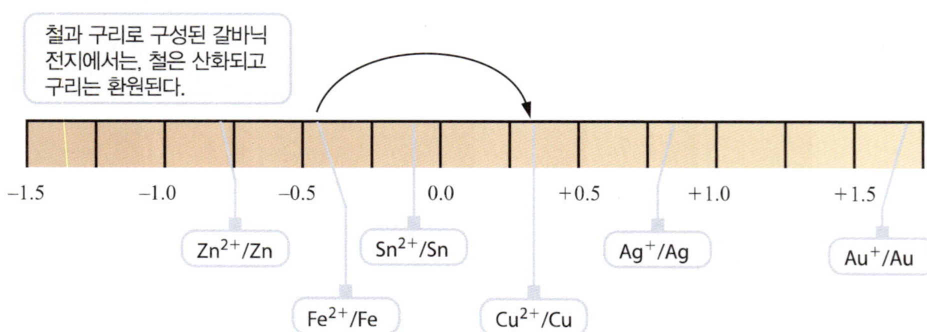

그림 13.10 수평으로 배열한 표준환원전위. 선택된 전극이 갈바닉전지에서 양극인지 음극인지 쉽게 판단할 수 있다.

예제 13.1

(a) 구리와 철로 구성된 갈바닉전지에서, 표준환원전위를 사용하여 음극과 양극을 결정하고, 전지전위를 구하시오. (b) 구리와 은을 사용하여 갈바닉전지를 만드시오. 아래 갈바닉전지의 전위는 0.462 V이다.

$$Cu(s) \mid Cu^{2+}(1\ M) \parallel Ag^{+}(1\ M) \mid Ag(s)$$

풀이

(a) 표 13.1에서 반반응을 찾는다.

$$Fe^{2+}(aq) + 2\,e^{-} \rightarrow Fe(s) \qquad E^\circ = -0.44\ V$$
$$Cu^{2+}(aq) + 2\,e^{-} \rightarrow Cu(s) \qquad E^\circ = 0.337\ V$$

철이 구리보다 산화되기 쉽다.

$$Fe(s) + Cu^{2+}(aq) \rightarrow Fe^{2+}(aq) + Cu(s) \quad E^o_{cell} = ?$$

식 (13.2)를 사용하여

$$E^o_{cell} = 0.337\ V - (-0.44\ V) = 0.78\ V$$

구리는 환원되기 때문에 음극이며, 철은 산화되기 때문에 양극이다.

(b) 표 13.1를 사용하여, 반반응을 찾는다.

$$Ag^{+}(aq) + e^{-} \rightarrow Ag(s) \qquad E^\circ = 0.7994\ V$$
$$Cu^{2+}(aq) + 2\,e^{-} \rightarrow Cu(s) \qquad E^\circ = 0.337\ V$$

구리는 산화되고, 은은 환원된다. 식 (13.2)를 이용하여 전지전위를 구한다.

$$Cu(s)+2Ag^{+}(aq) \rightarrow Cu^{2+}(aq)+2Ag(s) \quad E^o_{cell} = 0.7994\ V - 0.337\ V = 0.462\ V$$

추가문제 전극으로 구리를 사용하여 1.00 V 전지를 만들려고 한다. 전지전위가 1.00 V에 근접하는 전지를 만들기 위한 상대전극을 표 13.1에서 찾으시오. 두 전극 중 음극과 양극이 어떤 것인지 찾으시오.

구리와 철을 직접 접촉시킨 면에서 갈바닉부식이 발생한다. 철은 양극이며 구리는 음극이다. 양극에서는 철이 산화되며, 음극에서는 물의 환원이 발생한다(구리는 환원되지 않으므로 전극 근처의 물이 환원된다). 만약 구리 대신 아연을 사용하면?

$$Fe^{2+}(aq) + 2\,e^{-} \rightarrow Fe(s) \qquad E^\circ = -0.44\ V$$
$$Cu^{2+}(aq) + 2\,e^{-} \rightarrow Cu(s) \qquad E^\circ = 0.34\ V$$
$$Zn^{2+}(aq) + 2\,e^{-} \rightarrow Zn(s) \qquad E^\circ = -0.763\ V$$

철과 아연을 직접 접촉시키면, 아연이 양극이 되고 철은 음극이 되기 때문에, 철은 산화되지 않는다. 그러나 구리와 철을 접촉시키면 철이 양극이기 때문에, 갈바닉부식을 통해 철이 부식된다. 철을 보호하는 가장 흔한 방법이 아연으로 코팅하는 것이다.

음극보호

철보다 쉽게 산화되는 물질을 이용하여 철을 보호할 수 있다. 마그네슘을 예로 들 수 있는데, 마그네슘의 환원전위는 철보다 더 음의 값이기 때문에, 마그네슘은 산화되고 철은 환원된다.

$$Fe^{2+} + 2\,e^- \rightarrow Fe \qquad E° = -0.44\ V$$

$$Mg^{2+} + 2\,e^- \rightarrow Mg \qquad E° = -2.39\ V$$

철의 부식을 막기 위해, 마그네슘을 **희생양극**(sacrificial anode)으로 사용한다. 마그네슘 조각을 철에 연결하면 철은 음극이 되어 산화하지 않는다. 이 과정을 **음극보호**(cathodic protection)라 한다. 희생양극을 주기적으로 교체하여야 효과적이며, 철파이프를 보호하는데 이 방법을 사용한다(그림 13.11).

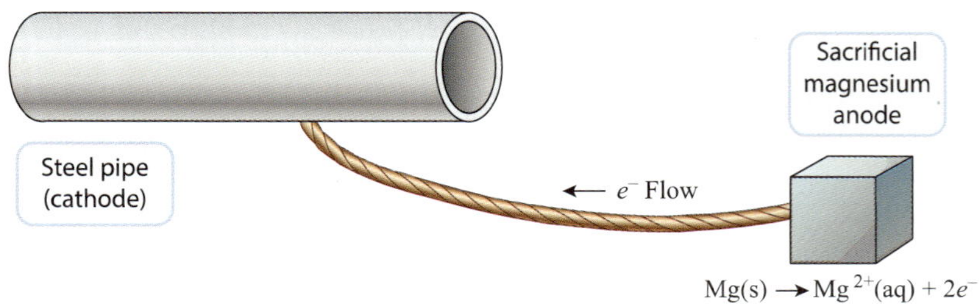

그림 13.11 희생양극은 부식을 막는 효과적인 방법이다. 땅 속에 철파이프를 묻으면 부식의 위험이 높다. 파이프에 더 쉽게 산화되는 마그네슘을 연결하면, 양극은 마그네슘이고 음극은 파이프인 갈바닉전지가 된다. 흙은 전해질로 작용한다.

비표준 상태

실제 상황에서는 표준상태를 기대하기 어렵다. 다음 식은 비표준상태에서의 전지전위(E)로, **네른스트식**(Nernst equation)이라 한다.

$$E = E° - \frac{RT}{nF}\ln Q \tag{13.3}$$

여기서 Q는 반응지수이다.

$$a\,A + b\,B \rightleftarrows c\,C + d\,D$$

$$Q = \frac{[C]^c\,[D]^d}{[A]^a\,[B]^b} \tag{13.4}$$

식 (13.3)에서, n은 산화환원반응에 참여한 전자수이다. **패러데이상수**(F)는 96,485 J V^{-1} mol^{-1} 또는 96,485 C mol^{-1} 이다 (1 J = 1 C V).

예제 13.2

배를 디자인 할 때 부식도 고려해야 한다. 부식을 일으키는 원인을 측정하기 위해, 실제로 존재할 수 있는 전해질 농도를 사용하여 화학전지를 만든다. 철(II)의 농도는 0.015 M이고, H^+의 농도는 1.0×10^{-3} M인 전지에 대해 추정해 보자. 전지의 온도는 38°C이고, 수소 기체의 압력은 0.04 atm일 때, 전지의 전위는?

풀이 비표준상태이기 때문에 네른스트식을 사용한다. 철은 양극이 될 것이고, 음극에서 가능한 반응을 표준환원전위 표에서 찾아야 한다. 환원반응의 대부분은 H^+가 H_2로 되는 것이다.

$$\text{양극 :}\quad Fe^{2+}(aq) + 2\,e^- \rightarrow Fe(s) \qquad E^\circ = -0.44\ \text{V}$$

$$\text{음극 :}\quad 2\,H^+(aq) + 2\,e^- \rightarrow H_2(g) \qquad E^\circ = 0.00\ \text{V}$$

표준전지전위는

$$E^\circ = 0.00\ \text{V} - (-0.44\ \text{V}) = 0.44\ \text{V}$$

총 산화환원반응에 두 개의 전자가 참여하므로

$$Fe(s) + 2\,H^+(aq) \rightarrow H_2(g) + Fe^{2+}(aq)$$

상수값과 E°를 네른스트식에 대입하면, 전지전위를 구할 수 있다.

$$E = 0.44\ \text{V} - \frac{(8.314\ \text{J mol}^{-1}\text{K}^{-1} \times 311\ \text{K})}{(2 \times 96{,}485\ \text{J V}^{-1}\text{mol}^{-1})}\ \ln\left[\frac{(0.015)(0.04)}{(0.0010)^2}\right] = 0.35\ \text{V}$$

전지전위는 표준전지전위보다 작다. 반응이 진행되면서, 분모의 H^+ 농도는 줄어들고(H_2로 환원되기 때문), 분자의 Fe^{2+} 농도는 증가한다. 원리상으로 $\ln Q$가 증가하여 전지전위가 0이 될 수도 있다.

추가문제 니켈과 카드뮴으로 구성된 갈바닉전지를 만들어 보자. 전해질 중 하나로 0.1 M의 질산카드뮴(cadmium nitrate) 용액을 사용하였다. 전지전위를 0.17 V로 만들려면, $NiCl_2$의 농도는 얼마이어야 하는가? (실제로 Ni−Cd 건전지에 사용된다)

13-3 전지전위와 평형상태

대부분의 금속은 산화물 형태로 발견된다. 철의 산화물(Fe_2O_3와 Fe_3O_4)을 제련하여 금속의 철을 얻는 데는 많은 에너지가 필요하며, 이때 계의 엔트로피는 감소한다. 따라서 이 과정은 자발적이지 않다; 자유에너지변화는 양의 값이다.

부식은 금속제련과정의 역반응으로, 금속이 부식되면 산화상태로 되돌아간다. 이것은 자발적 과정이다. 공기가 녹아있는 소금물 용액에 철못을 넣으면 녹이 생긴다. 이 때 자유에너지변화는 음의 값이다. 부식이나 갈바닉전지에서의 자유에너지변화를 결정할 수 있을까?

전지전위와 자유에너지

자유에너지변화는 계가 행한 일의 최대 양과 관련된다($\Delta G° = -w_{max}$: 식 10.5). 갈바닉전지에서, 계가 행한 일은 전기적 일($w = qE$)로, 자유에너지와 전지전위는 다음의 관계를 갖는다.

$$\Delta G° = -nFE° \tag{13.5}$$

위 식은, $w_{max} = qE$ (식 13.1)에서 전하량 q를 nF로 대체한 것과 같다. (−) 부호는 부호의 편리를 돕기 위함이다. 전지반응이 자발적일 때, 갈바닉전지의 $E°$는 양의 값이고, $\Delta G°$는 음의 값이어야 하기 때문이다. 표준환원전위를 알 때, 표준자유에너지변화를 계산할 수 있다.

예제 13.3

아연과 크롬 사이의 갈바닉부식에 대한 전지는 다음과 같다.

$$Cr(s) \mid Cr^{2+}(aq) \parallel Zn^{2+}(aq) \mid Zn(s)$$

어떤 화학반응이 일어나며, 반응의 표준자유에너지변화는 얼마인지 계산하시오.

풀이 우선, 화학반응식의 균형을 맞춘다. 각각의 반반응에 참여한 전자의 수는 2개이다.

$$Zn^{2+}(aq) + Cr(s) \rightarrow Cr^{2+}(aq) + Zn(s)$$

표준환원전위를 확인한다.

$$Zn^{2+}(aq) + 2\,e^- \rightarrow Zn(s) \qquad E° = -0.763\ V$$
$$Cr^{2+}(aq) + 2\,e^- \rightarrow Cr(s) \qquad E° = -0.910\ V$$

식 (13.2)에 의해, 전지전위는

$$E^o_{cell} = -0.763\ V - (-0.910\ V) = 0.147\ V$$

식 (13.5)에 대입하면

$$\Delta G° = -nFE° = -2\ mol \times 96{,}485\ J\ V^{-1}\ mol^{-1} \times 0.147\ V$$
$$= -2.84 \times 10^4\ J = -28.4\ kJ$$

추가문제 역반응이 일어나면, 자유에너지변화값은 얼마인가? 이 값으로 역반응의 자발성을 논해보자.

철이 부식되는 과정을 반응식으로 나타내면

$$2\,H_2O + O_2 + 4\,e^- \rightarrow 4\,OH^- \qquad E° = 0.40\ V$$
$$Fe^{2+} + 2\,e^- \rightarrow Fe \qquad E° = -0.44\ V$$

위 갈바닉전지의 전위는 0.84 V이기 때문에, $\Delta G° = -320$ kJ이다. $\Delta G°$가 음의 값이 클수록 평형상태는 철의 산화를 선호한다.

평형상수

$\Delta G°$는 평형상수 K와 관련된다: $\Delta G° = -RT \ln K$ (식 12.7).
식 (12.7)에 $\Delta G° = -nFE°$(식 13.5)를 대입하면, 다음의 식을 얻을 수 있다.

$$nFE° = RT \ln K$$

$$E° = \frac{RT}{nF} \ln K \tag{13.6}$$

위 식은 아래의 네른스트식 (식 13.4)과 유사하다.

$$E = E° - \frac{RT}{nF} \ln Q$$

평형상태에서, 자유에너지변화(ΔG)는 0이고, 반응지수 Q는 평형상수 K와 같다.
식 (13.6)을 자연로그로 바꾸면

$$E° = \frac{2.303RT}{nF} \log K \tag{13.7}$$

R과 F는 상수이고, 실험은 주로 표준온도인 25°C (298 K)에서 행해지기 때문에, $2.303RT/F = 0.0592$ V로, 식 (13.7)은 다음과 같다.

$$E° = \frac{0.0592 \text{ V}}{n} \log K$$

$E°$가 1.0 V인 전지에서 전자 한 개가 참여하는 반응의 K값은

$$K = 10^{\frac{(1)(1.0 \text{ V})}{0.0592 \text{ V}}} = 7.8 \times 10^{16}$$

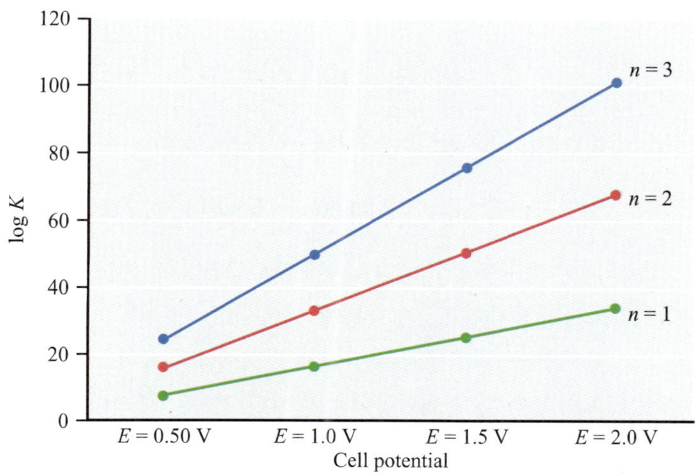

그림 13.12 전지전압에 따른 평형상수의 변화. n은 반응에 참여한 전자의 수이다.

부식반응은 대부분 2, 3, 4개의 전자가 참여하는데, 반응에 참여하는 전자수가 많을수록 K값은 커진다(그림 13.12). 그림의 y축은 $\log K$로, y축 간격 20은 K가 10^{20}씩 증가함을 뜻한다. 표준전지전위와 참여전자수가 클수록 평형상수는 빠르게 증가한다.

13-4 배터리

배터리는 부식반응을 응용한 것이다. 용도에 맞게 다양한 물질로 배터리를 만들 수 있으며, 배터리를 이용하여 갈바닉전지의 전기적 일을 이용할 수 있다.

배터리는 1차와 2차로 분류된다. **1차전지**(primary cell)는 알칼리전지로, 화학반응이 끝나면 사용할 수가 없다. 배터리의 수명이 반응물의 양에 달려있기 때문이다. 따라서 크기가 큰 D-전지는 AA-전지보다 수명이 길다. 배터리는 수명이 다 되면 출력되는 전압이 낮아지고, 결국은 반응물이 소모되면서 전지의 수명은 끝난다.

2차전지(secondary cell)는 충전하여 재사용할 수 있다. 충전가능한 배터리를 만들기 위해서는, 산화환원의 역반응이 가능해야 한다. 전지의 반응은 발열반응이기 때문에 에너지 공급이 가능하다. 역반응은 흡열반응이다. 역반응을 일으키기 위해서는 외부에너지가 필요하다. 이때 배터리 충전기가 사용된다. 배터리의 반응이 가역적이면, 배터리는 쉽게 충전될 수 있다.

1차전지

오늘날 흔히 사용되는 1차전지는 알칼리전지(alkaline battery)이다. 알칼리전지는 손전등, 장난감, 라디오 등에 많이 사용된다.

알칼리전지의 경우, 양극 전극으로 아연이 사용되며, 산화 반반응은 다음과 같다.

$$\mathrm{Zn(s)} + 2\,\mathrm{OH^-(aq)} \rightarrow \mathrm{Zn(OH)_2(s)} + 2\,\mathrm{e^-}$$

음극은 산화망간(IV)이며, 반반응은

$$2\,\mathrm{MnO_2(s)} + \mathrm{H_2O}(\ell) + 2\,\mathrm{e^-} \rightarrow \mathrm{Mn_2O_3(s)} + 2\,\mathrm{OH^-(aq)}$$

두 반반응을 합하면, 알칼리건전지의 알짜반응식을 구할 수 있다.

$$\mathrm{Zn(s)} + 2\,\mathrm{MnO_2(s)} + \mathrm{H_2O}(\ell) \rightarrow \mathrm{Zn(OH)_2(s)} + \mathrm{Mn_2O_3(s)}$$

알칼리전지의 구조를 그림 13.13에 나타내었다. 전해질로 사용되는 KOH는 수용액이 아닌 페이스트나 겔의 형태인데, 이 때문에 건전지라는 용어가 생겨났다. 음극의 MnO_2는 흑연을 혼합시켜 전도성을 높였다. 양극은 아연가루가 포함된 페이스트이다. (아연가루는 표면적이 높기 때문에 효율을 높인다) 산화반응에서 발생된 전자는 주석이 코팅된 황동조각에 수집되는데, 황동조각은 배터리 케이스의 바닥과 연결되어 있다.

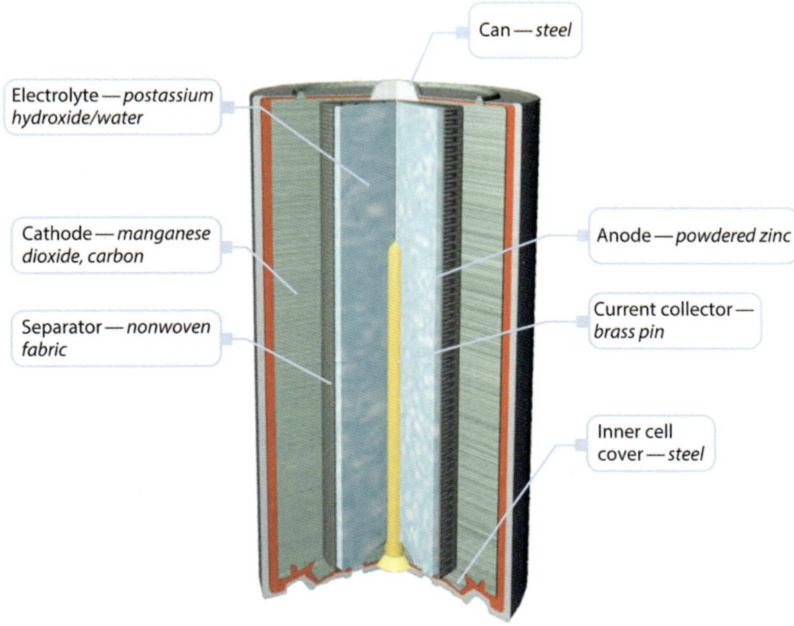

그림 13.13 알칼리전지의 구조

의료기구에 사용되는 1차전지는 매우 작지만 오래 유지되어야 하는데, 리튬 배터리가 이에 적합하다. 그림 13.14는 리튬배터리의 일반적인 구조로, 양극은 리튬 금속이다.

$$Li(s) \rightarrow Li^{+} + e^{-}$$

여기서도, 음극은 산화망간(IV)이다. 이 경우 MnO_2는 리튬 이온과 반응한다.

$$MnO_2(s) + Li^{+} + e^{-} \rightarrow LiMnO_2$$

여기서 망간(IV)은 망간(III)으로 환원된다. 총 전지반응은

$$Li(s) + MnO_2(s) \rightarrow LiMnO_2(s)$$

전해질은 유기용매에 용해된 리튬염이며, 폴리프로필렌 분리막을 통과하여 확산될 수 있다. 이 전지는 단추형태로 작지만 오랫동안 안정된 전류와 전압을 공급할 수 있다는 것이다.

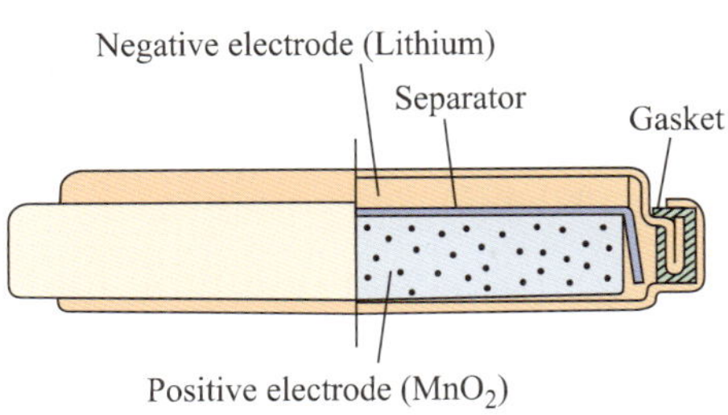

그림 13.14 리튬배터리는 안정된 전압을 오랫동안 출력한다.

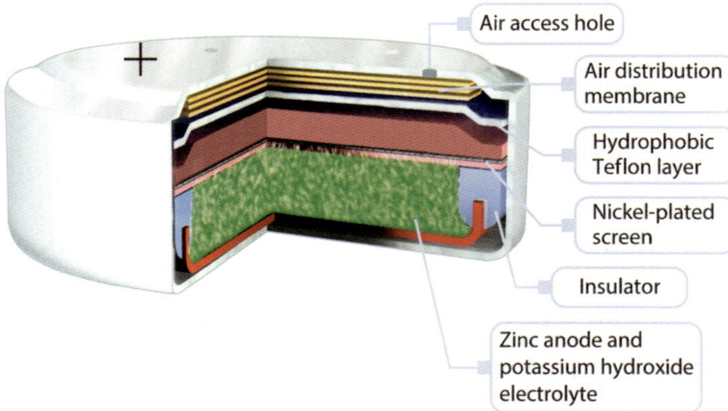

그림 13.15 아연-공기 배터리. 반응물은 공기중의 산소이기 때문에, 에너지 밀도가 높다.

또 다른 전지로 아연-공기 배터리가 있다(그림 13.15). 이것은 통신기기나 보청기에 사용된다. 양극에서는 아연의 산화반응이 일어난다.

$$Zn(s) + 2\,OH^-(aq) \rightarrow Zn(OH)_2(s) + 2\,e^-$$

음극에서는, 공기중의 산소가 환원된다.

$$\frac{1}{2}O_2(g) + H_2O(\ell) + 2\,e^- \rightarrow 2\,OH^-$$

2차전지

충전식 배터리인 **니켈수소전지**(Nickel-metal-hydride battery) (그림 13.16)가 알칼리전지를 대체하여 많이 사용되고 있다. 음극 반응을 식으로 나타내면

$$NiO(OH)(s) + H_2O(\ell) + e^- \rightarrow Ni(OH)_2(s) + OH^-(aq)$$

양극 반응은

$$MH(s) + OH^-(aq) \rightarrow M + H_2O(\ell) + e^-$$

여기서 M은 금속이나 금속합금을 상징한다.

자동차의 납축전지도 같은 기술을 사용한다. 양극반응은

$$Pb(s) + HSO_4^-(aq) \rightarrow PbSO_4(s) + H^+(aq) + 2\,e^-$$

음극반응은

$$PbO_2(s) + 3\,H^+(aq) + HSO_4^-(aq) + 2\,e^- \rightarrow PbSO_4(s) + 2\,H_2O(\ell)$$

여기서 전해질은 황산이다. 고농도의 산성조건에서 SO_4^{2-}이 HSO_4^-로 바뀐다. 때문에 **납산축전지**(lead-acid storage battery)로 불리기도 한다.

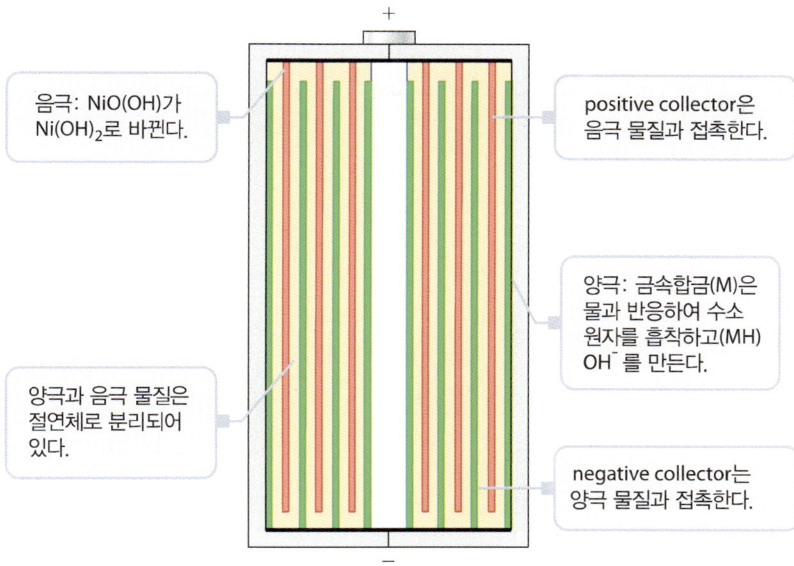

그림 13.16 니켈수소전지

위의 전지는 약 2.0 V의 전압을 발생한다. 12 V의 자동차 배터리를 얻으려면 여섯 개의 전지를 연결한다. 그림 13.17은 납축전지에 대한 그림이다. $PbSO_4$ 생성물은 전극표면에 붙어 있으며, 이 때문에 배터리의 충전이 가능하다. (차량발전기에서 전류를 흘려보내 배터리를 충전한다) 배터리의 역반응에는 방전된 전압보다 더 높은 전압이 필요하다. 시간이 오래되면 배터리는 기계적 쇼크를 받아 $PbSO_4$가 전극에서 떨어져 나간다. 결국 배터리는 더 이상 충전되지 않는다.

휴대폰이나 음악플레이어, 랩탑컴퓨터와 같은 휴대용 전자기기의 사용이 많아질수록 다양한 배터리가 개발되고 있다. 표 13.2는 배터리의 특징과 용도에 대해 요약한 것이다.

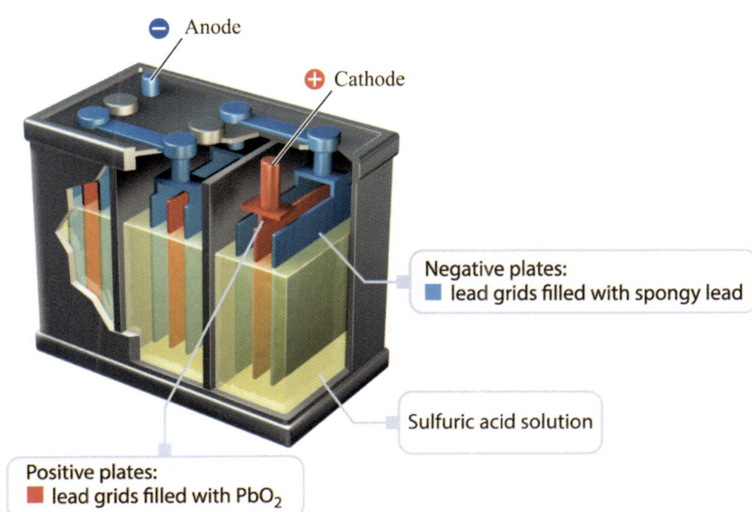

그림 13.17 납산축전지는 Pb 양극과 PbO_2 음극이 서로 교대로 작용한다.

표 13.2 1차전지와 축전지의 특징

1차 배터리			
속성	아연-공기전지	알칼리전지	리튬전지
에너지 밀도	높음	보통	높음
에너지 축적	높음	보통	보통
비용	낮음	낮음	높음
안전성	높음	높음	보통
환경	높음	높음	보통
충전식 배터리			
속성	납산축전지	니켈수소전지	리튬이온전지
에너지 밀도	낮음	보통	높음
에너지 축적	보통	보통	보통
수명	높음	높음	높음
비용	낮음	보통	높음
안전성	높음	높음	보통
환경	낮음	보통	보통

연료전지

연료전지(fuel cell)는 볼타전지로, 반응물의 공급과 생성물의 제거가 계속 이루어진다. 배터리처럼, 화학반응을 통해 전기에너지를 만든다. 그러나 배터리와는 다르게 연료가 계속 바뀐다. 일반적인 연료전지는 수소와 산소가 물을 만드는 반응에 근거한 것이다. 수소 기체가 양극으로 흘러가고, 산소 기체는 음극으로 흘러간다. 전극은 주로 다공성 탄소로, 백금 촉매와 함께 사용된다. 음극에서는 산소가 환원된다.

$$O_2 + 4\,H^+ + 4\,e^- \rightarrow 2\,H_2O$$

양극에서는 수소가 산화된다.

$$H_2 \rightarrow 2\,H^+ + 2\,e^-$$

다른 볼타전지처럼, 두 개의 반반응은 물리적으로 분리되어있다. 전자들은 외부 회로를 통해 양극에서 음극으로 흐른다. 반면 양성자(proton)는 (두 전극 구획을 분리하는) 양성자교환막을 통과한다. 총 전지반응은 다음과 같다.

$$2\,H_2 + O_2 \rightarrow 2\,H_2O$$

이 반응은 상당한 양의 에너지를 방출하며, 반응물과 생성물이 주위에 널려 있는 물질이라는 것이 장점이다. 또한 대체연료인 메탄올과 메탄을 사용하는 연료전지가 연구되고 있다.

배터리의 한계

배터리의 성능이 나빠지는 가장 큰 이유는 부식이다. 배터리가 부식되면, 전지에서 액체가 흘러나온다. 제조사들은 배터리의 부식에 의해 성능이 감소되는 것을 막기 위해 어떤 시도를 하고 있을까? 그 하나가, 배터리 부품을 전기분해로 피복(protective plating)하는 것이다.

13-5 전기분해

우리는 반응이 어떤 방향으로 진행되어 평형상태에 이르는지 판단한다. ΔH와 ΔS의 부호가 같다면 온도를 올리거나 내림으로써 평형상태의 방향을 바꿀 수 있다($\Delta G = \Delta H - T\Delta S$). 그러나 산염기 반응이나 침전반응에서는 반응의 방향(역반응)을 바꾸기가 쉽지 않다. 그에 반해, 산화환원반응은 외부전류를 사용하여 비자발적 방향으로 반응을 진행시킬 수 있다. **전기분해**(electrolysis)는 물질에 전기에너지를 가하여 산화, 환원반응이 일어나도록 하는 것이다.

전해전지(electrolytic cell)는 두 가지로 분류된다, 전극이 화학적으로 비활성인 물질일 경우에는 전자의 통로로만 이용되는데, 이 과정을 **수동적 전기분해**(passive electrolysis)라 한다. 전극이 전해반응에 참여하는 경우를 **능동적 전기분해**(active electrolysis)라 한다. 수동적 전기분해로는 부식된 금속을 깨끗하게 만들 수 있다. 능동적 전기분해로는 부식방지를 위한 물질을 피복할 수 있다.

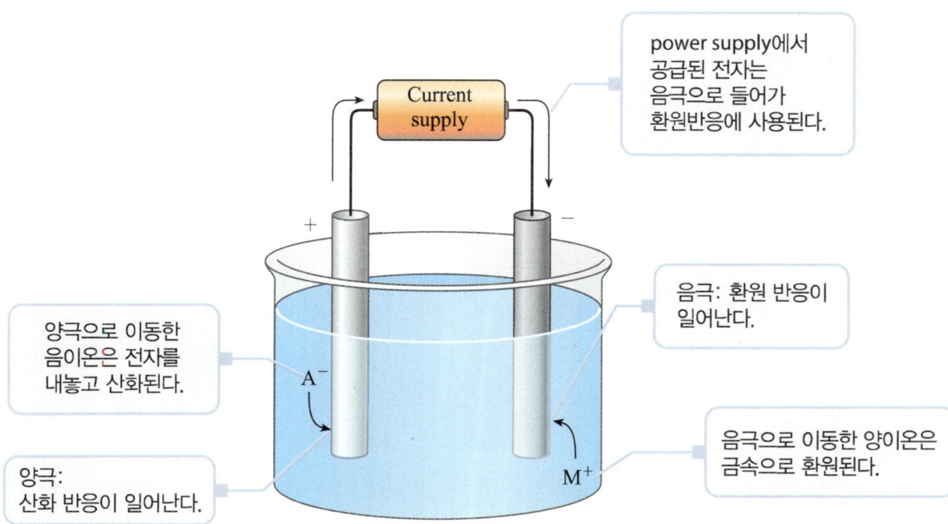

그림 13.18 전기분해에서, 전류의 외부공급원이 산화환원반응을 이끈다. 즉 자발적반응이 아니다. 용액을 통과하여 흐르는 이온에 의해 회로가 완성된다. 전기분해로 전기도금을 할 수 있으며 몇몇 금속은 순물질로 만들 수 있다.

전기분해와 극성

전기분해반응은 자발적반응이 아닌 외부전력에 의한 역반응이다. 전기분해반응에서도 음극(cathode)은 환원이 일어나는 자리이다. 단, 외부전력에 의해 음극으로 전자가 공급되기 때문에 음극은 음의 전하를 띤다(전류의 흐름 : 음극→양극). (갈바닉전지의 경우, 양극에서 물질이 산화되면서 전자가 나온다. 전류의 흐름 : 양극→음극) 양극(anode)은 여전히 산화가 일어나는 자리로 양의 전하를 띤다. 외부전력은 산화반응 구역으로부터 전자를 밀어내는 역할을 한다. 전기분해의 전극 전하를 그림 13.18에 나타내었다.

수동적 전기분해에 의한 알루미늄 정련

알루미늄은 부식방지를 목적으로 광범위하게 사용된다. 그렇다고 알루미늄이 부식되지 않는다는 말은 아니다. 순수알루미늄은 산소와 빠르게 반응하여 Al_2O_3의 얇은 층을 금속표면에 만든다. 산화알루미늄 표면은 알루미늄을 보호한다. Al(s) | Al^{3+} 반반응의 표준환원전위($Al^{3+} + 3e^- \rightarrow Al$: $E° = -1.66$ V)로 보아, Al은 Al^{3+}로 쉽게 산화되므로 Al_2O_3이 쉽게 생성될 것으로 판단할 수 있다. Fe(s) | Fe^{2+} 반반응의 표준환원전위인 $E° = -0.44$ V와 비교했을 때, 알루미늄은 꽤 강한 환원제이며, 쉽게 산화됨을 알 수 있다. 알루미늄 이온을 생성하는 반응이 열역학적으로 선호되며, 역반응은 자발적이지 않다.

하지만, 전기분해로 알루미늄과 산소를 분리할 수는 있다. 이 과정은 Hall−Heroult과정으로 불리며, 탄소 전극을 사용하여 수동적 전기분해를 한다(그림 13.19). 우선, Na_3AlF_6을 반응기에 넣는다. Al_2O_3의 녹는점은 2045°C이지만, Na_3AlF_6은 약 1000°C로 녹는점이 더 낮다. 다음은, 상당량의 전류를 가해 순수알루미늄을 만들어낸다. 이 반응에서 발생한 산소 기체는 흑연 막대와 반응하여 이산화탄소를 만든다. 흑연막대는 주기적으로 교체한다.

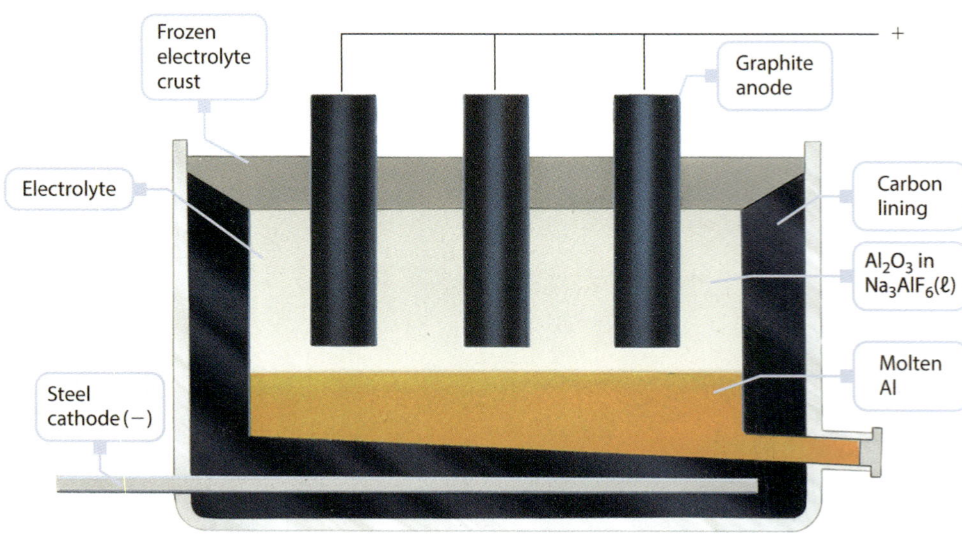

그림 13.19 Hall−Heroult과정. Al_2O_3을 전기적으로 정련하여 알루미늄으로 만든다. Na_3AlF_6에서 전기분해를 하면 녹는점을 낮출 수 있다.

능동적 전기분해와 전기도금

대부분의 전기부속품은 도금이 되어 있다. 전기를 이용하면 금속막을 얇게 입힐 수 있는데, 이것을 전기도금(electroplating)이라 한다. 예로, 배터리의 전자수집기는 도금을 통해 부식방지와 전도성이 향상된다. 은도금을 예로 들어 보자.

AgCN(aq) 용액을 사용하여 은도금을 한다. 양극과 음극의 반응은 다음과 같다.

$$\text{양극 : } Ag(s) + 2\,CN^-(aq) \rightarrow Ag(CN)_2^-(aq) + e^-$$

$$\text{음극 : } Ag(CN)_2^-(aq) + e^- \rightarrow Ag(s) + 2\,CN^-(aq)$$

위 반응은 서로 역반응이다. 전기분해는 외부전류에 의해 발생하므로, 전지전위는 중요치 않다. 전지전압이 0이기 때문에, 대부분의 전기도금과정은 낮은 전압에서도 가능하다. 그림 13.20은 회전도금(barrel plating) 장치이다. 회전하는 용기 내에 음극을 가지는 피도금체를 사방에 흩어진 상태로 넣는 기계적 도금 방법이다. 대부분, 구리로 도금한 후 그 위를 은으로 도금하는데, 은은 좋은 전도체이며 부식에 강하기 때문에 상업적으로 중요하다.

현대의 장치들은 여러 금속이 접촉되어 있기 때문에 갈바닉부식이 발생할 수 있다. 이를 막기 위해 부속품을 도금하는 것이다.

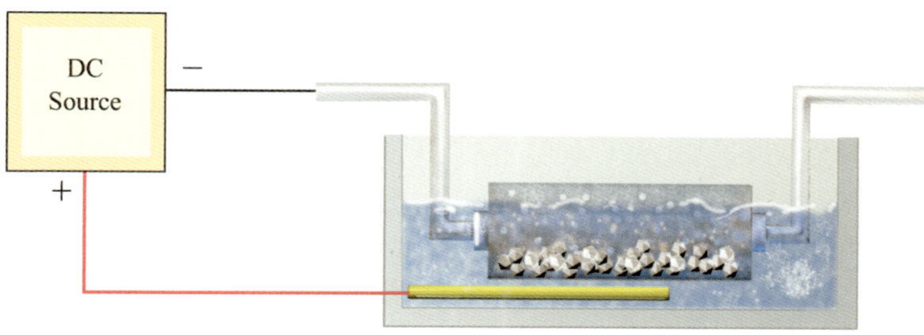

그림 13.20 회전도금장치. 전기분해시 통(음극)이 회전하여 통 안의 피도금체를 전극과 접촉시킨다.

13-6 전기분해반응과 화학양론

나사를 은도금할 경우, 코팅이 두껍게 되면 볼트와 맞지 않게 된다. 따라서 전기도금 양을 잘 조절해야 한다.

전류와 전하량

전기회로에서 측정된 전류는 특정 시간 동안 흐른 전하량이다. 전류의 단위는 암페어(A)로, 초당 쿨롱으로 정의된다: $1\,A = 1\,C\,s^{-1}$. 전류는 전류계로 측정한다. 특정 시간 동안 회로를 통과한 전류의 양을 알면, 전하량은 다음과 같다.

전하량 = 전류 × 시간

$$Q = I \times t \tag{13.8}$$

일반적으로, Q는 쿨롱(coulomb), I는 암페어(ampere) (쿨롱/초), t는 초(second)이다. 패러데이상수는 전자 1몰의 전하량으로, $F = 96{,}485\ \text{C mol}^{-1}$이다. 전해셀을 통과한 전하량($Q$)을 계산할 수 있다면, 통과한 전자의 몰수($n = F/Q$)도 알 수 있다. 그리고 금속 양이온을 환원시키는데 필요한 전자수를 안다고 할 때, 도금된 물질의 몰수를 계산할 수 있다.

예제 13.4

2.50×10^3 A의 전류가 5.00분 동안 전해전지를 통과하였다. 셀을 통과한 전자의 몰수는?

풀이

$$Q = 2500\ \text{A} \times 300\ \text{s} = 7.50 \times 10^5\ \text{C}$$

패러데이상수를 사용하면

$$7.50 \times 10^5\ \text{C} \times \left(\frac{1\ \text{mol e}^-}{96{,}485\ \text{C}}\right) = 7.77\ \text{mol e}^-$$

추가문제 어떤 부속을 은도금할 때 0.56 mol의 전자가 필요하다. 5.0 A의 전류를 얼마동안 흘려보내야 하는가?

전력은 소비된 전기의 속도로, SI 단위인 와트(W)로 나타낸다.

$$1\ \text{watt} = 1\ \text{J s}^{-1}$$

1 kW-hr은 3.60×10^6 J이다. 참고로, 전압과 에너지의 관계는 다음과 같다.

$$1\ \text{J} = 1\ \text{C V}$$

예제 13.5

0.15 V와 15.0 A로 2시간 동안 어떤 물건을 구리로 도금하였다. 이 과정에서 사용된 에너지 비용을 구하시오. (전기요금은 50원/kWh이다)

풀이

$$Q = I \times t = 15.0\ \text{C s}^{-1} \times 7200\ \text{s} = 1.08 \times 10^5\ \text{C}$$

$$\text{에너지} = \text{전하량} \times \text{전압} = 1.08 \times 10^5\ \text{C} \times 0.15\ \text{V} = 1.6 \times 10^4\ \text{J}$$

$$(1.6 \times 10^4\ \text{J}) \times \left(\frac{1\ \text{kWh}}{3.60 \times 10^6\ \text{J}}\right) \times \left(\frac{50\text{원}}{1\ \text{kWh}}\right) = 0.23\text{원}$$

추가문제 어떤 전기분해과정을 15분동안 수행하려면 25,000 A의 전류가 필요하다. 이 과정에서 1.7 kWh을 사용하려면 몇 볼트의 전압이 필요한가?

전기분해반응에서 물질양의 계산

전기분해반응을 양적으로 계산하기 위해서는 화학양론을 함께 다루어야 한다. 우선, 소비된 전류 당 도금된 물질의 양을 구해야 한다. 그리고 원하는 도금양에 맞춰 전지에 전류를 얼마나 오래 흘려보내야 하는지 계산해야 한다.

예제 13.6

금을 회수하기 위한 전기분해전지에 2.30 A의 전류를 15.0분 동안 흘려보냈다. 회수한 금의 질량은?

풀이 우선, 반반응식을 쓴다.

$$Au^{+}(aq) + e^{-} \rightarrow Au(s)$$

2.30 A가 15.0분 동안 흘렀을 때의, 전자 몰수를 계산한다.

$$Q = I \times t = (2.30\ \mathrm{C\ s^{-1}})(900\ \mathrm{s}) = 2.07 \times 10^{3}\ \mathrm{C}$$

$$(2.07 \times 10^{3}\ \mathrm{C}) \times \left(\frac{1\ \mathrm{mol\ e^{-}}}{96.485\ \mathrm{C}}\right) = 2.15 \times 10^{-2}\ \mathrm{mol\ e^{-}}$$

전자와 금의 몰비는 1 : 1이므로, 금의 몰수는 2.15×10^{-2} mol이다. 질량으로 변환하면

$$(2.15 \times 10^{-2}\ \mathrm{mol\ Au}) \times (197\ \mathrm{g\ mol^{-1}}) = 4.23\ \mathrm{g\ Au}$$

추가문제 어떤 부속을 원하는 두께로 도금하려 할 때, 필요한 구리의 양은 400 mg이다. 구리(II) 이온 용액에서 0.5 A의 전류를 10분동안 흘려보냈다면, 원하는 두께로 도금이 되었을까?

예제 13.7

주석 코팅이 필요한 부품이 있다. 원하는 두께에 필요한 주석의 양은 3.60 g이다. Sn^{2+}의 전기분해전지에 2.00 A의 전류를 얼마동안 흘려보내야 하는가?

풀이

$$Sn^{2+}(aq) + 2\ e^{-} \rightarrow Sn(s)$$

$$3.60\ \mathrm{g\ Sn} \times \left(\frac{1\ \mathrm{mol\ Sn}}{118.7\ \mathrm{g\ Sn}}\right) \times \left(\frac{2\ \mathrm{mol\ e^{-}}}{1\ \mathrm{mol\ Sn}}\right) \times \left(\frac{96{,}485\ \mathrm{C}}{1\ \mathrm{mol\ e^{-}}}\right) = 5.85 \times 10^{3}\ \mathrm{C}$$

$Q = I \times t$에서

$$t = \frac{5{,}85 \times 10^{3}\ \mathrm{C}}{2.00\ \mathrm{C\ s^{-1}}} = 2930\ \mathrm{s} = 48.8\ \mathrm{min}$$

추가문제 Rh^{3+}의 전기분해장치에 5.0분동안 전류를 흘려보내, 로듐 4.5 mg으로 코팅하려한다. 몇 A의 전류가 필요한가?

연습문제

13-1 산화환원반응과 갈바닉전지

13.5 다음의 산화환원반응에서, 산화와 환원에 대한 반반응을 각각 작성하시오.

(a) $Cu(s) + Ni^{2+}(aq) \rightleftarrows Ni(s) + Cu^{2+}(aq)$

(b) $2\ Fe^{3+}(aq) + 3\ Ba(s) \rightarrow 3\ Ba^{2+}(aq) + 2\ Fe(s)$

13.6 산화되는 물질을 환원제로 부르는 이유는?

13.7 갈바닉 전지에서 염다리의 역할은?

13.8 전기화학전지의 경우, 양극에서는 어떤 반반응이 일어나는가? 그럼 음극에서의 반반응은?

13.9 전해질로 KNO_3가 채워져 있는 염다리의 경우, 갈바닉 전지의 양극 파트의 용액으로 확산되어 이동하는 이온은? 이유도 설명하시오.

13.10 전해질로 KNO_3가 채워져 있는 염다리의 경우, 갈바닉 전지의 음극 파트의 용액으로 확산되어 이동하는 이온은? 이유도 설명하시오.

13.11 전기화학전지에서 다음의 산화환원반응이 일어날 때, 각 전지를 전지표기법으로 나타내시오.

(a) $2\ Ag^{+}(aq)(0.50\ M) + Ni(s) \rightarrow$
$2\ Ag(s) + Ni^{2+}(aq)(0.20\ M)$

(b) $Cu(s) + PtCl_6^{2-}(aq)(0.10\ M) \rightarrow$
$Cu^{2+}(aq)(0.20\ M) + PtCl_4^{2-}(aq)(0.10\ M)$
$+ 2\ Cl^{-}(aq)(0.40\ M)$

(c) $Pb(s) + SO_4^{2-}(aq)(0.30\ M) + 2\ AgCl(s) \rightarrow$
$PbSO_4(s) + 2\ Ag(s) + 2\ Cl^{-}(aq)(0.20\ M)$

(d) 어떤 갈바닉전지는, 한쪽 반쪽전지가 0.010 M HCl과 백금전극으로 구성되고, 1.0 atm의 수소 기체가 발생한다. 나머지 반쪽전지는 0.125 M $Zn(NO_3)_2$ 용액에 아연 전극이 들어있다.

13.12 다음 갈바닉전지에 대한 전체반응을 작성하시오.

(a) $Ag(s) \mid Ag^{+}(aq) \parallel Sn^{4+}(aq),\ Sn^{2+}(aq) \mid Pt(s)$

(b) $Al(s) \mid Al^{3+}(aq) \parallel Cu^{2+}(aq) \mid Cu(s)$

(c) $Pt(s) \mid Fe^{2+}(aq),\ Fe^{3+}(aq)$
$\parallel MnO_4^{-}(aq),\ Mn^{2+}(aq) \mid Pt(s)$

13.13 위 문제의 (a)와 (b) 반응표기를 보면, 표시된 음이온이 없다. 이것이 문제가 되지 않는 이유를 설명하시오.

13.14 전기화학전지에서 전위와 기전력이 같은 것을 의미하는 이유를 설명하시오.

13.15 갈바닉 부식이 철의 균일부식과 어떤 점에서 다른지 설명하시오.

13.16 다음의 사항이 전기화학전지의 음극과 양극 모두에서 어떻게 작용할 수 있는가? (a) 금속 한 조각, (b) 연결된 두개의 금속 조각

13.17 치아 일부에 수은 아말감을 한 학생이 사탕 조각을 먹고 있다. 우연히 알루미늄 호일 팩을 씹게 되었는데 입 안에서 날카로운 감각을 느끼게 된다. 전기화학의 측면에서 어떤 일이 일어났는지 설명하시오.

13-2 전지전위

13.18 다음의 전지전위에 근거하여

$Co(s) \mid Co^{2+}(aq) \parallel Cu^{2+}(aq) \mid Cu(s)\quad E^\circ = 0.614\ V$

$Fe(s) \mid Fe^{2+}(aq) \parallel Cu^{2+}(aq) \mid Cu(s)\quad E^\circ = 0.777\ V$

아래 전지의 전지전위를 구하시오.

$$Fe(s) \mid Fe^{2+}(aq) \parallel Co^{2+}(aq) \mid Co(s)$$

13.19 표준수소전극에서의 반응은 $2\ H^{+} + 2\ e^{-} \rightarrow H_2$인데, 이 시스템에 백금호일이 필요한 이유는?

13.20 네 개의 볼타 전지가 있다. 반쪽전지 하나는 표준수소전극이이고, 다른 반쪽전지는 다음 중 하나이다:

$Cr^{3+}(aq,\ 1.0\ M) \mid Cr(s)$, $Fe^{2+}(aq,\ 1.0\ M) \mid Fe(s)$,
$Cu^{2+}\ (aq,\ 1.0\ M) \mid Cu(s)$, $Mg^{2+}(aq,\ 1.0\ M) \mid Mg(s)$.

(a) 이 중 수소전극이 음극으로 작용하는 볼타전지는?

(b) 이 중 가장 높은 전위를 생산하는 것은? 가장 낮은 전위를 생산하는 것은?

13.21 SHE가 0.00 V가 아닌 3.00 V의 값을 갖는다면, 표준환원전위의 값에 어떤 일이 발생하는가?

13.22 표준환원전위가 음의 값이 클수록 반쪽전지는 산화반응을 하기 쉽다. 이유를 설명하시오.

13.23 표준환원전위표는 큰 양의 값에서 시작하여 0.0V를 지나 음의 값으로 정렬되어 있다. 일반적으로 알칼리 금속은 음의 값을 갖는데, 그 이유를 알칼리 금속의 화학적 특성과 결합방식을 이용하여 설명하시오.

13.24 다음 금속 이온의 환원반반응식이 표준환원전위표에 적혀 있다: $Sn^{2+}(aq)$, $Au^{+}(aq)$, $Zn^{2+}(aq)$, $Co^{2+}(aq)$, $Ag^{+}(aq)$, $Cu^{2+}(aq)$. 반반응을 이루는 금속 이온들과 금속들 중에서

(a) 금속 이온 중 가장 약한 산화제는?
(b) 금속 이온 중 가장 강한 산화제는?
(c) 금속 중 가장 강한 환원제는?
(d) 금속 중 가장 약한 환원제는?
(e) Sn(s)은 $Cu^{2+}(aq)$를 Cu(s)로 환원시키는가?
(f) Ag(s)은 $Co^{2+}(aq)$를 Co(s)로 환원시키는가?
(g) Sn(s)에 의해 환원될 수 있는 금속 이온은?
(h) $Ag^{+}(aq)$에 의해 산화될 수 있는 금속은?

13.25 표준환원전위표의 값을 사용하여, 다음 전지의 전위를 계산하시오.

(a) $Ga(s) \mid Ga^{3+}(aq) \| Ag^{+}(aq) \mid Ag(s)$
(b) $Zn(s) \mid Zn^{2+}(aq) \| Cr^{3+}(aq) \mid Cr(s)$
(c) $Fe(s), FeS(s) \mid S^{2-}(aq) \| Sn^{2+}(aq) \mid Sn(s)$

13.26 표준환원전위표의 값을 사용하여, 다음 전지의 전위를 계산하시오.

(a) $Fe(s) \mid Fe^{2+}(aq) \| Hg^{2+}(aq) \mid Hg(\ell)$
(b) $Pt(s) \mid Fe^{2+}(aq), Fe^{3+}(aq)$
$\| MnO_4^{-}(aq), H^{+}(aq), Mn^{2+}(aq) \mid Pt(s)$
(c) $Pt(s) \mid Cl_2(g) \mid Cl^{-}(aq) \| Au^{+}(aq) \mid Au(s)$

13.27 볼타전지의 반쪽전지 하나는 구리선이 4.8×10^{-3} M $Cu(NO_3)_2$ 용액에 담가져 있다. 다른 반쪽전지는 아연 전극과 0.40 M $Zn(NO_3)_2$ 용액으로 구성된다. 전지의 전위를 계산하시오.

13.28 네 개의 금속 A, B, C, D는 다음의 성질을 갖는다.
(i) A와 C만 1.0 M 염산과 반응하여 $H_2(g)$를 발생한다.
(ii) C를 다른 금속의 이온 용액에 넣으면, B, D, A가 생성된다.
(iii) D는 B^{n+}를 B로 환원시키고 자신은 D^{n+}로 된다.

위 정보를 이용하여, 네 개의 금속을 환원제의 능력이 증가하는 순서로 나열하시오.

13.29 네른스트 식을 사용하여 298 K에서의 다음 전지들의 전위를 계산하시오.

(a) $2\ Ag^{+}(aq)(0.50\ M) + Ni(s) \rightarrow 2\ Ag(s) + Ni^{2+}(aq)(0.20\ M)$
(b) $Cu(s) + PtCl_6^{2-}(aq)(0.10\ M) \rightarrow Cu^{2+}(aq)(0.20\ M) + PtCl_4^{2-}(aq)(0.10\ M) + 2\ Cl^{-}(aq)(0.40\ M)$
(c) $Pb(s) + SO_4^{2-}(aq)(0.30\ M) + 2\ AgCl(s) \rightarrow PbSO_4(s) + 2\ Ag(s) + 2\ Cl^{-}(aq)(0.20\ M)$

13.30 볼타전지의 반쪽전지 하나는 은(Ag) 선이 미지농도의 $AgNO_3$ 용액에 담겨져 있다. 다른 반쪽전지는 아연 전극과 1.0 M $Zn(NO_3)_2$ 용액으로 구성되어 있다. 측정된 전지의 전위는 1.48 V일 때, $Ag^{+}(aq)$의 농도를 계산하시오.

13.31 주석이 코팅된 강철은 코팅되지 않은 철 캔보다 더 빨리 부식될 수 있다. 갈바닉 부식에서는 표준상태를 예측할 수 없다. 낮은 농도의 이온들로 구성된 전지를 제작하여 주석이 코팅된 강철의 갈바닉 부식을 연구해보자. 주석과 철 조각을 준비하고, 0.05 M의 tin(II) chloride와 0.01 M의 iron(II) nitrate을 준비한다.

(a) 반반응식을 작성하시오.
(b) 어느 반반응이 양극 또는 음극인지 표시하시오.
(c) 전지의 전위를 계산하시오.

13.32 다음의 반전지가 이용가능하다:
$Ag^{+}(aq, 1.0\ M) \mid Ag(s)$; $Zn^{2+}(aq, 1.0\ M) \mid Zn(s)$;
$Cu^{2+}(aq, 1.0\ M) \mid Cu(s)$; $Co^{2+}(aq, 1.0\ M) \mid Co(s)$.

두 개의 반전지를 사용하여 여섯 개의 볼타전지를 만들 수 있다.

Ag-Zn, Ag-Cu, Ag-Co, Zn-Cu, Zn-Co, Cu-Co.

(a) 볼타전지 중에서 구리 전극이 음극으로 작용하는 것은? 코발트 전극이 양극으로 작용하는 것은?
(b) 반쪽전지들을 연결했을 때 어느 것의 전압이 가장 높은가? 전압이 가장 낮은 것은?

13.33 당신은 컴퓨터칩을 제조하는 회사의 엔지니어링이다. 화학을 못하는 회계사가 다음가 같은 메모를 남겼다.

"금값이 높기 때문에, 회사는 컴퓨터 칩에 있는 금 도금 핀을 구리로 만들어진 핀으로 바꿔야 한다."

구리를 택한 회계사의 선택이 왜 잘못됐는지, 핀 제조에 금을 계속 사용하는 이유를 설명하시오.

13.34 어떤 사람이 귀를 뚫은 후에 즉시, 14K 금 고리를 구멍의 상처가 나을 때까지 착용하려 한다.

(a) 다른 금속, 예로 강철보다 금이 좋은 선택이었던 이유를 설명하시오.
(b) 금도금된 강철이 금 만큼의 보호역할을 하지 못할 거라 생각하는 이유는?
(c) 외과용 강철은 종종 금보다 덜 비싸기 때문에 새로 뚫린 귀의 귀걸이로 사용된다. 인터넷을 이용하여 외과용 강철의 조성을 찾으시오.

13.35 2000년 5월, North Carolina에서 콘크리트 육교가 붕괴되어 100 이상의 사상자가 나왔다. 조사결과, $CaCl_2$가 콘크리트 내부에 철재 보강 케이블 피복재의 구멍을 메

우고 케이블을 부식시켜 구조물의 부식을 초래하였다. 부식에 기초하여, 철근콘크리트에 염소화합물의 사용이 억제되는 이유를 설명하시오.

13.36 어느 학생이 철의 부식에 미치는 pH의 영향을 연구하고 있다.

Corrosion Rate (mm/year)	pH
0.03	13.00
0.06	12.00
0.16	11.00
0.22	10.00
0.25	9.00
0.25	8.00
0.25	7.00
0.25	6.00
0.25	5.00
0.27	4.00
0.37	3.00
0.38	2.80
0.63	2.80
1.00	2.80

부식속도와 pH의 관계를 그래프로 그리시오.(x축은 pH가 감소하는 모양을 갖는다)

(a) 부식과 pH의 관계를 설명하시오.

(b) 용액의 pH가 3 이하 일 때는 용액에서 기포가 발생한다. 환원 반반응에서 pH가 낮아지면 어떤 변화가 일어날까?

(c) 가장 낮은 pH에서의 곡선모양을 어떻게 설명하겠는가?

13-3 전지전위와 평형상태

13.37 전지화학전지의 에너지 변화를 결정하는 데 사용되는 전기적인 최대일(w_{max})과 전위(E) 사이의 관계를 식으로 설명하시오.

13.38 다음 전지들의 표준자유에너지 변화를 계산하시오.

(a) $Ga(s) \mid Ga^{3+}(aq) \parallel Ag^{+}(aq) \mid Ag(s)$

(b) $Zn(s) \mid Zn^{2+}(aq) \parallel Cr^{3+}(aq) \mid Cr(s)$

(c) $Fe(s),\ FeS(s) \mid S^{2-}(aq) \parallel Sn^{2+}(aq) \mid Sn(s)$

13.39 반반응의 표준전위를 사용하여 다음 반응들의 표준자유에너지변화를 계산하시오.

(a) $Fe(s) + Hg_2^{2+}(aq) \rightarrow Fe^{2+}(aq) + 2\ Hg(\ell)$

(b) $Fe^{3+}(aq) + Ag(s) + Cl^{-}(aq) \rightarrow Fe^{2+}(aq) + AgCl(s)$

(c) $2\ MnO_4^{-}(aq) + 5\ Zn(s) + 16\ H_3O^{+}(aq) \rightarrow 2\ Mn^{2+}(aq) + 5\ Zn^{2+}(aq) + 24\ H_2O(\ell)$

13.40 표준환원전위표를 이용할 수 없는 상황이다. 당신은 $Cu^{2+} + 2e^{-} \rightarrow Cu(s)$의 표준환원전위가 0.337 V임을 기억하고 있다. $\Delta G_f°(Cu^{2+})$ = 65.49 kJ mol^{-1}와 $\Delta G_f°(Ni^{2+})$ = −45.6 kJ mol^{-1}가 주어졌을 때, $Ni \mid Ni^{2+}$의 표준환원전위를 계산하시오.

13.41 갈바닉전지, $Co(s) \mid Co^{2+} \parallel Pb^{2+} \mid Pb(s)$의 전위를 사용하여 $\Delta G_f°(Pb^{2+})$를 계산하시오.
단, $\Delta G_f°(Co^{2+})$ = −54.4 kJ mol^{-1}이다

13.42 다음 중 어느 것이 표준조건에서 자발적 반응인가?

(a) $Zn(s) + 2\ Fe^{3+}(aq) \rightarrow Zn^{2+}(aq) + 2\ Fe^{2+}(aq)$

(b) $Cu(s) + 2\ H^{+}(aq) \rightarrow Cu^{2+}(aq) + H_2(g)$

(c) $2\ Br^{-}(aq) + I_2(s) \rightarrow Br_2(\ell) + 2\ I^{-}(aq)$

13.43 표준환원전위를 참고하여, 다음 반응이 표준전기화학조건에서 자발적인지 결정하시오.

(a) $Mn(s) + 2\ H^{+}(aq) \rightarrow H_2(g) + Mn^{2+}(aq)$

(b) $2\ Al^{3+}(aq) + 3\ H_2(g) \rightarrow 2\ Al(s) + 6\ H^{+}(aq)$

(c) $2\ Cr(OH)_3(s) + 6\ F^{-}(aq) \rightarrow 2\ Cr(s) + 6\ OH^{+}(aq) + 3\ F_2(g)$

(d) $Cl_2(g) + 2\ Br^{-}(aq) \rightarrow Br_2(\ell) + 2\ Cl^{-}(aq)$

13.44 반응의 평형상수가 3×10^{-15} 일 때, (a) 반응의 $\Delta G°$가 양의 값이지 음의 값인지 계산하지 않고 판단하시오.
(b) 반응의 $\Delta G°$를 계산하시오.

13.45 어떤 계산기는 10의 지수가 99를 넘어가면 antilog 계산값을 표시할 수 없다. 이러한 단점은 산화환원 반응의 평형상수가 아주 클 때도 작용한다. 다음의 식에서 K값을 계산하시오:

(a) $\log K = 45.63$, (b) $\log K = 25.00$,
(c) $\log K = 20.63$.

위의 세 가지 식과 답 사이의 관계를 설명하시오. 이 관계식을 이용하여 10^{99}를 넘어가는 문제를 어떻게 풀 수 있을까?

13.46 표준환원전위표를 사용하여 다음 반응들의 평형상수를 계산하시오.

(a) $Cl_2(g) + 2\ Br^{-}(aq) \rightarrow Br_2(g) + 2\ Cl^{-}(aq)$

(b) $Ni(s) + 2\ Ag^{+}(aq) \rightarrow 2\ Ag(s) + Ni^{2+}(aq)$

(c) $I_2(s) + Sn^{2+}(aq) \rightarrow 2\ I^-(aq) + Sn^{4+}(aq)$

13.47 다음 반응들의 표준환원전위를 사용하여 298 K에서의 염화은(AgCl)의 K_{sp}를 계산하시오.

$AgCl(s) + e^- \rightarrow Ag(s) + Cl^-(aq)$
$Ag^+(aq) + e^- \rightarrow Ag(s)$

표 12.4의 값과 비교해 보시오.

13.48 과산화수소는 냉장고에 보관해야 분해반응을 막을 수 있다.

$$2\ H_2O_2(\ell) \rightarrow 2\ H_2O(\ell) + O_2(g)$$

표준환원전위를 사용하여 이 반응의 평형상수를 계산하시오.

13.49 다음 상황에서 일어날 수 있는 산화환원반응의 평형상수를 계산하고, 이 값을 이용하여 반응이 관찰될 수 있는지 없는지 설명하시오.

(a) 철 한 조각을 1.0 M $NiCl_2(aq)$ 용액에 넣는다.
(b) 구리선을 1.0 M $Pb(NO_3)_2(aq)$ 용액에 넣는다.

13.50 그림 13.12의 그래프에서 로그 스케일의 값이 사용되지 않았다면, 그래프의 모양을 어떻게 될까?

13.51 정확히 1.52 V의 전위가 흐르는 전기화학전지를 디자인 하려 한다. 위의 전위를 얻을 수 있도록 전지를 구성하는 용액의 종류와 농도, 그리고 전극을 선택하시오. 관련 반응의 반응식을 작성하시오.

13.52 6.0 kg의 마그네슘 막대가 철 파이프에 연결되어 희생양극으로 작용하고 있다. 0.020 A의 평균 전류가 마그네슘 막대와 철 파이프 사이에 흐르고 있다.

(a) 마그네슘 막대 표면에서는 어떤 반응이 일어나는가?
(b) 철 파이프 표면에서는 어떤 반응이 일어나는가?
(c) 두 표면에서 전자가 흐르는 방향은?
(d) 마그네슘이 모두 소비되는 데 몇 년이 걸리겠는가?

13.53 니켈은 강철을 보호하는 희생양극으로서 사용이 가능한지 설명하시오.

13.54 아연은 갈바닉 강철의 코팅제로 사용되어 철의 부식을 막아준다. 아연이 철 파이프의 희생양극으로 사용가능한 이유를 설명하시오.

13.55 강철과 희생양극을 구리선으로 연결하기도 한다. 만약 양극이 완전히 부식되고 교체되지 않아, 구리선만이 남았다면, 구리와 철이 접촉된 곳에서는 어떤 일이 일어날 수 있는가?

13-4 배터리

13.56 1차전지와 2차전지의 차이점을 설명하시오.

13.57 알칼리전지가 알칼리로 불리는 이유를 화학적 측면에서 설명하시오.

13.58 연기감지기에 9 V 배터리가 필요하다. 이 때 한 개의 갈바닉전지만 필요한 것이 아니다. 이 이유를 설명하시오.

13.59 알칼리전지가 알칼리성이 아닌 산성이라면, 부식과 관련된 어떤 어려움이 있는지 설명하시오. 표준환원전위표를 이용하시오.

13.60 알칼리전지에서 아연을 강철로 대체한다면 전압은 어떻게 변하는가? 아연의 반응은 $Zn\,|\,Zn^{2+}$로 단순화하고, 강철은 철이라 가정한다.

13.61 배터리 제조업자는 배터리를 에너지용량으로 평가한다. 배터리의 중량용량은 $q \times V$/mass로 평가되는데, 배터리 제조업자가 중량용량에 관심을 두는 이유는 무엇일까?

13.62 배터리의 중량용량을 측정하고자 한다. 이 측정을 위해 수행할 수 있는 실험을 고안하고 설명하시오. 한 개의 배터리 실험만으로 믿을 만한 결과를 얻을 수 있다고 생각하는가?

13.63 납축전지의 납 성분들로부터 어떤 생성물이 발생하는가? 기계적 충격(충돌)이 납축전지의 수명을 감소시키는 이유를 설명하시오.

13.64 아연-공기 배터리의 전해질 용액(그림 13.15)은 수용성 KOH이다. 아연-공기 배터리에는 공기로부터 O_2를 얻기 위한 작은 구멍들이 있다. 그러나, 이 구멍들을 통해 수증기가 출입하기 때문에 습도가 변하게 된다. 아연-공기 배터리의 최적의 습도는 60% (25°C)로, KOH 전해질은 공기중 물과 평형을 이룬다. 다음의 경우에 아연-공기 배터리에 어떤 일이 발생하는지 분자수준에서 설명하시오. (a) 건조한 환경 (b) 극도의 습한 환경

13.65 버튼 모양의 배터리를 연구하고 있다. 동일한 조건 및 방전 부하일 때, 네 개의 서로 다른 배터리에 대한 방전 곡선은 아래와 같다.

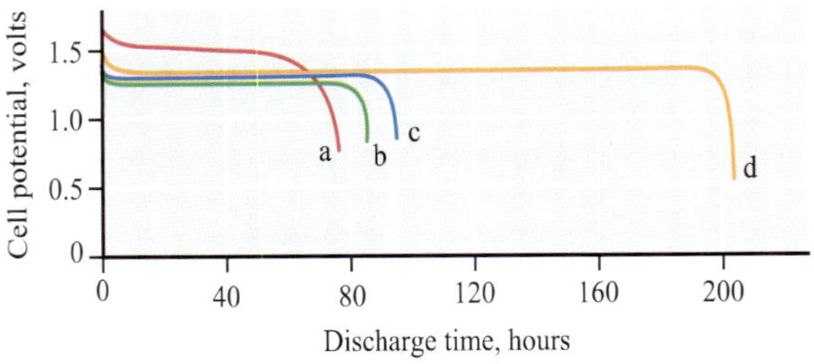

(a) 배터리를 찾는 고객에게 설명하기 위해, a와 d 곡선에 대한 해석을 작성하시오.

(b) b와 d는 모두 아연-공기 전지이다. 이 두 곡선이 차이를 보이는 이유를 설명하시오. (힌트: 아연-공기 전지에서 수명이 무제한인 전극은 어떤 것인가? 두 전지의 전극의 대략적인 면적을 비교하시오)

13.66 어떤 Ni-Cd 볼타전지는 1.00시간 동안 0.25 A의 전류를 내보낸다. 카드뮴이 양극으로 사용될 때 필요한 최소 질량을 구하시오.

13.67 배터리 회사인 Rayovac, Duracell, Eveready (Energizer)의 웹사이트에 들어가, 책에서 다루지 않은 배터리 유형을 검색하시오. 배터리의 스펙(방전특성그래프, 특징, 운영된 온도자료 등)을 출력하시오. 이를 요약하여 보고하시오.

13-5 전기분해

13.68 능동적 전기분해와 수동적 전기분해의 차이점을 설명하시오.

13.69 산-염기 반응을 비자발적 방향으로 일으키는 것보다, 산화-환원 반응을 비자발적 방향으로 진행시키는 것이 쉬운 이유는?

13.70 전기화학전지에서는 음극에서 환원이 일어난다. 갈바닉 전지에서는 음극이 양의 전하를 띠는데, 전기분해가 일어나면 음극이 음의 전하를 띠는 이유는?

13.71 알루미늄은 알루미늄 산화물 광석을 전기분해하여 정제된다. 이 과정은 능동적 전기분해인가 수동적 전기분해인가? 이유를 설명하시오.

13.72 알루미늄의 전해 정련과정에서 산소가 발생하면 어떤 문제점이 발생하는가?

13.73 전기도금과정에서 때때로 전위가 0 V이다. 영전위가 전기분해에서 가능하지만 갈바닉전지에서는 가능하지 않다. 그 이유를 설명하시오.

13.74 구리선을 질산은($AgNO_3$) 용액에 넣으면, 구리 위에 은(Ag)이 생성된다. 하지만 이 과정을 도금이라 부르지는 않는다. 이유를 설명하시오.

13.75 회전도금장치에서 통이 회전하는 이유는?

13.76 코팅이 금속에 입혀진 것은, 두개의 서로 다른 금속이 서로 맞닿아 있는 것이다. 이 접촉면에서 갈바닉 부식이 일어나지 않는 이유는?

13.77 은도금을 하는 도금회사를 인터넷으로 검색하시오. 은도금은 대부분 미적인 이유로 사용되는데, 상품을 더 매력적으로 보이게 한다. 검색내용을 근거로, 대중의 선호가 도금산업에 정확인 반영되는지 판단하시오.

13.78 은도금 반응을 살펴보면, 어떠한 환경문제가 발생할 수 있을까? 전기도금회사들이 환경을 보호하기 위해 어떤 대책을 갖고 있는지 인터넷을 사용하여 알아보시오.

13-6 전기분해반응과 화학양론

13.79 15 A의 전류가 2.0시간 동안 전기분해전지로 흘렀다면, 이때 이동한 전자의 몰수를 구하시오.

13.80 실험실에서 전류를 끄지 않아 전기분해전지로 4.2 mA의 전류가 계속 흘렀다. 3주가 지났을 때, 전지에 흐른 전자의 몰수는?

13.81 회전도금장치에 0.30 V에서 200.0 A의 전류가 6시간 흘렀을 때, 사용된 kilowatt-hour를 계산하시오. 전압이 0.90 V일 때의 사용된 전력(kWh)을 계산하시오.

13.82 전기공학자는 도금시 사용된 전하량을 계산해야 한다. 전압이 0.25 V이고 10.3 kWh이 소비되었다는 것을 안다. 전하량을 계산하시오. 장비의 전류가 3.0 A이라면, 얼마나 오래 작동할까?

13.83 구리 금속이 구리(II) 이온 용액으로부터 석출되는 구리도금 실험에서, 시스템에 12.0 A의 전류가 2.6시간동안 흘렀다. 도금된 구리의 질량(g)은?

13.84 1.5 in × 8.5 in × 0.0012 in 크기의 얇은 판에 금을 도금하려 한다. 금도금 두께는 0.0020 in이다.

(a) 필요한 금($d = 19.3\ g/cm^3$)의 양은?

(b) AuCN으로 7.00 A의 전류를 사용하여 도금을 하는데 얼마나 오래 걸리는가? (효율은 100%이다)

13.85 주석이 코팅된 강철은 "주석" 캔으로 사용된다. 주석이 코팅된 강철은 100.0 A의 전류를 8시간동안 흘려보내

비도금된 강철을 주석으로 코팅한 것이다. 전해질은 주석(II) 이온이 포함된 것으로, 이 과정을 통해 도금된 주석의 질량(kg)을 구하시오.

13.86 알루미늄 화합물을 전기분해하는 어떤 전지는 5.0 V, 1.0×10^5 A에서 작동한다. 알루미늄 1 metric ton (1.0×10^3 kg)을 생산하는데 필요한 에너지(kW-hours)를 계산하시오. (1 kWh = 3.6×10^6 J 그리고 1 J = 1 C V)

13.87 어떤 니켈 도금 공정($NiCl_2$ 용액으로부터)은 0.40 V, 400.0 A에서 작동한다. 도금된 니켈의 양이 49.0 kg일 때 소모된 최소 전력(kWH)양은?

13.88 어떤 학생이 구리의 도금이 구리(II) 이온 용액이 아닌 구리(I) 이온 용액에서 이루어진다고 잘못 생각하였다. 학생이 주어진 시간과 전류를 이용해 도금된 구리의 질량을 계산하였는데, 이는 답에 어떤 오류를 일으켰을까?

13.89 납축전지는 15분 동안 12.0 A의 전류로 재충전되었다. 소비된 $PbSO_4$의 양은?

13.90 2.62 cm^2의 표면적을 가진 작은 부속을 5.00×10^{-4} mm의 두께로 금도금하였다. 금의 밀도는 19.32 g cm^{-3}이다. 코팅된 금의 양은? 회전도금장치 하나에 5000개의 부속들이 들어있다면, 15.0 A의 전류는 얼마동안 흘려보내야 하는가? (금은 $Au^+(aq)$로부터 도금된다)

13.91 1.3 cm × 0.83 cm의 금속 조각의 표면을 로듐으로 도금하여 광학기기의 거울로 사용한다. 로듐의 두께는 0.00030 mm이고, 전해질에는 Rh^{3+} 이온이 들어있다. 전기분해의 작동전류가 1.3 A일 때, 원하는 코팅량을 얻기 위해 얼마나 오랫동안 작동되어야 하는가? 도금된 로듐의 양(g)은? (로듐의 밀도는 12.4 g cm^{-3}이다)

Appendix

부 록

부록 A. 원자량표

Atomic Number	Symbol	Name	Atomic Weight	Atomic Number	Symbol	Name	Atomic Weight
89	Ac	Actinium	[227]	72	Hf	Hafnium	178.49
13	Al	Aluminum	26.9815386	108	Hs	Hassium	[270]
95	Am	Americium	[243]	2	He	Helium	4.002602
51	Sb	Antimony	121.760	67	Ho	Holmium	164.93032
18	Ar	Argon	39.948	1	H	Hydrogen*	1.008
33	As	Arsenic	74.92160	49	In	Indium	114.818
85	At	Astatine	[210]	53	I	Iodine	126.90447
56	Ba	Barium	137.327	77	Ir	Iridium	192.217
97	Bk	Berkelium	[247]	26	Fe	Iron	55.845
4	Be	Beryllium	9.012182	36	Kr	Krypton	83.798
83	Bi	Bismuth	208.98040	57	La	Lanthanum	138.90547
107	Bh	Bohrium	[272]	103	Lr	Lawrencium	[262]
5	B	Boron*	10.81	82	Pb	Lead	207.2
35	Br	Bromine	79.904	116	Lv	Livermorium	[293]
48	Cd	Cadmium	112.411	3	Li	Lithium*	6.94
55	Cs	Cesium	132.9054519	71	Lu	Lutetium	174.9668
20	Ca	Calcium	40.078	12	Mg	Magnesium	24.3050
98	Cf	Californium	[251]	25	Mn	Manganese	54.938045
6	C	Carbon*	12.011	109	Mt	Meitnerium	[276]
58	Ce	Cerium	140.116	101	Md	Mendelevium	[258]
17	Cl	Chlorine*	35.45	80	Hg	Mercury	200.59
24	Cr	Chromium	51.9961	42	Mo	Molybdenum	95.96
27	Co	Cobalt	58.933195	60	Nd	Neodymium	144.242
112	Cn	Copernicium	[285]	10	Ne	Neon	20.1797
29	Cu	Copper	63.546	93	Np	Neptunium	[237]
96	Cm	Curium	[247]	28	Ni	Nickel	58.6934
110	Ds	Darmstadtium	[281]	41	Nb	Niobium	92.90638
105	Db	Dubnium	[268]	7	N	Nitrogen*	14.007
66	Dy	Dysprosium	162.500	102	No	Nobelium	[259]
99	Es	Einsteinium	[252]	76	Os	Osmium	190.23
68	Er	Erbium	167.259	8	O	Oxygen*	15.999
63	Eu	Europium	151.964	46	Pd	Palladium	106.42
100	Fm	Fermium	[257]	15	P	Phosphorus	30.973762
114	Fl	Flerovium	[289]	78	Pt	Platinum	195.084
9	F	Fluorine	18.9984032	94	Pu	Plutonium	[244]
87	Fr	Francium	[223]	84	Po	Polonium	[209]
64	Gd	Gadolinium	157.25	19	K	Potassium	39.0983
31	Ga	Gallium	69.723	59	Pr	Praseodymium	140.90765
32	Ge	Germanium	72.63	61	Pm	Promethium	[145]
79	Au	Gold	196.966569	91	Pa	Protactinium	231.03588

(Continued)

Atomic Number	Symbol	Name	Atomic Weight	Atomic Number	Symbol	Name	Atomic Weight
88	Ra	Radium	[226]	52	Te	Tellurium	127.60
86	Rn	Radon	[222]	65	Tb	Terbium	158.92535
75	Re	Rhenium	186.207	81	Tl	Thallium*	204.38
45	Rh	Rhodium	102.90550	90	Th	Thorium	232.03806
111	Rg	Roentgenium	[280]	69	Tm	Thulium	168.93421
37	Rb	Rubidium	85.4678	50	Sn	Tin	118.710
44	Ru	Ruthenium	101.07	22	Ti	Titanium	47.867
104	Rf	Rutherfordium	[267]	74	W	Tungsten	183.84
62	Sm	Samarium	150.36	118	Uuo	Ununoctium	[294]
21	Sc	Scandium	44.955912	115	Uup	Ununpentium	[288]
106	Sg	Seaborgium	[271]	113	Uut	Ununtrium	[284]
34	Se	Selenium	78.96	92	U	Uranium	238.02891
14	Si	Silicon*	28.0855	23	V	Vanadium	50.9415
47	Ag	Silver	107.8682	54	Xe	Xenon	131.293
11	Na	Sodium	22.98976928	70	Yb	Ytterbium	173.054
38	Sr	Strontium	87.62	39	Y	Yttrium	88.90585
16	S	Sulfur*	32.06	30	Zn	Zinc	65.38
73	Ta	Tantalum	180.94788	40	Zr	Zirconium	91.224
43	Tc	Technetium	[98]				

Values shown are from *Atomic weights of the elements 2009* (*IUPAC Technical Report*), M.E. Wiesser and T. B. Coplen, Pure Appl. Chem. **83**, 359 (2011). For those elements marked with an asterisk (*), IUPAC has defined the atomic weight as an interval. In such cases the values shown here are conventional atomic weights for use in calculations.

부록 B. 물리적 상수

Quantity	Symbol or Abbreviation	Value
Acceleration of gravity	g	9.80665 m/s
Atomic mass unit	amu or u	$1.660538921 \times 10^{-27}$ kg
Avogadro's number	N_A	$6.02214129 \times 10^{23}$ particles/mol
Boltzmann's constant	k	$1.3806488 \times 10^{-23}$ J/K
Charge to mass ratio of electron	e/m	$1.758820088 \times 10^{11}$ C/kg
Electronic charge	e	$1.602176565 \times 10^{-19}$ C
Electron rest mass	m_e	$9.10938291 \times 10^{-31}$ kg
Faraday constant	F	96,485.3365 C/mol e^-
Molar volume (STP)	V_m	22.414 L/mol
Neutron rest mass	m_n	$1.674927351 \times 10^{-27}$ kg
Planck's constant	h	$6.62606957 \times 10^{-34}$ J s
Proton rest mass	m_p	$1.672621777 \times 10^{-27}$ kg
Speed of light	c	2.99792458×10^{8} m s^{-1}
Universal gas constant	R	8.3144621 J mol^{-1} K^{-1}
		0.082057 L atm mol^{-1} K^{-1}
		62.364 L torr mol^{-}1 K^{-}1

단위의 변환

Mass and Weight

SI Base Unit: Kilogram (kg)

1 kilogram = 1000 grams = 2.205 pounds
1 gram = 1000 milligrams
1 pound = 453.59 grams
1 amu = 1.6606×10^{-24} grams
1 gram = 6.022×10^{23} amu
1 ton = 2000 pounds

Length

SI Base Unit: Meter (m)

1 inch = 2.54 centimeters (exactly)
1 meter = 100 centimeters = 39.37 inches
1 yard = 0.9144 meter
1 mile = 1.609 kilometers
1 kilometer = 1000 meters = 0.6215 mile
1 Ångstrom = 1.0×10^{-10} meters = 1.0×10^{-8} centimeters

Volume

SI Base Unit: Cubic Meter (m^3)

1 liter = 0.001 cubic meter
1 liter = 1000 cubic centimeters = 1000 mL
1 liter = 1.056 quarts
1 quart = 0.9463 liter
1 milliliter = 0.001 liter = 1 cubic centimeter
cubic foot = 7.475 gallons = 28.316 liters
1 gallon = 4 quarts

Energy

SI Base Unit: Joule (J)

1 calorie = 4.184 joules = 4.129×10^{-2} L atm

$$1 \text{ joule} = 1 \frac{\text{kg m}^2}{\text{s}^2} = 0.23901 \text{ calorie}$$

1 joule = 1×10^7 ergs
1 electron volt = 1.6022×10^{-19} joule
1 electron volt = 96.485 kJ/mol
1 L atm = 24.217 calories = 101.325 joules

Pressure

SI Base Unit: Pascal (Pa)

$$1 \text{ pascal} = \frac{\text{kg}}{\text{m s}^2} = 1 \text{ Newton/m}^2$$

1 atmosphere = 760 torr
= 760 millimeters of mercury
= 1.01325×10^5 pascals
= 1.01325 bar
= 14.70 pounds per square inch
1 torr = 1 millimeter of mercury

Temperature

SI Base Unit: Kelvin (K)

0 K = −273.15°C
K = °C + 273.15°
°F = 1.8(°C) + 32°

$$°\text{C} = \frac{°\text{F} - 32°}{1.8°}$$

부록 C. 원자의 바닥상태에서의 전자배열

Z	Element	Configuration
1	H	$1s^1$
2	He	$1s^2$
3	Li	[He]$2s^1$
4	Be	[He]$2s^2$
5	B	[He]$2s^2 2p^1$
6	C	[He]$2s^2 2p^2$
7	N	[He]$2s^2 2p^3$
8	O	[He]$2s^2 2p^4$
9	F	[He]$2s^2 2p^5$
10	Ne	[He]$2s^2 2p^6$
11	Na	[Ne]$3s^1$
12	Mg	[Ne]$3s^2$
13	Al	[Ne]$3s^2 3p^1$
14	Si	[Ne]$3s^2 3p^2$
15	P	[Ne]$3s^2 3p^3$
16	S	[Ne]$3s^2 3p^4$
17	Cl	[Ne]$3s^2 3p^5$
18	Ar	[Ne]$3s^2 3p^6$
19	K	[Ar]$4s^1$
20	Ca	[Ar]$4s^2$
21	Sc	[Ar]$3d^1 4s^2$
22	Ti	[Ar]$3d^2 4s^2$
23	V	[Ar]$3d^3 4s^2$
24	Cr	[Ar]$3d^5 4s^1$
25	Mn	[Ar]$3d^5 4s^2$
26	Fe	[Ar]$3d^6 4s^2$
27	Co	[Ar]$3d^7 4s^2$
28	Ni	[Ar]$3d^8 4s^2$
29	Cu	[Ar]$3d^{10} 4s^1$
30	Zn	[Ar]$3d^{10} 4s^2$
31	Ga	[Ar]$3d^{10} 4s^2 4p^1$
32	Ge	[Ar]$3d^{10} 4s^2 4p^2$
33	As	[Ar]$3d^{10} 4s^2 4p^3$
34	Se	[Ar]$3d^{10} 4s^2 4p^4$
35	Br	[Ar]$3d^{10} 4s^2 4p^5$
36	Kr	[Ar]$3d^{10} 4s^2 4p^6$
37	Rb	[Kr]$5s^1$
38	Sr	[Kr]$5s^2$
39	Y	[Kr]$4d^1 5s^2$
40	Zr	[Kr]$4d^2 5s^2$
41	Nb	[Kr]$4d^4 5s^1$
42	Mo	[Kr]$4d^5 5s^1$
43	Tc	[Kr]$4d^6 5s^2$
44	Ru	[Kr]$4d^7 5s^1$
45	Rh	[Kr]$4d^8 5s^1$
46	Pd	[Kr]$4d^{10}$
47	Ag	[Kr]$4d^{10} 5s^1$
48	Cd	[Kr]$4d^{10} 5s^2$
49	In	[Kr]$4d^{10} 5s^2 5p^1$
50	Sn	[Kr]$4d^{10} 5s^2 5p^2$
51	Sb	[Kr]$4d^{10} 5s^2 5p^3$
52	Te	[Kr]$4d^{10} 5s^2 5p^4$
53	I	[Kr]$4d^{10} 5s^2 5p^5$
54	Xe	[Kr]$4d^{10} 5s^2 5p^6$
55	Cs	[Xe]$6s^1$
56	Ba	[Xe]$6s^2$
57	La	[Xe]$5d^1 6s^2$
58	Ce	[Xe]$4f^1 5d^1 6s^2$
59	Pr	[Xe]$4f^3 6s^2$
60	Nd	[Xe]$4f^4 6s^2$
61	Pm	[Xe]$4f^5 6s^2$
62	Sm	[Xe]$4f^6 6s^2$
63	Eu	[Xe]$4f^7 6s^2$
64	Gd	[Xe]$4f^7 5d^1 6s^2$
65	Tb	[Xe]$4f^9 6s^2$
66	Dy	[Xe]$4f^{10} 6s^2$
67	Ho	[Xe]$4f^{11} 6s^2$
68	Er	[Xe]$4f^{12} 6s^2$
69	Tm	[Xe]$4f^{13} 6s^2$
70	Yb	[Xe]$4f^{14} 6s^2$
71	Lu	[Xe]$4^{14} 5d^1 6s^2$
72	Hf	[Xe]$4f^{14} 5d^2 6s^2$
73	Ta	[Xe]$4f^{14} 5d^3 6s^2$
74	W	[Xe]$4f^{14} 5d^4 6s^2$
75	Re	[Xe]$4f^{14} 5d^5 6s^2$
76	Os	[Xe]$4f^{14} 5d^6 6s^2$
77	Ir	[Xe]$4f^{14} 5d^7 6s^2$
78	Pt	[Xe]$4f^{14} 5d^9 6s^1$
79	Au	[Xe]$4f^{14} 5d^{10} 6s^1$
80	Hg	[Xe]$4f^{14} 5d^{10} 6s^2$
81	TI	[Xe]$4f^{14} 5d^{10} 6s^2 6p^1$
82	Pb	[Xe]$4f^{14} 5d^{10} 6s^2 6p^2$
83	Bi	[Xe]$4f^{14} 5d^{10} 6s^2 6p^3$
84	Po	[Xe]$4f^{14} 5d^{10} 6s^2 6p^4$
85	At	[Xe]$4f^{14} 5d^{10} 6s^2 6p^5$
86	Rn	[Xe]$4f^{14} 5d^{10} 6s^2 6p^6$
87	Fr	[Rn]$7s^1$
88	Ra	[Rn]$7s^2$
89	Ac	[Rn]$6d^1 7s^2$
90	Th	[Rn]$6d^2 7s^2$
91	Pa	[Rn]$5f^2 6d^1 7s^2$
92	U	[Rn]$5f^3 6d^1 7s^2$
93	Np	[Rn]$5f^4 6d^1 7s^2$
94	Pu	[Rn]$5f^6 7s^2$
95	Am	[Rn]$5f^7 7s^2$
96	Cm	[Rn]$5f^7 6d^1 7s^2$
97	Bk	[Rn]$5f^9 7s^2$
98	Cf	[Rn]$5f^{10} 7s^2$
99	Es	[Rn]$5f^{11} 7s^2$
100	Fm	[Rn]$5f^{12} 7s^2$
101	Md	[Rn]$5f^{13} 7s^2$
102	No	[Rn]$5f^{14} 7s^2$
103	Lr	[Rn]$5f^{14} 6d^1 7s^2$
104	Rf	[Rn]$5f^{14} 6d^2 7s^2$
105	Db	[Rn]$5f^{14} 6d^3 7s^2$
106	Sg	[Rn]$5f^{14} 6d^4 7s^2$
107	Bh	[Rn]$5f^{14} 6d^5 7s^2$
108	Hs	[Rn]$5f^{14} 6d^6 7s^2$
109	Mt	[Rn]$5f^{14} 6d^7 7s^2$

부록 D. 물리적 상수 (비열과 열용량, 상변화시 엔탈피와 온도)

비열과 열용량

Substance	Specific Heat, c ($J\ g^{-1}\ K^{-1}$)	Molar Heat Capacity, C_p ($J\ mol^{-1}\ K^{-1}$)
$Al(s)$	0.900	24.3
$Ca(s)$	0.653	26.2
$Cu(s)$	0.385	24.5
$Fe(s)$	0.444	24.8
$Hg(\ell)$	0.138	27.7
$H_2O(s)$, ice	2.09	37.7
$H_2O(\ell)$, water	4.184	75.3
$H_2O(g)$, steam	2.03	36.4
$CO_2(g)$	0.843	37.1
$C_6H_6(\ell)$, benzene	1.74	136
$C_6H_6(g)$, benzene	1.04	81.6
$C_2H_5OH(\ell)$, ethanol	2.46	113
$C_2H_5OH(g)$, ethanol	0.954	420
$(C_2H_5)_2O(\ell)$, diethyl ether	3.74	172
$(C_2H_5)_2O(g)$, diethyl ether	2.35	108

상변화시 엔탈피와 온도

Substance	Melting Point (°C)	Heat of Fusion ($J\ g^{-1}$)	ΔH_{fus} ($kJ\ mol^{-1}$)	Boiling Point (°C)	Heat of Vaporization ($J\ g^{-1}$)	ΔH_{fus} ($kJ\ mol^{-1}$)
Al	658	395	10.6	2467	10520	284
Ca	851	233	9.33	1487	4030	162
Cu	2083	205	13.0	2595	4790	305
H_2O	0	334	6.01	100	2260	40.7
Fe	1530	267	14.9	2735	6340	354
Hg	−39	11	23.3	357	292	58.6
CH_4	−182	58.6	0.92	−164	510	8.18
C_2H_5OH	−117	109	5.02	78.3	855	39.3
C_6H_6	5.48	127	9.92	80.1	395	30.8
$(C_2H_5)_2O$	−116	97.9	7.66	35	351	26.0

부록 E. 열역학적 데이터 (298.15 K)

Species	$\Delta H_f°$ (kJ mol^{-1})	$S°$ (J mol^{-1} K^{-1})	$\Delta G_f°$ (kJ mol^{-1})
Aluminum			
Al(s)	0	28.3	0
$AlCl_3$(s)	−704.2	110.7	−628.9
Al_2O_3(s)	−1676	50.92	−1582
$AlPO_4$(s)	−1733.8	90.76	−1617.9
$Al_2(SO_4)_3$(s)	−3440.84	239.3	−3099.94
Antimony			
Sb(s)	0	45.69	0
Sb_4O_6(s)	−1417.1	246.0	−1253.0
Sb_2O_5(s)	−971.9	125.1	−829.2
$SbCl_5$(ℓ)	−440.2	301	−350.1
$SbCl_3$(s)	−382.17	184.1	−259.4
Argon			
Ar(g)	0	154.843	0
Arsenic			
As(s)	0	35.1	0
H_3As(g)	66.44	222.78	68.93
As_2O_5(s)	−924.87	105.4	−782.3
$AsCl_3$(ℓ)	−305.0	216.3	−259.4
Barium			
Ba(s)	0	62.8	0
$BaCl_2$(s)	−860.1	126	−810.9
$BaCO_3$(s)	−1216.3	112.1	−1137.6
BaF_2(s)	−1207.1	96.36	−1156.8
$Ba(NO_3)_2$(s)	−992.07	213.8	−796.59
BaO(s)	−553.5	70.42	−525.1
$BaSO_4$(s)	−1465	132	−1353
Beryllium			
Be(s)	0	9.54	0
$BeCl_2$(s)	−490.4	82.68	−445.6
BeF_2(s)	−1026.8	53.35	−979.4
BeO(s)	−609.6	14.14	−580.3
$Be(OH)_2$(s)	−907.1	50.2	−817.6
$BeSO_4$(s)	−1205.20	77.91	−1093.80
Bismuth			
Bi(s)	0	56.74	0
$BiCl_3$(s)	−379.1	177.0	−315.0
Bi_2O_3(s)	−573.88	151.5	−493.7
Bi_2S_3(s)	−143.1	200.4	−140.6
Boron			
B(s)	0	5.86	0
BCl_3(ℓ)	−427.2	206.3	−387.4
B_2H_6(g)	35.6	232.11	86.7
BF_3(g)	−1137.00	254.12	−1120.33
H_3BO_3(s)	−1094.33	88.83	−968.92
$NaBH_4$(s)	−183.34	104.68	−119.54
Bromine			
Br(g)	111.8	174.9	82.4
Br_2(ℓ)	0	152.23	0
Br_2(g)	30.91	245.4	3.14
BrF_3(g)	−255.6	292.4	−229.5
HBr(g)	−36.4	198.59	−53.43
Cadmium			
Cd(s)	0	51.76	0
$CdCl_2$(s)	−391.50	115.27	−343.93
CdO(s)	−258.2	54.8	−228.4
CdS(s)	−161.9	64.9	−156.5
Calcium			
Ca(s)	0	41.6	0
Ca(g)	192.6	154.8	158.9
Ca^{2+}(aq)	−542.8	−53.1	−553.5
$CaBr_2$(s)	682.8	130	−663.6
CaC_2(s)	−62.8	70.3	−67.8
$CaCO_3$(s)	−1207	92.9	−1129
$CaCl_2$(s)	−795.0	114	−750.2
CaF_2(s)	−1215	68.87	−1162
CaH_2(s)	−189	42	−150
CaO(s)	−635.5	40	−604.2

Species	ΔH_f° (kJ mol^{-1})	S° (J mol^{-1} K^{-1})	ΔG_f° (kJ mol^{-1})
$CaS(s)$	−482.4	56.5	−477.4
$Ca(NO_3)_2(s)$	−938.39	193.3	−743.07
$Ca(OH)_2(s)$	−986.6	76.1	−896.8
$Ca(OH)_2(aq)$	−1002.8	76.15	−867.6
$Ca_3(PO_4)_2(s)$	−4120.8	236.0	−3884.7
$CaSO_4(s)$	−1433	107	−1320
Carbon			
C(s, graphite)	0	5.740	0
C(s, diamond)	1.897	2.38	2.900
$C(g)$	716.7	158.0	671.3
$CCl_4(\ell)$	−135.4	216.4	−65.27
$CCl_4(g)$	−103	309.7	−60.63
$CHCl_3(\ell)$	−134.5	202	−73.72
$CHCl_3(g)$	−103.1	295.6	−70.37
$CH_2Cl_2(g)$	−121.46	177.8	−67.26
$CH_3Cl(g)$	−80.83	234.58	−57.37
$CF_4(g)$	−925	261.61	−879
$CF_2Cl_2(g)$	−477	301	−440
$CH_3CF_3(\ell)$	−737	280	−668
$CH_4(g)$	−74.81	186.2	−50.75
$C_2H_2(g)$	226.7	200.8	209.2
$C_2H_4(g)$	52.26	219.5	68.12
$C_2H_6(g)$	−84.86	229.5	−32.9
$C_3H_6(g)$	20.41	266.9	62.75
$C_3H_8(g)$	−103.8	269.9	−23.49
$C_4H_{10}(g)$ (n-butane)	−126.5	310.03	−15.71
$C_6H_6(\ell)$	49.03	172.8	124.5
$C_8H_{18}(\ell)$ (n-octane)	−250.3	361.2	16.32
$CH_3OH(\ell)$	−238.66	126.8	−166.27
$C_2H_5OH(\ell)$	−277.7	161	−174.9
$C_2H_5OH(g)$	−235.1	282.6	−168.6
$HCOOH(aq)$	−425.6	92.0	−351
$HCOOH(\ell)$	−424.72	128.95	−361.35
$HCHO(g)$	−108.57	218.77	−102.53
$CH_3CHO(g)$	−166.19	250.3	−128.86
$CH_3COOH(\ell)$	−484.5	159.8	−389.9
$H_2C_2O_4(s)$	−828.93	115.6	−697.2
$H_2C_2O_4(aq)$	−825.1	45.61	−673.9
$HCN(g)$	135.1	201.78	124.7
$CH_3NH_2(g)$	23.0	243.3	32.16
$CO(NH_2)_2(s)$	−334	105	−198
$CH_3CN(\ell)$	54	150	99
$C_3H_3N(\ell)$	172.9	188	208.6
$CO(g)$	−110.5	197.6	−137.2
$CO_2(g)$	−393.5	213.6	−394.4
$CO_2(aq)$	−413.80	117.6	−385.98
$COCl_2(g)$	−223.0	289.2	−210.5
$CS_2(g)$	117.4	237.7	67.15
$(CH_3)_2SO(\ell)$	−203	188	−99
$C_6H_{12}O_6(s)$ (glucose)	−1274.5	212.1	−910.56
$C_{12}H_{22}O_{11}(s)$ (sucrose)	−2221.7	360.24	−1544.3
Cesium			
$Cs(s)$	0	85.23	0
$Cs^+(aq)$	−248	133	−282
$CsF(aq)$	−568.6	123	−558.5
Chlorine			
$Cl_2(g)$	0	223.0	0
$Cl(g)$	121.7	165.1	105.7
$Cl^-(g)$	−226	—	—
$Cl^-(aq)$	−167.29	56.48	−131.26
$ClO(g)$	101.22		
$ClO_2(g)$	104.60	249.4	123.4
$Cl_2O(g)$	80	266	98
$ClF(g)$	−54.48	217.89	−55.94
$ClF_3(g)$	−163.2	281.61	−123.0
$HCl(g)$	−92.31	186.8	−95.30
$HCl(aq)$	−167.4	55.10	−131.2
Chromium			
$Cr(s)$	0	23.8	0
$Cr_2O_3(s)$	−1139.7	81.2	−1058.1
$Cr_2Cl_3(s)$	−556.5	123.0	−486.1
$(NH_4)_2Cr_2O_7(s)$	−1807	—	—
Cobalt			
$Co(s)$	0	30.04	0
$CoO(s)$	−237.94	52.97	−214.20
$Co_3O_4(s)$	−891	102.5	−774
$CoCl_2(s)$	−312.5	109.16	−269.8
$CoSO_4(s)$	−888.3	118.0	−782.3

(Continued)

Species	$\Delta H_f°$ (kJ mol^{-1})	$S°$ (J mol^{-1} K^{-1})	$\Delta G_f°$ (kJ mol^{-1})
Copper			
Cu(s)	0	33.15	0
CuBr(s)	−104.6	96.11	−100.8
CuCl(s)	−137.2	86.2	−119.86
$CuCl_2$(s)	−220.1	108.07	−175.7
CuI(s)	−67.8	96.7	−69.5
CuO(s)	−157	42.63	−130
Cu_2O(s)	−168.6	93.14	−146.0
CuS(s)	−53.1	66.5	−53.6
Cu_2S(s)	−79.5	120.9	−86.2
$CuSO_4$(s)	−771.36	109	−661.8
Fluorine			
F^-(g)	−322	—	—
F^-(aq)	−332.6	—	−278.8
F(g)	78.99	158.6	61.92
F_2(g)	0	202.7	0
HF(g)	−271	173.7	−273
HF(aq)	−320.08	88.7	−296.8
Germanium			
Ge(s)	0	3	0
GeH_4(g)	91	217	113
$GeCl_4$(g)	−496	348	−457
GeO_2(s)	−551	55	−497
Gold			
Au(s)	0	48	0
Helium			
He(g)	0	126.150	0
Hydrogen			
H(g)	218.0	114.6	203.3
H_2(g)	0	130.6	0
$H_2O(\ell)$	−285.8	69.91	−237.2
H_2O(g)	−241.8	188.7	−228.6
$H_2O_2(\ell)$	−187.8	109.6	−120.4
Iodine			
I(g)	106.6	180.66	70.16
I_2(s)	0	116.1	0
I_2(g)	62.44	260.6	19.36
ICl(g)	17.78	247.4	−5.52
HI(g)	26.5	206.5	1.72

Species	$\Delta H_f°$ (kJ mol^{-1})	$S°$ (J mol^{-1} K^{-1})	$\Delta G_f°$ (kJ mol^{-1})
Iron			
Fe(s)	0	27.3	0
$FeCl_2$(s)	−340.67	117.9	−302.3
$FeCl_3$(s)	−399.49	142.3	−334.00
$FeCO_3$(s)	−741	93	−667
$Fe(CO)_5(\ell)$	−774.0	338	−705.4
$Fe(CO)_5$(g)	−733.8	445.2	−697.3
FeO(s)	−272	—	—
Fe_2O_3 (s, hematite)	−824.2	87.40	−742.2
Fe_3O_4 (s, magnetite)	−1118	146	−1015
$Fe(OH)_2$(s)	−569.0	88	−486.5
$Fe(OH)_3$(s)	−823.0	106.7	−696.5
FeS_2(s)	−177.5	122.2	−166.7
$FeSO_4$(s)	−928.4	107.5	−820.8
Lead			
Pb(s)	0	64.81	0
$PbCl_2$(s)	−359.4	136	−314.1
PbO(s, yellow)	−217.3	68.70	−187.9
PbO_2(s)	−277.4	68.6	−217.33
$Pb(OH)_2$(s)	−515.9	88	−420.9
PbS(s)	−100.4	91.2	−98.7
$PbSO_4$(s)	−919.94	148.57	−813.14
Lithium			
Li(s)	0	28.0	0
$LiAlH_4$(s)	−116.3	78.74	−44.7
LiCl(s)	−408.61	59.33	−384.37
LiF(s)	−615.97	35.65	−587.71
LiH(s)	−90.54	20.008	−68.35
$LiNO_3$(s)	−483.13	90.0	−381.1
LiOH(s)	−487.23	50	−443.9
LiOH(aq)	−508.4	4	−451.1
Magnesium			
Mg(s)	0	32.5	0
Mg^{2+}(aq)	−454.668	−138.1	−455.57
$MgBr_2$(s)	−524.3	117.2	−503.8
$MgCl_2$(s)	−641.8	89.5	−592.3
$MgCO_3$(s)	−1095.8	65.7	−1012.1
MgF_2(s)	−1123.4	57.24	−1070.2
MgI_2(s)	−364.0	129.7	−358.2

Species	$\Delta H_f°$ (kJ mol^{-1})	$S°$ (J mol^{-1} K^{-1})	$\Delta G_f°$ (kJ mol^{-1})
$Mg_3N_2(s)$	−461.1	87.86	−401.1
$Mg(NO_3)_2(s)$	−790.65	164.0	−589.4
$MgO(s)$	−601.8	27	−569.6
$Mg(OH)_2(s)$	−924.7	63.14	−833.7
$Mg_3(PO_4)_2(s)$	−3780.7	189.20	−3538.7
$MgS(s)$	−347	—	—
$MgSO_4(s)$	−1284.9	91.6	−1170.6
Manganese			
$Mn(s)$	0	32.01	0
$MnCl_2(s)$	−481.29	118.24	−440.50
$MnO(s)$	−385.22	59.71	−362.90
$MnO_2(s)$	−520.03	53.05	−465.14
$Mn_2O_3(s)$	−959.0	110.5	−881.1
$Mn_3O_4(s)$	−1387.8	155.6	−1283.2
$MnSO_4(s)$	−1065.25	112.1	−957.36
Mercury			
$Hg(\ell)$	0	76.02	0
$Hg(g)$	61.32	174.96	31.82
$HgCl_2(s)$	−224.3	146	−178.6
$Hg_2Cl_2(s)$	−224	146	−179
$HgO(s, red)$	−90.83	70.29	−58.56
$HgS(s, red)$	−8.2	82.4	−50.6
Neon			
$Ne(g)$	0	146.328	0
Nickel			
$Ni(s)$	0	30.1	0
$NiCl_2(s)$	−82.0	52.97	−79.5
$Ni(CO)_4(g)$	−602.9	410.4	−587.3
$NiO(s)$	−244	38.6	−216
$NiS(g)$	−82.0	52.97	−79.5
$NiSO_4(s)$	−872.91	92	−759.7
Nitrogen			
$N_2(g)$	0	191.5	0
$N(g)$	472.704	153.19	455.579
$NH_3(g)$	−46.11	192.3	−16.5
$NH_3(aq)$	−80.29	111.3	−26.50
$NH_4^+(aq)$	−132.51	113.4	−79.31
$N_2H_4(\ell)$	50.63	121.2	149.2
$(NH_4)_3AsO_4(aq)$	−1268	—	—
$NH_4Br(s)$	−270.83	113	−175.2

Species	$\Delta H_f°$ (kJ mol^{-1})	$S°$ (J mol^{-1} K^{-1})	$\Delta G_f°$ (kJ mol^{-1})
$NH_4Cl(s)$	−314.4	94.6	−201.5
$NH_4Cl(aq)$	−300.2	—	—
$NH_4HCO_3(s)$	−847	12.1	−666
$NH_4I(s)$	−201.4	117	−113
$NH_4NO_3(s)$	−365.6	151.1	−184.0
$(NH_4)_2SO_4(s)$	−1180.85	220.1	−901.67
$NF_3(g)$	−125	260.6	−83.3
$NO(g)$	90.25	210.7	86.57
$NO_2(g)$	33.2	240.0	51.30
$N_2O(g)$	82.05	219.7	104.2
$N_2O_3(g)$	83.72	321.28	139.46
$N_2O_4(g)$	9.16	304.2	97.82
$N_2O_5(g)$	11	356	115
$N_2O_5(s)$	−43.1	178	114
$NOCl(g)$	52.59	264	66.36
$HNO_3(\ell)$	−174.1	155.6	−80.79
$HNO_3(g)$	−135.1	266.2	−74.77
$HNO_3\ (aq)$	−206.6	146	−110.5
Oxygen			
$O_2(g)$	0	205.0	0
$O(g)$	249.2	161.0	231.8
$O_3(g)$	143	238.8	163
$OF_2(g)$	23	246.6	41
Phosphorus			
$P(g)$	314.6	163.1	278.3
$P_4(s, white)$	0	177	0
$P(s, red)$	−18.4	22.8	−12.1
$P_4(g)$	58.91	279.98	24.44
$PCl_3(g)$	−306.4	311.7	−286.3
$PCl_5(g)$	−398.9	353	−324.6
$PF_3(g)$	−918.8	273.24	−897.5
$PH_3(g)$	5.4	210.1	13
$P_4O_{10}(s)$	−2984	228.9	−2698
$H_3PO_4(s)$	−1281	110.5	−1119
$H_3PO_4(aq)$	−1288.34	158.2	−1142.54
Potassium			
$K(s)$	0	63.6	0
$KBr(s)$	−393.798	95.90	−380.66
$KCl(s)$	−436.5	82.6	−408.8
$KClO_3(s)$	−391.2	143.1	−289.9
$KClO_4(s)$	−432.747	82.59	−409.14

(Continued)

Species	$\Delta H_f°$ (kJ mol^{-1})	$S°$ (J mol^{-1} K^{-1})	$\Delta G_f°$ (kJ mol^{-1})
K_2CO_3(s)	−1151.02	155.52	−1063.5
$K_2Cr_2O_4$(s)	−1403.7	200.12	−1295.7
$K_2Cr_2O_7$(s)	−2061.5	291.2	−1881.8
KF(s)	−567.27	66.57	−537.75
KI(s)	−327.9	106.4	−323.0
$KMnO_4$(s)	−837.2	171.71	−737.6
KNO_3(s)	−494.63	133.05	−394.86
KO_2(s)	284.93	116.7	−239.4
K_2O_2(s)	−494.1	102.1	−425.1
KOH(s)	−424.7	78.91	−378.9
KOH(aq)	−481.2	92.0	−439.6
K_2SO_4(s)	−1437.79	175.56	−1321.37
Rubidium			
Rb(s)	0	76.73	0
RbOH(aq)	−481.16	110.75	−441.24
Selenium			
Se(s)	0	42.442	0
H_2Se(g)	−9.7	219.02	15.9
Silicon			
Si(s)	0	18.8	0
$SiBr_4(\ell)$	−457.3	277.8	−443.9
SiC(s)	−65.3	16.6	−62.8
$SiCl_4$(g)	−657.0	330.6	−617.0
$SiCl_4(\ell)$	−687.0	239.7	−619.84
SiH_4(g)	34.3	204.5	56.9
SiF_4(g)	−1615	282.4	−1573
SiI_4(g)	−132	—	—
SiO_2(s)	−910.9	41.84	−856.7
H_2SiO_3(s)	−1189	134	−1092
H_4SiO_4(s)	−1481.1	192	−1332.9
Na_2SiO_3(s)	−1079	—	—
H_2SiF_6(aq)	−2331	—	—
Silver			
Ag(s)	0	42.55	0
Ag^+(aq)	105.79	73.86	77.12
AgBr(s)	−100.37	107.1	−96.90
AgCl(s)	−126.904	95.085	−109.8
AgI(s)	−61.84	115.5	−66.19
$AgNO_3$(s)	−124.39	140.92	−33.41
Ag_2O(s)	−31.05	121.3	−11.20
AgS(s)	−32.59	144.01	−40.67
AgSCN(s)	87.9	131.0	101.36
Ag_2SO_4(s)	−715.88	200.4	−618.41
Sodium			
Na(s)	0	51.0	0
Na(g)	108.7	153.6	78.11
Na^+(g)	601	—	—
Na^+(aq)	−240.2	59.0	−261.9
NaBr(s)	−359.9	86.82	−348.98
NaCl(s)	−411.0	72.38	−384
NaCl(aq)	−407.1	115.5	−393.0
$NaClO_4$(s)	−383.30	142.3	−254.85
NaCN(s)	−87.49	118.49	−76.4
$NaCH_3COO$(s)	−708.80	123.0	−607.18
Na_2CO_3(s)	−1131	136	−1048
NaF(s)	−573.647	51.46	−543.494
NaH(s)	−56.275	40.016	−33.46
$NaHCO_3$(s)	−950.81	101.7	−851.0
$NaHSO_4$(s)	−1125.5	113.0	−992.8
NaH_2PO_4(s)	−1538	128	−1387
Na_2HPO_4(s)	−1749	151	−1609
NaI(s)	−287.78	98.53	−286.06
$NaNO_3$(s)	−467.85	116.52	−367.00
Na_2O(s)	−414.22	75.06	−375.46
Na_2O_2(s)	−510.87	95.0	−447.7
NaOH(s)	−426.7	64.45	−379.49
NaOH(aq)	−469.6	49.8	−419.2
Na_3PO_4(s)	−1917.40	173.80	−1788.80
Na_2S(s)	−364.8	83.7	−349.8
Na_2SO_4(s)	−1387.08	149.58	−1270.16
$Na_2S_2O_3$(s)	−1123.0	155	−1028.0
Strontium			
Sr(s)	0	52.3	0
$SrCl_2$(s)	−828.9	114.85	−781.1
$SrCO_3$(s)	−1220.1	97.1	−1140.1
SrO(s)	−592.0	54.4	−561.9
Sulfur			
S(s, rhombic)	0	31.8	0
S(g)	278.8	167.8	−38.3
S_8(g)	102.30	430.98	49.63

Species	$\Delta H_f°$ (kJ mol^{-1})	$S°$ (J mol^{-1} K^{-1})	$\Delta G_f°$ (kJ mol^{-1})
$S_2Cl_2(g)$	−18	331	−31.8
$SF_6(g)$	−1209	291.7	−1105
$H_2S(g)$	−20.6	205.7	−33.6
$H_2SO_4(\ell)$	−814.0	156.9	−690.1
$H_2SO_4(aq)$	−907.5	17	−742.0
$SO_2(g)$	−296.8	248.1	−300.2
$SO_3(g)$	−395.6	256.6	−371.1
$SOCl_2(\ell)$	−206	—	—
$SO_2Cl_2(\ell)$	−389	—	—
Tellurium			
Te(s)	0	49.71	0
$TeO_2(s)$	−322.6	79.5	−270.3
Tin			
Sn(s, white)	0	51.55	0
Sn(s, gray)	−2.09	44.1	0.13
$SnCl_2(s)$	−350	—	—
$SnCl_4(\ell)$	−511.3	258.6	−440.2
$SnCl_4(g)$	−471.5	366	−432.2
SnO(s)	−285.8	56.5	−256.9
$SnO_2(s)$	−580.7	52.3	−519.7
Titanium			
Ti(s)	0	30.6	0
$TiCl_4(\ell)$	−804.2	252.3	−737.2
$TiCl_4(g)$	−763.2	354.8	−726.8
Tungsten			
W(s)	0	32.6	0
$WO_3(s)$	−842.9	75.90	−764.1
Uranium			
U(s)	0	50.21	0
$UF_6(s)$	−2147.4	377.9	−2063.7
$UO_2(s)$	−1084.9	77.03	−1031.7
$UO_3(s)$	−1223.8	96.11	−1145.9
Xenon			
Xe(g)	0	169.683	0
$XeF_2(g)$	−130	260	−96
$XeF_4(g)$	−215	316	−138
$XeO_3(g)$	502	287	561
Zinc			
Zn(s)	0	41.63	0
$ZnCl_2(s)$	−415.05	111.46	−369.398
$ZnCO_3(s)$	−812.78	82.4	−731.52
ZnO(s)	−348.3	43.64	−318.3
$Zn(OH)_2(s)$	−643.25	81.6	−555.07
ZnS(s)	−205.6	57.7	−201.3
$ZnSO_4(s)$	−982.8	110.5	−871.5

부록 F. 약산의 이온화상수 (25°C)

Acid	Formula and Ionization Equation	K_a
Acetic	$CH_3COOH + H_2O \rightleftarrows CH_3COO^- + H_3O^+$	1.8×10^{-5}
Arsenic	$H_3AsO_4 + H_2O \rightleftarrows H_2AsO_4^- + H_3O^+$	$K_{a1} = 2.5 \times 10^{-4}$
	$H_2AsO_4^- + H_2O \rightleftarrows HAsO_4^{2-} + H_3O^+$	$K_{a2} = 5.6 \times 10^{-8}$
	$HAsO_4^{2-} + H_2O \rightleftarrows AsO_4^{3-} + H_3O^+$	$K_{a3} = 3.0 \times 10^{-13}$
Arsenous	$H_3AsO_3 + H_2O \rightleftarrows H_2AsO_3^- + H_3O^+$	$K_{a1} = 6.0 \times 10^{-10}$
	$H_2AsO_3^- + H_2O \rightleftarrows HAsO_3^{2-} + H_3O^+$	$K_{a2} = 3.0 \times 10^{-14}$
Benzoic	$C_6H_5COOH + H_2O \rightleftarrows C_6H_5COO^- + H_3O^+$	6.3×10^{-5}
Boric	$B(OH)_3 + H_2O \rightleftarrows BO(OH)_2^- + H_3O^+$	$K_{a1} = 7.3 \times 10^{-10}$
	$BO(OH)_2^- + H_2O \rightleftarrows BO_2(OH)^{2-} + H_3O^+$	$K_{a2} = 1.8 \times 10^{-13}$
	$BO_2(OH)^{2-} + H_2O \rightleftarrows BO_3^{3-} + H_3O^+$	$K_{a3} = 1.6 \times 10^{-14}$
Butanoic	$CH_3CH_2CH_2COOH + H_2O \rightleftarrows CH_3CH_2CH_2COO^- + H_3O^+$	1.5×10^{-5}
Carbonic	$H_2CO_3 + H_2O \rightleftarrows HCO_3^- + H_3O^+$	$K_{a1} = 4.4 \times 10^{-7}$
	$HCO_3^- + H_2O \rightleftarrows CO_3^{2-} + H_3O^+$	$K_{a2} = 4.8 \times 10^{-11}$
Citric	$C_3H_5O(COOH)_3 + H_2O \rightleftarrows C_4H_5O_3(COOH)_2^- + H_3O^+$	$K_{a1} = 7.4 \times 10^{-3}$
	$C_4H_5O_3(COOH)_2^- + H_2O \rightleftarrows C_5H_5O_5COOH^{2-} + H_3O^+$	$K_{a2} = 1.7 \times 10^{-5}$
	$C_5H_5O_5COOH^{2-} + H_2O \rightleftarrows C_6H_5O_7^{3-} + H_3O^+$	$K_{a3} = 7.4 \times 10^{-7}$
Cyanic	$HOCN + H_2O \rightleftarrows OCN^- + H_3O^+$	3.5×10^{-4}
Formic	$HCOOH + H_2O \rightleftarrows HCOO^- + H_3O^+$	1.8×10^{-4}
Gluconic	$HOCH_2(CHOH)_4COOH + H_2O \rightleftarrows HOCH_2(CHOH)_4COO^- + H_3O^+$	2.4×10^{-4}
Heptonic	$HOCH_2(CHOH)_5COOH + H_2O \rightleftarrows HOCH_2(CHOH)_5COO^- + H_3O^+$	1.3×10^{-5}
Hydrazoic	$HN_3 + H_2O \rightleftarrows N_3^- + H_3O^+$	1.9×10^{-5}
Hydrocyanic	$HCN + H_2O \rightleftarrows CN^- + H_3O^+$	6.2×10^{-10}
Hydrofluoric	$HF + H_2O \rightleftarrows F^- + H_3O^+$	6.3×10^{-4}
Hydrogen peroxide	$H_2O_2 + H_2O \rightleftarrows HO_2^- + H_3O^+$	2.4×10^{-12}
Hydrosulfuric	$H_2S + H_2O \rightleftarrows HS^- + H_3O^+$	$K_{a1} = 1.0 \times 10^{-7}$
	$HS^- + H_2O \rightleftarrows S^{2-} + H_3O^+$	$K_{a2} = 1.0 \times 10^{-19}$
Hypobromous	$HOBr + H_2O \rightleftarrows OBr^- + H_3O^+$	2.5×10^{-9}
Hypochlorous	$HOCl + H_2O \rightleftarrows OCl^- + H_3O^+$	2.9×10^{-8}
Hypoiodous	$HOI + H_2O \rightleftarrows OI^- + H_3O^+$	2.3×10^{-11}
Nitrous	$HNO_2 + H_2O \rightleftarrows NO_2^- + H_3O^+$	4.5×10^{-4}
Oxalic	$(COOH)_2 + H_2O \rightleftarrows COOCOOH^- + H_3O^+$	$K_{a1} = 5.9 \times 10^{-2}$
	$COOCOOH^- + H_2O \rightleftarrows (COO)_2^{2-} + H_3O^+$	$K_{a2} = 6.4 \times 10^{-5}$
Phenol	$HC_6H_5O + H_2O \rightleftarrows C_6H_5O^- + H_3O^+$	1.3×10^{-10}
Phosphoric	$H_3PO_4 + H_2O \rightleftarrows H_2PO_4^- + H_3O^+$	$K_{a1} = 7.5 \times 10^{-3}$
	$H_2PO_4^- + H_2O \rightleftarrows HPO_4^{2-} + H_3O^+$	$K_{a2} = 6.2 \times 10^{-8}$
	$HPO_4^{2-} + H_2O \rightleftarrows PO_4^{3-} + H_3O^+$	$K_{a3} = 3.6 \times 10^{-13}$

Acid	Formula and Ionization Equation	K_a
Phosphorous	$H_3PO_3 + H_2O \rightleftarrows H_2PO_3^- + H_3O^+$	$K_{a1} = 1.6 \times 10^{-2}$
	$H_2PO_3^- + H_2O \rightleftarrows HPO_3^{2-} + H_3O^+$	$K_{a2} = 7.0 \times 10^{-7}$
Propanoic	$CH_3CH_2COOH + H_2O \rightleftarrows CH_3CH_2COO^- + H_3O^+$	1.3×10^{-5}
Salicylic	$C_6H_4(OH)COOH + H_2O \rightleftarrows C_6H_4(OH)COO^- + H_3O^+$	1.1×10^{-3}
Selenic	$H_2SeO_4 + H_2O \rightleftarrows HSeO_4^- + H_3O^+$	K_{a1} = Very large
	$HSeO_4^- + H_2O \rightleftarrows SeO_4^{2-} + H_3O^+$	$K_{a2} = 1.2 \times 10^{-2}$
Selenous	$H_2SeO_3 + H_2O \rightleftarrows HSeO_3^- + H_3O^+$	$K_{a1} = 2.7 \times 10^{-3}$
	$HSeO_3^- + H_2O \rightleftarrows SeO_3^{2-} + H_3O^+$	$K_{a2} = 2.5 \times 10^{-7}$
Sulfuric	$H_2SO_4 + H_2O \rightleftarrows HSO_4^- + H_3O^+$	K_{a1} = Very large
	$HSO_4^- + H_2O \rightleftarrows SO_4^{2-} + H_3O^+$	$K_{a2} = 1.2 \times 10^{-2}$
Sulfurous	$H_2SO_3 + H_2O \rightleftarrows HSO_3^- + H_3O^+$	$K_{a1} = 1.2 \times 10^{-2}$
	$HSO_3^- + H_2O \rightleftarrows SO_3^{2-} + H_3O^+$	$K_{a2} = 6.2 \times 10^{-8}$
Tellurous	$H_2TeO_3 + H_2O \rightleftarrows HTeO_3^- + H_3O^+$	$K_{a1} = 2 \times 10^{-3}$
	$HTeO_3^- + H_2O \rightleftarrows TeO_3^{2-} + H_3O^+$	$K_{a2} = 1 \times 10^{-8}$

부록 G. 약염기의 이온화상수 (25°C)

Base	Formula and Ionization Equation	K_b
Ammonia	$NH_3 + H_2O \rightleftarrows NH_4^+ + OH^-$	1.8×10^{-5}
Aniline	$C_6H_5NH_2 + H_2O \rightleftarrows C_6H_5NH_3^+ + OH^-$	4.2×10^{-10}
Dimethylamine	$(CH_3)_2NH + H_2O \rightleftarrows (CH_3)_2NH_2^+ + OH^-$	7.4×10^{-4}
Ethylenediamine	$(CH_2)_2(NH_2)_2 + H_2O \rightleftarrows (CH_2)_2(NH_2)_2H^+ + OH^-$	$K_{b1} = 8.5 \times 10^{-5}$
	$(CH_2)_2(NH_2)_2H^+ + H_2O \rightleftarrows (CH_2)_2(NH_2)_2H_2^{2+} + OH^-$	$K_{b2} = 2.7 \times 10^{-8}$
Hydrazine	$N_2H_4 + H_2O \rightleftarrows N_2H_5^+ + OH^-$	$K_{b1} = 8.5 \times 10^{-7}$
	$N_2H_5^+ + H_2O \rightleftarrows N_2H_6^{2+} + OH^-$	$K_{b2} = 8.9 \times 10^{-16}$
Hydroxylamine	$NH_2OH + H_2O \rightleftarrows NH_3OH^+ + OH^-$	6.6×10^{-9}
Methylamine	$CH_3NH_2 + H_2O \rightleftarrows CH_3NH_3^+ + OH^-$	5.0×10^{-4}
Pyridine	$C_5H_5N + H_2O \rightleftarrows C_5H_5NH^+ + OH^-$	1.5×10^{-9}
Trimethylamine	$(CH_3)_3N + H_2O \rightleftarrows (CH_3)_3NH^+ + OH^-$	7.4×10^{-5}

부록 H. 용해도곱상수 (25°C)

Substance	K_{sp}
Aluminum compounds	
$AlAsO_4$	1.6×10^{-16}
$Al(OH)_3$	1.9×10^{-33}
$AlPO_4$	1.3×10^{-20}
Antimony compounds	
Sb_2S_3	1.6×10^{-93}
Barium compounds	
$Ba_3(AsO_4)_2$	1.1×10^{-13}
$BaCO_3$	8.1×10^{-9}
$BaCrO_4$	2.0×10^{-10}
BaF_2	1.7×10^{-6}
$Ba_3(PO_4)_2$	1.3×10^{-29}
$BaSeO_4$	2.8×10^{-11}
$BaSO_3$	8.0×10^{-7}
$BaSO_4$	1.1×10^{-10}
Bismuth compounds	
$BiOCl$	7.0×10^{-9}
$BiO(OH)$	1.0×10^{-12}
BiI_3	8.1×10^{-19}
$BiPO_4$	1.3×10^{-23}
Bi_2S_3	1.6×10^{-72}
Cadmium compounds	
$Cd_3(AsO_4)_2$	2.2×10^{-32}
$CdCO_3$	2.5×10^{-14}
$Cd(CN)_2$	1.0×10^{-8}
$Cd_2[Fe(CN)_6]$	3.2×10^{-17}
$Cd(OH)_2$	1.2×10^{-14}
CdS	3.6×10^{-29}
Calcium compounds	
$Ca_3(AsO_4)_2$	6.8×10^{-19}
$CaCO_3$	4.8×10^{-9}
$CaCrO_4$	7.1×10^{-4}
CaF_2	1.7×10^{-10}
$Ca(OH)_2$	7.9×10^{-6}
$CaHPO_4$	2.7×10^{-7}
$Ca(H_2PO_4)_2$	1.0×10^{-3}
$Ca_3(PO_4)_2$	2.0×10^{-33}
Chromium compounds	
$CrAsO_4$	7.8×10^{-21}
$Cr(OH)_3$	6.7×10^{-31}
$CrPO_4$	2.4×10^{-23}
Cobalt compounds	
$Co_3(AsO_4)_2$	7.6×10^{-29}
$CoCO_3$	8.0×10^{-13}
$Co(OH)_2$	2.5×10^{-16}
CoS (α)	5.9×10^{-21}
CoS (β)	8.7×10^{-23}
$Co(OH)_3$	4.0×10^{-45}
Co_2S_3	2.6×10^{-124}
Copper compounds	
$CuBr$	5.3×10^{-9}
$CuCl$	1.9×10^{-7}
$CuCN$	3.2×10^{-20}
CuI	5.1×10^{-12}
Cu_2S	1.6×10^{-48}
$CuSCN$	1.6×10^{-11}
$Cu_3(AsO_4)_2$	7.6×10^{-36}
$CuCO_3$	2.5×10^{-10}
$Cu_2[Fe(CN)_6]$	1.3×10^{-16}
$Cu(OH)_2$	1.6×10^{-19}
CuS	8.7×10^{-36}
Gold compounds	
$AuBr$	5.0×10^{-17}
$AuCl$	2.0×10^{-13}
AuI	1.6×10^{-23}
$AuBr_3$	4.0×10^{-36}
$AuCl_3$	3.2×10^{-25}
$Au(OH)_3$	1.0×10^{-53}
AuI_3	1.0×10^{-46}
Iron compounds	
$FeCO_3$	3.5×10^{-11}
$Fe(OH)_2$	7.9×10^{-15}
FeS	4.9×10^{-18}
$Fe_4[Fe(CN)_6]_3$	3.0×10^{-41}
$Fe(OH)_3$	6.3×10^{-38}
Fe_2S_3	1.4×10^{-88}
Lead compounds	
$Pb_3(AsO_4)_2$	4.1×10^{-36}
$PbBr_2$	6.3×10^{-6}
$PbCO_3$	1.5×10^{-13}
$PbCl_2$	1.7×10^{-5}
$PbCrO_4$	1.8×10^{-14}
PbF_2	3.7×10^{-8}
$Pb(OH)_2$	2.8×10^{-16}
PbI_2	8.7×10^{-9}
$Pb_3(PO_4)_2$	3.0×10^{-44}
$PbSeO_4$	1.5×10^{-7}
$PbSO_4$	1.8×10^{-8}
PbS	8.4×10^{-28}
Magnesium compounds	
$Mg_3(AsO_4)_2$	2.1×10^{-20}
MgC_2O_4	8.6×10^{-5}
MgF_2	6.4×10^{-9}
$Mg(OH)_2$	1.5×10^{-11}
$MgNH_4PO_4$	2.5×10^{-12}
Manganese compounds	
$Mn_3(AsO_4)_2$	2.1×10^{-20}
$MnCO_3$	1.8×10^{-11}
$Mn(OH)_2$	4.6×10^{-14}
MnS	5.1×10^{-15}
$Mn(OH)_3$	1.0×10^{-36}
Mercury compounds	
Hg_2Br_2	1.3×10^{-22}
Hg_2CO_3	8.9×10^{-17}

(Continued)

Substance	K_{sp}
Hg_2Cl_2	1.1×10^{-18}
Hg_2CrO_4	5.0×10^{-9}
Hg_2I_2	4.5×10^{-29}
Hg_2SO_4	6.8×10^{-7}
Hg_2S	5.8×10^{-44}
$Hg(CN)_2$	3.0×10^{-23}
$Hg(OH)_2$	2.5×10^{-26}
HgI_2	4.0×10^{-29}
HgS	3.0×10^{-53}
Nickel compounds	
$Ni_3(AsO_4)_2$	1.9×10^{-26}
$NiCO_3$	6.6×10^{-9}
$Ni(CN)_2$	3.0×10^{-23}
$Ni(OH)_2$	2.8×10^{-16}
NiS (α)	3.0×10^{-21}
NiS (β)	1.0×10^{-26}
NiS (γ)	2.0×10^{-28}
Silver compounds	
Ag_3AsO_4	1.1×10^{-20}
$AgBr$	5.3×10^{-13}
Ag_2CO_3	8.1×10^{-12}
$AgCl$	1.8×10^{-10}
Ag_2CrO_4	9.0×10^{-12}
$AgCN$	6.0×10^{-17}
$Ag_4[Fe(CN)_6]$	1.6×10^{-41}
AgI	1.5×10^{-16}
Ag_3PO_4	1.3×10^{-20}
Ag_2SO_3	1.5×10^{-14}
Ag_2SO_4	1.2×10^{-5}
Ag_2S	1.0×10^{-49}
$AgSCN$	1.0×10^{-12}
Strontium compounds	
$Sr_3(AsO_4)_2$	1.3×10^{-18}
$SrCO_3$	9.4×10^{-10}
$SrCrO_4$	3.6×10^{-5}
$Sr_3(PO_4)_2$	1.0×10^{-31}
$SrSO_3$	4.0×10^{-8}
$SrSO_4$	2.8×10^{-7}
Tin compounds	
$Sn(OH)_2$	2.0×10^{-26}
SnI_2	1.0×10^{-4}
SnS	1.0×10^{-28}
$Sn(OH)_4$	1.0×10^{-57}
SnS_2	1.0×10^{-70}
Zinc compounds	
$Zn_3(AsO_4)_2$	1.1×10^{-27}
$ZnCO_3$	1.5×10^{-11}
$Zn(CN)_2$	8.0×10^{-12}
$Zn_2[Fe(CN)_6]$	4.1×10^{-16}
$Zn(OH)_2$	4.5×10^{-17}
$Zn_3(PO_4)_2$	9.1×10^{-33}
ZnS	1.1×10^{-21}

부록 I. 표준환원전위 (25°C)

산성용액

Half-Reaction, Acidic Solution	Standard Reduction Potential, $E°$ (volts)
$Li^+(aq) + e^- \rightarrow Li(s)$	−3.045
$K^+(aq) + e^- \rightarrow K(s)$	−2.925
$Rb^+(aq) + e^- \rightarrow Rb(s)$	−2.925
$Ba^{2+}(aq) + 2\ e^- \rightarrow Ba(s)$	−2.90
$Sr^{2+}(aq) + 2\ e^- \rightarrow Sr(s)$	−2.89
$Ca^{2+}(aq) + 2\ e^- \rightarrow Ca(s)$	−2.87
$Na^+(aq) + e^- \rightarrow Na(s)$	−2.714
$Mg^{2+}(aq) + 2\ e^- \rightarrow Mg(s)$	−2.37
$H_2(g) + 2\ e^- \rightarrow 2\ H^-(aq)$	−2.25
$Al^{3+}(aq) + 3\ e^- \rightarrow Al(s)$	−1.66
$Zr^{4+}(aq) + 4\ e^- \rightarrow Zr(s)$	−1.53
$ZnS(s) + 2\ e^- \rightarrow Zn(s) + S^{2-}(aq)$	−1.44
$CdS(s) + 2\ e^- \rightarrow Cd(s) + S^{2-}(aq)$	−1.21
$V^{2+}(aq) + 2\ e^- \rightarrow V(s)$	−1.18
$Mn^{2+}(aq) + 2\ e^- \rightarrow Mn(s)$	−1.18
$FeS(s) + 2\ e^- \rightarrow Fe(s) + S^{2-}(aq)$	−1.01
$Cr^{2+}(aq) + 2\ e^- \rightarrow Cr(s)$	−0.91
$Zn^{2+}(aq) + 2\ e^- \rightarrow Zn(s)$	−0.763
$Cr^{3+}(aq) + 3\ e^- \rightarrow Cr(s)$	−0.74
$HgS(s) + 2\ H^+(aq) + 2\ e^- \rightarrow Hg(\ell) + H_2S(g)$	−0.72
$Ga^{3+}(aq) + 3\ e^- \rightarrow Ga(s)$	−0.53
$2\ CO_2(g) + 2\ H^+(aq) + 2\ e^- \rightarrow (COOH)_2(aq)$	−0.49
$Fe^{2+}(aq) + 2\ e^- \rightarrow Fe(s)$	−0.44
$Cr^{3+}(aq) + e^- \rightarrow Cr^{2+}(aq)$	−0.41
$Cd^{2+}(aq) + 2\ e^- \rightarrow Cd(s)$	−0.403
$Se(s) + 2\ H^+(aq) + 2\ e^- \rightarrow H_2Se(aq)$	−0.40
$PbSO_4(s) + 2\ e^- \rightarrow Pb(s) + SO_4^{2-}(aq)$	−0.356
$Tl^+(aq) + e^- \rightarrow Tl(s)$	−0.34
$Co^{2+}(aq) + 2\ e^- \rightarrow Co(s)$	−0.28
$Ni^{2+}(aq) + 2\ e^- \rightarrow Ni(s)$	−0.25
$[SnF_6]^{2-}(aq) + 4\ e^- \rightarrow Sn(s) + 6\ F^-(aq)$	−0.25
$AgI(s) + e^- \rightarrow Ag(s) + I^-(aq)$	−0.15
$Sn^{2+}(aq) + 2\ e^- \rightarrow Sn(s)$	−0.14
$Pb^{2+}(aq) + 2\ e^- \rightarrow Pb(s)$	−0.126
$N_2O(g) + 6\ H^+(aq) + H_2O(\ell) + 4\ e^- \rightarrow 2\ NH_3OH^+(aq)$	−0.05
$2\ H^+(aq) + 2\ e^- \rightarrow H_2(g)$	0.000
$AgBr(s) + e^- \rightarrow Ag(s) + Br^-(aq)$	0.10

(Continued)

Half-Reaction, Acidic Solution	Standard Reduction Potential, $E°$ (volts)
$S(s) + 2\,H^+(aq) + 2\,e^- \rightarrow H_2S(aq)$	0.14
$Sn^{4+}(aq) + 2\,e^- \rightarrow Sn^{2+}(aq)$	0.15
$Cu^{2+}(aq) + e^- \rightarrow Cu^+(aq)$	0.153
$SO_4^{2-}(aq) + 4\,H^+(aq) + 2\,e^- \rightarrow H_2SO_3(ac) + H_2O(\ell)$	0.17
$SO_4^{2-}(aq) + 4\,H^+(aq) + 2\,e^- \rightarrow SO_2(g) + 2\,H_2O(\ell)$	0.20
$AgCl(s) + e^- \rightarrow Ag(s) + Cl^-(aq)$	0.222
$Hg_2Cl_2(s) + 2\,e^- \rightarrow 2\,Hg(\ell) + 2\,Cl^-(aq)$	0.27
$Cu^{2+}(aq) + 2\,e^- \rightarrow Cu(s)$	0.337
$[RhCl_6]^{3-}(aq) + 3\,e^- \rightarrow Rh(s) + 6\,Cl^-(aq)$	0.44
$Cu^+(aq) + e^- \rightarrow Cu(s)$	0.521
$TeO_2(s) + 4\,H^+(aq) + 4\,e^- \rightarrow Te(s) + 2\,H_2O(\ell)$	0.529
$I_2(s) + 2\,e^- \rightarrow 2\,I^-(aq)$	0.535
$H_3AsO_4(aq) + 2\,H^+(aq) + 2\,e^- \rightarrow H_3AsO_3(aq) + H_2O(\ell)$	0.58
$[PtCl_6]^{2-}(aq) + 2\,e^- \rightarrow [PtCl_4]^{2-}(aq) + 2\,Cl^-(aq)$	0.68
$O_2(g) + 2\,H^+(aq) + 2\,e^- \rightarrow H_2O_2(aq)$	0.682
$[PtCl_4]^{2-}(aq) + 2\,e^- \rightarrow Pt(s) + 4\,Cl^-(aq)$	0.73
$SbCl_6^-(aq) + 2\,e^- \rightarrow SbCl_4^-(aq) + 2\,Cl^-(aq)$	0.75
$Fe^{3+}(aq) + e^- \rightarrow Fe^{2+}(aq)$	0.771
$Hg_2^{2+}(aq) + 2\,e^- \rightarrow 2\,Hg(\ell)$	0.789
$Ag^+(aq) + e^- \rightarrow Ag(s)$	0.7994
$Hg^{2+}(aq) + 2\,e^- \rightarrow Hg(\ell)$	0.855
$2\,Hg^{2+}(aq) + 2\,e^- \rightarrow Hg_2^{2+}(aq)$	0.920
$NO_3^-(aq) + 3\,H^+(aq) + 2\,e^- \rightarrow HNO_2(aq) + H_2O(\ell)$	0.94
$NO_3^-(aq) + 4\,H^+(aq) + 3\,e^- \rightarrow NO(g) + 2\,H_2O(\ell)$	0.96
$Pd^{2+}(aq) + 2\,e^- \rightarrow Pd(s)$	0.987
$AuCl_4^-(aq) + 3\,e^- \rightarrow Au(s) + 4\,Cl^-(aq)$	1.00
$Br_2(\ell) + 2\,e^- \rightarrow 2\,Br^-(aq)$	1.08
$ClO_4^-(aq) + 2\,H^+(aq) + 2\,e^- \rightarrow ClO_3^-(aq) + H_2O(\ell)$	1.19
$IO_3^-(aq) + 6\,H^+(aq) + 5\,e^- \rightarrow \frac{1}{2}I_2(aq) + 3\,H_2O(\ell)$	1.195
$Pt^{2+}(aq) + 2\,e^- \rightarrow Pt(s)$	1.2
$O_2(g) + 4\,H^+(aq) + 4\,e^- \rightarrow 2\,H_2O(\ell)$	1.229
$MnO_2(s) + 4\,H^+(aq) + 2\,e^- \rightarrow Mn^{2+}(aq) + 2\,H_2O(\ell)$	1.23
$N_2H_5^+(aq) + 3\,H^+(aq) + 2\,e^- \rightarrow 2\,NH_4^+(aq)$	1.24
$Cr_2O_7^{2-}(aq) + 14\,H^+(aq) + 6\,e^- \rightarrow 2\,Cr^{3+}(aq) + 7\,H_2O(\ell)$	1.33
$Cl_2(g) + 2\,e^- \rightarrow 2\,Cl^-(aq)$	1.360
$BrO_3^-(aq) + 6\,H^+(aq) + 6\,e^- \rightarrow Br^-(aq) + 3\,H_2O(\ell)$	1.44
$ClO_3^-(aq) + 6\,H^+(aq) + 5\,e^- \rightarrow \frac{1}{2}Cl_2(aq) + 3\,H_2O(\ell)$	1.47
$Au^{3+}(aq) + 3\,e^- \rightarrow Au(s)$	1.50
$MnO_4^-(aq) + 8\,H^+(aq) + 5\,e^- \rightarrow Mn^{2+}(aq) + 4\,H_2O(\ell)$	1.507
$NaBiO_3(s) + 6\,H^+(aq) + 2\,e^- \rightarrow Bi^{3+}(aq) + Na^+(aq) + 3\,H_2O(\ell)$	1.6
$Ce^{4+}(aq) + e^- \rightarrow Ce^{3+}(aq)$	1.61
$2\,HOCl(aq) + 2\,H^+(aq) + 2\,e^- \rightarrow Cl_2(g) + 2\,H_2O(\ell)$	1.63
$Au^+(aq) + e^- \rightarrow Au(s)$	1.68
$PbO_2(s) + SO_4^{2-}(aq) + 4\,H^+(aq) + 2\,e^- \rightarrow PbSO_4(s) + 2\,H_2O(\ell)$	1.685
$NiO_2(s) + 4\,H^+(aq) + 2\,e^- \rightarrow Ni^{2+}(aq) + 2\,H_2O(\ell)$	1.7

Half-Reaction, Acidic Solution	Standard Reduction Potential, $E°$ (volts)
$H_2O_2(aq) + 2\,H^+(aq) + 2\,e^- \rightarrow 2\,H_2O(\ell)$	1.77
$Pb^{4+}(aq) + 2\,e^- \rightarrow Pb^{2+}(aq)$	1.8
$Co^{3+}(aq) + e^- \rightarrow Co^{2+}(aq)$	1.82
$F_2(g) + 2\,e^- \rightarrow 2\,F^-(aq)$	2.87

염기성용액

Half-Reaction, Basic Solution	Standard Reduction Potential, $E°$ (volts)
$SiO_3^{2-}(aq) + 3\,H_2O(\ell) + 4\,e^- \rightarrow Si(s) + 6\,OH^-(aq)$	−1.70
$Cr(OH)_3(s) + 3\,e^- \rightarrow Cr(s) + 3\,OH^-(aq)$	−1.30
$[Zn(CN)_4]^{2-}(aq) + 2\,e^- \rightarrow Zn(s) + 4\,CN^-(aq)$	−1.26
$Zn(OH)_2(s) + 2\,e^- \rightarrow Zn(s) + 2\,OH^-(aq)$	−1.245
$[Zn(OH)_4]^{2-}(aq) + 2\,e^- \rightarrow Zn(s) + 4\,OH^-(aq)$	−1.22
$N_2(g) + 4\,H_2O(\ell) + 4\,e^- \rightarrow N_2H_4(aq) + 4\,OH^-(aq)$	−1.15
$SO_4^{2-}(aq) + H_2O(\ell) + 2\,e^- \rightarrow SO_3^{2-}(aq) + 2\,OH^-(aq)$	−0.93
$Fe(OH)_2(s) + 2\,e^- \rightarrow Fe(s) + 2\,OH^-(aq)$	−0.877
$2\,NO_3^-(aq) + 2\,H_2O(\ell) + 2\,e^- \rightarrow N_2O_4(g) + 4\,OH^-(aq)$	−0.85
$2\,H_2O(\ell) + 2\,e^- \rightarrow H_2(g) + 2\,OH^-(aq)$	−0.828
$Fe(OH)_3(s) + e^- \rightarrow Fe(OH)_2(s) + OH^-(aq)$	−0.56
$S(s) + 2\,e^- \rightarrow S^{2-}(aq)$	−0.48
$Cu(OH)_2(s) + 2\,e^- \rightarrow Cu(s) + 2\,OH^-(aq)$	−0.36
$CrO_4^{2-}(aq) + 4\,H_2O(\ell) + 3\,e^- \rightarrow Cr(OH)_3(s) + 5\,OH^-(aq)$	−0.12
$MnO_2(s) + 2\,H_2O(\ell) + 2\,e^- \rightarrow Mn(OH)_2(s) + 2\,OH^-(aq)$	−0.05
$NO_3^-(aq) + H_2O(\ell) + 2\,e^- \rightarrow NO_2^-(aq) + 2\,OH^-(aq)$	0.01
$O_2(g) + H_2O(\ell) + 2\,e^- \rightarrow OOH^-(aq) + OH^-(aq)$	0.076
$HgO(s) + H_2O(\ell) + 2\,e^- \rightarrow Hg(\ell) + 2\,OH^-(aq)$	0.0984
$[Co(NH_3)_6]^{3+}(aq) + e^- \rightarrow [Co(NH_3)_6]^{2+}(aq)$	0.10
$N_2H_4(aq) + 2\,H_2O(\ell) + 2\,e^- \rightarrow 2\,NH_3(aq) + 2\,OH^-(aq)$	0.10
$2\,NO_2^-(aq) + 3\,H_2O(\ell) + 4\,e^- \rightarrow N_2O(g) + 6\,OH^-(aq)$	0.15
$Ag_2O(s) + H_2O(\ell) + 2\,e^- \rightarrow 2\,Ag(s) + 2\,OH^-(aq)$	0.34
$ClO_4^-(aq) + H_2O(\ell) + 2\,e^- \rightarrow ClO_3^-(aq) + 2\,OH^-(aq)$	0.36
$O_2(g) + 2\,H_2O(\ell) + 4\,e^- \rightarrow 4\,OH^-(aq)$	0.40
$Ag_2CrO_4(s) + 2\,e^- \rightarrow 2\,Ag(s) + CrO_4^{2-}(aq)$	0.446
$NiO_2(s) + 2\,H_2O(\ell) + 2\,e^- \rightarrow Ni(OH)_2(s) + 2\,OH^-(aq)$	0.49
$MnO_4^-(aq) + e^- \rightarrow MnO_4^{2-}(aq)$	0.564
$MnO_4^-(aq) + 2\,H_2O(\ell) + 3\,e^- \rightarrow MnO_2(s) + 4\,OH^-(aq)$	0.588
$ClO_3^-(aq) + 3\,H_2O(\ell) + 6\,e^- \rightarrow Cl^-(aq) + 6\,OH^-(aq)$	0.62
$2\,NH_2OH(aq) + 2\,e^- \rightarrow N_2H_4(aq) + 2\,OH^-(aq)$	0.74
$OOH^-(aq) + H_2O(\ell) + 2\,e^- \rightarrow 3\,OH^-(aq)$	0.88
$ClO^-(aq) + H_2O(\ell) + 2\,e^- \rightarrow Cl^-(aq) + 2\,OH^-(aq)$	0.89

부록 J. 예제 추가문제 해답

Chapter 1

1.1 See Figure 1.4.

1.2 **(a)** 3, **(b)** 1

1.3 **(a)** 16.10 m, **(b)** 0.005 g

1.4 $299. (We ignore significant figures here since they would not usually be taken into account in calculating a price.) The amount purchased might still have to be a multiple of 5 gallons, so it might exceed the actual amount needed.

1.5 4.3×10^9 W

1.6 3.34×10^4 g, or 33.4 kg

1.7

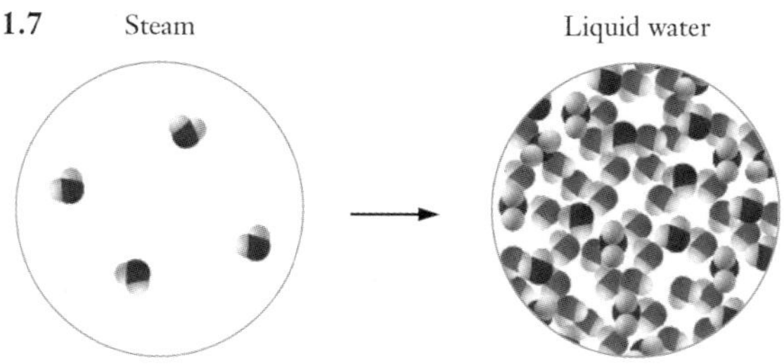

Chapter 2

2.1 28.1 amu

2.2 8 carbon atoms, 12 hydrogen atoms, 4 nitrogen atoms; C_2H_3N

2.3

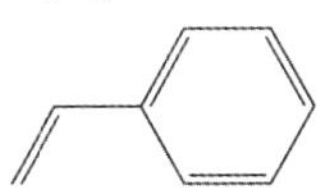

2.4 C_6H_9NO

2.5 **(a)** carbon disulfide, **(b)** sulfur hexafluoride, **(c)** dichlorine heptoxide

2.6 **(a)** copper(II) sulfate, **(b)** silver phosphate, **(c)** vanadium(V) oxide

Chapter 3

3.1 $C_3H_8 + 2\ O_2 \rightarrow 3\ CH_2O + H_2O$

3.2 Compounds (a), (b), and (c) are all soluble; (d) is insoluble.

3.3 Molecular $\rightarrow$ $2\ HCl(aq) + Ca(OH)_2(aq) \rightarrow CaCl_2(aq) + 2\ H_2O(\ell)$

Total ionic $\rightarrow$ $2\ H^+(aq) + 2\ Cl^-(aq) + Ca^{2+}(aq) + 2\ OH^-(aq) \rightarrow Ca^{2+}(aq) + 2\ Cl^-(aq) + 2\ H_2O(\ell)$

Net ionic $\rightarrow$ $H^+(aq) + OH^-(aq) \rightarrow H_2O(\ell)$

(These could also be written with H_3O^+ instead of H^+.)

3.4 Molecular: $Na_2SO_4(aq) + Pb(NO_3)_2(aq) \rightarrow PbSO_4(s) + 2\ NaNO_3(aq)$

Total ionic: $2\ Na^+(aq) + SO_4^{2-}(aq) + Pb^{2+}(aq) + 2\ NO_3^-(aq) \rightarrow PbSO_4(s) + 2\ Na^+(aq) + 2\ NO_3^-(aq)$

Net ionic: $SO_4^{2-}(aq) + Pb^{2+}(aq) \rightarrow PbSO_4(s)$

3.5 **(a)** 180.112 g mol^{-1}, **(b)** 286.327 g mol^{-1} **(c)** 133.103 g mol^{-1}

3.6 41.4 mol

3.7 7×10^6 tons

3.8 $C_{15}H_{28}O_2$

3.9 57 mol % Au, 22 mol % Ag, and 21 mol % Cu

3.10 596.75 moles

3.11 0.216 M

Chapter 4

4.1 13.5 mol H_2O

4.2 3.27 g H_2

4.3 9.6 g SO_2

4.4 $>4.5 \times 10^3$ moles H_2

4.5 Same result as in the example: S_8 is the limiting reactant.

4.6 20.8 g B_2H_6

4.7 The remaining fuel is 262.2 g of aluminum.

4.8 80.9% yield

4.9 63.3 mL

4.10 0.828 M NaOH

Chapter 5

5.1 82.1 torr

5.2 310 K

5.3 0.77 ft^3

5.4 $V = 29.6$ L, $P_{O_2} = 0.349$ atm, $P_{N_2} = 1.78$ atm

5.5 6.4 g SO_2, 3.4 g SO_3; $P_{SO_2} = 0.98$ atm, $P_{SO_3} = 0.42$ atm

5.6 0.96 g $NaHCO_3$

5.7 9.67 L SO_2

5.8 $P_{ideal} = 0.817$ atm, $P_{VdW} = 0.816$ atm

Chapter 6

6.1 $5.600 \times 10^{16}\ s^{-1}$

6.2 1.5405×10^{-10} m, or 154.05 pm

6.3 2.6×10^{-20} J

6.4 97.27 nm

6.5 $4d$

6.6 $1s^2 2s^2 2p^6 3s^2 3p^2$

6.7 [Ar] $4s^2 3d^{10} 4p^3$

6.8 [Ar] $4s^2 3d^8$

6.9 F (smallest) < Si < Cr < Sr < Cs (largest)

6.10 Rb (lowest IE) < Mg < Si < N < He (highest IE)

Chapter 7

7.1 The first ionization energy will be small, the second ionization energy will be slightly larger, and the third ionization energy will be extremely large.

7.2 RbBr will have the smallest lattice energy. The lattice includes only singly charged ions, and the Rb^+ and Br^- ions are larger than those in KCl.

7.3 N—Cl

7.4

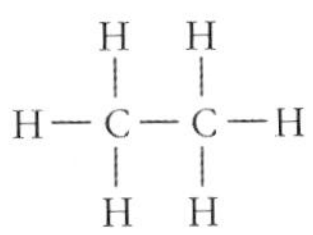

7.5

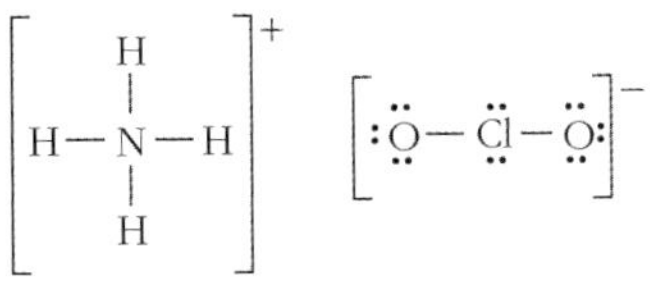

7.6

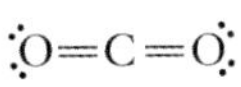

7.7 Octahedral

7.8 **(a)** T-shape, **(b)** linear

7.9 **(a)** Trigonal planar, **(b)** linear

Chapter 8

8.1 Values are given in the text: 68% for body-centered cubic and 52% for simple cubic.

8.2 The dopant should be an element with more than four valence electrons. Phosphorus is the most likely choice. The band diagram will look like that in Figure 8.12.

8.3 Ne (lowest boiling point) < CH_4 < CO < NH_3 (highest boiling point)

8.4

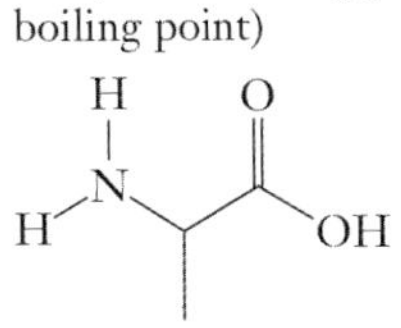

Chapter 9

9.1 +223 J

9.2 16.3°C (or 16.3 K)

9.3 24.4 J mol^{-1} $°C^{-1}$

9.4 64.0°C

9.5 29.3 kJ/g

9.6 -3.28×10^4 J

9.7 1.9 kJ mol^{-1}

9.8 −252.6 kJ

9.9 −1215 kJ (for reaction of 2 moles of CH_4)

9.10 41.2 g NO, 19.2 g N_2

Chapter 10

10.1 266.8 J mol^{-1} K^{-1}

10.2 Gases condense at low temperatures. The process is enthalpy driven because it is exothermic, but it decreases the entropy of the system. Enthalpy dominates at low temperatures.

10.3 8.80 J mol^{-1} K^{-1}

10.4 185.9 kJ mol^{-1}

Chapter 11

11.1 NO_2: 8.0×10^{-6} mol L^{-1} s^{-1}; O_2: 2.0×10^{-6} mol L^{-1} s^{-1}

11.2 **(a)** Reaction is first order in H_2, first order in Br_2, and second order overall. **(b)** Reaction is first order in N_2O_5 and first order overall.

11.3 No, as long as we do the calculation correctly the results will agree within any experimental error.

11.4 Units for rate constants depend on the overall reaction order.

11.5 870 seconds

11.6 First-order reaction, $k = 0.0023\ s^{-1}$

11.7 $1.6 \times 10^{-5}\ s^{-1}$

11.8 42 kJ mol^{-1}

11.9 **(a)** Yes, it does match the actually stoichiometry and does not involve any steps in which three or more molecules collide. **(b)** N_2O_3 and NO are both intermediates in this mechanism. **(c)** The first two steps are unimolecular, and the third step is bimolecular.

Chapter 12

12.1 $K = \dfrac{[HNO_2]^2}{[NO][NO_2][H_2O]}$

12.2 $3\ Cu^{2+}(aq) + 2\ PO_4^{3-}(aq) \rightarrow Cu_3(PO_4)_2(s)$;

$$K = \frac{1}{[Cu^{2+}]^3[PO_4^{3-}]^2}$$

12.3 Because the value of K for Mn^{2+} is larger than that for either Ca^{2+} or Mg^{2+}, Mn^{2+} has a higher ability to precipitate OH^- than either of the other cations.

12.4 **(a)** $K = \dfrac{[NO]^2[H_2O]^3}{[NH_3]^2[O_2]^{5/2}}$; **(b)** $K = \dfrac{[NH_3]^2[O_2]^{5/2}}{[NO]^2[H_2O]^3}$;

(c) $K = \dfrac{[NO]^4[H_2O]^6}{[NH_3]^4[O_2]^5}$

12.5 $K = \dfrac{[NO]^2}{[N_2][O_2]}$ and the reaction is $N_2(g) + O_2(g) \rightleftarrows 2\ NO(g)$.

12.6 $[H_2] = [I_2] = 0.002$ M, $[HI] = 0.016$ M

12.7 $[Cl_2] = [PCl_3] = 0.036$ M, $[PCl_5] = 0.004$ M

12.8 Possibilities include removing HCN from the system or adding an acid (other than HCN), which would increase $[H^+]$.

12.9 **(a)** Shift toward reactants, **(b)** no change

12.10 **(a)** $K_{sp} = [Mn^{2+}][OH^-]^2$, **(b)** $K_{sp} = [Cu^{2+}][S^{2-}]$, **(c)** $K_{sp} = [Cu^+][I^-]$, **(d)** $K_{sp} = [Al^{3+}]^2[SO_4^{2-}]^3$

12.11 7.7×10^{-9} M; 1.0×10^{-7} g/100 g H_2O

12.12 3.5×10^{-4} M in H_2O; 7.6×10^{-9} M in 0.15 M NaF

12.13 Hydrogen carbonate ion (HCO_3^-) is the conjugate acid of carbonate ion (CO_3^{2-}), and hydroxide ion (OH^-) is the conjugate base of water.

12.14 10.5% ionized. In this case, the assumption is introducing an error of roughly 0.6% so that whether or not it is acceptable would depend on the required accuracy.

12.15 ln $K = 236$, which means that K for this reaction would be on the order of 10^{102}. This extremely large number indicates that the complete oxidation is the very strongly preferred pathway.

Chapter 13

13.1 Using zinc for the other electrode will give a cell potential of 1.100 V. Copper is the cathode and zinc is the anode.

13.2 $[Ni^{2+}] = 5 \times 10^{-2}$ M

13.3 Reversing the reaction would change the sign of ΔG, giving +28.4 kJ. The positive value indicates that the reverse process is not spontaneous.

13.4 The 5-A current must flow for 1.1×10^4 s, which is about 3 hours.

13.5 0.27 V

13.6 No. The stated conditions would deposit only 100 mg of copper, so the coating will reach only about one-fourth of the desired thickness.

13.7 0.042A

부록 K. 연습문제 해답

Chapter 1

1.7 Observations in the laboratory are normally made in the macroscopic regime of chemistry.

1.9 At the macroscopic level, distinguishing phases involves (1) determining their ability to maintain their shapes (only solids do) and (2) determining if the system fills the entire volume available to it, or only part of the volume—this observation helps distinguish liquids from gases.

1.11 A picture such as this would be appropriate:

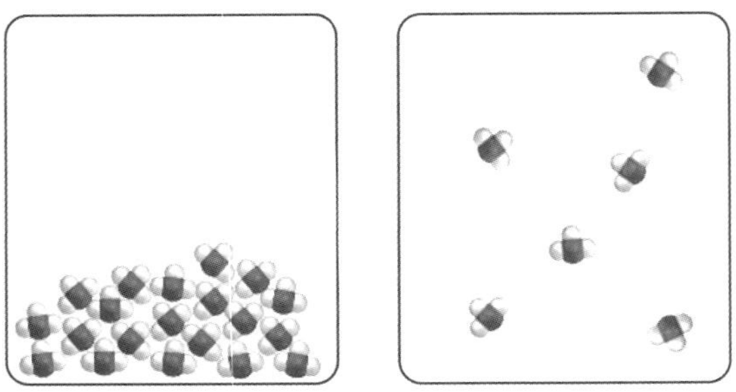

Liquid Gas

1.13 (a) Chemical change; (b) physical change; (c) chemical change; (d) chemical change; and (e) physical change.

1.15 When steel rusts (a chemical change), it becomes more brittle and changes color. (Other answers possible.)

1.17 Looking at the picture in Exercise 1.11, the depiction of the gas shows a significant amount of empty space between particles. The empty space contributes nothing to the mass of the system even though the entire volume is occupied, so the density of the gas is lower than that of the liquid (which occupies less than the complete volume and has less space between particles).

1.19 If you wanted to know how many cities were in a particular state, you would need to define what constitutes a city. Is population the basis, or is the specific nature of incorporation, for example? (Other answers possible.)

1.21 Precise. The measurements might well be close to each other even though they are not close to the actual answer.

1.23 In deductive reasoning, you consider all the information (the facts) and put them together. In inductive reasoning, you infer what seems accurate and then devise ways to determine if subsequent observations fit the inferred conclusion.

1.25 Inductive reasoning. Scientists make predictions, inferences, and then seek to prove or refute the predictions by making further observations. They don't start with a number of facts and then draw conclusions by putting them together.

1.27 Probably not. All observations that could be explained by the model conform to the predictions it makes. When this occurs, a model may inspire sufficient confidence to be labeled a theory.

1.29 Somebody asks to meet with you at 9:00 and you go in the evening when they expected you in the morning (but didn't specify a.m.). (Other answers possible.)

1.31 Meters and amperes are base units. Grams are not (because kg is the base unit for mass). Joules and liters are both derived units.

1.33 Smallest to largest: nano-, centi-, kilo-, and giga-

1.35 The erg was an energy unit associated with work being done, and the calorie was associated with heat—at the time, scientists thought these two forms of energy were different things.

1.37 One million, 1×10^6

1.39 The upper temperature, 100, was set by body temperature. The lower temperature was set by the lowest temperature at which water would freeze (with added salt) and it was set to 0. This shows some limitations of measurement because we know that body temperature can vary over time or from one person to another.

1.41 (a) 263 K (b) 273.15 K (c) 553 K (d) 1.7×10^3 K

1.43 (a) 6.213×10^1 (b) 4.14×10^{-4} (c) 5.1×10^{-6}
(d) 8.71×10^8 (e) 9.1×10^3

1.45 (a) 4 (b) 3 (c) 4 (d) 4 (e) 3

1.47 (a) 80.0 (b) 0.7615 (c) 14.712 (d) 0.029

1.49 0.58 g/mL

1.51 5.663 g

1.53 125 g

1.55 1.73 m, 5 feet 8.1 inches

1.57 (a) 3.47 μg (b) 0.273 mL (c) 7.25×10^{-7} s
(d) 1.3×10^{-3} km

1.59 (a) 0.0223 L (b) 13.6 in^3 (c) 0.0236 qt

1.61 523 g/L

1.63 4.1 L

1.65 8.97×10^{14} L

1.67 2.35 cm

1.69 Each bullet should have a mass of 9700 mg. (Calculation gives a range of 9696−9744 mg, but the data given have just two significant figures, and therefore both ends of the range round to 9700 mg.)

1.71 In a crystal, atoms or molecules are close together and arranged in an orderly lattice. In a liquid, atoms or molecules are still fairly close together, but the arrangement is much more disordered. A picture similar to the first two panels of Figure 1.3 would illustrate the difference.

1.73 4900 cans

1.75 3.84 g/cm^3

Chapter 2

2.9 Because the number of protons distinguishes one type of atom from another. It dictates how many electrons are present in the neutral atom and this is what makes atoms of different elements unique.

2.11 Isotopes are different atomic forms of an element that differ only in the number of neutrons in the nucleus.

2.13 (a) magnesium-24: 12 protons, 12 neutrons, 12 electrons (b) tin-119: 50 protons, 69 neutrons, 50 electrons (c) thorium-232: 90 protons, 142 neutrons, 90 electrons (d) carbon-13: 6 protons, 7 neutrons, 6 electrons (e) copper-63: 29 protons, 34 neutrons, 29 electrons (f) bismuth-205: 83 protons, 122 neutrons, 83 electrons

2.15 200.59 amu

2.17 It is the average of several values that also takes into account the frequency of occurrence of each value.

2.19 The percent abundance of ^{63}Cu is 69.0%, and the percent abundance of ^{65}Cu is 31.0%.

2.21 78.72%

2.23 (b)

2.25 Cations have positive charges, whereas anions have negative charges.

2.27 (a) Na^+: 11 protons, 10 electrons
(b) Al^{3+}: 13 protons, 10 electrons
(c) S^{2-}:16 protons, 18 electrons
(d) Br^-: 35 protons, 36 electrons

2.29 ${}^{126}_{52}Te^{2-}$

2.31 (a) Ba^{2+} (b) Ti^{4+} (c) PO_4^{3-} (d) HCO^{3-} (e) S^{2-} (f) ClO_4^- (g) Co^{2+} (h) SO_4^{2-}

2.33 One common chemical used for ionic polymerization is butyl-lithium. This molecule decomposes into a lithium ion (positive charge) and a butyl ion (negative charge). An advantage of ionic polymerization is that the resulting polymer is easier to process further to induce desirable properties.

2.35 In the formula $Ba(OH)_2$, there are one Ba atom, two O atoms, and two H atoms.

2.37 Electrons are either shared between atoms to form covalent chemical bonds or are transferred from one atom to another, creating ions that are held by ionic chemical bonds.

2.39 Molecules are groups of atoms bonded to one another with covalent bonds. Ionic compounds consist of arrays of positive and negative ions held by electrostatic attraction (ionic bonds). Therefore, the term molecule does not apply, and the formula of an ionic compound is represented by the smallest whole-number combination of ions that has no net charge, the formula unit.

2.41 Both involve lattice systems, but metals do not have alternating positive and negative ions. Instead, metals have positively charged nuclei (with some electrons) occupying the lattice points surrounded by a "sea" of mobile, negatively charged electrons.

2.43 Molecules consist of atoms that share pairs of electrons rather than having electrons donated from one atom to another (ionic compounds) or mobile across an entire lattice (metals). Such a shared pair of electrons between two atoms creates an attractive force known as a covalent bond.

2.45 Polymers exist as large numbers (hundreds, even thousands) of monomer units bonded together. It is more convenient to represent a polymer by its empirical or monomer formula.

2.47 The empirical formula for butadiene, C_4H_6, is C_2H_3.

2.49 The periodic table is an organization of the elements with respect to size and structure. It allows correlating chemical and physical properties and predicting behavior trends.

2.51 It is observed that the number of hydrogen atoms with which an individual atom of various elements will combine varies cyclically from one side of the periodic table to another. This demonstrates periodicity−regular variations in the behavior of the elements.

2.53 (a) K: Group 1 (b) Mg: Group 2
(c) Ar: Group 18 (d) Br: Group 17

2.55 Sulfur and selenium are both in Group 16, so they should exhibit similar properties.

2.57 A metalloid is an element that exhibits some properties of metals and some of nonmetals. They are said to be intermediate in character and occupy the region on the periodic table between metals and nonmetals.

2.59 (a) Si: metalloid (b) Zn: metal (c) B: metalloidv (d) N: nonmetal (e) K: metal (f) S: nonmetal

2.61 The chemistry of transition metals is more complicated because most transition metals can form multiple different cations (whose charges vary).

2.63 Organic chemistry is a field of chemistry focused on molecules that consist primarily of carbon atoms bonded to each other.

2.65 A functional group is a specific group of atoms bonded to each other that display certain properties and influences the properties of organic molecules when they are present. Organic molecules are classified and named according to which functional groups are present.

2.67 The molecular and empirical formula for the molecule on the left is $C_{15}H_{10}N_2O_2$. The molecular formula for the one on the right is $C_2H_6O_2$; the empirical formula is CH_3O.

2.69 The molecular formula for GABA is $C_4H_9NO_2$.

2.71 In molecules, atoms can combine in many different ratios and the names must reflect those particular formulas. In ionic compounds, two specific ions can combine in only one way, thus the different rules for naming ionic versus molecular compounds.

2.73 (a) dinitrogen pentoxide (b) disulfur dichloride (c) nitrogen tribromide (d) tetraphosphorus decoxide.

2.75 (a) SF_6 (b) BrF_5 (c) S_2Cl_2 (d) S_4N_4

2.77 (a) magnesium chloride (b) iron(II) nitrate (c) sodium sulfate (d) calcium hydroxide (e) iron(II) sulfate

2.79 (a) phosphorus pentachloride (b) sodium sulfate (c) calcium nitride (d) iron(III) nitrate (e) sulfur dioxide (f) dibromine pentoxide

Chapter 3

3.7 s: solid; ℓ: liquid; g: gas; and aq: aqueous

3.9 Law of conservation of matter – matter is neither created nor destroyed.

3.11 (a) $4\ Al(s) + 3\ O_2(g) \rightarrow 2\ Al_2O_3(s)$
(b) $N_2(g) + 3\ H_2(g) \rightarrow 2\ NH_3(g)$
(c) $2\ C_6H_6(\ell) + 15\ O_2(g) \rightarrow 6\ H_2O(\ell) + 12\ CO_2(g)$

3.13 $2\ C_3H_6N_6O_6 + 3\ O_2 \rightarrow 6\ H_2O + 6\ CO_2 + 6\ N_2$

3.15 $C_2H_5OH + 3\ O_2 \rightarrow 2\ CO_2 + 3\ H_2O$

3.17 (a) $N_2(g) + 3\ H_2(g) \rightarrow 2\ NH_3(g)$
(b) $2\ H_2(g) + CO(g) \rightarrow CH_3OH(\ell)$
(c) $2\ S(s) + 3\ O_2(g) + 2\ H_2O(\ell) \rightarrow 2\ H_2SO_4(\ell)$

3.19 $3\ SiCl_4 + 16\ NH_3 \rightarrow Si_3N_4 + 12\ NH_4Cl$

3.21 Solution: a homogenous mixture of two or more substances. Solute: the minor component(s) of a solution, the component(s) in lesser amount. Solvent: the major component of a solution, the component found in the greatest amount.

3.23 Concentrated solution: a solution in which the number of solute particles is high. Dilute solution: solution in which the number of solute particles is low.

3.25 An electrolyte is any solute that dissolves to produce a solution that conducts electrical current. Strong electrolytes dissociate completely, whereas weak electrolytes dissociate only partially. At similar concentrations, a solution of a strong electrolyte such as HCl will conduct electricity better than a solution of a weak electrolyte such as CH_3COOH.

3.27 (a) K^+, OH^- (b) K^+, SO_4^{2-} (c) Li^+, NO_3^-
(d) NH_4^+, SO_4^{2-}

3.29 1.40×10^3 mL

3.31 (a) strong base; K^+, OH?
(b) strong base (but only slightly soluble); Mg^{2+}, OH^-
(c) weak acid; H^+, OH^-
(d) strong acid; H^+, Br^-
(e) strong base; Li^+, OH^-
(f) weak acid; H^+, HSO_3^-, SO_3^{2-}

3.33 The total ionic equation shows all species present. The net ionic equation shows only those species that undergo reaction – the spectator ions are removed.

3.35 (a) $Zn(s) + 2\ HCl(aq) \rightarrow H_2(g) + ZnCl_2(aq)$
$Zn(s) + 2\ H^+(aq) \rightarrow H_2(g) + Zn^{2+}(aq)$
(b) $Mg(OH)_2(s) + 2HCl(aq) \rightarrow MgCl_2(aq) + 2H_2O(\ell)$
$Mg(OH)_2(s) + 2\ H^+(aq) \rightarrow Mg^{2+}(aq) + 2\ H_2O(\ell)$
(c) $2\ HNO_3(aq) + CaCO_3(s) \rightarrow$
$Ca(NO_3)_2(aq) + H_2O(\ell) + CO_2(g)$
$2H^+(aq) + CaCO_3(s) \rightarrow Ca^{2+}(aq) + H_2O(\ell) + CO_2(g)$
(d) $3\ (NH_4)_2S(aq) + 2\ FeCl_3(aq) \rightarrow$
$6\ NH_4Cl(aq) + Fe_2S_3(s)$
$3\ S^{2-}(aq) + 2\ Fe^{3+}(aq) \rightarrow Fe_2S_3(s)$

3.37 The mole is the number of particles in exactly 12 grams of carbon-12. The mole is a convenient way for chemists to relate large numbers of molecules/atoms to one another.

1 mole = 6.022×10^{23}.

3.39 7.8×10^{19} cm^3; 7.8×10^{16} L

3.41 (a) Fe_2O_3: 159.70 g/mol
(b) BCl_3: 117.170 g/mol
(c) $C_6H_8O_6$: 176.126 g/mol

3.43 (a) PbS: 239.2 g/mol, 86.60% Pb, 13.40% S
(b) C_2H_6: 30.079 g/mol, 79.887% C, 20.11% H
(c) CH_3COOH: 60.052 g/mol, 40.002% C, 6.7135% H, 53.285% O
(d) NH_4NO_3: 80.0432 g/mol, 34.9979% N, 5.0368% H, 59.9654% O

3.45 (a) $Mg_3(PO_4)_2$: 262.8578 g/mol
(b) Na_2S: 78.046 g/mol
(c) N_2O_4: 92.0110 g/mol

3.47 NaOH: 39.9971 g/mol, so 79.9942 g NaOH are needed

3.49 (a) 67 g (b) 0.0698 g (c) 0.060 g (d) 1.32×10^4 g

3.51 (a) $C_7H_5N_3O_6$: 1.577 moles
(b) CH_3NO_2: 1.35 moles
(c) $C_3H_6N_6O_6$: 7.56 moles

3.53 6.8×10^{13} molecules CO_2

3.55 4.29×10^{24} O atoms

3.57 (a) 4.7×10^{22} molecules/min
(b) 2.8×10^{24} molecules/hr
(c) 6.8×10^{25} molecules/day

3.59 $C_8H_8O_3$

3.61 (a) 40 at % Cu, 60 at % Al (b) 38 wt % NiO, 62 wt % MgO (c) 50 mol % MgO, 50 mol % FeO

3.63 (a) 5.80 M (b) 4.2 M (c) 3.41 M (d) 0.71 M

3.65 (a) 0.16 mol (b) 0.0083 mol (c) 0.11 mol (d) 0.027 mol

3.67 (a) 0.74 M (b) 0.0646 M (c) 4.9×10^{-3} M (d) 0.294 M

3.69 0.208 L

Chapter 4

4.7
(a) $\left(\frac{2\text{ mol H}_2}{1\text{ mol O}_2}\right)$ or $\left(\frac{2\text{ mol H}_2}{2\text{ mol H}_2\text{O}}\right)$ or $\left(\frac{1\text{ mol O}_2}{2\text{ mol H}_2\text{O}}\right)$

or $\left(\frac{1\text{ mol O}_2}{2\text{ mol H}_2}\right)$ or $\left(\frac{2\text{ mol H}_2\text{O}}{2\text{ mol H}_2}\right)$ or $\left(\frac{2\text{ mol H}_2\text{O}}{1\text{ mol O}_2}\right)$

(b) $\left(\frac{2\text{ mol H}_2\text{O}_2}{2\text{ mol H}_2\text{O}}\right)$ or $\left(\frac{2\text{ mol H}_2\text{O}_2}{1\text{ mol O}_2}\right)$ or $\left(\frac{2\text{ mol H}_2\text{O}}{2\text{ mol H}_2\text{O}_2}\right)$

or $\left(\frac{1\text{ mol O}_2}{2\text{ mol H}_2\text{O}_2}\right)$ or $\left(\frac{1\text{ mol O}_2}{2\text{ mol H}_2\text{O}}\right)$ or $\left(\frac{2\text{ mol H}_2\text{O}}{1\text{ mol O}_2}\right)$

(c) $\left(\frac{1\text{ mol P}_4}{5\text{ mol O}_2}\right)$ or $\left(\frac{1\text{ mol P}_4}{1\text{ mol P}_4\text{O}_{10}}\right)$ or $\left(\frac{1\text{ mol P}_4\text{O}_{10}}{1\text{ mol P}_4}\right)$

or $\left(\frac{5\text{ mol O}_2}{1\text{ mol P}_4}\right)$ or $\left(\frac{5\text{ mol O}_2}{1\text{ mol P}_4\text{O}_{10}}\right)$ or $\left(\frac{1\text{ mol P}_4\text{O}_{10}}{5\text{ mol O}_2}\right)$

(d) $\left(\frac{2\text{ mol KClO}_3}{2\text{ mol KCl}}\right)$ or $\left(\frac{2\text{ mol KClO}_3}{3\text{ mol O}_2}\right)$

or $\left(\frac{2\text{ mol KCl}}{2\text{ mol KClO}_3}\right)$ or $\left(\frac{3\text{ mol O}_2}{2\text{ mol KClO}_3}\right)$

or $\left(\frac{3\text{ mol O}_2}{2\text{ mol KCl}}\right)$ or $\left(\frac{2\text{ mol KCl}}{3\text{ mol O}_2}\right)$

4.9 (a) $S_8 + 8\ O_2 \rightarrow 8\ SO_2$ (b) 25 S_8 molecules (c) 200 SO_2 molecules

4.11 11.3 moles

4.13 (a) 13 moles, (b) 3.6 moles, (c) 4.9 moles, (d) 2.6×10^{-3} mol.

4.15 (a) 3.6 g, (b) 3.67 g, (c) 2.5 mg, (d) 12 kg.

4.17 3.2 g Cl_2

4.19 0.883 metric tons C; 5.48 metric tons Fe

4.21 910 g N_2

4.23 O_2 is limiting.

4.25 We must have more than 24 moles of Br_2.

4.27 Conditions ARE conducive for the formation of carbon monoxide.

4.29 Sulfuric acid is the limiting reactant and forms 5.88 g SO_2.

4.31 Sulfuric acid is limiting and 790 g $Al_2(SO_4)_3$ forms.

4.33 Nitrogen dioxide is limiting and 3.3 kg of HNO_3 forms.

4.35 SiO_2 is limiting, and 11.5 g of C will remain.

4.37 Side reactions produce something other than the desired product. Sometimes the reaction itself doesn't proceed to completion.

4.39 Reaction 1: 36.6%; Reaction 2: 1.3% Reaction 3: 34% Reaction 4: 103%

4.41 88%

4.43 150 g

4.45 66.5%

4.47 H_2S is limiting and the percentage yield is 79%.

4.49 (a) 6.0×10^6 g SiO_2 and 3.6×10^6 g C (b) 0.78 metric ton of coal per metric ton of sand

4.51 0.302 g H_2

4.53 It changes color when the chemical being added has consumed the chemical of interest in the solution.

4.55 22.9 mL

4.57 3.61 g

4.59 (a) 7.62×10^{-3} M H_2SO_4 (b) 50.1 g $CuFeS_2$ (c) 2.2%

4.61 2.27 g H_2

Chapter 5

5.9 Atmospheric pressure is created when the mass of the gases attracted to the surface of the earth by gravity generates a force that produces pressure (force/unit area).

5.11 For a liquid with half the density of mercury, atmospheric pressure will generate a column twice as high as that generated for mercury. The column will be 750 mm × 2 = 1500 mm.

5.13 1.5×10^2 atm

5.15 (a) 0.9474 atm (b) 9.50×10^2 mm Hg (c) 542 torr (d) 98.7 kPa (e) 6.91 atm

5.17 The increased pressure due to the weight of the water compresses the air in your ear, which can cause a "pop" in your ear upon expansion.

5.19 113 mL

5.21 A balloon will return to its shape because volume is proportional to absolute temperature. At constant pressure and moles of gas, lowering T will decrease the volume of the balloon, but returning to room temperature will restore the shape.

5.23 Jacques Charles first observed that when pressure and moles of gas are held constant, volume and temperature vary inversely. This relationship is a straight line when T is plotted vs. V. Although it is not possible to lower the temperature of all gases to absolute zero, if the lines that are generated by different gases are extrapolated, all lead to the same temperature and it is absolute zero (or −273°C).

5.25 At constant volume, the pressure of a gas is directly related to absolute temperature. Increasing temperature could cause dangerously high pressure and possible tank rupture.

5.27 6.9 mL

5.29 1.38×10^3 L

5.31 61.7 g/mol

5.33 (a) 5.39 g/L (b) 1.96 g/L (c) 1.63 g/L

5.35 670 K

5.37 Partial pressure is the pressure exerted by a gas in a mixture of gases, behaving as if it were alone in the container.

5.39 $P_{\mathrm{i}} = P_{\mathrm{total}} \cdot X_i$

5.41 0.72 atm

5.43 1.9×10^{-3} mol NO_2 and 3.3×10^{-3} mol SO_2

5.45 P_{CO_2} = 640 torr, P_{NO} = 37 torr, P_{SO_2} = 5.7 torr, and P_{H_2O} = 70. torr

5.47 Total pressure is 20.0 atm: P_{H_2O} = 6.28 atm, P_{O_2} = 2.91 atm, and P_{N_2} = 10.8 atm.

5.49 Web question−answers will vary depending on the sites found by students.

5.51 0.10 g NH_4Cl

5.53 1.07 g Zn

5.55 160 L O_2

5.57 1.00 atm

5.59 Ammonia is the limiting reactant and 8.0 g urea form.

5.61 0.52 L

5.63 74 g NaN_3

5.65 187 torr

5.67 3×10^{-17} atm

5.69 High pressure and/or low temperature

5.71 CH_4, N_2, Kr, CH_2Cl_2

5.73 At higher temperature, the distribution shifts toward higher molecular speeds, so the blue curve represents 1000 K.

5.75 Mean free path is the average distance a particle travels between collisions with other particles.

5.77 (a) 16.3 atm (b) 15.8 atm

5.79 Statements (a), (b), (c), and (d) are true. Statement (e) is false.

Chapter 6

6.7 When the term light is used, normally it refers to visible light. Like other forms of radiation, visible light is composed of an electrical field that lies perpendicularly to a magnetic field−and thus it is called electromagnetic radiation.

6.9 Radio, IR, visible, UV

6.11 480 nm: 6.2×10^{14} Hz green light
530 nm: 5.7×10^{14} Hz yellow light

580 nm: 5.2×10^{14} Hz orange light
700 nm: 4×10^{14} Hz red light

6.13 Photon is the term used to refer to a discrete amount of energy imparted by light. It is sometimes thought of as a packet of electromagnetic radiation that carries energy.

6.15 (a) 1.01×10^{-20} J (b) 1.1×10^{-15} J (c) 4.12×10^{-23} J 472 Appendix K

6.17 (a) 5.7×10^{-6} m (IR) (b) 2.3 m (radio) (c) 2.8×10^{-9} m (X-ray) (d) 36 m (radio)

6.19 (a) 2.5×10^{-19} J (b) 3.1×10^{-19} J (c) 4.90×10^{-19} J

6.21 (a) 3.00×10^{-3} m (b) 6.63×10^{-23} J/photon (c) 39.9 J/mol

6.23 7.1×10^{-19} J

6.25 A continuous spectrum has no missing frequencies of light, similar to a rainbow or the light given off by the sun. A discrete spectrum consists of specific, well-separated frequencies, like the emission spectra of elements.

6.27 The Bohr model depicted electrons circling the nucleus in orbits that could only be at certain discrete distances from the nucleus. Because energy is related to the distance between charged particles, these orbits corresponded to energy levels. For the excited electron in the Bohr atom to return to the original orbit, the atom releases a photon of energy equal to the energy difference between the two orbits. The spectra of hydrogen atoms therefore correspond to the specific energies released when electrons drop from higher energy orbits to lower energy ones.

6.29 The ground state occurs when all electrons in an atom are in the lowest energy states possible.

6.31 493.1 nm

6.33 (a) 4.558×10^{-19} J for the 435.8 nm transition and 3.638×10^{-19} J for the 546.1 nm transition. (b) 1.389×10^{14} Hz.

6.35 The wave function is used to describe electrons around the nucleus of an atom because electrons can be diffracted. Diffraction is usually associated with electromagnetic radiation (light), but electrons also produce diffraction patterns. This means that electrons also exhibit particle–wave duality. In some instances, electrons are treated as particles; in other instances, they are treated as waves.

6.37 The principal quantum number, n, has integral values starting at 1 and continuing to infinity. The secondary quantum number, ℓ, is limited in value by the principal quantum number and has integral values from 0 through $n-1$.

6.39 $4d$

6.41 (a) 8 (b) 6 (c) 2 (d) 1

6.43 An s orbital is a sphere, which means it can be rotated by any number of degrees and its appearance does not change. There are three p orbitals in a subshell, and these orbitals must be arranged so that the electrostatic repulsion from the electrons in the orbitals is minimized. This occurs when the p orbitals are arranged along the x, y, and z axes–or in specific directions. The same type of reasoning is true for the $5d$ orbitals, though they don't point along the x, y, and z axes.

6.45

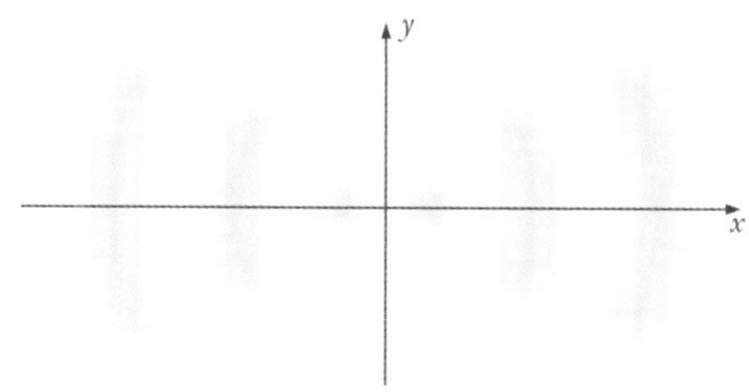

6.47 Spin paired means that the two paired electrons in the same orbital have opposites spins, +1/2 and −1/2, or ⇅.

6.49 Shielding describes the effect that the inner core electrons have on the nuclear charge that the outer, valence electrons experience. The inner core electrons partially mask the nuclear charge on the nucleus from the valence electrons.

6.51 The effective nuclear charge is the apparent nuclear charge that the valence electrons experience as the result of shielding by the inner core electrons. As the effective nuclear charge increases, the electrons contained within an orbital feel a stronger attractive force toward the nucleus. The electrons are pulled toward the nucleus, reducing the size of the atomic orbital.

6.53 Hund's rule states that for a set of equivalent atomic orbitals, each orbital is filled with one electron before pairing is allowed to occur. When two electrons are placed in the same atomic orbital, electron repulsion occurs. The atomic orbital is now at a higher energy than before (repulsion increases energy). The lowest energy state is the most stable state for an atom, so each atomic orbital in a set of equivalent orbitals receives one electron until all orbitals contain one electron, so that the atom remains at the lowest possible energy level.

6.55 Ground state configurations: (a) and (b) Excited state configurations: (c), (e), and (f) Impossible configuration: (d)

6.57 The electronic configurations for F, Cl, and Br are listed below:
F = $1s^22s^22p^5$ or [He] $2s^22p^5$
Cl = $1s^22s^22p^63s^23p^5$ or [Ne] $3s^23p^5$
Br = $1s^22s^22p^63s^23p^64s^23d^{10}4p^5$ or [Ar] $4s^23d^{10}4p^5$
The valence electron configuration of each is identical: $ns^2\ np^5$ (the d electrons in Br are not valence electrons because only the outermost s and p electrons and electrons in unfilled d orbitals are considered valence electrons). Because these three halogens have similar valence electron electronic configurations, they will have similar chemistries (the valence electrons are where chemistry occurs). For example, each halogen will accept one electron to form an anion, F^-, Cl^-, and, Br^-. When paired with Na^+, they form sodium salts, NaF, NaCl, and NaBr.

6.59 All elements in a group of the periodic table have the same basic electron configuration for their valence electrons. These valence electrons are responsible for the chemistries of the elements. Because the group elements have similar configurations, they will have similar chemical properties. For example, oxygen, sulfur, selenium, and tellurium have the same valence electronic configuration, $ns^2\ np^4$. They react with hydrogen to form H_2O, H_2S, H_2Se, and H_2Te.

6.61 The $7p$ block would be completely filled; there would be an eighth s row, and a g block (8g) would be added to the periodic table. The f and d blocks would increase by one row, as would the eighth row in the p block. This assumes that the last current element is Uuq, Z = 114.

6.63 A halogen lamp contains halogen vapor, which reacts with the vaporized tungsten from the filament. The tungsten halogen compound then reacts with the filament, depositing the evaporated tungsten back on the filament. The result is that the filament lasts longer and can be heated to a higher temperature, generating more light.

6.65 As the effective nuclear charge increases across the periodic table, the size of the atomic orbitals decreases. The decrease in the size of the atomic orbitals results in a smaller atomic size.

6.67 (a) Be, Li, Na
(b) F, N, P
(c) O, I, Sn

6.69 The first large jump in ionization energies in Cl would occur between the fifth and sixth ionization energy. The fifth ionization energy would remove the last $3p$ electron. The sixth ionization would remove the first $3s$ electron. It is harder to remove electrons from a completely filled set of orbitals than it is from a set of partially filled orbitals. The next large jump in ionization energy would occur between removing the last $3s$ electron and the first $2p$ electron (the seventh and eighth ionization energies).

6.71 The electron configuration for oxygen is $1s^22s^22p^4$. The electron configuration for nitrogen is $1s^22s^22p^3$. For oxygen, there is one set of paired electrons in the $2p$ orbitals. There are no paired electrons in the $2p$ orbitals for nitrogen. The paired electrons in oxygen repel each other. The electron repulsion raises the energy of these paired $2p$ electrons in oxygen, reducing the amount of energy needed to remove one of the paired electrons to form a cation, compared to nitrogen.

6.73 (a) Se (b) Br^- (c) Na (d) N (e) N^{3-}

6.75 (a) Na (b) C (c) Na, Al, B, C

Chapter 7

7.7 Because removing a second electron from sodium ion, Na^+, involves a core electron. The energy needed to accomplish this is quite large, so it is not observed in nature.

7.9 (a) N (b) Ba^{2+} (c) Se (d) Co^{3+}

7.11 (a) Cl^-, S^{2-}, P^{3-}
(b) O^{2-}, S^{2-}, Se^{2-}
(c) N^{3-}, S^{2-}, Br^-
(d) Cl^-, Br^-, I^-

7.13 Because the ions are closely packed in an ionic solid, the next nearest neighbors are close enough to contribute their repulsive interactions to the overall lattice energy (and so on).

7.15 (a) Repulsive (b) According to Equation 7.2, the Coulomb potential varies as $1/r$. So as we move from first nearest neighbors to second, third, or fourth nearest neighbors, the magnitude of V must decrease, and $V_{1st} > V_{2nd} > V_{3rd} > V_{4th}$.

7.17 In a covalent bond, the electrons involved are shared between the nuclei, whereas in ionic compounds, an electron is transferred from one atom to another. Ultimately, the difference lies in the extent to which an electron is transferred during bond formation.

7.19

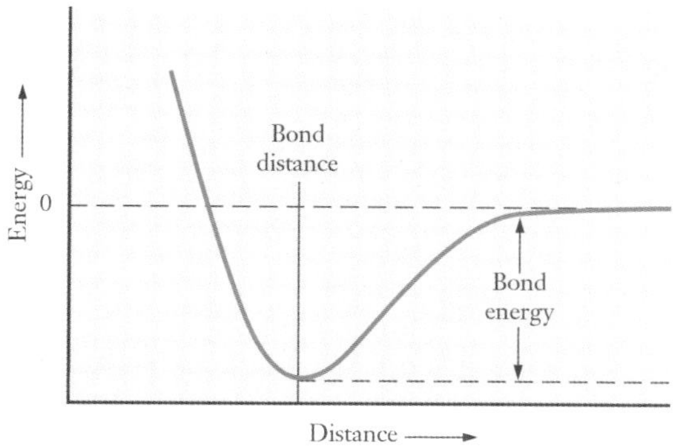

7.21 The negatively charged electrons are attracted to both positively charged nuclei, so the forces involved are still coulombic.

7.23 The number of bonds that can be formed is limited by the number of openings each element has in the valence shell. It's possible to get slightly more bonding than dictated by this number (commonly called the valence) in some cases, but it's not possible to keep going forever. From a physical perspective, the repulsion that would arise from packing too much electron density together forbids the formation of too many bonds.

7.25 

7.27 A lone pair is a pair of electrons located only on a single atom, not shared between atoms.

7.29 A double bond is stronger than two single bonds but not twice as strong. This leads to some reactivity trends where the "second" bond is broken and replaced with a new single bond (going from a double bond to two single bonds).

7.31 Electron affinity is defined for an isolated atom and measures the energy change for adding an electron. Electronegativity is defined within chemical compounds and it estimates the propensity of an atom to attract electrons to itself.

7.33

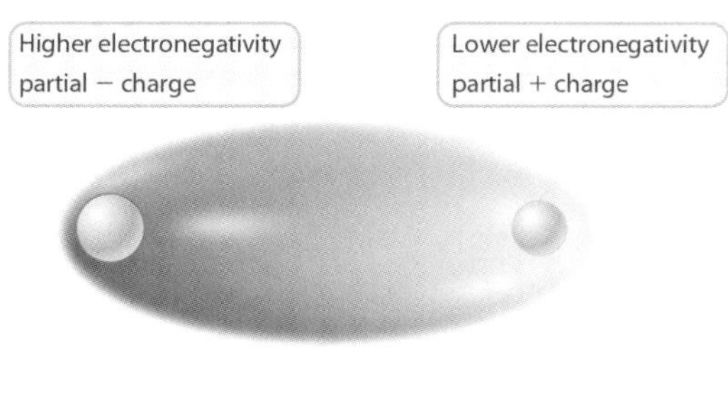

If we allow the density of electrons to be shown by shading, there is greater electron density near the nucleus on the left and that portion of the bond would have a negative charge.

7.35 Such a bond is called "polar" because the asymmetrical distribution of electrons results in a small electric dipole (or field). The existence of poles in this field is the origin of the terminology calling it a polar bond.

7.37 (a) O−H is the most polar; C−H and S−H have very similar polarity because they have the same difference in electronegativity. (b) H−Cl is the most polar bond and Cl−Cl is the least (nonpolar). (c) C−F is the most polar and F−F is the least (nonpolar). (d) N−H is the most polar and N−Cl is the least polar.

7.39 No, they cannot. Since fluorine is the most electronegative element, no other element can pull electron density away from a fluorine atom.

7.41 The most polar diatomic would be At−F because it has the greatest difference in electronegativity. (Astatine is radioactive. For nonradioactive elements, I−F would be the most polar.)

7.43 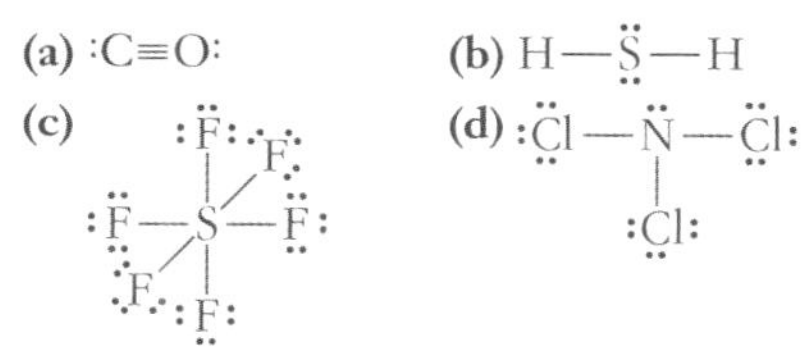

7.45 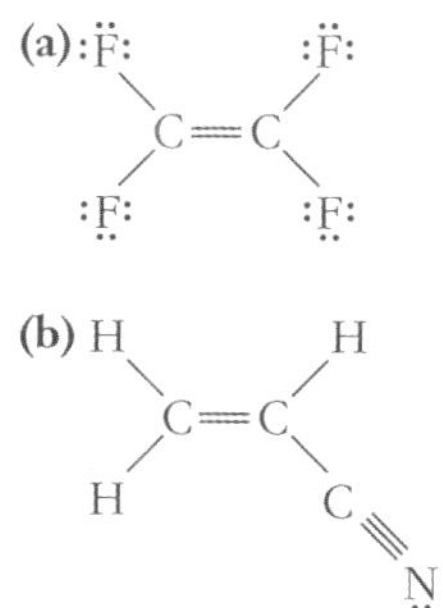

7.47 In Lewis structures, resonance occurs when there are two or more equivalent ways to draw a double bond. The actual structure is an average of all of the equivalent structures.

7.49 It is an average of all of the equivalent structures. In plants, crossbred varieties are referred to as hybrids and they are an average of the two original plants.

7.51 When resonance structures exist so that there is a hybrid, the electrons involved in that component of the molecule are not localized to the same small space commonly associated with a chemical bond. Electrons with "more space" will have lower energy than more localized electrons.

7.53 PH_3 is the one with a single lone pair. F_2 has three lone pairs on each fluorine atom, CH_4 has no lone pairs, and the carbonate ion has lone pairs on each oxygen atom.

7.55 (a) There are too many valence electrons shown. O_3 should have only 18 valence electrons. (b) There are too few valence electrons shown. There should be 36 and only 34 are shown

7.57 Wave interference is the buildup or diminishment of the amplitude of a wave because of the interaction of two or more waves. Buildup results from constructive interference, and diminishment results from destructive interference.

7.59 Overlap is what is needed for constructive or destructive interference of electron waves. If electrons didn't behave as waves, they wouldn't interfere. So the wave behavior of electrons implies the importance of overlap.

7.61 Both sigma and pi bonds build electron density in the space between nuclei (so that is how they are similar). They differ based on the precise location of the electron density. For a sigma bond, it builds up on the line between nuclei, whereas for a pi bond, the built-up density is above and below that line.

7.63 (a) 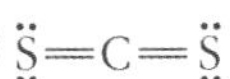 (b) 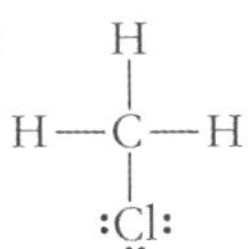

(c) 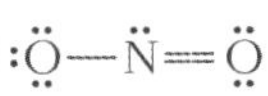 (d) 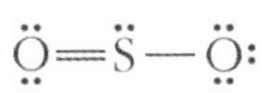

7.65 Molecular shapes provide a motivation to consider an extension to the concept of atomic orbitals combining to form molecules. For a molecule such as water, if only *p* or-bitals are available, the bond angle would have to be 90°. But that is not the observed angle, so we must have additional flexibility, and hybrid orbitals provide that.

7.67 This type of hybrid is called an sp^3 hybrid. Because four atomic orbitals are used, there must be four hybrid orbitals as well.

7.69 (a) sp^3 (b) sp^3 (c) sp (d) sp^2

7.71 Like charges repel each other. Clouds of electron density will all be negatively charged, so they will tend to repel each other.

7.73 (a) T-shape (b) Trigonal pyramid (c) Seesaw (d) Tetra hedral

7.75 XeF_2, CO_2, and BeF_2 are linear. XeF_2 and OF_2 have lone pairs on the central atom.

7.77

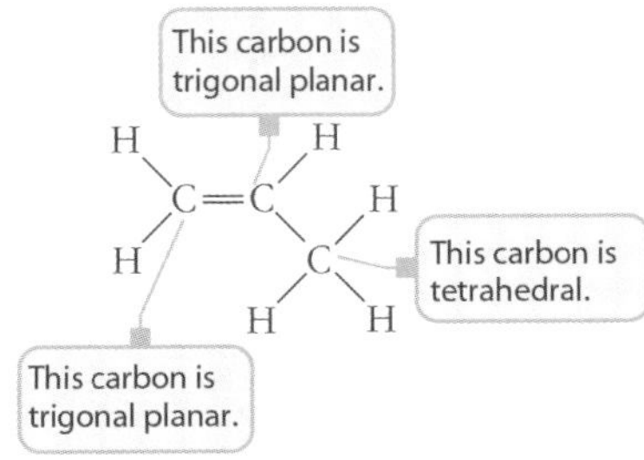

7.79 The geometry about the C=C double bond is trigonal planar, but when the reaction occurs, the geometry becomes tetrahedral.

Chapter 8

8.9 The packing efficiency tells us the amount of space occupied by particles in a solid. The more space filled, the more efficient the packing.

8.11

Lower efficiency

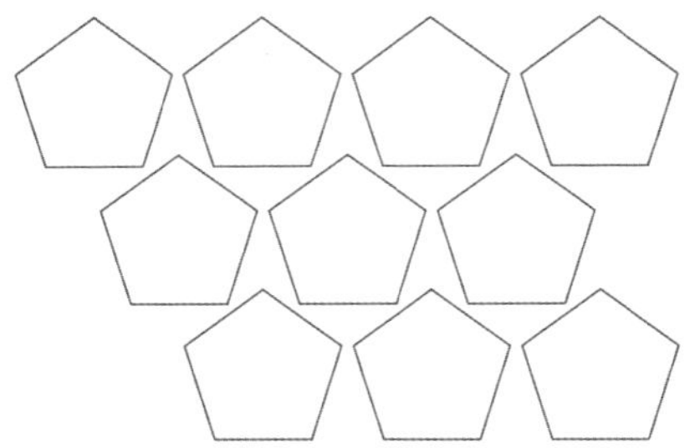

Higher efficiency

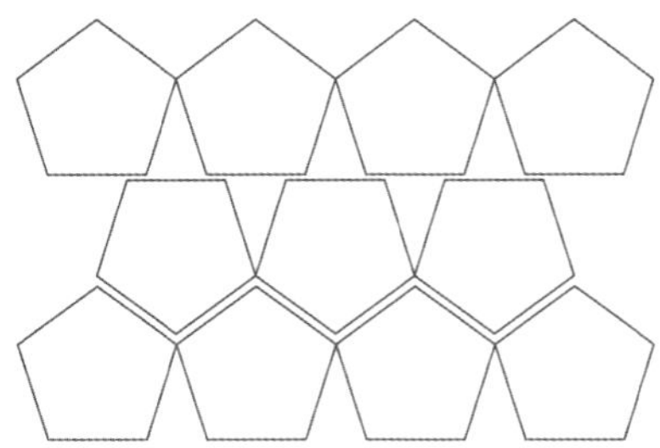

8.13 For the square, it is 78.5%. For the hexagonal, it is 90.7%.

8.15 The coordination number is 4. Each carbon atom is bonded to four other carbon atoms.

8.17 $r = 1.67 \times 10^{-8}$ cm

8.19 $a = 4.76 \times 10^{-8}$ cm

8.21 From the data given, Avogadro's number must be 6.023×10^{23}, a value fairly close to the accepted value.

8.23 Malleability requires that the metal remain bonded despite being deformed. The sea of electrons model accounts for this property because the electrons can move rapidly to adjust to changes in the positions of the positively charged cores. Changing the shape of the metal changes the positions of these cores, but it doesn't affect the bonding significantly.

8.25 To conduct electricity, the material must allow charge to move. In the sea of electrons model, the electrons in the "sea" can respond to an electric field by moving. So metals conduct electricity.

8.27 In a bonding orbital, there is a buildup of electron density between the nuclei being bonded. In an antibonding orbital there is a node, a region where the electrons cannot be, between the nuclei involved.

8.29 The picture looks like this:

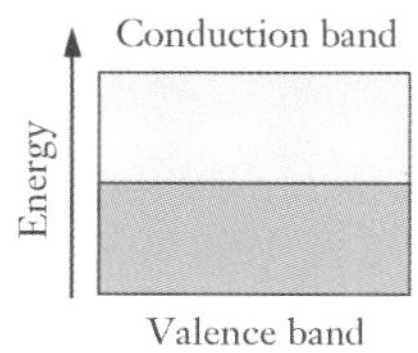

8.31 Semiconductors have filled valence bands, but the conduction band is nearby in energy, so that some electrons occupy it by thermal excitation. As temperature is increased, thermal excitation increases, so a higher temperature will tend to increase the conductivity of the semiconductor.

8.33 Doping either provides additional electrons that can be part of the conduction band, or it creates "holes" that also can be used to increase the conductivity of the material.

8.35 A semiconductor is named p-type because a dopant creates "positive" holes in the valence band. To do this, the dopant must have fewer valence electrons than the atom that is replaced.

8.37 For a voltage-gated device, the flow of charge across some plane (in this case a junction between the two types of semiconductors) is regulated by a change in voltage. Because an n-type semiconductor acts like a material with negative charges and a p-type semiconductor acts like a material with positive charges, the charge carriers of these materials will flow toward the opposite voltage polarity. With one polarity, the charge will flow across the junction, and when it is switched, the charge will not flow across the junction.

8.39 An instantaneous dipole is a small separation of charge (positive and negative) that happens because of a fluctuation in the positions of the electrons of an atom or molecule. If the electron density is momentarily in one region, that portion of the molecule will be negatively charged and the portion where the electrons "would otherwise be" will be positively charged, leading to a transient dipole.

8.41 The extent to which a molecule responds to an external electric field is measured by its polarizability. So a material that is not very polarizable will not respond very strongly to such a field.

8.43 For a substance to be a gas, its particles must not interact very strongly. Small molecules often have relatively small interactions. Large polymer molecules experience strong attractive forces and exist only in condensed phases.

8.45 When a polar solvent is present, the dipole on the solvent molecules can interact with the electric charge on an ion.

8.47 All have high electronegativity.

8.49 (a) dispersion
(b) hydrogen bonding
(c) Dispersion and dipole–dipole forces are both present. Dispersion may be more important due to the large size of the chlorine atoms.
(d) dispersion
(e) hydrogen bonding
(f) dipole–dipole

8.51 Carbon tetrachloride is rather large for a molecule with only five atoms because the chlorine atoms are fairly large. Large molecules tend to be polarizable, so the dispersion forces in CCl_4 are large enough that it is a liquid at room temperature. Ammonia, with only nitrogen and hydrogen has small dispersion forces, so its interactions are dominated by dipole–dipole and hydrogen bonding interactions. The fact that CCl_4 is a liquid and NH_3 is a gas implies that the large dispersion forces in the former are stronger than the hydrogen bonding and dipole forces in the latter.

8.53 For molecules to leave a liquid and enter the gas phase, they must overcome interactions with other molecules in the liquid. The stronger these interactions, the less likely it is that molecules will escape the liquid. So, the vapor pressure will be lower.

8.55 (a) increases
(b) increases
(c) does not change
(d) increases

8.57 (a) O_2 (b) SO_2 (c) HF (d) GeH_4

8.59 The vapor pressure will be low and the boiling point will be high.

8.61 Substance A has the highest vapor pressure. Substance C will have the next highest vapor pressure and finally, Substance B will have the lowest vapor pressure.

8.63 The liquid would look like this drawing:

8.65 For addition polymerization to occur, there must be a carbon–carbon double bond present, so this would be the thing to look for in a monomer.

8.67 Polymerization reactions can be viewed as the growing of a molecular chain. The reactions that increase the length of the chain and leave it capable of continuing to grow are called propagation. Eventually a reaction occurs that doesn't allow the chain to keep growing, and that is the chain termination reaction.

8.69 Because the atoms connected to the polymer backbone are all the same. They cannot be distinguished, so there are no isotactic or syndiotactic forms.

8.71 There are always two products–the polymer that forms and some small molecule, often water.

8.73 In a block copolymer, the different monomers present are in groups that are still part of the backbone. In graft copolymers, the different groupings of monomers are attached to the backbone as side chains.

8.75 Thermoplastics soften (and eventually melt) at high temperatures.

8.77 When a thermosetting polymer is heated, it forms bridges or chemical links between chains. These links are called cross-links, and they tend to prevent the resulting polymer from softening when heated.

8.79 Requires web research–answers will vary though it is unlikely that students will report that melting an eraser will allow it to be remolded and still work.

Chapter 9

9.7 The internal energy is determined by the total of the kinetic and potential energy of the atoms in the system.

9.9 6.0×10^{-20} J

9.11 $P = \frac{\text{Force}}{\text{Area}} = \frac{\text{kg m}^1\text{s}^{-2}}{\text{m}^2} = \text{kg m}^{-1}\text{s}^{-2}$

so $P = \text{kg m}^2\text{s}^{-2}$

which is an energy unit.

9.13 A hydrocarbon is a compound composed only of hydrogen and carbon. Many fuels are hydrocarbons.

9.15 (a) 3.61×10^3 cal (b) 5.9×10^5 J (c) 3.00×10^{-5} Btu

9.17 $+6.83 \times 10^4$ kJ

9.19 A negative sign on ΔE means that internal energy has been lost by (or has left) the system.

9.21 Work plays a more important role in society and therefore is more valued. Consider how fuel efficiency is measured for a car. It is in miles per gallon –miles driven represent work. There is little value placed on how warm the engine has gotten.

9.23 (a) $w = -836$ J (b) $w = -30$ J. So more work is done in the system in (a).

9.25 Increased efficiency does not always imply lower household energy demand. In some cases, people may choose to own more appliances such as televisions or computers. Even though each appliance is more efficient, because more are present there is no decrease in total energy demand.

9.27 According to one site, only 8% of energy use in the United States is attributable to lighting, and of that small percentage, only 27% is from residential lighting. So only slightly more than 2% of energy use in the United States can be attributed to the lighting in residences. Although it might make sense to conserve energy in this way, it's not likely to have a major impact on total energy use.

9.29 Calorimetry is the science of measuring heat flow. It is the primary way that we determine changes in the energy of systems.

9.31 3.50×10^5 J

9.33 5.2 °C

9.35 0.52 J g^{-1} °C^{-1}

9.37 383 J °C $^{-1}$

9.39 700 MJ

9.41 Under constant pressure

9.43 An exothermic process releases heat to the surroundings, and an endothermic one absorbs heat from the surroundings.

9.45 Because a phase change is occurring, there is no change in temperature. Heat flowing into the substance is used to overcome intermolecular forces.

9.47 -3.4×10^2 kJ/mol

9.49 5.87 kg acetone

9.51 A formation reaction is one in which exactly 1 mole of a chemical compound is formed from its elements in their standard states.

9.53 (a) Two moles of the compound are formed. (b) The equation is not balanced. (c) The standard state of oxygen is O_2.

9.55 −217.3 kJ/mol; 262 kJ is released.

9.57 $C_2H_2(g) + H_2(g) \rightarrow C_2H_4$ $\Delta H^\circ = -175$ kJ

9.59 −126 kJ/mol

9.61 The sum of the bond energies in the products must be greater than those in the reactants.

9.63 3.2×10^3 kJ

9.65 699 kJ

9.67 480 kJ

9.69 31.9 g/mol

9.71 Because in transportation, not only are products (and their mass) moved around, the fuel in the vehicles must also be moved around. Keeping the mass of the fuel as low as feasible means that as little energy as possible is spent moving fuel (and a greater percentage is spent moving products).

Chapter 10

10.7 (a) Spontaneous: this is the sublimation of dry ice. (b) Not spontaneous: table salt is solid at room temperature.
(c) Not spontaneous: table salt does not dissociate at room temperature
(d) Not spontaneous: CO_2 is stable and does not dissociate into its elements.

10.9 Combustion of a fuel is spontaneous, for example, once it has been initiated by a spark. Spontaneous does not imply instantaneous upon mixing.

10.11 (a) Nonspontaneous. Opposite: Formation of O_2 from oxygen atoms. (b) Nonspontaneous. Opposite: A tray of ice melts on a warm day. (c) Nonspontaneous. Opposite: An acid and base form a salt solution after the reaction is complete. (d) Spontaneous. (e) Nonspontaneous. Opposite: SO_3 and water react to form sulfuric acid.

10.13 (a) This process is not spontaneous at high temperatures.
(b) This process is not spontaneous at very high temperatures.
(c) This process is always spontaneous.
(d) This process may not be spontaneous at high temperatures.

10.15 No, at the very least the system must include oxygen (often from air).

10.17 Alice said, "With a wall so narrow your balance must sometime fail you—chances are you will soon fall. The ground is not so narrow, so you cannot fall from it. And as for the king—he may mean well but I doubt he is a magician. If you break into 1000 pieces what will become of you if the king finds only 995 of them? I don't think you should sit on that wall waiting to find out."

10.19 He found that when he calculated the heat around the whole path divided by temperature (q/T), the result was zero.

10.21 Nature spontaneously tends toward a more probable state.

10.23 (a) CO_2 vapor has higher entropy because gases are more randomly arranged than solids and thereby have more microstates. (b) Sugar dissolved in water will have higher entropy because the molecules are dispersed, and moredispersed systems have more microstates. (c) The mixed liquids have more entropy because they have dispersed into each other.

10.25 $\Delta S < 0$. This process is the opposite of mixing, so the sign on ΔS must be negative.

10.27 In each case the side of the equation with more moles of gas will have the higher entropy. So the signs would be (a) positive, (b) positive, (c) negative, (d) negative, and (e) positive.

10.29 The reduction of entropy in the leaf itself as it grows must be accompanied by a larger increase in entropy elsewhere. Decomposition of the leaf after it falls from the tree leads to a large increase in entropy.

10.31 The thermodynamic entropy increase occurs mainly in heating the surroundings.

10.33 Once in a deck, playing cards would not become a disarrayed pile, whereas atoms and molecules will constantly move and mix, leading to the more probable state without any intervention.

10.35 It increases.

10.37 To convert heat into work requires a decrease in randomness, which would lower entropy.

10.39 The exothermic nature of the change means that heat is released to the surroundings. This leads to an entropy increase in the surroundings which is greater than the decrease in the entropy of the system.

10.41 It generally has no influence on the ΔS of the system. The exothermic part has a major effect on the entropy of the surroundings.

10.43 The reaction, $Br_2(g) + Cl_2(g) \rightarrow 2\ BrCl(g)$, has the greater entropy change. There are more possible "pairings" for the heteronuclear molecules, so in each case those have the higher entropy $\Delta S°$.

10.45 The process is endothermic.

10.47 (a) $\Delta S° = -152.4$ J/K (b) $\Delta S° = -268.0$ J/K (c) $\Delta S° = -185.0$ J/K (d) $\Delta S° = -116$ J/K (e) $\Delta S° = +134.2$ J/K

10.49 $\Delta S° = -114.6$ J/K. This negative value for entropy change arises from the fact that water molecules solvate ions in solution, thereby creating order.

10.51 (a) $\Delta S° = 164.0$ J/K (b) Plants carry out this type of reaction in conjunction with other reactions that increases entropy. As long as the overall entropy change of the universe is negative, the coupled reactions can proceed spontaneously.

10.53 $H_2C_2O_4(s) < C_2H_5OH(\ell) < CH_4(g)$. The entropy of a gas is generally much greater than that of a liquid, which in turn is generally greater than that of a solid.

10.55 (a) At the molecular level, the water molecules in the solid (ice) are becoming less ordered as it melts. The ice water is still at 0°C because all of the heat that flows into it melts the ice. (b) Inside the container, the entropy must be increasing because the system is isolated.

10.57 When the process takes place at constant pressure and temperature.

10.59 (a) 514 kJ (b) −1295 kJ (c) 35 kJ

10.61 Both the enthalpy change and the entropy change are positive. At lower temperatures, the enthalpy term dominates. But at higher temperatures, the $T\Delta S$ term becomes more important, leading to a negative ΔG.

10.63 A reversible change is a small change where the system can be restored to its original state. An irreversible change places the system in a state from which the original state cannot be restored.

10.65 (a) $\Delta S° = -97.4$ J/K (b) $\Delta G° = -1226.5$ kJ (c) At high enough temperatures, the $T\Delta S$ term could dominate this equation. (d) Using the equation $\Delta G° = \Delta H° - T\Delta S°$ might be questionable for determining this range because it requires that $\Delta H \neq f(T)$.

10.67 (a) $SiH_4(g) + 2\ O_2(g) \rightarrow SiO_2(s) + 2\ H_2O(g)$ (b) $\Delta S° = -195.3$ J/K (c) $\Delta G° = -1370.8$ kJ, so the process is spontaneous. (d) For methane combustion, $\Delta G° = = -800.9$ kJ, which is not nearly as negative as for silane. Both reactions are enthalpy driven.

10.69 (a) $\Delta G° = 111.7$ kJ (b) $\Delta G° = +8.3$ kJ (c) $\Delta G° = -817.6$ kJ (d) $\Delta G° = -40.42$ kJ (e) $\Delta G° = +617.0$ kJ

10.71 For dissolving, $\Delta G°$(NaCl) = −9 kJ and $\Delta G°$(AgCl) = 55.7 kJ. The negative value of $\Delta G°$ for NaCl suggests that it dissolves, whereas the positive value of $\Delta G°$ for AgCl suggests that it doesn't.

10.73 (a) positive (b) negative (c) zero (d) positive (e) negative

10.75 (a) spontaneous at lower temperature($\Delta H < 0$, $\Delta S < 0$)
(b) spontaneous at higher temperature($\Delta H > 0, \Delta S > 0$)
(c) not spontaneous at any temperature($\Delta H > 0, \Delta S < 0$)
(d) spontaneous at higher temperature($\Delta H > 0, \Delta S > 0$)

Chapter 11

11.11 (a) beats per minute (b) feet per second (c) rotations per second (d) volume per millisecond.

11.13 An instantaneous rate is measured at one moment in a reaction, whereas an average rate is measured over some finite period of time. The hot dog eating rate of 5 per minute over the duration of the contest is an example of an average rate. The reported rates of 6 hot dogs per minute at 1.0 minute and 3 hot dogs per minute at 3.0 minutes are examples of instantaneous rates at those points in the contest.

11.15 The combustion of hydrocarbon fuels produces carbon dioxide and water, so the production of these chemicals could also be measured to determine the combustion rate of the candle.

11.17 The rate of oxygen consumption is 5.29×10^{-4} mol $L^{-1}\ s^{-1}$. NO is produced at the rate of 4.23×10^{-4} mol $L^{-1}\ s^{-1}$. Water is produced at the rate of 6.35 $\times 10^{-4}$ mol $L^{-1}\ s^{-1}$.

11.19 For the first 8.3 minutes, the rate is 0.51 L/min. Over the entire 19-minute experiment, the rate is 0.605 L/min.

11.21 Estimating the slope from a graph, we obtain a rate of 0.37 torr/min.

11.23 The rate will increase by a factor of 9 if [A] is tripled. The rate will decrease by a factor of 4 if [A] is halved.

11.25 (a) 1st order in X, 1st order in Y, and 1st order in Z; 3rd order overall
(b) 2nd order in X, 0.5 order in Y, and 1st order in Z; 3.5 order overall

(c) 1.5 order in X and −1 order in Y; 0.5 order overall

(d) 1st order in X and −2 order in Y; −1 order overall

11.27 Solving the rate law for k, we have k = rate/$[H_2][Br_2]$. Inserting the given units for the rate and mol/L for each of the two concentrations gives us units of L mol^{-1} s^{-1} for k.

11.29 $x = 1$ and $y = 2$

11.31 First order with respect to A, second order with respect to B, zero order with respect to C, and third order overall.

11.33 Rate = $k[NO_2^-][NH_4^+]$. The value of the rate constant is 3.7×10^{-4} L mol^{-1} s^{-1}.

11.35 Rate = $k[NO]^2[H_2]$, and the rate constant is 23 L^2 mol^{-2} s^{-1}.

11.37 Looking at the figure of the cube,

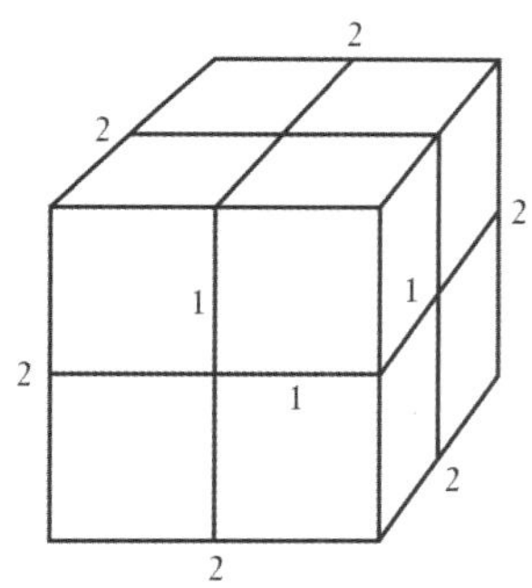

we can calculate the surface area of the whole cube as $6 \times (2 \times 2) = 24$ cm^2. The surface area of each cube in the group of eight smaller cubes is $6 \times (1 \times 1) = 6$ cm^2, and for eight such cubes, the surface area is $8 \times 6 = 48$ cm^2. Dividing the eight small cubes into even smaller cubes will increase the surface area again. Consider a log versus all the toothpicks that could be made from it. The toothpicks are analogous to the smaller cubes in this picture. They would have large surface area compared to the log, and it would be much easier to start a fire with the toothpicks than with a complete log.

11.39 $[N_2O_5]$ = 0.146 M

11.41 0.4 mg

11.43 260 mg

11.45 (a) 0.16 mol/L (b) 90 s (c) 120 s

11.47 We have $\frac{1}{[X]_0} = kt_{1/2}$ and $t_{1/2} = \frac{1}{k[X]_0}$ The half-life is concentration dependent and will change during the course of the reaction.

11.49 Looking at the various possible plots, we find a straight line for the plot of ln[picloram] vs. time so the reaction is first order. $k = 1.7 \times 10^{-2}$ $days^{-1}$, and $t_{1/2}$ = 42 days.

11.51 This problem requires plotting data to find straight lines. Test plots for first- and second-order kinetics are as follows:

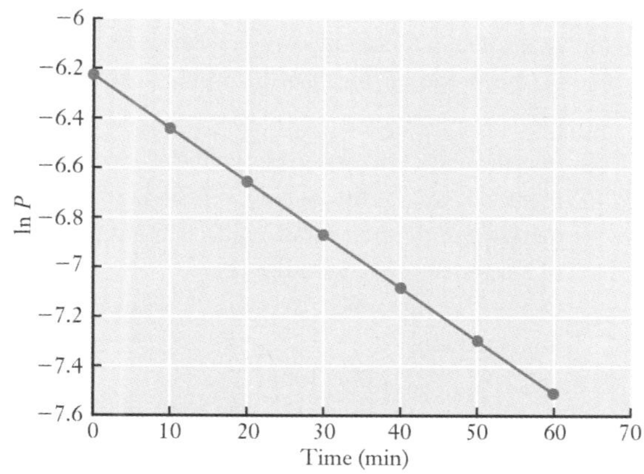

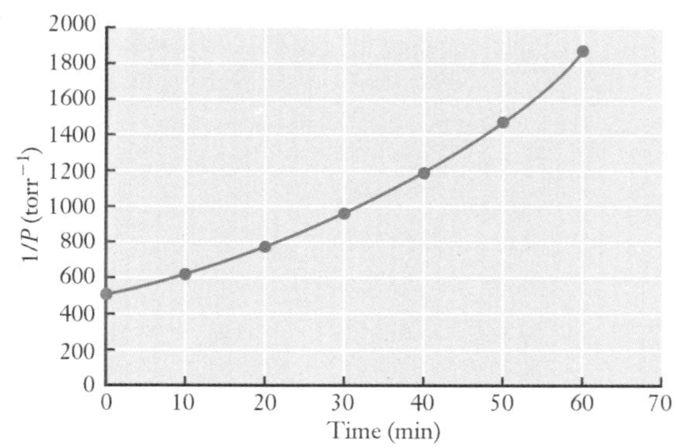

From these graphs, we can see that the plot of ln P versus time is linear, so the reaction is first order. The slope of that graph is equal to $-k$. A linear regression fit to the line gives a slope of -0.0217 min^{-1}, so the rate constant is $k = 0.0217$ min^{-1}.

11.53 (a) The reaction is first order. (b) $k = 3.3 \times 10^{-3}$ s^{-1}. (c) Initial rate = 3.3×10^{-3} M s^{-1}.

11.55 $k = 5 \times 10^{-70}$ s^{-1}

11.57 E_a = 120 kJ/mol

11.59 $E_a = 3.2 \times 10^5$ J/mol = 320 kJ/mol

11.61 This experiment would need some measurement to determine if the milk has soured—perhaps the smell of the milk could be noted at a given time during the day. The next step would be holding the temperature steady at several values. Then, assuming the only source of lactic acid is the reaction in the bacteria, the activation energy could be estimated using the Arrhenius equation.

11.63 A reaction mechanism cannot be proven correct. Even if a particular intermediate is observed, there is always the possibility that another mechanism could be proposed that also generates that intermediate. A mechanism can be much more readily proven incorrect. For example, any measurement that demonstrates the existence of an intermediate that is not part of the proposed mechanism proves that the mechanism is wrong.

11.65 Because the Chapman cycle includes species that are intermediates in the overall reaction, it must be a mechanism of the overall reaction. The molecularity of the three steps in order are

$O_2 \rightarrow 2\ O$ (unimolecular–light has been left out of this equation)

$O_2 + O \rightarrow O_3$ (bimolecular)

$O_3 \rightarrow O_2 + O$ (unimolecular–light left out in this equation)

$O_3 + O \rightarrow 2\ O_2$ (bimolecular)

11.67 No, this equation is clearly not a mechanism. If it were, it would imply a six-body collision.

11.69 (a) $2\ NO + Br_2 \rightarrow 2\ NOBr$ (b) the first step (c) $NOBr_2$ is the intermediate. (d) Both are bimolecular.

(e) Equation #1: Rate = $k[NO][Br_2]$, and Equation #2: Rate = $k[NOBr_2][NO]$.

11.71 (a)

$$\begin{array}{l} NO_2(g) + NO_2(g) \rightarrow NO(g) + NO_3(g) \\ \underline{NO_3(g) + CO(g) \rightarrow NO_2(g) + CO_2(g)} \\ NO_2(g) + CO(g) \rightarrow NO(g) + CO_2(g) \end{array}$$

(b) Each step is bimolecular.

(c) Rate = $k[NO_2]^2$

(d) $NO_3(g)$ is an intermediate.

11.73 To the extent that the success of the sports team parallels the progress of a chemical reaction, the reserve that enhances the success of the sports team works the same way as a chemical that enhances the rate of a reaction.

11.75 Homogeneous catalysis takes place completely within a single phase, whereas heterogeneous catalysis takes place in two phases, often on the surface of a solid.

11.77 It would do the same thing–it would lower the activation energy of both the forward and reverse reactions.

Chapter 12

12.9 (a) In the first few minutes, orange fish will tend to swim toward the right, and green fish will tend to swim to the left. (b) After several hours, the distribution should be uniform throughout. (c) This is analogous to a dynamic equilibrium because fish swim in all directions, but there is no net change in the distribution of the locations of the different colored fish.

12.11 $\text{Rate}_{H_2+I_2\rightarrow 2HI} = \text{rate}_{2HI\rightarrow H_2+I_2}$

12.13 The top line is the concentration of A, and the bottom line is the concentration of B. At (a), only A is present, so the rate of disappearance of A is large, as is the rate of appearance of B. At (b), the rate of the forward reaction has slowed somewhat, and the rate of the reverse reaction is becoming appreciable. Finally, at (c), the rates of the forward and reverse reactions are the same, so there is no net change in the concentration of either chemical.

12.15 (a) This inference can be made because the equilibrium symbol implies this fact. (b) This is not implied by equilibrium. Although concentrations do not change at equilibrium, this does not imply that they are all the same. (c) This is not implied either. Chemical equilibrium can be approached from either "direction"–starting with all reactants or with all products are just two possible starting points.

12.17 (a) $K=\dfrac{[NO]^2[Br_2]}{NOBr^2}$ (b) $K=\dfrac{[NO]^2[Br_2]}{[NOBr]^2}$

(c) $K=\dfrac{[SO_3]}{[SO_2][O_2]^{1/2}}$ (d) $K=\dfrac{[CO_2][H_2O]^2}{[CH_4][O_2]^2}$

(e) $K=\dfrac{[CO_2]^2[H_2O]^3}{[C_2H_5OH][O_2]^3}$

12.19 (a) $K=[Ca^{2+}][CO_3^{2-}]$ (b) $K=[Ag^+][Cl^-]$

(c) $K=[Mg^{2+}]^3[PO_4{}^{3-}]^2$ (d) $K=\dfrac{[Zn^{2+}]}{[Cu^{2+}]}$

12.21 (a) Reactants are favored. (b) Products are favored. (c) Reactants and products are present in roughly in equal concentrations.

12.23 (a) Lead is more likely to precipitate sulfate ions.

12.25 (a) For the reverse reaction, $K=\dfrac{[O_2]}{[CO]^2}$.

(b) For the reverse reaction, $K=\dfrac{1}{[Ag^+][Cl^-]}$.

12.27 (a) $K_1 = \frac{[HCO_3^-]}{[H^+][CO_3^{2-}]}$ and $K_2 = \frac{[H_2CO_3]}{[H^+][HCO_3^-]}$

(b) Summing the two reactions leads to $CO_3^{2-} + 2\ H^+ \rightleftarrows H_2CO_3$

(c) $K_3 = \frac{[H_2CO_3]}{[H^+][CO_3^{2-}]}$, which is the product of K_1 and K_2.

12.29 $K = \frac{[CO_2]}{[CH_4][O_2]^2}$

12.31 Because K_2 is greater than K_1, reaction #2 (from problem12.30) has a greater tendency to go toward completion.

12.33 $K = 1.2$

12.35 $K = 0.080$

12.37 The equilibrium concentrations are $[O_2] = 0.100$ M and $[O] = 1.7 \times 10^{-20}$ M.

12.39 $[NO] = 0.0020$ M and $[N_2] = [O_2] = 0.099$ M.

12.41 $[NO] = 0.002$ M, $[N_2] = 0.149$ M, and $[O_2] = 0.0491$ M.

12.43 $[NO] = 0.0017$ M, $[N_2] = 0.029$ M, and $[O_2] = 0.029$ M.

12.45 $[H_2CO_3] = 0.0998$ M, $[H^+] = 0.00021$ M, and $[HCO_3^-] = 0.00021$ M

12.47 $[Ca^{2+}] = 0.0$ M and $[CO_3^{2-}] = 0.010$ M. (Within the significant figures we have available, the concentration of calcium ion is zero.)

12.49 (a) Shifts the equilibrium toward products. (b) Shifts equilibrium toward products. (Adding water will reduce $[H_3O^+]$ and $[F^-]$, making $Q < K$.) (c) More products will be formed. (d) The equilibrium shift will be toward products. (e) The equilibrium shift will be toward products. (f) Addition of a catalyst has no effect on the equilibrium.

12.51 (a) Shift toward reactants. (b) Shift toward the reactant. (c) There is no gas involved in this equilibrium, so pressure changes do not affect it directly.

12.53 Because the process is endothermic, increasing the temperature will drive the reaction to the right. Adding more NH_4HS to the flask will also drive the reaction to the right. If additional NH_3 is added to the flask, the reaction will be driven to the left. If H_2S is removed from the flask, the reaction will be driven to the right, and the pressure of NH_3 will increase.

12.55 (a) No effect on equilibrium concentrations. (b) Shifts toward products. (c) Shifts toward products. (d) Does not affect the equilibrium.

12.57 (a) $AgBr(s) \rightleftarrows Ag^+(aq) + Br^-(aq)$; $K_{sp} = [Ag^+][Br^-]$

(b) $Cu(OH)_2(s) \rightleftarrows Cu^{2+}(aq) + 2\ OH^-(aq)$; $K_{sp} = [Cu^{2+}][OH^-]^2$

(c) $BaSO_4(s) \rightleftarrows Ba^{2+}(aq) + SO_4^{2-}(aq)$; $K_{sp} = [Ba^{2+}][SO_4^{2-}]$

(d) $PbCrO_4(s) \rightleftarrows Pb^{2+}(aq) + CrO_4^{2-}(aq)$; $K_{sp} = [Pb^{2+}][CrO_4^{2-}]$

(e) $Mg_3(PO_4)_2(s) \rightleftarrows 3\ Mg^{2+}(aq) + 2\ PO_4^{3-}(aq)$; $K_{sp} = [Mg^{2+}]^3[PO_4^{3-}]^2$

12.59 1.4 ppm

12.61 (a) 2×10^{-4} M (b) 6×10^{-7} M (c) 6×10^{-7} M

12.63 (a) $K_{sp} = 3.0 \times 10^{-53}$

(b) 1.3×10^{-25} g HgS /100 g H_2O

12.65 (a) 4.9×10^{-11} (b) 1.4×10^{-16} (c) 2.8×10^{-44} (d) 1.6×10^{-5}

12.67 $BaSO_4$ will precipitate first. A saturated $BaSO_4$ solution has a Ba^{2+} concentration of 1.05×10^{-5} M, which will be the concentration of Ba^{2+} when the lead starts to precipitate. This means that 99.99% of the Ba^{2+} has precipitated.

12.69 Web question–answer will vary depending on site found. The key idea is that calcium carbonate is less soluble in water at higher temperatures, leading to the formation of scale in equipment used to boil or heat water.

12.71 (a) NO_3^- (b) OH^- (c) SO_4^{2-} (d) HCO_3^- (e) H_2O

12.73 For the purpose of this guide, we'll just list them rather than drawing brackets. (Conjugate acid written first in each case.)

(a) HCN & CN^- and H_2O & OH^-

(b) H_3O^+ & H_2O and H_2CO_3 & HCO_3^-

(c) H_2S & HS^- and CH_3COOH & CH_3COO^-

12.75

(a) $CH_3COOH(aq) + H_2O(\ell) \rightleftarrows H_3O^+(aq) + CH_3COO^-(aq)$

$$K_a = \frac{[H_3O^+][CH_3COO^-]}{[CH_3COOH]}$$

(b) $C_2H_5COOH(aq) + H_2O(\ell) \rightleftarrows H_3O^+(aq) + C_2H_5COO^-(aq)$

$$K_a = \frac{[H_3O^+][C_2H_5COO^-]}{[C_2H_5COOH]}$$

(c) $HF(aq) + H_2O(\ell) \rightleftarrows H_3O^+(aq) + F^-(aq)$

$$K_a = \frac{[H_3O^+][F^-]}{[HF]}$$

(d) $HClO(aq) + H_2O(\ell) \rightleftarrows H_3O^+(aq) + ClO^-(aq)$

$$K_a = \frac{[H_3O^+][ClO^-]}{[HClO]}$$

(e) $H_2CO_3(aq) + H_2O(\ell) \rightleftarrows H_3O^+(aq) + HCO_3^-(aq)$

$$K_a = \frac{[H_3O^+][HCO_3^-]}{[H_2CO_3]}$$

12.77 $[H_3O^+]$ = 0.008 M

12.79 pH = 2.95, 1.1% ionized

12.81 pH = 2.61

12.83 pH = 9.93

12.85 (a) Because the value of K is less than 1, it suggests that equilibrium lies toward reactants, and therefore ΔG° should be a positive number. (b) Because we want the standard free energy change, we use T = 298 K, and ΔG° = 12.1 kJ mol^{-1}.

12.87 This was probably an error in units. The value for R is in J and the ΔG° value is in kJ. If the numbers obtained for ΔG° are converted to J, the differences among the reactions become more obvious. The correct K values are 5.8×10^8, 1.8×10^5, and 57, respectively.

Chapter 13

13.5 (a) The oxidation half-reaction is $Cu(s) \rightarrow Cu^{2+}(aq) + 2\ e^-$, and the reduction half-reaction is $Ni^{2+}(aq) + 2\ e^- \rightarrow Ni(s)$.
(b) The oxidation half-reaction is $Ba(s) \rightarrow Ba^{2+}(aq) + 2\ e^-$, and the reduction half-reaction is $Fe^{3+}(aq) + 3e^- \rightarrow Fe(s)$.

13.7 It provides a source of charge so that the electrical circuit can be completed.

13.9 The anode is the site of oxidation. Generally, the site of oxidation in a galvanic cell will release positive ions into solution. So to maintain overall charge neutrality in the solution, nitrate ions from the salt bridge would be released into this compartment.

13.11 (a) $Ni(s) \mid Ni^{2+}(aq)(0.20\ M) \parallel Ag^+(aq)(0.50\ M) \mid Ag(s)$
(b) $Cu(s) \mid Cu^{2+}(aq)(0.20\ M) \parallel PtCl_6^{2-}(aq)(0.10\ M), PtCl_4^{2-}(aq)(0.10\ M), Cl^-(aq)\ (0.40\ M) \mid Pt(s)$
(c) $Pb(s) \mid PbSO_4(s) \mid SO_4^{2-}(aq)(0.30\ M) \parallel Cl^-(aq)\ (0.20\ M) \mid AgCl(s) \mid Ag(s)$
(d) $Zn(s) \mid Zn^{2+}(aq)(0.125\ M) \parallel H^+(aq)(0.010\ M) \mid H_2(g)(1.0\ atm) \mid Pt(s)$

13.13 The anions in this case are spectator ions, so they don't need to be included in the cell notation.

13.15 The electromotive potential in galvanic corrosion is supplied largely by the electrical contact of two metals with different electromotive activities. In uniform corrosion, the same metal (normally iron) undergoes both oxidation and reduction, so only one metal is required for it to happen.

13.17 The aluminum wrapper has an oxide coating on the aluminum, and aluminum oxide is not reactive. When a person bites the aluminum, however, the much more reactive aluminum is exposed, and an electrochemical reaction between the amalgam in the filling and the exposed aluminum occurs–producing a noticeable electric current.

13.19 There must be a conductive metal present for the electrons to move in a circuit and provide the electrons for the oxidation–reduction reaction.

13.21 As long as the SHE was still the standard, all values would shift by 3.00 V.

13.23 A chemical that appears at the bottom of the standard reduction potential table with a sizeable negative value means that the chemical being considered has a strong tendency to be oxidized (and very little tendency to be reduced). This observation is in line with expectations for alkali metals that tend to lose an electron easily to form mono-positive cations.

13.25 (a) 1.33 V (b) 0.02 V (c) 0.87 V

13.27 1.043 V

13.29 (a) E= 1.05 V (b) E= 0.39 V (c) E= 0.604 V

13.31 (a) $Sn^{2+}(aq) + 2e^- \rightarrow Sn(s)$ and $Fe(s) \rightarrow Fe^{2+}(aq) + 2e^-$
(b) Iron will be the anode and tin will be the cathode.
(c) E= 0.32 V

13.33 The memo would need to point out the chemical properties (such as corrosion resistance) of gold that make its use important. The physical properties of gold that are useful in microchip applications (electrical resistance, for example) could also be included.

13.35 Because corrosion is an example of an electrochemical reaction, an electrolyte in concrete assists the corrosion process. Chloride-containing salts such as $CaCl_2$ provide chloride ions as an electrolyte.

13.37 Use the equation, $\Delta G = nFE$.

13.39 (a) −237 kJ (b) −53.0 kJ (c) -2.190×10^3 kJ

13.41 $\Delta G_f^o(Pb^{2+})$ = −25 kJ mol^{-1}

13.43 (a) spontaneous (b) not spontaneous (c) not spontaneous (d) spontaneous

13.45 (1) $K = 4.3 \times 10^{45}$, (2) $K = 1.0 \times 10^{25}$, (3) 4.3×10^{20} Looking at these values, we can see that the (1) = (2) × (3). This result suggests that if a calculator cannot handle the inverse log calculation, one need only break it into two smaller calculations and multiply the results.

13.47 $K_{sp} = 1.7 \times 10^{-10}$. This value is quite close to the tabulated value of 1.8×10^{-10}.

13.49 (a) $K = 3 \times 10^{6}$, so this reaction could be observed. (b) $K = 2 \times 10^{-16}$, so this reaction would not be observed.

13.51 A cell based on the reaction, $3\ Ag^{+}(aq) + Cr(s) \rightarrow 3\ Ag(s) + Cr^{3+}(aq)$ has $E° = 1.54$ V, so it is a good candidate. One set of concentrations that would work is to let the silver ion concentration be 0.50 M and the concentration of chromium(III) be 1.2 M. The sketch should reflect a calculation using the Nernst equation. NOTE: Other combinations are certainly possible.

13.53 No. Steel is mostly iron, with a standard reduction potential more negative than that of nickel, so it would still be the iron that is oxidized if it is coupled with nickel.

13.55 The steel would be susceptible to galvanic corrosion because copper has a greater positive value for its standard reduction potential. This would mean that the iron in the steel would tend to corrode spontaneously when in contact with the relatively good oxidizing agent, copper.

13.57 Because the acidic electrolyte used in older batteries is replaced by a basic (or alkaline) electrolyte.

13.59 The electrolyte in alkaline batteries includes MnO_2. In acidic solution, the half-reaction $MnO_2(s) + 4\ H^{+}(aq) + 2\ e^{-} \rightarrow Mn^{2+}(aq) + 2\ H_2O$ has a positive standard reduction potential of 1.23 V. So this reaction would tend to proceed when coupled with other half-reactions. Also, because the half-reaction for $Zn^{2+} \mid Zn$ has a negative standard cell potential, Zn will tend to be oxidized in acidic solution.

13.61 Batteries are used to do work. If the battery itself is massive, the amount of work needed to move it (along with whatever else is part of the device) would be needlessly high. Moreover, in consumer products, lightweight devices (to allow them to be easily carried) are also important.

13.63 $PbSO_4(s)$ forms as a product. This material can be converted back to either Pb(s) or $PbO_2(s)$ as long as it remains at the electrode. If the battery is jarred, however, and the $PbSO_4$ is removed from the electrode mesh, it can't be converted back and the battery slowly degrades.

13.65 (a) The paragraph should emphasize that battery (a) has a higher voltage when fully charged (which could be beneficial). The long lifetime of battery (d) would be the most salient factor to be noted. (b) The zinc electrode is the component that limits the lifetime of the battery (because oxygen is derived from the air.) Battery (d) must have a larger surface area for the zinc electrode than that in battery (b).

13.67 Requires Internet research, and answers will vary depending on the site found.

13.69 Because oxidation–reduction reactions are already moving electrons between various reactants to form products, it is relatively easy to force electrons to move in the opposite direction by applying an external electrical potential. By contrast, in acid–base chemistry, the water formed as a product is very stable, and breaking the strong O–H bonds in the water molecule is difficult. Thus it is not easy to reverse this type of reaction.

13.71 It is passive electrolysis. The quickest way to see this is that the electrodes are carbon–they merely provide a way for electrons to move in the system (though oxygen produced in the process reacts with the carbon and slowly erodes it).

13.73 Because electrical energy is being forced into the electrolysis cell via an external potential, the cell reaction can have zero potential. A galvanic cell with zero potential is not possible because there would be no driving force for reaction.

13.75 Rotating the barrel shifts the small parts and therefore prevents individual parts from being "plated" for longer times than other individual parts. This would lead to uneven coatings.

13.77 Depends on Internet research. Some electroplating companies do emphasize cosmetic silver plating, so the paper could support the assertion. It is more likely that the site found will have more industrial applications for silver plating, and a paper would reflect that fact.

13.79 1.1 mol e^{-}

13.81 0.36 kWh at 0.30 V; 1.1 kWh at 0.90 V

13.83 37 g Cu

13.85 1.772 kg Sn

13.87 18 kWh

13.89 34 $PbSO_4$

13.91 Mass of coating = 4.0×10^{-4} g; plating time = 0.87 s

찾아보기

일반화학
Chemistry for Engineering Students 3rd 정가 25,000원

발 행 2019년 3월 10일 초판 2쇄
저 자 Lawrence S. Brown · Thomas A. Holme
역 자 대학화학교재연구회
발행인 정우용
발행처 도서출판 동화기술
경기도 파주시 광인사길 201(문발동, 파주출판도시)
Tel (031)955-4211~6 donghwapub@nate.com
Fax (031)955-4217 www.donghwapub.co.kr
(등록) 1977년 12월 19일/9-16호

Printed in Korea
ISBN 978-89-425-9110-7

PERIODIC TABLE OF THE ELEMENTS

Metals

Nonmetals

Metalloids

	1	2	3	4	5	6	7	8	9	10	11	12	13	14	15	16	17	18
1	1 **H** 1.0079																1 **H** 1.0079	2 **He** 4.0026
2	3 **Li** 6.941	4 **Be** 9.0122											5 **B** 10.811	6 **C** 12.011	7 **N** 14.0067	8 **O** 15.9994	9 **F** 18.9984	10 **Ne** 20.1797
3	11 **Na** 22.9898	12 **Mg** 24.3050											13 **Al** 26.9815	14 **Si** 28.0855	15 **P** 30.9738	16 **S** 32.065	17 **Cl** 35.453	18 **Ar** 39.948
4	19 **K** 39.0983	20 **Ca** 40.078	21 **Sc** 44.9559	22 **Ti** 47.87	23 **V** 50.9415	24 **Cr** 51.9961	25 **Mn** 54.9380	26 **Fe** 55.85	27 **Co** 58.9332	28 **Ni** 58.6934	29 **Cu** 63.546	30 **Zn** 65.38	31 **Ga** 69.723	32 **Ge** 72.64	33 **As** 74.9216	34 **Se** 78.96	35 **Br** 79.904	36 **Kr** 83.80
5	37 **Rb** 85.4678	38 **Sr** 87.62	39 **Y** 88.9059	40 **Zr** 91.224	41 **Nb** 92.9064	42 **Mo** 95.96	43 **Tc** (98)	44 **Ru** 101.07	45 **Rh** 102.9055	46 **Pd** 106.42	47 **Ag** 107.8682	48 **Cd** 112.411	49 **In** 114.82	50 **Sn** 118.710	51 **Sb** 121.76	52 **Te** 127.60	53 **I** 126.9045	54 **Xe** 131.29
6	55 **Cs** 132.9055	56 **Ba** 137.327	57 **La** 138.9055 *	72 **Hf** 178.49	73 **Ta** 180.9479	74 **W** 183.84	75 **Re** 186.207	76 **Os** 190.2	77 **Ir** 192.22	78 **Pt** 195.08	79 **Au** 196.9665	80 **Hg** 200.59	81 **Tl** 204.3833	82 **Pb** 207.2	83 **Bi** 208.9804	84 **Po** (209)	85 **At** (210)	86 **Rn** (222)
7	87 **Fr** (223)	88 **Ra** (226)	89 **Ac** (227) **	104 **Rf** (267)	105 **Db** (268)	106 **Sg** (271)	107 **Bh** (272)	108 **Hs** (270)	109 **Mt** (276)	110 **Ds** (281)	111 **Rg** (280)	112 **Uub** (285)	113 **Uut** (284)	114 **Uug** (289)	115 **Uup** (288)	116 **Uuh** (293)		118 **Uuo** (294)

*Lanthanide Series

58 **Ce** 140.116	59 **Pr** 140.9076	60 **Nd** 144.24	61 **Pm** (145)	62 **Sm** 150.36	63 **Eu** 151.964	64 **Gd** 157.25	65 **Tb** 158.9253	66 **Dy** 162.50	67 **Ho** 164.9303	68 **Er** 167.26	69 **Tm** 168.9342	70 **Yb** 173.054	71 **Lu** 174.967

** Actinide Series

90 **Th** 232.0381	91 **Pa** 231.0359	92 **U** 238.0289	93 **Np** (237)	94 **Pu** (244)	95 **Am** (243)	96 **Cm** (247)	97 **Bk** (247)	98 **Cf** (251)	99 **Es** (252)	100 **Fm** (257)	101 **Md** (258)	102 **No** (259)	103 **Lr** (262)

Note: Atomic masses are IUPC values (up to four decimal places). More accurate values for some elements are given on the facing page.